山东省一流本科课程配套教材
海军重点建设课程配套教材
海军重点建设教材

飞机仪电与飞控系统原理

戴洪德　王希彬　刘　伟　王　瑞　卢建华 等 编著

科学出版社
北 京

内 容 简 介

本书以飞机仪表系统、电气系统、飞行控制系统以及惯性导航系统的基础理论为重点，立足装备现状、兼顾发展历史、着眼未来前沿，介绍各部分的组成、结构、工作原理及使用。全书共 13 章，力求以飞行员的视角，从飞机系统出发介绍各部分的通用基本原理及发展。

本书可作为航空飞行与指挥专业（飞行学员）的本科生教学用书，也可作为自动化、电气工程及其自动化等专业本科生和研究生的参考书，还可作为从事航空特种设备研究、使用与维护人员的参考书。

图书在版编目(CIP)数据

飞机仪电与飞控系统原理 / 戴洪德等编著. — 北京：科学出版社，2024.6

山东省一流本科课程配套教材　海军重点建设课程配套教材　海军重点建设教材

ISBN 978-7-03-078006-5

Ⅰ. ①飞⋯　Ⅱ. ①戴⋯　Ⅲ. ①飞机-飞行仪表-教材　②飞机-航空电气设备-教材　③飞行控制系统-教材　Ⅳ. ①V24

中国国家版本馆CIP数据核字(2024)第004171号

责任编辑：张海娜　纪四稳 / 责任校对：任苗苗
责任印制：肖　兴 / 封面设计：图阅社

科 学 出 版 社 出版

北京东黄城根北街 16 号
邮政编码：100717
http://www.sciencep.com

北京科信印刷有限公司印刷
科学出版社发行　各地新华书店经销

*

2024 年 6 月第 一 版　开本：720 × 1000 1/16
2024 年 6 月第一次印刷　印张：35 1/4
字数：708 000

定价：258.00 元
（如有印装质量问题，我社负责调换）

编 审 人 员

主　　审　唐大全

审　　定　景　博　戴邵武　骆　彬　袁　涛
　　　　　周思羽

主　　编　戴洪德

副 主 编　王希彬　刘　伟　王　瑞　卢建华

编　　写　李　飞　刘　蕊　贾临生　姜　旭
　　　　　郑百东　郭家豪　杨大光　赵雪娇
　　　　　陈美男　田　密　吕德坤

校　　对　刘　洋　王　宁

前　　言

  本书是本科专业"航空飞行与指挥"的专业背景课程"飞机仪电与飞控系统原理"的配套教材。编写过程中，作者认真汲取了国内外相关教材和专著的经验，广泛参考了飞机仪电与飞行控制系统的相关文献，充分结合多年教学实践经验，使读者通过对本书的学习，掌握飞机仪电与飞行控制系统的组成、结构、基本原理及使用，了解飞机特种设备的发展历程及动态。

  本书内容全面，图文并茂，力求通俗易懂，覆盖各型装备上相关系统的通用原理，对有关实际应用问题论述清楚，能够为飞行学员机型航理课程的学习奠定坚实的理论基础。全书共分为飞机仪表、电气、飞行控制和惯性导航四大部分，共 13 章：其中第 1 章为绪论；第 2 章按照大气仪表的发展，介绍分立式、集中式及分布式大气测量仪表及系统，包括空速管、气压式高度表、座舱高度压差表和升降速度表等大气数据仪表的功用及工作原理，以及数字式大气数据系统的基本原理；第 3 章为测量飞机航向和姿态的仪表系统，包括陀螺基本知识，飞机姿态、航向测量仪表的工作原理，飞机航向姿态系统的结构组成和工作原理；第 4 章为测量飞机发动机工作状态的压力表、温度表、油量表、转速表等发动机仪表的功用和工作原理；第 5 章包括氧气设备、飞行参数及显示系统的功用和工作原理；第 6 章为飞机电源系统，包括飞机电源的类型，主流航空蓄电池的原理与使用特性，低压直流电源系统的组成、调压、并联运行与保护，高压直流电源系统，以及飞机交流发电机恒速传动、励磁、调压、控制与保护的基本原理；第 7 章包括飞机配电系统的布局、控制与保护以及飞机电气系统综合控制管理技术；第 8 章为飞机电气控制系统，包括发动机电点火系统、发动机电力启动控制、飞机纵向操纵系统电气控制以及飞机其他系统电气控制、非航电监控处理机等；第 9 章为飞行控制原理基础知识，介绍飞机飞行控制系统的基本原理和自动控制原理基础知识；第 10 章为飞机运动数学模型，介绍与飞行控制系统密切相关的坐标系及刚体运动方程，简要分析系统的传递函数和飞机纵向、侧向运动模态；第 11 章为增稳及电传飞行控制系统，介绍飞机舵机及舵回路的工作原理，对飞机的阻尼器、增稳系统和控制增稳系统进行分析，并介绍飞机电传飞行控制系统的结构和工作原理；第 12 章为飞机自动飞行控制系统，对飞机在纵向和侧向平面内的姿态控制系统、轨迹控制系统以及空速保持与控制系统进行分析；第 13 章包括惯性导航基本概念、陀螺稳定平台、平台式惯性导航系统、捷联式惯性导航系统工作原理，惯性导航初始对准以及惯性/卫星组合导航系统的工作原理。

　　"飞机仪电与飞控系统原理"课程是原飞行员学历教育阶段"飞机仪表设备原理"、"飞机电气设备原理"、"飞行控制系统原理"和"惯性导航原理"四门专业基础课程，以及飞行学员任职教育"飞机特种设备"中原理部分的内容。经过调研论证及专家组研讨，将以上课程整合为"飞机仪电与飞控系统原理"一门课程，完成师资队伍、课程内容体系、实验条件等优势教学资源的深度融合，将该课程打造成能够为培养飞行员奠定坚实理论基础的主要专业背景课程。所以本书是在这些课程原有教材的基础上，参考了国内外大量文献资料编写而成，在此对所有文献的作者致以崇高的敬意和诚挚的感谢。

　　本书由戴洪德担任主编，王希彬、刘伟、王瑞、卢建华担任副主编。第1章由戴洪德、王希彬、贾临生编写，第2～5章由王瑞、王希彬、杨大光、刘蕊、戴洪德、郑百东编写，第6～8章由王希彬、卢建华、李飞、姜旭、陈美男、田密编写，第9～12章由刘伟、王希彬、戴洪德、郭家豪、吕德坤编写，第13章由戴洪德、王瑞、贾临生、刘伟、赵雪娇编写，全书由戴洪德、王希彬统稿，赵雪娇、陈美男、吕德坤、田密、刘洋、王宁负责文字编辑、排版以及校对工作。本书由海军航空大学航空作战勤务学院唐大全教授担任主审，空军工程大学景博教授等负责审定。在教材编写和出版过程中，得到了海军航空大学各级机关，特别是航空基础学院的大力支持，在此对他们的关怀和帮助表示衷心的感谢。

　　由于编者水平有限，教材中难免存在疏漏或不足之处，敬请读者批评指正。

编　者

2024 年 1 月

目　　录

第1章 绪 论

飞行员在执行飞行训练或空中作战任务时，必须准确掌握飞机的飞行状态和机载系统的工作状态。例如，为了控制飞机俯仰角，飞行员必须实时知道飞机的俯仰角，这就依赖于测量飞机俯仰角的地平仪。为飞行员提供各类信息是飞机仪表系统的主要功能，飞机仪表系统是飞行员获取飞行状态及飞机状态等关键信息的来源。

电能是现代飞机重要的二次能源，绝大多数机载设备的工作都依赖于电能。飞行员对飞机上各个系统的控制，从简单的灯光控制到复杂的发动机控制、操纵系统控制，绝大部分是通过电气系统来实现的。飞机上各类电能的产生、分配和传输，就是飞机供电系统，即飞机电源与配电要解决的问题。飞机供电与电气控制相当于人体的血液和神经系统，担负着提供电能和传递控制信息的重任。

随着航空技术的发展、飞机性能的提升、飞行任务范围的日益扩大，为了减轻飞行员的驾驶负担，能够部分或全部代替飞行员控制飞机的自动飞行控制系统（自动驾驶仪）应运而生。传统飞行控制系统在仪表、电气控制设备及操纵系统的配合下完成飞机气动力/力矩平衡，依靠自主式传感器形成姿态控制回路，保证飞行安全。现代飞行控制系统以电传控制系统和主动控制技术为代表，与飞机设计融为一体，不仅能减轻飞行员负担，更能提升飞机性能、改善飞行品质。

惯性导航系统具有完全的自主性、隐蔽性等特点，是现代飞机上必备的重要系统。惯性导航系统通常与卫星导航系统构成组合导航系统，提供精确的导航信息。

本章介绍飞机仪表、电气、飞行控制和惯性导航等系统的基本概念、发展、分类等，为后续各章学习奠定基础。

1.1 飞机仪表概述

飞机仪表的种类众多，主要用来测量(计算)飞机在动态飞行中的各种飞行参数，以及飞机发动机和其他机载系统的工作参数。飞机仪表提供的信息既是飞行员操纵飞机的依据，同时也反映出飞机被操纵的结果，所以被称为飞行员的眼睛。随着自动化程度的提高，现代飞机仪表还作为各种导航系统、自动飞行控制系统以及飞行参数记录系统的信息来源。

1.1.1　飞机仪表的分类和组成

1. 飞机仪表的分类

飞机仪表按功用可分为大气数据仪表、航向姿态仪表和发动机仪表三大类。

1) 大气数据仪表

大气数据仪表用来测量飞机飞行参数,主要包括气压式高度表、升降速度表、真空速表、指示空速表、马赫数表(或称 *Ma* 表)、大气数据计算机等。

2) 航向姿态仪表

航向姿态仪表用来测量飞机姿态和航向,主要包括地平仪、转弯仪、陀螺磁罗盘、航向姿态系统等。

3) 发动机仪表

发动机仪表用来测量发动机系统的各种参数,主要包括压力表、温度表、油量表及转速表等。

2. 飞机仪表的组成

飞机仪表在感受被检测物理量的基础上,经过转换、传送而显示被测物理量。飞机上应用的仪表用于测量飞机的各种运动或状态参数,主要有高度表、空速表、温度表、地平仪、磁罗盘,发动机仪表中的压力表、温度表、转速表、油量表等,系统状态仪表中的液压压力表、操纵舵面和起落架的位置指示器、电压电流表等。

飞机仪表的工作过程一般包含感受、转换、传送、指示等四个基本环节:

(1) 感受环节,是直接同被测物理量(信号)发生联系的环节(也称为敏感环节);

(2) 转换环节,是将一种物理量(信号)转换为另一种物理量(信号)的环节;

(3) 传送环节,是改变物理量(信号)空间位置的环节;

(4) 指示环节,是将物理量(信号)转换成目视信号的环节。

但是,不是每个仪表都包括所有这些环节,而且各个环节的性质和地位也不完全相同。

1.1.2　飞机仪表的发展

从工作原理和结构形式看,飞机仪表的发展过程大体可以分为以下五个阶段。

1. 机械仪表阶段

这个阶段是仪表的初创时期,多数仪表为单个整体直读式结构,也称为直读式仪表,即传感器和指示器组装在一起测量单一参数,仪表内敏感元件、信号传送和指示部分均为机械结构,如早期的空速表和高度表。这类仪表的最大优点是结构简单、工作可靠、成本低廉，至今仍在不少机型上使用。缺点是因推动指针移动的能量来自敏感元件的信号源，能量很小，所以仪表的灵敏度较低，指示误差较大。

2. 电气仪表阶段

随着飞机性能的不断提高和使用范围的日益扩大，需要测量的参数越来越多，精度要求越来越高，机械仪表的准确性相对太差，并且信号不容易远距离传送，已不能满足现代飞机的需要。从 20 世纪 30 年代起，飞机仪表已由机械化逐步走向电气化，进入了电气仪表阶段，此时的仪表称为远读式仪表，如温度表、转速表等。远读，是指仪表的传感器和指示器没有装在同一个表壳内，它们之间的控制关系是通过电信号的传递实现的，因相距较远，故称为远读式仪表。

用电气传输代替机械传动，可以提高仪表的反应速度、准确度和传输距离。将仪表的指示部分与其他部分分开，使仪表板上的仪表体积大为缩小，改善了因仪表数量增多而出现的仪表板拥挤状况。另外，仪表的敏感元件远离驾驶舱，减少了干扰，提高了敏感元件的测量精度。远读式仪表也存在一些缺点，如整套仪表结构复杂、部件增多、重量增加。

3. 机电式伺服仪表阶段

为了进一步提高仪表的灵敏度和精度，20 世纪 40 年代后出现了能够自动调节的小功率伺服系统仪表，即机电式伺服仪表。伺服系统又称随动系统，它是一种利用反馈原理来保证输出量与输入量相一致的信号传递装置，如精密高度表。对于仪表信号，采用伺服系统来传送，信号能量得到放大，提高了仪表的指示精度和带负载能力，可以实现一个传感器带动几个指示器，有利于仪表的综合化和自动化。

4. 综合指示仪表阶段

20 世纪 40 年代后，由于飞机性能迅速提高，各种系统设备日益增多，指示和监控仪表大量增加，有的飞机上已多达上百种，仪表板和座舱无法安排，驾驶员也目不暇接，眼花缭乱。另外，飞机的飞行速度和机动性能的提高，又使驾驶员观察仪表的时间相对缩短，容易出错，因此把功能相同或相关的仪表指示器有机地组合在一起，形成统一的综合指示仪表，已成为航空仪表发展的必然趋势，例如，罗盘指示器、地平仪和各种组合发动机仪表等都是一表多用的结构形式。

5. 电子综合显示仪表阶段

随着电子技术的飞速发展，20 世纪 60 年代开始出现电子屏幕显示仪表，逐步取代指针式机电仪表。到 70 年代中期，电子屏幕显示仪表又进一步向综合化、数字化、标准化和多功能方向发展，出现了高度综合又相互补充、交换显示的电子综合显示仪表系统。驾驶员可以通过控制板对飞机进行控制和安全监督，初步实现了人机"对话"。

电子显示器容易实现综合显示，故又称为电子综合显示仪表，它有如下优点：

（1）显示灵活多样，可以显示字符、图形、表格等，还可以采用不同的颜色显示；

（2）容易实现信号的综合显示，减少了仪表数量，使仪表板布局简洁，便于观察；

（3）电子式显示器的显示精度高；

（4）采用固态器件，寿命长，可靠性高；

（5）价格不断下降，性价比高；

（6）符合机载设备数字化的发展方向。

总之，飞机仪表的发展过程是从机械指示到电子显示，信号处理单元从纯机械到电气、计算机系统，仪表的数量从少到多又从多到少。从某种意义上讲，驾驶舱显示仪表是飞机先进程度的重要标志之一。

1.2　飞机电气系统概述

飞机电气系统是飞机供电系统和用电设备的总称，也就是飞机上产生、输送和使用电能的所有系统，也称为电气设备。其中供电系统要向用电设备提供不同种类和质量的电能，而用电设备则消耗供电系统提供的电能，以完成特定的功能。狭义的飞机电气系统是指飞机供电系统和飞机电气控制系统。

飞机供电系统由飞机电源系统和飞机配电系统两部分组成，它包含从电源到用电设备输入端之间的全部环节，其中飞机电源系统包括从发电机(电源)到电源汇流条之间的部分，用于电能的产生、调节和变换；飞机配电系统包括从电源汇流条到用电设备输入端之间的部分，用于电能的传输、分配和管理。飞机电气控制系统涉及飞机发动机电气控制、飞机操纵系统电气控制和飞机环境控制等系统。

1.2.1　飞机供电系统及其发展

飞机要飞行，机载设备要完成一定的功能，都需要相应的能源支持。航空发动机是飞机的动力装置，通过消耗航空燃油产生机械能满足飞机所需要的推力、拉力或升力，同时还可以满足机上设备对能量的需求，航空发动机就是飞机上的一次能源设备。一次能源通过相应的变换设备，可得到二次能源，满足机载设备的能源需要。二次能源有三种：液压能、气压能和电能。由于电能易于产生、传输、变换和控制，电气系统易于实现自动化与智能化，用电能全部取代液压能和气压能的"全电飞机"已成为主要发展方向之一。

1. 飞机电源系统的构成及发展

飞机电源系统由主电源、辅助电源、外部(地面)电源、应急电源、二次电源等设备组成。

主电源是由航空发动机直接或间接传动的发电机组成的发电系统。通常一台航空发动机可传动一台或多台发电机。主电源不工作时，飞机由辅助电源或外部(地面)电源供电。

辅助电源是机载电源，有航空蓄电池和辅助动力装置(auxiliary power unit, APU)两种。小型飞机大多采用航空蓄电池，大型飞机采用辅助动力装置居多。辅助动力装置又称第二动力系统，由小型机载发动机、发电机、液压泵和空气压缩机等构成。小型发动机由电动启动机启动，工作后驱动发电机发电；液压泵提供液压能；空气压缩机提供气压能。辅助动力装置可在地面使用，也可在空中使用。

外部(地面)电源通过电缆和飞机上的地面电源插座相连,将电能送到飞机上,作为飞机地面检查和启动航空发动机用。为了安全，机上电源与地面电源一般不允许同时接到飞机汇流条上。

应急电源在飞机飞行中主电源故障时供电，常用的应急电源有航空蓄电池和冲压空气涡轮发电机。在大中型飞机上，用电量较大，若用航空蓄电池作应急电源，则电池体积和重量将会很大，故采用冲压空气涡轮发电机。应急电源的容量比主电源小得多，一般它只能提供飞机返回基地或应急着陆设备的电能。

二次电源即电能变换器，将飞机主电源的电能转变为一种或多种形式的电能，以满足不同机载用电设备对电能形式的需求。实际上，不少电子设备和仪表设备内部也有电能变换器，称为设备内部电源或机内电源。飞机上常用的二次电源有变压器、变压整流器、直流变换器、旋转变流机和静止变流器。

飞机电源系统的这种构成是为了保证在各种情况下向用电设备连续和可靠地供电。

飞机电源系统经历了低压直流、交流、高压直流的发展历程，其中交流电源系统还经历了恒速恒频交流电源系统、变速恒频交流电源系统、变速变频交流电源系统几个过程。

1)低压直流电源系统

自 1914 年飞机上第一次使用航空直流发电机以来,飞机直流电源系统经历了100 多年的发展过程，由额定电压为 6V、12V 的低压直流电源系统，逐步发展为28V 的低压直流电源系统，并一直沿用至今。28V 低压直流电源系统主要由直流发电机、调压器、保护器、滤波器和蓄电池等组成。

2) 交流电源系统

随着机载电子设备和电力传动装置不断增加，机上用电量大大增加，而且对供电质量要求不断提高，低压直流电源系统已不能满足要求，促进了飞机交流电源系统的发展。交流电源系统有恒速恒频交流电源系统、变速恒频交流电源系统、变速变频交流电源系统三种。

恒速恒频交流电源系统是一种通过各种恒速传动装置（简称恒装）使发电机恒速运行以产生恒频交流电的系统，目前它是应用最为广泛的一种飞机交流电源系统。

变速恒频交流电源系统是通过功率变换器把变频发电机输出的变频交流电变换为恒频交流电的系统。在变速恒频交流电源系统中，交流发电机由飞机发动机直接驱动，发电机输出的交流电的频率随发动机转速的变化而变化，通过功率变换器将变频交流电变换为400Hz恒频交流电。

变速变频交流电源系统是最早在飞机上使用的交流电源系统。变速变频交流电源系统中，交流发电机是由发动机通过减速器直接驱动的，因而输出的交流电频率随发动机转速的变化而变化。它主要用于涡轮螺旋桨发动机的飞机或直升机上，称为窄变频交流电源系统。新一代飞机A380和B787已使用360~800Hz宽变频交流电源系统。

3) 高压直流电源系统

高压直流电源系统由发电机和控制器构成，国内外已有先进飞机采用270V高压直流启动发电系统，270V高压直流电源系统已成为飞机电源的发展方向之一，540V机载高压直流电源系统也是国内外研究的热点。高压直流电源系统一个重要的特点就是效率可以高达90%左右，而变速恒频交流电源系统和恒速恒频交流电源系统的效率分别为80%和70%，低压直流电源系统的效率只有50%左右。

未来将向着多电飞机（more electric aircraft，MEA），甚至全电飞机（all electric aircraft，AEA）发展，也就是用电力供电系统取代原来的液压、气压和机械系统，即所有次级功率均用电的形式分配。

2. 飞机配电系统的构成及发展

飞机配电系统的主要功能是将飞机电源系统的电能传输并分配至机载用电设备，同时防止飞机配电系统故障蔓延扩散。

飞机配电系统由输电线路、供配电管理装置、保护设备和检测仪表等设施组成。其中，电能的传输线路称为飞机电网，电网中电能的汇集处称为汇流条，它是输电线路的一部分。飞机上一般设有电源汇流条和用电设备汇流条。

电源汇流条是飞机电源系统输出电能的汇集之处；用电设备所需电能直接来自用电设备汇流条。电源汇流条与用电设备汇流条之间的输电线路称为供电电网，而用电设备汇流条到用电设备之间的输电线路称为配电电网。

输电线路中还设有控制电源和用电设备供电或断电以及控制供电线路切换的功率开关设备，如常规的断路器、接触器或现代的固态功率控制器等。

供配电管理装置是确定飞机配电系统输电线路中功率开关设备正确闭合或断开的控制管理中心，在正常状态下，它能实现供电电源的正常转换，如外部电源与飞机主电源间转换、辅助电源与主电源间转换、外部电源与辅助电源间转换、主电源间的相互转换等功能；当主电源出现故障时，它能实现电源与汇流条间的切换，将故障主电源隔离，并保证机载重要用电设备的供电。

1.2.2　飞机用电设备

飞机用电设备是使用电能进行工作的设备。在飞机用电设备中电能被转换成其他形式的能量实现特定的功能。飞机用电设备是飞机电气系统的重要组成部分，随着航空工业的发展以及电子、计算机、通信等技术的发展，飞机用电设备的种类越来越多。按照功能，飞机上的用电设备主要有发动机和飞机的操纵控制设备、机上人员生活和工作所需的设备、完成飞行任务所需的设备。

1. 按用途分类

按照用途可以将用电设备分为以下五类。

1）电动机构

电动机构主要用于飞机的操纵机构，如水平安定面、襟翼、舵面调整片、起落架收放装置、电磁活门等，以及驱动油泵、阀门等的电动机构，包括直流电动机构和交流异步电动机构。

2）发动机启动和控制设备

发动机启动和控制设备包括发动机的启动控制设备、喷油和点火设备，如电力启动机、启动自动定时器、高能点火装置和电嘴等。

3）航空电子设备

航空电子设备包括无线电通信、导航设备，雷达设备等。航空电子设备一般采用恒频交流电源系统供电，对电源质量要求较高。

4）电子仪表和控制设备

电子仪表和控制设备有地平仪、转弯仪、航向姿态系统、自动驾驶仪、火警探测器、灭火设备，以及各种由电力电子装置构成的控制系统等。

5）灯光照明和加温防冰设备

灯光照明和加温防冰设备包括各种照明灯、信号灯、电加温和防冰设备。照明设备一般要求电压稳定，直流电源系统或变速变频交流电源系统均可给照明设备供电。加温防冰设备对电能类型和质量无特殊要求，可以采用直流电源系统、恒速恒频交流电源系统或变速变频交流电源系统供电。

　　飞机类型不同、飞行任务不同时，耗电量也不同。飞机处于不同状态时，电气负载的用电量也不同，一般根据用电量的大小，将整个飞行过程分为几个主要阶段，如飞行前准备、发动机启动、滑行、起飞、爬升、巡航、下降着陆和飞行后检查等。

　　2. 按重要性分类

　　按照重要性，飞机上的用电设备可以分为以下三类。

　　1）关键负载或重要负载

　　关键负载或重要负载包括发动机和飞机操纵控制设备，如发动机的启动、喷油及点火设备，发动机推力或转速控制设备，飞机仪表、飞行控制、导航及通信设备，起落架收放和舱门启闭设备等。这些设备关系到飞机的安全，通常采用四余度供电，一般为两套独立的主电源，一套备用电源，一套应急电源。蓄电池应工作在电充足的状态，以便应急时有足够的电量。

　　2）主要负载

　　主要负载是保障机上人员生活和工作所需的设备，如座舱环境控制系统等。在飞机应急供电时，为确保重要负载得到供电，将视故障程度，切除部分甚至全部主要负载。

　　3）次要负载

　　次要负载是与飞行安全无关的设备，如民用飞机的客舱照明设备、娱乐设备等，通常由主电源供电，故障时若主电源容量不够，可以人工或自动卸去一些次要负载。

1.2.3　飞机电气系统的工作条件和技术要求

　　1. 飞机电气系统的工作条件

　　飞机是高速运动的复杂系统，它的电气设备工作条件十分复杂，变化也十分剧烈。飞行高度、速度的变化，使电气设备所处的温度、湿度、霉菌、盐雾和沙尘等因素相应变化，对设备散热、材料和机械结构等影响很大。

　　高温和高空工作的发电机容量显著降低。高空时，直流发电机电刷磨损加剧，电器的带电部分出现电晕；潮湿气体可通过曲折路径进入电气设备内部使其绝缘性能变差；盐雾导致金属腐蚀和电解；进入设备内部的沙尘改变了它的绝缘性能，并使旋转电机运动部件磨损加剧。

　　振动、冲击和加速度是影响设备工作的机械因素，必须重视电气设备的抗振稳定性和抗振强度。

　　有害气体(燃油蒸气、臭氧、蓄电池气体等)、有害液体(燃油、液压油、滑油等)、电磁辐射(红外线、紫外线、X 射线和 γ 射线)和高能粒子流(β 射线、质子和中子流等)也对电气设备有影响。要特别注意化学因素与电磁辐射可能造成爆炸和火灾等事故。

在飞机电气设备研制、设计、生产、试验和使用的整个过程中，必须考虑工作条件这个因素，为此需要进行相应的环境试验、三防试验、电磁兼容性试验。

2. 飞机电气系统的技术要求

1) 飞机电气系统的基本要求

飞机电气系统的基本要求主要有两个方面，即电能质量和使用要求。

(1) 电能质量。

直流电源系统主要由稳态指标(电压稳定度或称调压精度、纹波大小)和动态指标(电压最大偏差和恢复时间长短)衡量。交流供电系统的电能质量可用电压、频率、波形和三相对称性等稳态指标，以及电压瞬变、电压调制、频率漂移、频率调制、频率瞬变和电磁相容性等动态指标衡量。

(2) 使用要求。

使用要求主要指工作可靠，使用维护方便和体积小、重量轻。可靠性要求指设备在一定的工作环境下起到预定的作用，而在规定的时间内不损坏，常以平均故障间隔时间(mean time between failure，MTBF)作为可靠性定量指标，可靠性还和安全性相联系。飞机上任一电源应不依赖于其他电源，而一个电源的故障也不会影响其他电源向负载提供电能。同时电气系统中任一部件的故障如果和其他故障组合，不会导致不安全，不会使故障扩大以致形成火灾，影响飞机或乘员的安全。因此，必须对系统进行监控和故障保护。电气设备的重量直接影响飞机技术性能，考虑重量时不仅考虑设备本身的重量，还必须考虑安装电气设备的附加重量、设备安装要求引入的重量和发电设备或电能变换器内部损耗引起的燃料消耗部分。此外，电能质量还影响电子和仪表设备的重量。因此，重量是一个综合技术问题。电气设备使用维护简单与否直接和飞机性能有关。随着飞机性能的提高和装备的复杂化，维修性日益重要，不可忽视。

2) 飞机供电系统的余度和容错

在现代飞机上，为了满足更高的可靠性要求，往往都装有两套主飞行仪表，配置了三级自动着陆，采用了电传飞行控制或主动控制技术。每套飞行仪表都要由单独的电源供电；三级自动着陆需要有三个独立的电源；电传飞行控制或主动控制则采用四余度飞行控制系统，要求有四套独立的电源供电。上述仪表、仪表着陆系统和电传系统都是关键飞行设备，直接影响飞行安全性，故必须有余度，如双余度、三余度和四余度等。用电设备的余度必然要求供电的余度，否则不能满足其可靠性要求。当前的先进战斗机要求供电系统在发生一次故障时，仍能向机上任一负载供电；在发生二次故障时，仍能向任一关键负载供电。这些故障可能发生在同一供电通道的不同元件上，也可能发生在不同的供电通道上，还可能是上述两种情况的组合。于是，对飞机供电系统提出了容错供电要求。容错供电要求比余度供电要求更高，只有四余度的供电系统才能满足容错供电的基本要求。

1.3　飞机飞行控制系统概述

飞机飞行控制系统是现代飞机上的重要系统，是实现飞机安全飞行和完成复杂飞行任务的重要保证。该系统不仅可以实现飞机的自动飞行，减轻飞行员的负担，而且可以改善飞机的飞行性能。

1.3.1　飞机飞行控制系统的定义与基本功能

1. 飞行控制系统的定义

飞行控制系统(flight control system，FCS)是在人工操纵与自动驾驶基础上发展起来的一种飞机系统，一般由不同功能的分系统或部件组成，能部分或全部代替驾驶员，控制飞机的角运动、重心运动(航迹运动)和飞行速度，改变飞机的几何形状与(结构)模态，并能改善飞行品质和保障飞行安全。

从系统结构而言，飞行控制系统是由将飞行控制指令从驾驶员或其他信号源传递到相应的力和力矩发生器的部件组成的系统。这些部件包括传感器、计算机、操纵与显示装置、伺服执行机构(舵机及作动器等)、自测试装置、专用信息传输链及其接口装置。

从控制理论而言，飞行控制系统实际是控制器，飞机是被控对象，两者构成飞机飞行控制系统。本书介绍的是固定翼飞机飞行控制系统的功能结构、一般原理及相关技术。

2. 飞行控制系统的基本功能

1)实现飞机的自动飞行

飞机的自动飞行控制就是利用一套专门的系统，在无人参与的情况下，自动操纵飞机按期望的姿态和航迹飞行，通常可实现对飞机三轴角运动及飞机三个方向空间位置的自动(操纵和稳定)控制。对于有人驾驶的飞机，在某些飞行阶段(如巡航等)驾驶员可以不直接参与操纵，而由飞行控制系统实现对飞机飞行的自动控制，但驾驶员应完成对自动飞行指令的设置和飞行状态的监督，并可以随时切断自动控制而实现人工驾驶。采用自动飞行的好处主要有以下几点：

(1)长距离飞行时减轻驾驶员的工作负担，缓解驾驶员的疲劳；

(2)在不良天气或复杂环境下，驾驶员难以精确控制飞机的姿态和航迹，自动飞行控制系统可以实现对飞机姿态和航迹的精确控制；

(3)对于某些飞行操纵任务,如进场着陆,驾驶员难以精确完成,采用自动飞行控制系统则可以较好地完成这些任务。

飞行控制系统的具体功能包括姿态(俯仰和滚转)保持、航向保持、高度保持、空速保持、高度选择、航向选择、自动改平、自动导航及转弯盘旋、自动地形跟随/回避、自动航向/交通(飞行)管理、自动攻击导引、自动进场着陆/着舰等。

直升机的飞行控制系统还有一些独特的功能,如垂直升降、自动悬停、自动过渡飞行、自动载荷稳定和控制吊放声呐等。

2)改善飞机的飞行性能

飞机飞行性能是用各项飞行参数描述的飞机质心运动特性,包括基本飞行性能、续航性能、机动性能和起降性能。

一般来说,飞机的飞行性能和品质主要由飞机自身的气动特性和发动机特性决定。但随着飞行高度和速度的增加,飞机的自身特性将会变坏。例如,飞机在高空飞行时,空气稀薄,飞机的阻尼特性变差,致使飞机角运动产生严重的摆动,靠驾驶员人工操纵将会很困难。此外,设计飞机时,为了减小质量和阻力,提高机动性能,常将飞机设计成静不稳定的。对于这种静不稳定的飞机,驾驶员是难以驾驭的。为了解决这类问题,可以在飞机上安装不同类型的飞行控制系统,如阻尼器系统或增稳系统,来提高飞机的稳定性——使阻尼特性不好的飞机变成阻尼特性好的,使静不稳定的飞机变成静稳定的。这种系统也是飞机飞行不可缺少的组成部分,但它不是用来实现飞机的自动飞行控制,而是用来改善飞机的某些特性,实现所期望的飞行品质和飞行控制性能。

此外,一些新型飞机的飞行控制系统还具有自修复飞行控制功能,对飞机舵面卡死、缺损和翼面缺损等飞机结构故障进行检测和隔离,并利用飞机多操纵面的气动力冗余和信号冗余重构控制规律,增加飞机对结构故障的适应性,并能继续安全飞行,甚至继续执行任务,从而有效提高飞机的可靠性。

1.3.2　飞机飞行控制系统的发展

早在有人驾驶飞机出现之前的 1873 年,法国雷纳德(C.C. Renard)就制造了一种用于无人多翼滑翔机的自动飞行装置——方向稳定器。1891 年海诺姆·马克西姆设计和建造了用于改善飞行器纵向稳定性的飞行控制装置,尝试采用陀螺提供反馈信号和伺服作动器来偏转升降舵,以期采用反馈的形式来保证飞行器的纵向稳定性。虽然飞行器在试飞过程中未能成功,但这个设想在基本概念和手段上与现代自动飞行控制系统是非常相似的。

此后的 20 多年,经过航空先驱者的不断探索和研究,1912 年由美国的爱莫尔·斯派雷(Eimer Sperry)首先研制成功了第一台自动驾驶仪——电动陀螺稳定装置,该装置由两个双自由度陀螺、磁离合器以及用空气涡轮驱动的执行机构组成,可以用来保持飞机稳定平飞。

第二次世界大战期间,美国制造了功能完善的电气式 C-1 自动驾驶仪(苏联为 АП-5),其敏感元件是电动陀螺、电子管放大器和电动舵机。

第二次世界大战后期,无人驾驶的飞行器——导弹问世,典型产品是德国的 V-1(飞航式)导弹和 V-2(弹道式)导弹。这种全自动飞行器的自动驾驶仪不仅用来稳定导弹,而且逐渐与导弹上其他装置耦合起来以完成导弹的战斗任务。

第二次世界大战后,飞机自动驾驶仪也逐渐与机上其他装置耦合以控制航迹(如定高和自动下滑等),既能稳定飞机,又能全面地控制飞机,甚至盲降。

20 世纪 50 年代以前自动驾驶仪主要用来保持运输机和轰炸机的平飞。歼击机突破音障及飞行包线扩大后,飞机自身稳定性恶化,产生了安装自动控制系统改善飞机性能的需求。

20 世纪 60 年代自动驾驶仪发展成为自动飞行控制系统(automatic flight control system,AFCS)。其间,随控布局飞行器(control configured vehicle,CCV)设计的新概念也被提出,即在飞机设计之初就考虑自动控制,达到气动布局、机体结构设计、发动机设计以及自动控制四方面的协调配合,设计出性能完美的飞行器。例如,美国的 F-16 飞机采用了放宽静稳定性(relaxed static stability,RSS)和全电传控制系统,法、德研制的民用"协和"号飞机采用了带机械备份的局部电传飞行系统。此时自动控制系统也是飞机的一个组成部分,不再是可有可无的了。自动控制系统的可靠性将危及飞机的存亡。这种飞机自动控制系统从飞机起飞就开始工作,和驾驶员一起控制飞机。

20 世纪 80 年代后,计算机技术的飞速发展,使自动驾驶仪成为飞行控制系统的核心装置,为实现复杂而完善的飞行控制功能提供了有力保证。此时飞行控制系统的主要计算装置也由 60 年代的模拟电路或模拟计算机向数字式计算机发展,相应的飞行控制系统也由模拟式向数字式过渡,采用主动控制技术(active control technology,ACT)的电传飞行控制系统以及综合飞行/推力控制系统也逐步进入实用阶段。

20 世纪 90 年代又对先进数字/光学控制系统(advance digital/optical control system,ADOCS)、综合飞行/火力/推力控制(integrated flight fire propulsion control,IFFPC)系统、结构载荷控制等多项主动控制技术进行了验证,保证了性能先进的数字式多余度飞行控制系统在新型飞机上的开发应用,如美国的 F-16C/D 型、F-18型、F-15E 型、F-22 型等飞机以及航天飞机都采用了先进飞行控制系统。

中华人民共和国成立后,我国对飞行控制技术的研究和相应飞行控制系统的开发也得到了快速发展,经历了自动驾驶仪、主动控制技术、模拟电传飞行控制技术、纵向数字电传技术(全时、全权限)、三轴数字电传(全时、全权限、无机械备份)等技术的突破,并在各种试飞中验证了放宽静安定性、飞行边界限制、直接力控制

(direct force control，DFC)等功能。毫无疑问，这些新型设计技术的突破、科研成果的获得与工程实践经验的积累，将有力提高我国飞机飞行控制系统的设计水平，并进一步推动我国新型高性能飞机的成功研制。

可以预料，随着现代控制理论、大系统理论、新型数字计算机、主动控制技术、大数据技术和人工智能技术的不断发展，飞机飞行控制系统的性能将不断得到提高，飞行控制系统将成为保证任务能力和飞行安全的关键系统之一。为全面提高飞机的性能，目前有将机上所有装备耦合起来的趋势，例如，将火控系统、导引系统、显示系统等与飞机飞行控制系统耦合成综合系统，使它们协同工作，更好地实现飞行及作战任务。可见，飞机飞行控制系统将朝着数字化、综合化的方向不断发展。

飞行控制系统的发展也是和飞机操纵系统的发展相互促进的。自从1903年12月美国莱特兄弟实现人类首次有人驾驶飞机飞行以来，飞行控制系统及技术已经历了一百多年的发展，从简单的机械式飞行操纵系统，到助力机械飞行操纵系统，到阻尼器、增稳系统、控制增稳系统、带机械备份的模拟电传飞行控制系统，以至于全时全权限的数字式电传飞行控制系统、飞行综合控制系统、光传飞行控制系统以及智能飞行控制系统，飞行控制系统迅猛发展。可以说飞机性能的发展史就是飞机操纵性和稳定性矛盾解决的发展史，随着新式飞行控制系统的研制和投入使用，飞机的动、静态性能必定得到进一步改善和提高，这也构成一部飞机飞行控制系统的演变历史，如图 1-3-1 所示。

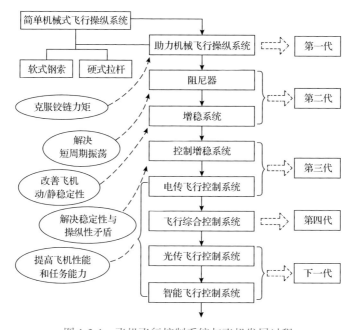

图 1-3-1　飞机飞行控制系统与飞机发展过程

1. 机械操纵系统

通过机械方式操纵飞机各气动舵面，进而实现飞行控制的机构称为机械操纵系统。可见，机械操纵系统在驾驶员指令(如驾驶杆/盘位移、脚蹬位移)至飞机气动面之间的操纵是一种开环操纵。一般也将此类无反馈的机械操纵系统称为常规飞行操纵系统。随着飞机飞行包线的扩展、飞行性能的提高、各气动舵面载荷的增大，机械操纵系统已由原来直接通过驾驶员体力操纵舵面的形式，通过引入"人工感觉"机构，演化为动力驱动方式。

2. 阻尼器

随着飞机飞行高度和速度的扩大与提高，飞机本身的阻尼力矩在高空因空气稀薄而变小，其阻尼比下降，致使飞机角运动产生强烈的振荡，飞机本身动稳定性不好，需要利用阻尼器系统来增加阻尼，这就是最初形式的飞行控制系统。阻尼器系统可有效增加系统阻尼，但它往往会牺牲系统的静操纵性。

3. 增稳系统

现代战斗机为使气动布局有较好的效益，飞机本身的静稳定度会设计得较小，甚至是静不稳定的，驾驶员难以操纵。增稳系统是在机械操纵系统的基础上，应用反馈控制原理，提高飞机动稳定性的一种飞行控制系统，如为飞机的纵向短周期运动提供符合要求的阻尼和自然频率的控制系统，是增稳系统最直观、最常见的例子。

对于绝大多数现代高性能军用和民用飞机，如果不采用增稳系统，几乎无法在全飞行包线内满足飞行品质的各项要求，可以说缺少增稳系统的现代飞机几乎无法保持正常的飞行。增稳系统一般由迎角(或过载，迎角也称攻角)传感器、角速度陀螺、放大器和串联舵机组成。

4. 控制增稳系统

增稳系统在提高飞机稳定性的同时，降低了飞机的操纵性，为解决稳定性和操纵性的矛盾，在增稳系统的基础上发展了控制增稳系统。控制增稳系统不仅引入飞机运动参量的反馈，而且还将驾驶员的操纵指令(如驾驶杆力或位移)输送到增稳回路，是一种增加了驾驶员控制(操纵)指令的增稳系统。控制增稳系统在增稳系统的基础上增加了一个杆力传感器和一个指令模型，即系统由机械通道、电气通道和增稳回路组成，电气和机械两通道并行，电气通道的作用是增大传递系数。

控制增稳系统所实现的控制响应，可以根据不同飞行阶段和驾驶员的要求来确定不同的控制变量或不同的变量组合，甚至可以在不同的飞行阶段进行变换。

例如，对于纵向控制增稳，可以选择法向过载指令，这一选择显然有利于飞机机动性的发挥。当对目标进行精确跟踪时，则选择俯仰速率指令更适合于任务的完成，而且俯仰速率控制也是进场着陆时所希望的指令形式。当然，如果匹配适当，也可将系统设计成俯仰速率指令与法向过载指令的混合控制。

可见，与机械操纵系统的开环操纵不同，增稳/控制增稳系统是一种闭环反馈系统，解决了驾驶员的指令同飞机运动参量(单一参量或综合参量)之间的飞行品质特性问题。控制增稳系统虽能兼顾稳定性和操作性要求，但对飞机机动性的提高仍有限。如其操纵极限受到限制，一般只为最大舵偏角的 30%左右，很难满足整个飞行包线内改善飞行品质的要求；其机械系统结构复杂、重量重、占空大、系统存在间隙、摩擦、变形等非线性因素；同时其机械系统不易实现复杂控制规律计算和多种逻辑转换，修改控制规律也不方便。针对以上缺陷，一种新型飞行控制系统——电传飞行控制系统应运而生。

5. 电传飞行控制系统

电传飞行控制系统(fly by wire system，FBWS)是在控制增稳系统的基础上，取消不可逆助力机械操纵通道，只保留由驾驶员经杆力传感器输出电气指令信号的通道，此外在正向通道中增加了自动配平网络、过载限幅器和放宽静稳定性回路，在反馈通路内增加了迎角/过载限幅器。

电传飞行控制系统的主要特点是靠电信号传递飞行员操纵指令，系统中没有机械操纵系统；控制增稳系统是电传飞行控制系统不可分割的一个组成部分，系统必须是全权限的；必须配置多余度，以便保证飞机不亚于机械操纵系统的可靠性，而且保证二次故障下正常工作。主动控制飞机上采用的电传飞行控制系统是全时全权限的电传飞行控制系统，可实现放宽静稳定性、直接力控制、边界控制、阵风减缓和乘感控制、机动载荷控制和主动颤振抑制等多项主动控制技术。

6. 飞行综合控制系统

由于传统飞机的各子系统(如飞控、火控、推进等)基本上是独立完成各自功能的，相互之间信息交互很少，驾驶舱内仪表日益拥挤，驾驶员工作负担繁重且易出错，影响飞行安全和作战任务的完成；而且传统飞机的设计技术已经比较成熟，在此基础上要想通过飞机单个子系统的改善来提高整机性能和作战能力的潜力较小，代价较高，而通过对机载子系统的综合集成则效果显著，这是由"整体大于部分之和"所必然决定的。

为了确保安全性和可靠性，要求现代飞机采用余度管理、重构控制等技术，这对系统的综合化、自动化和智能化提出了更高的要求。20 世纪 70 年代，电传飞行控制与主动控制技术的工程运用使系统的综合变得易于实现，进而促进了飞行控制系统与其他机载系统的交联，以期实现多种控制功能的集成和优化。随着飞机性能的进一步提高，飞机飞行控制系统朝着综合化方向发展，可将飞行、火力、推进、导航和航空电子等子系统综合在一起形成综合飞行/火力控制系统、综合飞行/推进控制系统、综合飞行/火力/推进控制系统等新型综合控制系统，这将大大提高飞机的总体性能，由此推动了综合飞行控制系统的发展。

7. 光传飞行控制系统

光传飞行控制系统(fly by light system，FBLS)是以光代替电作为传输载体，以光导纤维作为物理传输介质，在计算机之间或计算机与远距离终端(如舵机等)之间传递指令和反馈信息的飞行控制系统。

光传飞行控制系统是在电传飞行控制系统上发展起来的。电传飞行控制系统的致命弱点是易受雷电和电磁干扰及核辐射的影响，特别是未来复合材料大量替代现有铝合金蒙皮，使得飞机蒙皮失去了原来的屏蔽罩作用；现代飞机性能不断提高，电子设备日趋复杂，这必然导致电缆用量的增加以及线路布局的复杂化，从而加大了线路之间的干扰和飞机重量。解决这些问题的根本办法就是采用光传飞行控制系统，用光纤取代金属导线是光传飞行控制与电传飞行控制的最大区别，光传飞行控制系统被称为继陀螺和加速计以来飞行控制技术最重大的进展。

光传飞行控制具有以下几大优势：①能有效抵抗电磁干扰；②能极大地减轻重量、缩小体积，从而大大改进飞机的稳定性和可操纵性；③可以大大提高安全性和可靠性，光纤消除了电火花与爆炸危险，有良好的抗腐蚀性和热防护性，且能避免各光纤通道间干扰；④更好的经济性，光纤的价格远低于同轴电缆；⑤光纤数据传输速率高和传输容量大。由于光传输的高速率，可以采用分时的方法在一根光纤中传递多路信号，同时也为应用频分和波分等复用技术提高数据传输容量创造了条件。

8. 智能飞行控制系统

随着计算机技术、人工智能(artificial intelligence，AI)技术以及电子通信技术的发展，基于人工智能的人机空战已经开始在实训中得到验证。基于人工智能的飞行控制更是得到了广泛的研究和应用，成为全球航空强国的重要发展方向。而且随着对飞机飞行性能、高机动性和多任务适应性要求的不断提高，智能变形飞行器成为新的研究领域和热点。其在飞行过程中可以根据需要主动改变气动外形，在大幅扩展现有飞行包线的同时，能够始终保持最优的气动性能，也成为未来军用飞机的发展方向。

1.4 惯性导航系统概述

导航，从字面上理解就是引导航行的意思，也就是将飞机正确地沿预定航线从起始位置引导到目的地的技术或方法，对应的英文单词为 "navigation"，飞机导航又称航空导航。导航首先要定位，即确定载体的位置(坐标)，对应的英文单词为 "position"。要使飞机成功地完成预定的航行任务，除了起始点和目标点位置，还需要随时知道飞机的即时位置、速度、姿态、航向等参数，这些参数通常称为导航参数，其中最主要的就是必须知道飞机所处的即时位置，因为只有确定了即时位置才能考虑怎样到达下一个目的地的问题。如果连自己到了什么地方，下一步该到什么地方都不知道，那么就无从谈起完成预定的航行任务。例如，一架飞机从一个机场起飞，希望准确飞到第二个机场，除了要知道起始机场的位置坐标，更重要的就是了解飞机在空中的实时位置、航向和速度。导航的主要工作就是确定飞机在空中任意时刻的地理位置，因为只有明确了飞机当前的位置参数，才能借助机上和地面的导航设备与人工目视协同，完成正确引导飞机向目的地航行的任务。

导航系统，是确定航行体的位置和方向，并引导其按预定航线航行的整套设备。早期，导航工作一般是由领航员完成的。随着科学技术的发展，现在越来越多地使用导航仪器代替领航员自动地执行导航任务，自然，这些能实现导航功能的仪器、仪表系统就是导航系统。以航空为例，测量飞机的位置、速度、姿态等导航参数，通过驾驶人员或自动飞行控制系统引导其按预定航线航行的整套设备(包括地面设备)称为飞机的导航系统。导航系统只提供各种导航参数，而不直接参与对航行体航行的控制，因此它是一个开环系统，在一定意义上，也可以说导航系统是一个信息处理系统，即把导航仪表所测量的航行信息处理成需要的各种导航参数。

1.4.1 惯性导航的概念及发展

惯性导航系统(inertial navigation system，INS)，简称惯导，是指利用惯性元件测量载体相对于惯性空间的运动参数(如加速度)，在给定初始运动条件下，经计算后实施导航任务的系统。由陀螺测量载体的角运动，并经转换、处理，输出载体的姿态和航向；由加速度计测量载体线运动的加速度，并在给定运动初始条件下，由导航计算机算出载体的速度、距离和位置(经度、纬度)。惯性导航系统不仅为飞行员提供重要的导航参数，也为机上其他系统的正常工作提供保证，例如，为飞行控制系统提供这些导航信息以便完成自动驾驶，为火控系统提供这些导航信息以便完成武器系统的精确打击，还可以为雷达、光电平台等系统提供姿态信息。

　　惯性导航以牛顿力学定律为基础，以陀螺和加速度计为核心器件，其中最关键的是陀螺的精度。惯性导航系统的发展，按陀螺的发展来分，经历了以下几个阶段：最早为滚珠轴承式框架陀螺，以后又出现液浮、气浮支承的陀螺，以及静电陀螺、挠性陀螺等新型陀螺，挠性陀螺因其体积小、精度高、易于批量生产等优点一度得到了广泛的应用，20 世纪末基于激光陀螺和光纤陀螺的捷联式惯性导航系统(strapdown inertial navigation system，SINS)得到了快速发展和广泛应用。惯性导航系统的发展过程经历了以下具有里程碑意义的事件。

　　1765 年俄国科学院院士欧拉首次对定点转动刚体进行了本质解释，创立了转子陀螺的力学基本理论。

　　1852 年法国科学家傅科制造出了用于验证地球自转运动的测量装置，并在巴黎做了实验演示，傅科把这一测量装置命名为"Gyroscope"，在希腊文中为转动和观察的意思。

　　1908 年德国科学家安修茨设计了一种单转子摆式陀螺罗经，解决了当时舰船远航和潜艇较长时间潜航时的航向测量问题。

　　1910 年德国科学家舒勒发现了陀螺罗经的无干扰条件，即地球表面附近，当陀螺罗经的无阻尼振荡周期为 84.4min 时，陀螺罗经的指北精度不受外界加速度冲击的影响，这就是著名的舒勒调谐原理，解决了在运动载体上建立地垂线的问题。舒勒调谐原理对惯性技术发展起到了关键的理论指导作用。舒勒在发现陀螺罗经无干扰条件的基础上，进一步发现无干扰条件具有普遍性，即舒勒调谐原理不光适用于陀螺罗经，也同样适用于地垂线指示系统，任何陀螺装置，任何摆和机械仪器，只要系统具有 84.4min 的无阻尼振荡周期，载体的加速度就不会影响系统的指示精度。1923 年舒勒发表论文"运载工具的加速度对于摆和陀螺的干扰"，以垂线指示系统为例，系统阐明了舒勒摆原理，为惯性导航系统的设计奠定了理论基础。

　　1942 年德国在 V-2 火箭上采用两个双自由度陀螺和一个陀螺积分加速度计构成惯性导航系统，利用陀螺稳定火箭的姿态和航向，沿纵轴方向的加速度计输出端与火箭发动机的熄火装置相连，在火箭飞行过程中根据火箭的加速度来控制发动机熄火或点燃，以实现轨道控制。这是惯性技术在导弹制导上的首次应用，但由于陀螺和加速度计精度很低，惯性导航系统设计又十分粗糙，根本实现不了舒勒调谐要求，加上控制系统十分原始，制导精度极低，在轰击伦敦过程中，有 1/4 的 V-2 火箭提前掉入大海。但这是惯性技术在导弹制导上的首次工程应用。

　　20 世纪 50 年代，以液浮和气浮陀螺构成的平台式惯性导航系统开始在飞机、舰船和导弹上广泛应用。1950 年 5 月美国北美航空公司奥托奈蒂克斯分公司为美国空军研制成功了第一套纯惯性导航系统 XN-1，并安装在 C47 飞机上成功进行了试飞。为了适应航海应用，XN-1 经过适当改型形成 N6 惯性导航系统。1958 年 7 月美国海军"鹦鹉螺"号核潜艇依靠一套 N6-A 液浮陀螺惯性导航系统和一套 MK-19 平台罗经，从珍珠港出发，穿越北极冰盖，最终到达英国波特兰港，历时 21 天，潜航 96h。在即将到达目的地时潜艇浮出水面，经过测量，定位误差仅为 20n mile(1n mile=1.852km)，这一震惊世界的成功，充分显示了惯性导航系统有别于其他导航系统的独特优点：自主性、隐蔽性和信息的完备性。这些特点在军事应用中尤为重要。这一时期航空惯性导航的典型代表是美国 Litton 公司的军用 LN-3 和民用 LTN-51 系统，它们是以液浮陀螺、液浮摆式加速度计构成的平台式惯性导航系统。

20 世纪 60 年代，动力调谐式挠性陀螺研制成功，挠性加速度计代替液浮摆式加速度计。1966 年美国 Kearfott 公司研制出挠性陀螺惯性导航系统，并用于飞机和导弹，这为后来航空惯性导航的典型代表美国 Litton 公司的军用 LN-39 和民用 LTN-72 系统的出现奠定了基础。

20 世纪 70 年代，在利用高压静电场支承球形转子取代机械支承的静电陀螺研制成功后，先后在核潜艇和远程飞机上装备静电陀螺平台式惯性导航系统。

20 世纪 80 年代到 90 年代初，以激光陀螺、光纤陀螺为代表的捷联式惯性导航系统，得到了极其迅速的发展和非常广泛的应用。这一时期航空惯性导航的典型代表是 Litton 公司的环形激光陀螺捷联式惯性导航系统 LN-93 和美国霍尼韦尔(Honeywell)公司的环形激光陀螺捷联式惯性导航系统 H-423/E。

20 世纪 90 年代以后，主要是广泛应用惯性导航系统与全球定位系统(global positioning system，GPS)或其他导航系统的双重和多重组合导航系统。

我国从 20 世纪 50 年代开始研制惯性导航系统，现在已经有多个厂所能够研制生产多个系列的型号产品，广泛应用于航空、航天、航海等领域。

1.4.2 平台式惯性导航系统与捷联式惯性导航系统

平台式惯性导航系统的核心部分有一个实体的陀螺稳定平台。平台上的三个实体轴指向所选定的导航坐标系的轴向，如地理坐标系的东、北、天三个轴向，它为加速度计提供了精确的安装基准，保证三个加速度计测得的值正好是导航计算时所需的三个加速度分量，如图1-4-1所示。同时，这个平台完全隔离了飞机机动运动，保证了加速度计的良好工作环境。平台上的陀螺作为平台轴相对基准面偏离的角度(角速度)信号传感器，将其检测信号送至伺服放大器，经电机带动平台绕相应的轴旋转而重新返回基准面。

捷联式惯性导航系统与平台式惯性导航系统的主要区别就是不再有实体的陀螺稳定平台，加速度计和陀螺直接安装在载体上。"平台"这个概念和功能还是要有的，只是由导航计算机来实现，这时的关键问题是要将陀螺测量的绕机体坐标

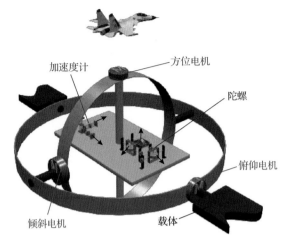

图 1-4-1　平台式惯性导航系统工作示意图

系的三个角速度通过计算机实时计算，形成由机体坐标系向类似实际平台的"平台"坐标系转换，即解出姿态矩阵表达式。以这个"数学平台"为基础，再将机体坐标系各轴上的加速度信号变换成沿"平台"坐标系各轴上的加速度信号，这样才能进行导航参数计算；同时，利用这个"数学平台"，还可求得载体的姿态和航向信号，使实体平台功能无一缺少。

　　捷联式惯性导航系统的主要优点是取消了结构复杂的机电式平台，减少了大量机械零件、电子元件、电气线路，不仅减小了体积、重量、功耗和成本，还大大提高了系统可靠性和可维护性。但是由于陀螺和加速度计直接与载体固联，载体的运动将直接传递到惯性元件(陀螺、加速度计)，恶劣的工作环境将引起惯性元件一系列动态误差，所以误差补偿技术要复杂得多，另外导航精度一般低于平台式惯性导航系统，这是捷联式惯性导航系统的主要不足。由于捷联式惯性导航系统除了进行平台式惯性导航系统所需的一切计算，还要进行大量的姿态矩阵、坐标变换以及动态误差补偿计算，所以对计算机的速度、容量和精度要求均比平台式惯性导航系统高。计算机问题曾是捷联式惯性导航系统发展过程中的一大障碍，但目前的计算机技术不仅满足了捷联式惯性导航系统的所有要求，而且反过来成为促进捷联式惯性导航系统实时计算、误差补偿和冗余配置等各项技术发展的积极因素。

1.4.3　惯性导航的特点

　　随着科学技术和国防事业的不断发展，人们对导航技术也提出了越来越高的要求。惯性导航设备除了一般设备要求的安全可靠、体积小、重量轻和价格低廉等特征，还有其独特的特点：

（1）工作自主性强。惯性导航仅仅依靠机载设备感测运动参数，不依靠任何其他信息就能独立地完成导航任务，是一种自主性最强的导航方法。

（2）提供导航参数多。惯性导航可以为机上用户提供加速度、速度、位置、姿态和航向等最全面的导航参数，可以与飞行控制系统交联，实现飞机的自动驾驶；与飞机火控系统交联，实时提供火控计算所需的速度、姿态和航向等信号，极大地提高瞄准和攻击精度；与飞机着陆系统配合，保证安全可靠。另外，光学瞄准系统、侦察照相系统、电视摄像系统以及雷达天线系统等机载设备都离不开惯性导航系统输出的有关信号。惯性导航的这一优势也是其他导航系统无法比拟的。

（3）抗干扰能力强，适用条件宽。惯性导航对磁、电、光、热及核辐射等形成的波、场、线的影响不敏感，具有极强的抗干扰能力，不会被敌方发现，也不会被敌方干扰；同时不受气象条件限制，能满足全天候导航的要求；也不受地面形状、沙漠或海面影响，能满足全球范围导航的要求。

（4）隐蔽性好。惯性导航系统不对外辐射电磁波，不易被探测，具有很强的隐蔽性。

但惯性导航也有着突出缺点，即纯惯性导航精度随时间增长而降低。惯性导航的核心部件——陀螺存在漂移误差，致使稳定平台随飞行时间的不断增长偏离基准位置的角度不断增大，使加速度的测量误差、速度及位置的计算误差不断增加，导航精度不断降低。所以，惯性导航在短程飞行中具有较高的精度，而长时间的远程飞行导航精度不甚理想。为了提高远程飞行的精度，只有提高陀螺、加速度计的制造精度，这都会增加生产中的难度和产品的成本。

本 章 小 结

飞机仪表主要用来测量飞机的运动状态，以及飞机上系统的工作状态，有的飞机仪表还能自动调节飞机的运动状态，或者自动计算飞机的其他飞行参数。随着航空技术的发展，飞机仪表已经成为飞机上的重要设备之一。

飞机电气系统是飞机供电系统和用电设备的总称，担负着为所有用电设备提供、输送电能并进行电气控制的重任。飞机供电系统由飞机电源系统和飞机配电系统两部分组成，前者用于电能产生、调节和变换，后者用于电能的传输、分配和管理。飞机电源系统由主电源、辅助电源、应急电源、二次电源等设备组成。飞机主电源主要有低压直流电源、交流电源、高压直流电源等类型。

飞行控制系统在现代飞机上不仅能够控制飞机姿态、速度、高度等，还可以根据任务要求控制飞机自动完成航迹飞行任务，大大减轻了飞行员的操纵负担，提升了完成复杂任务的能力。飞行控制系统经历了机械操纵系统、阻尼器、增稳系统、控制增稳系统、电传飞行控制系统、光传飞行控制系统等不同的发展阶段。

　　惯性导航系统由加速度计测量载体的加速度，并在给定运动初始条件下，由导航计算机算出载体的速度、距离和位置(经度、纬度)；由陀螺测量载体的角运动，并经转换、处理，输出载体的姿态和航向，以便引导载体完成预定的导航任务。惯性导航系统具有自主性、隐蔽性及信息的完备性等有别于其他导航系统的独特优点。

<h1 style="text-align:center">习　　题</h1>

　　1. 简述飞机仪表的分类。

　　2. 简述飞机仪表的发展阶段。

　　3. 分析飞机仪表的功用。

　　4. 什么是飞机电气系统、飞机供电系统？

　　5. 飞机电源系统由哪几种电源组成？其目的是什么？

　　6. 二次电源有哪几种形式？如何利用飞机电源得到想要的二次电源？

　　7. 现代飞机主电源有哪几种？其发展趋势是什么？

　　8. 飞机电气系统的正常工作主要受哪些环境条件的影响？

　　9. 飞机配电系统的主要功能是什么？

　　10. 简要说明飞机飞行控制系统的发展历史。

　　11. 简要分析飞行控制系统的基本组成。

　　12. 机械操纵系统和控制增稳系统的本质区别是什么？

　　13. 与增稳系统相比，控制增稳系统主要解决什么问题？控制增稳系统有什么缺陷？

　　14. 电传飞行控制系统的主要优势是什么？

　　15. 惯性元件包括哪几类？

　　16. 惯性导航系统按照结构形式分为哪两类？

　　17. 惯性导航系统有哪些优缺点？

第2章 大气数据系统

飞机的飞行高度、速度、升降速度和迎角等，都是重要的飞行参数，这些参数是准确判定飞行状态、正确操纵飞机的重要依据。这些飞行参数与大气参数有着密切的联系，飞行时，飞行参数改变，飞机周围的大气参数也相应改变。例如，飞行高度升高时，飞机周围大气的静压随之减小；在同一高度上，飞行速度增大时，飞机迎面受到相对气流的动压随之增大，相应的全压也增大。大气数据系统就是根据这些关系，通过测量飞机周围的大气静压、动压等参数，得出高度、速度和升降速度等飞行参数。

早期飞机上，都是利用分立式膜盒仪表来采集大气的动压、静压等原始参数，指示出飞机的飞行高度、升降速度、空速、马赫数等参数。随着科学技术的发展，现代飞机中出现了各种各样的分系统，如飞行控制系统、发动机控制系统、导航系统、火控系统、飞行参数记录系统、显示与告警系统等，这些分系统都需要大气数据信号，传统的分立式测量仪表与传感器难以满足要求。因此，伴随着传感器及计算机技术的发展，20世纪50年代后期出现了集中式大气数据系统，其发展从模拟式、数模混合式至数字式，技术日臻成熟，已成为近代飞机不可缺少的主要系统之一。随着新一代战斗机、远程轰炸机、空天飞行器等对大气数据系统输出精度、低雷达反射率、环境适应性等需求的进一步提高，大气数据系统为适应不同用途的飞行器平台而进一步发展，出现了基于多功能探头的分布式大气数据系统、嵌入式大气数据系统等，并向智能化、可被探测度低、数据融合等方向发展。

2.1 大气基本知识

飞行过程中，飞机的飞行性能和大气数据仪表的指示，都与大气基本状态有密切的联系。在研究飞行高度和飞行速度的测量时，必须首先了解大气的有关基本概念、大气在各种条件下的状态参数。

2.1.1 大气层

大气层是指包围在地球周围的空气层。根据气温垂直分布的特征，大气层可分为对流层、平流层、中间层和热层。

对流层是大气层中最低的一层，其底界是地面，顶界的高度随纬度和季节的不同而不同，对流层平均高度为 11km。对流层气流的特点是空气具有强烈的对流运动，温度和湿度分布不均匀，所以飞行员在飞行中所遇到的主要天气现象，如雷暴、云、雨等，都出现在这一层。在对流层中，气温随高度的升高而降低，平均每上升 100m，气温约下降 0.65℃。

平流层位于对流层顶之上，顶界伸展到 50～55km。在平流层内气流比较平稳，天气晴好，空气阻力很小，对飞行有利。平流层中，随高度的升高，气温最初保持不变或微有上升，到 25～30km，气温升高较快。

平流层以上依次是中间层和热层，目前飞机的飞行高度都处于对流层和平流层范围内。

2.1.2　大气基本参数

通常将密度 ρ、温度 T 和压强 P 作为气体的基本参数，这是因为这三个参数完全确定了气体的状态，用这三个参数可以描述大气状态的变化，所以又称状态参数。这三个参数满足气体状态方程：

$$P = \rho g R T \tag{2-1-1}$$

式中，R 为气体常数，对于空气 $R = 287\mathrm{N·m/(kg·K)}$；$g$ 为重力加速度。

1. 大气的密度、温度和压强

1）大气密度

大气分子的疏密程度通常用大气密度来表示。大气密度大，说明单位体积内的大气分子多。通常用单位体积内所含气体的质量来表示大气密度，如取体积 V 的大气，其质量为 m，则大气密度可表示为

$$\rho = \frac{m}{V} \tag{2-1-2}$$

ρ 又称质量密度。另一个常用的密度参数是比重 γ，即单位体积空气的重力，ρ 和比重 γ 的关系可表示为

$$\gamma = \frac{mg}{V} = \rho g \tag{2-1-3}$$

2）大气温度

大气温度表示大气的冷热程度。大气温度的变化实质上是大气内能变化的反映。大气内能增加，温度升高；反之，温度降低。一般用 T_s 或 T_H 表示不同高度的大气静温。大气温度的高低一般用摄氏温度（t）表示，也可以用热力学温度（T）表示，它们之间的关系为

$$T = (273.15 + t)(\text{K}) \tag{2-1-4}$$

飞机在运动过程中，周围的空气相对飞机高速流动，使得测量大气温度具有与测量固体表面温度和低速流体温度完全不同的特点。测量高速气流温度的主要特点是，气流和感温器要发生激烈的摩擦和碰撞。因此，对于相对飞机和感温器高速运动的大气，其温度概念也有所不同。

（1）静温。

静温是指气流未被扰动时的温度，也就是大气静止时的冷热程度，它是由大气分子做无规则热运动形成的。前面所提到的大气温度都是指大气的静温，也就是人们常说的气温。

（2）总温。

当气流流经物体表面时，由于物体表面的阻碍作用，气流流速降为零的点称为驻点，该点的温度就是总温。总温计算公式为

$$t_t = t_s \left(1 + 0.2Ma^2\right) \tag{2-1-5}$$

式中，t_t 为大气总温；t_s 为大气静温；Ma 为马赫数。

由式 (2-1-5) 可以看出，总温由两部分组成，一是静温，二是因气流受阻而由动能转化来的附加温度 (简称动温)。总温的大小与飞行高度和速度直接相关。

（3）阻滞温度。

任何感温元件在测温的过程中都存在热能损耗，因此飞机上实际测得的温度都小于总温，可以把实际测得的温度称为阻滞温度。阻滞温度与总温的关系可表示为

$$\frac{t_{\text{滞}}}{t_t} = N \tag{2-1-6}$$

式中，$t_{\text{滞}}$ 为阻滞温度；N 为温度恢复系数 (或品质因数)，表示动能转换成热能的恢复程度。

将式 (2-1-6) 代入式 (2-1-5) 有

$$t_{\text{滞}} = Nt_t = Nt_s \left(1 + 0.2Ma^2\right) \tag{2-1-7}$$

3）大气压强

压强表达式为 $P = F / S$，大气压强是指物体单位面积上所承受的大气垂直作用力，以符号 P 表示。不同高度的静压一般用 P_H 或 P_s 表示。按照气体分子运动理论，大量高速运动着的空气分子，连续不断地撞击物体表面，这种空气分子对

物体表面的撞击作用，即表现为大气对该物体表面所施加的力。研究表明：在静止的大气中，任一高度上的气压值等于其单位面积上所承受的大气柱重力。

在公制单位中，大气压强采用 kg/m² 或 kg/cm² 表示。在物理学中，大气压强采用 mmHg 或 mmH₂O 来表示。

2. 大气的密度、温度、压强与高度的关系

1) 大气密度和高度的关系

大气密度随高度的升高而减小，即高度升高，大气密度减小；高度降低，大气密度增大。但其变化率不是均匀的，低空时，大气密度减小较快；高空时，大气密度减小较慢。减小的快慢程度用垂直变化率 $d\rho_H/dH$ 表示。在对流层和平流层中，大气密度随高度升高而减小的程度是不相同的。大气密度和高度的关系如图 2-1-1(a)所示。

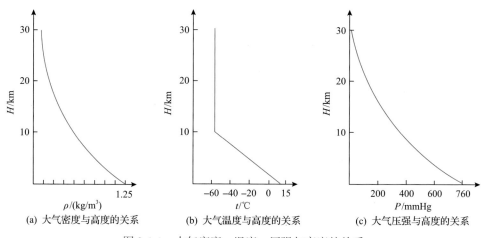

(a) 大气密度与高度的关系　(b) 大气温度与高度的关系　(c) 大气压强与高度的关系

图 2-1-1　大气密度、温度、压强与高度的关系

2) 大气温度和高度的关系

在对流层中，气温是随着高度升高而降低的。升高单位高度，气温降低的数值称为气温垂直递减率(简称气温直减率)，用 τ 来表示。不同季节、不同地区、不同高度的气温垂直递减率是不一样的，其平均值约为–6.5℃/km。在对流层中任意高度 H 的气温表达式为

$$t_H = t_0 + \tau H \tag{2-1-8}$$

式中，t_0 为海平面的标准气温(℃)。

在平流层中，25km 以下的高度，气温不随高度变化，随着高度的升高，地面辐射的影响逐渐减弱，但太阳辐射的影响却逐渐增强，使这层空气获得的辐射几

乎随高度升高而不变。因此，高度升高，气温基本保持不变，平均为–56.5℃。当高度超过 25km 时，由于空气层中的臭氧含量随高度升高而增加，臭氧直接吸收太阳的辐射能也增多，因此高度越高，获得的热量也越多，温度也就越高，其温度递升率 $\tau' = 0.1℃/km$。大气温度和高度的关系如图 2-1-1(b)所示。

3) 大气压强(简称气压)和高度的关系

从地面开始，上升越高，在它上面的空气柱越短，气压就越低。所以，气压总是随着高度的升高而降低，如图 2-1-1(c)所示。从图中可以看出，高度与气压存在单值对应关系。根据标准大气条件可以推导出气压与高度的关系。无论在任何高度上，高度与气压都存在一一对应的关系。如果测出某高度处的气压，就可以利用标准气压高度公式，计算出该处的标准气压高度。

气压虽然是随着高度升高而递减的，但递减的快慢程度不同。在对流层中，高度升高时，大气压力除了随大气密度的减小而减小，还要随气温的降低而减小，所以大气压力减小较快。但对整个大气层来说，随高度升高大气密度减小是气压随高度升高而减小的主要原因。大气密度大的地方，气压递减得快一些；大气密度小的地方，气压递减得慢一些。

4) 标准大气

飞机的飞行性能和大气数据仪表的指示，都与大气状态的基本参数有密切的联系。为了便于比较飞机的性能和设计大气数据仪表，必须以一定的大气状态为标准。通常取某一地区(如北纬 35°～60°地区)的气温、气压和空气密度的平均值作为大气标准状态的数值。处于这种状态的大气，称为标准大气。目前各国通用的标准大气是：干洁空气，空气的成分不随高度升高而变化，并遵循理想气体状态方程。我国国家标准规定的标准大气压，采用海平面温度为 15℃、气压为 1013.25hPa(760mmHg)、密度为 $1.2250kg/m^3$；在 11km 以下，高度每增加 100m，温度降低 0.65℃；在 11～20km，温度保持在–56.5℃。这样规定的标准大气压，与我国中纬度(北纬 45°)实际大气十分接近。

2.1.3　大气参数与飞行

在飞行过程中，飞机相对空气运动产生气流。在正对气流方向的飞机表面上，气流完全受阻，速度降到零，气流分子的规则运动全部转化为分子热运动，气流的动能全部转化为压力能和内能，空气的温度升高、压力增大，这个压力称为受阻全压力，简称全压。气流未被扰动处的压力为大气压力，称为静压 P_H。全压和静压之差称为动压 P_d。全压和静压通过空速管(又称全/静压管)收集。

飞机飞行时，高度、速度等飞行参数与飞机周围的大气参数密切相关，可由相应大气参数解算得出。

1. 高度

根据标准气体状态方程及空气受力分析可以得到 11km 以下的标准气压-高度公式和标准高度-气压公式：

$$P_H = P_0 \left(1 - \frac{\tau H}{T_0}\right)^{\frac{1}{R\tau}} \tag{2-1-9}$$

$$H = \frac{T_0}{\tau}\left(1 - \frac{P_H}{P_0}\right)^{R\tau} \tag{2-1-10}$$

当高度大于 11km 时，气温为常数，可以得到 11km 以上的标准气压-高度公式和标准高度-气压公式：

$$P_H = P_{11}\, e^{-\frac{H - H_{11}}{RT_{11}}} \tag{2-1-11}$$

$$H = H_{11} + RT_{11}\ln\frac{P_{11}}{P_H} \tag{2-1-12}$$

从气压和高度的关系可知：在标准大气条件下，飞行高度(H)是气压(P_H)的单值函数。因此，可以通过测量气压的大小，得到飞机飞行的高度。

2. 空速

飞机相对迎面气流的速度，称为空速。常用的空速有指示空速、真空速和马赫数。

1) 指示空速 V_i

指示空速又称表速，是在海平面标准大气条件下，仅利用动压得到的空速。对指示空速的安装误差和仪表误差修正后，可以得到校正空速。

飞机亚声速飞行时，考虑到空气的压缩性，空速的大小与相对气流的动压、静压和气温的大小有关。如果仅考虑海平面标准大气条件，即把静压 P_H 和气温 T_H 看成不随高度和区域变化的常数，将 P_H 和 T_H 用标准大气海平面的气压 P_0 和气温 T_0 代替，由此得到指示空速计算公式如下：

$$V_i = \sqrt{\frac{2gKRT_0}{K-1}\left[\left(\frac{P_d}{P_0}+1\right)^{\frac{K-1}{K}}-1\right]} \tag{2-1-13}$$

式中，R 为标准气体常数；K 为空气绝热指数($K \approx 1.4$)。

这样一来，指示空速 V_i 就只与动压 P_d 这一个变量呈单位对应的函数关系。

由于指示空速只与动压一个被测变量有关，测量仪表的结构简单，在进行地面校验和刻度时也较为简便；指示空速还有助于飞行员了解飞机的升力和阻力情况，以便正确、安全地操纵飞机。

由飞机升力公式 $Y = C_Y S P_d$ 可知，飞机上的升力取决于飞机的升力系数 C_Y、机翼面积 S 以及动压 P_d（飞机阻力与之类似，区别在阻力系数）。升力系数可以反映迎角的大小，在小于临界迎角的范围内，迎角越大，升力系数就越大，可见，在一定的迎角下，只要保持飞机有一定的指示空速 V_i（即有一定的动压 P_d），就可以保证飞机有一定的升力，从而防止飞机出现失速现象。在一定范围内要保持升力一定，小迎角对应较大的指示空速，大迎角对应较小的指示空速。飞机离地升空这一瞬间所需的升力，也是通过观看指示空速的大小来判定的，当指示空速达到某一规定值时，即可拉杆升空。飞机在不同的高度上平飞时，如果迎角保持相同，所需的指示空速值也是一样的。所以，指示空速并不代表飞机的真正速度，但是飞行员根据指示空速大小，可以判断作用在飞机上的空气动力（如升力、阻力等）情况，以便正确操纵飞机。

2）真空速 V_t

真空速是飞机相对周围空气的真实速度，根据真空速可以进行领航计算、火力控制以及攻击敌机的有利速度的计算。将相对气流的实际温度当成符合标准大气条件的标准气温，并根据标准气温与气压的关系，用气压参量 P_H 来代替气温参量 T_H。这样，在真空速的测量公式中，真空速 V_t 就只与动压 P_d 和静压 P_H 两个变量有关。在 0~11000m 高度的对流层内，飞机亚声速飞行时真空速计算公式为

$$V_t = \sqrt{\frac{2gKRT_0}{K-1}\left(\frac{P_H}{P_0}\right)^{-R\tau/g_0}\left[\left(\frac{P_d}{P_H}+1\right)^{\frac{K-1}{K}}-1\right]} \tag{2-1-14}$$

真空速与风速的和，即地速为

$$V_g = V_t + V_w \tag{2-1-15}$$

3）马赫数 Ma

马赫数可以表示飞机在飞行中空气被压缩的程度，它与声速成反比，与飞行速度成正比，即飞机真空速 V_t 与飞机所在高度上声速 a 的比值，用符号 Ma 表示，其计算公式为

$$Ma = \frac{V_t}{a} \tag{2-1-16}$$

飞机飞行速度越大，马赫数越大，飞机前的空气就被压缩得越严重。实践表明，当 $Ma \leqslant 0.4$ 时，空气压缩性的影响不大；当 $Ma > 0.4$ 时，了解飞机的空气动

力情况就需要考虑空气的压缩性影响。因此，在高速飞行时，马赫数是需要重点关注的飞行参数之一。

2.2 分立式大气数据仪表

分立式大气数据仪表包括气压式高度表、升降速度表、指示空速表、真空速表、马赫数表等指示仪表，收集大气全压和静压的空速管以及传输全压和静压的管路。分立式大气数据仪表将采集到的全压和静压分别送至各仪表内部，每个仪表独立解算相应飞行参数，整个系统以全压和静压的采集、输送和测量为中心，故又称全静压系统。分立式大气数据仪表通常用金属膜盒测量大气的静压和动压，因此又称膜盒仪表。全静压系统各分立仪表是最早装备于飞机的大气数据仪表类型，具有可靠性高、便于维护的特点，仍然作为备份仪表装备于现代飞机。

2.2.1 空速管

空速管是收集大气全压和静压的设备。能否迅速和准确地收集全压、静压，直接影响大气数据仪表指示的准确性。全静压系统收集和输送全压、静压的准确程度与空速管的结构、迎角和飞行速度有关，而全压、静压的传输速度主要与空速管在飞机上的安装和管路敷设情况有关。

1. 空速管的结构

空速管的外壳一般为流线型的管子，外表光滑，以便减弱对气流的扰动并准确地收集全压和静压。空速管一般包括全压部分、静压部分和加温装置，如图 2-2-1 所示。

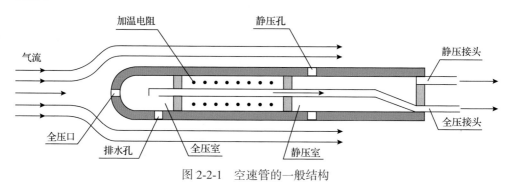

图 2-2-1　空速管的一般结构

1）全压部分

全压部分用来收集气流的全压。全压口位于空速管的头部正对气流方向，气流到达全压口时，完全受阻，流速降到零，因而得到气流的全压。全压经全压口进入全压室，经全压导管、全压接头和管路进入仪表和有关设备。为防止全压室凝结积水，影响测量的准确性，在全压室下部开有排水孔。

2）静压部分

静压部分用来收集大气的静压。静压孔位于空速管周围没有紊流的地方。静压经静压室、静压接头和导管进入仪表及有关设备。

3）加温装置

加温装置由绕在瓷管上的电阻丝组成。加温装置装在全压导管的前部，在瓷管的电阻丝外面包有云母片与外壳绝缘。加温装置通电时，能使空速管保持一定的温度，防止飞行中因气温降低而使水汽在空速管内结冰，堵塞全压口和静压孔，影响全静压系统仪表及有关设备的正常工作。

2. 空速管的类型

为确保空速管采集的全压和静压准确，亚声速飞机和超声速飞机的空速管形状是不同的。亚声速飞机的空速管如图 2-2-1 所示，整体为圆柱形，头部为半球状。某些情况下，为提升空速管功能，增加数据采集信息量，在亚声速空速管基础上增大直径，在空速管探头上下表面各增加 1 个测压孔，采集上下表面压差以计算迎角，如图 2-2-2 所示。

图 2-2-2　压差式空速管

随着飞行速度的提升，需要对空速管结构做出调整，以保证全压和静压的采集精度，如图 2-2-3 所示。超声速空速管头部较细，全压口管壁很薄，可以减小超

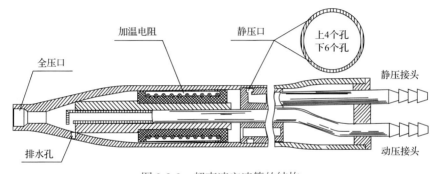

图 2-2-3　超声速空速管的结构

声速飞行时的激波强度及大迎角飞行时采集全压的误差。静压孔距离前部较远，一般大于空速管直径的 8 倍，以减小空速管头部对静压采集的影响，且静压孔分布为上部 4 孔下部 6 孔，以减小大迎角飞行时静压的误差。

新一代战机采用气动补偿式空速管，可以补偿静压孔的位置误差，提升了静压采集精度，如图2-2-4所示。气动补偿式空速管带有气动补偿器，由一个全压口和三排互不相通的静压孔 C_1、C_2、C_3 构成，其中第三静压室 C_3 位于气动补偿器上，即位于空速管的凸起部位。气动补偿器产生的误差与空速管产生的测量误差大小相等，符号相反，所以气动补偿器能够消除空速管产生的大气测量误差。在静压室 C_1 和 C_3 中还连接一个气动转换器，气动转换器用来根据飞行 Ma 的变化，保证输出静压准确。当飞机飞行 $Ma < 1$ 时，静压室 C_3 感受的大气静压比静压室 C_1 感受的静压误差小；当飞行 $Ma \geqslant 1$ 时，则相反，这样由 C_1、C_3 就构成了一条精确静压管路，而 C_2 未用。气动转换器根据飞机飞行速度进行气路转换，当亚声速飞行时，通过气动转换器的转换，机头静压管的 C_3 与飞机静压管路接通；当从亚声速向超声速飞行过渡时，利用 C_1 和 C_3 之间的压差作用，使机上静压管路与 C_3 断开，并接通到 C_1，以保证飞机在整个工作飞行速度范围内获得必要精度的静压源。

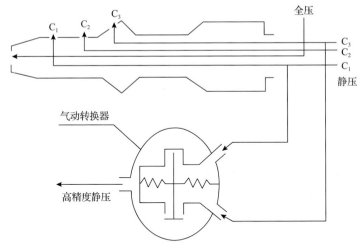

图 2-2-4　气动补偿式空速管结构图

3. 空速管的使用

飞机停在地面时，为防止尘土进入空速管内，在管上套有防尘罩。飞行前，应检查防尘罩是否取下，如未取下，应立即取下，否则全静压系统的各仪表不能正常工作。

在地面检查空速管加温电阻的工作时，因为没有相对气流给空速管散热，所以接通加温电门的时间应根据具体机型、型号严格控制，否则会烧坏加温电阻。

在空中, 若空气湿度大(如穿云), 温度又低, 则应接通加温电门, 给空速管加温。在有的机型上, 空速管加温分为"半加温"和"全加温", 在起飞前接通"半加温", 在起飞后接通"全加温"。空速管加温应根据具体机型和型号, 按相应规定操纵。

2.2.2 气压式高度表

气压式高度表通过感受大气静压, 指示飞机飞行高度。正确地测量和选择飞行高度, 对充分发挥飞机性能、减少燃油消耗、节约飞行时间和保证飞行安全意义重大。

1. 飞行高度的种类

飞机的飞行高度是指飞机距离地面某一基准面的垂直距离。测量高度的基准面不同, 得出的飞行高度也不同。飞行中使用的飞行高度可分为四种, 如图 2-2-5 所示。

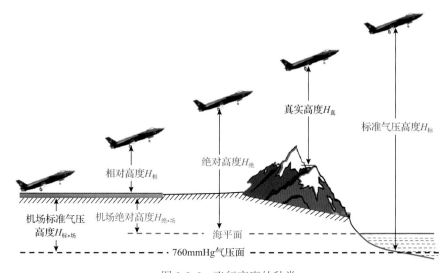

真实高度$H_{真}$

标准气压高度$H_{标}$

绝对高度$H_{绝}$

相对高度$H_{相}$

机场绝对高度$H_{绝·场}$

机场标准气压高度$H_{标·场}$

海平面

760mmHg气压面

图 2-2-5 飞行高度的种类

相对高度: 飞机到某一机场所在平面的垂直距离。飞机起飞或降落时, 必须知道飞机的相对高度。

绝对高度: 飞机到海平面的垂直距离。

标准气压高度: 飞机在空中的位置到标准气压平面(即 760mmHg 气压面)的垂直距离。如果标准气压平面与海平面恰好重合, 则标准气压高度就等于绝对高度。在大机群编队或远距离飞行时, 为了保证同一空域和同一航线上的飞机不在同一气压平面上飞行, 以免发生相撞危险, 需要使用标准气压高度。

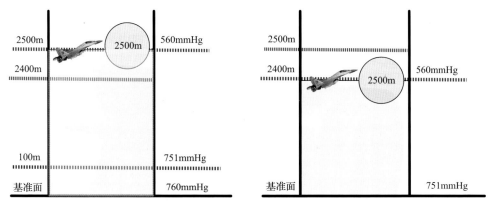

图 2-2-8　气压方法误差产生的原因

落地，仪表指示还有 100m 高度。

　　修正的方法是：飞机着陆前，转动气压调整旋钮，使气压刻度指示实际场压值（上例中为 751mmHg）。

　　2）气温方法误差

　　高度表测量基准面的气温以及气温垂直递减率不符合标准大气条件而引起的误差称为气温方法误差。

　　图2-2-9 说明了气温方法误差产生的原因。假设大气柱符合标准大气条件，则飞机所在气压面的高度等于仪表指示的高度，仪表没有误差，如图 2-2-9（a）所示。当大气柱实际平均温度高于标准平均温度时，大气柱膨胀，其顶面高度增高。要想保持高度表指示不变（即大气压力不变），飞机必须与顶面同时升高，如图 2-2-9（b）所示。此时，高度表指示小于实际飞行高度，产生少指误差。相反，当大气柱实际平均温度低于标准平均温度时，大气柱收缩，其顶面高度降低，如图 2-2-9（c）所示。高度表指示的高度大于飞机的实际高度，产生多指误差。气温

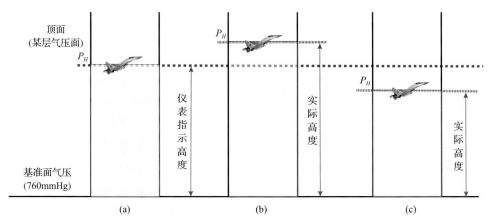

图 2-2-9　气温方法误差产生的原因

方法误差需要通过领航计算进行修正。

为了保证飞行安全，飞行员应该记住"从热飞往冷或从高(压区)飞往低(压区)，防止高度低"。此外，飞行中还应综合分析升降速度表、无线电高度表和地平仪的指示。如果其他几种表都表明高度有变化，而高度表没有相应的指示，可以判断高度表故障。这时，可由升降速度表和地平仪判断高度的变化；由无线电高度表或座舱高度压差表估计飞机的飞行高度。

4. 高度表的使用

在执行飞行任务过程中，应根据飞行阶段和具体科目情况，对高度表进行操作使用。

1)起飞前

起飞时，高度表应指示以起飞机场为基准面的相对高度。为此先校场压，使气压刻度(或显示数)为当时场压，高度指针应指零。

2)飞行中

在本场飞行时，高度表应指示相对高度。若转场飞行时，飞机起飞后，应由飞行员转动调整旋钮，在气压刻度盘选择测高基准面 760mmHg, 高度指针即指示飞机的标准气压高度。

3)着陆前

着陆过程中，高度表应指示以着陆机场为基准面的相对高度。在着陆前，若有气压方法误差(或转场飞行)，由飞行员在着陆前转动调整旋钮，在气压刻度盘选择着陆机场场压作为测高基准面，高度指针便指示相对高度。

4)着陆后

着陆后，高度指针指零。若用标准气压高度着陆，高度指针则指示机场标准气压高度。

2.2.3　座舱高度压差表

在高空飞行时，飞机座舱通常采用密封增压座舱，目的是保证飞机在飞行过程中座舱气压不会减小过多而影响飞行员的正常生理需要。座舱内气压的大小是由座舱调压系统自动调节的。座舱高度压差表用来反映座舱的密封增压情况，它由相互独立的座舱高度表和座舱压差表合装在一起组成。

1. 座舱的增压情况

在座舱自动调压系统工作正常的条件下，某型飞机的座舱增压情况如图 2-2-10 所示，图中高度为标准气压高度。飞机的密封座舱在 2000m 高度(飞行高度，指的是标准气压高度，下同)以下不增压。高度变化时，座舱气压随机外大气压等值变化，座舱内外的气压相等，压差为零。

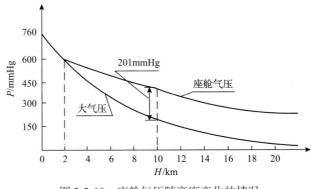

图 2-2-10　座舱气压随高度变化的情况

　　高度在 2000～10000m 范围内时，座舱内气压与机外大气压之差逐渐增大。由于机外大气压随高度升高按一定规律减小，座舱内气压虽然比机外气压高，但随着高度的升高，座舱气压仍然逐渐减小，只不过减小的幅度要比机外大气压减小的幅度小。

　　高度在 10000m 以上时，座舱增压的规律是：始终保持座舱内气压与机外大气压之差不变，压差值为 $(200±10)\,\mathrm{mmHg}$（约为 $0.3\mathrm{kg/cm^2}$）。此时，随着高度的升高，座舱内气压与机外大气压以相同的规律和相同的幅度逐渐减小。

　　2. 座舱高度表

　　座舱高度表用来反映座舱气压的大小，它指示的是座舱气压所对应的标准气压高度，即座舱高度。座舱高度是反映座舱气压高低的一个参数，飞行员可以参考座舱高度来确定使用氧气设备的时机；在高度表发生故障的情况下，飞行员可以根据座舱高度和座舱内外的压差值，粗略地推算出飞机的标准气压高度。

　　座舱高度表和气压式高度表一样由真空膜盒、传送机构、指示部分和壳体等组成，如图 2-2-11 所示。

　　座舱高度表的表壳内通座舱空气。具有弹性且内部抽成真空的真空膜盒是座舱高度表的测量元件。座舱高度表和气压式高度表的原理是一样的。

　　3. 座舱压差表

　　座舱压差表用来测量和指示座舱内空气与飞机周围大气之间的压差。座舱压差表主要由开口膜盒、传送机构和指示部分等组成，如图 2-2-12 所示。

　　开口膜盒外部为表壳内部所通的座舱空气，膜盒内部通大气的静压，这样作用在开口膜盒膜片上由外向内的压差，就是座舱内外空气的压差。在这个压差作用下，开口膜盒变形，产生弹性力与压差的作用力相平衡，其中心点的位移经传送机

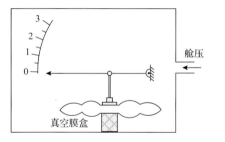

图 2-2-11　座舱高度表原理

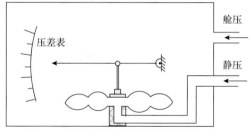

图 2-2-12　座舱压差表原理

构的传送，带动压差刻度盘转动，与表壳固联的三角指标在刻度盘上指示出压差值。

当座舱不增压时，座舱内、外气压相等。开口膜盒处于自然状态，经传送机构使刻度盘的刻度对正三角指标。

压差刻度盘的刻度沿逆时针方向增大。当座舱增压且内外压差增大时，开口膜盒外与膜盒内的压差增大，开口膜盒收缩，通过连杆和齿轮传送机构的传送，使压差刻度盘顺时针转动，三角指标在压差刻度盘上指示"＋"值区域，并且所指示的压差值增大。

座舱高度和座舱压差通常合并在一个仪表内显示，称为座舱高度压差表，如图 2-2-13 所示。

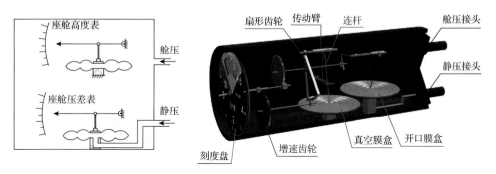

图 2-2-13　座舱高度压差表原理及结构

2.2.4　升降速度表

飞机在飞行中高度会发生变化(飞机爬升或下降)，气压也会随之变化。高度的变化率是单位时间内飞行高度的变化量，也可称为"升降速度"、"垂直速度"或"升降率"。升降速度表主要用来测量和指示飞机的升降速度，并可配合地平仪反映飞机是否平飞。升降速度的标准单位是 m/s。

1. 升降速度表的原理

一定条件下，飞机的飞行高度与气压有着一一对应的关系。飞机的飞行高度变化时，飞机外部气压（静压）也随之变化。飞行高度变化越快，飞机的升降速度越大，外部气压的变化也就越快。升降速度表通过测量飞机外部气压的变化速度指示飞机的升降速度。

升降速度表的核心部分是毛细管和开口膜盒，其原理如图 2-2-14 所示。内径很小的毛细管的内端通密封的表壳内腔，外端通大气静压，它能将静压的变化率转换成毛细管两端的压差。开口膜盒内部通过一根内径较大的导管与外部静压相通，开口膜盒的内外压差就是毛细管两端的压差，开口膜盒在此压差作用下产生位移，经传送机构使指针指示出升降速度。

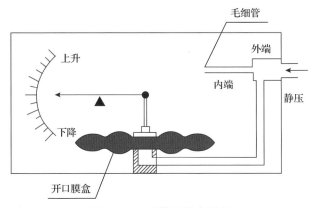

图 2-2-14　升降速度表原理

飞机平飞时，毛细管两端的气压都等于大气静压，压差为零，开口膜盒处于自然状态，指针指零。飞机上升时，开口膜盒内部的气压几乎能随大气的静压一起同步下降（因为连通开口膜盒内部的导管的内径较大）；与此同时，表壳内腔的空气经毛细管向外流出，表壳内腔的气压也要下降。但是，由于毛细管的内径很小，对空气流动的阻碍作用较大，加上表壳的内腔容积较大，因而表壳内腔的气压不能随大气的静压一起同值下降，即表壳内腔的气压大于大气的静压，这样毛细管的两端和开口膜盒的内外就形成了一个压差。在此压差的作用下，开口膜盒被压缩，并通过传送机构使指针顺时针方向偏离零位，指针便在刻度盘上指示出飞机的上升状态，毛细管两端的压差由于毛细管阻碍作用会不断累积增大，而毛细管中空气流速随两端压差增大而加快，当表内气压随空气流出而降低的速度与外部气压降低速度相等时，压差不再增大，指针稳定指出当前上升速度。飞机的上升速度越大，大气静压下降得越快，通过毛细管的空气流速越快，毛细管两端的压差越大，指针指示的上升速度值也就越大。飞机的上升速度保持一定时，毛细管两端的压差也保持一定，指针的指示值保持一定。

飞机下降时，大气静压不断升高，空气经过毛细管流入表壳受阻，大气的静压大于表壳内腔的气压，开口膜盒膨胀，经传送机构使指针逆时针方向偏离零位，从而指示出飞机的下降速度。

2. 升降速度表的结构特点

升降速度表由感受转换部分、传送部分、指示部分和调整部分组成，其结构如图 2-2-15 所示。感受转换部分主要由毛细管、开口膜盒和表壳等组成。由于升降速度表测量的范围较大，为了减小延迟时间，采用了三根毛细管并联，以使毛细管的总内径增大。在内场校验时，可以通过更换毛细管来改变毛细管的长度，从而消除升降速度表在各刻度多指或少指的误差。

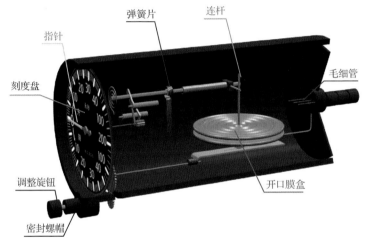

图 2-2-15　升降速度表的结构和指示

为了保证升降速度表的灵敏度，特别是在零位附近的灵敏度，采用了对小压差很敏感的开口膜盒。同时，用两个很灵敏的开口膜盒串联组成膜盒组，膜盒组的总的中心位移等于两个膜盒中心位移之和。

灵敏的开口膜盒，由两片很薄的波纹金属弹性膜片焊接而成。由于膜片很薄，为了防止膜片在较大的压差下损坏或产生永久变形，在表内的转轴上装有一个限制螺钉。当膜盒膨胀或收缩过多时，开口膜盒的中心位移带动转轴转动时，会使限制片与其两侧固定在支架上的限制螺钉接触，使转轴不能继续转动，从而限制了开口膜盒中心位移的继续增大。但这种限制作用只能在一定范围内起保护作用，当压差超过正常范围时，开口膜盒将出现永久变形甚至损坏。

升降速度表的传送部分和指示部分的关系很密切，故放在一起加以说明。传送部分除了连杆、传送臂、扇形齿轮、小齿轮和两根游丝(分别装在转轴和指针轴上)外，转轴上还固定着一个弹簧片。弹簧片用来使上升率刻度和下降率刻度在保持对称的条件下，都是前稀后密的(刻度前稀后密，是指升降率改变同样的数值，指针转角的改变量在小升降率时较大，而在大升降率时较小)。

为什么要使刻度前稀后密？升降速度表既要刻上升率刻度，又要刻下降率刻度，只能各占半圈。低速飞机上的升降速度表，升降率的测量范围很小，各占半圈是足够用了，它的刻度基本上是均匀的。歼击机的速度较大，可能升降率也较大，要求升降速度表有较大的测量范围。同时，为了便于飞行员在飞机平飞时从升降速度表判明飞行高度是否有变化，还要求升降速度表对于小升降率有较高的灵敏度。为了同时满足这两方面的要求，凡测量范围较大的升降速度表的刻度都必须是前稀后密的。在升降速度表中，刻度前稀后密是利用转轴上的弹簧片实现的。

调整部分由调整旋钮、调整齿轮、传动齿轮和偏心轮组成，用来使指针的起始位置对准零刻度。膜盒非常灵敏，可能产生微小的永久性变形，使指针的起始位置偏离零刻度。这时可利用调整部分进行调整。调整时，先拧松调整旋钮，拉出后再转动，偏心轮被带着转动时，固定着开口膜盒的弹性底座上下移动，指针的起始位置随之发生改变。调好后，务必将调整旋钮拧紧，以保持表壳密封。

3. 升降速度表的误差

升降速度表的误差主要有气温误差和延迟误差。

1) 气温误差

飞机外部、表壳内部气温和毛细管中平均气温不相等时，毛细管两端会产生压差，使仪表指示出现误差，这就是气温误差。其误差相对值，最大可达30%。气温误差的大小与升降速度有关，升降速度越大，误差越大；升降速度越小，误差越小。仪表在零刻度附近基本上没有气温误差。因此，用升降速度表检查飞机平飞时，即使存在气温误差，也有较高的准确度。

2) 延迟误差

飞机升降速度跃变时，升降速度表需要经过一段时间才能指出相应数值，在这一段时间内，仪表指示值与飞机升降速度实际值之差称为延迟误差。自升降速度开始跃变到指示接近相应的稳定值所经过的时间称为延迟时间。

升降速度表具有延迟误差的原因是仪表要指示实际的升降率，膜盒内外必须有一个稳定的压差。而这个稳定的压差只有在毛细管两端气压变化率相等，即空气的流动达到动平衡状态时才能形成。当飞机升降率跃变时，毛细管两端开始出现压差，而要达到动平衡状态，就需要一个变化过程。在这段时间内，仪表指示只能逐渐变化，不能立刻指示实际值，这样就出现了延迟误差。

飞机升降率越大，膜盒内外的压差也就越大，因此延迟误差越大，延迟时间越长。飞机在高空飞行时，由于空气密度小，达到动平衡的时间稍长，因此高空飞行时延迟时间稍长，低空飞行时延迟时间稍短。

一般来说，升降速度表的延迟时间只有几秒，如有的升降速度表延迟时间为2～7s。为了减小升降速度表的延迟误差，飞机升降速度的跃变量不宜太大。这就要求飞行员操纵飞机时，移动驾驶杆应柔和，动作不能太猛，动作量不能太大。同时，还应注意地平仪的指示，以便及时保持飞机状态。在改为平飞时，俯仰操纵还要留有提前量。

需要说明的是，虽然升降速度表存在延迟误差，但在零刻度附近误差却很小，仪表很灵敏。飞机刚一出现上升或下降，仪表立刻会偏离零位。所以升降速度表是了解飞机上升、下降或平飞状态的重要仪表。

2.2.5　空速表

测量和显示空速的仪表，称为空速表。常用的空速表有指示空速表、真空速表和马赫数表。

1. 指示空速表

指示空速表实质上是一个动压表，利用开口膜盒测量动压，并按标准大气条件下海平面空速与动压的对应关系，以空速(km/h)数值来表示动压的大小。指示空速表用来测量并指示飞机亚声速飞行时的指示空速，反映飞机的空气动力(升力、阻力)情况(跨声速和超声速飞行时，飞机的空气动力情况还需参考马赫数Ma)。指示空速表由开口膜盒、传送机构、指示部分和密封壳体组成，如图2-2-16所示。

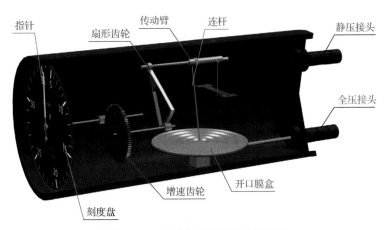

图 2-2-16　指示空速表的结构和指示

指示空速表内有一个开口膜盒，内部通全压，外部(表壳内)通静压，开口膜盒内外压力之差就是动压。当动压为零时，开口膜盒处于自然状态，此时指针停在零点。当有动压作用时，开口膜盒膨胀而产生中心位移，经过传送机构带动指针指示。当开口膜盒膨胀后的弹性力与动压作用力相平衡时，开口膜盒的中心位移一定，指针的指示也就一定。动压越大，指针指示出的空速数值也就越大，其原理如图 2-2-17 所示。

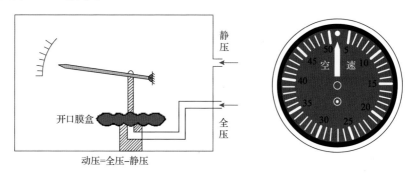

图 2-2-17　指示空速表原理与指示

2. 真空速表

利用膜盒仪表测量飞机的真空速时，广泛采用动静压式真空速表，即只测量相对气流的动压和静压，真空速表由开口膜盒、真空膜盒、传送部分和指示部分组成，如图 2-2-18 所示。

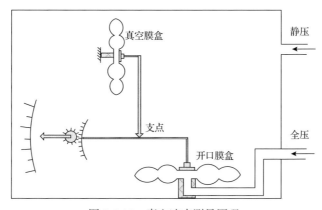

图 2-2-18　真空速表测量原理

真空速表利用开口膜盒来感受动压。动压越大，开口膜盒膨胀使连杆的上移量就越大，指针的转角就越大。真空速表还用真空膜盒来感受静压。当高度升高静压减小时，真空膜盒膨胀，支点右移，使传送机构的传送比增大，从而使同样动压值下的指针转角增大。开口膜盒位移对指示的影响，反映了动压对真空速的影响；真空膜盒位移对指示的影响，既反映了静压对真空速的影响，也反映了气温对真空速的影响。因此，指针在刻度盘的指示值，就是飞机的真空速。

3. 马赫数表

当飞机的飞行速度达到或超过声速时，飞机的空气动力特性会发生较大的变化，直接影响飞机的稳定性和操控性，此时必须要用马赫数表来帮助飞行员正确地操纵飞机，确保飞行安全。马赫数是飞机真空速与所在高度声速之比，即式 (2-1-16)。

马赫数表的结构和真空速表类似。

2.3 集中式大气数据系统

集中式大气数据系统利用中央处理器 (central processing unit，CPU) 对输入大气信号进行采集和集中处理。集中式大气数据系统用软件实现各种大气数据的数字运算，速度快、精度高；原始参数传感器大多采用无活动接触、具有高重复性和稳定性的固态压力传感器，能使输入的压力转换成频率或周期量输出，不仅避免了复杂的机电转换装置，而且还能减小参数转换过程中产生的误差。

2.3.1 集中式大气数据系统的功用和组成

集中式大气数据系统由传感器测得静压、全压、总温及迎角信息，经过计算机处理后，向飞行控制系统、惯性导航系统、火控系统、导弹过载比较装置、雷达、发动机防喘系统、进气道调节系统、差动平尾、方向舵载荷机构、飞行参数系统提供气压高度、真空速、指示空速、马赫数、迎角、升降速度等三十多个信号。此外，它还具有误差修正、自监控、故障警告和飞行前自检测等功能。

集中式大气数据系统由传感器、大气数据计算机 (简称大气机或 ADC) 和显示装置三大部分构成。

1. 传感器

传感器部分包括压力传感器组件、阻滞温度传感器、迎角传感器、空速管等，主要用于获取全压、静压、总温和迎角四个原始参数。

2. 大气数据计算机

集中式大气数据系统的核心部分是大气数据计算机，它的硬件部分由中央处理器及相应的外围电路构成，大部分集中式大气数据系统都把压力传感器组件和大气数据计算机装在同一个机箱中，当然也有采用分布式压力传感器，将安装在不同位置的压力传感器信号处理后分别传送到大气数据计算机。

3. 显示装置

显示装置主要用来显示高度、空速等相关信息。

2.3.2 集中式大气数据系统传感器

1. 压力传感器

压力传感器组件主要由静压传感器和全压传感器两个分组件组成，二者在测量原理、测量线路的组成等方面是完全相似的，都是由一个振动筒压力传感器和处理电路板组成。每个压力传感器通过一个矩形插头座与计算机母板连接，传感器进气孔与前面板上的接管嘴用橡胶皮管连接后再与机上空速管的全压、静压导管相接。振动筒压力传感器的结构如图 2-3-1 所示。

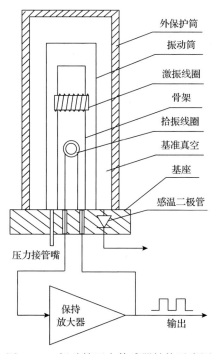

图 2-3-1 振动筒压力传感器结构示意图

压力传感器组件的主要作用是测量来自飞机空速管的静压 P_H 和全压 P_t，并将频率与被测压力呈函数关系的低频脉冲信号送入输入接口组件。压力传感器组件自身的非线性和温度误差可通过软件进行修正。压力传感器组件采用两套完全相同的振动筒压力传感器对静压和全压进行测量，只是在测量范围、输出频率的变化范围和传感器的输出特性等方面存在差异。振动筒压力传感器是一种高精度的测压装置，它由振动筒、激振线圈、拾振线圈、基座和外保护筒等组成。

基座除用于固定线圈骨架、振动筒和外保护筒，还有通入被测压力的进气孔，并内置感温二极管。外保护筒和振动筒之间抽成真空，作为被测压力的参考基准，当被测压力进入振动筒和线圈组件之间的空腔时，振动筒感受到的就是绝对压力。

外保护筒还具有屏蔽作用，用来防止外界电磁场的干扰。

2. 阻滞温度传感器

阻滞温度传感器用于测量飞行中气流的阻滞温度，并以电阻形式向大气数据计算机提供总温信号，以便计算与大气温度有关的大气参数，其结构如图 2-3-2 所示。

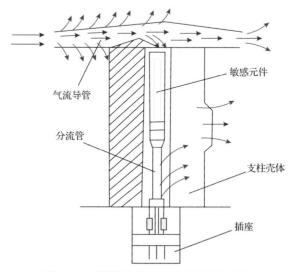

图 2-3-2　阻滞温度传感器的结构示意图

阻滞温度传感器又称总温探头，它由气流导管、支柱壳体、敏感元件、插座等组成。气流导管横截面为矩形，前半部分截面是扩张的，四周开有小孔，后半部分截面是收敛的。在最大截面的下方有一带小孔的凸台，凸台后有一分流管道，在管内装有两个铂感温电阻元件，分流导管后面也有排气孔。整个传感器通过法兰盘与飞机蒙皮连接，气流导管的进气口迎着气流方向。

在飞行中，气流流经矩形截面扩张管道时，其流速逐渐减小，压力和温度不断升高。气流通过凸台后，一部分由尾部流出，另一部分向下转 90° 流过感温电阻元件的表面。由于气流与感温电阻表面发生摩擦，在紧贴敏感电阻表面处气流速度为零，气流的动能全部转换为热能，使感温电阻值发生变化，从而测得气流的阻滞温度。一般采用铂作为感温电阻元件，其阻值为

$$R_t = R_0 \left(1 + \alpha T_{滞} \right) \tag{2-3-1}$$

式中，R_0 为原始电阻；α 为电阻温度系数。

3. 迎角传感器

迎角是指飞机翼弦线与相对气流方向的夹角。迎角不但有大小之分，而且还

有正负之分。当相对气流方向指向机翼下表面时，迎角为正；反之，迎角为负。

迎角的测量本质上是相对气流方向的测量。因为实际上不可避免地存在着飞机和测量元件对气流的扰动，使得局部位置的流场与理想、未受扰动的流场不一致，所以测得的迎角只能说是"局部迎角"。要得到真实迎角，必须在测得局部迎角的基础上进行修正。

迎角传感器就是通过感受飞机的局部迎角 α_L，为大气数据计算机和迎角指示器提供局部迎角信号，用以对飞机系统的控制、补偿以及失速告警。迎角传感器按照测量方法可以分为旋转风标式、压差归零式和压差探头式三种。压差探头式迎角传感器通过在突出的探头上、下表面设计测压孔，即可以根据压力差计算得到迎角，通过左、右表面设计测压孔，即可根据压力差计算得到侧滑角，其结构如图2-2-2所示。旋转风标式迎角传感器和压差归零式迎角传感器两种测量方式原理类似，均是通过测量压力平衡时的角度来计算迎角，旋转风标式迎角传感器如图2-3-3(a)所示。图2-3-3(b)为压差归零式迎角传感器，它由以下四部分组成：①敏感部分——探头组合件，包括锥套、隔板、管嘴和轴等；②变换转动部分——气室、桨叶、滤网等；③角度变换器——电位计和电刷组合件；④加热部分——探头加热器、壳体恒温器和温度继电器等。探头组合件是一个中间有隔板、中心线两侧成对地开有两排进气槽的截圆锥，它与中间有气道的空心轴固联，轴上固定着桨叶和输出部分的电刷，桨叶处于气室中。迎角传感器安装于机身外侧，探头以轴线平行于飞机横轴的位置伸入气流中。

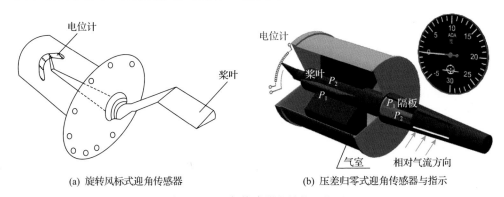

(a) 旋转风标式迎角传感器 (b) 压差归零式迎角传感器与指示

图 2-3-3　迎角传感器的结构和指示

压差归零式迎角传感器的工作原理如图 2-3-4 所示。

当迎角为零时，两排进气槽对称地正对着迎面气流，因此感受的压力相等，进入气室的两压力使桨叶所受的气动力矩相等，即 $P_1 = P_2$，桨叶不动，角度变换器输出信号为零；当飞机迎角发生变化时，探头的两排进气槽将相对于迎面气流偏转 α，两排进气槽感受的压差形成推动桨叶转动的力矩，桨叶旋转的同时带

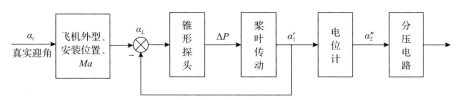

图 2-3 4　压差归零式迎角传感器工作原理框图

动电刷和探头转动。前者通过电位计产生相应的角度信号输出，后者使两排进
气槽的位置重新趋于与气流方向对称。显然，只有探头回到对称位置时，压差
才归零，桨叶和整个活动部分也就停止转动。因此，电位计的输出信号与迎角
呈比例关系。

　　由于迎角传感器受飞机外形、安装位置和飞行马赫数的影响，它感受的只是
局部迎角 α_L。局部迎角与真实迎角的关系为

$$\alpha_L = K\alpha_t \qquad (2\text{-}3\text{-}2)$$

式中，K 为修正系数，其值经风洞试验后得出，不同机型其值不同。

2.3.3　大气数据计算机

　　集中式大气数据系统是以大气数据计算机为核心工作的，其基本原理如图 2-3-5
所示。

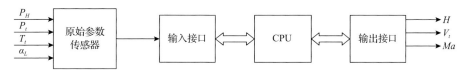

图 2-3-5　大气数据计算机基本原理框图

　　空速管收集飞机飞行过程中的静压 P_H 和全压 P_t，通过气路传输给大气数据计算
机，迎角传感器测量出的飞机局部迎角 α_L 以电压形式传送给大气数据计算机，而总
温传感器则将总温 T_t 信号以电阻的形式传送给大气数据计算机。大气数据计算机接
收到这些信号后转换为频率或电压量的形式送入输入接口电路，输入接口电路再将
其变为数字量，经总线送入 CPU，CPU 按预定算法进行解算、修正，其结果经输出
接口以模拟量、数字量或开关量的形式输出到有关系统或显示装置。在飞行过程中，
由于飞机的姿态、飞行高度和飞行速度是不断变化的，大气数据系统是一个实时测
量系统，它输出的各种大气参数能真实地反映飞机的状态。

2.3.4　集中式大气数据系统显示装置

　　早期，集中式大气数据系统会采用专用的指示器显示，如高度指示器、空速指示器、迎角指示器等。随着综合航电技术的发展，大气数据系统作为综合航电的一部分，其解算的飞行参数通常由水平显示器、多功能显示器等部件综合显示。

1. 专用指示器

大气数据指示器独立指示单个或多个飞行参数，如高度指示器指示飞行高度，空速指示器指示表速和真空速，迎角指示器指示迎角，如图 2-3-6 所示。

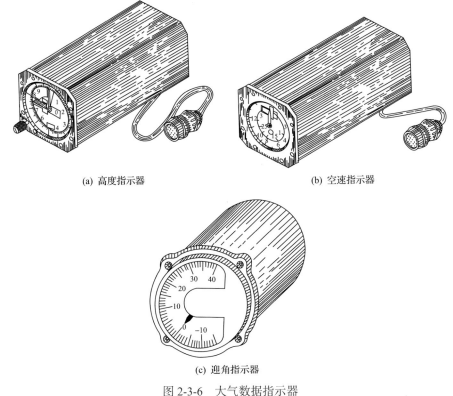

(a) 高度指示器　　　　　　　　　　　　　(b) 空速指示器

(c) 迎角指示器

图 2-3-6　大气数据指示器

指示器的基本原理都是相同的。指示器接收大气数据计算机解算的数字信号，驱动伺服电机转动，构成伺服控制系统，控制指针或数码轮的转动，指示相应的参数，如图2-3-7所示。输入信号来自大气数据计算机解算信号，放大后驱动电机转动，电机通过减速器带动指针转动，同时指针旋转角度或角速度信号通过减速器反馈到输入端，构成伺服随动系统，使指针转角与输入信号一致。

2. 水平显示器

水平显示器又称平视显示器（HUD，简称平显），在水平显示器上显示的集

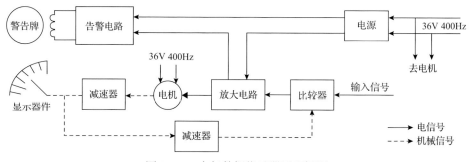

图 2-3-7 大气数据指示器原理框图

中式大气数据系统参数主要有迎角、空速、马赫数、气压高度、升降速度等，如图2-3-8所示。空速和高度以刻度带与数字窗结合的方式显示，其他参数以数字形式显示。其中，空速可以选择显示校正空速（C）、真空速（T）和地速（G），当前显示的是校正空速。

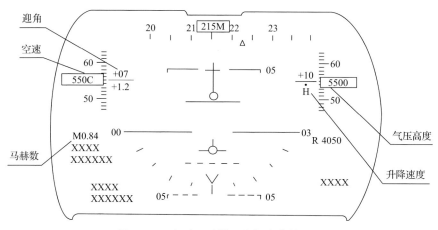

图 2-3-8 水平显示器上大气参数的显示

3. 多功能显示器

多功能显示器上显示的大气数据参数和水平显示器基本相同，除了迎角、真空速、马赫数、气压高度、升降速度之外，还包括场压、决断高度等参数。此外，有的多功能显示器上还会同时给出指示空速（表速）和真空速，如图2-3-9所示。

相比于分立式大气数据仪表，集中式大气数据系统具有以下三方面优势：

（1）大气数据信息中最基本的信息是高度、指示空速、真空速、马赫数、大气温度和密度，其余信息都可以据此推算得出。而这六个基本信息又仅仅依靠全压、静压、总温、迎角四个原始参数便可解算得到。这就是大气数据计算机产生的内

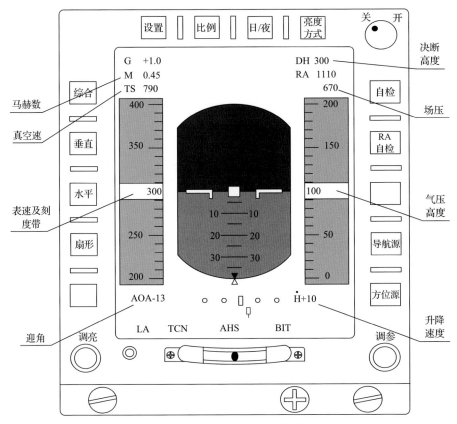

图 2-3-9   多功能显示器上大气参数的显示

在依据。

(2)现代飞机对大气数据信息的精度要求较高，由于体积、重量和成本等方面的限制，分立式的测量仪表和传感器难以满足要求，而采用集中式大气数据系统可以避免仪表和传感器的重复，大大减少了体积和重量，因而可以采用精度较高、构造较为完善的传感器和计算机，保证了所需大气信息的精度。压力测量延迟误差及静压源位置误差对大气数据测量的影响极为严重，在传统的分立式仪表中难以进行补偿。在集中式大气数据系统中，由于原始参数传感器的集中，减小了延迟误差，同时可以有效地计算和测量出延迟误差的大小，在计算机中加以修正；对于静压源位置误差，也能用硬件和软件有效地加以补偿。

(3)由于大气数据计算机广泛地采用了固态化、微型化的元器件，特别是微型计算机的引入，使系统的功能更加强大，如自检测功能、故障监控功能、多路输入和输出功能等。同时，由于余度技术的应用，增加了可靠性。

2.4 分布式大气数据系统

为了提高飞机的任务可靠度，新一代大中型飞机普遍要求大气数据系统能提供三余度或四余度大气数据参数。20 世纪 90 年代以来，随着压力传感器技术和集成电路技术的突飞猛进，大气数据探头、大气数据计算机等分立部件集成在一起组成智能大气数据探头成为可能。

分布式大气数据系统由安装在飞机不同位置的多个智能大气数据探头组成，智能大气数据探头感受到压力、角度等信号后直接完成大气参数解算并通过接口以数字量输出，基本取消了机上管路，减少了系统部件，体积、重量、动态响应特性等有了显著提高，也提升了飞机的隐身性能，是近年来广泛使用的新型大气数据系统，被大量应用于各种机型。

2.4.1 基本工作原理

分布式大气数据系统的组成及连接关系如图 2-4-1 所示，其中主 L 形压力传感器组件是分布式大气数据系统的主要测量部件；左/右 L 形压力传感器组件是系统的备份测量部件，三者原理基本相同，都通过压力传感器(空速管)采集全、静

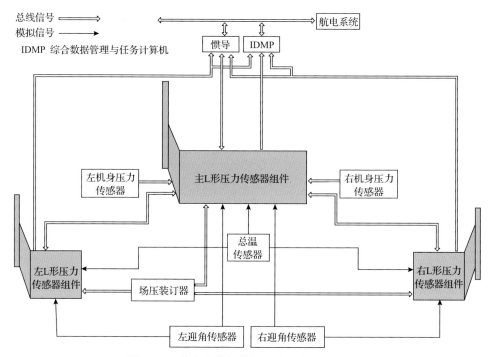

图 2-4-1 分布式大气数据系统组成及连接关系

压信号，利用压力传感器、温度传感器和迎角传感器测量大气的静压、全压、总温和迎角，利用计算机实现高度、速度、马赫数等参数的解算。

　　主 L 形压力传感器组件和左/右 L 形压力传感器组件输出的大气数据信息通常先传送给惯性导航系统和 IDMP，再由惯导和 IDMP 通过总线上传到航空电子系统，提供给其他机载系统。

　　主 L 形压力传感器组件和左/右 L 形压力传感器组件之间也实现全压和静压信息的相互备份。

　　左/右机身压力传感器实现机身表面静压的测量，用于真实静压的计算，并将真实静压提供给主 L 形压力传感器组件，主 L 形压力传感器组件收集的静压作为系统备份。

　　场压装订器实现机场平面气压的装订，装订气压值分别输出给主 L 形压力传感器组件和左/右 L 形压力传感器组件，实现标准气压高度和相对高度的测量。

2.4.2　主 L 形压力传感器组件

1. 基本结构

主 L 形压力传感器组件如图 2-4-2 所示，由压力传感器和测量解算器组成。

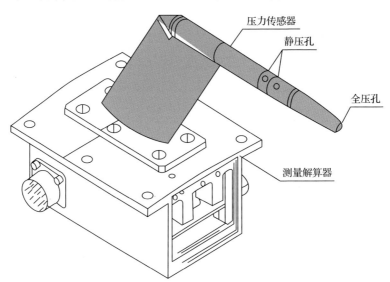

图 2-4-2　主 L 形压力传感器组件

　　压力传感器通过一个全压孔和两排静压孔分别收集全压和静压，并通过全压、静压导管送给测量解算器中的全压、静压传感器，一般采用硅谐振压力传感器。测量解算器再利用温度、迎角、压力等信息解算出高度、速度等其他大气数据，并输送给其他机载系统。

2. 硅谐振压力传感器

硅谐振压力传感器的结构如图 2-4-3 所示。以矩形膜片作为一次敏感元件，直接感受被测压力，将被测压力转化为矩形膜片上的应力，在膜片的上表面制作浅槽和硅梁，以硅梁作为二次敏感元件，直接感受膜片上的应力，即间接感受被测压力。外部被测压力 P 使谐振梁的刚度发生了变化，谐振梁的固有频率将随压力的变化而变化。通过检测谐振梁固有频率的变化，即可间接测出压力的变化。

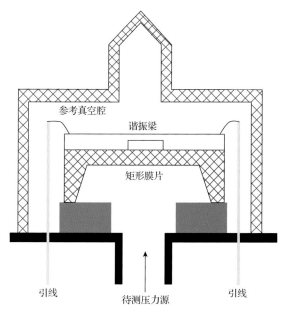

图 2-4-3　硅谐振压力传感器的结构示意图

2.4.3　左/右机身压力传感器

左/右机身压力传感器测量解算部分主要由硅谐振压力传感器、数字信号处理器以及数据接口部分组成，如图 2-4-4 所示。左/右机身压力传感器测量机身表面压力，并将测得的压力传输到主 L 形压力传感器组件，由主 L 形压力传感器组件完成静压、侧滑角等大气参数的计算。

2.4.4　嵌入式大气数据系统

随着飞行器速度的增大和对地雷达反射面积要求的提高，取消突出的大气数据探头成为跨大气层飞行器、隐身轰炸机等飞行器的突出需求之一，所以就有了嵌入式大气数据系统。

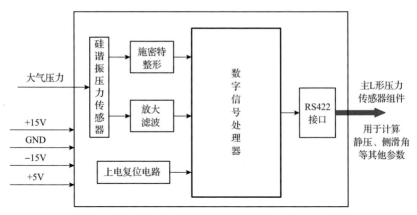

图 2-4-4　左/右机身压力传感器测量解算原理框图(GND 指接地)

　　嵌入式大气数据系统根据飞机机头或机身特定位置的机身压力传感器解算大气参数,能够大大提高飞行器隐身特性,减小飞行阻力;同时,该系统中的各压力均不能完全反映总压和静压,因此也是大气参数计算方法最复杂的大气数据系统。

本 章 小 结

　　飞机的飞行性能和大气数据仪表的指示,都与大气状态的基本参数有密切的联系,大气的密度、温度和压力都随着飞行高度和速度的改变而变化。

　　分立式大气数据仪表利用空速管收集大气全压和静压,并通过管路传送到各个大气仪表内部,主要包括气压式高度表、升降速度表、指示空速表、真空速表、马赫数表等指示仪表。每个仪表独自解算相应的飞行参数,整个系统以全压和静压的采集、输送及测量为中心,故又称全静压系统。分立式大气数据仪表通常用金属膜盒测量大气的静压和动压,因此又称膜盒仪表。气压式高度表用来测量相对高度(或场压高)、标准气压高度和绝对高度(或海压高),它的原理是根据标准大气条件下高度与静压的对应关系,利用真空膜盒或振动筒等高精度的测压传感器测量静压,从而表示飞行高度。升降速度表用来指示飞机的升降速度,它是利用毛细管把飞机升降时的气压变化率转变成压差来测量的。空速可以分为真空速和指示空速两种:前者是真实的空速,可用于领航计算;后者只是动压的量度,但反映飞机升力,对驾驶飞机很有用。全静压系统各分立仪表是最早装备于飞机的大气数据仪表类型。

　　集中式大气数据系统通过总压和静压传感器感受飞机的总、静压力,并把它们变换成与压力呈函数关系的数字量;同时通过多路开关,将与迎角呈线性关系的电压、与总温呈函数关系并经电阻-电压变换的电压送入大气数据计算机。然后,通过中央处理器按照大气方程对上述参数进行解算,向有关系统和显示装置提供各种大气参数。集中式大气数据系统用软件实现各种大气数据的数字运算，速度快、精度高，正是基于上述特点，集中式大气数据系统的应用得以普及。

分布式大气数据系统由安装在飞机不同位置的多个智能大气数据探头组成，智能大气数据探头感受到压力、角度等信号后直接完成大气参数解算并通过接口以数字量输出，基本取消了机上管路，减少了系统部件、体积、重量、动态响应特性等性能有了显著提高，也提升了飞机的隐身性能。

习　　题

1. 分别说明气压式高度表、座舱高度压差表、升降速度表、空速表的基本工作原理。

2. 飞行高度有哪几种？如何利用气压式高度表测量出不同的飞行高度？

3. 气压式高度表的调整机构有什么作用？

4. 分析高度测量时气压方法误差和气温方法误差产生的原因。

5. 升降速度表有哪些用途？

6. 说明真空速、指示空速的含义及作用。

7. 简述集中式大气数据系统的功用与组成。

8. 简述阻滞温度传感器的工作原理。

9. 简述迎角传感器的类型和工作原理。

10. 简述集中式大气数据系统相对分立式大气数据仪表的优点。

11. 说明分布式大气数据系统的工作原理。

第3章　航向姿态仪表

飞机在空中飞行时的姿态和航向信息直接关系着飞行安全和飞行任务的完成，是飞行过程中需要时刻关注的重要参数。目前，飞机姿态和航向的测量还是以陀螺为核心部件，掌握陀螺的特性是理解姿态和航向测量仪表工作原理的基础。本章首先介绍陀螺基本知识，在理解陀螺特性的基础上，分别介绍姿态测量原理和姿态测量仪表，以及航向测量原理和航向测量仪表。由于分立的姿态测量仪表和航向测量仪表在精度、体积、重量上都受到限制，为提升姿态、航向测量精度和仪表工作的稳定性，将姿态测量仪表与航向测量仪表综合在一起，构成了航向姿态系统。除了以上分立的姿态、航向测量仪表和航向姿态系统，惯性导航系统能够提供更高精度的姿态和航向信息，所以目前飞机上姿态和航向信息的三级备份依次为惯性导航系统、航向姿态系统和应急仪表。

3.1　陀螺基本知识

在航空上，陀螺主要用于测量飞机的姿态角（俯仰角和倾斜角）、航向角和角速度，因此陀螺仪表是飞行驾驶的重要仪表。飞机上的自动驾驶仪、增稳系统，以及机载雷达系统、火力控制系统和航空照相系统等其他机载设备，也需要用陀螺测量出飞机的角运动参数。

3.1.1　陀螺定义和分类

陀螺的英文为"gyroscope"，它源于希腊语，意思是"旋转指示器"。目前，陀螺泛指用来测量航行体相对惯性空间的旋转角速度及角度的装置。按照测量轴的数量，陀螺可以分为双自由度陀螺和单自由度陀螺。按照工作原理，以经典牛顿力学为基础的陀螺称为经典陀螺；以非经典力学为基础的陀螺称为非经典陀螺。经典陀螺有刚体转子陀螺、振动陀螺、半球谐振陀螺和音叉陀螺等，它们的特点是有高速旋转的刚体转子或振动构件。非经典陀螺有激光陀螺、光纤陀螺等，在这些陀螺中，没有高速旋转的刚体转子或振动构件，但它们具有感测旋转参数的功能。

在工程技术上发展最早，现在仍被广泛应用的是刚体转子陀螺。刚体转子陀螺主要由两部分组成：一是绕自身的对称轴（自转轴或转子轴，又称陀螺主轴）高速旋转的刚体转子，通常称为陀螺转子；二是用来安装转子的支承机构，如图3-1-1

.

和图3-1-2所示。陀螺转子是刚体转子陀螺的核心部分，一般采用密度较大的金属材料做成空心圆柱体或实心圆柱体，如不锈钢、黄铜或钨镍铜合金等。陀螺转子通常采用电动机驱动，转速可达每分钟几千至几万转，以使转子具有较大的自转角动量，从而得到所需要的陀螺特性。支承机构由不同数目的环架组成，由内环和外环组成的支承机构可使转子自转轴具有两个自由度，构成了双自由度陀螺；仅具有内环的支承机构仅能使转子自转轴具有一个自由度，构成单自由度陀螺。在实际的陀螺结构中，内环和外环一般采用滚珠轴承的框架式陀螺，俗称常规陀螺，目前在航空陀螺仪表、自动飞行控制系统以及许多场合中仍然被广泛应用。但由于滚珠轴承存在摩擦力矩，不可能使陀螺达到很高的精度。为了减小框架轴的摩擦力矩，提升陀螺精度，通常采用摩擦较小或无摩擦的支承方式，如以液体浮力支承的液浮陀螺、以静电作用力支承的静电陀螺、以挠性接头支承的挠性陀螺等。

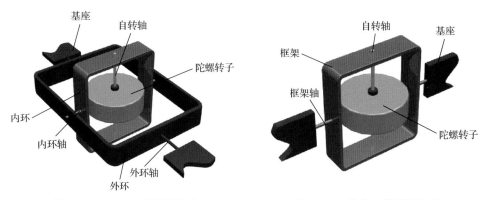

图 3-1-1　双自由度陀螺组成　　　　　　图 3-1-2　单自由度陀螺组成

3.1.2　双自由度陀螺

双自由度陀螺的自转轴具有两个转动自由度，具有进动性和稳定性等特性，是各类型陀螺仪表的基础。掌握陀螺的基本特性，是学习各种陀螺仪表工作原理的重要前提。

1. 双自由度陀螺的进动性

进动性是双自由度陀螺的一个基本特性。当陀螺转子高速自转时，陀螺在外力矩作用下，自转轴转动方向与外力矩方向相垂直的特性称为双自由度陀螺的进动性，自转轴转动的角速度称为进动角速度，有时还把陀螺进动所绕的轴，即内、外环轴称为进动轴。

双自由度陀螺受外力矩作用时，若外力矩绕外环轴作用，当陀螺转子没有自转角速度时，则陀螺自转轴绕外环轴做角加速转动，其转动方向与外力矩方向一致，如图 3-1-3 所示。当陀螺转子高速自转时，若外力矩绕外环轴作用，则陀螺自转轴绕内环轴转动，其转动方向与外力矩方向不一致，而是相垂直的。

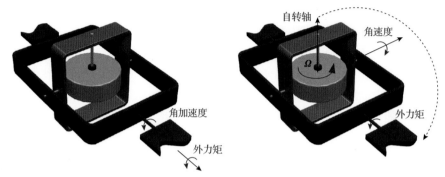

图 3-1-3　外力矩绕外环轴作用时陀螺的运动现象

若外力矩绕内环轴作用，当陀螺转子没有自转角速度时，则陀螺自转轴绕内环轴做角加速转动，其转动方向与外力矩方向一致，如图 3-1-4 所示。当陀螺转子高速自转时外力矩绕内环轴作用，则陀螺自转轴绕外环轴转动，其转动方向与外力矩方向不一致，也是相垂直的。

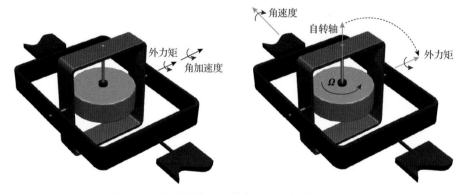

图 3-1-4　外力矩绕内环轴作用时陀螺的运动现象

陀螺进动角速度的方向取决于角动量的方向和外力矩的方向，其规律如图 3-1-5 所示。角动量 H 沿最短路径趋向外力矩 M 的转动方向即陀螺进动的方向。或者说从角动量 H 沿最短路径握向外力矩 M 的右手旋进方向即进动角速度 ω 的方向。这就是用来确定进动角速度方向的右手定则。

陀螺进动角速度的大小，取决于角动量的大小和外力矩的大小，陀螺角动量 H 等于转子对自转轴的转动惯量 J_z 与转子自转角速度 Ω 的乘积。陀螺进动角速度大小的计算公式为

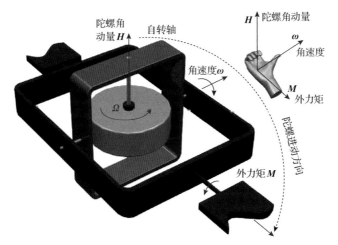

图 3-1-5　进动角速度矢量

$$\omega = \frac{M}{H} = \frac{M}{J_z \Omega} \qquad (3\text{-}1\text{-}1)$$

这就是说，当角动量为定值时，进动角速度与外力矩成正比；当外力矩为定值时，进动角速度与角动量成反比；当角动量和外力矩均为定值时，进动角速度保持为定值。

由双自由度陀螺的基本组成可知，内环的结构保证了自转轴与内环轴的垂直关系，外环的结构保证了内环轴与外环轴的垂直关系。如果自转轴偏离外环轴垂直位置的角度达到 90°，即自转轴与外环轴重合在一起，如图 3-1-6 所示，陀螺就失去一个转动自由度。在这种情况下，绕外环轴作用的外力矩将使外环和内环一起绕外环轴转动起来，陀螺变得与一般刚体没有区别了。这种现象称为"环架自锁"。

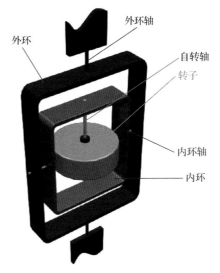

由此可见，双自由度陀螺的进动性，只有在陀螺不失去一个转动自由度的情况下才会表现出来。所以，在双自由度陀螺构成的陀螺仪表中，要避免陀螺失去转动自由度的情况出现。

1) 用角动量定理解释陀螺的进动性

图 3-1-6　陀螺失去一个转动自由度的情况

角动量定理描述了刚体定点转动的运动规律。在陀螺中，陀螺转子的运动属于刚体的定点转动，故其运动规律可由角动量定理加以解释。

联系到陀螺问题时，首先应弄清角动量定理：

$$\frac{\mathrm{d}H}{\mathrm{d}t} = M \tag{3-1-2}$$

式中，H 为陀螺角动量即转子角动量，$H = J_z\Omega$；$\mathrm{d}H / \mathrm{d}t$ 为陀螺角动量在惯性空间中对时间的导数，即陀螺角动量在惯性空间中的变化率；M 为绕内环轴或外环轴作用在陀螺上的外力矩。角动量定理在这里所表示的具体含义就是：陀螺角动量在惯性空间中的变化率，等于作用在陀螺上的外力矩。

陀螺角动量通常是由陀螺电动机驱动转子高速旋转而产生的。当陀螺进入正常工作状态时，转子的转速达到额定数值，角动量的大小为一常值。若外力矩绕内环轴或外环轴作用在陀螺上，则由于内、外环的结构特点，该外力矩不会绕自转轴传递到转子上使它的转速发生改变，因而不会引起角动量的大小发生改变。但从角动量定理可以看出，在外力矩作用下，角动量在惯性空间中将出现变化率。既然角动量的大小保持不变，那么角动量在惯性空间中的变化率，就意味着角动量在惯性空间中的方向发生了改变。

从角动量定理的另一表达形式即莱查定理 $M = V_H$ 可知，陀螺角动量的矢端速度 V_H，等于作用在陀螺上的外力矩 M。V_H 与 M 二者不仅大小相等，而且方向相同。根据角动量矢端速度 V_H 的方向与外力矩 M 的方向相一致的关系，便可确定出角动量 H 的方向变化，从而也就可以确定陀螺进动的方向。这与上面提到的判断进动方向的规则完全一致。若把这个关系说成"外力矩拉着角动量矢端跑"，来记忆陀螺进动的方向，是一种形象而简便的方法。

若用陀螺角动量在惯性空间的转动角速度来表达角动量矢端速度 V_H，则有

$$V_H = \boldsymbol{\omega} \times H$$

再根据莱查定理可得

$$\boldsymbol{\omega} \times H = M \tag{3-1-3}$$

显然，陀螺角动量在惯性空间中的转动角速度即陀螺进动角速度，所以这个关系表明了陀螺进动角速度与角动量以及外力矩三者之间的关系。若已知角动量和外力矩，根据矢量积的运算规则，便可确定出进动角速度的大小和方向。式(3-1-3)就是以矢量形式表示的陀螺进动方程式。

根据上面的分析我们应当明确：陀螺进动的内因是转子的高速自转即角动量的存在，外因则是外力矩的作用。外力矩之所以会使陀螺产生进动，是因为外力矩改变了陀螺角动量方向。如果转子没有自转，即角动量为零、作用于陀螺的外力矩为零，或者外力矩与角动量共线（如出现"环架自锁"时，作用在外环轴上的

外力矩便与角动量共线），那么陀螺就不会表现出进动性。

2)陀螺力矩与陀螺效应

由牛顿第三定律可知，有作用力(或力矩)，必有反作用力(或力矩)，二者大小相等，方向相反，且分别作用在两个不同的物体上。当外界对陀螺施加力矩使它进动时，陀螺也必然存在反作用力矩，其大小与外力矩的大小相等，方向与外力矩的方向相反，并且作用在给陀螺施加力矩的物体上。这就是陀螺进动时的反作用力矩，通常简称陀螺力矩，为

$$M_G = -M$$

将式(3-1-3)代入上式，则得陀螺力矩、角动量以及进动角速度之间的关系式：

$$M_G = H \times \omega \tag{3-1-4}$$

当角动量与进动角速度垂直时，陀螺力矩的大小为

$$M_G = H\omega \tag{3-1-5}$$

陀螺力矩的方向示于图 3-1-7 中。从角动量 H 沿最短路径握向进动角速度 ω 的右手旋进方向，即陀螺力矩 M_G 的方向。

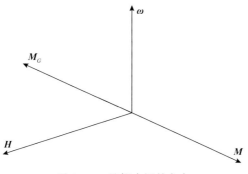

图 3-1-7　陀螺力矩的方向

对于工程上某些具有高速旋转部件的机械装置，当这些装置的基座有角运动时，也会有陀螺力矩存在。例如，飞机上活塞式发动机的螺旋桨、喷气式发动机的涡轮和压气机转子以及轮船上的汽轮机转子等，当载体由角运动带动这些高速旋转部件的转轴在空间改变方向时，将会产生陀螺力矩而带来不利影响。这就是工程上存在的陀螺效应。

如图 3-1-8 所示，飞机螺旋桨的角动量 H 方向向后，当飞机有一左盘旋角速度时，将产生一指向左机翼的陀螺力矩 M_G。此陀螺力矩一方面使螺旋桨轴承承受相当大的附加压力，另一方面将会造成飞机低头从而影响飞机的操纵性和稳定性。因而驾驶员必须进行协调操纵，使飞机盘旋时在升降舵上同时产生空气动力

矩 M_a 来和陀螺力矩 M_G 保持平衡，这样才能使飞机保持正常盘旋而不产生低头现象。

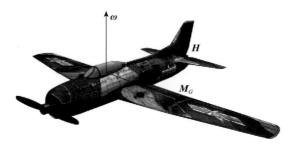

图 3-1-8　飞机的陀螺效应

2. 陀螺的稳定性及其表现

双自由度陀螺具有抵抗干扰力矩、力图保持自转轴相对惯性空间方位稳定的特性，称为陀螺的稳定性，又称定轴性。稳定性或定轴性是双自由度陀螺的又一基本特性。

若陀螺不受任何外力矩作用，则根据角动量定理有 $\mathrm{d}H / \mathrm{d}t = 0$ ，由此得 H 为常数，即这时陀螺角动量 H 在惯性空间中大小及方向均无改变，自转轴相对惯性空间处在原来给定的方位上。不管安装陀螺的基座如何转动，自转轴相对惯性空间仍然处在原来给定的方位上。

1）陀螺漂移

陀螺在工作过程中，会受到干扰力矩的作用而产生进动，使自转轴相对惯性空间偏离原来的方位。在干扰力矩作用下陀螺自转轴的方位偏离运动，称为陀螺漂移或简称漂移。在干扰力矩作用下的陀螺进动角速度即陀螺漂移角速度，进动的方向即漂移的方向。设陀螺角动量为 H ，作用在陀螺上的干扰力矩为 M_d ，则漂移角速度为

$$\omega_d = \frac{M_d}{H} \tag{3-1-6}$$

为降低陀螺漂移率，应尽量增大角动量，减小干扰力矩。另外，则是不断寻求各种新颖支承方法和新颖工作原理的陀螺，以期获得更低的漂移率。

2）陀螺稳定性的两种表现

虽然在干扰力矩作用下陀螺会产生漂移，但只要具有较大的角动量，漂移角速度就较小，在一定的时间内，自转轴相对惯性空间的方位变化就很微小。在干扰力矩作用下陀螺以进动形式做缓慢漂移，是陀螺稳定性的一种表现。陀螺角动量越大，则漂移越缓慢，陀螺的稳定性就越高。

如果作用在陀螺上的干扰力矩是一种量值相当大而作用时间非常短的冲击力矩，那么自转轴将在原来的空间方位附近做锥形振荡运动，称为陀螺章动或简称章动。虽然在冲击力矩作用下陀螺会产生章动，但只要具有较大的角动量，章动的频率就很高，一般高于100Hz，而振幅却很小，一般小于角分量级，因而自转轴相对惯性空间的方位变化是极为微小的。这是陀螺稳定性的又一表现。

在干扰力矩作用下陀螺所表现出的稳定性，与转子不自转(即一般的定点转动刚体)相比有很大区别。

从常值干扰力矩作用的结果来看，陀螺绕正交轴(指与外力矩方向相垂直的轴)按等角速度的进动规律漂移，漂移角度与时间成正比。一般的定点转动刚体则绕同轴(指与外力矩同方向的轴)按等角加速度的转动规律偏转，偏转角速度与时间成正比，偏转角度与时间的平方成正比。因此，在同样大小的常值干扰力矩作用下，经过相同的时间，陀螺相对惯性空间的方位改变远比一般的定点转动刚体小得多。

从冲击干扰力矩作用结果看，陀螺仅仅是做高频、微幅的章动运动。一般定点转动刚体则顺着冲击力矩方向做等角速度转动，偏转角度与时间成正比。因此，在同样大小的冲击力矩作用下，陀螺相对惯性空间的方位改变也远比一般的定点转动刚体小得多。

必须指出，对于陀螺的稳定性或定轴性，不应该理解成在没有干扰力矩作用的情况下，其自转轴相对惯性空间保持方位不变，因为任何一个定点转动刚体(即包括转子没有自转的陀螺)，在完全没有干扰力矩作用的情况下，它也会相对惯性空间保持方位不变，但它没有抵抗外界干扰力矩而保持方位稳定的能力。只能理解为陀螺在干扰力矩作用下，其自转轴相对惯性空间的方位改变很微小，即自转轴方位的相对稳定性，这样来理解陀螺的稳定性或定轴性才有实际意义。

3)陀螺的表观运动

陀螺自转轴相对惯性空间保持方位稳定，而地球以其自转角速度绕地轴相对惯性空间转动，所以观察者若以地球作为参考基准，将会看到陀螺相对地球的转动。这种相对运动称为陀螺的表观运动。当然，观察者若以恒星作为参考基准，就看不到陀螺的这种相对运动，而是看到它相对恒星的漂移运动。

例如，在地球北极处放置一个高精度的陀螺，并使其外环轴处于当地地垂线位置，自转轴处于水平位置，如图3-1-9所示，这时俯视陀螺将会看到陀螺自转轴在水平面内相对地球做顺时针转动，每24h转动一周。若在地球赤道处放置一个高精度的陀螺，并使自转轴处于当地地垂线位置，如图3-1-10所示，这时将会看到陀螺自转轴相对地平面(地球)转动，每24h转动一周。

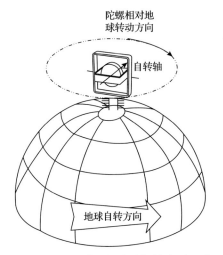

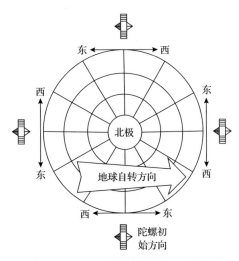

图 3-1-9　地球北极处陀螺的表观运动　　　　图 3-1-10　地球赤道处陀螺的表观运动

又如，在地球任意纬度处放置一个高精度的陀螺，并使其自转轴处于当地地垂线位置，如图 3-1-11（a）所示，这时将会看到陀螺自转轴逐渐偏离当地地垂线，而相对地球做圆锥轨迹的转动，每 24h 转动一周。若使其自转轴处于当地子午线位置，如图 3-1-11（b）所示，这时将会看到陀螺自转轴逐渐偏离当地子午线，而相对地球做圆锥轨迹的转动，每 24h 转动一周。

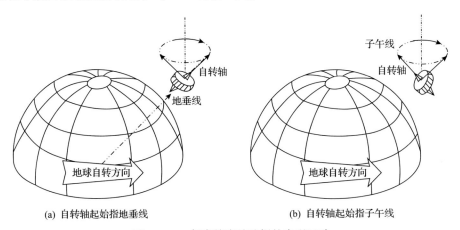

(a) 自转轴起始指地垂线　　　　　　　　(b) 自转轴起始指子午线

图 3-1-11　任意纬度处陀螺的表观运动

这种由表观运动引起的陀螺自转轴偏离当地地垂线或当地子午线的误差，称为陀螺的表观误差。显而易见，若要使陀螺自转轴始终重现当地地垂线或当地子午线，则必须对陀螺施加一定的控制力矩或修正力矩，以使其自转轴始终跟踪当地地垂线或当地子午线相对惯性空间的方位变化。

3.1.3 单自由度陀螺

单自由度陀螺是指自转轴具有一个转动自由度的陀螺。与双自由度陀螺相比，它只有一个框架，自转轴仅具有绕框架轴转动的自由度。

1. 单自由度陀螺感受转动的特性

双自由度陀螺的基本特性是进动性和稳定性。在无外力矩作用时，无论基座如何转动，都不会直接带动陀螺自转轴一起转动。也可以说，由内、外环所组成的框架装置将基座的转动与陀螺转子的转动隔离开来。这样，若陀螺自转轴稳定在惯性空间某个方位上，则基座转动时它仍然稳定在原方位上。

现在来看单自由度陀螺在基座转动时的运动情况，如图 3-1-12 所示。

基座绕陀螺自转轴 z_2 或内环轴 y_2 转动时，仍不会带动陀螺转子一起转动。也就是说，对于基座绕这两个方向的转动，内环仍起到隔离运动的作用。但当基座绕陀螺缺少自由度的 x_2 轴以角速度 $\boldsymbol{\omega}_{x2}$ 转动时，因陀螺绕该轴没有转动自由度，故基座转动时将经框架轴上的一对支承带动内环连同陀螺转子一起转动，即强迫陀螺自转轴绕 x_2 轴转动。在基座绕陀螺缺少自由度的 x_2 轴转动，强迫陀螺跟随基座转动的同时，还使陀螺绕内环轴转动，自转轴 z_2 趋向与 x_2 轴重合。若基座绕 x_2 轴转动的方向相反，则陀螺绕内环轴进动的方向也相反。这里 x_2 轴称为单自由度陀螺的输入轴，而内环轴 y_2 称为输出轴。相应地，绕 x_2 轴的转动角速度称为输入角速度，绕内环轴 y_2 的转角称为输出转角。通过以上分析可以看出，单自由度陀螺具有对其缺少自由度轴向(输入轴 x_2)转动敏感的特性。

单自由度陀螺受到绕内环轴外力矩作用时的运动情况，如图 3-1-13 所示，假设外力矩 $\boldsymbol{M}_{y2}$ 绕内环轴 y_2 负向作用，则陀螺将力图以角速度 $\boldsymbol{M}_{y2}/\boldsymbol{H}$ 绕 x_2 轴正向进动，但这种进动能否实现，则应根据基座绕 x_2 轴的转动情况而定。

当基座绕 x_2 轴没有转动时，由于内环轴上一对支承的约束，这个进动是不可能实现的。但其进动趋势仍然存在，并对内环轴两端的支承施加压力，于是支承就产生约束反力 $\boldsymbol{F}_B$ 作用在内环轴两端，并形成约束反力矩 $\boldsymbol{M}_B$ 作用在陀螺上，其方向沿 x_2 轴负向。因陀螺绕内环轴仍存在转动自由度，故该约束反力矩就使陀螺产生绕内环轴的进动，进动角速度沿内环轴 y_2 负向。也就是说，若基座绕 x_2 轴没有转动，则在绕内环轴外力矩的作用下，陀螺的转动方向与外力矩作用方向一致。

当基座绕 x_2 轴转动且转动角速度 $\boldsymbol{\omega}_{x2}=\boldsymbol{M}_{y2}/\boldsymbol{H}$ 时，内环轴上一对支承不再对陀螺绕 x_2 轴的进动起约束作用，陀螺就可以绕 x_2 轴以角速度 $\boldsymbol{M}_{y2}/\boldsymbol{H}$ 进动，外力矩 $\boldsymbol{M}_{y2}$ 也就不会引起陀螺绕内环轴转动。由于陀螺进动角速度 $\boldsymbol{M}_{y2}/\boldsymbol{H}$ 恰好与

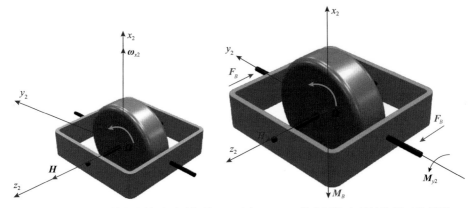

图 3-1-12 基座绕 x_2 轴方向转动时陀螺的　　　图 3-1-13 外力矩绕内环轴作用时陀螺的
　　　　　运动情况　　　　　　　　　　　　　　　　运动情况

基座转动角速度 $\boldsymbol{\omega}_{x2}$ 相等，内环轴上的一对支承不再对陀螺施加推力矩作用，所以基座的转动也就不会引起陀螺绕内环轴转动。这时陀螺绕 x_2 轴处于进动状态，而绕内环轴则处于相对静止状态。

　　根据相对运动动力学原理，可对单自由度陀螺特性做如下解释：当基座绕 x_2 轴以角速度 $\boldsymbol{\omega}_{x2}$ 转动时，便有绕内环轴的陀螺力矩 $\boldsymbol{H}\boldsymbol{\omega}_{x2}$ 作用在陀螺上，使陀螺绕内环轴转动，自转轴将趋向与 x_2 轴重合。若绕内环轴作用有外力矩 $\boldsymbol{M}_{y2}$，并且其大小正好与陀螺力矩 $\boldsymbol{H}\boldsymbol{\omega}_{x2}$ 相等而方向相反时，则两力矩平衡，陀螺就不会出现绕内环轴的转动。这种解释方法比较简便，故在解释单自由度陀螺作用原理时经常被采用。

　　综上所述，单自由度陀螺没有双自由度陀螺那样的稳定性。当基座绕缺少自由度的 x_2 轴以角速度 $\boldsymbol{\omega}_{x2}$ 转动时，自转轴将随着基座转动，同时自转轴还绕内环轴进动，使自转轴趋向与 x_2 轴重合，故单自由度陀螺对 $\boldsymbol{\omega}_{x2}$ 的大小敏感。当陀螺受到绕内环轴的外力矩 $\boldsymbol{M}_{y2}$ 作用时，若基座没有绕 x_2 轴转动，它将绕内环轴转动；若基座绕 x_2 轴以 $\boldsymbol{M}_{y2}/H$ 转动，则自转轴不绕内环轴进动，而是绕内环轴处于相对静止状态。

2. 单自由度陀螺的漂移

　　单自由度陀螺也用漂移率来表示精度，但具体含义不同。单自由度陀螺不像双自由度陀螺那样具有绕外环轴的转动自由度，那么，绕内环轴作用的干扰力矩将会造成什么样的效果呢？由上可知，如果单自由度陀螺受到绕内环轴干扰力矩 $\boldsymbol{M}_d$ 的作用，则它力图产生的绕 x_2 轴进动的角速度 $\boldsymbol{\omega}_d$ 的大小可表示为

$$\omega_d = \frac{M_d}{H} \qquad (3\text{-}1\text{-}7)$$

当基座绕 x_2 轴(输入轴)没有转动时,陀螺的这种进动就无法实现,干扰力矩将使陀螺绕内环轴(输出轴)转动起来。但当基座绕输入轴 x_2 转动且角速度 $\boldsymbol{\omega}_{x2}=\boldsymbol{\omega}_d$ 时,陀螺的这种进动便能够实现,干扰力矩就不会使陀螺绕输出轴 y_2 转动了。

我们本来希望当基座绕输入轴没有转动时,陀螺绕输出轴的输出转角为零;而当基座绕输入轴出现转动时,陀螺绕输出轴应该有输出转角。但由于干扰力矩的作用,当基座没有转动时,陀螺却出现输出转角;而当基座转动且转动角速度 $\boldsymbol{\omega}_{x2}=\boldsymbol{\omega}_d$ 时,陀螺输出转角却为零。或换言之,这时的陀螺并不是在输入角速度为零的情况下处于零位状态,相反,它是在有了输入角速度且输入角速度等于干扰角速度的情况下才处于零位状态。

因此,在描述单自由度陀螺的精度时需要知道:当输入角速度等于什么数值时,才能使陀螺的输出转角为零即处于零位状态。这个使陀螺输出为零的输入角速度量值称为单自由度陀螺的漂移率。因为这个使陀螺输出为零的输入角速度恰好等于干扰力矩力图产生的进动角速度,所以单自由度陀螺漂移率的计算公式就是式(3-1-7),它与双自由度陀螺漂移率的计算公式具有完全相同的形式。由于这个缘故,也可以直接把干扰力矩力图产生的进动角速度定义为单自由度陀螺的漂移率。

3. 单自由度陀螺的应用

单自由度陀螺的基本功用是测量载体的角速度。例如,正确的转弯飞行(协调转弯)需要按一定的倾斜角与一定的转弯角速度来协调进行,飞行员除必须知道飞机倾斜角、俯仰角和航向角,还需要知道飞机转弯或盘旋角速度。

在飞行控制系统中,除了需要测量出飞机的倾斜角、俯仰角和航向角,还需要测量出飞机绕三个主轴的转动角速度,并把角速度信号传输给飞行控制系统,从而得到较好的调节质量。此外,机载雷达也需要测量出雷达天线的跟踪角速度,以便改善雷达跟踪系统的动态品质。

在飞机转弯或盘旋飞行时,由于向心加速度的影响,垂直陀螺、航向陀螺和全姿态组合陀螺中的摆式元件受到干扰,不能正常工作,这就需要切断与这些设备相关的修正电路。因此,也需要测出飞机的转弯角速度,并控制相应的继电器动作,以便切断或转换有关电路。

测量转动角速度的陀螺仪表就是角速度陀螺,通常将给飞行员提供飞机转弯或盘旋角速度指示的仪表称为转弯仪;将给飞行控制系统或其他控制系统提供角速度信号的装置称为角速度传感器；将给各种设备提供转弯或盘旋切断信号的装置称为角速度信号器或陀螺继电器。上述三种角速度陀螺的原理都是相同的，仅是由于用途不同和性能指标要求不同，而带来某些结构上的差别和名称上的不同。

角速度陀螺是对单自由度陀螺施加弹性约束和阻尼约束而构成的，所以角速度陀螺的基本原理是建立在单自由度陀螺特性的基础上的。角速度陀螺主要由单自由度陀螺、平衡弹簧、阻尼器和信号传感器等部分组成。

(1)单自由度陀螺由陀螺转子和内环(框)组成,陀螺转子和内环通过轴承支承在表壳上。陀螺转子通常采用三相异步电动机或磁滞电动机,陀螺角动量一般都在几十至几百克·厘米·秒范围内。

(2)平衡弹簧用来产生弹性力矩,以便度量输入角速度的大小。平衡弹簧有螺旋弹簧、片弹簧、弹性扭杆等不同形式。弹性扭杆不仅起平衡弹簧作用,而且还起到内环轴一端支承的作用。

(3)阻尼器的作用是产生阻尼力矩,以阻尼陀螺绕内环轴的振荡,提高稳定性,它可以有空气阻尼器、液体阻尼器、电磁阻尼器等不同形式。

(4)信号传感器的作用是将输出转角变换成电信号,它安装在内环轴方向。通常采用电位器或微动同步器。微动同步器转子固定在内环轴上,定子固定在表壳上,当转子相对定子出现转角时,定子中的输出绕组便产生与该转角成比例的电压信号。

取与机体固联的机体坐标系 $ox_b y_b z_b$、与内环固联的内环坐标系 $ox_2 y_2 z_2$，如图3-1-14所示。起始位置时两个坐标系重合，内环坐标系记为 $ox_{20} y_{20} z_{20}$，坐标原点用 o 表示。

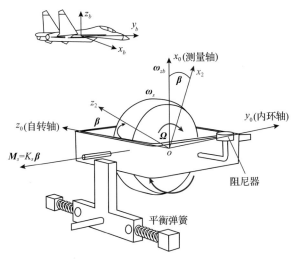

图 3-1-14　角速度陀螺基本原理

当机体绕单自由度陀螺缺少自由度的轴线方向 ox_0(与 oz_b 轴重合)以角速度

$\boldsymbol{\omega}_{zb}$ 相对惯性空间转动时，由于支承推力矩 $\boldsymbol{M}_t$ 的作用，陀螺产生绕内环轴的进动，进动角速度沿内环轴 oy_0 正向，使自转轴 oz_0 力图与机体转动角速度的方向 oz_b 重合。

但是，当陀螺绕内环轴进动而出现相对转角 β 时，平衡弹簧发生弹性变形，产生绕内环轴的弹性力矩 $\boldsymbol{M}_s$ 作用在陀螺上。弹性力矩的方向与陀螺绕内环轴的偏转方向相反，为内环轴 oy_0 的负方向，而大小与相对转角 β 的大小成正比，可表示为

$$M_s = K_s \beta$$

式中，K_s 为平衡弹簧的弹性系数。在这个弹性力矩 $\boldsymbol{M}_s$ 的作用下，陀螺力图产生进动角速度 $\boldsymbol{\omega}_s = K_s \beta / H$。陀螺进动角速度的方向与机体转动角速度的方向在 β 角为小量角时可看成是相同的，而进动角速度的大小与弹性力矩的大小成正比。

当弹性力矩产生的进动速度与基座转动角速度相等，即 $\boldsymbol{\omega}_s = \boldsymbol{\omega}_{zb}$ 时，弹性力矩正好提供了陀螺跟随机体在空间改变方向所需的外力矩。这时支承对陀螺既无推力矩作用，也无约束反力矩作用，陀螺绕内环轴进动角速度等于零，而陀螺绕内环轴的转角 β 达到一个稳定值，便得到陀螺绕内环轴的稳态转角表达式：

$$\beta = \frac{H}{K_s} \omega_{zb} \tag{3-1-8}$$

式 (3-1-8) 为角速度陀螺测量机体转动角速度的基本关系。当陀螺角动量 $\boldsymbol{H}$ 和平衡弹簧刚性系数 K_s 都为定值时，陀螺绕内环轴稳态转角 β 的大小与机体转动角速度 $\boldsymbol{\omega}_{zb}$ 的大小成正比。而且当机体转动角速度的方向改变到相反即 $\boldsymbol{\omega}_{zb}$ 为负值时，陀螺绕内环轴的偏转方向也改变到相反即 β 角也是负值。因此，陀螺绕内环轴转角 β 的大小和方向可用来判明机体转动角速度 $\boldsymbol{\omega}_{zb}$ 的大小和方向。

对于角速度陀螺的基本原理，在技术书刊中还采用另一种解释方法：当基座以角速度 $\boldsymbol{\omega}_{zb}$ 绕陀螺的输入轴转动时，将产生陀螺力矩 $\boldsymbol{H}\boldsymbol{\omega}_{zb}$ 绕内环轴作用在陀螺上。该陀螺力矩使陀螺绕内环轴转动而出现转角 β，平衡弹簧便产生方向与偏转方向相反、大小与转角 β 成正比的弹性力矩 $K_s \beta$ 绕内环轴作用在陀螺上，如图3-1-14 所示。当平衡弹簧的弹性力矩 $\boldsymbol{M}_s$ 与陀螺力矩 $\boldsymbol{H}\boldsymbol{\omega}_{zb}$ 平衡时，陀螺绕内环轴停止转动而达到稳定状态。根据这个关系得到

$$K_s \beta = H \omega_{zb} \tag{3-1-9}$$

显然，式 (3-1-9) 与式 (3-1-8) 完全相同。这种解释方法是基于相对运动的动力学原理，由于这种解释方法比较简便而常被采用。

上面说明了角速度陀螺的两个基础元件，即单自由度陀螺和平衡弹簧的作用。

但如果仅有这两部分来组成角速度陀螺，则陀螺绕内环轴将出现明显的振荡现象。为此，还必须采用阻尼器给出绕内环轴作用的阻尼力矩，以阻尼这种振荡，使之比较快地达到稳定状态。阻尼力矩的方向与陀螺绕内环轴相对转动角速度的方向相反，而大小与相对转动角速度的大小成正比，可表达为

$$M_c = K_c \dot{\beta}$$

式中，K_c 为阻尼器的阻尼系数。

角速度陀螺的输出轴是内环轴。若在内环轴上安装信号传感器或指示机构，便可把转角变换成相应电压信号或相应的角速度指示。角速度陀螺的输入轴（或称测量轴）是 ox_2 轴的初始位置 ox_{20} 轴。但应注意，角速度陀螺对输入角速度敏感的是与内环轴和自转轴相垂直的轴，即 ox_2 轴，称该轴为角速度陀螺的敏感轴。只有转角大小 $\beta = 0°$ 时，角速度陀螺的敏感轴与输入轴才重合。当 $\beta \neq 0°$ 时，这两个轴不重合，角速度陀螺所敏感的仅是被测角速度在敏感轴上的分量，这将造成测量误差。

角速度陀螺有液浮式与非液浮式两种结构型式。非液浮式角速度陀螺的阻尼器通常为活塞与气缸组成的空气阻尼器，因阻尼器干摩擦较大而影响仪表的工作精度，故在精度要求较高的场合多采用液浮式角速度陀螺。液浮式结构不仅能避免空气阻尼器的干摩擦，而且可减小轴承的摩擦力矩，还提高了仪表的抗振、抗冲击性能。

4. 转弯侧滑仪

转弯侧滑仪是由转弯仪和侧滑仪两个独立的仪表组合而成的。转弯仪主要用来指示飞机转弯的方向；侧滑仪指示飞机是否有侧滑和侧滑方向。两者配合工作，能指示飞机转弯时是否带侧滑，它是飞行员操纵飞机正确转弯——无侧滑转弯的主要参考仪表。

1）转弯仪

转弯仪是一种角速度陀螺，它以指针相对刻度盘转动的形式给飞行员提供目视信号，以便其正确操纵飞机。它除能指示飞机转弯方向，还能粗略反映飞机转弯角速度和指示某一特定飞行速度下飞机正确转弯时的倾斜角。

（1）指示转弯（或盘旋）的方向。

转弯仪基本组成如图 3-1-15 所示，它安装在仪表板上，其陀螺自转轴与飞机横轴平行，自转角速度矢量指向左机翼；内环轴与飞机纵轴平行，测量轴与飞机立轴平行。

飞机直线飞行时，没有陀螺力矩的作用，内环在平衡弹簧作用下，稳定在初始位置，指针停在刻度盘的中央，表示飞机没有转弯。

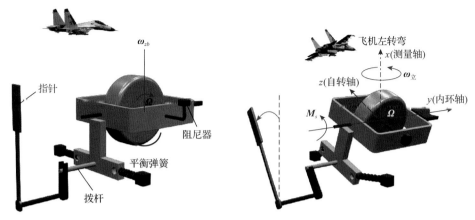

图 3-1-15 转弯仪基本组成

飞机向左转弯时，转弯角速度矢量向上，因而产生指向机头的陀螺力矩。在此陀螺力矩作用下，内环向右旋转，直到陀螺力矩与弹性力矩平衡。内环的转角通过拨杆传送机构传给指针，使指针偏向左方，表示飞机左转弯。转弯停止后，陀螺力矩消失，内环在平衡弹簧作用下回到初始位置，指针指在刻度盘中央。

飞机向右转弯时，转弯角速度矢量向下，因而产生指向机尾的陀螺力矩。在该力矩作用下，内环向左旋转，带动指针向右偏离初始位置，表示飞机右转弯。

飞机绕横轴转动时，其角速度矢量与陀螺自转角速度矢量正好一致(或相反)，不会产生沿内环轴方向的陀螺力矩，故仪表不指示。

飞机绕纵轴转动时，内环在平衡弹簧的作用下，被迫随表壳一起运动，内环平面与表壳相对位置保持不变。这时，虽然有沿测量轴方向的陀螺力矩，但由于陀螺没有绕测量轴转动的自由度，故仪表也不会指示。

(2) 粗略反映飞机转弯角速度。

假设飞机左转弯，倾斜角为 γ，转弯仪内环在平衡弹簧作用下同基座(表壳)一起随飞机向左倾斜同样角度。飞机以绕当地地垂线的转弯角速度 ω_t 向左转弯，陀螺力矩指向机头。此陀螺力矩使内环向右旋转，直到陀螺力矩与弹性力矩相等。此时，内环转角大小为 β，内环平面垂线偏离当地地垂线的角度为 $\gamma - \beta$，转弯角速度在内环平面垂线上的分量为 $\omega_t \cos(\gamma - \beta)$，该分量使转弯仪产生的陀螺力矩为

$$L = J\Omega\omega_t \cos(\gamma - \beta) \tag{3-1-10}$$

由陀螺力矩与弹性力矩平衡条件，得内环转角公式为

$$\beta = \frac{J\Omega}{K_s}\omega_t \cos(\gamma - \beta) \tag{3-1-11}$$

当内环转角很小时，式(3-1-11)可近似写为

$$\beta = \frac{J\Omega}{K_s}\omega_t \cos\gamma \qquad (3\text{-}1\text{-}12)$$

由式(3-1-12)可以看出，转弯仪内环转角不仅与飞机转弯角速度有关，还与飞机倾斜角有关。一般飞机倾斜角不是固定不变的，故转弯仪实际上只能粗略地反映飞机转弯角速度。

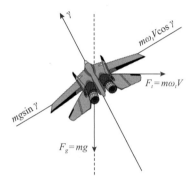

图 3-1-16　飞机无侧滑转弯受力分析

(3)指示飞机无侧滑转弯时的倾斜角。

转弯仪可以测量某一特定飞行速度下飞机无侧滑转弯的倾斜角。飞机无侧滑转弯称为正确转弯(或协调转弯)。要想没有侧滑就必须保证沿飞机横轴方向合力为零，否则飞机将出现侧滑。飞机转弯时沿飞机横轴方向的作用力主要有重力在横轴方向上的分力和惯性离心力在横轴方向上的分力，如图 3-1-16 所示。

由图 3-1-16 可以看出，这两个分力方向相反，只要

$$F_g \sin\gamma = F_t \cos\gamma \qquad (3\text{-}1\text{-}13)$$

就能保证沿飞机横轴方向上的作用力为零，从而保证飞机正确转弯。因为 $F_g = mg$ ， $F_t = m\omega_t V$ ，式中 m 为飞机质量， V 为飞机速度， ω_t 为飞机转弯角速度， g 为重力加速度。代入式(3-1-13)整理后得

$$\omega_t = \frac{g}{V}\tan\gamma \qquad (3\text{-}1\text{-}14)$$

由式(3-1-14)可以看出，飞机做无侧滑转弯时，若飞行速度一定，则飞机的倾斜角 γ 和转弯角速度 ω_t 有一一对应的关系。即转弯角速度增大，倾斜角也必须相应增大；反之，转弯角速度减小，倾斜角也必须相应减小。可见，飞机以一定的角速度做无侧滑转弯时，一定的转弯角速度可以代表一定的倾斜角。转弯仪指示倾斜角的原理就在于此。

将式(3-1-14)代入式(3-1-12)便得到内环转角与飞机倾斜角的近似关系：

$$\beta = \frac{J\Omega}{K_s}\frac{g}{V}\sin\gamma \qquad (3\text{-}1\text{-}15)$$

式中，J、Ω 和 g 可以认为是不变的。因此当飞行速度一定时，陀螺内环的转角只取决于飞机无侧滑转弯的倾斜角。飞机做无侧滑转弯时倾斜角越大，内环和指针的转角也越大；反之，倾斜角越小，内环和指针的转角也越小。故转弯仪可以指示某一特定飞行速度下，飞机无侧滑转弯时的倾斜角。转弯仪的这一功用可用来校正地平仪的指示，并在地平仪指示失常时，在一定程度上代替地平仪。

2）侧滑仪

侧滑仪是用来指示飞机有无侧滑和侧滑方向的仪表，其敏感部分是一个小球，小球可在弯曲的玻璃管中自由滚动，如图 3-1-17 所示。玻璃管内装有透明阻尼液体（如甲苯），对小球的运动起阻尼作用。玻璃管一端有很小的膨胀室，以便阻尼液因温度升高而体积增大时占用。侧滑仪一般与转弯仪装在一起配合使用。

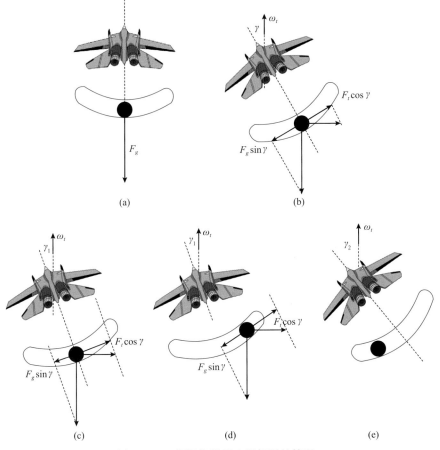

图 3-1-17 侧滑仪指示飞机侧滑的情况

飞行过程中飞机出现侧滑是因为沿飞机横轴方向有力的作用，而侧滑仪小球可感受飞机沿横轴方向所受的力，故小球在玻璃管中的运动状态可表示飞机的侧滑情况。

飞机转弯过程中，小球沿玻璃管切线方向（飞机横轴方向）所受的力是重力和惯性离心力在其上的分力（$F_g \sin\gamma$ 和 $F_t \cos\gamma$）。

当飞机平飞时，小球只受重力作用，所以停在管子中央，如图 3-1-17(a) 所示，表示飞机没有侧滑。

当飞机以角速度 ω_t 向左（无侧滑）转弯时，飞机向左倾斜了相应的 γ 角，侧滑仪玻璃管随着飞机也向左倾斜了 γ 角。因飞机无侧滑，故作用在小球上的力（指沿玻璃管中点切线方向的力，即沿飞机横轴方向的力）$F_g \sin\gamma$ 和 $F_t \cos\gamma$ 大小相等、方向相反，故小球处在玻璃管中央，表示飞机做无侧滑的正确转弯，如图 3-1-17(b) 所示。

若飞机转弯时倾斜角过小（或转弯角速度过大），则飞机要出现外侧滑。这时作用在小球上的力 $F_g \sin\gamma$ 小于 $F_t \cos\gamma$，小球向右移动偏离管中央，如图 3-1-17(c) 所示。由于玻璃管是弯曲的，故随着小球向右移动，作用于小球上的力 $F_g \sin\gamma$ 和 $F_t \cos\gamma$ 逐渐变化，前者逐渐增大，后者逐渐减小，当两者相等时，小球停止移动，停在管子右侧，表示飞机出现外侧滑，如图 3-1-17(d) 所示。飞机侧滑越严重，小球偏离管子中央位置越远，因此小球偏离中央位置的距离和方向，可以反映飞机侧滑的严重程度和侧滑的方向。

反之，若飞机转弯时倾斜角过大或转弯角速度过小，飞机出现内侧滑，这时作用在小球上的力 $F_g \sin\gamma$ 大于 $F_t \cos\gamma$，小球将停在管子左侧，表示飞机出现内侧滑，如图 3-1-17(e) 所示。

3）侧滑仪和转弯仪在飞行中的配合使用

图 3-1-18 表示飞机在一定飞行速度下，以一定的角速度左盘旋一圈，转弯仪

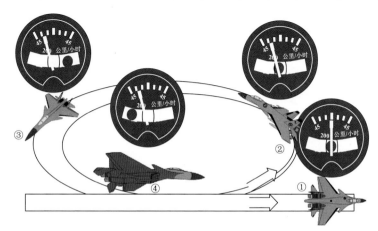

图 3-1-18　侧滑仪和转弯仪在飞行中的配合使用

和侧滑仪配合指示的情形。飞机平飞时，转弯侧滑仪的指针和小球都停在中央位置，如图中①所示；盘旋过程中，若飞机无侧滑，则指针便指在刻度盘左边，小球处在玻璃管中央，如图中②所示；若飞机有外侧滑，则指针指在左边，小球偏在玻璃管右侧，如图中③所示；若飞机有内侧滑，则指针指在左边，小球偏在玻璃管左侧，如图中①所示。右盘旋时，小球偏在左侧表示外侧滑，偏在右侧表示内侧滑。

3.1.4　新型陀螺

陀螺仪表是重要的航空仪表，在飞行中发挥着重要的作用。为提升陀螺的精度和稳定性，围绕刚体转子陀螺支承方式、非经典陀螺实现方式等方面不断有新型陀螺应用于航空领域。目前较为成熟、应用较为广泛的新型陀螺主要有挠性陀螺、激光陀螺和光纤陀螺。

1. 挠性陀螺

挠性陀螺是在 20 世纪 60 年代末出现的，到 1975 年左右，精度达到惯性级。挠性陀螺去除了传统的框架支承结构，代之以挠性接头来支承转子。挠性支承实际上是一种柔软的弹性支承，可以通过自身的变形为自转轴提供所需的转动自由度。挠性接头是一种无摩擦的弹性支承，最简单的结构是做成细颈轴，转子借助于挠性接头与驱动轴相连，如图 3-1-19(a) 所示。驱动电动机的转轴称为驱动轴，经过挠性接头使转子高速旋转，从而产生陀螺角动量 H。挠性接头允许转子绕着垂直于自转轴的两个正交轴方向旋转，从而使转子轴获得绕这两个正交轴的转动自由度。即挠性陀螺的转子具有两个转动自由度，属于双自由度陀螺。故挠性陀螺同样具有双自由度陀螺的基本特性，即进动性和稳定性。

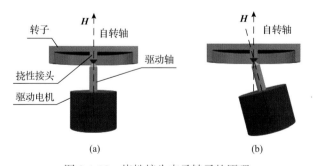

图 3-1-19　挠性接头支承转子的原理

当基座绕垂直于自转轴的方向出现偏转角时，将带动驱动轴一起偏转同一角度，但陀螺自转轴相对惯性空间仍然保持原来方位稳定，如图 3-1-19(b) 所示。

然而，这种细颈式挠性陀螺，需要对固有弹性力矩进行补偿，其精度难以达

图 3-1-20　动力调谐式挠性陀螺

到惯性级要求。故实际惯性导航系统采用的都是动力调谐式挠性陀螺。在动力调谐式挠性陀螺中，驱动轴与转子之间的挠性接头已不再是一根细颈轴，而是由两对相互垂直的扭杆和一个平衡环组成，如图 3-1-20 所示。一对共轴线的内扭杆与驱动轴及平衡环固联，另一对共轴线的外扭杆与平衡环及转子固联。内扭杆轴线垂直于驱动轴轴线，外扭杆轴线垂直于内扭杆轴线，并且内、外扭杆轴线与驱动轴轴线相交于一点。

由于挠性陀螺从支承原理上进行了革新，即利用挠性接头来支承转子，代替了传统的轴承支承，使仪表精度得到较大提高，故挠性陀螺具有以下几方面的优点：①消除了影响陀螺性能的摩擦力矩等干扰因素；②体积小、重量轻、结构简单、成本较低；③可靠性高；④工作准备时间短。综上所述，挠性陀螺主要是动力调谐式挠性陀螺，其精度已同中等液浮陀螺相当，但结构简单，加工容易，成本较低，可靠性高，因此是一种高性能和低成本的惯性级陀螺。美国在 1962 年提出动力调谐这一概念后，经过数年时间的研制，20 世纪 70 年代以后服役的军用和民用飞机，大多装备了挠性陀螺惯性导航系统以替换原先飞机上装备的液浮陀螺惯性导航系统。此后一段时间，法国、英国、德国和苏联都先后研制了不同型号的挠性陀螺。不论平台式惯性导航还是捷联式惯性导航，不论航空、航天还是舰船都广泛使用了动力调谐式挠性陀螺。

但是，挠性陀螺也存在一些不足之处，例如，由于挠性支承是一种弹性支承，对承受加速度和冲击就有一定的限制。

2. 激光陀螺

传统意义上的陀螺是指转子陀螺，转子陀螺的运动特性区别于一般刚体的根本原因在于转子旋转产生的角动量，转子陀螺的工作原理是建立在解释宏观世界的牛顿力学基础上的，动量矩定理是分析陀螺动力学特性的基本理论。而角动量由机械旋转产生，机械旋转必须依靠支承，所以支承技术是机械式转子陀螺的关键技术，陀螺的性能指标越高，支承技术就越复杂，成本也就越高，这就是机械式转子陀螺的局限。

随着激光技术的发展，建立在全新测量原理上的另一类陀螺已蓬勃发展起来，这就是激学陀螺，这类陀螺服从量子力学定律。所以目前所指的陀螺已突破了经

典含义而具有广义含义。由于激光陀螺的工作原理是建立在解释微观世界的量子力学基础上的,原理上这种陀螺不需要活动部件,不存在支承问题,它对普通机电陀螺的许多误差源不敏感,比机电陀螺更能经受振动和冲击。它的动态范围大(从 0.001(°)/h 到 400(°)/s 以上),可靠性高(平均无故障时间已达数千小时,使用寿命达数万小时),结构简单而坚固,成本低,且能直接输出数字信号;启动快,准备时间短,一般情况下仅需用温度模型做温补而不必温控即可有效解决温度对漂移的影响。它与高性能、小体积、低成本的数字计算机相结合后,可以组成捷联式惯性导航系统。激光陀螺的这些特点,使其被认为是捷联式惯性导航的理想元件。目前,国外新出厂的飞机无一例外装备了激光捷联式惯性导航系统,旧机改装中,也用激光捷联式惯性导航系统替代了原来的挠性平台式惯性导航系统。我国多所院校和研究所,多年来一直在进行激光陀螺的研制工作,也取得了丰硕的研究成果,并成功应用。

1913 年,法国科学家萨尼亚克(G. Sagnac)研制出了一种光学干涉仪,来验证用无运动部件的光学系统同样可以检测出相对惯性空间的旋转运动。1925 年美国科学家根据干涉仪研制出了一个巨型光学陀螺装置,用于测量地球的自转角速度,该陀螺装置由矩形光学回路构成,光源采用普通光,如图 3-1-21 所示。下面对该装置的工作原理进行简要分析,并从直观的物理概念上对萨尼亚克效应进行说明。

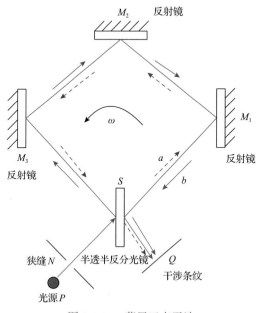

图 3-1-21 萨尼亚克干涉

从 P 点出发的光经过狭缝 N 后形成一束光,此光束到达半透半反分光镜 S 后产生两束光,一束为透射光 a 光束,另一束为反射光 b 光束。透射光 a 光束经反射

镜 M_1、M_2、M_3 到达分光镜 S 后又形成反射光和透射光，其中透射光到达屏幕 Q；反射光 b 光束经反射镜 M_3、M_2、M_1 到达分光镜 S 后，其反射光到达屏幕 Q。

设闭合光路的长度为 $L = SM_1 + M_1M_2 + M_2M_3 + M_3S$，当 $\omega = 0$ 时，透射光 a 光束和反射光 b 光束所走的光路长度相等，由于两路光同时到达 Q，且光束来自同一光源，频率相同，所以相位差为零，在屏幕上产生的干涉条纹相对中心点对称分布。当 $\omega \neq 0$ 时，两束光所走过的光程就不相等，可以推导得到光程差为

$$L_a - L_b = \frac{4A}{c}\omega \tag{3-1-16}$$

式中，A 为闭合光路所包围的面积。迈克耳孙（Michelson）矩形光学陀螺所围的面积为 $(300 \times 600)\text{m}^2$，测量的地球旋转角速度为 $15(°)/\text{h}$，若不计纬度的影响，可计算得光程差仅为 $0.174\mu\text{m}$，相当于光源波长 $\lambda = 0.7\mu\text{m}$ 的 $1/4$，即干涉条纹仅移动了 $1/4$ 的条纹间距，所以测量灵敏度和精度都非常低。但是这种根据光学原理测量角运动信息无疑是一种新概念，它为陀螺技术的发展开辟了一个全新的领域。

1961 年氦-氖激光器问世，为光学陀螺这一新概念的实现奠定了技术基础。1962 年起美国开始研制环形激光陀螺，1975 年霍尼韦尔公司研制的激光陀螺惯性导航系统在飞机上试飞成功，精度为 2.2n mile/h，1978 年在波音 727 飞机上试飞成功，精度为 1n mile/h。相对萨尼亚克干涉仪，激光陀螺做了如下两点关键改进：

(1)采用激光作为光源，激光优良的相干性，使正反方向运行的两束光在陀螺腔体内形成谐振，即光束沿腔体环路反复运行时一直能保持相干。

(2)将测量光程差（即相位差）改为测量两束光的频率差，即拍频，这显著提高了陀螺的测量灵敏度。

图 3-1-22 为激光陀螺的工作原理简图。图中激光陀螺采用三个反射镜组成环形谐振腔，即闭合光路。

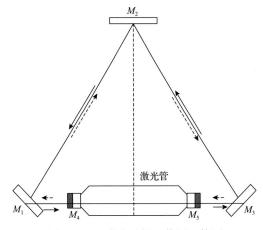

图 3-1-22　激光陀螺工作原理简图

3. 光纤陀螺

20 世纪 70 年代，在电信应用的推动下，低损耗光纤、固态半导体光源和探测器的研发取得了巨大成就，用多匝光纤线圈代替环形激光器，通过多次循环来增强萨尼亚克效应已有物质基础。光纤陀螺除了具有激光陀螺的许多优点，最大的优点是成本低、体积小、重量轻。

光纤陀螺的工作原理实质上是单模光纤环构成的萨尼亚克干涉仪，其光学原理如图 3-1-23 所示。激光器发出的光束经半透半反分光镜进入多匝光纤线圈的两端，两束光在光纤内的传播方向相反。若光纤环相对惯性空间静止，则两束反向传播的光束到达接收器时具有相同的相位。但若光纤环相对惯性空间有垂直于光纤环平面的角速度 ω，则两束光的传播光程将发生变化，萨尼亚克干涉仪给出的关系为

$$\Delta L = \frac{4NA}{c}\omega \tag{3-1-17}$$

式中，N 为光纤环的绕制圈数；A 为一圈光纤所包围的面积，对于圆柱形光纤环，$A = \pi D^2 / 4$，D 为光纤环直径；c 为光速。

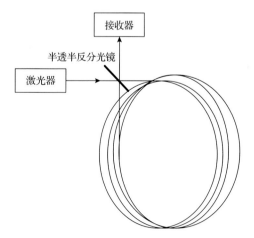

图 3-1-23　光纤陀螺光学原理图

将式 (3-1-17) 写成相位差形式为

$$\Delta\varphi = \frac{2\pi LD}{c\lambda}\omega \tag{3-1-18}$$

式中，L 为光纤长度；λ 为光源波长。

因为光纤长度非常长，可达 100～1000m，所以用相位差测量角速度仍具有很

高的灵敏度，与此不同的是激光陀螺根据拍频测量角速度。显然光纤陀螺通过增加光纤匝数以增大光路所围的面积，提高陀螺的灵敏度，使萨尼亚克干涉仪可用于工程实际。此外，与谐振腔激光陀螺相比，光纤陀螺不存在低角速度输入时的闭锁效应问题。

随着光学技术的发展，光纤陀螺也由分立光学元件逐渐向集成光学元件结构发展，国际上已出现了低漂移光纤陀螺、零相位光纤陀螺、全集成光纤陀螺等不同方案。

3.2　飞机姿态测量仪表

飞机的姿态即飞机的俯仰角和倾斜角，是飞机的基本运动参数，也是飞行员操纵飞机的基本依据，在飞行中有着非常重要的作用。姿态的测量主要由垂直陀螺仪或地平仪完成，两者的核心部件都是双自由度陀螺。

3.2.1　飞机姿态角的定义

飞机的姿态角表示飞机相对地平面的空间位置角，通常用俯仰角 θ 和倾斜角 γ 两个转角表示。俯仰角是指飞机纵轴与水平面之间的夹角，它是绕飞机横向的水平轴转动出来的角度，其定义轴为横向的水平轴，如图3-2-1 所示；而倾斜角则是飞机纵向对称平面与纵向铅垂面之间的夹角，它是绕飞机纵轴转动出来的角度，其定义轴为纵轴。俯仰角和倾斜角确定后，飞机相对地平面的姿态也就确定了。

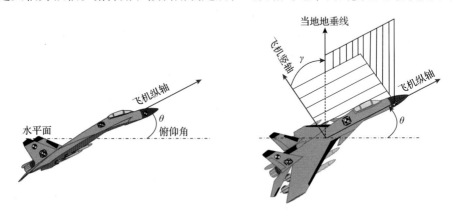

图 3-2-1　飞机的俯仰角与倾斜角

3.2.2　飞机姿态角测量原理

根据俯仰角、倾斜角的定义，要测出飞机的俯仰角和倾斜角，实际上就是如何在飞机上实现机体坐标系与当地地平坐标系相互比较的问题，也就是如何实现飞机立轴与当地地垂线相互比较的问题。

机体坐标系的三根坐标轴就是飞机的三根机体轴，在飞机上是容易确定的；而在运动着的飞机上确定当地地平坐标系(当地地垂线或当地地平面)就不那么容易了。可见，测量飞机俯仰角和倾斜角的关键问题，是在飞机上建立人工当地地垂线(或水平面)基准。

1. 利用摆式元件模拟当地地垂线

悬挂的摆锤对重力的方向敏感，其摆线所指为重力垂线(俗称铅垂线或当地地垂线)，气泡水平仪能够指示水平面。水平面与垂线相互垂直，指示出水平面就相当于指示出垂线，从广义上理解可把水平仪看成液体摆，其摆线为与液面相垂直的直线。重力摆或液体摆能够自动找到当地地垂线方位，摆具有敏感当地地垂线的方向选择性。

飞机上的摆式元件大都是液体摆，即气泡水平仪，其结构如图3-2-2所示。在一个曲率半径为 L 的弯管形容器内装入液体且留出气泡，液体对气泡有垂直向上的浮力作用，使气泡最终要停在弯管最高处。若使容器的弯管平面与铅垂面重合，则气泡在容器中的位置即当地地垂线 oz_h 的方向。若在容器对称位置作标线 oo'，将容器绕着它的曲率半径 L 转轴(过 o 点垂直于纸面)转动，当气泡中心与标线 oo' 重合时，说明标线已与当地地垂线重合。若弯管绕着它的曲率半径 L 转轴倾斜一个角度 δ，则标线 oo' 将偏离当地地垂线 oz_h 位置，但标志当地地垂线的气泡总要停在弯管最高处，因而从标线与气泡中心线之间的偏差角 δ，即可得出液体摆相对当地地垂线的偏离角。

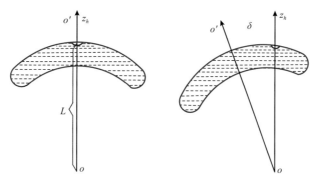

图 3-2-2   液体摆结构图

由此可见，液体摆与单摆的功能一样，由于液体摆灵敏度较高，结构也较简单，在陀螺仪表中被广泛用作修正装置的敏感元件。

在飞机等速直线飞行情况下，由于摆只受到重力 mg 的作用，摆线是能够真实地指示当地地垂线的，但在飞机存在加速度的情况下，摆受重力和惯性力作用，将引起摆线偏离当地地垂线，其偏角为 $\arctan(a/g)$，如图3-2-3所示。这时摆线所指为重力与惯性力二者合力的作用线，这时的摆线所指示的即为虚假地垂线或视在垂线。故摆不具有抵抗干扰的方向稳定性。在飞机上如果直接使用摆指示地垂线测量飞机的俯仰角和倾斜角，将会产生很大的误差。

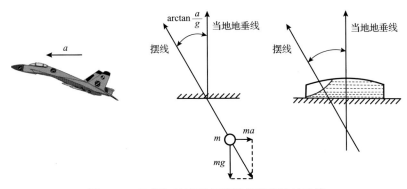

图 3-2-3　飞机加速度引起摆线偏离当地地垂线

2. 用双自由度陀螺建立当地地垂线

由双自由度陀螺的基本特性可知，双自由度陀螺的自转轴具有很高的方位稳定性。若在飞机上安装一个双自由度陀螺，并将其自转轴调整到当地地垂线方向，则当飞机存在加速度时，仅有与加速度有关的干扰力矩作用在陀螺上，陀螺仅出现缓慢的漂移，自转轴仍能够相当精确地保持其原来的方位，即陀螺具有抵抗干扰的方位稳定性。

但是双自由度陀螺的自转轴是相对惯性空间保持方位稳定的。因地球自转，当地地垂线相对惯性空间方位不断改变，这就使原来与当地地垂线相重合的自转轴逐渐偏离当地地垂线，如图3-2-4所示。而且，飞机又总是相对地球运动，从一个地点飞到另一个地点，地球上不同地点的当地地垂线相对惯性空间的方位也是不同的，这也将引起自转轴逐渐偏离当地地垂线(图3-2-5)。此外，在实际的陀螺中，总是不可避免地存在着干扰力矩，也会引起自转轴逐渐偏离当地地垂线。这些因素使陀螺自转轴不能长时间地指示当地地垂线，所以陀螺不具有对当地地垂线方向敏感的选择性。

将摆和陀螺对比可以发现：摆具有对当地地垂线方向敏感的选择性，但没有抵抗干扰的方向稳定性；陀螺则具有抵抗干扰的方向稳定性，但却没有对当地地垂线方向敏感的选择性。而精确测量飞机的俯仰角和倾斜角，则需要兼有这两种特性。解决这个矛盾的途径有以下两种：

一是使具有方向选择性的摆获得方向稳定性。由摆的运动特性可知，这需要增大摆的自由振荡周期，使它对加速度干扰不敏感。舒拉于1923年提出，当摆的

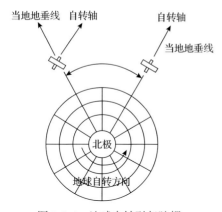

图 3-2-4　地球自转引起陀螺
自转轴偏离当地地垂线

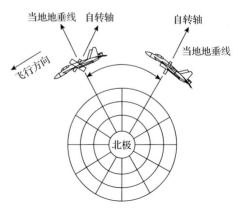

图 3-2-5　飞机运动引起陀螺
自转轴偏离当地地垂线

自由振荡周期等于 84.4min 时，便可完全消除加速度对摆的干扰。然而对于一般的单摆，要实现这个振荡周期，其摆长需要达到地球半径的长度，显然这在技术上是无法办到的。

　　二是使具有方向稳定性的陀螺获得方向选择性。为此，可采用取长补短的办法，以陀螺作为仪表的工作基础，并利用摆对当地地垂线方向敏感的选择性而对陀螺进行修正，使陀螺获得对当地地垂线方向敏感的选择性。垂直陀螺仪和地平仪就是通过这种途径在飞机上建立一个精确而稳定的当地地垂线基准，从而测得飞机的俯仰角和倾斜角。

3.2.3　垂直陀螺仪

　　垂直陀螺仪和地平仪都是利用双自由度陀螺与摆的结合制成的陀螺仪表，它们能够在飞机上建立精确而稳定的当地地垂线或水平面基准，用来测量飞机的俯仰角和倾斜角。垂直陀螺仪和地平仪两者并无本质上的区别，它们在基本结构、工作原理和使用误差等方面都是相同的，所不同的只是在地平仪中装有指示机构，可直接指示出飞机的姿态角，而在垂直陀螺仪中装有信号传感器，可向其他设备提供姿态信号。

　　当使用自动驾驶仪操纵飞机时，有垂直陀螺仪作为飞机俯仰角和倾斜角的敏感元件，才能控制飞机按照预定的姿态飞行，垂直陀螺仪是飞机自动驾驶仪的主要部件之一。此外，飞机上的综合罗盘(或航向系统)、雷达系统、武器控制系统和投弹轰炸系统等，也需要垂直陀螺仪提供飞机的俯仰角和倾斜角信号，以保证这些系统的精确性。

　　垂直陀螺仪的功用是测量飞机的姿态角，并转换成相应的电信号。垂直陀螺仪的基本原理就是摆对陀螺的修正原理。垂直陀螺仪的基本组成是双自由度陀螺、修正系统、信号传感器、控制机构四个部分，其组成如图 3-2-6 所示。对于歼击机上使用的垂直陀螺仪(或地平仪)，在双自由度陀螺中还设置了托架伺服系统。

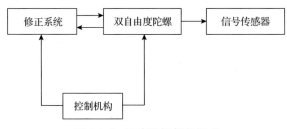

图 3-2-6　垂直陀螺仪的组成

1. 双自由度陀螺

双自由度陀螺是垂直陀螺仪(或地平仪)的基础部分。陀螺转子通常采用三相异步电动机，转子的转速可达 22000～23000r/min。

双自由度陀螺有两种基本安装方式：一种是纵向安装，外环轴平行于飞机的纵轴(图 3-2-7(a))；另一种是横向安装，外环轴平行于飞机的横轴(图 3-2-7(b))。

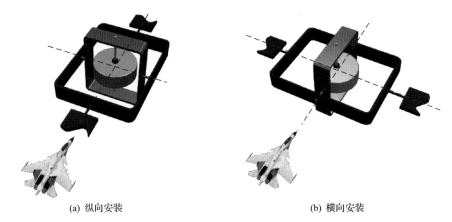

(a) 纵向安装　　　　　　　　　　　　　　(b) 横向安装

图 3-2-7　陀螺安装形式

陀螺纵向安装的测量原理如图3-2-8所示。当飞机俯仰时，表壳和外环跟随机体一起转动，内环绕内环轴保持稳定，外环绕内环轴相对内环转过的角度即飞机俯仰角，因而内环轴成为俯仰角的测量轴。当飞机倾斜时，表壳跟随机体一起转动，外环绕外环轴保持稳定，表壳绕外环轴相对外环转过的角度即飞机倾斜角，外环轴成为仪表倾斜角的测量轴。

从测量误差看，外环轴纵向安装，外环轴始终与飞机纵轴平行，因此无论是在飞机俯仰的情况下测量倾斜角，还是在飞机倾斜的情况下测量俯仰角，仪表姿态角的测量轴均始终与飞机姿态角的定义轴重合，仪表所测量的是飞机的

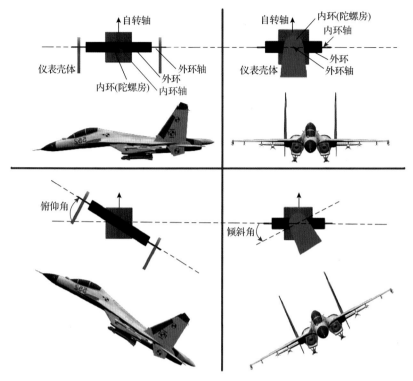

图 3-2-8　陀螺纵向安装的测量原理

真实俯仰角和真实倾斜角，即纵向安装的陀螺，对飞机姿态角的测量是没有测量方法误差的。

从测量范围看，纵向安装的陀螺，当飞机俯仰 90°时，外环轴与自转轴重合，出现"环架自锁"而不能正常工作，所以俯仰角测量范围小于 90°；当飞机倾斜（或横滚）时，外环轴与自转轴始终垂直，所以测量倾斜角的范围可达 360°。

在机动性能较小的飞机上使用的垂直陀螺仪或地平仪，其双自由度陀螺一般采用纵向安装。

陀螺横向安装的测量原理如图 3-2-9 所示。当飞机俯仰时，表壳跟随机体一起转动，外环绕外环轴保持稳定，表壳绕外环轴相对外环转过的角度即飞机俯仰角，外环轴成为仪表俯仰角的测量轴。当飞机倾斜时，表壳和外环跟随机体一起转动，内环绕内环轴保持稳定，外环绕内环轴相对内环转过的角度即飞机倾斜角，内环轴成为仪表倾斜角的测量轴。

从测量误差看，外环轴横向安装，外环轴始终与飞机横轴平行。无论在飞机俯仰情况下测量倾斜角，还是在飞机倾斜情况下测量俯仰角，仪表姿态角的测量轴均与飞机姿态角的基准轴不重合，仪表就出现了测量误差，这种测量误差称为垂直陀螺仪或地平仪的支架误差。

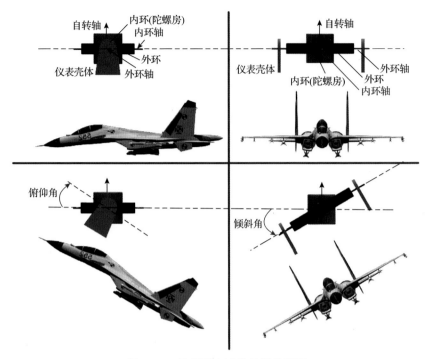

图 3-2-9　陀螺横向安装的测量原理

从测量范围看，横向安装的陀螺，当飞机倾斜或横滚 90°时，外环轴与自转轴重合，出现"环架自锁"现象而不能正常工作，所以测量倾斜角范围小于 90°；当飞机俯仰 360°时，外环轴与自转轴始终保持垂直关系，所以测量俯仰角范围可达 360°。

在机动性能较大的歼击机上使用的垂直陀螺仪或地平仪，其双自由度陀螺采用横向安装，但它的外环轴不是直接安装在表壳上，而是安装在一个始终保持水平的随动托架（又称伺服托架）上，而托架轴纵向安装在表壳（即飞机）上。这时倾斜角的测量轴已变为托架轴，俯仰角的测量轴已变为外环轴，这种安装方法既保证了不会造成测量误差，又保证了俯仰角和倾斜角的测量范围可达 360°。

2. 修正系统

修正系统由敏感元件和执行机构组成，必须完成两项任务：一是测量陀螺自转轴偏离当地地垂线的偏差角；二是自动产生修正力矩，将偏差角消除。敏感元件通常是摆式开关，安装在内环上，用来对自转轴相对当地地垂线的偏差角敏感并转换成相应电信号。执行机构通常用力矩电机，安装在内环轴和外环轴方向，用来产生修正力矩以消除自转轴相对当地地垂线的偏差角。摆式开关依结构形式有五极式、三极式、水银开关式等，力矩电机有扁环形和弧形两种，弧形电机重量相对较小、结构简单，有一定优势。各型摆式开关和修正电机组成的修正系统的工作过程是相似的，下面以五极式液体开关与扁环形修正电机组成的修正系统为例进行介绍。

五极式液体开关如图 3-2-10 所示。它做成扁平圆形的密封容器，其中装有特殊导电液体并留有气泡。导电液体由氯化锂或硝酸锂用乙醇做溶剂配制而成。容器上部的紫铜底座具有一定的曲率半径。底座上装有四个相互绝缘的紫铜电极，组成对称而又相互垂直的两对电极。而紫铜底座本身与下部的紫铜外壳相通，构成中心电极。五极式液体开关实际上是一种可以对陀螺自转轴相对当地地垂线偏离角敏感并转换成电信号的气泡水平仪。

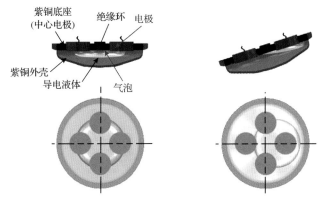

图 3-2-10 五极式液体开关的结构原理及工作情况

当液体开关水平时，气泡处于中央位置，气泡盖住四个电极的面积相等，导电液体盖住四个电极的面积也相等，因而四个电极经导电液体至中心电极的电阻是相等的。当液体开关倾斜时，气泡偏离中央位置，气泡盖住对应两个电极的面积不再相等，被导电液体盖住面积小的电极至中心电极的电阻增大，被导电液体盖住面积大的电极至中心电极的电阻减小。当液体开关倾斜方向相反时，这两个电极至中心电极的电阻变化情况则相反。五极式液体开关可以同时对绕两个相互正交轴线的偏离角敏感，并转换成对应电极的电阻变化。

五极式液体开关固装在陀螺房的底面上，如图 3-2-11 所示，该平面垂直于自转轴，液体开关便能给出自转轴相对当地地垂线的偏离角。其中一对电极的中心连线与内环轴线相垂直，敏感于转轴绕内环轴的偏角；另一对电极的中心连线与外环轴线相垂直，敏感于转轴绕外环轴的偏角。

在修正系统中有两个修正电机，分别沿内环轴和外环轴安装，如图 3-2-11 所示。内环轴向的修正电机，其定子和转子分别固装在内环轴和外环轴上，以产生绕内环轴作用的修正力矩；对于外环轴向的修正电机，其定子和转子分别固装在外环轴和壳体上，以产生绕外环轴作用的修正力矩。

根据双自由度陀螺进动性，液体开关所给出自转轴绕内环轴的偏离角信号，用来控制外环轴向的修正电机；液体开关所给出自转轴绕外环轴的偏离角信号，

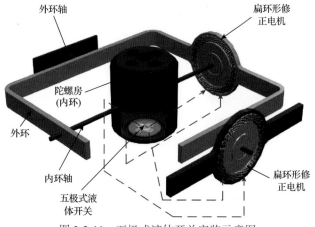

图 3-2-11　五极式液体开关安装示意图

用来控制内环轴向的修正电机，修正电机的修正力矩能使自转轴的偏离角减小，修正系统原理如图 3-2-12 所示。当自转轴与当地地垂线重合时，液体开关中心电极至各电极电阻都相等，每个修正电机中，两个控制绕组所流过的电流也都相等。两控制绕组匝数相同而绕向相反，因控制电流相同，控制绕组所产生的力矩正好相互抵消，因此内、外环轴向的修正电机均没有修正力矩作用在陀螺上。

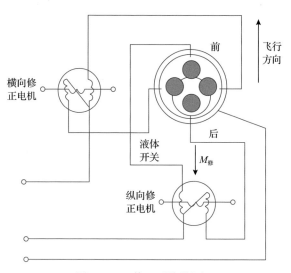

图 3-2-12　修正系统的原理

当自转轴偏离当地地垂线时，液体开关倾斜。这时被气泡盖住面积大的电极至中心电极的电阻增大，修正电机中与该电极相连的控制绕组所流过的电流减小；而被液体盖住面积大的电极至中心电极的电阻减小，修正电机中与该电极相连的控制绕组所流过的电流增大。两个控制绕组便产生两个方向相反而大小不等的力矩，修正电机修正力矩即两力矩之差。在这个修正力矩作用下，陀螺朝着减小偏离角的方向进动，直至自转轴恢复到当地地垂线位置。

虽然五极式液体开关可以同时给出自转轴绕内、外环轴的偏离角，但它却存在交联影响，即绕某一轴的比例区大小受到绕交叉轴偏角大小的影响。因为在绕交叉轴已有偏角的情况下，需要偏转较大的角度，气泡才能将其中的一个电极完全盖住，所以造成比例区增大，产生修正电机修正力矩不足的情况。

三极式液体开关工作原理与五极式相同，但它只能给出自转轴绕一个轴的偏角，不存在交叉影响，如图 3-2-13 所示。在此类型修正系统中，需要两个三极式液体开关，其中一个固装在陀螺房顶面并与内环轴相垂直，用以敏感于自转轴绕内环轴的偏角；另一个固装在陀螺房底面并与外环轴相垂直，用以敏感于自转轴绕外环轴的偏角。两个三极式液体开关分别敏感于两个方向的偏角，消除了交联影响；电极呈针状，所用材料较少，可采用抗腐蚀性强的贵重金属制造，如铂金或钨金等，易于提高液体开关的使用寿命。此外，可采用弧形修正电机，简化结构，减小体积，整个垂直陀螺仪或地平仪的结构可以安排得比较紧凑。

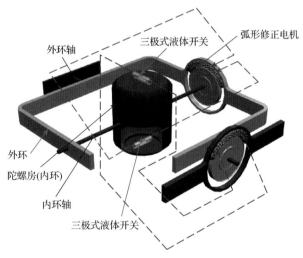

图 3-2-13　三极式液体开关与弧形修正电机组成的修正装置

水银开关结构与三极式液体开关相似，但是液体开关灵敏度较高，不灵敏区一般为 $1'\sim2'$，而水银开关的迟滞区一般都有几角分；五极式液体开关中导电液体对紫铜电极的腐蚀比较严重而影响其使用寿命，三极式液体开关已有很大改变，而水银开关不存在电极的腐蚀问题；从所允许通过的电流看，液体开关允许电流较小，一般限制在 60mA 以内，如果电流过大，则液体温度升高甚至沸腾，不能正常工作，而水银开关靠水银珠导电，允许通过较大的电流。

3. 托架伺服系统

托架伺服系统是为适应歼击机战术性能要求，在歼击机用的垂直陀螺仪或地平仪中增设的一个附加部分。它的功用是使伺服托架始终处于水平状态，从而保持外环轴与自转轴相互垂直，消除陀螺的"环架自锁"，保证垂直陀螺仪的俯仰角、倾斜角测量范围均可达到360°，并保证垂直陀螺仪不会产生支架误差。伺服托架系统可参见本章的地平仪部分。

4. 信号传感器

信号传感器通常为环形电位器或自整角机（又称同步器），安装在陀螺环架轴上，将飞机俯仰角和倾斜角远距离传输给地平仪指示器、飞行控制系统及其他机载设备。当飞机姿态角改变时，环形电位器的电刷相对绕组移动，或者自整角机中的转子相对定子转动，其输出信号与飞机的姿态角成正比。

5. 控制机构

控制机构可分为修正系统的控制机构和陀螺的控制机构。飞机有加速度时，修正系统的控制机构可自动断开修正电路，停止对陀螺的错误修正，避免垂直陀螺仪或地平仪产生误差。

陀螺的控制机构是锁定装置，可用来保证仪表启动时或在机动飞行后使陀螺自转轴迅速恢复到当地地垂线位置。在仪表运输过程中为保证仪表不被损坏，也需要锁定装置。不同型号的垂直陀螺仪或地平仪，采用的锁定装置有所区别。

3.2.4　地平仪

地平仪是一种用来测量并指示飞机姿态角的仪表。飞行员在空中可根据地平仪判断飞机的俯仰角和倾斜角，以正确驾驶飞机。当能见度良好时，飞行员可以根据天地线和地面目标判断飞机姿态。但在复杂气象条件下，或在夜间和海洋上空飞行时，就必须依靠仪表判断飞行姿态。例如，飞机在海洋上空飞行时，海水和天空同样是蓝色，天地难辨。飞机在夜间飞行时，飞行员往往把地面灯火误认为天空的繁星，上下难分。所以地平仪是最重要的驾驶仪表之一，有"仪表之王"的美称。由于它很重要，现代飞机都有多套备份，以防出现地平仪故障而影响飞行安全。

地平仪与垂直陀螺仪没有本质区别，只是多了一个（或几个）用来指示飞机姿态角的指示部分。地平仪分为直读地平仪和远读地平仪。由垂直陀螺仪直接带动指示部分的地平仪称为直读地平仪。远读地平仪是由垂直陀螺仪远距离带动指示部分的地平仪，指示真实感强、灵敏度高、启动时间短、测量误差小。

1. 直读地平仪

某典型带随动托架的直读地平仪由双自由度陀螺、修正系统、托架伺服系统、启动装置和指示部分等组成，如图 3-2-14 所示。

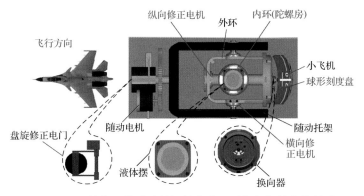

图 3-2-14 某典型带随动托架的直读地平仪各部件安装关系

该地平仪的双自由度陀螺是一个三相异步电机，转子为电机转子，安装在内环(陀螺盒)内。地平仪的修正系统由液体开关和修正电机组成。启动系统包括启动按钮、启动摆和双金属继电器，其作用是加速地平仪启动过程，缩短启动时间。指示部分包括球形刻度盘、倾斜刻度盘、小飞机、调整旋钮等。球形刻度盘固定在内环轴上，由陀螺稳定，上面刻有子午线、地平线，始终与地平面垂直或平行。倾斜刻度盘及小飞机装在表壳上，随飞机运动，小飞机中心与球形刻度盘中心连线始终与飞机纵轴重合，因此小飞机中心与球形刻度盘上地平线的相对位置表示飞机俯仰角，球形刻度盘子午线与倾斜刻度盘相对位置表示飞机倾斜角。通过转动调整旋钮，经调整机构使小飞机上下移动以便观察和保持飞机带仰角平飞，如图 3-2-15 所示。

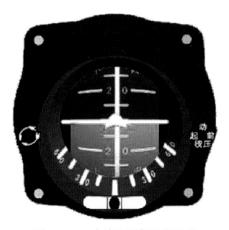

图 3-2-15 直读地平仪的指示器

倾斜刻度盘下方装有侧滑仪。

　　飞机倾斜时，在飞机上观察到的指示情况与观察天地线变化的真实情况一致。飞机俯仰时观察到的情况则相反。飞机上仰时，球形刻度盘水平线向上移，指示真实感不强，为弥补这一缺点，球形刻度盘水平线以下涂成天蓝色，以上涂成褐色，但带来天地倒置的缺点。

　　2. 远读地平仪

　　远读地平仪由垂直陀螺仪(传感器)和地平指示器两大部分组成(允许一个垂直陀螺仪带几个指示器)，如图3-2-16所示。垂直陀螺仪利用信号传感器将飞机的俯仰角和倾斜角转换成电信号，远距离传输到指示器内的同步接收器，经放大器放大后控制伺服电机，经减速器带动刻度盘和"小飞机"指针，指示出飞机的俯仰角和倾斜角。

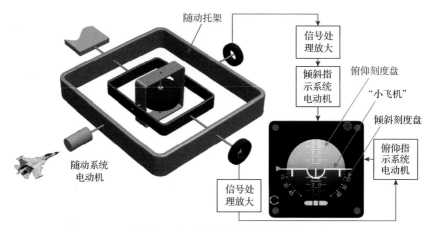

图 3-2-16　远读地平仪基本组成

　　按工作关系，远读地平仪可以分为双自由度陀螺、修正系统、托架伺服系统、指示系统和启动系统等五个部分。

　　远读地平仪有两个独立的指示系统，分别是俯仰指示系统和倾斜指示系统。每个指示系统都由感应式同步器(包括发送器和接收器)、放大器(和托架伺服系统的放大器相同)、带测速发电机的伺服电机、减速器和指示机构等组成。感应式同步器的发送器装在传感器内，接收器装在指示器内。

　　俯仰指示系统的伺服电机经减速器带动圆柱形俯仰刻度盘上、下转动，如图 3-2-17 所示。

　　"小飞机"中心在俯仰刻度盘上对准的刻度即飞机的真实俯仰角。刻度盘上5°一刻线，10°一标字。刻度盘的刻度按俯、仰各刻 80°，上部涂天蓝色，下部涂褐色。飞机上仰时，刻度盘向下转动，"小飞机"停在天蓝色部分刻度上，表示朝

图 3-2-17　远读地平仪的指示器

向蓝天；飞机下俯时，刻度盘向上转动，"小飞机"停在褐色部分刻度上，表示朝向地面。因此，远读地平仪克服了直读地平仪天地倒置的现象，真实感强。

倾斜指示系统的伺服电机经减速器带动"小飞机"可以左、右转动 360°。表盘下部装有倾斜刻度盘，刻度从水平位置起左、右向下各刻 90°。"小飞机"翼尖在倾斜刻度上对准的刻度即飞机的真实倾斜角。

特技飞行时，当飞机俯仰角大于 90°时，"小飞机"能迅速翻转 180°，使机轮向上，表示倒飞，同时俯仰刻度从原来位置反转，表示俯仰角越来越小。指示器右上方装有信号灯和按钮，左下方装有调整旋钮，正下方装有侧滑仪。

在筋斗和半筋斗翻转时，远读地平仪指示情形如图 3-2-18 所示。平飞时，"小飞机"与俯仰刻度的地平线一致，"小飞机"机轮朝下，说明飞机正飞。在上仰角

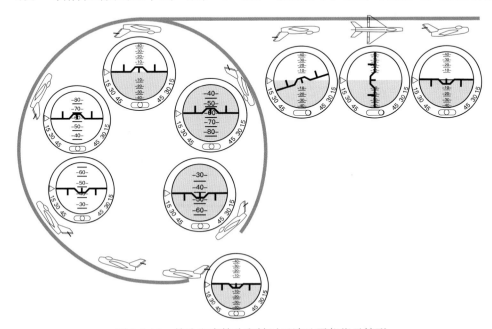

图 3-2-18　筋斗和半筋斗翻转时远读地平仪指示情形

小于 90°±5°时，俯仰刻度盘向下转动，"小飞机"中心在俯仰刻度盘的天蓝色区域内指示出的数字表示飞机的仰角。此时，"小飞机"机轮仍朝下。上仰角为 90°±5°时，"小飞机"迅速转动 180°，机轮朝上，反映飞机倒飞，俯仰刻度盘向上转动，反映飞机仰角逐渐减小。"小飞机"仍在天蓝色区域内。

飞机到达筋斗轨迹的顶点时，"小飞机"又与俯仰刻度盘的地平线一致，但机轮朝上，反映飞机倒飞。自筋斗轨迹顶点向下运动时，俯仰刻度盘向上转动，反映俯角逐渐增大。"小飞机"进入褐色区域，表示飞机下俯。下俯角为 90°±5°时，"小飞机"又迅速转动180°，机轮朝下，表示飞机正飞，同时俯仰刻度盘也再次反转(向下转动)，俯角逐渐减小，"小飞机"仍处于褐色区域，表示飞机下俯。

筋斗动作完成后，"小飞机"又与俯仰刻度盘的地平线一致，机轮向下，表示飞机恢复平飞。

在半筋斗翻转过程中，指示与筋斗翻转的前一半过程相同。飞机翻转时，"小飞机"绕表盘中心转动，转动方向与飞机转动方向相同。

3.2.5 姿态角测量误差

姿态角的测量由垂直陀螺仪或地平仪完成，但在飞机加速飞行时，垂直陀螺仪或地平仪中的液体摆对陀螺做错误的修正，使自转轴偏离当地地垂线方向，姿态角的指示就会产生误差，称为加速度误差。这里以地平仪为例对加速度误差做进一步的分析。

1. 纵向加速度误差

1)误差产生的原因

纵向加速度误差产生原因可用图 3-2-19 表示。图 3-2-19(a)中的 β 为飞机加速飞行时液体摆摆线偏离当地地垂线的角度。开始加速飞行时，陀螺自转轴和

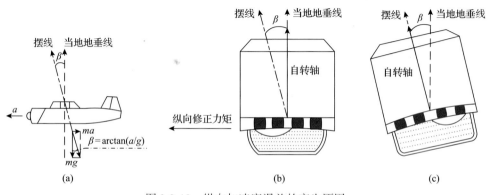

图 3-2-19　纵向加速度误差的产生原因

当地地垂线一致，β 等于误差角(摆线与自转轴之间的夹角)，如图 3-2-19(b)所示。这时液体摆对陀螺做错误的修正，使自转轴上端倒向机头方向。当自转轴被修正到与摆线方向一致时，误差角减小为零，摆对陀螺的错误修正停止，如图 3-2-19(c)所示。

2)误差的规律

飞机加速飞行时，陀螺自转轴上端向前偏离当地地垂线，这就直接带动球形刻度盘绕外环轴向上滚动。即使飞机处于平飞状态，地平仪也指示一定的仰角。

飞机减速飞行时，陀螺自转轴上端向后偏离当地地垂线，这就带动球形刻度盘绕外环轴向下滚动。当飞机处于平飞状态时，地平仪指示一定的俯角。

随着飞机加、减速时间的增长，误差也逐渐增大，当增大到等于摆线偏离当地地垂线的角度时，达到最大值而不再增大。

3)误差的消失

当飞机由加、减速飞行改为等速平飞时，液体摆内导电液体所受的惯性力消失，摆线回到当地地垂线方向，在纵向修正系统作用下，陀螺自转轴逐渐趋近于摆线即当地地垂线，直到二者完全重合，纵向加速度误差就消失了。误差消失的时间与误差产生的时间基本相等。

如果加速或减速飞行后，立即将飞机的航向改变90°，则地平仪由于加、减速而出现的俯仰误差，会转变为坡度误差。例如，在起飞过程中，由于飞机加速飞行，陀螺自转轴上端沿飞机纵向向前倾斜，地平仪指示出现上仰误差。这时若飞机立即向左转弯90°，则陀螺自转轴上端已经不是沿飞机纵轴向前倾斜，而是沿飞机横轴向右倾斜，使地平仪指示的坡度大于飞机的实际坡度，加速度引起的上仰误差转变为左坡度误差，如图 3-2-20 所示。飞行员若按地平仪的指

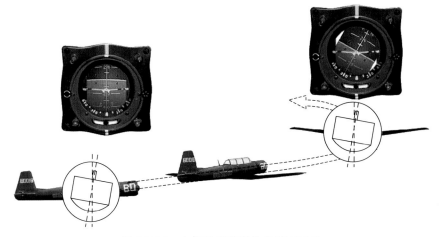

图 3-2-20 上仰误差转变为左坡度误差

示保持规定的坡度转弯，则飞机的实际坡度将小于规定的坡度，引起飞机的转弯半径偏大，如果飞机继续左转90°，左坡度误差又转换为下俯误差；再转90°，又转变为右坡度误差。飞机航向每改变90°，俯仰误差和坡度误差交替转换一次。但只要飞机由转弯改为等速平飞，则过了一段时间，靠修正系统的作用，上述误差将逐渐消失。

2. 盘旋误差

飞机盘旋时，由于向心加速度的作用，地平仪的指示产生误差，称为盘旋误差。参见图 3-2-21，在飞机做水平盘旋时，向心加速度指向盘旋内侧。液体摆内的导电液体受惯性离心力的作用，使气泡向飞机转弯内侧移动，液体摆的摆线上端便沿横向，向飞机转弯内侧偏离当地地垂线和自转轴，产生偏差角 α。液体摆内左右接触点与导电液体的接触面积不等，横向修正电机产生修正力矩，使自转轴上端向飞机转弯内侧偏离当地地垂线而趋近于摆线，地平仪的指示产生误差，这就是盘旋误差。

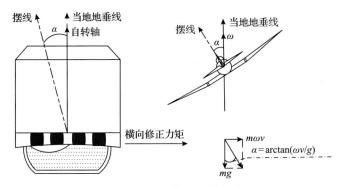

图 3-2-21　盘旋误差的产生

地平仪采用切断横向修正电路的方法减小上述误差，在地平仪的横向修正电路中串联了一个电门，称为盘旋电门。它的通断由飞机的坡度决定，参见图 3-2-22，盘旋电门由圆形的接触环和两把电刷组成。

飞机倾斜时，两把电刷因与表架固联而随飞机转动，接触环因与随动托架轴固联而不动，这样，电刷便在接触环上滑动。当飞机坡度为6°～13°时，盘旋电门将横向修正电路切断，从而可避免液体摆对陀螺的错误修正，达到减小误差的目的。实际上，飞机转弯、盘旋的坡度一般大于13°，在此情况下，只有陀螺在盘旋过程中的自走使地平仪产生微小的误差。在某些设备上，也有的用角速度信号器代替盘旋电门，实现相同的功能。

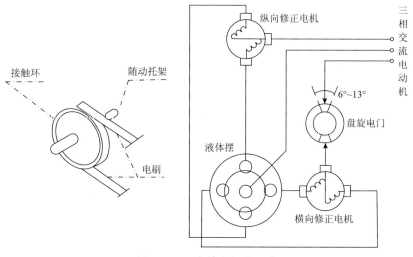

图 3-2-22 盘旋电门的组成

3.3 飞机航向测量仪表

飞机的航向就是飞机的飞行方向，用航向角来表示。飞机必须按照一定航向角飞行，才能沿着正确的航线准确飞到指定空域，准确测量飞机的航向角是十分重要的。

3.3.1 飞机航向角的定义

飞机的航向角是飞机纵轴在水平面上的投影与航向基准线之间的夹角，根据选取的基准线不同，可分为真航向角、磁航向角、罗航向角及大圆圈航向角，如图 3-3-1 所示。航向角都是以基准线北端为起点沿顺时针方向计算的。

1. 真航向角

真航向角是飞机纵轴在水平面上的投影 oy_h 与当地地理子午线（真子午线）oy_g 之间的夹角，用字母 ψ 表示。真航向角的 0°、90°、180° 和 270° 就是正北、正东、正南和正西方向，分别用字母 N、E、S 和 W 表示。

2. 磁航向角

磁航向角是飞机纵轴在水平面上的投影 oy_h 与磁子午线 H 之间的夹角，用 ψ_m 表示。地球本身具有磁性，即地球本身相当于一个磁铁，它的两个磁极分别位于地理南、北两极附近。地球北磁极约位于北纬 72°、西经 94° 处，具有 S 极的磁性。地球南磁极约位于南纬 74°、东经 156° 处，具有 N 极的磁性。地球南、北磁极间

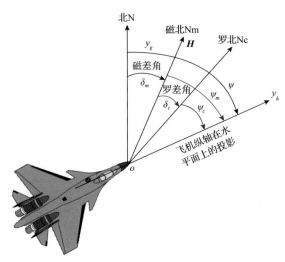

图 3-3-1　各种航向角的关系

存在磁力线，如图 3-3-2 所示。地磁场强度是一个矢量，用 T 表示，其方向就是磁力线的切线方向，它的水平分量为 H，垂直分量为 Z。除地磁赤道外，磁力线的切线均与地平面成一定角度，这个角度称为磁倾角，用 θ 表示。磁力线的切线在水平面上的投影方向就是该点地磁南北方向线，称地磁子午线或磁子午线。

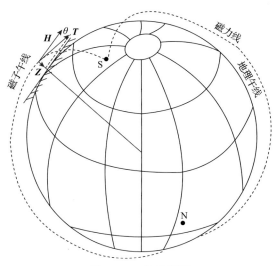

图 3-3-2　地磁场图

因为地磁南、北极与地理南、北极不相重合，所以磁子午线与地理子午线之间相差一个角度，这个角度称为磁差角，又称磁偏角，用 δ_m 表示。若磁子午线北端在地理子午线北端的东边，则其磁差角为正；若在西边，则其磁差角为负，如图 3-3-3 所示。在地球上各地磁差角的大小和方向都是不同的，需要时可以在飞

行地图上查出。飞机的真航向角ψ与磁航向角ψ_m的关系用公式表示就是

$$\psi = \psi_m \pm \delta_m \qquad\qquad (3\text{-}3\text{-}1)$$

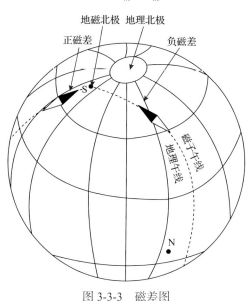

图 3-3-3　磁差图

3. 罗航向角

罗航向角是飞机纵轴在水平面上的投影oy_h与罗子午线之间的夹角,用ψ_c表示。在飞机上,由钢铁机件和电磁设备所形成的磁场称为飞机磁场。飞机磁场水平分量与地磁水平分量形成的合成磁场的方向线称为罗子午线。罗子午线与磁子午线之间的夹角称为罗差角,用δ_c表示。并规定罗子午线北端在磁子午线北端的东边时罗差角为正,在西边时罗差角为负。

各种航向角关系如图3-3-1所示。可以看出,飞机真航向角ψ、磁航向角ψ_m、罗航向角ψ_c、磁差角δ_m以及罗差角δ_c间的关系为

$$\psi = \psi_m \pm \delta_m = \psi_c \pm \delta_c \pm \delta_m \qquad\qquad (3\text{-}3\text{-}2)$$

$$\psi_m = \psi_c \pm \delta_c \qquad\qquad (3\text{-}3\text{-}3)$$

4. 大圆圈航向角

大圆圈航向角是飞机纵轴所在的大圆圈平面与起始点地理子午面(真子午面)的夹角,也就是大圆圈线(其平面包含飞机纵轴)与起始点真子午线在地球表面上的夹角,用ψ_0表示。要注意的是,大圆圈航向角不是以飞机所在点的真子午线为

基准，而是以起始点的真子午线为基准来计算的，如图 3-3-4 所示。

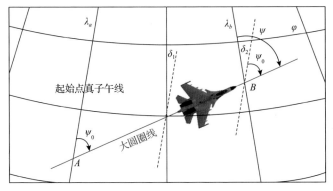

图 3-3-4　大圆圈航向与真航向的关系

在北半球，大圆圈航向角与真航向角的关系由式(3-3-4)表示：

$$\psi_0 = \psi - \delta \tag{3-3-4}$$

式中，δ 为经线收敛角，是起始点真子午线与飞机所在点真子午线的夹角，它与飞机所在点真子午线和起始点真子午线的经度之差 $\lambda_b - \lambda_a$ 成正比，还与飞机所在纬度 φ 的正弦函数成正比，其表达式为

$$\delta = (\lambda_b - \lambda_a)\sin\varphi \tag{3-3-5}$$

飞机从地球上某点 A 飞到另一点 B 有两种基本飞行方式，一种是等角线飞行，另一种是大圆圈飞行。对于在高纬度地区或远程飞行的飞机，由于希望飞机的航程最短，所以最好沿大圆圈线飞行。但在做大圆圈飞行时，在大圆圈航线上各点的真航向角是不断改变的(除沿纬圈或经圈飞行的情况)，当然各点的磁航向角也是不断变化的，这对领航很不方便，为此就引出了大圆圈航向角的概念，因为大圆圈航向角是以起始点的真子午线为基准来测量航向的。

3.3.2　飞机航向角测量原理

测量飞机的航向角，实质上就是在飞机上实现飞机纵轴与子午线(真子午线或磁子午线)在水平面内相比较的问题。飞机纵轴在飞机上是比较容易确定的，水平面也是比较容易建立的，但要在运动着的飞机上建立子午线就不那么容易了。可见，测量飞机航向角的关键问题，是如何在飞机上建立子午线或子午面(真子午线或真子午面、磁子午线或磁子午面)的问题。

可通过观测天文星体，如观测太阳或其他星体来确定真子午线，从而测量出飞机真航向角。但天文罗盘结构比较复杂，且受气象条件限制，例如，飞机在云

中飞行时无法观测天文星体，天文罗盘就无法使用。

也可在飞机上建立一条磁子午线作为测量航向角的基准，测出飞机的磁航向角。利用磁针定向原理测量航向角的仪表称为磁罗盘。航空上最先应用的航向测量仪表就是磁罗盘，由于它的结构简单、工作可靠，目前仍是飞机上的应急罗盘，以便在其他航向测量仪表发生故障时，判别飞机航向。

但磁罗盘与液体摆一样，当飞机做加速、转弯或盘旋飞行时，磁针或磁条容易受加速度干扰，产生很大的指示误差；当飞机在强磁地区上空飞行时，地磁场受到很大干扰，磁罗盘不能正常工作；当飞机在靠近地球两极的高纬度地区飞行时，由于地磁水平分量 H 很微弱，磁罗盘也不能正常工作。由此可见，单独使用磁罗盘不能准确地测量出飞机的航向角。

双自由度陀螺的自转轴相对惯性空间具有很高的方位稳定性。如果在飞机上，双自由度陀螺的外环轴垂直放置，自转轴水平放置，陀螺绕外环轴能够保持原来的方位，就可建立一个稳定的测量航向角的基准线，且可抵抗加速度和强磁干扰。这种利用陀螺稳定性而做成的飞机航向角测量仪表，称为航向陀螺仪或陀螺方位仪。

由于航向陀螺仪能抵抗加速度干扰和外界磁场干扰，在飞机做转弯或盘旋飞行、在强磁地区飞行或在高纬度地区飞行时，飞行员主要依靠航向陀螺仪判断飞机的航向角。航向陀螺仪是飞机上主要的驾驶仪表之一。航向陀螺仪也是飞机自动驾驶仪的主要部件之一，作为敏感元件，测量飞机的偏航角，以生成控制指令，控制飞机按照预定航向飞行。

3.3.3　磁罗盘

磁罗盘能够准确测量出磁经线，和飞机纵轴对比就能测量飞机的磁航向。

如图3-3-5所示，磁罗盘内有一根水平放置的磁条，它能在水平面内自由转动，在地磁水平分量的作用下，磁条指示磁经线方向，磁条的中心线就代表磁经线。此外，与飞机固联的航向标线代表飞机的纵轴。在磁条上固定航向刻度盘，航向刻度盘按顺时针递增，且N-S连线与磁条中心线一致。刻度盘与磁条组合在一起，称为罗牌。为了提高罗盘指示的稳定性，一般将罗牌及其支承部分装在盛有罗盘油的密闭表壳内。当飞机航向为0°时，航向标线正对刻度盘上的N刻度。飞机航向改变时，罗牌不转动，而航向标线随飞机一起转动，飞机航向改变多少度，航向标线也在刻度盘上转过多少度。航向标线在刻度盘上所对的刻度，就是飞机的磁航向。

磁罗盘表面如图3-3-6所示。表面中央的航向标线所对的刻度，就是飞机的磁航向。磁罗盘的总刻度为360°，每小格代表5°，每大格代表10°，每30°刻一个数字，刻度盘上的N(0°)、E(90°)、S(180°)、W(270°)，分别代表北、东、南、西。认读时，刻度数字加大10倍，如"12"表示120°航向。飞行中，飞机左转弯时，航向角减小；右转弯时，航向角增大。为了便于飞行员在夜航时看清磁罗盘指示

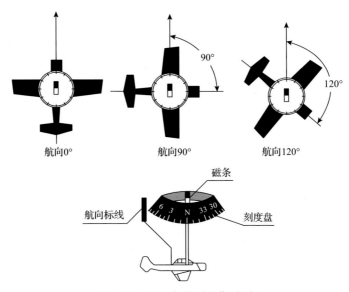

航向0°   航向90°   航向120°

图 3-3-5　磁罗盘的测量指示原理

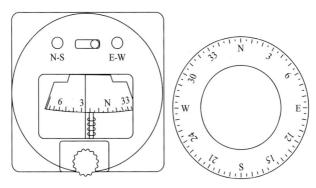

图 3-3-6　磁罗盘的表面及认读

的航向，在磁罗盘内装有一个小照明灯。

　　磁罗盘上有罗差修正器，可较精确地补偿飞机磁场对磁罗盘的影响——罗差，磁罗盘具有能独立定向的优点，但磁罗盘的主要缺点是指示不稳定，当飞机有航向偏摆时，将引起磁条和刻度盘振荡；对于悬挂的磁条，飞机转弯时的惯性离心力将使其发生偏斜而引起误差，这种误差称为转弯误差，转弯误差变化较快，属于高频干扰，难以补偿。所以，只有在飞机平直飞行时，磁罗盘的指示才是准确的。

　　飞机转弯时，罗牌重心不仅受重力作用，还受指向飞机转弯外侧的惯性离心力作用。它们的合力对支点形成一个力矩，使罗盘与飞机同方向倾斜，直到合力通过支点，如图 3-3-7 所示。

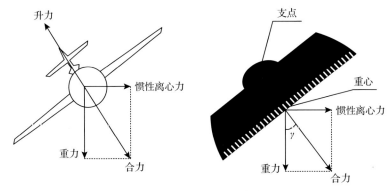

图 3-3-7 罗牌随飞机倾斜

罗盘倾斜后，地磁垂直分量 Z 在罗牌平面上产生一个分量 Z'。如果 Z' 与地磁水平分量 H 的方向不一致，两者的合成磁场将偏离地磁南北方向，磁条也随之偏转，转弯误差随之产生，如图 3-3-8 所示。

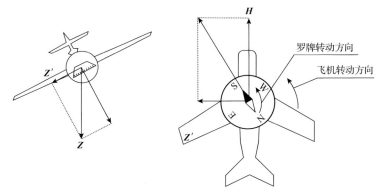

图 3-3-8 由 0°航向向西转弯时的转弯误差

飞机由转弯改为平飞时，惯性离心力消失，罗牌受重力的作用恢复水平，磁条在地磁水平分量的作用下，又自动指向地磁南北方向。一般来说，飞机改平飞20s 后，磁罗盘即可重新正确指示航向。

3.3.4 航向陀螺仪

航向陀螺仪利用双自由度陀螺在飞机上建立一个相对子午线（或子午面）稳定的基准线，用来测量飞机的航向。只用航向陀螺仪测量飞机航向的仪表称为陀螺半罗盘。

1. 航向陀螺仪的基本原理

航向陀螺仪的核心部件是双自由度陀螺，其外环轴垂直放置、自转轴水平放置。但若不加任何修正装置，陀螺只能在短时间内当作航向的测量基准，不能长时间使用。因为双自由度陀螺自转轴是相对惯性空间保持方位稳定的，但地球自转使水平面相对惯性空间的方位不断改变，这就使自转轴逐渐偏离水平面。而且，飞机从一个地点飞到另一个地点，地球上不同地点的水平面相对惯性空间的方位是不相同的，这也将引起自转轴逐渐偏离水平面。此外，在实际陀螺中，外环轴上总是不可避免地存在着干扰力矩，使陀螺绕内环轴漂移，也会引起自转轴逐渐偏离水平面。但外环轴仍然处于垂线位置，自转轴因与外环轴不相垂直而影响稳定性。若自转轴与外环轴重合，则陀螺失去一个自由度，也就失去稳定性而不能工作。

与自转轴偏离水平的情况类似，陀螺也会产生偏离子午线(或子午面)的运动。因地球自转和飞行速度的影响，子午线或子午面相对惯性空间的方位不断改变，而陀螺自转轴绕外环轴相对惯性空间的方位不变，就使陀螺不能长时间相对子午面或子午线保持方位稳定。同时，内环轴上总是不可避免地存在摩擦和不平衡等干扰力矩，引起陀螺绕外环轴漂移，也使陀螺不能在长时间内相对子午面保持方位稳定。这些因素都使陀螺绕外环轴逐渐偏离子午线或子午面，产生方位稳定误差，这将造成测量飞机航向角的误差。

由此可知，航向陀螺仪必须对双自由度陀螺加水平修正和方位修正。水平修正使陀螺自转轴保持水平，与外环轴保持相互垂直；方位修正使陀螺跟踪子午面相对惯性空间的方位变化，使双自由度陀螺自转轴相对子午面稳定，提高航向陀螺仪的方位稳定精度。加了两种修正后，航向陀螺仪便能在较长时间内相对子午面保持方位稳定。

航向刻度盘固定在外环轴上，代表飞机纵轴的航向指标固定在飞机(表壳)上，如图3-3-9所示，这就能在刻度盘上直接读出飞机航向角。若把同步器定子、转子

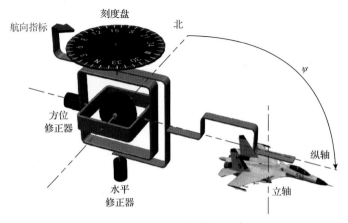

图 3-3-9 航向陀螺仪原理示意图

分别固定在表壳、外环轴上，则可输出航向角的电气信号。当飞机航向改变时，自转轴和固定在外环轴上的刻度盘稳定不动，而航向指标随飞机转动，航向指标相对刻度盘的转角就表示飞机的转弯角度。

2. 航向陀螺仪的基本组成

由航向陀螺仪的基本原理可以看出，航向陀螺仪的基本组成应包括双自由度陀螺、水平修正系统、方位修正系统、航向协调装置、指示机构或信号传感器等。此外，有的航向陀螺仪为消除俯仰、倾斜支架误差，还设有托架伺服（随动）系统，其组成如图 3-3-10 所示。

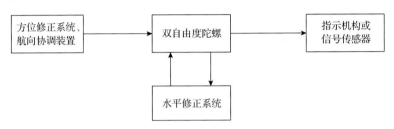

图 3-3-10　航向陀螺仪基本组成

1）双自由度陀螺

双自由度陀螺是组成航向陀螺仪的基础部分，它由陀螺转子、内环（又称陀螺房）和外环组成。陀螺转子通常采用三相异步电动机。外环轴是仪表的测量轴，它平行于飞机立轴装在壳体上，或安装在伺服托架上，而且保持在当地地垂线位置。自转轴保持在水平面内，或与外环轴保持垂直，陀螺绕外环轴的转动范围为 360°，绕内环轴的转角限制在 90° 以内。

2）水平修正系统

（1）接触电门与修正电机组成的水平修正系统。

接触电门与修正电机组成的水平修正系统如图 3-3-11 所示。接触电门的导电环由两个互相绝缘的导电半环组成，固定在内环轴上，电刷固定在外环上；修正电机安装在外环轴方向，如图 3-3-11（a）所示，接触电门与修正电机间的电路连接如图 3-3-11（b）所示。

当自转轴与外环轴垂直时，电刷位于接触电门两半圆形导电环的中间位置，并同时与两半圆形导电环接触。电流同时短路跨过两个灭弧电阻，通过两个调节电阻流到修正电机两个控制绕组。因两个调节电阻阻值相等，故通过修正电机两个控制绕组的电流也相等。因此，修正电机不产生修正力矩，自转轴与外环轴仍保持垂直关系。

当自转轴偏离与外环轴垂直的位置时，电刷与导电环中的一个半圆形导电环

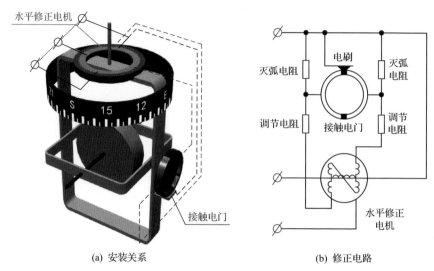

(a) 安装关系   (b) 修正电路

图 3-3-11   接触电门与修正电机组成的水平修正系统

接触。电流就有一路是短路跨过灭弧电阻而通过调节电阻流到修正电机的一个控制绕组，另一路则通过灭弧电阻、调节电阻流到修正电机的另一个控制绕组。由于灭弧电阻阻值比调节电阻阻值大很多，这时修正电机两个控制绕组所流过的电流不相等。因此，修正电机产生了绕外环轴作用的修正力矩，使自转轴绕内环轴进动，直到与外环轴垂直的位置。

这种修正是直接保持自转轴与外环轴的垂直关系，故又称垂直修正。若航向陀螺仪外环轴直接平行于飞机立轴安装，则当飞机水平飞行时，外环轴处于当地地垂线位置，这时自转轴与外环轴保持垂直的结果就是自转轴处于水平位置。当飞机俯仰或倾斜而带动外环轴绕内环轴转动时，就破坏了原来自转轴与外环轴的垂直关系，也会造成电刷与接触电门中的一个半圆形导电环接触，修正电机也会产生绕外环轴的修正力矩，使自转轴进动到与外环轴相垂直，然而这时的自转轴偏离了水平位置。

由于这种修正方法总是力图保持自转轴与外环轴的垂直，即总是力图使陀螺保持最好的稳定性，而且不受加速度干扰，也就不会产生错误修正，因此采用这种修正方法的航向陀螺仪比较适合机动性较大的歼击机使用。但采用接触电门作敏感元件，由于电刷与导电环之间的接触摩擦，会引起绕内环轴的摩擦干扰力矩，增大航向陀螺仪绕外环轴的方位漂移。

(2)光电敏感元件与修正电机组成的水平修正系统。

光电敏感元件由光电池、小灯泡和环状光栅组成。当光电池表面受到灯光照射时，光电池两极便形成电势，其大小与所照射光通量密度的大小成正比。

环状光栅是一个铝质环形零件，在圆环壁上开有两条平行错开的细长槽，如

图 3-3-12 所示。小灯泡的光穿过该细长槽照射在光电池上，因而环状光栅可用来控制光电池受光照射的部位和照射面积的大小，即可用来控制光电池所产生电势的大小和方向。为测出自转轴相对外环轴垂直位置的偏离情况，小灯泡和光电池均固装在外环上，而环状光栅固装在内环上，环状光栅的圆环壁处在小灯泡和光电池之间的位置。

由光电敏感元件与修正电机组成的水平修正系统如图 3-3-13 所示。若自转轴与外环轴垂直，则环状光栅两个细长槽靠近端的中间正好对着光电池的中间位置，使光电池表面两半部受灯光照射的面积正好相等。这样，光电池两端电极的电位相等而无电势差信号输出，所以修正电机不产生修正力矩，自转轴与外环轴仍然保持垂直关系。

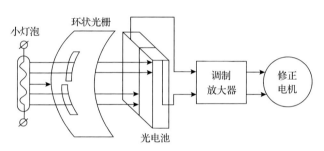

图 3-3-12　环状光栅　　　图 3-3-13　由光电敏感元件与修正电机组成的水平修正系统

若自转轴偏离与外环轴的垂直位置，则环状光栅也跟随着偏转，使光电池表面两半部受灯光照射的面积不相等，这样光电池两端电极的电位不相等而产生电势差信号输出。经调制放大器把这个直流信号变为交流信号并加以放大后，送给外环轴向的修正电机。修正电机便产生绕外环轴作用的修正力矩，使自转轴绕内环轴进动，直到与外环轴相垂直。

这种修正方法也是力图保持自转轴与外环轴的垂直关系，使陀螺保持最好的稳定性，而且光电敏感元件不受飞机加速度干扰，又没有摩擦或其他干扰力矩，因此适用于精度要求较高的航向陀螺仪。

(3)液体开关与修正电机组成的水平修正系统。

液体开关与修正电机组成的水平修正系统如图 3-3-14 所示。

三极式液体开关固装在陀螺房上，其上端两个电极的中心连线应与自转轴线相平行。修正电机安装在外环轴方向，其定子和转子分别固定在外环和壳体上，并都要与外环轴线同心。液体开关与修正电机之间的电路连接如图 3-3-14 所示，其工作原理与垂直陀螺仪的液体开关与修正电机组成的修正系统工作原理相同。这种修正装置并不是直接保持自转轴与外环轴的垂直，而是通过保持自转轴水平来间接保持这种关系。液体开关会受到加速度干扰而引起错误修正，为避免飞机转弯或盘旋的向心加速度对水平修正的影响，通常用角速度信号器来断开水平修正电路。

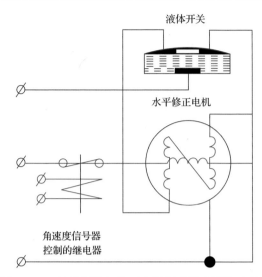

图 3-3-14　液体开关与修正电机组成的水平修正系统

　　因液体开关不存在摩擦力矩，结构也较简单，故对于经常处于平直飞行的轰炸机、运输机及机动性较小的歼击机所使用的航向陀螺仪，仍然较多采用这种水平修正方法。

　　3)方位修正系统

　　方位修正就是要避免自转轴与子午面发生相对运动，引起自转轴与子午面发生相对运动的因素主要有地球自转、飞机速度和干扰力矩。为了提高航向陀螺仪的工作精度，就要对这些因素加以消除。干扰力矩主要是内环轴上的摩擦力矩和质量不平衡力矩，干扰力矩所引起的漂移误差又称机械误差，可以通过电位器设定补偿力矩抵消其影响，使漂移误差小于 2(°)/h。为补偿地球自转误差，在内环轴上施加修正力矩，使陀螺绕外环轴进动，与当地子午线的转动一致，从而实现自转轴相对当地子午面保持方位稳定，因为修正量与纬度有关，所以也称为纬度修正，用纬度电位器设定修正量。

　　方位修正系统是使航向陀螺仪相对子午面保持方位稳定的修正部分，通常由纬度电位器和机械电位器组成的交流电桥与方位修正电机组成。这样，方位修正系统除了可以补偿地球自转误差，还可以补偿机械误差。

　　飞行速度误差与飞行速度、航向角以及飞机所在纬度等参数有关。飞机在高纬度地区飞行时，这项误差可能会达到相当大的量，但因这项误差与较多参数有关，补偿这项误差需要比较复杂的解算装置，所以一般的航向陀螺仪并未加以补偿，而是通过航向校正或航向协调的办法加以消除。另外，在自动驾驶仪中应用的航向陀螺仪对这项误差也不加以补偿。这是因为自动驾驶仪往往是控制飞机做大圆圈飞行，要求航向陀螺仪相对大圆圈平面保持方位稳定，并输出飞机相对大圆圈平面的偏航信号。而利用航向陀螺仪相对大圆圈平面保持方位稳定时，并不存在飞行速度误差，自然不必加以补偿。

4)航向协调装置

航向协调装置用来调整航向陀螺仪的航向指示。航向陀螺仪不具有自动找北的特性，无独立定向能力，使用之前必须根据磁罗盘或其他罗盘的航向指示来校正航向陀螺仪的指示。而且方位修正系统并不能完全消除航向陀螺仪相对子午面的方位偏离，所以使用过程中每隔一定时间要根据其他罗盘的指示对航向陀螺仪进行调整。

5)指示机构或信号传感器

指示机构用来给飞行员提供航向角目视信号，通常由刻度盘与指标组成；信号传感器给航向指示器和其他机载设备提供航向角电气信号，通常采用同步器或环形电位器等电气元件。

此外，有的航向陀螺仪为消除飞机俯仰、倾斜造成的支架误差，还增设了托架伺服系统。

3. 陀螺半罗盘

陀螺半罗盘用来测量飞机转弯的角度，经过方位修正，可以指示飞机的真航向角和大圆圈航向角。陀螺半罗盘有直读式和远读式两种。

陀螺半罗盘是采用开环补偿的办法保持陀螺自转轴稳定在地理北向(真子午线方向)的航向陀螺仪。之所以称为陀螺半罗盘，是因为这种罗盘本身不具有自动找北(即定向)的能力，不能单独工作。

开环补偿的方法是根据地球自转角速度、运动速度、纬度等数值求出方位修正力矩，并将此力矩加到陀螺内环轴上。采用这种方法设计出来的航向陀螺仪表称为陀螺半罗盘或陀螺方位仪。飞行员使用前必须根据磁罗盘或天文罗盘的航向指示来调整陀螺半罗盘的航向指示。方位修正也并不能完全消除陀螺自转轴相对子午面的方位偏离，因此使用过程中每隔一定时间，还必须根据磁罗盘或天文罗盘的航向指示，对陀螺半罗盘的航向指示进行调整，这种调整称为航向校正或航向协调。

3.3.5 陀螺磁罗盘

陀螺半罗盘虽有抗干扰能力，指示也比较稳定，然而陀螺半罗盘不具有自动找北特性，而且陀螺半罗盘方位修正采用的是开环补偿，精度有限，存在方位稳定误差，虽经定时人工校正，仍有累积误差，影响航向测量精度。

陀螺磁罗盘采用闭环修正的方法，用另外一套可测量或指示方向的物理元件，如磁针、天文测量设备、无线电定向设备等，在水平面内建立基准线，并另加跟踪系统，使陀螺自转轴对这个基准方向进行跟踪。例如，可以采用地磁场水平分

量 **H** 的方向作为基准，用磁针来对地磁场水平分量 **H** 进行跟踪，再用随动系统使陀螺自转轴对磁针进行跟踪。

磁针等磁敏感元件能独立定向，对高频干扰比较敏感，即通频带较宽；而陀螺半罗盘不能独立定向，但能抵抗较高频的干扰。陀螺磁罗盘的基本设计思想与垂直陀螺仪非常相似，把磁敏感元件与陀螺半罗盘组合起来，形成一个闭合回路以压低系统的通频带，提高抗干扰能力，同时保存独立定向能力，如图 3-3-15 所示。

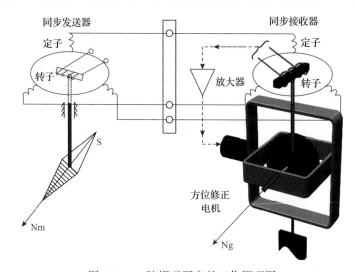

图 3-3-15　陀螺磁罗盘的工作原理图

在陀螺磁罗盘工作原理图中，左边是磁罗盘，磁针代表磁敏感元件，理想情况下它指向磁北 Nm 方向；右边是陀螺半罗盘，因为它不能独立定向，所以自转轴的方向是任意的，称为表北 Ng，为实现表北不断跟踪磁北，采用了一套变压器式同步器传输系统来实现 Ng 和 Nm 的比较，然后把二者间的偏差信号经过放大，送入陀螺半罗盘的方位修正电机，产生修正力矩使陀螺自转轴绕外环轴进动，以达到 Ng 与 Nm 一致的目的。

图 3-3-15 中，左边的同步发送器转子被磁敏感元件稳定，转子上的单相绕组中通交流电源。三相定子绕组固定在表壳（飞机）上。根据转子和定子间的方位关系（即代表磁航向），在三相定子绕组中将感应出相应的三相感应电流，并远距离传送到陀螺半罗盘同步接收器三相定子绕组中，在其中产生一个交变合成磁场。同步接收器转子被陀螺稳定。当表北 Ng 与磁北 Nm 相一致时，接收器转子轴线与其定子绕组合成磁场相互垂直，在转子绕组中将不产生感应电势，因而没有偏差信号送入放大器，方位修正电机不产生修正力矩，从而保持表北与磁北一致。若 Ng 与 Nm 不一致，则接收器转子绕组中就有相应的偏差信号产生，经放大器放大后送入方位修正电机，使陀螺自转轴（表北）不断地向磁北方向修正，以实现

表北与磁北相一致的目的，也就是保留了磁罗盘独立定向的能力。

目前，飞机上大量装备的是陀螺磁罗盘，如综合罗盘及航向姿态系统的航向部分，原理上均属于陀螺磁罗盘。

3.3.6 航向角测量误差

陀螺磁罗盘的误差主要包括三部分：磁传感器的误差、陀螺机构的误差以及全套陀螺磁罗盘的传递误差。磁传感器的误差就是磁罗盘的误差，因为磁传感器是通过陀螺机构间接控制指示器的，所以它反映在指示器上的误差较小。全套陀螺磁罗盘的传递误差，在设计制造时已在指示器上进行了消除。陀螺机构的误差除陀螺"自走"误差，还有支架误差。陀螺的内框和外框统称支架，支架随飞机倾斜或俯仰而使陀螺机构产生支架倾斜误差。

在进行暗仓仪表、昼复或夜航训练中，尤其是在做45°以上大坡度盘旋或定向转弯时，飞行员普遍反映：进入时，飞机刚压坡度，虽然机头尚未形成旋转角速度，但罗盘指示的航向却迅速地发生了改变，飞机保持等角速度转弯时，罗盘指示的变化却时快时慢。改出时，刚减小坡度，罗盘指针的转动有时很快接近预定航向，甚至转过了头；有时却转动得慢，好像停滞不动，甚至会出现反指的现象。即使飞机航向不变时，只要飞机一上仰或下俯，飞行员也反映罗盘指示的航向要发生变化。

上述情形，每一架飞机，每一个起落，或同一架飞机在同一航向上，各次出现的误差现象也各不相同，很不好掌握。以上现象，就是由陀螺磁罗盘的支架误差引起的。支架倾斜误差是因为双自由度陀螺的支架未与飞机机体隔离，指示的航向受到了飞机姿态改变的影响。这就需要伺服托架系统来隔离飞机机体运动，消除支架误差。

3.4 飞机航向姿态系统

垂直陀螺仪和航向陀螺仪直接安装在飞机上，陀螺支架随飞机姿态改变而运动，从而产生支架误差。为克服这一问题，需要为陀螺增加支架或托架以隔离飞机姿态影响，并增加水平修正以消减陀螺自走误差。垂直陀螺仪和航向陀螺仪各自独立增加支架和修正系统，会增加仪表体积和重量，精度提升也有限。考虑到姿态和航向的测量是相互关联的，因而将两类仪表综合起来，构成航向姿态系统，有效消除误差，提升系统精度，降低系统重量和体积，也易向雷达、GPS（全球定位系统）、无线电罗盘等设备输出飞机俯仰角、倾斜角和航向角等电气信号。航向姿态系统由于精度较高，配套功能比较齐全，可靠性比较好，目前已被广泛地装备在各种飞机上，作为飞机的主要航行仪表。

3.4.1　功能及分类

不同飞机上的航向姿态系统型号虽然不同，但基本上都具有以下主要功能：

(1)指示飞机的磁航向、陀螺航向及转弯角度；

(2)指示飞机的俯仰角和倾斜角；

(3)与无线电罗盘配套显示无线电台相对方位角和方位角；

(4)与其他设备交联，提供俯仰角、倾斜角和航向信号，以解算相关飞行参数。

根据飞机的战术技术性能不同，航向姿态系统的功能会有所增减，并配置相应的指示器。

航向姿态系统按照工作原理可以分为组合式航向姿态系统和捷联式航向姿态系统。组合式航向姿态系统以全姿态组合陀螺为核心，通过伺服环架系统承载陀螺，以隔离飞机姿态影响；捷联式航向姿态系统与捷联式惯性导航系统一样，其陀螺、磁航向传感器等部件直接安装在飞机上，依靠"数学平台"修正飞机姿态对传感器产生的影响。此外，也可以按照航向姿态系统所用陀螺类型分为挠性航向姿态系统、光纤航向姿态系统、激光航向姿态系统等。

3.4.2　组合式航向姿态系统

组合式航向姿态系统出现时间较早，其技术也比较成熟，目前仍旧普遍安装于各型飞机上。

1. 系统组成

航向姿态系统的基本组成有感应式磁传感器、全姿态组合陀螺、控制盒、磁航向修正计算器、指示器、航向位置指示器等，如图 3-4-1 所示。

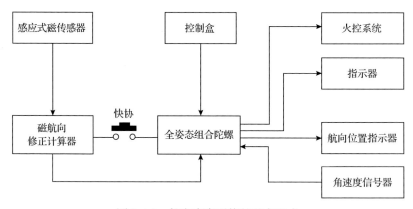

图 3-4-1　航向姿态系统的基本组成

1)感应式磁传感器

感应式磁传感器用来测量磁航向,并向磁航向修正计算器输出对应的电信号,由三相地磁感应元件、万向吊挂机构、罗差修正器和壳体等部分组成。三相地磁感应元件是感应式磁传感器的核心部件,由导磁性能好、剩磁小的正六边形镀膜合金铁心组成。六个边上均绕有匝数相同的励磁线圈,励磁线圈在正六边形铁心依次缠绕,形成串联,而且,相对两边平行的铁心上,励磁线圈匝数相等、绕向相反。同时,正六边形铁心每边还绕有匝数相同的测量线圈,相对两边平行的铁心上的测量线圈串联,组成一组测量线圈,正六边形铁心缠绕了三组测量线圈,呈 Y 形联接,如图 3-4-2 所示。三相地磁感应元件工作原理分析如下。

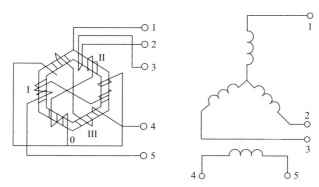

图 3-4-2 三相地磁感应元件测量线圈和励磁线圈

(1)软铁心被地磁场磁化而产生的磁通与航向的关系。

在地磁场内水平放置的细长软铁心,由于地磁水平分量的磁化效应,将被磁化而且有一定的磁感应强度 $B_{地磁}$,其方向与软铁心的中心线方向一致。磁感应强度的大小与地磁水平分量的强度(H)和软铁心的磁导率(μ)成正比;还与地磁水平分量和软铁心中心线之间的夹角的余弦成正比,如图 3-4-3 所示。其大小关系可用式(3-4-1)表示:

$$B_{地磁}=\mu H \cos\psi \qquad (3\text{-}4\text{-}1)$$

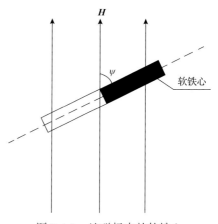

图 3-4-3 地磁场中的软铁心

地磁水平分量在软铁心中产生的磁通 $\Phi_{地磁}$ 等于磁感应强度与软铁心横截面积 A 的乘积,其表达式为

$$\Phi_{地磁}=A\mu H \cos\psi \qquad (3\text{-}4\text{-}2)$$

对于一定的软铁心，其横截面积是不变的。如果地磁水平分量和软铁心的磁导率也固定不变，则软铁心中的磁通 $\Phi_{地磁}$ 仅仅与软铁心的中心线同地磁水平分量之间的夹角有关。所以，在一定范围内，测量软铁心的磁通就可以得到软铁心中心线与地磁水平分量之间的夹角。如果将软铁心装在飞机上，并且使它们与飞机纵轴平行，这样，在一定范围内，测量软铁心的磁通就可以表示飞机的磁航向。

(2)单相地磁感应元件测量航向的原理。

由上述分析可知，地磁水平分量在软铁心中产生的磁通与航向有一定的联系。但是磁通这一物理量，既不便于传送又不便于观察。为输出航向信号，就必须将磁通转换为便于传送的物理量。单相地磁感应元件利用电磁感应原理，测量软铁心磁通变化所产生的感应电动势来表示磁航向。

单相地磁感应元件由两根并排的软铁心、一组测量线圈和两组磁化线圈组成，如图 3-4-4 所示。磁化线圈共两个，分别绕在两根软铁心上，反向串联，通以 400Hz 的交流电。测量线圈只有一个，绕在两根软铁心的外面，可以输出地磁感应电动势。

两个磁化线圈的匝数相等，通电后产生的交变磁通大小相等、方向相反，因此两个磁化线圈的交变磁通在测量线圈内部相互抵消，合成磁通为零，不能使测量线圈产生感应电动势。交变磁通的作用是使软铁心的磁导率发生周期性变化。

磁化线圈通交流电后，软铁心中就有交变磁场，根据软铁心的特性，此交变磁场使铁心的磁导率周期性变化，如图3-4-5所示。某一瞬间，交变磁场强度为零，铁心的磁导率最大，然后随着磁场强度逐渐增大(0～1 区间)铁心的磁导率逐渐减小；当磁场强度达到一定值(1～2 区间)时，铁心磁饱和，铁心的磁导率不再变化(最小)；磁场强度逐渐减小(2～3 区间)时，铁心的磁导率则逐渐增大，磁场强度减小到零时，磁导率又为最大。因为磁导率是没有方向的，所以交变磁场强度在

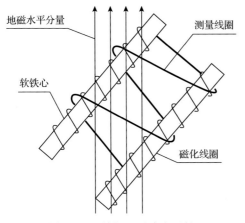

图 3-4-4　单相地磁感应元件

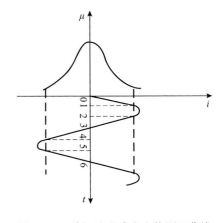

图 3-4-5　单相地磁感应电势原理曲线

负半周时，磁导率变化与正半周相同。

由以上分析可见，磁化电流所引起的交变磁场变化一周，铁心磁导率大小变化两周，即磁导率变化的频率是磁化电流频率的 2 倍，为 800Hz。

对于一定地点，虽然地磁水平分量大小 H 是一个常量，但是，铁心磁导率周期性地变化，使铁心中的磁通也周期性地变化。这时，铁心的磁导率可以认为由常值分量 $\mu_{常}$ 和交变分量 $\mu_{交}$ 合成。那么，铁心中地磁磁通表达式可写为

$$\varPhi_{地磁}=A\left(\mu_{常} + \mu_{交}\right)H\cos\psi \tag{3-4-3}$$

如图3-4-6 所示，通过铁心的地磁磁通与磁导率的变化规律相同，也含有常值和交变两部分，其中交变分量的变化频率也是交流电源频率的 2 倍，即 800Hz。

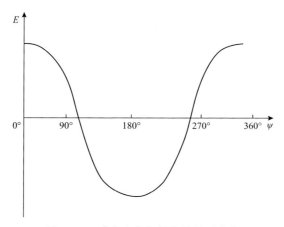

图 3-4-6 感应电势与航向的关系曲线

铁心中地磁磁通周期性地变化，测量线圈就会产生地磁感应电势，其表达式为

$$e_{地}=-W\mathrm{d}\varPhi_{地磁} / \mathrm{d}t \tag{3-4-4}$$

将 $\varPhi_{地磁}$ 的表达式代入式(3-4-4)，并改为有效值表达式为

$$E_{地}=E_{地最大}\cos\psi \tag{3-4-5}$$

由式(3-4-5)可以看出，地磁感应电势的有效值和航向角的余弦成正比。由此可知，在一定范围内，测量线圈产生的感应电势就可以知道航向。

由图 3-4-6 可知，当单相地磁感应元件处于相对磁子午线对称的两个位置时，测量线圈的感应电动势的大小、相位都相同，其无法区分这些对称位置，所以无法单独测量航向。此外，当飞机所在的纬度不同时，地磁水平分量的大小改变，即使航向相同，测量线圈产生的感应电动势大小也要改变，因而单相地磁感应元件测量的航向有误差。

(3)三相地磁感应元件测量航向的原理。

三相地磁感应元件由三个单相地磁感应元件串联组成，三组测量线圈成等边三角形连接，如图 3-4-7 所示。I 号元件的铁心与飞机纵轴平行，II 号元件和 III 号元件的铁心与飞机纵轴的夹角，按逆时针方向计算，分别为 120°和 240°。它测量航向的原理与单相地磁感应元件基本相同，但克服了单相地磁感应元件的缺点。

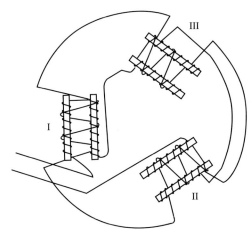

图 3-4-7　单相和三相地磁感应元件

三相地磁感应元件水平地置于地磁场中，由于各线圈的中心线与地磁水平分量的夹角依次相差 120°，在同一个航向上，三个线圈感应电势的有效值不仅大小不同，而且相位也依次相差120°，三个感应电势 E_I、E_{II}、E_{III} 与航向 ψ 之间的关系可用式(3-4-6)表示：

$$E_I = E_{地最大}\cos\psi$$
$$E_{II} = E_{地最大}\cos(\psi - 120°)$$
$$E_{III} = E_{地最大}\cos(\psi - 240°)$$

(3-4-6)

所以

$$E_I : E_{II} : E_{III} = \cos\psi : \cos(\psi - 120°) : \cos(\psi - 240°)$$

(3-4-7)

当航向不同时，三个电势的比值也不一样，例如，当 $\psi = 0°$ 时：

$$E_I : E_{II} : E_{III} = 1 : -\frac{1}{2} : -\frac{1}{2}$$

当 $\psi = 60°$ 时：

$$E_I : E_{II} : E_{III} = \frac{1}{2} : \frac{1}{2} : -1$$

当 $\psi = 180°$ 时：

$$E_{\mathrm{I}} : E_{\mathrm{II}} : E_{\mathrm{III}} = -1 : \frac{1}{2} : \frac{1}{2}$$

由上述分析可知，在每一个航向上，三个感应电势之间都有一定的比例关系，也就是说，三个感应电势之间的比例关系是与航向一一对应的。因此，利用三个感应电势间的比例关系，便可以确定飞机的磁航向。当飞机在不同纬度地区飞行时，地磁水平分量虽然大小不同，但三个感应电势之间的比例关系是确定的。所以，只要航向不变，三个感应电势之间的比例关系就不会改变，仍可以准确地测量飞机的磁航向。

2）全姿态组合陀螺

组合式航向姿态系统的核心器件是全姿态组合陀螺，用于测量飞机的全部姿态——倾斜角、俯仰角和航向角，也向飞机上其他设备提供飞机全部姿态信息。它由垂直陀螺仪、航向陀螺仪、倾斜和俯仰伺服托架、各种信号发送器等组成，如图 3-4-8 所示。

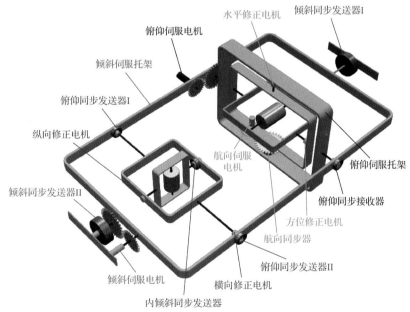

图 3-4-8　全姿态组合陀螺

其特点是垂直陀螺仪和航向陀螺仪共用一个倾斜伺服托架。垂直陀螺仪的外环轴水平横向安装在倾斜伺服托架上，借助倾斜伺服托架伺服系统的作用，使外环轴处于水平状态，不受飞行姿态的影响；航向陀螺仪的外环轴垂直安装在俯仰伺服托架上，俯仰伺服托架轴又水平安装在倾斜伺服托架上，借助两套托架伺服系统的作用，使航向陀螺仪的外环轴总是位于当地地垂线上，因此不存在支架误差。由此可见，全姿态组合陀螺实际上就是具有倾斜伺服托架的垂直陀螺仪与具有倾斜、俯仰伺服托架的航向陀螺仪的组合。

航向系统的工作原理与前面介绍的航向陀螺仪基本相同，也具有两种工作状态，即陀螺半罗盘工作状态和磁校正工作状态。

垂直陀螺仪横向安装在倾斜伺服托架上，具有很高的稳定性，通过由液体摆与修正电机组成的纵、横向两套修正装置的修正作用，使自转轴复现当地地垂线，以建立姿态角的测量基准。再通过倾斜、俯仰两套指示伺服系统，使地平指示器指示出飞机的倾斜角和俯仰角。

（1）姿态陀螺仪。

姿态陀螺仪用来测量飞机的姿态，并将姿态转化成电信号输出。姿态陀螺仪由双自由度陀螺、液体开关（横向、纵向）、修正电机（横向、纵向）、内倾斜同步发送器和俯仰同步发送器 I、俯仰同步发送器 II 组成。

姿态陀螺仪设有三极式液体开关和弧形修正电机组成的修正系统，使姿态陀螺仪自转轴重现当地地垂线位置。纵向修正系统由纵向液体开关、纵向修正电机、纵向断修电门和两个大小相等的电容组成。纵向液体开关装在外环上，两个接点纵向排列，纵向修正电机安装在内环轴上，其原理电路如图 3-4-9 所示。

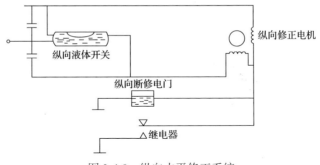

图 3-4-9　纵向水平修正系统

当自转轴和地平面垂直时，液体开关的气泡位于中间，流入纵向修正电机两组线圈的电流大小相等、相位相同，不能在修正电机定子中形成旋转磁场，因此修正电机不产生修正力矩，不起修正作用。当自转轴沿纵向偏离当地地垂线时，气泡偏向一边，两边的接点电阻大小不等。因此，流向纵向修正电机两组线圈电流的大小不等，且相位也不相同，这样，修正电机定子中就会形成旋转磁场，产生修正力矩，对陀螺进行纵向修正，一直到自转轴恢复到当地地垂线的位置，液体开关的气泡回到中间。

为了防止有纵向加速度时产生错误修正，电路中串联有纵向断修电门。有纵向加速度时，电门把修正电路断开，从而避免了错误修正。陀螺启动时，由于自转轴不在当地地垂线位置，而纵向断修电门装在外环上。电门可能将修正电路断开。为防止这种情况发生，电路中装有继电器接点，它闭合时可以把纵向断修电门短路。在陀螺开始通电的 50s 之内，接点是接通的，把电门短路。50s 以后，接点断开，纵向断修电门才串入电路。

横向修正系统由横向液体开关、横向修正电机等组成。横向液体开关固定在内环上。两个接点横向排列，横向修正电机安装在外环轴上，其原理电路如图 3-4-10 所示。

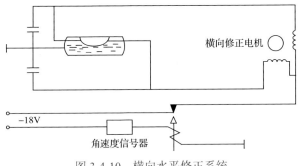

图 3-4-10　横向水平修正系统

横向修正系统的修正原理与纵向修正系统修正原理相同。为了防止飞机角速度引起的横向错误修正，在电路中设继电器接点，它由角速度信号器来控制。当飞机转弯角速度大于某个值时，触点断开，切断横向修正电路。

(2)航向陀螺仪。

航向陀螺仪用来测量飞机的半罗盘航向，并将半罗盘航向转化为电信号输出。由于航向陀螺仪自转轴不能自动寻找磁子午线，用这个陀螺不能测量磁航向，只能测量航向角的变化，要想测得磁航向还需要借助磁航向传感器。为了保证航向陀螺仪的自转轴在水平面内，采用光电敏感器件和修正电机相组合的水平修正系统保证航向陀螺仪自转轴始终与外环轴垂直，从而实现自转轴处于水平面内。

(3)倾斜伺服托架。

倾斜伺服托架用来保证在飞机倾斜时，姿态陀螺仪外环轴与自转轴垂直，航向陀螺仪外环轴与自转轴垂直。为了使陀螺迅速进入工作状态和运输时不致损坏陀螺，倾斜伺服托架有锁定装置。通电前，倾斜伺服托架被机械电磁铁锁定在飞机水平面的位置；通电后，电磁铁的锁钉被吸回来，伺服托架开锁，随后转入电气锁定。当飞机的俯仰角超过 90°时，装在航向陀螺仪的俯仰伺服托架上的 90°换向环，控制继电器，使内倾斜同步发送器的两绕组输入头互换，实现伺服托架的换向。

(4)俯仰伺服托架。

俯仰伺服托架用来保证飞机俯仰时，航向陀螺仪外环轴处于地垂位置，消除由于飞机俯仰所引起的支架倾斜误差，俯仰伺服托架伺服系统由俯仰伺服托架、俯仰同步发送器(I、II)、俯仰同步接收器、随动电机和放大器等组成。当飞机俯仰角超过 90°时，90°换向环控制继电器使其转换接触点，使信号电路的相位改变180°，以便在飞机做筋斗动作时，消除航向指示中出现的180°误差。

3) 控制盒

控制盒用来向组合陀螺输出机械方位误差修正信号。它由纬度电位计、机械电位计、南北转换电门、纬度刻度盘、机械误差刻度盘、解调器等组成，其表面如图 3-4-11 所示。纬度电位计电刷轴的前端装有纬度调整钮。纬度刻度盘在控制盒上面，刻度范围为 0°～90°，按正弦分布，以符合地球自转引起的方位误差变化规律。南北转换开关用来改变纬度电位计输出信号的极性，以修正在南、北半球上的纬度误差。机械电位计电刷轴的前端有调整钮及长、短指针。

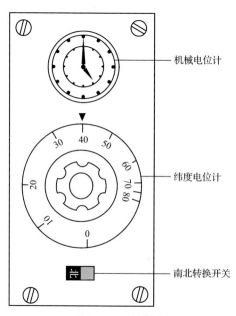

图 3-4-11　控制盒

转动调整旋钮时，长短指针转动，长针转一圈、短针转一格，可修正航向陀螺仪 3(°)/h 的方向偏离误差。顺拧调整旋钮，航向指示值减小。

4) 磁航向修正计算器

磁航向修正计算器用来接收磁航向传感器输出的磁航向信号和组合陀螺输出的陀螺航向信号，向组合陀螺输出其差值信号作为磁修正信号。它由输入同步器、指示同步器、航向伺服电机、波面机构、刻度盘、两个输出同步器等组成，其结构如图 3-4-12 所示。

输入同步器定子固定在前部组件上，其线圈与磁航向传感器测量线圈相连，转子套在转轴上，经波面机构由伺服电机带动，其线圈通过导电环和电刷接放大器的输入端。同步器两侧装有软磁合金磁屏。

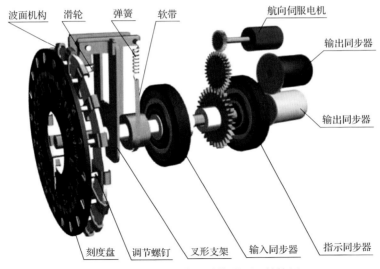

波面机构　滑轮　弹簧　软带　　　　航向伺服电机

输出同步器

输出同步器

刻度盘　调节螺钉　叉形支架　输入同步器　指示同步器

图 3-4-12　磁航向修正计算器原理结构图

波面机构由叉形支架、滑轮、软带、弹簧和调节螺钉等组成，其作用是消除系统的罗差和工具误差。

指示同步器安装在后半部分，其定子与其壳体相连，转子与输出同步器的转子以及波面机构的叉形支架装在同一转轴上，两侧有软磁合金磁屏。同步指示器定子线圈和航向陀螺仪的航向同步器的定子线圈相连，转子线圈通过导电环和电刷接到放大电路输入端。

航向伺服电机带有测速发电机，其控制绕组与放大器电路输出端相连，转子经减速器与指示同步器的转子相连，测速发电机的输出电压作为负回输信号，提高系统工作稳定性。

刻度盘通过齿轮与指示同步器的转子相连，其转角和指示同步器的转子转角相等，其上方的三角指标所对应的刻度值为飞机的磁航向值。

两个输出同步器安装在后部，其定子固定在组件上，转子固定在指示同步器的转子轴上。当航向系统协调时，输出同步器转子的空间位置反映了飞机的磁航向信号。当输出同步器转子线圈接通励磁电源时，其三相定子线圈的输出电压信号表示飞机磁航向信号。

5）指示器

航向姿态系统主要通过航向位置指示器和地平指示器来显示飞机的航向和姿态信息，在某些飞机上，航向姿态系统还将航向和姿态信息发给显示控制系统，在多功能显示器上显示。

（1）航向位置指示器。

典型的航向位置指示器如图 3-4-13 所示，航向位置指示器是综合指示器，它

可以指示飞机航向角、无线电相对方位角、偏流角、偏航距、下滑角偏离量等，

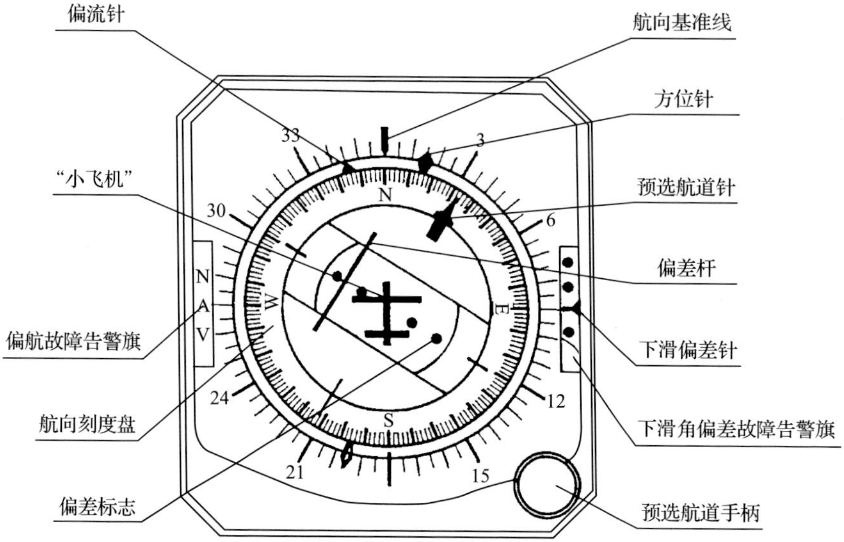

图 3-4-13　航向位置指示器

指示器上设有偏航故障告警旗和下滑角偏差故障告警旗。

（2）地平指示器。

地平指示器如图 3-4-14 所示，用来显示飞机的俯仰角和倾斜角，其认读方法

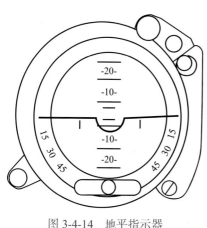

图 3-4-14　地平指示器

与远读地平仪相似。在俯仰刻度盘上以 0°刻度线为人工地平线，以 0°刻度线为准，向上为天蓝色，表示天空，向下为褐色，表示地面。飞行中"小飞机"中心圆点所对应的俯仰角刻度即飞机的俯仰角。倾斜刻度盘与"小飞机"组合指示飞机倾斜角，飞行中"小飞机"左、右翼尖所对应的倾斜刻度值即飞机的左、右坡度。指示器左下方有一俯仰调整手柄，转动手柄同时带动俯仰调节指标，可使俯仰刻度盘转动，在长时间大迎角飞行时，调整人工地平线与"小飞机"重合，便于保持飞机状态。

2. 系统工作原理

1）指示航向的原理

航向姿态系统是利用全姿态组合陀螺中的航向陀螺仪和感应式磁传感器共同

测量航向，即利用航向陀螺仪的稳定性测量飞机的转弯角度；利用感应式磁传感器感受磁航向并经磁航向修正计算器修正罗差后，经转换和快速协调按钮来控制航向陀螺仪，航向陀螺仪将航向变换成电信号，送给磁航向修正计算器。在磁航向修正计算器中，一路使指示器指示飞机的磁航向和转弯角度，另一路向其他设备输出磁航向信号。

2) 指示飞机姿态的原理

航向姿态系统利用全姿态组合陀螺中的垂直陀螺仪感受飞机的姿态，即利用垂直陀螺仪的稳定性感受飞机的俯仰角和倾斜角，并将俯仰角和倾斜角转换成电信号。此信号一路经转换电门送至地平指示器，指示飞机的姿态；另一路向其他设备输出姿态信号。

3.4.3　捷联式航向姿态系统

前面介绍的姿态测量系统、航向测量系统以及基于全姿态组合陀螺的航向姿态系统都是基于框架式陀螺的进动性和稳定性来实现的。这些系统都比较复杂，而且高速旋转的部件使得系统的可靠性、寿命等都具有较大的局限性。随着光纤陀螺、微机电陀螺等陀螺技术以及计算机技术的进步，没有运动部件和伺服机构的全固态捷联式航向姿态系统得到了快速发展，如基于微机电陀螺的捷联式航向姿态系统在低成本无人机中得到了广泛应用，基于光纤陀螺的捷联式航向姿态系统在现代航空上正逐步取代基于经典陀螺的组合陀螺式航向姿态系统。

1. 系统组成

基于光纤陀螺的捷联式航向姿态系统(简称光纤航向姿态系统)一般由航向姿态组件、综合信号处理机、捷联磁传感器、信号转换盒、航向位置指示器、领航指示器、综合航向指示器、控制盒等部件组成，除航向姿态组件、捷联磁传感器外，其他部件与组合式航向姿态系统大致相同。

1) 航向姿态组件

航向姿态组件是光纤航向姿态系统的核心部件之一，其核心是三轴光纤陀螺与三轴加速度计组成的惯性单元，与捷联磁传感器一起工作，实时感测飞机飞行过程中的三轴角速度、三轴加速度、地磁信号，对以上信息实时解算，得到飞机的磁航向角、俯仰角和倾斜角，通过数字接口输出给信号转换盒、各航向指示器；并实时接收控制盒的控制信号，对航向姿态组件进行纬度修正，控制航向姿态组件工作于磁/半、快协状态。与罗差标定设备交联，可对航向姿态组件进行罗差标定。

图 3-4-15　捷联磁传感器外观图

2) 捷联磁传感器

捷联磁传感器用于测量水平正交轴的地磁分量并将地磁分量信号传输给航向姿态组件，航向姿态组件据此解算出飞机的磁航向，其外观如图 3-4-15 所示。

捷联磁传感器原理如图 3-4-16 所示，由两个相互垂直的绕组（探棒）组成，敏感地磁场在水平方向两个正交轴上的地磁分量，经航向姿态组件中磁传感器信号调理电路进行放大解调，输出两个轴的模拟电压信号，经转换电路变换，经姿态修正和解算，得出飞机的磁航向角。

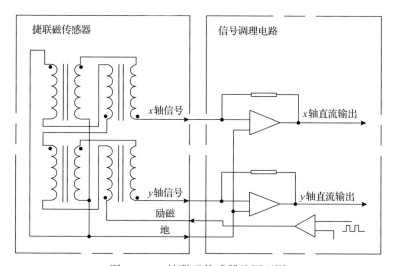

图 3-4-16　捷联磁传感器的原理图

2. 系统工作原理

光纤航向姿态系统的组成包括测量飞机三个轴向角运动的光纤陀螺、三个轴向的加速度计、磁传感器、计算机、指示器等。通过计算机对光纤陀螺、加速度计等核心器件的输出信息进行解算，得到载体的姿态和航向信息，具体解算方法和过程可参考本书捷联式惯性导航系统部分的内容，其工作原理如图 3-4-17 所示。

光纤航向姿态系统可以测量并指示飞机的航向、俯仰角和倾斜角，并向飞机上的其他系统提供航向、俯仰、倾斜信号。

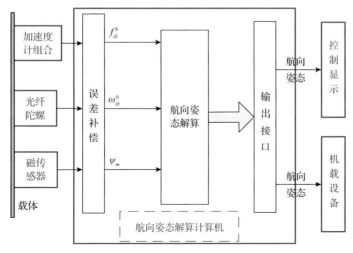

图 3-4-17 光纤航向姿态系统示意图

本 章 小 结

陀螺泛指用来测量航行体相对惯性空间旋转角速度及角度的装置。进动性和稳定性是经典双自由度陀螺的两大基本特性。陀螺精度用漂移率来衡量。由于陀螺自转轴相对惯性空间保持方位稳定，而地球绕地轴相对惯性空间转动，以地球作为参考基准，将会看到陀螺在转动，即"表观运动"。单自由度陀螺的结构与双自由度陀螺相比，少了一个外环。当单自由度陀螺的基座绕缺少自由度的轴转动时，自转轴将随着基座转动，同时还绕内环轴进动，故单自由度陀螺可敏感于缺少自由度的轴的转动。转弯仪就是基于单自由度陀螺的这一特性，指示飞机转弯方向，并粗略反映某一特定飞行速度下飞机无侧滑转弯时的倾斜角。光学陀螺包括激光陀螺和光纤陀螺，基于萨尼亚克效应测量角运动，无活动部件，不存在支承问题，比机电陀螺更能经受振动和冲击。

飞机的姿态角表示飞机相对地平面的空间位置角，俯仰角是指飞机纵轴与水平面之间的夹角；倾斜角是飞机纵向对称平面与纵向铅垂面之间的夹角。测量飞机俯仰角和倾斜角，实际上就是实现飞机立轴与当地地垂线相互比较的问题。利用陀螺抵抗干扰的方向稳定性，以陀螺作为仪表工作基础，并利用摆对当地地垂线方向敏感的选择性而对陀螺进行修正，使它获得对当地地垂线方向敏感的选择性。垂直陀螺仪和地平仪就是以此在飞机上建立一个精确而稳定的当地地垂线基准，从而测得飞机的俯仰角和倾斜角。垂直陀螺仪和地平仪在基本结构、工作原理和使用误差等方面都是相同的，所不同的只是在地平仪中装有指示机构，可直接指示出飞机的姿态角，而在垂直陀螺仪中装有信号传感器，可用来传输姿态信号。

　　航向陀螺仪利用双自由度陀螺的方位稳定性，将外环轴垂直放置，自转轴水平放置，建立一个抗干扰能力强的基准线，准确地测量出飞机的航向角。航向陀螺仪包括双自由度陀螺、水平修正系统、方位修正系统、航向协调装置、指示机构或信号传感器以及为消除俯仰、倾斜支架误差配备的托架伺服(随动)系统。陀螺半罗盘是采用开环补偿的方法保持陀螺自转轴稳定在地理北向(真子午线方向)的航向陀螺仪。陀螺半罗盘本身不具有自动找北(即定向)的能力，不能单独工作，在使用前且每隔一定时间，必须对陀螺半罗盘进行航向校正或航向协调。陀螺磁罗盘的基本设计思想是利用磁敏感元件能独立定向、通频带较宽，陀螺半罗盘能抵抗较高频干扰的特性，把磁敏感元件与陀螺半罗盘组合起来，形成一个闭合回路以压低系统的通频带，同时保存独立定向的能力。

　　基于全姿态组合陀螺的航向姿态系统，将航向陀螺仪和垂直陀螺仪安装在同一个托架上，实现航向角、俯仰角及倾斜角的同时测量和输出。光纤航向姿态系统，采用光纤陀螺代替框架式陀螺，用航向姿态解算计算机代替机电伺服系统，通过软件解算得到航向角、俯仰角及倾斜角。

习　　题

1. 简述陀螺的定义与分类。
2. 双自由度陀螺的特性有哪些？
3. 如何利用角动量定理解释陀螺的进动性与稳定性？
4. 如何理解陀螺漂移率？
5. 单自由度陀螺具有哪些特性？
6. 转弯侧滑仪有哪些功能？
7. 什么是挠性陀螺？
8. 激光陀螺与光纤陀螺有什么异同点？
9. 简述飞机姿态角的定义。
10. 如何在飞机上建立一个精确而稳定的当地地垂线基准？
11. 简述垂直陀螺仪的组成和工作原理。
12. 简述地平仪的分类、组成和基本工作原理。
13. 阐述飞机航向角的定义。
14. 如何在飞机上建立一个精确而稳定的航向基准？
15. 简述航向陀螺仪的组成和工作原理。
16. 简述航向姿态系统的分类、组成和基本工作原理。

第4章 发动机仪表

发动机是飞机的动力来源，其状态正常与否，直接影响着飞行速度、飞机战术性能的发挥及飞行安全。所以，在飞行中必须经常了解发动机的工作状态，以便控制发动机正常工作。为了全面了解发动机的工作状态，必须测量发动机工作过程中各有关参数的数值及其变化情况。例如，为了保证发动机正常工作，必须以一定的压力不断地供给燃料和滑油；为了了解发动机的推力情况，必须不断地测量和指示喷气温度和发动机转速；为了确保任务的完成和飞行安全，在飞行过程中应及时了解飞机的油量等。因此，本章的主要内容就是发动机滑油/燃油压力、滑油温度的测量(三用表)、喷气温度的测量、油量和转速的测量。

由于发动机远离座舱，发动机的工作状态参数由传感器来感受，并将感受到的参数变为易于远距离传输的物理量，再经过传输导线传送到座舱中的指示器，使指示器指示被测参数的大小。

4.1 压力测量仪表

相关气体和液体的压力是表征发动机工作状态的重要参数之一。测量飞机上气体或液体压力的仪表，称为压力表。它可以测量各种流体压力，如进气压力、燃油压力、滑油压力、氧气压力、冷气压力等。进气压力决定活塞发动机功率的大小；滑油压力决定涡轮喷气发动机涡轮轴工作时的发热、磨损程度；为了保证发动机的转速，还必须以一定的压力，连续地供给燃油。可见，压力测量在飞机上是十分重要的。

压力表的形式很多，按动作原理可分为机械式、电动机械式和电动式三种；按仪表供电电源的形式可分为直流压力表和交流压力表两种。压力表的形式虽多，但有其共同本质：都是利用弹性敏感元件在流体压力作用下变形的程度来表示被测压力的大小。

4.1.1 直流式液压压力表

直流式液压压力表的测量原理和指示器如图4-1-1所示。传感器主要由弹簧管和电位器组成，指示器是一个动铁式电流比值表(又称流比计)。

弹簧管结构简单、工作可靠，所以在直流式液压压力表中常用弹簧管作敏感元件。测量压力时，弹簧管在压力作用下自由端产生位移，压力越大，位移量越

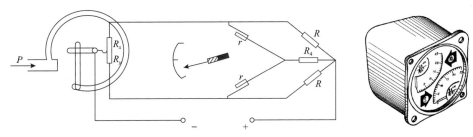

图 4-1-1　直流式液压压力表测量原理和指示器

大。当自由端向外移动时，经过曲臂连杆和活动摇臂，改变电位器电刷的位置，从而改变指示器中两线框的电流比值，使指针在刻度盘上指示出相应的压力数值。当仪表不通电时，指针轴上的小磁铁受拉回小磁条的作用，使指针停在零刻度以下的限制柱处。

动铁式电流比值表的结构如图4-1-2所示，它主要由线框和活动衔铁组成。两线框互成120°交叉地套在铜盒外面，里面的一组线框串联一个补助电阻，以使内外两组线框阻值相等。在两组线框里面有活动衔铁，它与转轴、指针和"十"字形配重组成指示器的活动系统。为了防止指示过程中的指针摆动，将活动衔铁装在菱形铜盒中。当活动衔铁摆动时，铜盒上的涡流产生涡流阻尼力矩，使活动衔铁的摆动很快稳定下来。在线框上方的支柱横梁上，固定有拉回小磁条。

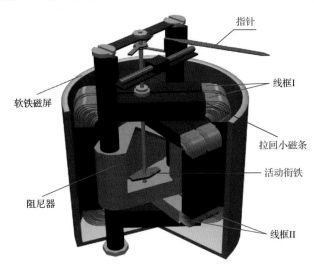

图 4-1-2　动铁式电流比值表结构

动铁式电流比值表外还有软铁磁屏，防止外部磁场影响压力表的指示。软铁磁屏固定在仪表底座上，转动软铁磁屏，可以调整指针与刻度盘的相对位置。

设两线框的匝数分别为 W_1 和 W_2，两线框的电流分别为 I_1 和 I_2，线框中电流方向和磁场方向如图4-1-3所示。从图中可以看出，两线框的夹角 γ 就是电流 I_1

和 I_2 所产生的磁场 H_1 和 H_2 之间的夹角。

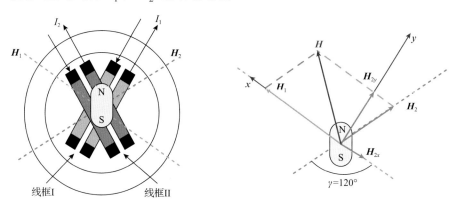

图 4-1-3　动铁式电流比值表磁场示意图

在图 4-1-3 中取坐标系 oxy，其中 ox 和 H_1 重合，oy 平行于线框 I 平面，则线框 II 磁场 H_2 在坐标轴上的投影分别为 H_{2x} 和 H_{2y}，因此 ox 方向的总磁场为 H_{12x}，故 H_{2y} 和 H_{12x} 合成磁场为 $H = H_{2y} + H_{12x}$，在合成磁场作用下，活动衔铁将稳定在合成磁场方向上，这时小磁铁和 H_1 之间的夹角即指针转角。由电工原理可知，当两线框电流 I、匝数 W 和线框磁路长度 L 已知，并且两线框参数相同时，指针转角 α 是电流比值 I_1 / I_2 的单值函数。因为转角仅与两线框电流比值有关，所以电源电压变化时，只要两线框电流比值不变，指针指示也不会变化。

4.1.2　交流式滑油压力表

交流式滑油压力表可以测量发动机滑油系统进油压力数值，交流式滑油压力表的电路是一个电桥，如图 4-1-4 所示。

传感器中主要有金属膜片和信号转换器。信号转换器由活动铁心和电感线圈 W_1、W_2 组成。当金属膜片感受到滑油压力时，经传动杆带动活动铁心改变两个线圈的电感量，从而改变指示器中 I、II 两线框的电流比值，由于线框 I、II 的合成磁场与活动衔铁的相互作用，指针在刻度盘上指出相应的滑油压力，其具体工作情况如下。

1. 滑油压力为零时

此时传感器的金属膜片停在起始位置，活动铁心靠近线圈 W_2、远离线圈 W_1。活动铁心靠近线圈 W_2 时，由于空气隙减小，磁通增加，线圈 W_2 铁心的磁导率变大，所以线圈 W_2 的感抗较大，而线圈 W_1 的感抗较小。此时，经晶体二极管 D_1 和 D_2 整流后的直流电，流经线框 I 的电流大，流经线框 II 的电流小，因此线框 I、II 的合成磁场使活动衔铁带动指针指在零刻度，表示没有滑油压力。

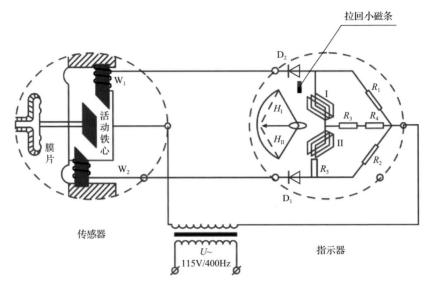

图 4-1-4　交流式滑油压力表基本工作原理

2. 滑油压力增大时

当滑油压力增大时，由于膜盒膨胀变形，通过连杆推动活动铁心远离 W_2 靠近 W_1，也就是使线圈 W_1 的感抗增加，W_2 的感抗减小，当流经线框 I、II 的电流相等时，由于线框 I、II 的合成磁场正好处于中央位置，活动衔铁带动指针在刻度盘上指出刻度盘中间的滑油压力。滑油压力进一步增加，活动铁心离 W_2 更远，离 W_1 更近，线圈 W_1 的感抗继续增加，W_2 的感抗继续减小，使得相应的电流继续改变，指针的读数也继续增加。

图 4-1-4 中有一拉回小磁条，用来在滑油压力消失时拉回活动衔铁，使其转轴上的指针指在零以下，即保证滑油压力表不通电时，指针停在"0"刻度以下位置。晶体二极管 D_1、D_2 用来保证通过线框 I、II 的电流为方向不变的直流电。由于交流频率较高（115V/400Hz），不影响指示器工作的稳定性。

4.2　温度测量仪表

飞机上的温度表有测量涡轮发动机喷气温度的喷气温度表、测量座舱和大气温度的温度表、测量发动机滑油温度的滑油温度表等。除了温度表，还有测量全受阻温度的传感器以及各种仪表的温度补偿电阻——热敏电阻。因此，温度的测量和控制在飞机上有着重大意义。

温度表由温度感受部分和指示部分组成。其感受部分都是利用感温器感受被测对象的温度，并依据感温器的某些物理量和被测温度的单值函数关系，经过转换电路的变换，变成易于测量的电压值或电流值，由指示器进行指示。

4.2.1 热电偶式温度表

目前飞机上常用的温度表是热电偶式温度表，热电偶式温度表是利用热电效应来测量温度的仪表，它利用热电偶实现被测温度和热电势之间的变换，可以用来测量较高的温度。

1. 热电偶基本原理

温度的测量方法各种各样，但用热电偶将温度高低转换为电势大小是温度测量中常用的一种方法。热电偶是两根不同的金属导体组成的闭合回路，如图 4-2-1 所示。

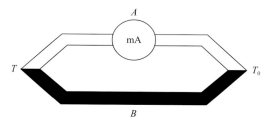

图 4-2-1　热电偶

热电偶两端温度不同时，回路中将产生电势，两端接触点的温差越大，所产生的电势越大。这个电势在热电偶回路中形成电流。组成热电偶的材料不同，热电偶回路的电势和电流大小也不同。这种现象称为物体的热电现象。所以，一般把组成热电偶的两种金属导体称为热电极，所产生的电势称为热电势。热电偶温度高的一端称为热端或测量端，温度低的一端称为冷端或参考端。

热电偶两端有温度差后，产生热电势的原因主要有两个：

(1)接触电势。任何金属内部都有一定数量的自由电子，当两种不同的金属接触时，由于不同金属内部的自由电子密度不同，在接触处就要发生电子扩散。电子扩散的速率与自由电子的密度及金属所处的温度成正比。例如，组成热电偶的两种金属自由电子密度分别为 ρ_A 和 ρ_B ，并且 $\rho_A > \rho_B$ ，则在单位时间内由金属 A 扩散到金属 B 的电子数要比从金属 B 扩散到金属 A 的电子数多。因此，金属 A 因失去电子而具有正电位，金属 B 因得到

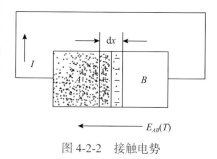

图 4-2-2　接触电势

电子而具有负电位，于是在两种金属的接触处便产生接触电势，如图 4-2-2 所示。当扩散达到平衡时，得到一个稳定的接触电势 $E'_{AB}(T)$ 。这个电势的大小除

了与组成热电偶的两种材料有关，还与接触点的温度有关。

(2)温差电势。如果一根均匀金属导体两端的温度不同，导体内部也会产生电势，称为温差电势。这是因为导体内的自由电子在高温端具有较大动能，其扩散速率比低温端自由电子的扩散速率大，所以高温端失去电子带正电，低温端得到电子带负电，因而在导体内部形成电位差，如图 4-2-3 所示。

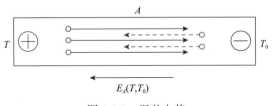

图 4-2-3　温差电势

关于热电偶的电势，有两个热电偶基本定理：

(1)中间金属定理。在热电偶回路中接入第三种金属，只要接入金属两端温度保持相等，且接入金属是匀质的，则无论接入金属的温度分布如何，都不会影响热电势的大小，这就是中间金属定理。实际温度测量时，必须在热电偶的回路中引入连接导线和显示仪表。而导线和显示仪表的材料一般和热电偶材料不同，这些连接导线和显示仪表就是连接在热电偶回路中的第三种金属。

(2)参考金属定理。若两种金属导体 A、B 分别与第三种金属导体 C 组成热电偶，如果知道这两种金属导体与第三种金属导体在接触点温度为 T、T_0 时的热电势，则可求出在同样的接触点温度 T、T_0 时，由金属导体 A、B 所组成热电偶的热电势。这个第三种金属导体称为参考金属或标准电极，因此这个定理也可称为标准电极定理。

这两个基本定理也是热电偶仪表能够远距离测量温度的前提。

2. 喷气温度表

喷气温度表用来测量飞机发动机燃气的平均温度，是一种典型的热电偶式温度表。喷气温度表的传感器采用热电偶，靠近热端的一部分热电偶嵌在绝缘瓷管中，瓷管安装在耐热钢管中，热端露在瓷管外面，与气流直接接触，如图4-2-4所示。耐热钢管上有一个进气口和一个出气孔，耐热钢管沿着与气流垂直的方向插在发动机喷管中，进气口正对气流方向，如图4-2-5所示。气流进入进气口后，气流与管壁发生激烈的摩擦与碰撞，速度降低到零，摩擦和碰撞把气体的动能转化为热能，故耐热钢管内部的气温升高为全受阻温度。因此，测量高速气流的全受阻温度可以说明气流所具有的总能量，在一定的条件下，还可以说明气流速度的大小。此外，全受阻温度比较接近发动机喷管壁的实际温度，所以热电偶就感受此温度而产生热电势。

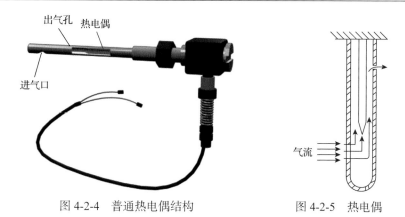

图 4-2-4　普通热电偶结构　　　　　　　　图 4-2-5　热电偶

出气孔的作用是使气流连续流动，这样，当发动机的喷气温度变化时，耐热钢管中的温度也能较快地随着变化，从而提高热电偶的灵敏度。

当热电偶两接点温度不同时，回路中便产生热电势。如果保持热电偶冷端温度不变，则热电势只随热端温度的变化而变化，因此用一个以温度为刻度的电压表就可以测量热电势的大小，从而指示出热电偶热端所测温度的高低，其原理电路如图 4-2-6 所示。

测量发动机喷气温度时，一般是把热电偶热端插在涡轮喷气发动机喷管的中介管中。当发动机工作时，热电偶热端温度升高，产生热电势。于是指示器的线框中便有电流流过，这个电流所产生的磁场与永久磁铁所产生的磁场相互作用产生转动力矩，使活动线框转动。在活动线框转动的同时，活动线框转轴上的游丝产生反作用力矩。当转动力矩和反作用力矩平衡时，活动线框停止转动，线框轴上所固定的指针便在刻度盘上指示出相应的喷气温度。喷气温度表指示器，实际上是一个以温度为刻度的灵敏直流电压表，如图 4-2-7 所示。

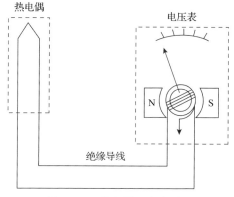

图 4-2-6　热电偶温度表原理

图 4-2-7　喷气温度表指示器

4.2.2　电阻式温度表

利用导体或半导体的电阻随温度而变化的特性制成的温度表称为电阻式温度表。飞机的进气温度表和滑油温度表是典型的电阻式温度表。

1. 进气温度表和滑油温度表

当发动机的进气温度较低时，汽油汽化不良，不能和空气充分混合，实际燃烧的混合气贫油。严重贫油会造成发动机间断爆发，甚至停车。进气温度过高，气体密度减小，进气量减小，同样会使发动机功率降低。进气温度表用来测量进入汽化器前的空气温度，单位为℃。飞行中，飞行员根据进气温度表的指示，适当调节加温杆，以保持适当的进气温度。

进气温度表是根据金属导体电阻值随温度的变化而变化的关系，以测量导体电阻大小的方法来表示相应的温度。进气温度表由指示器和传感器组成，其组成如图4-2-8所示。电阻式进气温度传感器是一个感温电阻，它由镍丝制成，同时还串联有一小段锰铜电阻丝，还有云母片和银片等材质。指示器是一个两线框电流比值表。传感器感受温度变化，并把温度的变化转换为电阻的变化；而电阻的变化又引起指示器中两线框电流比值的变化，于是指针便指示出被测发动机进气的温度。

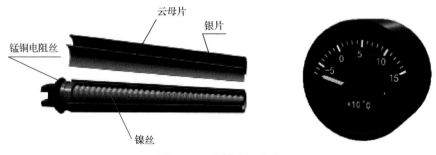

图 4-2-8　电阻式温度表

滑油温度表用来测量滑油的进油温度或回油温度，单位为℃。滑油温度反映滑油的黏度，可以代表发动机的润滑和散热情况。温度过低，滑油黏性过大不易进入摩擦面，造成润滑不良、功率降低，还影响发动机寿命；温度过高、滑油黏性减小，容易被挤出摩擦面，润滑不良，而且散热作用差，造成混合气早燃早爆，影响充填量，降低功率。飞行中，同样要经常注意滑油温度表的指示。滑油温度表的传感器及指示器的原理与进气温度表一样，只是测量的范围不同。

2. 基本原理

电阻式温度表由感温元件和指示器组成，其原理线路如图 4-2-9 所示。这是一种流比计式电阻温度表，测量线路采用双对角线桥式线路。感温元件插入被测介质的内部，感受其温度的变化，并把温度的变化转换为电阻的变化，电阻的变化将引起流经两线框电流比值的改变，从而使指针产生与被测温度相对应的角位移：

$$\varphi = f\left(\frac{I_1}{I_2}\right) = F(T) \tag{4-2-1}$$

也就是说，指示器指针的角位移仅和电流比值有关，而和流过线框的电流大小无关。两线框的电流比值，可用回路电流法列写回路电流方程求得，为此，将双对角线桥式线路分为四个回路，各回路的电流分别用 i_1、i_2、i_3、i_4 表示，并设 $r_1 = r_2 = r$，如图 4-2-10 所示。此时回路的电流方程为

$$\begin{cases} i_1(R_1 + R_2 + r) - i_3 r - i_4 R_1 = 0 \\ i_3(2r + R_3) - i_1 r - i_2 r = 0 \\ i_2(R_4 + R_t + r) - i_3 r - i_4 R_t = 0 \\ i_4(R_1 + R_t) - i_1 R_1 - i_2 R_t = E \end{cases} \tag{4-2-2}$$

解上述方程组可得回路电流 i_1、i_2 和 i_3。电流比值的大小和电源电压无关，和感温电阻的阻值有关。当被测温度升高时，感温电阻值增大，电流比值增大；反之，当被测温度降低时，电流比值减小。因此，电流比值的大小，可以反映出被测温度的高低。

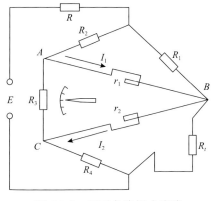

图 4-2-9 双对角线桥式线路

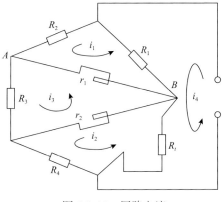

图 4-2-10 回路电流

4.2.3 温度表的数字显示

数字式温度表由于读数迅速、准确，因而得到了广泛的应用。应用热电偶能

实现温度与热电势的对应转换，因此只要对热电势进行数字化处理，就能够实现温度的数字显示或向计算机提供温度信息。所以在采用热电偶的数字温度测量系统中，一般都有热电偶和模数转换器。

在数字式温度表中，常用的模数转换器基本上有两种形式，即逐次逼近式和双斜积分式。因为热电偶输出的热电势一般都很小，属于毫伏级，所以在进行模数转换前，必须进行高增益的直流放大，然后进行数据处理和冷端温度误差补偿。一般来说，热电偶的热电特性属于非线性，如果要使输出数字与被测温度直接相对应，必须采取线性化措施。在计算机系统中，非线性特性的线性化都是由非线性校正装置来完成的。目前应用较多的非线性校正装置有模拟量非线性校正装置和数字量非线性校正装置。模拟量非线性可以通过前置放大器的放大系数或双斜积分器的积分电阻来实现校正。数字量非线性校正常采用加速脉冲数和系数乘法器来实现。

4.3　油量测量仪表

飞机发动机所用的燃料一般是煤油或汽油。飞行过程中，飞机的油量是估计飞机续航时间和确保飞行安全的重要参数。特别是燃油将要用尽时，要求准确测量剩余油量并及时发出告警信号，以避免事故的发生。油量测量仪表就是测量飞机油箱内煤油或汽油的容积或重量的仪表。

目前油量测量仪表(油量表)主要有三种形式：一是利用浮子将油面高度转换成浮子位移的浮子式油量表；二是将油面高度转换成电容量的电容式油量表；三是用测量管道中的叶轮转速来间接测量燃料流量，从而指示油箱剩余油量的叶轮式消耗油量表。无论哪种形式的油量表，指示的都是飞机上油箱内的实际油量值。

4.3.1　浮子式油量表

浮子式油量表是利用浮子把油箱液面高度转换成电量，从而测量油量的仪表，其原理电路如图4-3-1所示。浮子式油量表主要由传感器、指示器和转换开关(电刷)等组成。由于飞机油箱的形状是一定的，根据油箱液面高低就可以确定油箱油量。浮子用泡沫塑料或金属盒子做成，随液面高低而升降，并通过传动机构带动电刷移动，从而把油量转变成电量。

两个线框互成一定的角度，与指针共同固定在一根轴上，通电后，线框上的电流和永久磁铁的磁场相互作用，使线框产生电磁转动力矩。两个线框的转动力矩的方向是相反的(线框1的转动力矩为顺时针方向,线框2的转动力矩为逆时针方向)。每个线框转动力矩的大小，与通入线框内的电流大小和线框在磁场中的位置有关。转动力矩与电流大小的关系是：电流强，转动力矩大；电流弱，转动力矩小。转动

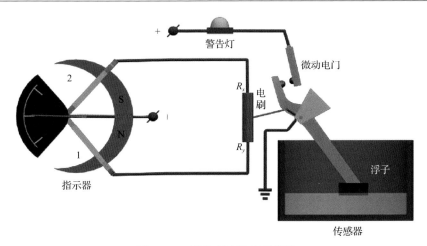

图 4-3-1　浮子式油量表原理图

力矩与线框在磁场中的位置的关系是：线框在磁场中的有效长度长，转动力矩大；有效长度短，转动力矩小。

当油箱中的油量增加到满油时，油面升至最高，浮子在油箱中的位置也最高，使电刷停在电阻的下端，线框 1 中的电流最大，线框 2 中的电流最小，两线框产生的力矩差使两个线框带着指针一起顺时针方向转动。在转动过程中，线框 1 的有效长度缩短，力矩减小；线框 2 的有效长度增大，力矩增加。当两个线框的力矩平衡时，指针停止转动，指示最大，表示油箱内的油是满的。

当油箱中的油量减少时，浮子随油面的下降而下落，便带动电刷在电阻上由下端向上端滑动，使线框 1 的电流减小，转动力矩也减小；线框 2 的电流增大，转动力矩也增大。两线框便带着指针一起逆时针方向转动，指示油箱内的油量减少。当油箱中的油剩一半时，电刷恰好停在电阻的中间位置，两线框的电流相等，有效长度也相等。转动力矩平衡，指针指在刻度盘的中间位置。

若油箱中的油量继续减少，与上述同理，线框带着指针继续向逆时针方向转动。当油箱内剩油小于某一数值时，传感器内微动电门的活动触点被浮子带动与固定触点相接触，便接通了警告灯的电路，红灯亮，电刷则被浮子带着继续上移，使指针指出此时剩余的油量。

4.3.2　电容式油量表

电容式油量表是利用圆筒形电容传感器把油面高度的变化转换为电容的变化，再经自平衡电桥将电容的变化转换为相应的电压输出，此电压经放大器放大后通过随动系统使指示器指示出油箱的剩余油量，其原理如图 4-3-2 所示。

电容式油量表的传感器(电容传感器)为同心圆筒形极板组成的圆柱形电容器，如图 4-3-3 所示。由电工学知识可知，若极板总长度 H 远大于外极板半径 r_2，

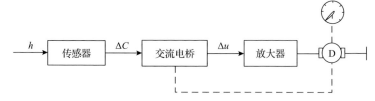

图 4-3-2　电容式油量表原理方块图

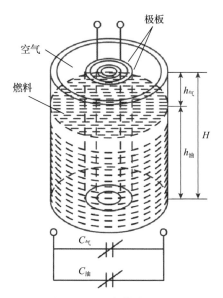

图 4-3-3　电容传感器原理

则圆柱形电容器容量与圆柱高度相关，当油箱内燃油增加时，油面升高，电容相应增大；反之，电容相应减小。因此，传感器的电容变化就反映了油量的变化。用 C_0 表示油箱无油时的电容，ΔC 表示油箱有油时所增加的电容，电容传感器的电容 $C_传 = C_0 + \Delta C$。C_0 的数值仅取决于传感器本身的尺寸，对于已经做好的传感器，它是一个常数，而 ΔC 的大小与油面高度 $h_油$ 有关。由于相对介电常数 $\varepsilon_油 > \varepsilon_气$，所以 ΔC 恒为正值，并与油面高度 $h_油$ 成正比。

空油时传感器的电容值最小。油箱内油增加时，油面将升高，传感器的电容值相应地增大；油减少时，油面将降低，传感器的电容值相应地减小。当油箱中加满油时，传感器的电容值最大。

以上分析说明，传感器电容的变化正确地反映了油箱中油面高度的变化，这样就把对油面高度的测量转换成对传感器电容的测量。

表示油箱剩余油量的电容被接到了一个自平衡电桥中，自平衡电桥由交流电桥、放大器、随动电机和平衡电阻等组成，如图4-3-4所示。它用来测量传感器电容变化，指示飞机油箱内的油量。传感器电容 $C_传$ 接在电桥电路作为一个可变桥臂，固定电容 C 与平衡电阻 $R_平$ 串联起来作为电桥的另一可变桥臂，其他两个固定桥臂分别为电源变压器的次级 W_1 和 W_2 线圈，信号输出端接晶体管放大器，信号经放大后送至随动电动机的控制绕组。

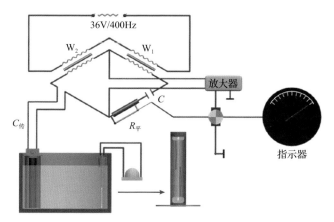

图 4-3-4 电容式油量表原理图

电源变压器接通电源后，次级线圈将产生感抗，此时电桥的平衡条件为

$$\frac{Z_{C_传}}{Z_C + R_平} = \frac{Z_{W_2}}{Z_{W_1}} \tag{4-3-1}$$

因为 $Z_{C_传} = \dfrac{1}{j\omega C_传}$，$Z_W = j\omega L$。故平衡条件又可写为

$$\frac{\dfrac{1}{j\omega C_传}}{\dfrac{1}{j\omega C} + R_平} = \frac{j\omega L_{W_2}}{j\omega L_{W_1}} \tag{4-3-2}$$

所以

$$R_平 = K Z_{C_传} - K' \tag{4-3-3}$$

式中，$K = \dfrac{L_{W_1}}{L_{W_2}}$；$K' = \dfrac{1}{j\omega C}$。

当满油箱时，传感器的电容 $C_传$ 最大、阻抗最小，所以平衡电位器电刷停在电阻上端，即电阻 $R_平$ 最小，此时 $R_平 + Z_C = Z_{C_传}$，电桥处于平衡位置，电机不工作，指示器指示出最大油量。

当发动机工作时，油量逐渐消耗，传感器的电容 $C_传$ 逐渐减小、阻抗增大，为了保持电桥平衡，随动系统在电桥不平衡信号作用下使电机带动平衡电位器的电刷滑动，使平衡电阻值逐渐增大，直到 $R_平 + Z_C = Z_{C_传}$ 时，电桥重新平衡，电机在带动电刷滑动的同时，还带动指示器指针指示出对应的油量值。

当油箱油尽时，传感器的电容最小、阻抗最大，此时电机带动平衡电位器的电刷滑动到最下端，其阻值最大，以保持电桥的平衡，同时指示器的指针也由电机带动指在"0"位，以表示油量用尽。

4.3.3　消耗量表

消耗量表是一种测量流量的仪表。发动机工作时，燃油不断地经过供油管路输送到发动机。燃油在单位时间内流过管路某一截面的体积或质量，就是流量表所要测量的数值。由于飞机飞行过程中，燃油要源源不断地流入发动机，到底有多少燃油流入发动机消耗掉了？现在油箱还有多少剩余油量？都需要对流量进行积累。燃油流入的时间越长，总消耗量就越大；燃油的流速越大，则单位时间内消耗的油量就越多。

消耗量表正是利用叶轮测量燃油的流速，并将流速转换成叶轮的转速，再用电磁计数器来统计叶轮的总转数，从而获得燃油的消耗量。从总油量中减去消耗量，即得总剩余油量。其原理方块图如图 4-3-5 所示。

图 4-3-5　消耗量表原理方块图

在飞机供油系统和燃油一定的情况下，流量的大小和燃油的流速有关。这样流量的测量就变为流速的测量。在供油导管截面积一定的情况下，根据流速的大小和时间的长短，就可以求出消耗量。

消耗量表测量流速的方法是：将叶轮装在发动机供油管路中，流过管路的燃油便推动叶轮转动，流速越大，叶轮转动越快，单位时间内转数(转速)越多；流过时间越长，转数也越多。利用电磁计数器来记录在发动机工作时间 t 内叶轮的转数，即可求得消耗量的数值。

消耗量表由传感器和指示器组成，其基本原理如图4-3-6所示。从原理图可以看出，流向发动机的燃油使叶轮转动，叶轮转动经过蜗轮机构的变换，转换成永久磁铁的转动。磁铁转动一周，干簧管闭合一次，产生一个脉冲信号。磁铁连续转动，干簧管即连续产生脉冲电压信号。单位时间内的脉冲数与燃油流量成正比。这个脉冲信号送到电磁铁线圈中，经过电磁积分器，不断积累脉冲数，并带动指针转动，因此其转角的大小就能表示消耗量的数值，从总油量中减去消耗量，则指针指示出剩余油量的大小。

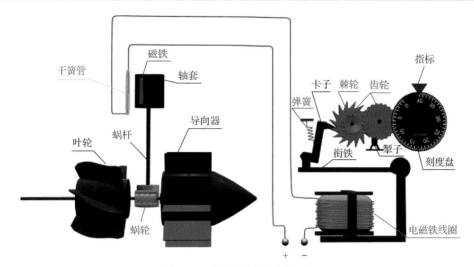

图 4-3-6　消耗量表基本原理图

　　消耗量表的传感器由叶轮、传送机构和转速转换器组成，其结构如图4-3-7所示。传感器的叶轮前有导向器，其作用是使流向叶轮的燃油方向与叶轮的轴线平行，叶轮转动经过蜗轮传动机构的转换带动套轴上的小磁铁转动，小磁铁每转一周，干簧管闭合一次。叶轮每转 30 转，小磁铁转动一周，干簧管通断一次，输出一个直流电压脉冲信号。

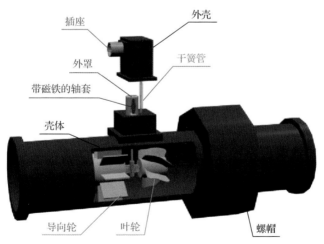

图 4-3-7　消耗量表传感器

　　干簧管的结构及其连接电路如图 4-3-8 所示。它由玻璃外壳和两个簧片组成。干簧管的核心就是两个簧片。干簧片使用高导磁率的软铁材料组成。这种材料既导磁又导电，兼有衔铁和接点的双重作用。当干簧片闭合时，电磁铁线圈中就有电流流过，而干簧片断开时，电路没有电流。因此，电磁铁线圈的脉冲电压信号的频率，或者说单位时间内电磁铁的通断次数反映了传感器叶轮的转速。为了提高仪表工作的可靠性，有的消耗量表传感器中采用两个并联的干簧管。只要有一个能正常通断，仪表即能正常工作。

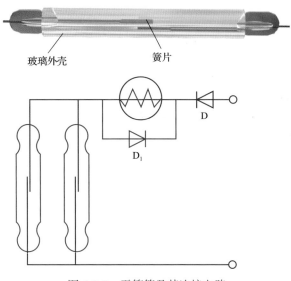

图 4-3-8　干簧管及其连接电路

目前飞机上常用的消耗量表指示器就是一个电磁计数器，它主要由电气和机械两部分组成。电气部分是电磁铁，它随脉冲信号频率而通断。机械部分包括传动部分和指示部分，它主要传输和记录电磁铁的通断次数，用指标在刻度盘上指示出来。指示器内的电磁铁分别串、并联了一个二极管，如图4-3-8所示。二极管 D_1 起灭火花作用，以避免干簧管断开时，形成火花烧坏簧片；二极管 D 是在电源接反时，避免较大电流通过烧坏二极管，起保护作用。

4.4　转速测量仪表

在发动机仪表中，转速是一个重要的参数。通过喷气发动机的涡轮轴转速、活塞发动机的曲轴转速、直升机的旋翼转速等，可以了解发动机的功率和推力，确定发动机所承受的运动负荷和能量负荷。

转速表根据测量原理不同，可分为机械转速表和电磁转速表。电磁转速表又可分为磁转速表、交流转速表、直流转速表和脉冲数字式转速表。

由于飞机上发动机距座舱一般都很远，需要远距离传输转速值，而机械转速表虽然能传送较大的力矩，但不适于远距离传输，故很少应用在飞机上；交流转速表和直流转速表虽适用于远距离传输，但存在温度误差，必须选择特殊的金属材料和特殊的补偿电路,因而在地面设备上应用较多,在飞机上也未得到广泛的应用。目前飞机上使用的是测量发动机主轴转速的磁转速表。

　　磁转速表由传感器和指示器两部分组成,如图4-4-1所示。其工作过程要经过传送、感受、转换和指示等步骤。发动机主轴的转速首先经过传送环节传送到感受环节中,感受环节根据转速大小产生相应的涡流电磁力矩,转换环节再将涡流电磁力矩转换为角度,此转动角度的大小是转速的函数,即反映了发动机主轴转速,并由指示环节指示出来。

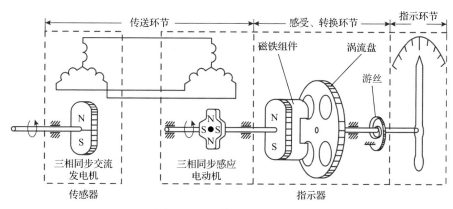

图 4-4-1　磁转速表基本原理

　　磁转速表基于旋转磁场与金属导体间的电磁感应,而在金属导体上产生涡流,这个涡流又与旋转磁场相互作用,产生旋转力矩,从而迫使金属导体随磁场旋转。因此,磁转速表的指示主要取决于旋转磁场与金属导体内涡流的相互作用而产生的涡流电磁力矩的大小。

　　为了实现发动机主轴转速的远距离测量,磁转速表中采用了一套转速同步传输系统。系统由一个三相同步交流发电机和一个三相同步感应电动机组成。

　　指示器的测量组件是磁转速表的核心,它由磁铁组件、涡流盘和游丝组成,涡流盘和游丝同轴安装。磁铁组件由传送系统带动,按与发动机主轴转速呈一定比例关系的转速转动。涡流盘由电阻比较大且无温度误差的材料制成。当磁铁组件转动时,涡流盘将切割磁力线而产生涡流。涡流与磁铁组件的磁场相互作用,产生旋转力矩,这个力矩的大小正比于磁铁组件的转速。在电磁力矩作用下,将驱动涡流盘随磁场一起转动,并使转轴上的游丝扭转。

　　游丝扭转时所产生的反作用力矩,将阻止涡流盘继续转动。当游丝产生的反作用力矩和电磁力矩相等时,敏感元件将稳定在相应的位置上。在涡流盘的轴上装有指针,则指针就直接指示出发动机主轴转速值。

　　磁铁组件由六对圆柱形永久磁铁和具有两个导磁盘的导磁架子组成。六对圆柱形永久磁铁在导磁盘上按照相反磁极互相对应的关系安装。

涡流电磁力矩就是涡流盘的涡流磁场和磁铁磁场相互作用所形成的力矩。此力矩带动涡流盘随磁铁组件转动。指针转角只与转速有关，因此指针转角就可以表示发动机主轴转速的大小。

本 章 小 结

本章介绍了发动机压力测量仪表、温度测量仪表、油量测量仪表和转速测量仪表的功用、组成和工作原理；发动机仪表主要通过测量发动机工作过程中各有关参数的数值及其变化情况反映发动机工作状态。

液压压力表利用弹性敏感元件来感受被测压力的大小，再将弹性变形转换为电阻的变化，采用动铁式电流比值表作为指示器来显示被测压力的大小。滑油压力表也是利用弹性敏感元件来感受被测压力的大小，再将弹性变形转换为电感的变化，并用电流比值表来显示被测压力的大小。

热电偶式温度表用来测量较高的温度，如气缸头温度、排气温度等，它是利用热电偶的热电效应产生热电势，利用毫伏表指示温度。电阻式温度表测量的温度相对较低，如进气温度、滑油温度等，它是利用电阻随温度变化而改变的特性来测量温度的。

浮子式油量表利用浮子把油箱液面高度变化转换成电阻的变化，从而测量油量；电容式油量表利用电容式传感器将油量转换为电容，然后测量此电容以指示油量；消耗量表是一种测量燃油消耗的流量，从而得到剩余油量的仪表。

转速表将转速远距离传送给感受环节(磁铁和涡流盘)，由感受环节将转速转换为涡流电磁力矩，再通过转换环节(涡流盘和游丝)将涡流电磁力矩转换为转角，并由指针指出此转角以表示相应的转速。

习 　 　 题

1. 分析液压压力表的工作原理。
2. 分析滑油压力表的工作原理。
3. 什么是热电偶，热电势是如何产生的？
4. 试分析热电偶式温度表的工作原理。
5. 电阻式温度表的测量原理是什么？
6. 简述油量表的功用与组成。
7. 试分析浮子式油量表及电容式油量表的工作原理。
8. 转速表的功用是什么？
9. 试分析磁转速表的工作原理。

第5章 氧气设备、飞行参数及集中显示

随着飞行高度升高，大气压、温度、密度等参数会逐步降低，当高度升高到一定程度时，人体将不能适应高空的严酷环境。因此，在飞机上尤其是在具有良好高空性能的现代飞机上，均安装有氧气设备以及飞行员防护装备，保障飞行员生命安全。理解这些氧气和防护装备工作原理并正确使用则是保障飞行安全的基础。对飞行中的飞行参数实时准确记录，可以用于事故分析、飞行训练评价、装备维护参考等各方面，飞行参数记录系统已成为现代飞机广泛安装的设备。座舱显示系统的作用是将机载传感器与系统的信息以可视化方式提供给飞行员及机组人员，使飞行员能够安全地驾驶飞机完成飞行任务。座舱显示系统能够向飞行员提供的基本信息包括主飞行信息、导航信息、发动机数据、机身数据、预警信息等。军用飞机上，该系统还可以为飞行员提供红外成像传感器信息、雷达信息、战术任务数据、武器瞄准信息、威胁预警等其他诸多信息，是飞机必不可少的组成部分。

5.1 氧 气 设 备

飞机氧气设备应在不同的飞行条件下向人体供应氧气或空气和氧气的混合气，以保证飞行安全。现代战斗机都采用增压密封座舱，它可以在一定范围内防止人体缺氧，但如果在飞行中增压密封座舱突然遭到破坏，则会出现爆破性缺氧或急性缺氧，给飞行员带来极大的危险，这就要求氧气设备还能进行应急供氧，以保障飞行员能在短时间内驾驶飞机下降到安全高度。

5.1.1 高空生理的有关知识

在严酷的高空环境中，人体会产生严重的生理反应甚至生命安全都会受到危及，而氧气设备的工作也需要以人体在高空中的生理需求为依据。因此，需要首先了解人体在高空的相关生理知识。

1. 氧分压

空气是由多种气体混合而成的。各组成部分气体所提供的压强称为"分压"。每种气体在混合气中的分压，可由该气体在混合气中所占体积百分比乘以总压值求得，即

$$P_{O_2} = P_H \times F_{O_2}$$
$$P_{CO_2} = P_H \times F_{CO_2}$$

(5-1-1)

式中，P_{O_2}、P_{CO_2} 为混合气中氧、二氧化碳气体的分压；P_H 为大气压；F_{O_2}、F_{CO_2} 为氧、二氧化碳气体在混合气中所占体积的百分比。

如海平面干燥、清洁空气的氧分压为 $P_{O_2} = 760 \times 20.95\% \approx 159(\text{mmHg})$。

大气经鼻腔吸入肺部后，在体温条件下迅速被呼吸道及肺腔内的水蒸气所饱和，各气体成分受到一定程度的稀释，因而在计算进入呼吸道和肺腔混合气各种气体的分压时，必须先减去体温条件下呼吸道和肺腔内的水蒸气分压值 47mmHg，才能应用式(5-1-1)，即

$$P_{IO_2} = (P_H - 47) \times F_{O_2}$$

(5-1-2)

如在海平面标准大气条件下，呼吸道和肺腔内吸入潮湿气体的氧分压值为

$$P_{IO_2} = (760 - 47) \times 20.95\% \approx 149(\text{mmHg})$$

(5-1-3)

潮湿的混合气进入肺腔，在肺腔内进行气体交换，这种交换是一种物理的弥散过程。无论是气体分子在肺腔内的弥散运动趋向，还是气体的生理效应，都取决于气体分压的高低，而与反映相对比例关系的体积百分比无直接关系，所以在高空生理学中常用气体分压表示体内气体分子数量的多少。

生理学表明，对人体生理活动起直接作用的并不是大气氧分压，而是肺泡气氧分压。肺泡虽经呼吸道与大气相通，但肺泡气中的氧和二氧化碳的含量及分压值都不同于吸入气体，这主要是因为吸入气体一进入肺泡即在体温条件下被水蒸气所饱和，气体受到稀释；同时氧不断自肺泡弥散入血液，二氧化碳不断由肺毛细血管弥散入肺泡，所以使肺泡气中氧的浓度下降，二氧化碳浓度升高。因此，肺泡内的氧气分压比呼吸道内潮湿的氧气分压要小一些。肺泡气氧分压值可根据式(5-1-4)求出：

$$P_{AO_2} = (P_H - 47)F_{O_2} - P_{ACO_2}\left(F_{O_2} + \frac{1 - F_{O_2}}{R}\right)$$

(5-1-4)

式中，P_{AO_2} 为肺泡气氧分压；P_{ACO_2} 为肺泡气二氧化碳分压；R 为呼吸交换率。当呼吸交换率 $R=1$ 时，式(5-1-4)可简化为

$$P_{AO_2} = (P_H - 47)F_{O_2} - P_{ACO_2}$$

(5-1-5)

对正常呼吸者来说，在海平面呼吸条件下，大气中的氧分压为 159mmHg，而

肺泡气中的氧分压则为 104mmHg。由式(5-1-5)可近似计算出肺泡气氧分压为

$$P_{AO_2} = (760 - 47) \times 20.95\% - 40 \approx 109 (\text{mmHg})$$

在研究氧气设备原理时，通常取肺泡气氧分压的近似值 110mmHg。

2. 高空缺氧对人体的影响

缺氧指人体器官或组织的正常氧气供应或细胞利用氧气的过程发生障碍，使器官或组织发生不同程度机能变化的状态。在高空飞行时，由于大气压降低而引起的吸入氧气分压降低导致人体的病变称为高空缺氧。

缺氧与酒醉相似，先兴奋后抑制以至意识丧失。兴奋阶段可出现欣快症，即盲目乐观的状态，在飞行中同样能导致危险。在 1200m 高度时，轻度缺氧影响夜间视力；在 1500m 以上高度时，影响学习和记忆新事物的效率，从而降低飞行员处理紧急情况的能力；在 4000m 以上高空，大多数人可出现头晕、头痛、恶心、脸色苍白等症状，甚至意识丧失；在 7000m 高度就可能严重缺氧导致死亡。因此，缺氧是影响飞行员工作能力和生命安全的重要问题。

飞行条令规定：昼间时，4000m 是不用氧的升限；在 4000m 以上，如无适应的防护措施应禁止飞行。

根据缺氧的严重程度(取决于暴露的高度)、缺氧的发展速度(取决于上升减压的速度)以及暴露时间长短的不同，可将高空缺氧分为爆发性高空缺氧和急性高空缺氧。

1)爆发性高空缺氧

飞机密封增压座舱突然被破坏，使飞行人员突然暴露于高空低压环境中所引起的严重缺氧，称为爆发性高空缺氧。

从爆发性高空缺氧开始到出现智力紊乱不能适当地有目的地行动的一段时间称为有效意识时间，又称备用时间。8000m 以下呼吸空气时的有效意识时间有较大的个体差异；在 13100m 时有效意识时间下降到最低值 13～15s；高度再升高，有效意识时间不再缩短。飞行员可根据不同情况下的有效意识时间采取相应的应急措施。在 10000m 以下呼吸空气时，从出现智力紊乱到意识丧失有一段时间，及时补充氧气或降低高度可避免意识丧失的发生。在更大高度上往往不经过智力紊乱阶段而突然发生意识丧失。从爆发性高空缺氧到意识丧失之间的时间称为意识丧失时间，在较大高度上，意识丧失时间和有效意识时间相近或相同。

这种爆发性减压对人体产生的影响极其严重，它会使人体肺部损伤、体内溢血、血压降低和心脏活动迟滞等，严重时会使人迅速死亡。

生理学研究表明，爆发性减压时间小于 0.5s、爆发性减压比小于 3 时，对人体才无影响。

当飞行高度超过 10000m 时，爆发性减压比超过人体所能允许的范围，为了消除和减小爆发性减压的影响，一般采用加压供氧和增加体表机械压力等措施。

2）急性高空缺氧

急性高空缺氧是指持续时间为数分钟，急性暴露于高空低气压环境所引起的缺氧。产生急性缺氧的原因有：氧气面罩或头盔的密闭性不良；供氧装备发生故障。在急性缺氧时人的体力与脑力活动能力往往是在不知不觉中逐渐变得迟钝，甚至丧失的，正是由于这一特点，飞行员容易低估其危险性，甚至忽视其存在，以致丧失及时采取应急措施的时机。因此，在高空飞行中除强调严格执行高空用氧规定，还要使空地勤人员了解有关高空生理的有关知识，并结合实际情况进行使用供氧装备的训练，以保证高空飞行的安全。

5.1.2 飞机供氧方式

为防止高空缺氧的影响，现代飞机通常采用两种措施，一是采用密封增压座舱，二是使用氧气设备。飞机氧气设备的主要功能是向人体供应有足够氧分压的纯氧或氧气与空气的混合气。高度不同，氧气设备供应气的气压、流量、含氧百分比也应该不同。如何按氧分压随高度的变化规律，自动调节供氧量，是氧气设备要解决的主要问题。

由简化肺泡气压公式 $P_{AO_2} = (P_H - 47)F_{O_2} - P_{ACO_2}$ 不难看出，为使肺泡中氧分压能保证在不同飞行高度上接近地面的氧分压，一般采用两种方法：

（1）在 12000m 以下，采用肺式供氧，使吸入氧气中的含氧百分比随高度而变化，为减轻飞行员的疲劳应采用小余压供氧；

（2）在 12000m 以上，采用加压（连续）供氧，以提高吸入纯氧的总压和肺泡气中的氧分压值。

1. 肺式供氧

肺式供氧又称断续供氧或周期供氧，是随使用者吸气和呼气而周期地供给氧气。吸气时供氧，呼气时停止。肺式供氧的供氧量按使用者吸气量的大小自动调节，用氧经济并能保持吸入气体达到必要的含氧百分比。但肺式供氧装置复杂，阻力大，长时间使用易引起呼吸疲劳，因此对系统的呼吸阻力有严格的要求。

肺式供氧的基本原理是，在 12000m 以下高度阶段，人体需要的氧分压小于大气压。氧气设备向人体供应混合气的压强等于或基本等于大气压，但混合气中的含氧百分比随高度升高而增大，这样，肺泡气压虽然随高度升高而降低，但供氧设备却使肺泡气的氧分压仍维持在 100～110mmHg。

为保证飞行时肺泡气氧分压接近地面条件，各高度的含氧百分比可由式(5-1-5)求出。已知

$$P_{AO_2} = \left(P_{inh} - 47\right)F_{O_2} - P_{ACO_2} \qquad (5\text{-}1\text{-}6)$$

式中，P_{inh} 为吸入气总压，即座舱气压。故

$$F_{O_2} = \frac{P_{AO_2} + P_{ACO_2}}{P_{inh} - 47} \qquad (5\text{-}1\text{-}7)$$

或 $F_{O_2} = \dfrac{150}{P_{inh} - 47}$。式 (5-1-7) 集中反映了氧气设备供应人体混合气的含氧百分比和各高度的大气压所应保持的关系，即 12000m 以下的肺式供氧规律。

在 10000m 高度，大气压为 198mmHg，吸用混合气的含氧百分比应为 100%，即纯氧，才能使肺泡气氧分压为 110mmHg。高度从 10000m 升高，大气压继续降低，如果吸用氧气的压强等于大气压(含氧百分比为 100%)，则肺泡气的氧分压也会小于 110mmHg，从而产生缺氧现象。但如高度超过 10000m 不多，这种缺氧现象并不严重。实际上，在 12000m 高度上，相当于在 3000m 高度上不使用氧气设备时的情况，一般来说，这种情况下还是能够维持长时间飞行的。

肺式供氧系统的主要性能要求如下：

(1)肺式供氧系统的流量特性。在管路中，单位时间内流过的氧气体积或重量，称为氧气流量。流量过大会造成氧气浪费，流量过小又会造成缺氧，因此流量也就成为供氧系统的主要性能之一。供氧系统的流量主要取决于氧气调节器的流量特性和输氧软管的流体阻力特性。肺式供氧时，进入面罩和调节器的氧气流量受人呼吸控制，随人肺换气量的变化而变化。肺换气量大，氧气流量也大，入口氧压和出口氧压之差也大，故吸气阻力增大。因此，流量特性对供氧系统吸气阻力有直接影响。

(2)呼吸阻力。使用供氧设备时，必须利用肺部的力量在面罩内外产生一个压差，以克服供氧设备造成的阻力，才能吸入氧气或混合气和排出废气。这个阻力或压差，通常称为供氧设备的呼吸阻力。吸气时，由肺部力量产生的面罩内气压小于座舱气压，产生的负压称为吸气阻力；呼气时，由肺部力量产生的相对于座舱气压的面罩余压，称为呼气阻力。

呼吸阻力大，人呼吸时就会感到困难。因此，供氧系统的呼吸阻力应尽量小一些。肺式供氧时，呼吸阻力的大小与供氧设备的结构、人的肺换气量和飞行高度等因素有关。

(3)含氧百分比。为了保持肺泡气的氧分压一定，吸入气体的含氧百分比应随飞行高度的升高而相应地增大。肺式供氧系统可以是在所有高度供纯氧的系统，也可以是在 10～12km 以下供混合气的系统。但从航空生理学的观点出发，在正常飞行中吸用纯氧是不理想的，一般应采用供混合气的供氧系统。当供氧系统供

混合气时，为了维持吸入气体中应有的氧分压，必须随高度升高而增加其含氧浓度。

（4）安全余压。飞行人员佩戴面罩时，由于吸气造成面罩内负压，就会从面罩与脸部缝隙吸进空气，降低吸入气含氧百分比，引起人体缺氧，这在较高的飞行高度上更是危险。为了克服这种现象，在肺式供氧系统中一般使面罩内气压稍大于外界气压，即建立安全余压（又称小余压）。世界各国对安全余压无统一标准。

2. 加压供氧

加压供氧是使供氧面罩或加压头盔内绝对气压高于环境气压，必要时在人体体表建立相应对抗压力的供氧方式。

在 12000m 以上高度，由于大气压很低，即使吸入纯氧仍不能保持肺泡气氧分压在规定水平，故要求供氧系统除供纯氧，还必须提高吸入纯氧的总气压，即加压供氧。所以要求供氧系统在 12000m 高度以下，实行肺式供氧；当超过 12000m 高度时，能自动进行加压供氧。

加压供氧时，氧气设备提供的氧气压高于大气压，其高出的部分称为余压。增大吸用氧气的气压，固然可以解决 12000m 高度以上的缺氧问题，但是又会使人体内部压强高于人体外部压强。人体内外压差对人体的生理活动将产生不良的影响。压差很小时，这种影响不十分明显，当压差达到 25mmHg 时，胸腔的收缩动作将受到阻碍，呼吸困难；当压差达到 40mmHg 时，呼吸和血液循环都要受到影响；当压差达到 75mmHg 时，视觉和听觉功能变差。为了解决这个问题，必须增大人体外部的压强。一般是采用密封增压座舱、氧气加压背心、带面罩的氧气加压衣等方式对人体外部施加机械压力，从而使人体内外压强相等。

进行加压供氧时，调节器不但向面罩输送一定压强的氧气，还必须在呼气活门下腔内建立平衡的关闭力，以保持气密。

加压供氧制度又称总压制度，总压制度指加压供氧时加压供氧面罩（或加压头盔）内绝对气压随高度变化的规律，是加压供氧系统的主要性能指标之一。

目前世界各国设计加压装备依据的军用规范中，所规定的加压制度大致相同。常用加压制度有三种：

（1）要求面罩内保持总压为 115mmHg，它能提供的最大余压为 25～30mmHg。按此标准加压供氧仍有中等程度的缺氧现象，但所需口鼻型加压面罩装备轻巧、简便，故可提供短时间的应急防护。其最大使用高度为 15km。

（2）要求面罩内保持总压为 130mmHg，它能提供的最大余压为 75mmHg。按此标准供氧虽缺氧程度有所减轻，但所需装置复杂。其最大使用高度为 18km。

（3）要求面罩内保持总压 145mmHg，如采用密封头盔和代偿服，对人体外部施加机械压力，它可以在高空飞行时长时间工作，并能提供约 145mmHg 的最大余压。其最大使用高度为 38km。

三种加压制度的选择应考虑飞机的使用高度、飞行时间长短、人体生理耐压情况以及装备情况而定。

5.1.3　飞机供氧设备

飞机供氧系统一般由氧源、操纵附件、调节附件、氧气指示器、供氧面罩、加压服装、供氧导管等组成。

1. 机载氧源

1）机载氧源的发展

飞机氧源的发展与完善直接影响飞机的高空性能。飞机氧源系统经过了气氧、液氧、机载制氧三个阶段的发展。

19世纪70年代欧洲人乘气球升空探险时，就使用氧气来防止高空缺氧。第一次世界大战时，飞机开始携带气氧和简单的连续氧气设备。气氧发展到今天仍然在很多飞机上使用，主要采用高压氧气瓶、低压氧气瓶储存一定压强的氧气，使用时通过氧气开关、氧气减压器、氧气调节器等氧气设备按需为飞行员提供呼吸用氧。

第二次世界大战后，液态氧源的应用对减少机载重量、节省空间、提高飞行作战能力起了很大的作用。新一代战术飞机技术性能的提高和空中受油机的应用，要求飞机氧气系统保证长时间续航供氧，有灵活的起降能力。液态、气态氧源都存在着储氧量有限、影响现代飞机长距离续航的问题，还有后勤保障和易燃易爆等弊端。因此，美英两国最早开始致力于探索机载制氧技术的研究。

我国在研究机载制氧的过程中，探索过许多方法，如化学制氧、碱金属超氧化物制氧、氟矿石吸附法制氧、电解水制氧等，在比较多种方案之后，最终选择了分子筛制氧技术。机载分子筛制氧系统是航空中利用分子筛制氧技术作为飞机核心氧源的氧气装备，系统由制氧设备和供氧设备组成，从其结构组成上又可分为氧源、监控指示和供气调节部分。与现代的气态氧和液态氧相比，机载分子筛氧源无论是在军事战略、安全可靠性、成本效益上，还是在后勤保障和飞机起降灵活性方面都显示出突出的优点：①分子筛制氧系统可以长时间、不间断地制氧，可解决远距离长时间飞行的供氧量受限的问题；②可减少后勤保障的麻烦，减少装置的维护工作量，大大削减了地面勤务人员，降低经费消耗；③可取消地面或航空母舰上的氧气储存、运输和充氧设备，解除飞机对地面液氧、气氧站的依赖；④避免液氧和高压气氧易燃易爆危险的隐患；⑤增加飞机的灵活性能，避免由于战前液氧站搬迁而暴露目标的致命弱点；⑥提高了供氧救生装置的维护性能。

用来构成分子筛浓缩器的主要原料是晶态硅酸盐化合物，由于氮气分子中存在孤电子对，氮气分子有一定的极性，而氧分子没有，这导致分子筛对氮气的吸附量大于氧，利用这种特性来吸附空气中的氮气，产生含氧较多的气体供人体呼吸。把这种能产生富氧气体的分子筛装到圆柱状的容器里，再把 2～3 个这样的容器(又称分子筛床)并在一起，装在飞机设备舱中，利用飞机发动机的压缩空气或飞机空调系统的引气，通过分子筛的吸附产生含氧浓度较高的气体，供飞行员呼吸用。

2) 分子筛制氧系统工作原理

气体在吸附床内经过时被吸附的状况如图 5-1-1 所示，黑色阴影区表示筛床已饱和。如图所示，混合气进入分子筛床后，混合气中较易被吸附的组分(氮气)被大量吸附，较难被吸附的组分(氧气)少量被吸附。在上游气压作用下，富氧气体从床的末端排出，由图中吸附状况可知，在保证供气不断的情况下，床内有三个明显的区域：筛床入口段被吸附质饱和，气体成分和输入筛床的混合气成分相同；筛床出口附近是富氧气体；在这两个区域之间的称为传质区，该区是吸附过程发生区，气体成分沿床的方向迅速变化。当筛床饱和后，传质区移出整个床，此时称为输入气的突破，解吸后筛床才能恢复吸附能力。

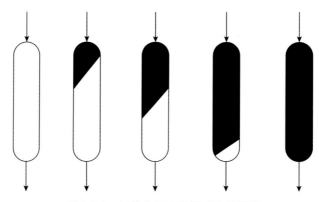

图 5-1-1　气体在固定吸附床内的突破

分子筛制氧系统的关键部分是分子筛氧气浓缩器(分子筛床)，高压空气通过氧气浓缩器，就会连续产生富氧气体，达到制氧的目的。氧气浓缩器应用变压吸附分离气体的原理，利用吸附剂对不同气体在吸附量、吸附速度等方面的差异以及吸附容量随气压变化的特性，在加压条件下完成混合气的吸附分离过程，在降压过程解吸所吸附的杂质组分，从而实现气体分离以及吸附剂循环使用的目的。分子筛制氧系统主要以两床和三床结构为主，吸附床数量虽有差别，但工作原理基本上是相同的，只是在工作程序安排上稍有不同。下面以如图 5-1-2 所示的两床结构的分子筛制氧系统为例来说明变压吸附制氧系统的工作原理。

机载制氧系统属于一种小型的变压吸附循环系统。从飞机发动机引出来的压缩空气经过飞机环控系统冷却后进入机载制氧系统，首先气体进入系统的过滤及

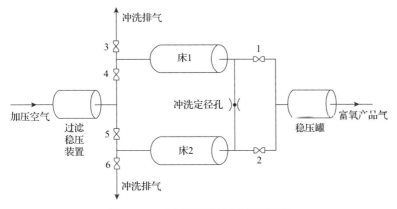

图 5-1-2　变压吸附制氧系统原理图

稳压装置以进一步净化空气，加压空气经过过滤稳压装置后以稳定压强进入氧气浓缩器，机载制氧分两步进行：前半周期，阀 1、4、6 打开，2、3、5 关闭，此时床 1 为吸附，床 1 吸附加压空气中的氮气而产生富氧气体，一部分作为产品气流出，经过稳压罐供给飞行员呼吸用，另一部分由冲洗定径孔进入床 2 对其进行反方向清洗，床 2 为解吸，脱附掉氮气使吸附剂得以再生，冲洗气流经阀 6 排出；后半周期相反。这样，两个筛床周而复始地工作，可源源不断地产生富氧气体，实现了制氧的目的。

　　如上所述，基本的分子筛制氧系统的工作是一个经历升压、吸附、降压和脱附等多个阶段的动态分离过程，评价该系统的性能指标有制氧浓度、氧回收率、耗气量，以及系统的体积、重量等。

　　2. 供氧子系统

　　供氧子系统包括氧气减压器、氧气压力比调节器、供氧面罩、代偿背心等部件。氧气减压器负责备氧减压，氧气压力比调节器负责调节呼吸和抗荷服压力比，主要用于按高度调节面罩和代偿服拉力管内压力，并根据需要使两者保持一定比值。当跳伞时，会和飞行员一起脱离飞机，保证按高度加压供氧。

　　3. 显示、控制子系统

　　一般采用氧气示流器来指示氧气系统的工作情况，采用状态灯和告警灯指示供氧系统工作状态和故障情况。氧气示流器包括压力表和示流器两部分。压力表为备氧氧气瓶压力；示流器指示供氧系统工作状况。示流感应器测量氧气调节器输入流量，在氧气示流器上指示出来。氧气示流器随呼吸的变化给飞行员以形象的指示，吸气时唇片张开，呼气时唇片闭合，如图 5-1-3 所示。

图 5-1-3　氧气示流器

5.1.4　飞机供氧系统工作原理

　　飞机供氧系统的供氧原理如图 5-1-4 所示。氧气浓缩器通过电动活门与环控系统接通，在环控系统上电工作之后，电动活门打开，将环控系统的空气引入氧气浓缩器，产生富氧气体，富氧气体冲开氧源转换器的单向活门，流经示流感应器和低压氧气开关，送入氧气调节器，在氧气调节器和氧气压力比调节器的调节下，供给个人防护装备，供飞行员呼吸使用。通过示流感应器可以测量流入氧气调节器的氧气流量。在氧气浓缩器供氧时，如果氧气浓缩器供给调节器的气压过低，则会通过低压氧气开关向继电器盒发出信号，继电器盒根据信号，电控氧源选择器转换为备用氧气供氧。同样，如果接通调节器上的备氧开关，或者氧气浓缩器、监控器故障，都会向继电器盒发信号，继电器盒通过电信号控制氧源选择器接通备氧。

　　当备氧接通后，高压氧气瓶内的纯氧经过压力信号器，流向带开关减压器，在进入减压器之前，通过一个支路流向氧气示流器，以测量显示备氧压力。可以看出，带开关减压器有两个作用，一是减压，二是备氧的总开关。如果关闭，备氧是不能使用的。所以在起飞前，要打开带开关减压器的开关。

　　来自环控系统的空气除一部分流入氧气浓缩器外，另外一部分通过过滤器，分别经抗荷调压器和减压器流向个人防护装备。其中抗荷调压器直接通过断接器连通抗荷服，抗荷调压器对垂直过载敏感，在过载较大时，会自动接通，向抗荷服充气，压紧下肢和胸腔，提高抗荷能力。减压器则通过氧气压力比调节器与代偿气囊相连，主要用于加压供氧。在过载过大或者座舱高度过高时，代偿服充气，进行加压供氧。断接器将跳伞设备与机载设备相连，而快速分离器则将个人防护设备与跳伞设备相连。跳伞后，由伞氧通过氧气压力比调节器向飞行员供氧。

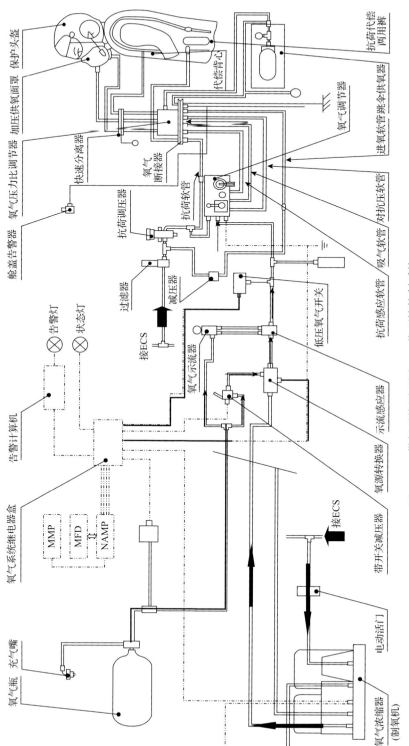

图 5-1-4　供氧系统原理图(ECS指环境控制系统)

此外，整个系统实现电气自动监控。备氧压力、氧气浓缩器工作情况、氧源选择器、氧气调节器等的工作状态信息，发送给继电器盒，进而发送给相应的告警计算机、多功能显示器、非航电监控处理机(NAMP)以及氧气系统的告警灯和状态灯，可供飞行员实时监控。

5.1.5　发动机补氧系统

在飞行训练和空战中，发动机会因某种原因停车，空中开车时由于高空缺氧不易成功。因此，现代飞机广泛采用主燃烧室启动点火器自动补氧系统。它用来在空中启动开车时向发动机启动点火器提供氧气，以保证空中开车可靠点火。

发动机补氧系统主要由以下部件组成：

(1)氧气瓶，瓶内充以压强为 150kg/cm^2 的氧气，充氧时氧气由充氧接头进入瓶内。

(2)减压器，用来将氧气瓶的高压氧气降低为 $(10\pm0.5)\text{kg/cm}^2$。

(3)电磁活门，用来控制送到启动点火器的氧气管路的通断。

(4)压力表，发动机补氧系统压力表包括高压氧气压力表和低压氧气压力表，分别指示氧气瓶的氧压和减压器出口的氧压。

(5)单向活门，用来防止发动机的燃气倒流。

(6)补氧开关。

5.2　飞行参数记录系统

飞行参数记录系统采集和记录飞行过程中飞机的飞行状态、发动机工作状态以及其他重要系统工作状态等多种参数。通过对记录的各种参数的分析，可以为飞行考核、飞机日常维护、飞行档案建立、故障及事故分析等提供科学数据。

5.2.1　飞行参数记录系统概述

飞行参数的统计测量，美国在 1925 年就已开始，最初只能记录速度(V)和过载(G)数据，在烟熏的滑动片上划出 V、G 的痕迹。在 20 世纪 40 年代中期开始统计 V、G、H 数据，用照相法拍下仪表板上的仪表指示，人工判读数据。50 年代使用光学示波器和钢带记录器，数据记录的数量和质量得到提高。但因机器笨重、记录参数少、记录时间短，仍旧满足不了要求。1960 年左右，容量较大的模拟磁带记录器投入使用。

用于民航飞机上的第一个数字式记录系统，是由荷兰国家航空航天实验室研制和生产的 48 通道系统。该系统 1962～1963 年成功完成了 1600 个飞行小时的工作。美国和英国分别在 1958 年和 1965 年规定必须装备飞行参数记录仪。

随着飞行试验的发展，要测试的参数量越来越多。例如，一个专门的研究试验，大约需要 50 个数据源，新型飞机的综合试验计划要 2000 个数据源。这就进一步推动了飞行参数空测记录系统的发展，大容量、高速、高精度的数据采集系统便应运而生。

随着电子技术的发展，数字式磁记录器记录的参数由几个发展到上百、上千个，采样速度和记录精度不断提高，大大增加了记录的信息量，为更完整地了解飞机及其系统的状态提供了依据。磁记录器记录的数据可进行自动数据处理，但其弱点是运带机构复杂，故障率较高。20 世纪 80 年代后期，国外开始研究用固态存储器作为记录介质取代磁带机。到 90 年代初已有正式产品装备民用运输机使用，包括美国 Lockheed 的 2100 系列、Fairchild 的 F1000 型、Sundstrand 的 SSFDR以及法国 Sfim 的 FDR。固态飞行参数记录器具有体积小、重量轻、可靠性高、转录数据快和记录速率高等特点。

飞行参数记录系统作为一个重要的机载电子设备已越来越被人们所重视。飞行参数与飞行安全、飞机维护以及飞行训练结合得越来越密切。飞行参数与专家系统相结合，可对相关系统的工作情况和飞行品质进行监控，由此可形成一套对飞行安全的闭环监控系统。

航空测试用记录系统主要用于航空产品的性能测试。被测对象包括飞机、发动机、仪表、无线电、救生、军械、附件及操纵系统等各个方面，被测参数包括力、热、电、声等各种物理量，所采集的信息既可以是数字信息，也可以是模拟信息。

记录系统可按信号调制方式或用途分类，按用途不同可分为维护记录系统、飞行参数记录系统、飞行故障记录系统、飞行试验记录系统、综合数据系统、座舱录音机等。按信号调制方法不同，又可分为脉冲编码调制(简称脉码调制)或数字式记录系统、调频调制式或单载频调频记录系统、多载频调频记录系统、脉宽调制式记录系统、直接记录系统等。

5.2.2　飞行参数记录系统的基本功用

飞行参数记录系统能够采集和记录来自飞机各相关系统及传感器的飞行数据，这些数据可以用于：

(1)建立飞行档案，为实现单机监控、确定单机寿命提供数据依据；

(2)为考核飞行训练质量提供飞行参数依据；

(3)为飞机和发动机的监控及维护提供科学依据；

(4)为分析飞行事故和有关设备故障提供确切的参数依据；

(5)提供飞行统计数据，制定载荷谱，为编制和修订规范及新机设计、老机改型提供科学依据。

飞行参数记录系统的应用，推动了飞行数据处理软件的开发。飞行参数记录系统配备的数据处理软件一开始只是将所记录的飞行参数的数据及其与时间关系曲线显示或打印出来。目前，应用飞行参数记录系统记录的数据，可以进行仪表模拟显示、航迹线显示及通过飞行参数处理进行视情维修、故障预测、事故分析。随着技术的发展，飞行参数记录系统的功能将会越来越完善。

5.2.3　飞行参数记录系统的基本组成

飞行参数记录系统由机载部分、地面数据处理部分、检测设备(包括一线检测设备、二线专用测试设备)组成，如图 5-2-1 所示。机载部分由机上信号源、传感器信号源、采集器、记录器组成，如图 5-2-2 所示。由于飞行参数记录系统和其他机载设备交联关系复杂，任何一种交联设备出现故障都会在记录的数据中表现出来，所以飞行参数记录系统的工作质量不仅由采集器和记录器决定，如果信号源提供的信号不满足要求，也会直接影响飞行参数记录效果。

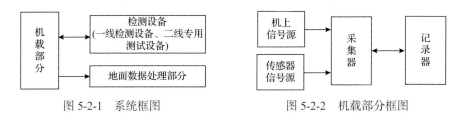

图 5-2-1　系统框图　　　　　　图 5-2-2　机载部分框图

5.2.4　飞行参数记录系统的基本工作原理

1. 数据采集与处理系统原理

目前，各类型号的数字式飞行参数记录系统不断出现，尽管在采集处理的核心部件、所记录的数据量及数据存储介质等方面可能都有所不同，但其基本功能决定了飞行参数记录系统的一般结构。从功能模块上，飞行参数记录系统一般由三个主要部分组成：

(1)输入部分，由各种测量传感器、输入电路和波形加工电路(放大器、滤波器等)组成；

(2)信号变换部分，包括传输、模数转换以及数据处理设备；

(3)输出部分，主要包括用于数据显示和数据存储的各种设备。

对于多通道采集记录系统，信号变换部分还应包括一个用于数据采集的扫描程序控制器。典型的多通道数据采集与处理系统的原理框图如图 5-2-3 所示。

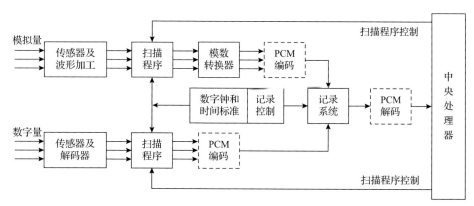

图 5-2-3　数据采集与处理系统原理框图(PCM 指脉冲编码调制)

一般的多通道采集记录系统，都是将传感器输出的信号经输入部分处理加工成系统可接收的形式，通过扫描程序控制，按一定的采样频率和次序编排，再经接口电路将其中的模拟信号变为数字信号，经编码处理后记录在存储介质中，根据需要可经解码器解码处理，由中央处理器按所需的形式还原出所需的信息。

2. 帧结构

在采样过程中，需要采集的信号按一定的顺序结构排列，每个信号至少采集 1 次后，所得到的一个循环的完整数据结构称为帧结构。在飞行参数中一帧数据中又分为若干子帧，因为有的信号 1s 中需要采集 8 次，而有的信号则只需采集 1 次，同时每个信号的采集还需符合采样定理的要求。

为了数据还原处理的需要，在每帧中还插入了同步字以便识别，这样就形成了整个飞行参数记录系统的数据结构。

5.2.5　飞行参数记录系统与飞机上其他系统的交联关系

座舱通电以后，当满足记录条件时飞行参数记录系统自动记录，一般不需要飞行员操作。

飞行参数记录系统的采集器、记录器和快取记录器之间通过系统的内部总线进行通信。飞行参数记录系统与外部相关系统的接口主要有模拟量、离散量、频率量、同步器量及多种总线信号。某飞行参数记录系统与飞机上其他系统交联接口框图如图 5-2-4 所示。

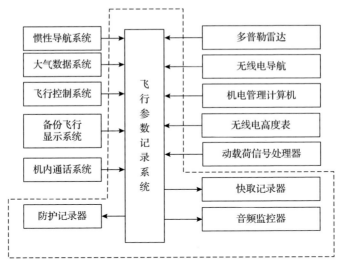

图 5-2-4　某飞行参数记录系统与飞机上其他系统交联接口框图

5.3　座舱综合显示

　　飞机上的机械和机电仪表利用显示部件间的相对运动来显示被测参数的数值，如指针与刻度盘、指针与刻度带等。这类显示方式虽然显示清晰，但是显示器的齿轮、指针等部件间存在摩擦，而且容易受到振动和冲击的影响，影响显示精度和使用寿命；指示器占用的空间大、信息量小，不能满足座舱显示信息增加的需求。第二次世界大战以后，因为航空科技的蓬勃发展，机载设备越来越多，功能越来越强，但是如何在有限的座舱内显示机载设备提供的信息和工作状态日益迫切。有限的座舱仪表板上不仅有全静压、姿态、航向、飞机操纵系统和发动机等传统的飞行仪表，还要不断添加雷达、火控、通信、导航、电子干扰和对抗等新型设备的显示和控制装置，座舱变得越来越"拥挤"。所以，座舱的综合显示与人机交互问题也开始提上议事日程。

　　座舱综合显示系统的作用是将机载传感器与系统的信息数据以可视化方式显示给飞行员，使飞行员能够安全地驾驶飞机完成飞行任务，该系统是飞机必不可少的组成部分。座舱综合显示系统能够向飞行员提供的基本信息包括主飞行信息、导航信息、发动机数据、机身数据、预警信息等。军用飞机上，该系统还可以为飞行员提供其他诸多信息，如红外成像传感器信息、雷达信息、战术任务数据、武器瞄准信息、威胁预警等。为了使飞行员能够迅速接收并处理大量可视信息，上述信息还必须按照飞行员容易理解的方式显示，消除不必要的信息以减轻飞行员的负担。

飞机座舱显示系统中的人机交互(man machine interaction, MMI)是飞行员控制航空电子系统以及向机载设备输入数据的手段, 具有重要的作用。当前, 多功能键盘及多功能触摸面板显示器应用广泛; 随着语音识别技术、图像处理技术及人工智能技术的发展, "直接语音控制"、"眼球跟踪器"等正逐步得到应用。

5.3.1 电子综合显示系统的类型

电子综合显示系统, 也称为电子仪表系统(electronic instrument system, EIS), 采用电子综合显示的方式取代传统的机械式仪表指示, 借助于计算机技术给出准确、可靠、清晰、形象、直观的信息显示。根据采用的技术和在座舱中的位置, 通常有水平显示器、下视显示器和头盔显示器。

1. 水平显示器

水平显示器(head up display, HUD)能够在飞行员正前方显示主飞行信息, 包括主要的飞行参数如高度、空速、姿态和航向等, 可以使飞行员更准确地了解飞行状态。当飞行员低飞和只依赖于水平显示器飞行时, 水平显示器就是飞行安全必不可少的系统。水平显示器大大改进了飞机上的人机交互, 使得飞行员在平视前方专注于外界信息的同时, 能够观察获取来自机载传感器和系统的基本飞行信息。水平显示器的出现和发展是信息可视化最重要的进展之一。1962 年第一个水平显示器安装在英国的海盗战斗机上。

利用前视红外传感器, 可以把飞机前方情景的光电图像加载到光栅模式下的水平显示器的真实外界场景中, 并以 1:1 的比例复现外景, 这使得飞行员能够在夜间晴朗的天气下以较低的高度飞行。前视红外传感器还能使只能在白天执行空对地任务的战斗机具备夜间攻击能力(不过这需要水平显示器具有较宽的视界)。

水平显示器的基本原理如图 5-3-1 所示。飞行员通过水平显示器合成透镜(和挡风玻璃)观察外界。合成透镜具有较高的透射率, 通过合成透镜和挡风玻璃观察外界几乎没有任何能见度的损失。之所以称为合成透镜, 是因为它把透过它看到的外界景象和准直显示符号合成在一起。由图 5-3-1 可以看出, 飞机上的传感器和系统(如惯性导航系统和大气数据系统)产生的显示信息显示在阴极射线管(cathode ray tube, CRT)显示器屏幕上, 然后通过透镜系统将显示的图像传送出去, 其中透镜系统起到了传递图像的作用, 它可以放大图像并校正某些系统产生的光学误差。传送的显示图像通过折叠式反射镜以接近 90° 的角度反射到准直透镜, 准直透镜对显示图像进行准直后, 通过合成透镜投射到飞行员的前视视界中。显示信息的虚拟图像出现在飞行员前方无穷远的距离上并覆现在远处的外界景象上, 就好像它们是平行的一样。反射镜使光学系统结构更为紧凑, 使得水平显示器占用尽可能少的座舱空间。准直透镜作为水平显示器的基础非常重要，这是一种具有有限焦距且光源在焦平面上的光学系统，从焦平面上一点发出的光线经过准直仪之后变为一束平行的光线，使得显示的图像正确准直。准直后的显示图像只与眼睛的注视角度有关而与眼睛的位置无关。同时由于从显示图上任一点发出的光线经准直透镜折射后都是平行光线，显示看起来就好像在无穷远处。

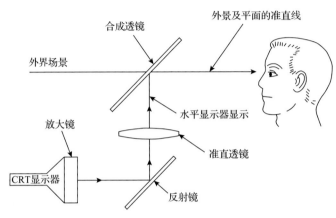

图 5-3-1　水平显示器的基本原理

2. 下视显示器

下视显示器(head down display，HDD)是最古老的一类电子显示器，起源于第二次世界大战中的空中雷达显示器，随后发展成为座舱中的最主要部分。随着电子技术的发展，下视显示器逐渐从最初的彩色 CRT 显示器，变为高分辨率的平板彩色液晶显示器，再到有机发光二极管显示器。与常用视频长宽比为 4:3 不同，不管军用飞机还是民用飞机，座舱里常用矩形显示器。

通常显示器边缘有一个带按钮的仪表前盖。有时按钮功能是专用的，或者是"软件按钮"，其功能写在显示器按钮的旁边，称为周边键。现代飞机通常会同时采用多个下视显示器，如图 5-3-2 所示。

3. 头盔显示器

头盔显示器能够提供一个"装在头盔上的水平显示器"，如图 5-3-3 所示，它能把所有在水平显示器显示的信息通过头盔显示器显示给飞行员，而不管飞行员是朝着哪个方向看(飞机姿态信息是相对飞行员视线而言的)。水平显示器只能提供飞行员前方视界的信息，即使是宽视界全息水平显示器，其方位视角也仅为 30°，俯仰视角仅为 20°～25°，由于座舱布局的限制很难获得更大的视界，头盔显示器具有更宽的视界，可以实现以较大的离轴角攻击目标。

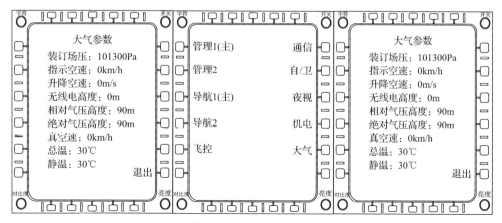

图 5-3-2　典型下视显示

图 5-3-3　头盔显示

　　头盔显示器与水平显示器不同，其视野随着头部的移动而移动，大的视野可以减小头部移动的频率。利用自动跟随飞行员视线移动的万向红外传感器产生的电视图像，就可以实现头盔显示器的夜视功能或低能见度情况下的可视功能。前置传感系统感知相对于机身的飞行员视线，这样的头盔中也能加入具有视频输出能力的图像增强设备作为辅助的显示系统。

5.3.2　电子综合显示系统的功用

　　民用飞机上的电子综合显示系统主要由电子飞行仪表系统（electronic flight instrument system，EFIS）和发动机指示与机组告警系统（engine indication and crew alerting system，EICAS）组成，其中 EFIS 通常包括主飞行显示器（primary flight display，PFD）和导航显示器（navigation display，ND），已经能够完全取代独立的机电式地平仪、罗盘、高度表和马赫数表等机电仪表，可以显示高度、速度、姿态航向等飞行参数，以及相应系统的告警信息；EICAS 取代了发动机、燃油和液压等系统的传统机电式仪表。

　　军用飞机上一般采用水平显示器和下视显示器相结合的方式来显示各种信

息，如图 5-3-4 所示。

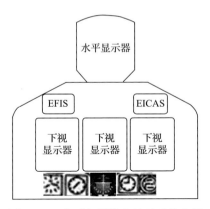

图 5-3-4　典型电子综合显示系统布局

　　最上方的水平显示器投射显示在飞行员的前方，与飞行员的前视视线保持平行，飞行员能够同时观察到显示器信息和外界信息。因为水平显示器显示是与飞行员前视视线平行的，即其焦点在无穷远处（或前方远处），所以能复显在外场景上，飞行员不需要转动眼珠就能同时看到外界远处的目标和显示器上的信息。不管飞行员怎样移动头部，战斗机的飞行轨迹指示或武器瞄准指示，始终无视差地保持覆盖远处目标。因此，在飞机机动情况下飞行员可以自由地专注于外界信息而不需要低头看座舱仪表或者下视显示器。在战斗情况下，飞行员更是必须保持平视以识别来自任何方向的可能威胁。高精度的自动化武器瞄准系统以及"敌人在舱外"的空战要求使得水平显示器成为当代所有战斗机上必不可少的系统，典型的武器瞄准水平显示器显示如图 5-3-5 所示。

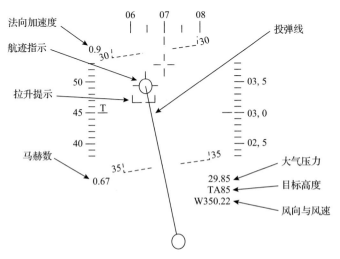

图 5-3-5　典型武器瞄准水平显示器显示

在有的军用飞机上，电子飞行仪表系统是一套独立于航空电子系统的智能化综合仪表显示系统。其信号源全静压传感器、备份航向姿态系统分别作为航空电子系统中央大气数据计算机、惯性导航装置的备份，航空电子系统故障后，电子飞行指示器提供备份的航行信息，甚至还提供操纵飞机的机电参数，作为水平显示器和多功能显示器的备份，替代机械式仪表，确保飞机安全返航。典型 EFIS 的显示画面如图 5-3-6 所示。

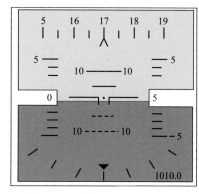

图 5-3-6　典型 EFIS 显示画面

飞行显示画面包括磁航向角、俯仰角、倾斜角、航向告警、表速、气压高度（相对高度）、装订气压、下滑偏差、方位偏差等。

俯仰角显示，中心飞机符号指示俯仰刻度带的值，飞机符号处于蓝色区域表示上仰，处于褐色区域表示下俯。

倾斜角显示，读数指示器正下方的"▼"符号指示弧形刻度带的值。

指示空速显示，左边滚动刻度带和固定的矩形窗口读数；游标上下移动显示大致指示空速，窗口显示数值。

气压高度显示，场压有效时显示相对高度，无效显示气压高度。装订气压显示在画面右下角，白色数字，单位为百帕。

5.3.3　应急显示仪表

从 20 世纪 80 年代开始，电子技术的发展促使飞机座舱发生了革命性的变化，座舱里面的传统机电式仪表，如高度表、空速表、地平仪及航向位置指示器正逐步被替代。但是，在紧急情况下，飞机航空电子系统故障或受到战损不能工作时，为了确保飞行员能够掌握飞机的姿态、航向、高度、速度等重要的飞行参数，一般飞机上都装备相应的备份仪表。如图 5-3-4 典型电子综合显示系统布局中最下面一行所示。

本 章 小 结

氧气设备用来解决高空氧分压不足与人体生理活动需要的矛盾。氧气设备在不同的高度上按一定的规律供氧，一般通过氧气调节器、压力调节器等设备来调节气压、流量、含氧百分比来实现供氧规律。飞行中，飞行员应根据不同飞行任务，正确使用个人装具和氧气设备。应急跳伞时，跳伞设备的氧气系统保证对飞行员进行短时间供氧。发动机补氧系统可以在空中启动开车时向发动机启动点火器提供氧气，以保证空中开车可靠点火。

飞行参数记录系统由机载部分、地面数据处理部分、检测设备等组成。机载部分能完成对传感器或其他设备的模拟量信号、频率量信号、开关量信号、同步信号、ARINC-429 总线信号等数据的采集和记录。机载部分由采集器和记录器组成，它们之间由机上电缆连接，且放置于防坠毁壳体中。地面数据处理部分能完成记录数据的分析，处理结果以报表、曲线、飞行模拟等形式输出，可对报表或曲线进行打印。

座舱显示系统将机载传感器与系统的信息数据以可视化方式显示给飞行员（和机组人员），使飞行员能够安全地驾驶飞机完成飞行任务，是飞机必不可少的组成部分。座舱显示系统能够向飞行员提供的基本信息包括主飞行信息、导航信息、发动机数据、机身数据、预警信息等。军用飞机上，该系统还可以为飞行员提供其他诸多信息，如红外成像传感器信息、雷达信息、战术任务数据、武器瞄准信息、威胁预警等。

习　　题

1. 简述高空缺氧的分类。
2. 总结供氧系统的供氧方法。
3. 描述分子筛制氧系统的功用、组成。
4. 阐述发动机补氧系统的工作原理。
5. 简述飞行参数记录系统的功用与组成。
6. 说明飞行参数记录系统机载部分的功用与组成。
7. 简述座舱显示系统有哪些种类，分别有什么功能。

第6章　飞机电源系统

　　飞机电源系统有哪些类型？具有怎样的特点？飞机上用电设备的电能是如何产生的？本章针对这些问题，介绍飞机电源系统，其由主电源、辅助电源、应急电源、二次电源及外部(地面)电源等组成。按主电源类型的不同，电源系统可分为直流电源系统和交流电源系统，其中直流电源系统分为低压直流电源系统和高压直流电源系统；交流电源系统分为恒频交流电源系统和变频交流电源系统。辅助电源和应急电源通常采用航空蓄电池。而二次电源通常是各种电能变换设备，包括旋转变流机、静止变流器及变压整流器等。

6.1　飞机电源的类型

　　飞机电源的类型是指飞机主电源类型。现代飞机主电源主要有低压直流电源、恒频交流电源、变频交流电源、混合电源和高压直流电源等类型。恒频交流电源有恒速恒频交流电源和变速恒频交流电源两种。

6.1.1　低压直流电源

　　低压直流电源是指调节点电压为 28.5V 的直流电源。主电源由飞机发动机直接传动的飞机直流发电机及其控制保护器组成，辅助和应急电源是航空蓄电池，发电机与发电机、发电机与蓄电池并联工作。在大中型飞机上，有用辅助动力装置传动的发电机作辅助电源。二次电源有旋转变流机或静止变流器，它们将飞机上的低压直流电转变为 400Hz 的单相或三相交流电，供仪表等电子设备用。

　　低压直流电源的主要优点是简单、可靠，用蓄电池作备用电源和应急电源十分方便。但是随着飞机用电设备增多，特别是交流用电设备增多，低压直流电源的缺点就愈显突出。主要表现在直流发电机的电刷换向器限制了电机转速的升高，一般直流发电机最高转速不超过 10000r/min，这限制了电机容量的增大，通常直流发电机的最大容量为 18kW；而要增大电源容量，低压直流电网重量相应增大；电能变换器重量大、效率低。因此，必须寻求新的飞机电源，以适应飞机发展的需要。

6.1.2　恒频交流电源

　　当前飞机的主交流电源系统一般是频率为 400Hz 的交流电，为了获得恒定频率的交流电，主要有如下两种方式。

1. 恒速恒频交流电源

飞机发动机通过恒速传动装置驱动飞机恒频交流发电机，从而保证发电机的转速恒定，产生恒频交流电向用电设备供电，如图 6-1-1 所示。

图 6-1-1　恒速恒频交流电源系统方框图

恒速恒频交流电源有很多优点：恒频交流电对飞机上的绝大部分负载都适用；由于电压频率恒定，用电设备和配电系统的重量比变频系统轻，配电也比较简单；恒频交流发电机可单台运行，也可多台并联运行，电气性能好，供电质量高。所以，115/200V、400Hz、三相恒速恒频交流电源系统在现代飞机上得到了广泛应用。

但恒速恒频交流电源也存在一些缺点，主要表现在：系统中的恒速传动装置结构复杂，造价高，故障率高，维护性差；交流发电机不便于作启动电机用，需另设启动电机，使电源系统重量增加，且交流电动机启动、调速性能差；控制保护设备复杂，交流发电机实现并联难度大等。随着电力电子技术和半导体技术的发展，20 世纪 50 年代中期，国外开始研究和发展变速恒频交流电源系统。

2. 变速恒频交流电源

在变速恒频交流电源系统中，交流发电机由飞机发动机直接驱动，发电机输出的变频交流电经过频率变换装置(变频器)变换成恒频交流电，如图 6-1-2 所示。

图 6-1-2　变速恒频交流电源系统方框图

恒速恒频交流电源系统与变速恒频交流电源系统比较起来，恒速传动装置的过负载和短路能力较强，体积小，重量轻，但维护复杂，故障多。变速恒频交流电源系统的优点是维护性好、寿命长、效率高、稳态电压与频率精度高等，但是允许的工作环境温度较低，承受过载和短路能力较差。

6.1.3　变频交流电源

变频交流电源系统是最早在飞机上使用的交流电源系统。变频交流电源系统中，交流发电机是由发动机通过减速器直接驱动的，因而输出的交流电频率随发动机转速的变化而变化。它主要用于采用涡轮螺旋桨发动机和涡轴发动机的飞机或直升机上，称为窄变频交流电源系统。新一代飞机空客 A380 和波音 B787 已使用 360～800Hz 宽变频交流电源。

变频交流电源系统具有结构简单、能量转换效率高、功率密度高等优点。变频交流电源系统由交流发电机和控制器构成，系统只有一次变换过程，交流发电机直接由发动机附件传动机匣驱动，没有恒速传动装置(恒速恒频交流电源系统采用)和二次变换装置(变速恒频交流电源系统采用)，易于构成启动发电系统。因此，单从电源系统本身来讲，而不考虑配电系统、用电设备和发动机启动等因素，在各种电源系统方案中，变频交流电源系统具有结构最简单、可靠性最高、效率最高、费用最低等优点，而且具有较小的重量和体积。但由于其输出频率取决于发动机输出转速，尤其是多数飞机采用涡轮喷气发动机或涡扇发动机，发动机转速变化范围大，因此这种变频交流电源系统称为宽变频交流电源系统，它具有频率变化大的缺点，其发展曾一度受到限制。

随着电力电子技术的发展及其在飞机上的应用，变频交流电源系统更易于构成变频交流启动发电系统，这在最新研制的大中型民用飞机上也得到了应用，如 B787 飞机、A380 飞机和 C919 飞机。

6.1.4　混合电源

飞机上装有两种主电源的电源系统称为混合电源，混合电源有老式和新式两种基本类型。

有些老式飞机由于用电量较大，仅装低压直流电源不能满足用电需求，只得再装交流电源，加装的变频交流发电机产生的交流电由于频率不恒定，只能用于加温和照明等对电源频率要求不高的设备。电气仪表和电子设备用的恒频交流电只能靠旋转变流机供给。这使飞机电源系统十分复杂，重量大，电能质量差。

新一代混合电源是由一台或数台发电机产生变频交流电，然后通过变频器将变频交流电转变为恒频交流电和低压直流电，在这里很难区别哪个变换器是二次电源变换器，因此把这种系统称为混合电源比较合适。新一代混合电源的特点是：发电机安装空间小、运动部件少、电能质量高、电子变换器频率高以及使用维护方便。

6.1.5　高压直流电源

高压直流电源的主电源由高压无刷直流发电机及其控制器构成，辅助电源为辅助动力装置驱动的高压无刷直流发电机，应急电源为高能蓄电池，二次电源为直流变换器和静止变流器。高压直流电源汇流条的额定电压为 270V，它比低压直流电源电压高近 10 倍，故电网重量显著减轻。高压直流发电机与低压直流发电机一样易于并联，易于向用电设备连续供电和实现不中断供电。

首先，高压直流发电机不能有电刷与换向器，必须无刷化，而无刷电机要能在飞机上广泛应用，必须进一步提高电子变换器的工作可靠性，减小体积重量和抑制电磁干扰。

其次，普通高压直流开关、继电器和接触器在高空大气稀薄条件下均不能工作，必须发展无触点开关，常称固态功率控制器。或者发展混合式接触器，它是有触点电器与无触点电器(固态电器)的组合，接通时先接通无触点电器，后接通有触点电器。有触点电器接通后，由于接触电阻小，负载电流大都经触点流通。断开时先断开有触点电器，再断开固态电器，这样才不会在触点处拉出电弧。

最后，应对用电设备实施改造。对于有机内电源的仪表和电子设备，应将它们的机内电源改造，以适合使用 270V 直流电。对于没有机内电源的设备，必须改造成适合于 270V 供电的模式，或加装专门的变换器。

随着新材料、新器件和新技术的发展，美国在 F-22、F-35 战斗机上成功使用了高压直流电源，我国的新一代战斗机也采用了高压直流电源技术。

6.2　航空蓄电池

蓄电池是一种化学电源，是化学能与电能相互转换的装置，放电时，它把化学能转化为电能并向用电设备供电；充电时，又把电能转化为化学能储存起来。航空蓄电池按电解质的性质不同，可分为酸性蓄电池和碱性蓄电池两类。酸性蓄电池有铅蓄电池，碱性蓄电池有银锌蓄电池和镉镍蓄电池。

航空蓄电池按用途分为飞机蓄电池和地面蓄电池两种。飞机蓄电池是飞机电源系统的应急电源或辅助电源，其功用是：当飞机主电源不能供电时，向维持飞行所必需的用电设备供电；在紧急情况下，作为飞机发动机的启动电源。地面蓄电池主要用来作为地面检查用电设备和启动发动机的电源。

本节主要研究航空蓄电池的结构、组成、基本工作原理、充放电特性、故障原因以及使用注意事项。

6.2.1　铅蓄电池

铅蓄电池具有电动势高、内电阻小、能适应高放电率(放电率即单位时间内放出的电量)放电以及成本低等优点，因而被广泛应用。它的缺点是机械强度差、自放电大、寿命较短，而且使用维护不方便等。

1. 组成与结构

铅蓄电池由多个单体电池串联而成。以某型为例，它由 12 个单体电池串联，每个单体电池主要由容器、正极板、负极板、隔板和电解液组成。正极板上的活性物质是二氧化铅（PbO₂，棕红色），负极板上的活性物质是铅（Pb，银灰色），电解液是硫酸（H₂SO₄）加蒸馏水（H₂O）配制而成的稀硫酸，如图 6-2-1 所示。

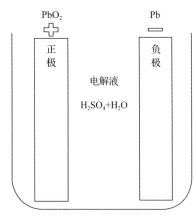

正、负极板交错重叠地安装在一起，极板的活性物质涂抹在铅锑合金栅架上。栅架用来增加极板的强度并改善导电性。极板片多而薄，活性物质疏松而多孔，增大了极板与电解液的接触面积，使更多的活性物质能参加化学反应，以提高最大的允许放电电流和容量。

图 6-2-1　单体铅蓄电池结构示意图

多孔性的隔板夹在正、负极板之间，防止正、负极板相碰短路，并使离子可以通过。

极板顶部装有网状保护胶片，上部还有护水盖。前者用来防止碰坏极板，后者既便于检查电解液的高度，又可防止电解液溅出。

充足电时，电解液密度约为 $(1.26 \pm 0.005)\,\mathrm{g/cm^3}$，液面高于网状胶片 6～8mm。

容器由耐酸橡胶制成，容器上方有专门的工作螺塞，在正常工作位置，它可以排出电池内的气体；而在飞机机动飞行时，使电解液不致溅出。

2. 工作原理

1）电动势的产生

当金属电极与电解液接触时，两者之间要发生电荷的定向移动，使金属电极和电解液分别带有等量而异性的电荷，形成电位差，该电位差称为电极电位。

众所周知，电解质的分子在水中能电离成正、负离子，并在溶液中做不规则的运动。正、负离子分别带有等量异种电荷，整个电解液呈中性。

当金属电极与电解液接触时发生化学反应，两者之间要发生电荷的定向移动，使金属电极、金属氧化物和电解液表面分别带有等量的异性电荷。以负极为例，如图 6-2-2 所示，电极上正、负电荷的吸引，形成双电层，一方面阻止金属离子溶解，另一方面使溶液中的正离子吸附到电极上。当正离子的失去、聚集达到一种平衡时，双电层处于一种平衡状态，双电层上有一定的电位差，其大小取决于电极物质的种类。双电层以外的溶液电位视为 0V，开路时，铅蓄电池的负极电位 φ_- 为 $-0.13\mathrm{V}$，正极电位 φ_+ 为 2V，故单体电池的电动势 $E = \varphi_+ - \varphi_- = 2.13\mathrm{V}$。

2）铅蓄电池的充放电原理

放电时，在电动势作用下，电路中有电流。在外电路中，电子从负极流向正极；在电解液中，正离子流向正极，负离子流向负极，形成离子电流。在正、负

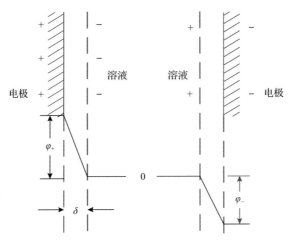

图 6-2-2　单体铅蓄电池双电层及电极电位

极由于正、负电荷的定向移动，双电层强度降低，内电场减弱，正、负极物质溶解，使双电层和电势处于一种动态平衡，从而使放电过程持续进行。

负极铅的正离子(Pb^{2+})溶解于电解液，电子留在极板上，形成双电层，因电子带负电，故电极带负电，负极的反应为

$$Pb \longrightarrow Pb^{2+} + 2e^-$$

正极的二氧化铅溶于电解液，与硫酸作用，生成高价硫酸铅，而后高价硫酸铅电离成高价铅正离子(Pb^{4+})和硫酸根负离子(SO_4^{2-})，且电解液中高价铅正离子沉积到正极板上，硫酸根负离子留在电解液中，形成双电层，故电极带正电。正极的反应为

$$PbO_2 + 2H_2SO_4 \longrightarrow Pb(SO_4)_2 + 2H_2O$$
$$Pb(SO_4)_2 \longrightarrow Pb^{4+} + 2SO_4^{2-}$$

整个放电过程，正、负极同时发生如下化学反应：

$$Pb + 2H_2SO_4 + PbO_2 \longrightarrow 2PbSO_4 + 2H_2O \qquad (6\text{-}2\text{-}1)$$

放电过程的特点是：正极板的二氧化铅和负极板的铅逐渐变成硫酸铅，电解液中的硫酸不断被消耗，水却不断增多，因此电解液的密度逐渐减小，电动势逐渐降低。

蓄电池放电后，将充电机接在蓄电池的正、负极上，即可进行充电。充电机也是一种直流电源(如直流发电机或整流电源)，其端电压略高于蓄电池的电动势。

充电时的化学反应如下：

$$2PbSO_4 + 2H_2O \longrightarrow Pb + 2H_2SO_4 + PbO_2 \qquad (6\text{-}2\text{-}2)$$

充电过程的特点是：正、负极板上的硫酸铅逐步生成二氧化铅和铅，电解液中的水不断减少，硫酸则不断增加，因此电解液密度逐渐增大，电动势逐渐升高。

3. 放电特性

放电特性是指放电过程中，蓄电池的电动势、内电阻、端电压和容量的变化规律。

1）电动势

铅蓄电池电动势主要取决于电解液的密度，而与极板上活性物质的多少无关。当电解液的温度为 15℃，密度在 1.05～1.30g/cm³ 范围内变化时，单体电池的电动势可由经验公式(6-2-3)确定，它与电解液的密度呈线性关系。

$$E = 0.84 + d \qquad (6\text{-}2\text{-}3)$$

式中，d 为电解液的密度。

2）内电阻

蓄电池的内电阻由极板电阻、电解液电阻及极板与电解液之间的接触电阻组成。极板电阻很小，放电过程中，随着导电性能很差的硫酸铅的产生，极板电阻逐渐增大，特别是极板出现硬化故障时，极板电阻更大。接触电阻取决于接触面积的大小。极板片数多、面积大、孔隙多，与电解液的接触面积越大，接触电阻越小。放电过程中，极板表面逐渐被硫酸铅覆盖，接触面积减小，接触电阻增大。电解液电阻随正、负极板间的距离减小而减小。当距离一定时，电解液的电阻与其温度和密度有关。密度一定，温度升高，电阻减小；温度一定，密度为 1.24g/cm³ 时，电阻最小。放电过程中，电解液的密度总是降低的，其电阻势必增大。

总之，铅蓄电池在放电过程中，内电阻逐渐增大，充电时则相反。航空用铅蓄电池内电阻为千分之几欧至百分之几欧。

3）放电电压特性

放电电压特性是指蓄电池以一定的电流放电时，端电压随时间的变化规律。放电时，蓄电池的端电压 U 等于电动势 E 与内压降 I_r 之差：

$$U = E - I_r$$

(1) 放电电压的变化规律。

放电时，蓄电池电解液密度下降，使得电动势降低，内电阻增大，端电压减小。单体电池在电解液温度为 20℃时，以额定电流(2.8A)放电，其电压变化规律如图 6-2-3 中曲线 U 所示，曲线 E 表示电动势变化规律。

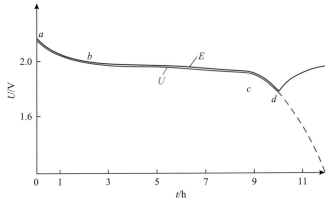

图 6-2-3　单体铅蓄电池的放电电压特性

图 6-2-3 中，在放电初期和后期，端电压下降较快，而在中期下降缓慢。端电压的这种"两头快、中间慢"的变化规律，主要是由电动势的变化引起的。而蓄电池的化学反应实际上在极板的孔隙内进行，因此电动势的大小取决于孔隙内的电解液密度。

电压下降到一定值后，如果继续放电，电压将迅速降到零，如图中的虚线所示。该点电压称为放电终了电压。蓄电池放电到终了电压时，如果继续放电，则称为过量放电。过量放电会使蓄电池寿命显著缩短，故严禁过量放电。如果放电到终了电压就停止放电，由于硫酸的扩散仍然继续，极板孔隙内的电解液密度缓慢上升，直到孔隙内、外密度相等时为止。这时，电动势也缓慢上升，如虚线上面的实线所示。

(2) 放电电压的影响因素。

放电电流、电解液温度和放电方式影响蓄电池放电电压的变化。

放电电流不同时，蓄电池的放电特性不同。放电电流越大，放电电压下降越快，到达终了电压的时间越短。不过，大电流放电时，可以允许放电终了电压低些，因为大电流放电到终了电压时，蓄电池还有不少活性物质可以参加化学反应。

放电电流相同，不同温度放电时，放电电压特性如图 6-2-4 所示。温度越低，电压下降越快，放电时间越短。所以，在严寒条件下，对蓄电池应采取保温措施，当气温低于–15℃时，应将蓄电池从飞机上取下送入室内保管。

放电方式有连续放电和间断放电。放电电流相同，间断放电比连续放电的电压下降得慢，放电到终了电压的时间长。

总之，铅蓄电池在低温、大电流、连续放电时，电压下降得快，放电时间短。

4) 容量

蓄电池从充足电状态放电到终了电压时，输出的总电量称为容量，用公式 $Q=It$ 表征，单位为安时(A·h)。蓄电池的容量由参加化学反应的活性物质的多少决定。

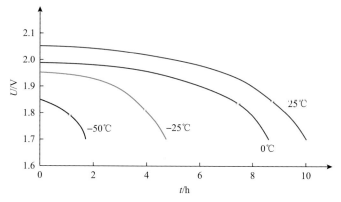

图 6-2-4　温度不同时的放电电压特性曲线

为了提高蓄电池的容量，在制造方面：①增加活性物质的数量；②增大极板与电解液的接触面积，以增加参与化学反应的活性物质的数量。在使用维护方面：①避免在低温、大电流和连续放电的情况下使用，使电池到达终了电压的时间显著缩短而引起容量减小；③避免电池出现极板硬化、活性物质脱落以及自放电严重等现象而使参加化学反应的活性物质减少，容量下降。

蓄电池的额定容量是厂家标定的标准容量。实际容量是指蓄电池在标准放电条件下(电解液温度为 20℃、额定电流为 2.8A)连续放电到终了电压时所放出的电量。

4. 充电特性

蓄电池的充电电压 U 等于电动势 E 和内压降 I_r 之和。单体电池在 20℃，以恒定电流充电时的电压特性如图 6-2-5 所示。充电特性和放电特性相似，具有明显的阶段性，同样取决于孔隙内电解液密度的变化。充电后期(cd 段)，输入的电能

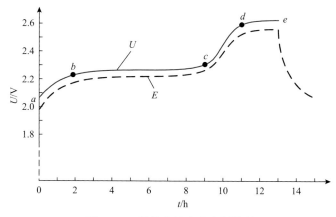

图 6-2-5　单体电池充电电压特性

逐步用来电解水，正极产生氧气，负极产生氢气。当氢、氧气体附在极板上时，产生气体电极电位，形成附加电势，其方向与外加电压方向相反。因此，充电后期电压又迅速上升。此后，当电流全部用于电解水时，电动势和电压不再升高，充电过程结束。充电完毕，断开充电电路，一方面由于附加电势消失，另一方面由于硫酸的继续扩散，电动势逐渐下降，最后趋于稳定。

充电终了特征是：充电电压持续两小时不再上升；电解液密度达到规定值不再增加；电解液大量而连续地冒气泡，类似沸腾。蓄电池的充电方法按充电电流或电压数值的不同，可分为等流充电、等压充电和分段充电三种，其中以分段充电较为合理。

5. 主要故障

铅蓄电池的主要故障有自放电、极板硬化和活性物质脱落。

自放电是指蓄电池放置不用时，其容量和电压自动下降的现象。引起自放电的主要原因：①极板上或电解液中存在杂质；②蓄电池表面有灰尘、水分和电解液存在，使正、负极之间形成导电通路而造成自放电。

极板硬化(硫化)是指蓄电池在一定条件下放电时，覆盖在极板表面的小颗粒硫酸铅晶体变成充电时难以还原的大颗粒硫酸铅晶体的现象。极板的硬化过程实际上是硫酸铅的再结晶过程，该过程产生的主要原因：①温度剧烈变化，放电后不及时充电或充电不足；②极板外露、氧化；③自放电。

活性物质脱落是指蓄电池在高温条件下，以大电流充放电或受到猛烈的撞击、振动时引起极板上活性物质脱落的现象。活性物质脱落使蓄电池的容量减小，如果活性物质脱落太多，沉积到外壳的底部，还可能造成蓄电池正、负极板的短路。

6. 使用注意事项

蓄电池在使用过程中需要对放电程度进行检查。蓄电池的放电程度是指已放出的电量占额定容量的百分比，放电程度越大，表示已放出的电量越多，剩余的容量越少。为了判定蓄电池的放电程度，最简便的方法是：在给蓄电池加双倍额定负载的条件下，测量其放电电压。例如，某型飞机蓄电池加5.6A负载时，若电压低于24V，则说明其放电程度已超过25%，应将其从飞机上取下送充电站充电。

6.2.2　银锌蓄电池

银锌蓄电池是一种碱性蓄电池，其优点是体积小、重量轻、容量大。例如，某型银锌蓄电池的重量只有某型铅蓄电池的60%，而容量则为它的1.7倍；其次，银锌蓄电池还有放电电压平稳和自放电小等优点，银锌蓄电池在室温下保存一个月，容量损失不超过 10%，而铅蓄电池则为 30% 以上。其缺点是寿命短，容易产生内部短路故障，而且造价很高，如某型银锌蓄电池，仅白银就要用 4kg 之多。

1. 组成与结构

银锌蓄电池也由多个单体电池串联而成，如某型银锌蓄电池，它由单体电池（15 个）、外匣以及加温保温装置三部分组成。

单体电池由极板组、隔膜、壳体、气塞和电解液组成。极板的骨架用银丝编织或银板加工而成。蓄电池充好电后，其正极板的活性物质是过氧化银（Ag_2O_2），负极板的活性物质是锌（Zn）；放完电后，正极板的活性物质变为银（Ag），负极板则变为氢氧化锌（$Zn(OH)_2$）。隔膜普遍使用的是水化纤维素膜，它的抗腐蚀性能差，这是导致银锌蓄电池寿命不长的主要原因。电解液一般采用锌酸盐饱和的氢氧化钾（KOH）水溶液，密度为 1.45～1.47g/cm³。在放电状态下负极板上生成的氢氧化锌或氧化锌很难再溶解于电解液中，从而避免了容量的减小。壳体通常用有一定透明度的塑料制成，它的一侧有两根红色标线，充足电时，电解液液面不得超过上标线，放电时不得低于下标线。壳体的注液口上装有气塞，气塞为一单向活门，中间有排气孔，出口处被橡皮套封住。当电池在充放电过程中产生气体使内部的气压大于外界 0.3～0.8 个大气压时，顶开橡皮套放气，但外界空气不能进入，防止电解液中的氢氧化钾与空气中的二氧化碳化合，生成有害的碳酸盐，碳酸盐溶解在电解液中会使内电阻增加，且随着时间的增长，氢氧化钾逐步减少，电池容量将显著下降。

银锌蓄电池在低温下工作时，其电压和容量都显著下降。因此，为了保持机上蓄电池的性能而装配加温和保温装置。

2. 工作原理

放电时，在正、负极板与电解液的界面上发生如下化学反应。

负极化学反应式：

$$Zn + 2OH^- \longrightarrow Zn(OH)_2 + 2e^- \tag{6-2-4}$$

正极化学反应分两阶段进行：

$$Ag_2O_2 + H_2O + 2e^- \longrightarrow Ag_2O + 2OH^- \tag{6-2-5}$$

$$Ag_2O + H_2O + 2e^- \longrightarrow 2Ag + 2OH^- \tag{6-2-6}$$

与此同时，生成的银还会与过氧化银进行如下反应：

$$2Ag + Ag_2O_2 \longrightarrow 2Ag_2O \qquad\qquad (6\text{-}2\text{-}7)$$

式(6-2-7)的反应，并不能放出电能，但生成氧化银后，即按反应式(6-2-6)参与放电。

综合式(6-2-4)～式(6-2-6)，并考虑到它们是可逆反应，就得到充放电时的反应式如下：

$$2Zn + Ag_2O_2 + 2H_2O \underset{\text{充电}}{\overset{\text{放电}}{\rightleftharpoons}} 2Zn(OH)_2 + 2Ag \qquad\qquad (6\text{-}2\text{-}8)$$

从化学反应式可以看出，电解液中的氢氧化钾并无消耗，正离子(K^+)和负离子(OH^-)仅是在两极间起传输电能的作用，但水则参与化学反应，不断被极板吸收。

3. 主要故障

银锌蓄电池的主要故障是内部短路，这也是导致蓄电池寿命短的主要原因。单体电池短路时的现象：①充电电压很低；②短路时电动势迅速降低，温度则迅速升高以致极柱上的焊锡熔化，连接条烧红，塑料外壳变形，冒电解液且散发出难闻的气味。造成内部短路的直接原因有：①极板上端出现海绵状锌而短路；②锌酸盐在负极沉积生成锌板，穿透隔膜，延伸到正极而短路；③氧化银溶解后，在隔膜上沉积时，使隔膜强烈氧化，同时氧化银生成金属银微粒，使隔膜失去绝缘而短路。前两种短路主要是由过量充放电所致。首先，过量充放电时，正、负极分别产生氢气或氧气，再加上温度高，气体膨胀而形成"胀肚子"，并不断上移逸出，于是海绵状锌被挤压到极板上端而短路；其次，过量充电时，电解液中的锌酸根离子会在负极板上逐步沉积，生成树枝状的锌枝。

4. 使用注意事项

使用银锌蓄电池应注意如下事项：

(1)使用前应检查电动势，单体电池应为1.84～1.86V。在飞机上可接通100A负载检查其电压，不应低于21V。

(2)严防过量充放电。单体电池充电终了电压为2.00～2.05V，放电终了电压为1.3～1.0V。

(3)银锌蓄电池严禁与铅蓄电池或酸性物质放在一起。运输、移动时，应注意轻放，防止冲击振动。不得倒置，严禁日晒雨淋。

6.2.3　镉镍蓄电池

镉镍蓄电池是一种碱性蓄电池，也具有能适应大电流放电和自放电小等优点。此外，镉镍蓄电池最突出的优点是寿命长，烧结式镉镍蓄电池充放电循环为300～

2000 次，使用年限 3～10 年，充电后放置半年，仍可输出 70% 以上的容量；其次，它还有低温性能好、结构牢固以及使用维护简单等优点。镉镍蓄电池的主要缺点是原材料来源少、造价很高，不过这一缺点已由寿命长所弥补。

1. 组成与结构

镉镍单体电池负极板上的活性物质以镉粉（Cd）为主，约占 85%，另外加入约 15% 的铁粉，使镉粉处于分散状态，防止镉粉结块导致容量减小。负极上的铁粉也参与化学反应，放电时转变为氢氧化亚铁，充电时还原为铁。正极板上的活性物质是氢氧化镍（$Ni(OH)_3$），它的导电性较差，为了改善其导电性，加有石墨，但石墨不参与化学反应。电解液是氢氧化钾（KOH）或氢氧化钠（NaOH）的水溶液。

镉镍蓄电池在不同的环境温度下使用时，电解液的成分有所不同。电解液有氢氧化钾的水溶液和氢氧化钠的水溶液两种，有的还加有少量的氢氧化锂。

2. 工作原理

放电时，正、负极板上的活性物质分别同电解液中的钾离子和氢氧根离子起化学反应。在负极，镉失去两个电子，并同氢氧根离子化合，生成氢氧化镉，其反应式为

$$Cd + 2OH^- \longrightarrow Cd(OH)_2 + 2e^- \tag{6-2-9}$$

在正极，氢氧化镍获得电子，并与钾离子起化学反应，生成氢氧化亚镍（$Ni(OH)_2$）和氢氧化钾，其反应式为

$$2Ni(OH)_3 + 2K^+ + 2e^- \longrightarrow 2Ni(OH)_2 + 2KOH \tag{6-2-10}$$

将上两个反应式综合，并考虑到它们是可逆反应，就得到充放电反应式：

$$2Ni(OH)_3 + 2KOH + Cd \underset{放电}{\overset{充电}{\rightleftharpoons}} 2Ni(OH)_2 + 2KOH + Cd(OH)_2 \tag{6-2-11}$$

3. 特性

1）电动势

镉镍单体电池的电动势一般稳定在 1.34～1.36V，基本不受电解液密度和温度的影响。由于在充放电过程中，电解液的密度基本不变，而且极板孔隙的孔径较大，对电解液的扩散影响很小。

2）内电阻

放电时，极板上分别生成导电性很差的氢氧化镉和氢氧化亚镍，一方面使极板内电阻增大，另一方面又使极板与电解液接触的有效面积减小，接触电阻增大。

因此，镉镍蓄电池的内电阻随放电程度的增大而增大，充电时则相反。

电解液电阻则与充放电程度无关。它除了随温度的升高而减小，还受密度的影响。当温度为 15℃、密度在 $1.23 \sim 1.26 g/cm^3$ 时，电解液的电阻值最小。因此，电解液的密度一般都选择在这个范围附近。

3）电压

(1) 放电电压的变化规律。

单体电池的放电电压随时间的变化情形如图 6-2-6 所示。刚充足电的镉镍蓄电池，在正极板上除了有三价氢氧化镍 ($Ni(OH)_3$)，还有少量的高价氢氧化镍 ($Ni(OH)_4$)，它能使正极的电极电位升高 0.12V 左右；在负极板上，除了镉，还有铁，它会使负极的电极电位降低。因此，刚充足电的单体电池的开路电压可达 1.48V，相当于图中的 a 点。放电初期，少量的高价氢氧化镍很快就被消耗掉，铁也逐渐生成氢氧化亚铁，因此电压迅速下降到 1.3V 左右，如图中 ab 段所示。高价氢氧化镍是一种极不稳定的化合物，倘若蓄电池充电后没有立即放电，它也要分解，转变成氢氧化镍，正极电位降低，使电压自动下降到图中的 a' 点。再进行放电时，电压沿 $a'b$ 曲线下降，b 点以后，由于正极板生成的物质不会像铅蓄电池那样堵塞孔隙而影响电解液的扩散，所以 bc 段的电动势基本不变，电压仅随内电阻的缓缓增加即内压降的缓缓增大而稍有下降。c 点以后，正、负极板生成的氢氧化亚镍和氢氧化镉几乎把极板全部覆盖，剩下的活性物质越来越少，电压将迅速下降。单体蓄电池以 10h 放电率放电时，终了电压一般选择在 1.1V，相当于图中的 d 点。

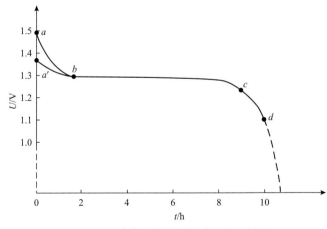

图 6-2-6　单体镉镍电池的放电电压特性

(2) 放电电流对放电电压的影响。

和其他蓄电池一样，镉镍蓄电池的放电电压也随放电电流的增大而降低，如图 6-2-7 所示。

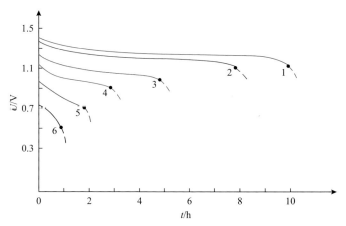

图 6-2-7 放电电流对放电电压的影响(数字代表 6 种不同的放电电流)

由图 6-2-7 可见,大电流放电时,单体电池的终了电压可以低一些。例如,镉镍蓄电池的额定放电电流规定为 8h 放电率放电,终了电压为 1.1V(图中线 1);若用 1h 放电率电流放电,则终了电压为 0.5V(图中线 6)。

4. 主要故障

1)内部短路故障

该故障主要出现在镉镍蓄电池的寿命后期,常见原因:①隔膜在长期使用中,因强度降低而损坏,造成短路;②镉电极的小颗粒结晶在长期的充放电循环中逐渐变大,最后形成镉枝,穿透隔膜造成短路。

2)自放电故障

该故障造成的容量损失较小,自放电先快后慢且经 60 天以后自放电就基本停止。因此,镉镍蓄电池充电后,可以长时间存放。故障原因:①正极板上的高价氢氧化镍自行转化为氢氧化镍;②负极板上的铁与电解液作用后,转化为氢氧化亚铁。

6.3 二 次 电 源

飞机发电机、地面电源、航空蓄电池和辅助动力装置作为飞机的一次电源,但是飞机上的用电设备种类很多,交流电源系统的飞机可能需要用到低压直流电,直流电源系统的飞机也可能用到高压交流电。此外,不同用电设备对电源的电压和频率也都有不同的要求。因此,不是所有的飞机用电设备都能够直接采用飞机一次电源的电能。要解决这一问题,就需要用到飞机二次电源。飞机上的二次电源种类较多,主要功能有直变交、直变直、交变直、交变交等。

6.3.1　旋转变流机

旋转变流机实际上是将直流电变换成交流电的电动机-发电机组，在低压直流系统中作为二次电源，为交流设备供电，分为单相旋转变流机和三相旋转变流机两大类。

单相旋转变流机可将飞机上的低压直流电转变为 115/200V、400Hz 的交流电，通常由一个并励或复励的直流电动机和一个旋转电枢式的单相交流发电机组成。当变流机通直流电时，直流电动机开始旋转，带动交流发电机的电枢旋转，产生 115/200V、400Hz 的交流电，通过滑环和电刷向外输出。

三相旋转变流机和单相旋转变流机的原理类似，通常由一个直流复励式的电动机和一个具有永磁转子的三相交流发电机组成。直流电动机带动三相交流发电机旋转输出三相交流电。

旋转变流机工作效率较低，为 47%～51%，并且变流机体积大、质量大、噪声高、质量功率比大、可靠性差，随着电力电子技术的发展，目前正在逐步被静止变流器所取代。

6.3.2　静止变流器

静止变流器是将飞机上的直流电转变为相应电压及频率交流电的静止电能变换设备，其主要作用是在主电源为直流电源的系统中，作为二次电源为仪表和无线电等设备提供一定电压和频率的交流电。在主电源是交流电的系统中，与飞机蓄电池配合作为应急交流电源，维持飞行必需的交流用电设备的运行。

静止变流器通常由输入滤波器、逆变器、输出滤波器、稳压电源、振荡器、激励电路和控制电路等组成，如图 6-3-1 所示。

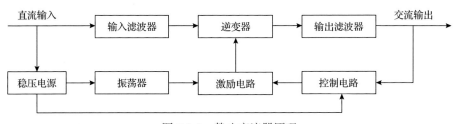

图 6-3-1　静止变流器原理

1. 输入滤波器

输入滤波器连接在输入直流电源和逆变器之间，主要作用是消除逆变器产生的电压波纹对直流电源的影响。

2. 逆变器

逆变器是静止变流器的核心部件，通过它将直流电进行斩波或调制，输出一定波形的交流电。逆变器的种类很多，按照输出波形可以分为矩形波逆变器、脉宽调制逆变器、正弦波脉宽调制逆变器、阶梯波合成逆变器等。

3. 输出滤波器

输出滤波器的作用是消除逆变器输出中的高次谐波电压，以获得理想的正弦波，满足用电设备对电能质量的要求。

4. 稳压电源

稳压电源为振荡器和控制电路提供稳定的直流电压，以便提高系统工作的精确度和可靠性。

5. 激励电路

激励电路将振荡器输出的交流电压脉冲信号经过整形放大变成逆变器功率开关器件的控制信号，控制逆变器的正常工作。

6. 控制电路

控制电路根据输出的电压特性，调整功率开关器件的控制信号，以便在输出电压变化或负载变化时保持输出电压不变。

6.3.3 变压整流器

在现代大中型飞机上，大都以恒频交流电源作为主电源，但是各种控制保护装置、继电器、一些电子设备仍然需要直流电，此外航空蓄电池需要直流电为它充电。通常情况下，采用变压整流器作为交流变直流的二次电源，常见的变压整流器有普通变压整流器、自耦式变压整流器、电子变压整流器等，下面介绍常用的普通变压整流器。

普通变压整流器一般由输入滤波器、变压器、二极管整流电路和输出滤波器等组成，如图 6-3-2 所示。有些普通变压整流器还有冷却风扇和过热保护装置等。

输入滤波器通常为 L 形或 π 形 LC 滤波器，其作用是减小变压器工作时对交流电源的影响。

变压器的作用是将 115/200V、400Hz 交流电变换成低压交流电，其重量占到了整个变压整流器重量的一半。为了降低重量，铁心通常采用高饱和磁感应和低损耗的铁磁材料。

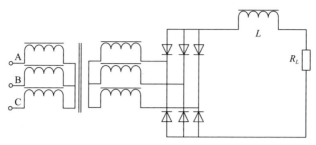

图 6-3-2　普通变压整流器构成

　　二极管整流电路的主要作用是将低压交流电整流成 28V 低压直流电，根据变压器和整流器的线路连接方式，整流电路可以分为三相半波整流、三相全波整流和六相全波整流等类型。

　　输出滤波器的作用是对输出的脉动直流电进行滤波，以减小脉动，获得理想的直流电。

6.3.4　高压直流二次电源变换器

　　飞机高压直流电源系统是一个多变换器构成的分布式电源系统，现代高性能飞机的电能往往要经过一次甚至多次的变换，才能满足用电设备对电能类型和质量的要求。高压直流电源系统上通常需要包括 270/28V 直流变换器和 270/115V 直流-交流（DC-AC）变换器，由于 6.3.2 节已介绍静止变流器，下面仅介绍直流变换器。

　　直流变换器的基本控制框图如图 6-3-3 所示，由直流-直流（DC-DC）变换主电路和控制电路组成。采用电压电流双闭环控制方式，可实现总体性能的准确性、稳定性和快速性。当输入电压或者负载发生变化，或系统受到其他因素干扰使输出电压发生波动时，通过负反馈回路可以调节 DC-DC 变换器中开关在一个周期内的导通时间，达到稳定输出电压的目的。

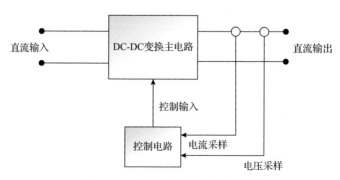

图 6-3-3　直流变换器基本控制框图

6.4 飞机直流电源系统

根据当前航空装备发展的现状和趋势，现代飞机直流电源主要包括航空蓄电池、低压直流电源系统和高压直流电源系统等，这里主要讨论直流电源系统的结构、组成和工作原理。

6.4.1 低压直流电源系统

低压直流电源是飞机的主电源类型之一，已在现役飞机上广泛使用。低压直流电源易实现多台发电机并联供电，可靠性高；直流发电机可一机两用，启动调速性好；供电安全，维护性好。但飞机高空高速和自动化程度的提高、用电设备的增多、电源容量要求大幅度增加等导致低压直流难以适应飞机的发展要求。本节主要研究低压直流电源系统的结构、组成、工作原理，重点讨论直流发电机的并联运行、负载的均衡分配以及直流电源系统的常见故障与保护措施。

1. 直流发电机电压的自动调节

飞机上为了得到稳定的电压，需要对电压进行自动调节。直流发电机端电压表达式为

$$U = C_e n\phi_f - I_a R_a \tag{6-4-1}$$

式中，C_e 为发电机电动势常数；n 为发电机转子转速；ϕ_f 为发电机每极总磁通；I_a 为电枢电流；R_a 为发电机电枢回路等效总电阻。

航空发动机的转速随其工作状态的不同而发生变化，一般转速变化范围($n_{最高}$：$n_{最低}\approx2$)很大，因此由它传动的发电机转速的变化范围也很大。若希望在最低转速额定负载下获得额定数值(如 28.5V)的电压，则在最高转速空载条件下，如不加以调节，发电机端电压将可能达到或超过 100V，这是用电设备所不允许的。

为了使发电机输出电压不因发电机转速和负载的不同而改变，必须设有调压器来自动地调节电压。调压器用来在发动机转速和发电机负载电流变化的情况下，自动地调节发电机的电压，使之保持在(27.5±1)V 的范围内，以保证飞机上用电设备正常工作。调压器检测发电机的输出电压，并靠改变发电机励磁电流来保持发电机输出电压不变。

调压器调节发电机电压的基本方法，就是在发电机的励磁电路中串联一个可变电阻，当发动机转速和发电机负载电流变化时，通过改变可变电阻值来改变励磁电流的大小，从而相应地改变励磁磁通，以抵消转速和负载电流变化对发电机电压的影响，达到保持发电机电压不变的目的。调压器检测线所接的发电机馈电

线上的点称为调节点。实际上，调节器不是使发电机端电压不变，而是使调节点电压不变。

1）振动式调压器

振动式调压器主要由电磁铁、衔铁、弹簧片、触点以及附加电阻组成，如图 6-4-1 所示。触点与附加电阻并联后再串联在励磁绕组内。活动触点固定在带衔铁的弹簧片上，平时靠弹簧片的弹力与固定触点接通。电磁铁的线圈并联在发电机的"+"、"-"两端，以感受发电机电压的变化，控制触点的振动，进而改变发电机励磁电路的电流，相应地改变励磁磁通，来调节发电机电压。当发电机输出电压增大时，电磁铁线圈中的电流增加，产生的电磁吸力也增加，当电磁吸力大于弹簧片的弹力时，衔铁被电磁铁吸下来，触点断开，附加电阻被串联到发电机的励磁线圈中，使得发电机励磁线圈的总电阻增加,励磁电流减小,根据式(6-4-1)发电机的端电压降低。当发电机的输出电压降低时，电磁铁工作线圈的电流减小，电磁吸力减小而小于弹簧片的弹力时，触点闭合，附加电阻被短路，发电机励磁线圈中的电阻减小，励磁电流增加，根据式(6-4-1)发电机的端电压升高。这样就完成了发电机输出电压的自动调节。

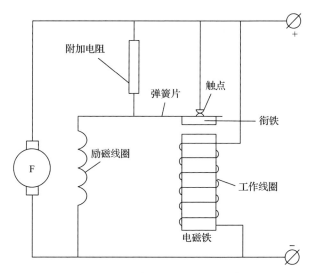

图 6-4-1　振动式调压器原理电路

2）炭片调压器的工作原理

炭片调压器由炭柱、电磁铁和衔铁弹簧组合件等组成，原理电路如图 6-4-2 所示。

炭柱由几十片炭片叠成，一端与衔铁弹簧组合件上的炭质接点接触，另一端由调整螺钉定位，调整螺钉上固联着另一个炭质接触点，弹簧将炭柱紧压在两个炭质接触点之间。炭柱电阻 r_c 主要是炭片间的接触电阻。炭柱上压力不同，炭柱

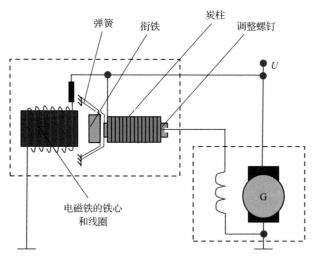

图 6-4-2 炭片调压器的原理电路

变形程度不同，电阻值也不相同。压力大炭柱电阻小，压力小炭柱电阻大。在工作范围内，炭柱变形主要是弹性变形，但弹性变形具有滞后作用。当炭柱上的压力增加时，炭柱被压缩，炭柱电阻由 $90\sim100\Omega$ 均匀地减小到 0.3Ω 左右。炭柱工作时的消耗功率应小于其允许功率，以免炭柱过热损坏。

盘式电磁铁的衔铁与反作用弹簧固定在一起，电磁铁的工作线圈接在调节点和地之间，感受发电机的电压，产生电磁吸力 F_e。弹簧反力和炭柱反力均由机械变形产生，都具有反力的性质，故可归并成机械反力，用 F_m 表示。调压器调整好以后，弹簧反力特性与炭柱反力特性均已确定下来，机械反力特性也就唯一地确定了。

因为电磁吸力 F_e 和机械反力 F_m 都作用在衔铁上，如果 $F_e>F_m$，那么衔铁向铁心运动，炭柱放松，炭柱电阻加大，反之则减小。如果 $F_e=F_m$，那么衔铁应停在某一平衡位置，该平衡位置对应着发电机的一个状态，发电机电压便维持在一个确定的数值上。例如，发电机的负载减小，由于调压器的衔铁存在惯性，不能立刻移动，在负载电流减小的瞬间，电压便升高到某一个较高的数值，使电磁吸力增大，破坏了衔铁的平衡，使其向铁心方向运动，炭柱放松，电阻增大，发电机励磁电流减小，电压降低，力图使电压回到原来的数值，直到重新获得 $F_e=F_m$ 的条件，衔铁不再运动时，衔铁便停在新的平衡位置上，这个位置，正好对应着改变后的发电机工作状态。如果发电机的负载电流增大，衔铁将有一个距铁心较远的平衡位置，炭柱电阻也就有一个与该状态相适应的较小数值。由此可见，$F_e=F_m$ 就是衔铁的平衡条件。发电机工作状态改变后，平衡条件被破坏，经过调压器短暂的自动调节过程，衔铁进入新的位置，此时仍然满足 $F_e=F_m$ 的平衡条件，并使发电机电压维持在额定值附近。

　　如果加在调压器工作线圈两端的电压为零，线圈中没有电流，电磁吸力接近于零，这时弹簧将炭柱压得最紧，炭柱电阻最小，这种情况正好便于发电机自激。

　　炭片调压器的误差主要由以下原因产生：调压器特性配合关系不合理，工作温度改变，电磁铁的磁滞和运动部分的摩擦，炭柱、弹簧的机械滞后等，此外弹簧材料的弹性失效也会对调节电压产生影响，其中前两种因素引起的误差较大。

　　2. 单台发电机电源系统

　　1) 飞机直流发电机

　　飞机直流发电机的标称电压为 30V，额定电流有 100A、200A、300A、400A、500A 和 600A 多种，相应的额定容量为 3kW、6kW、9kW、12kW 和 18kW。6kW 及其以上者，有直流发电机和直流启动发电机两种类型。

　　飞机直流发电机分为无刷和有刷两类。有刷电机在很多老式飞机上仍在应用，但电机换向存在电刷磨损和电刷火花等问题，制约了电机功率的增大。不用电刷和换向器的直流发电机称为无刷电机，它简化了电机的机械机构，提高了电机的高空性能和可靠性。发展无刷直流发电机是飞机直流电源的发展趋势。飞机无刷直流发电机又有电磁式和永磁式两种。由于航空发动机传动的飞机直流发电机在较宽的范围内工作，发电机的工作特性一般在最低、中等和最高三个典型转速下来描述。

　　2) 发电机与蓄电池的并联运行

　　由一台发电机向飞机电网供电的系统，称为单台发电机电源系统。它由发电机、蓄电池、调压器、发电机控制与反流割断器、过电压保护器和测量仪表及指示灯等构成。飞机发电机是主电源，航空蓄电池是应急电源。发电机和蓄电池是并联工作的，两者并联运行是较好的工作方式，当发电机正常工作时，蓄电池处于充电状态，为蓄电池储存电能；发电机出现故障或停车时，不需要电路转换，蓄电池就可以向用电设备供电，不会出现供电中断现象。

　　图 6-4-3 是单台发电机电源系统简图。发电机的负接线柱通过导线与机体相接，正接线柱通过导线接至反流割断器 CJ 的 F 接线柱上，然后用粗导线从 CJ 的"DC"接线柱经电流表分流器接到电源汇流条 2 上。调压器 TY 的敏感线接于 CJ 的 F 点，因此 F 点就是发电机电压的调节点。

　　从 CJ 的 F 点到电源汇流条这段线路称为发电机的正线，它由反流割断器的一对主接触点、连接导线(称为馈电线，接在电源电路的馈电线一般较粗，又称干线)、电流表分流器等构成。有的飞机上正线电路中还有保险丝。发电机正线电阻由导线电阻、固定及活动接触点电阻和分流器电阻等组成，用 r_{gt} 表示。蓄电池正端到电源汇流条间的线路称为蓄电池的正线，由接触器、导线和分流器、保险丝等构成，蓄电池正线电阻用 r_b 表示。

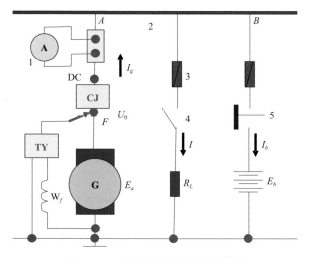

图 6-4-3 单台发电机电源系统简图

1-电流表分流器；2-电源汇流条；3-保险丝；4-用电设备电门；5-蓄电池接触器；TY-调压器；CJ-反流割断器

发电机和蓄电池并联工作时的负载分配取决于两者的外特性和电网的参数。

假设调压器具有理想的静态特性，静态特性的斜率 $K_s = \mathrm{d}I_f / \mathrm{d}U$ 接近无限大，在这种理想调压器的调节下，调节点 F 的电压随输出电流的变化是非坡率的，即带调压器的电机外特性在工作范围内是水平的，如图 6-4-4 中曲线 1 所示。

当发电机输出电流 I_g 时，自调节点 F 到汇流条这段线路中产生压降 $I_g r_{gt}$，设发电机的端电压在空载时为 U_0，则发电机送至汇流条 A 点处的电压 U_A 为

$$U_A = U_0 - I_g r_{gt} \tag{6-4-2}$$

U_A 与 I_g 的关系如图 6-4-4 中曲线 2 所示。

如用 E_b、I_b 及 r_{bi} 分别表示蓄电池的电动势、蓄电池的充电或放电电流及蓄电池的内电阻，r_b 为蓄电池正线电阻，则汇流条 B 点处的电压为

$$U_B = E_b \pm I_b(r_{bi} + r_b) = E_b \pm I_b R_b \tag{6-4-3}$$

式中，$R_b = r_{bi} + r_b$。蓄电池充电时，电网电压 U_B 大于蓄电池的电动势，蓄电池充电，式(6-4-3)取 "+" 号，放电时取 "−" 号。图 6-4-5 曲线 1 是蓄电池外特性曲线，蓄电池充电时电流 I_b 为正，电网电压高于蓄电池电动势 E_b；放电时电流为负，电网电压低于 E_b。曲线 2 是计及正线压降后的蓄电池特性。由于蓄电池的电动势和内电阻都与蓄电池的电流有关，蓄电池的特性曲线不是直线。

借助计及线路压降的发电机和蓄电池的外特性曲线，即图 6-4-4 中曲线 2 与图 6-4-5 中曲线 2，就可以讨论发电机同蓄电池并联工作的负载分配问题。考虑到发电机和蓄电池都接于汇流条上，设汇流条电压为 U_n，则

$$U_n = U_A = U_B \tag{6-4-4}$$

若蓄电池处于充电状态，则负载电流 I 为

$$I = I_g - I_b \tag{6-4-5}$$

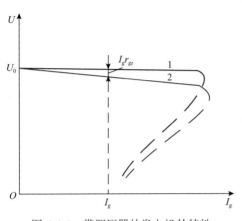

图 6-4-4　带调压器的发电机外特性

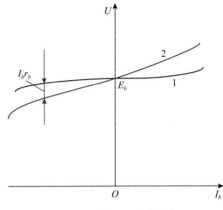

图 6-4-5　蓄电池的外特性

利用式 (6-4-4) 和式 (6-4-5)，即可用图解法来研究发电机同蓄电池并联工作时负载分配的情形，图解法示于图 6-4-6 中。

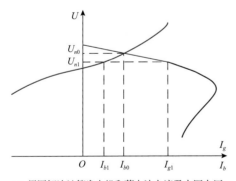

(a) 用图解法计算发电机和蓄电池电流及电网电压

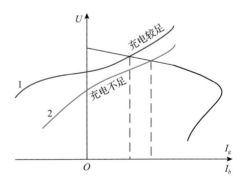

(b) 蓄电池充电程度不同对并联工作的影响

图 6-4-6　蓄电池与发电机并联工作时的负载分配

如果电网上没有接负载，那么 $I=0$，这时发电机仅对蓄电池充电，电网电压为 U_{n0}，这一关系在图 6-4-6 中表示为发电机与蓄电池特性的交点。

如果负载电流增加至 I_1，为满足式 (6-4-4)、式 (6-4-5)，电网电压必须降为 U_{n1}，因而蓄电池充电电流从 I_{b0} 减小到 I_{b1}，发电机除继续向蓄电池充电外，同时向用电设备供电，故

$$I_{g1} = I_{b1} + I_1 \tag{6-4-6}$$

负载电流由两部分组成：一是蓄电池充电电流的减小部分，二是发电机输出电流的增加部分。

继续增加负载，则电网电压 U_n 降低到等于蓄电池的电动势 E_b，于是充电电流为零，负载电流全部由发电机供给，发电机电流全部供给负载。显然，当继续增加负载时，负载电流将由发电机和蓄电池共同负担，电网电压 U_n 更低。

由此可见，即使发电机采用的调压器具有非坡率的特性，但因发电机正线电阻的存在，随着负载电流的增大，电网电压仍要降低。发电机有负载时输出电压降低过多，对用电设备是不利的，因此一般将正线电阻的压降限制在 0.25V 以内。应该注意这段线路不仅有导线，还有固定和活动触点，后者的电阻往往是不定的。

调节点电压的高低对蓄电池的工作有很大影响。如果发电机电压过低，则在负载较小的情况下蓄电池就开始放电。一旦发电机发生故障，蓄电池就无法起到应急电源的作用。反之，调节点电压太高，蓄电池一直处于充电状态，且充电电流较大，白白消耗了能量，并且在负载很大时蓄电池也不能进入放电状态。

蓄电池充放电程度对负载分配影响较大，如图 6-4-6(b) 所示。充电不足的蓄电池与发电机并联，则充电电流会很大，这样不仅会降低蓄电池的寿命，而且会使发电机在小的电网负载下就过载。一旦发电机出现故障，蓄电池也起不到应急和备用电源的作用。因此，飞机使用规程规定，充电不足的蓄电池不得装机使用。蓄电池的温度不宜太低，铅蓄电池低温时容量下降，内电阻增大，不能发挥备用电源的作用。

因此，采用精度高的调压器，合理地确定调节点电压值，选用规定容量的蓄电池，将蓄电池的状态维护好，才能使发电机与蓄电池良好地并联运行，发挥各自应有的作用。

3. 飞机直流发电机的并联运行

以两台同型号的发电机并联供电为例，如果输出电流相等，各为总负载的一半，那么负载分配是均衡的；如果输出电流不相等，那么负载分配就是不均衡的。输出电流相差越大，负载分配就越不均衡，若电流差值过大，则一台发电机的输出电流可能超越它的额定值，容易过热损坏，而另一台发电机输出电流过小，又不能发挥其供电能力。因此，为使发电机得到充分利用，必须均衡发电机间的负载。如某型飞机(直流主电源系统)使用规程规定：当两台发电机的转速为10000r/min 时，接通 100～120A 的负载，两台发电机的电流差值应在 25A 以内。实践经验证明，有许多因素要影响发电机负载的均衡分配，本节将讨论两台发电机并联供电时负载均衡分配的条件以及各种因素对负载均衡分配的影响与提高负载均衡分配方法等问题。

1) 负载均衡分配条件的初步讨论

两台发电机并联供电的原理电路如图 6-4-7 所示，由图可得

$$U = U_1 - I_1 R_{+1} = U_2 - I_2 R_{+2} \tag{6-4-7}$$

$$I = I_1 + I_2 \tag{6-4-8}$$

式中，U 为汇流条电压；U_1、U_2 为第一、二台发电机调节点的电压；R_{+1}、R_{+2} 为第一、二台发电机的正线电阻；I_1、I_2 为第一、二台发电机的输出电流，即由发电机电压调节点至汇流条的电流；I、R 为负载电流与负载电阻。

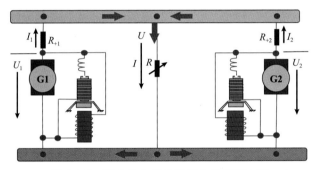

图 6-4-7　两台发电机并联供电的原理电路

假设两台发电机调压器为有差调节，调压系统的坡率系数分别为 k_1 与 k_2，则两台发电机调节点的电压可表示为

$$U_1 = U_{10} - k_1 I_1 \tag{6-4-9}$$

$$U_2 = U_{20} - k_2 I_2 \tag{6-4-10}$$

式中，U_{10}、U_{20} 为第一、二台发电机的空载电压。联立求解式(6-4-7)～式(6-4-10)，并整理可得

$$I_1 = \frac{U_{10} - U_{20}}{R_{+1} + R_{+2} + k_1 + k_2} + \frac{R_{+2} + k_2}{R_{+1} + R_{+2} + k_1 + k_2} \cdot I \tag{6-4-11}$$

$$I_2 = -\frac{U_{10} - U_{20}}{R_{+1} + R_{+2} + k_1 + k_2} + \frac{R_{+1} + k_1}{R_{+1} + R_{+2} + k_1 + k_2} \cdot I \tag{6-4-12}$$

两台发电机的电流差为

$$\Delta I = I_1 - I_2 = \frac{2(U_{10} - U_{20})}{R_{+1} + R_{+2} + k_1 + k_2} + \frac{(R_{+2} + k_2) - (R_{+1} + k_1)}{R_{+1} + R_{+2} + k_1 + k_2} \cdot I \tag{6-4-13}$$

由式(6-4-13)可见，要使两台发电机的负载均衡分配，必须同时具备三个条件：两台发电机的空载电压相等，即 $U_{10}=U_{20}$；两个调压系统的坡率系数相同，即 $k_1=k_2$；两台发电机的正线电阻相等，即 $R_{+1}=R_{+2}$。

2)负载均衡分配的措施与原理

实际上，要同时满足上述条件是困难的，即使将两台发电机的全载电压调整得相等，由于正线电阻与坡率系数的数值不大，它们间很小的差值也会造成很大的电流差，难以满足均衡分配的要求。

在调压器中增设均衡电路，可以减小电流差，提高负载分配的均衡性。这就要求针对不同形式的调压器采用不同的方法来实现。

带炭片调压器的电源系统是通过调压器铁心上的均衡线圈 W_{eq} 与接在发电机负极电路中的均衡电阻 R_{jd} 构成均衡电路，如图 6-4-8 所示。

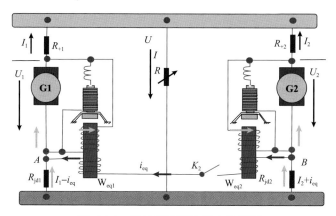

图 6-4-8　炭片调压器均衡电路原理

均衡电阻是由电阻温度系数很小的镍铬合金制成的，阻值很小。不同型号的均衡电阻其阻值不同，如某均衡电阻在环境温度为 20℃时的阻值为 0.00214Ω。

通常两个均衡电阻的阻值相等即 $R_{jd1}=R_{jd2}$，两个均衡线圈的匝数相等即 $W_{eq1}=W_{eq2}$，阻值也相等。如果负载分配不均衡，假设 $I_1>I_2$，那么 A、B 两点电位不相等，为 $\varphi_A<\varphi_B$，于是就有电流自 B 点经过 W_{eq1} 与 W_{eq2} 流向 A 点，产生相应的磁势，其中输出电流大的这一台，均衡线圈磁势与该调压器的工作线圈磁势方向相同，使调压器铁心合成磁势增强，调节点电压 U_1 降低，输出电流小的这一台均衡线圈磁势与调压器工作线圈磁势方向相反，使铁心合成磁势减弱，调节点电压 U_2 升高。结果，使原来输出电流大的发电机电流 I_1 减小，输出电流小的发电机电流 I_2 增大，使负载分配趋于均衡。

可见均衡线圈减小电流的实质是：将与电流差有关的信号反馈到调压器的检测电路，借以改变调节点的电压，从而使负载分配趋向均衡。显然，对于一定的电流差，均衡线圈使两台发电机电压的改变量越大，均衡能力就越强。

4. 直流电源的控制与保护

飞机直流电源的控制与保护包括对飞机发电机、应急电源、地面电源等的控制与保护。由于后两者比较简单，这里重点讨论飞机发电机的控制与保护。控制与保护装置是实现电源系统正常、安全供电的重要设备，用以保证发电机与汇流条可靠地接通、断开或转换，保证故障部分与电网可靠地分离。

目前，低压直流电源的保护项目主要有发电机的反流保护、过电压与过励磁保护、过载保护和短路保护等。控制保护装置有电磁继电式、晶体管式等，由大容量、高可靠性晶体元件制成，新型飞机的电源系统多采用组合式的调压、控制、保护装置。

本节主要讨论发电机的控制与反流保护、发电机的励磁故障及其保护、直流电源系统的短路及短路保护。

1) 发电机的控制与反流保护

发电机的控制装置通常是接触器，用以接通或断开发电机的输出电路。在供电系统各种设备正常工作的条件下，可以人为地使控制装置接通或断开，以便于飞行人员在需要的时候使用它。在供电系统设备有故障时，控制装置又可作为保护装置的执行机构使发电机脱离电网。

在飞机上，发电机与应急电源、地面电源要配合协调工作，因此发电机控制装置 GC 动作，必须符合规定的逻辑关系。典型的发电机控制装置 GC 动作逻辑如图 6-4-9 所示。

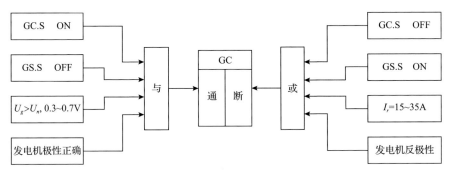

图 6-4-9　发电机控制装置 GC 动作逻辑图

图 6-4-9 中，GC.S 为发电机控制装置的电门，GS.S 为地面电源电门，U_g 为发电机电压，U_n 为电网电压，I_r 为发电机的反向电流。由图可见，使 GC 接通的所有条件为"与"逻辑，使其断开的各条件为"或"逻辑。由于各型飞机供电系统的装备和线路不尽相同，其控制装置的动作逻辑可能有所差异。

由于发电机相互并联，发电机与蓄电池相互并联，一般情况下发电机电压略高于蓄电池电压，发动机向用电设备供电的同时向蓄电池充电。但在发动机启动或停车过程中，发动机转速较低，发电机的电压低于蓄电池电压，这时就有电流由蓄电池流入发电机，电网上其他电源将向发电机输出电流，称为反流。反流太大将损坏其他电源或发电机。因此，在发电机馈电线上应按有反流割断器，反流割断器用来自动控制发电机输出电路的通断，当发电机电压略高于蓄电池电压时，它能自动接通发电机的输出电路，使发电机向外供电；当发电机电压低于蓄电池电压出现反流，反流值达到一定值时，自动断开发电机输出电路，割断反流。图 6-4-10 是经典的电磁继电器式控制和反流保护装置。

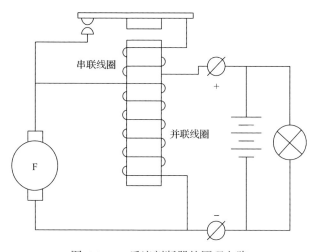

图 6-4-10　反流割断器的原理电路

图 6-4-10 中衔铁弹簧片上的常断触点控制着发电机的输出电路，它的铁心上绕有并联线圈和串联线圈。并联线圈并联在发电机两端，用以感受发电机电压，当发电机电压达到一定值时操纵触点接通。串联线圈串联在发电机输出电路上，用来反映蓄电池向发电机的反流，当反流值达到一定值时，控制触点断开。发电机正常工作时，串联线圈和并联线圈中的电流方向一样，产生的电磁吸力使并联线圈产生的电磁吸力增强；当出现反流时，串联线圈与并联线圈中电流方向相反，产生的电磁吸力使并联线圈产生的电磁吸力减弱，反流大到一定程度时，电磁吸力小于弹簧的弹力，触点断开，切断发电机对外输出电路，达到反流保护的目的。

晶体管式控制和反流保护装置种类较多，由于发电机输出功率较大，其执行机构仍采用直流接触器。典型晶体管式控制与反流保护装置的电路一般由电压差检测、电压比较、幅值甄别、开关放大等环节构成。

2)发电机的励磁故障及其保护

(1)励磁故障产生的原因。

发电机励磁系统失去常态而引起的供电系统的故障称为励磁故障。直流发电机的励磁故障是由发电机励磁电路的故障和调压器的故障造成的，如发电机励磁电路短路、断路，炭片调压器工作线圈电路断路、工作点调整不当，晶体管调压器关键元件失效等。

(2)故障表现形式。

直流电源系统有单台发电机供电系统和多台发电机并联供电系统等不同供电方式。直流发电机的工作状态，即工作转速和负载电流也会在较大范围内变化。以上因素使得励磁故障的表现形式各不相同。一般有过励磁(OE)、过电压(OV)、欠励磁(UE)、欠电压(UV)，有些情况下会产生伴随故障即过负载。

发电机供电时，其工作转速和负载电流在技术条件规定的范围内，供电电压值在正常稳态电压极限范围内的供电状态，称为发电机的正常工作状态，而超出这个范围的供电状态称为非正常工作状态。

发电机供电电压超过正常稳态电压极限的上限值，称为过电压。在切除感性负载或排除短路故障后，供电系统处于过渡状态中短暂时间内的过电压，称为瞬时过电压。供电系统处于稳定状态中长时间内的过电压，称为持续过电压。前者是非故障性过电压，后者是故障性过电压。调压器完全失调、炭柱被烧结短路或功率晶体管击穿短路等，使励磁电流不再受控，这些情况下产生过电压，一般数值较高，称为失调性过电压。调压器局部故障或调整不当，但励磁电流仍能受控，这种情况下产生过电压，一般数值较低，称为超调性过电压。

发电机供电电压低于正常稳态电压极限的下限值，称为欠电压。与过电压的情况类似，也有非故障性的瞬时欠电压与故障性的持续欠电压之分。

发电机在规定的工作转速和负载电流范围内某一确定的工作状态供电时，其励磁电流值超过该状态下正常稳态电压极限上限值所确定的数值，称为过励磁；低于正常稳态电压极限下限值所确定的数值，称为欠励磁。

单台发电机供电系统产生励磁故障时，在大多数工作状态下，过励磁与过电压同时产生，在低转速、大负载状态下，仅使发电机过励磁，不一定出现过电压。这种情况下的励磁电流可能超出励磁上限值。

多台发电机并联供电系统，当产生励磁故障时，各台发电机的负载电流将重新分配。故障发电机若处于高转速或中转速状态，励磁故障既表现为过励磁，又表现为过电压；而在低转速状态，主要表现为过励磁，可能不出现过电压。

(3)励磁故障保护。

直流电源系统的过励磁故障，在大多数情况下会造成过电压，若不产生过电压，则往往使发电机过负载。电源系统过电压，轻则使用电设备性能失常，寿命缩短；重则烧坏用电设备，以致酿成火灾。过负载会使发电机过热，换向恶化，甚至烧坏发电机。因此，对于此类励磁故障，应采取相应的保护措施。至于欠励磁，一般来讲，必然引起欠电压，危害性较小，且反流保护器能兼起欠电压保护作用，无须另设保护装置。

过电压和过负载保护的形式多种多样，但无论何种形式，均应满足如下几点要求。

①供电系统出现瞬时过电压时，保护装置不应动作。

②供电系统出现持续过电压时，保护装置应按反延时特性准确动作。

③保护装置的保护动作应包括：熄灭或削弱故障发电机的磁场；使故障发电机脱离电网；保护装置动作后应能自锁；并联供电系统则要切断故障电机的均衡电路等。

④应准确分辨出故障电机，不使正常电机的保护装置误动作。

3）直流电源系统的短路及短路保护

飞机直流电源系统由于导线绝缘的损坏或战斗损伤等，可能造成发电机输出端短路。短路电流的峰值常达到发电机额定负载的 3.5～8 倍，其稳定值也能达到额定负载的 1.5～2.5 倍。这样大的短路电流不仅会损坏发电机和供电系统，对飞机本身也非常危险，因此必须采取有效的保护措施。

发电机输出端突然短路是一个复杂的电磁能量转换过程，要定量地分析系统参数并用解析法列出短路过程的动态方程是很困难的，因为发电机磁路的非线性、电枢电路和励磁电路电感的非线性、电枢反应与磁极的漏磁、磁系统中的涡流、电刷接触压降等因素很难准确地计算。对于已制成的发电机，可以通过实验得到短路过程中发电机的伏安特性，为短路电流计算提供重要依据。

（1）直流发电机的短路过程。

图 6-4-11 为并激直流发电机短路时的等效电路，R_f 为励磁电路的等效电阻，包括励磁绕组 W_f 的电阻及调压器的等效电阻；r_a 为电枢电阻，包括电枢绕组 W_s 的电阻及电刷与换向器的接触电阻；r_s 为短路电阻，包括短路点 A 的接地电阻及发电机输出端至短路点的线路电阻。

假设在点 A 发生突然短路，短路前发电机在额定电压、空载状态下工作。短路后，发电机电枢电路和励磁电路均被短接，但发电机的主磁极磁通以及与磁通相关的电动势不可能迅速地改变。如果略去电枢的自感电势和较小的励磁电流，发电机电动势将与电枢电阻和短路电阻上的压降相平衡，即

$$e(t) = i_s(r_a + r_s) \tag{6-4-14}$$

短路瞬间，$e(t)$ 具有最大值，并且等于短路前的电动势 E。若不考虑电枢电路的电感，短路电流将立即上升到最大值 i'_m，即 $i'_m = E/(r_a + r_s)$。实际上，电枢电路有电感，在它的作用下短路电流将按指数曲线增大，此曲线具有电枢电路的时间常数，如图 6-4-12 所示。此时，一方面由于励磁绕组自感电势的作用，励磁电

流 i_f 增大，有使 $e(t)$ 增大的趋势；另一方面，电枢反应去磁作用增强，主磁极漏磁通增加，电机换向情况恶化，电刷接触压降增大，这些均阻碍短路电流的增大。据实验，飞机发电机经过 0.004～0.008s，短路电流达到峰值 i_m，且 $i_m < i'_m$。当励磁电流由最大值下降时，发电机短路电流也下降，并按励磁电路的时间常数衰减。过程结束后，励磁电流和短路电流均达到稳态值。

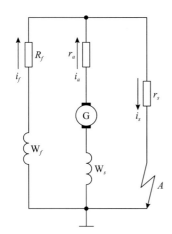

图 6-4-11　发电机短路时的等效电路

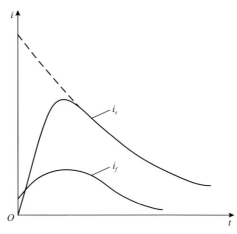

图 6-4-12　短路时电流 i_s 与 i_f 的变化规律

　　研究短路过程，最主要的问题是确定短路电流的峰值和稳态值。因为短路电流峰值决定着供电设备所受电气和机械冲击载荷的大小，其稳态值则是设计短路保护器件的主要依据。

　　在发电机功率一定的条件下，短路电流峰值和稳态值的大小与短路电阻 r_s 的大小和发电机的工作状态等因素有关。短路点和短路状态不同，短路电阻有很大差别。若在发电机接线柱附近发生死接地短路，则 $r_s \approx 0$；短路点距发电机接线柱越远，r_s 就越大。

　　不难理解，短路电阻增大，短路电流的峰值将减小。但是由于发电机接线柱上的电压以及与其有关的励磁电流稳态值的增大，将使短路电流的稳态值增大。相反，短路电阻减小时，短路电流的峰值增大，而其稳态值减小。

　　飞机发电机总是与调压器配合工作。发电机短路时，调压器将失去调节作用，励磁电路的等效电阻 R_f 变小，使励磁电路的时间常数增大；励磁电流和短路电流下降变慢。若短路点远离发电机接线柱，上述原因会使励磁电流和短路电流的稳态值增大。如果短路前发电机处于高转速、小负载状态。短路后，R_f 减小很多，影响比较明显。若短路前发电机处于低转速、大负载状态，则调压器对短路电流的影响较小。

　　发电机突然短路时的伏安特性就是发电机接线柱上的电压与短路电流的关

系。若所研究的是短路电流的峰值与发电机接线柱上电压的关系，则称为短路状态的暂态伏安特性。若所研究的是短路电流的稳态值与发电机接线柱上电压的关系，则称为短路状态的稳态伏安特性。

若电源系统中接有蓄电池，则当发生短路时，蓄电池也被短路。

(2)短路保护。

某电源系统的简化电路如图 6-4-13 所示，图中 A、B 两点为假设的短路点。

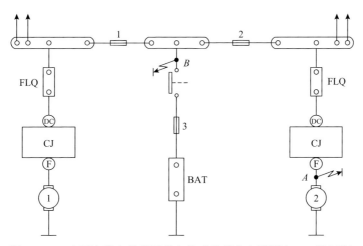

图 6-4-13　由两台发电机并联供电构成的简化电路图（BAT 指电池）

短路保护的要求是：某个电源输出端短路，既不应造成其他电源的损坏，也不应损坏短路电源本身；保护装置本身的损坏，不应造成电源中断供电。

设计完全达到上述要求的保护装置是比较困难的，目前飞机直流电源系统多用熔断器实现短路保护，过电压保护器中的过载保护功能，也能对短路故障起到一定的保护作用。

在如图 6-4-13 所示的电源系统中，安装了三个难熔保险丝 1、2、3，如图所示，若在第二台发电机的输出端 A 点短路，流过右保险丝 2 的短路电流最大，它将迅速熔断，第一台发电机和蓄电池得到了保护，但第二台发电机得不到保护，右汇流条将中断供电。若注意到右反流保护器的作用，A 点短路时它能切断第二台发电机的输出电路，则右保险丝 2 也可能不熔断，右汇流条就不会中断供电。但反流保护器切断这样大的短路电流是十分困难的。如果此时第二台发电机能灭磁，那么就只有剩磁电压产生的短路电流。

若在图中的 B 点短路，三个保险丝均将熔断，这时除蓄电池中断供电，两台发电机各自向自己的汇流条供电。保护装置在电路中的位置也非常重要。若将 1、2 保险丝改装在电流表分流器 FLQ 附近，在 B 点产生短路时，三个熔断器也会熔断，虽然保护了发电机和蓄电池，但全部汇流条都将中断供电，这种配置是不合理的。

6.4.2　高压直流电源系统

早在第二次世界大战期间，一些大型飞机已经使用 110V 高压直流电，但由于高空换向困难和电弧等问题没有解决，并没有得到继续发展。20 世纪 70 年代以来，随着集成电路和微型计算机的诞生以及固态电力电子器件和新型磁性材料的发展，为了适应飞机性能的要求，高压直流电源方案又被重新提出。

战斗机 F-35 和 F-22 都装备了 270V 的高压直流电源系统,大幅提高了飞机电源的可靠性、维修性、功率密度和电能转换效率。F-22 飞机的高压直流电由两台 65kW 的三级式无刷直流电机及控制器提供，发电机安装在飞机发动机附件机匣上；F-35 飞机装一台 250kW、270V 开关磁阻启动/发电机，其变换器为双通道，每个通道 125kW。

1. 高压直流电源系统的结构

高压直流电源系统有两种类型：一种是由旋转整流器式无刷直流发电机和二极管整流桥构成直流发电机系统，由直流发电机、发电机控制器(generator control unit, GCU)和发电机接触器(generator circuit breaker, GCB)等构成。另一种是由开关磁阻电机或永磁发电机构成的发电系统，发电机和变换器/控制器是联系在一起的，不是靠直接改变电机的励磁线圈的励磁电流调节发电机的输出电压。

第一类发电系统的发电机控制器中的调压器检测调节点的电压，通过改变发电机的励磁电流实现输出电压的调节。由于发电机的输出整流和滤波电路能量不能回馈，发电机必须采用软启动电路，防止滤波电容的电压输出在发电机空载时超过额定电压。

第二类发电系统的电能是通过变换器输出的，实际上仍通过二极管整流器输出。但晶体管可以将输出电容的能量返回电机，可以不用软启动电路。开关磁阻发电机通过改变晶体管的开通角和关断角调节输出电压，永磁发电机通过改变变换器的移相角调节输出电压，这两种发电机的电压调节都是通过控制全功率变换器来实现的。

高压直流电源系统构成方案与飞机类型密切相关。

2. 高压直流电源系统的保护和并联

1)单发电机系统的保护

与 28V 直流发电系统一样，单台高压直流发电系统的保护项目有过电压、欠电压、输出电压脉动过大、过电流、温度过高(包括发电机温度过高、变换器温度过高或二极管整流滤波电路的温度过高)、输出馈电线短路、发电机相绕组间短路

（相绕组接地短路或相绕组内部短路）、发电机反极性保护和反流保护。

对高压直流发电系统来说，输出电压脉动过大，必然反映了变换器或二极管整流滤波电路有故障，因此检测输出电压脉动和脉动过大的保护十分必要。

馈电线有两种，一是发电机和变换器（或二极管整流器）间的馈电线，二是变换器到发电机接触器间的馈电线。前者为三相或多相交流电的馈线，通常用差动电流互感器检测电机内部和馈电线的短路。没有短路时，两端的互感器中电流相同，没有故障信号输出，但是差动电流检测是检测不到相绕组本身短路的。发电机与变换器间馈电线中流过的为高频非正弦交流电，故该电缆必须有良好的屏蔽。变换器与发电机接触器间的馈电线中流过的是直流电，用差动直流电流传感器检测馈线短路。

输出电压脉动大小能反映变换器或整流滤波器的故障，但是在多台发电机并联时，情况就不同了，因此变换器或整流滤波器的内部故障检测十分重要。

反极性保护是直流系统不可缺少的保护。

常见的高压直流发电机中，均为二极管输出。在二极管和三极管没有损坏时，反流不会出现。这时，反流保护就是保护变换器与发电机接触器间的馈电线短路，其他电源就通过发电机接触器馈送电流，检测到反流，断开发电机接触器即可切断反流。同时，应将发电机灭磁，防止发电机向短路的馈电线送电。开关磁阻发电机断开晶体管也可防止发电机向短路的馈电线送电，永磁发电机应使变换器形成大的去磁电流，以减小馈电线的短路电流。

飞机高压直流发电机都有限制最大输出电流的能力。

2）直流发电机的并联

直流发电机与交流发电机不同，直流发电机并联的条件仅有两个：①两电源极性相同；②两电源电压相同。因此，在多发电机低压直流电源的飞机中，大多采用并联工作。

多台直流发电机的并联工作是实现不中断供电的基本条件，特别是直流发电机在发电机接触器处接有反流保护二极管时，任一电源的故障均不会导致电网电压的变化。当用固态功率控制器（solid-state power controller, SSPC）向用电设备配电时，配电线路的短路也不会导致电网电压的跌落，因为 SSPC 对短路的响应很快（约 10μs）。造成并联发电机电网电压跌落的第二个因素是供电网输电线的短路和汇流条的短路。不像 28V 低压直流电源系统中为单线制电网，在高压直流电源中通常为正负双线输电，易发生短路。同时，由于发电机功率大，输电线可采用两根或三根导线并接，两端有各自保护的结构，万一发生馈电线短路也可迅速切除。以上措施消除了并联系统的不利因素。

并联发电机系统一是要实现各并联发电机间的均流，二是要用差压投入，仅当发电机电压稍高于电网电压时该电机才投入电网。若电网上没有电源，则当发电机电压达到额定值时即可投入。

和低压直流电源一样，在并联均流调节时，当增加负载电流小的发电机的励磁时，应同时减小具有大负载电流发电机的励磁，以保持电网电压不变。两类高压直流电源系统都是通过调节磁场实现并联均流的。

并联发电机的保护主要为过励磁保护或欠励磁保护，过励磁电机必然输出大的电流，欠励磁电机输出电流肯定小，故检测各发电机输出电流大小很重要。切除输出电流大的发电机，若该电机转换为过电压保护，就说明该电机励磁电路有故障；若该电机从电网中退出后并未出现过电压，则并联时的过电流为均流控制电路的故障引起，应排除均流系统故障，或转入备份的均流系统，并让电机重新投入并联。

并联电源系统容量大、阻抗小、电压稳定、电动机制动时回馈的能量易于吸收，对电网电压扰动小。

3. 高压直流电源系统的特点

高压直流电源系统具有以下主要特点：

(1)高压直流电网重量比 115V/400Hz 交流电网轻，发电系统和航空电子设备中电源装置重量显著减轻；

(2)主电源和二次电源效率高，发电效率大幅提高；

(3)易实现不中断供电和余度供电；

(4)高压直流电源系统中的高压无刷直流发电机结构简单，工作可靠，并联方便；

(5)更能适应电力作动系统等高技术用电设备的要求，便于向多电飞机、全电飞机过渡；

(6)采用可编程的固态开关、总线、微处理器和负载自动管理技术，使供电系统具有功率和负载自动管理、自检测和故障隔离、系统重新配置、控制和保护供电系统的能力；

(7)高压直流电源系统的主要部件也由功率电子器件构成，因此工作温度和过载能力均受到限制。

6.5 飞机交流电源系统

飞机交流电源是飞机的主电源类型之一，主要有恒频交流、变频交流两种形式，其中恒频交流包括恒速恒频和变速恒频两种形式。恒速恒频在现役飞机上应用最为广泛，恒速恒频交流电源系统的优点有：无刷交流发电机工作转速高、高空性能好、应用了循油或喷油冷却技术、发电机重量功率比大大减小；采用

115V/200V 供电机制，电压升高使输电导线重量降低，且电能变换设备结构简单、效率高等。不足之处：恒速传动装置结构复杂，造价高，故障率高，维护性差；交流发电机不便于作启动机用，需另设启动电机，使电源系统重量增加；控制保护设备复杂，交流发电机实现并联难度大，且交流电机启动、调速性能差。

6.5.1　飞机交流发电机的恒速传动

　　飞机交流发电机一般用航空发动机、辅助发动机或空气涡轮等机械来传动。从可靠性、体积、重量和使用维护等方面来看，现代飞机上的交流发电机都由航空发动机传动。但是航空发动机的转速随其工作状态的变化而变化，且变化范围很大。根据飞机交流发电机所发交流电的频率 $f=pn/60$（式中 p 为发电机的磁极对数，n 为发电机的转速）可知，其频率和发电机转速成正比。因此，由航空发动机直接传动飞机交流发电机不能得到恒频交流电。而飞机上许多重要的用电设备都需要恒频交流电，因此必须解决发动机工作转速变化与要求发电机产生恒频交流电的矛盾。

　　解决这个矛盾的方法有两种：一是在航空发动机与交流发电机之间加一机械装置，即恒速传动装置（简称"恒装"），自动地将飞机发动机变化的转速变为恒定的转速输出，使被传动的发电机发出恒频交流电；另一种方法是发电机直接由航空发动机传动，产生变频交流电，然后用频率变换器将变频交流电转变为恒频交流电。

　　自 20 世纪 40 年代，在飞机上开始采用恒速恒频电源系统至今，随着科学技术的发展，经历了三个主要发展阶段。

　　第一阶段是 20 世纪 40 年代中期至 50 年代中期，恒速传动装置为液压式，体积、重量大，转换效率低，可靠性低。

　　第二阶段是 20 世纪 50 年代末期至 60 年代末期。恒速传动装置采用齿轮差动式，发电机所需要的机械功率大部分由差动齿轮系直接传递，只有一部分由液压系统传递，因此恒速传动装置的体积和重量降低，转换效率和可靠性提高。

　　第三阶段从 20 世纪 70 年代开始，采用组合电源装置及喷油冷却发电机，集成电路开始用于控制保护设备中，仅这两项改进，电机重量降低 20% 以上。喷油冷却发电机的重量比循油冷却降低 50%。

　　纵观恒速传动装置的发展，飞机上采用的恒速传动装置有摩擦机械式、液压式、电磁式和齿轮差动式等几种。目前在飞机上广泛应用的是液压齿轮差动式恒速传动装置，如图 6-5-1 所示，它由差动游星齿轮和转速补偿组件两部分构成。发电机所需功率大部分由齿轮机构直接传递，仅一小部分由转速补偿组件传递，因此具有工作可靠，体积、重量较小，转速调节精度高的特点。转速补偿组件有液压泵液压马达组件、气动马达组件和电动马达组件等几种，其中以液压泵液压马达组件应用较多，由这种组件来补偿转速差的恒速传动装置称为液压齿轮差动式恒速传动装置。其输出轴转速(发电机转速)由恒速传动装置输入轴的转速(发动机转速)和输入环形齿轮的转速(液压马达输出齿轮转速)共同决定。当发动机转速变化时，只要相应地改变液压马达输出齿轮的转速，就可以保证恒速传动装置输出轴的转速恒定。这就是液压齿轮差动式恒速传动装置的基本工作原理。

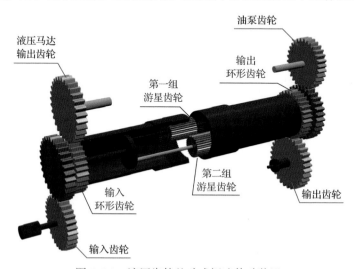

图 6-5-1　　液压齿轮差动式恒速传动装置

滑油压力和滑油温度异常时，往往可以反映恒速传动装置的故障和故障严重程度。如果供油部分的故障使定压油油压低于正常值，恒速传动装置就不能正常工作，这时定压油路中的滑油压力开关接通，使飞行员仪表板上的指示灯亮，告诉飞行员恒速传动装置有故障。

恒速传动装置外部滑油散热器管接头前后装有两个滑油温度传感器(感温棒)，用来反映恒速传动装置的回油温度和进油温度。如果恒速传动装置内部发生故障，机件摩擦加大，发热量加大，回油温度必然升高，即滑油回油温度与进油温度的差必然加大。温度传感器将温度信号送到飞行员仪表板上的滑油温度指示器。

飞行员可根据上述两种故障情况，切除或暂时保留恒速传动装置。

恒速传动装置制造工艺复杂，使用维护要求高，而且在发动机上要求有较大的安装空间等缺点，降低了电源系统使用的可靠性，提高了使用成本。

6.5.2　飞机无刷交流发电机

1. 无刷交流发电机的基本结构

无刷交流发电机有两种基本形式：两级式无刷交流发电机和三级式无刷交流

发电机。

两级式无刷交流发电机(自激式)由交流励磁机和主发电机组成,其原理电路如图 6-5-2 所示,交流励磁机的励磁电流要从主发电机输出的交流电经整流而取得(通过调压器),因此也称为自激式无刷交流发电机。由于交流励磁机的励磁所需的电功率不大,和主发电机输出的功率相比,占 0.1%~0.5%,因此从输出电能中取回很小一部分作为励磁功率是完全允许的。但必须注意解决自激可靠和强激能力的问题。为保证起激可靠,通常采用在交流励磁机的磁极镶嵌永久磁铁、在交流励磁机磁极铁心叠片中夹入永磁钢片的方法提高剩磁电压来实现。B707、B737 等飞机采用两级式无刷交流发电机。

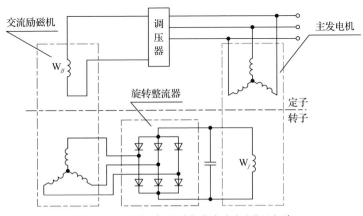

图 6-5-2 两级式无刷交流发电机原理电路

三级式无刷交流发电机(他激式)带有永磁式副励磁机,由永磁式副励磁机、交流励磁机和交流发电机组成,结构示意图如图 6-5-3 所示,其中发电机转子上

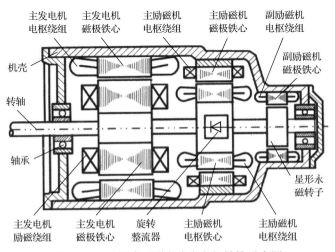

图 6-5-3 三级式无刷交流发电机结构示意图

安装有副励磁机的永磁转子、主励磁机的三相电枢绕组、三相旋转整流器、主发电机的励磁绕组；定子上安装有副励磁机的三相定子绕组、主励磁机的励磁绕组、主发电机的三相定子绕组。

　　三级式无刷交流发电机基本原理电路如图 6-5-4 所示。当发动机带动转子旋转时，副励磁机的永磁转子产生的磁通，在副励磁机的三相定子绕组中产生感应电势。副励磁机定子绕组产生的三相交流电经整流后，供给主励磁机的励磁绕组所需的直流电。主励磁机的电枢绕组产生的三相交流电经同轴安装的三相旋转整流器整流后，供给主发电机的励磁绕组所需的直流电。主发电机的三相定子绕组供给用电设备所需的三相交流电。调压器根据主发电机的电压变化调整主励磁机的励磁电流，以保证主发电机的电压恒定。由于励磁源采用永磁体，与主发电机运行状态无关，三级式无刷交流发电机也称为他激式无刷交流发电机。

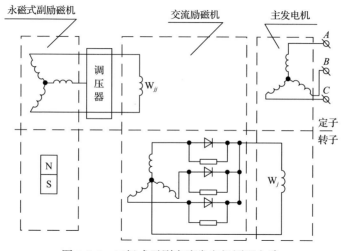

图 6-5-4　三级式无刷交流发电机原理电路

　　由于副励磁机的转子是永磁转子，保证主发电机不会失磁；电网短路时，副励磁机仍能提供保护装置所需的电源，同时因副励磁机及主励磁机都仍能正常工作，可以使主发电机产生足够大的短路电流，以使保护装置能可靠地把主发电机自电网断开。简而言之，三级式无刷交流发电机的优点是励磁可靠，且主发电机短路时，具备强激能力。B747、B757、B767、MD82、A320 等均采用三级式无刷交流发电机。

　　由于整个发电机组没有电刷和滑环，可以用油来冷却发电机内部，从而大大地改善发电机的冷却条件。

　　无论是两级式还是三级式无刷交流发电机，为了使主发电机短路时具有强激能力，通常采用相复激电路作为励磁机励磁电路的电源。

2. 旋转整流器

旋转整流器有三相半波整流器、三相全波整流器或六相半波整流器，其电路分别如图 6-5-5(a)、(b)、(c)所示。

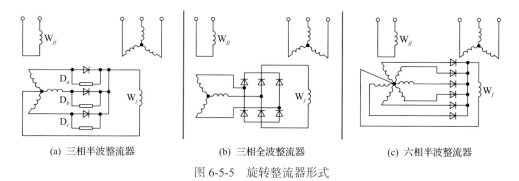

(a) 三相半波整流器　　　　(b) 三相全波整流器　　　　(c) 六相半波整流器

图 6-5-5　旋转整流器形式

对于同样容量的励磁机，采用不同整流形式时，整流输出的直流功率不同，三相全波最大。因此，在设计时可使交流励磁机的容量和尺寸小些，无刷同步发电机广泛采用这种整流形式。但从整流器的结构和连接来说，半波整流最简单。结合冷却要求，对于循油冷却的发电机，因为热量必须通过与油直接接触的金属部件来传导，所以只能用半波整流，因此三相半波在无刷同步发电机中应用也不少。六相半波和三相半波相比，二极管多了，但每一支管子的负荷小了，在需要大电流时这是有利的。

3. 飞机无刷交流发电机的特性

电磁式同步发电机的特性是指发电机电动势、端电压与负载电流和励磁电流间的关系，有空载特性、短路特性、负载特性、外特性和调节特性等五种。无刷交流发电机的特性仍用上述五种特性曲线来描述，但参变量不是发电机的励磁电流，而是励磁机的励磁电流。对于具有电流放大器特性的交流励磁系统，发电机励磁电流与励磁机励磁电流之间有明确的线性关系，因而用励磁机励磁电流作参变量与用发电机励磁电流作参变量对特性没有影响。对于线性特性较差的交流励磁系统，特别是具有半波整流电路的无刷发电机，讨论其特性时必须用最低工作转速、最高工作转速和平均工作转速时的三种情况来表示，与飞机直流发电机特性的表示方法相同。

4. 飞机无刷交流发电机的复激

1) 复激电路的工作原理
为改善交流发电机的外特性，并使之具有强激能力，可以采用复激的方法，其原理线路如图 6-5-6 所示。

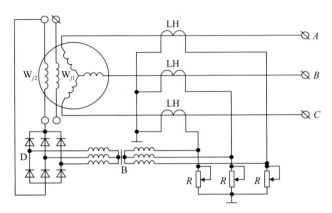

图 6-5-6　复激电路

图 6-5-6 中 W_{j1} 为自激绕组，W_{j2} 为复激绕组，它由电流互感器 LH 供电，电流互感器的输出经整流后加在励磁绕组 W_{j2} 上。调节电阻 R 用来调节复激作用的强弱。

电流互感器原、副边电流关系如式 (6-5-1) 所示：

$$\dot{i}_2 = -K'_I(\dot{i}_1 - \dot{i}_0) \tag{6-5-1}$$

式中，$\dot{i}_1$ 为原边电流；$\dot{i}_2$ 为副边电流；$\dot{i}_0$ 为磁化电流；$K'_I = W_1/W_2$，W_1 为原边匝数，W_2 为副边匝数。

当原边电流 $\dot{i}_1$ 较小时，铁心不饱和，$\dot{i}_0$ 近似为零，此时副边电流与原边电流成正比（理想状态），但当原边电流 $\dot{i}_1$ 较大时，铁心比较饱和，所需磁化电流 $\dot{i}_0$ 急剧增大，由它产生的磁化磁势一部分消耗在铁心材料，一部分消耗在磁路气隙中，所以原边电流 $\dot{i}_1$ 增大时，副边电流增加较少。

发电机空载时，电流互感器副边没有输出，因此发电机复激绕组 W_{j2} 中没有电流，这时发电机靠其自激电路使电压保持在额定值。发电机输出负载电流时，电流互感器副边也输出电流，复激绕组 W_{j2} 中有电流通过，补偿负载电流的电枢反应造成的电压降低。

改变调整电阻 R 的大小可以调节复激作用的强弱。当增大电阻 R 时，在同样的发电机负载下，可使流入复激线圈的电流增大，复激作用增强；当减小电阻 R 时，复激作用减弱。

2）复激交流发电机的外特性

随电流互感器、隔离变压器和调整电阻参数的不同，可呈现正常复激、欠复激和过复激三种情况，三种情况下发电机的外特性如图 6-5-7 中的曲线 1、2、3

所示。

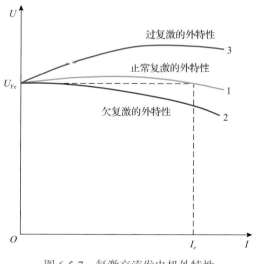

图 6-5-7 复激交流发电机外特性

曲线 1 为正常复激时的外特性曲线。负载电流比较小的时候，电流互感器不饱和，副边输出电流与原边电流即发电机负载电流成正比。所以，随发电机负载电流增大，复激绕组 W_{j2} 中的励磁电流也成正比例地增大，复激绕组的磁势补偿电枢反应后，磁势还稍有余，此时发电机电压略有上升。随发电机负载电流进一步增大，电流互感器逐渐饱和，其副边输出电流不再和发电机负载电流成正比，复激绕组 W_{j2} 中的电流上升很慢，复激作用刚好能补偿电枢反应甚至不足以补偿电枢反应。因此，随发电机负载电流的增大，发电机电压保持不变甚至下降。因而随着负载电流的增大，外特性曲线 1 开始略有上升，继而变平，最后下降。正常复激时，发电机在空载和额定负载情况下的电压为额定值。曲线 2 为欠复激时的外特性，在负载电流相同的条件下，复激绕组中的电流比正常复激时小，发电机电压也比正常复激时低。曲线 3 为过复激时的外特性，在负载电流相同的条件下，复激绕组中的电流比正常复激时大，发电机电压也比正常复激时高。对于某一系统采用何种复激要视具体要求而定。

复激发电机的外特性比自激发电机的外特性有了很大改善，而且当发生短路时，由于短路电流很大，电流互感器副边输出电流很大，有强行励磁的作用。

但是这种复激电路在调整好以后，复激绕组中的电流只与发电机负载电流的大小有关，而与负载的功率因数无关。实际上发电机负载性质不同，其电枢反应的性质和效果是不同的。在负载电流大小相同的情况下，功率因数低的感性负载，电枢反应去磁作用大，阻性负载的电枢反应去磁作用小，容性负载的电枢反应起助磁作用。因此，这种复激电路不能完全补偿负载电流的电枢反应。在较为完善的复激系统中，励磁电流不仅应随负载电流的增大而增大，而且要随负载功率因数的变化而调整。

6.5.3　飞机无刷交流发电机电压的自动调节

1. 交流发电机调压器的功用

交流发电机的调压器检测发电机调节点电压，通过改变励磁机的励磁电流来实现：①自动调节发电机电压，保证其稳态与瞬态指标符合一定要求；②在多台发电机并联运行时，自动均衡发电机之间的无功负载，使各发电机之间的无功电流差保持在一定范围内；③当电网发生短路故障时，对主发电机强行励磁。这样，一方面可以提高并联工作的稳定性，另一方面使发电机短路电流大大增加，以使保护装置正确工作，从而提高电源系统的可靠性和并联工作的稳定性。

交流发电机调压器有炭片式、磁放大器式、晶体管式和集成运算放大器式。现代飞机大都采用晶体管式和集成运算放大器式的调压器，它们具有体积小、重量轻、工作可靠、性能稳定、维护方便、灵敏度和调压精度高的特点，调压误差为±(0.5～1)%。炭片式和磁放大器式调压器的调压误差分别为±5%和±2%。

2. 晶体管式调压器

1)基本原理

晶体管式调压器的基本原理可用图 6-5-8 来加以说明。图中大功率晶体管 BG 串联在励磁机励磁线圈 W_{jj} 电路中，用来控制励磁机的励磁电流。大功率晶体管通常工作在开关状态，在忽略其饱和压降与穿透电流的情况下，可将晶体管 BG 看成一个开关 K，开关频率不宜过高，否则功耗将增大，开关频率一般取 1～3kHz。图中 D 为续流二极管，在功率管截止期间，续流二极管可为励磁电流提供续流通

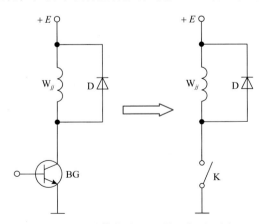

图 6-5-8　晶体管式调压器基本原理图

路,以防止功率管由导通转为截止时,在励磁绕组中产生过高的自感电势将功率管击穿,同时又可使励磁电流平滑。在功率管的控制下,励磁电流是不断变化的,功率管导通期间励磁电流将要增长,截止期间励磁电流将要衰减。

设 R_{jj} 和 L 为励磁机绕组的电阻和电感,E 为电源电压,t_1 为功率管导通时间,导迪期间的电流为 i_{on},t_2 为功率管截止时间,截止期间的电流为 i_{of},则功率管导通与截止期间的电压平衡方程式为

$$i_{on} R_{jj} + L \frac{\mathrm{d}i_{on}}{\mathrm{d}t} = E \tag{6-5-2}$$

$$i_{of} R_{jj} + L \frac{\mathrm{d}i_{of}}{\mathrm{d}t} = 0 \tag{6-5-3}$$

式(6-5-2)和式(6-5-3)的解为

$$i_{on} = \frac{E}{R_{jj}} - A\mathrm{e}^{-t/\tau}, \quad 0 \leqslant t \leqslant t_1 \tag{6-5-4}$$

$$i_{of} = B\mathrm{e}^{-(t-t_1)/\tau}, \quad t_1 \leqslant t \leqslant T \tag{6-5-5}$$

式中,$T = t_1 + t_2$;$t = L/R_{jj}$;A、B 为积分常数,利用边界条件可得 $A = E/R_{jj} \times \frac{1 - \mathrm{e}^{-(T-t_1)/t}}{1 - \mathrm{e}^{-T/t}}$,$B = \frac{E}{R_{jj}} \times \frac{1 - \mathrm{e}^{-t_1/t}}{1 - \mathrm{e}^{-T/t}}$,所以

$$i_{on} = \frac{E}{R_{jj}} \left(1 - \frac{1 - \mathrm{e}^{-(T-t_1)/\tau}}{1 - \mathrm{e}^{-T/\tau}} \cdot \mathrm{e}^{-t/\tau} \right) \tag{6-5-6}$$

$$i_{of} = \frac{E}{R_{jj}} \cdot \frac{1 - \mathrm{e}^{-t_1/\tau}}{1 - \mathrm{e}^{-T/\tau}} \cdot \mathrm{e}^{-(t-t_1)/\tau} \tag{6-5-7}$$

式(6-5-6)和式(6-5-7)给出了发电机励磁电流的变化规律。在功率管的控制下,由于励磁绕组存在电感,励磁电流按照指数规律变化。通常功率管的开关周期 $T = t_1 + t_2$(单位为 ms)左右,而励磁绕组时间常数 τ 在 0.1s 左右,即 $T \ll \tau$。因此,功率管导通时,励磁电流按指数规律增长,但其尚未增大到最大值 E/R_{jj} 时,管子便截止了;功率管截止时,励磁电流是按指数规律衰减的,同样未等衰减到零时管子便又导通了。可见,励磁电流是围绕某一平均值 I_{jj} 脉动的,如图 6-5-9 所示。

通过分步积分,可得励磁电流的平均值为

$$I_{jj} = \frac{1}{T}\left(\int_0^{t_1} i_{on}\mathrm{d}t + \int_{t_1}^{T} i_{of}\mathrm{d}t\right) = \frac{E}{R_{jj}} \cdot \sigma \tag{6-5-8}$$

式中，σ 为大功率晶体管的导通比：

$$\sigma = \frac{t_1}{t_1 + t_2} = \frac{t_1}{T}$$

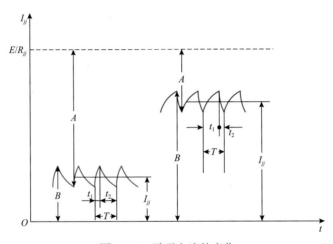

图 6-5-9　励磁电流的变化

　　可见，在功率管的控制下，励磁电流的平均值 I_{jj} 与功率管的导通比 σ 成正比。只要使功率管导通比 σ 随发电机工作状态的变化做相应改变，就可以控制励磁机的励磁电流。

　　2) 基本形式

　　由 σ 表达式可知，改变 σ 有两种途径：一是改变分子，二是改变分母。所以，晶体管式调压器有脉冲调宽式和脉冲调频式两种基本形式。

　　脉冲调宽式晶体管调压器的方块图如图 6-5-10(a)所示。测量比较电路测量发电机电压 U_F 与额定电压 U_{Fe} 的偏差并输出与该偏差成正比的电压 ΔU，该电压经调制电路调制成脉冲电压，脉冲的频率是固定的，其脉冲宽度 t_1 则与电压 ΔU 成正比，调制电路的输出脉冲经整形放大得到前后沿比较陡峭的矩形波，如图 6-5-10(b)所示，然后经功率放大控制励磁机的励磁电流。目前大多数晶体管调压器都是脉冲调宽式的调压器。

　　脉冲调频式晶体管调压器的方块图如图 6-5-11(a)所示。测量比较电路的输出电压 ΔU 也与发电机电压 U_F 的偏差成正比，这个信号电压输入振荡器，振荡器的振荡频率与电压 ΔU 成正比，振荡器的输出经脉冲发生器得到一列宽度与 t_1 相等而频率与电压 ΔU 成正比的脉冲波，如图 6-5-11(b)所示。这些脉冲波控制功率放

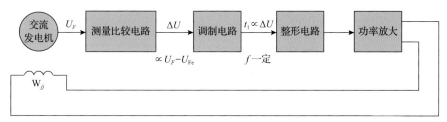

(a) 方块图

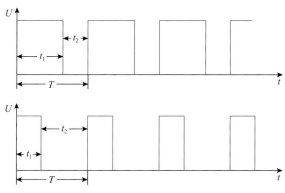

(b) 整形放大级的输出波形

图 6-5-10　脉冲调宽式晶体管调压器

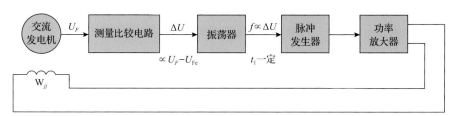

(a) 方块图

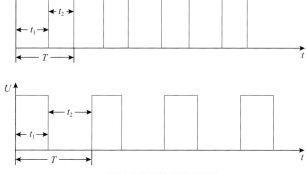

(b) 脉冲发生器输出脉冲波形

图 6-5-11　脉冲调频式晶体管调压器

大电路中的大功率晶体管的导通比，以调节发电机的励磁电流。

6.5.4　飞机交流电源的控制与保护

1. 概述

控制与保护装置是飞机交流电源系统的重要组成部分，它们的主要职能就是在操纵者的作用之下或者在得到自动装置发来的信号时，保证发电机与电网可靠地接通或者断开。具体地说，控制装置主要根据供电方式及一定的逻辑关系控制那些与发电机和电网有关的开关元件(如发电机接触器(generator contactor，GC)、汇流条联接断路器(bus tie breaker，BTB)、发电机励磁控制继电器(generator control relay，GCR)等)，以完成发电机和电网主回路的通断或转换工作。保护装置主要是检测发电机和电网的故障，通过综合将故障信号输入控制装置，从而使故障部分与整个电源系统分离，以保证安全可靠地供电。根据飞机种类及其所用供电系统的种类及要求的不同，控制与保护装置的要求也各不相同。

控制与保护装置主要有继电器型、磁放大器型以及晶体管型三种。继电器型是一种早期的控制与保护装置，其优点是结构比较简单，但它易受飞机飞行条件和工作环境等(如温度、振动、冲击和加速度等)的影响，可靠性较差，并且消耗功率大，灵敏度低，维护不便，故在现代飞机上已较少应用。磁放大器型的控制与保护装置是一种静止式控制与保护装置，其抗振性好、工作可靠、灵敏度高、受温度影响小，可在−55～125℃范围内可靠地工作，但它需要一个独立的交流电源，设备复杂，体积重量较大，而且制造工艺也较复杂，应用日益减少。晶体管型的控制与保护装置也是一种静止式控制与保护装置，目前应用最广泛。它具有体积小、重量轻、耗电少、灵敏度高、动作时间短、抗振性强、工作可靠等优点；但它存在受温度及过电压的影响大、线路复杂等缺点。

现在有不少飞机为了进一步减轻设备重量，将调压器和控制保护器组装在一起，组成复合式的调压控制保护器。随着大规模集成电路的广泛应用，数字式电子计算机的小型化及微型化，用机载电源系统计算机管理负载、监控、记忆，甚至排除故障和多路传输信号等将是今后的发展方向。

2. 单台发电机的控制

单台发电机运行时，控制保护器的控制作用包括发电机励磁控制和发电机与主回路的控制。前者通过 GCR 来实现，后者通过 GC 来实现。为了使飞机交流发电机投入电网，应先将 GCR 接通，以使发电机建压，然后将发电机接触器接通，使发电机投入电网。如欲使发电机退出电网，则应断开 GCR 和 GC。

在飞机上，GCR 和 GC 一方面可由飞行员根据飞行过程的需要直接操纵发电机励磁控制继电器开关 GCR.S 和发电机接触器开关 GC.S 来使其"通"、"断"，另一方面可根据电源系统出现故障时的故障信号来控制 GCR 和 GC 的"通"、"断"。GCR.S 和 GC.S 均设置在驾驶舱中，它们是瞬间接触的三位置开关，平时处于中立位置。

1）发电机励磁控制

对发电机进行励磁是保证发电机建压并进行正常供电的必要条件。但是，在发电机运行时可能出现故障，如短路、过电压等。当出现这些故障时，应该熄灭发电机磁场。这样做不仅可以保护发电机本身的安全，而且还可防止故障的进一步扩大，另外在飞机飞行结束或飞行过程中因特殊情况需要发电机停止供电，也要熄灭发电机磁场。所以，在发电机整个运行过程中，除了需要励磁，有时还需要灭磁。

灭磁的方法主要有两种：一种是使发电机的励磁绕组回路断开，另一种是使励磁绕组两端短路，其目的都是使励磁绕组中的电流为零，从而使磁场熄灭。

2）发电机主回路的控制

（1）单台发电机供电条件。

为了保证电源系统安全、可靠和持续地供电，GC 的"通"、"断"必须满足一定的逻辑关系，其逻辑关系如图 6-5-12 所示。

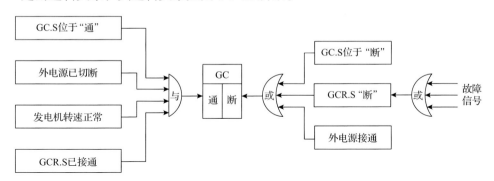

图 6-5-12　GC 动作的逻辑关系图

当然这个逻辑关系图也不是唯一的，如有的飞机在断开 GC 时，故障信号可不通过 GCR，而直接使 GC 断开，还有的电源系统不使用 GC.S 和 GCR.S 两个开关，而仅用一个发电机接通开关。

（2）发电机主回路控制电路。

带有恒速传动装置的单发电机系统的主回路控制原理电路如图 6-5-13 所示，它由 GC、GC.S、发电机接触器辅助断开继电器 J_2 和欠速保护电路等组成，由机上直流电源和稳压直流电源 E 供电。GC 的接通和断开分别由接通线圈和断开线圈来控制，并且由机械闭锁装置锁定在相应的工作状态。

当"通"线圈通电时，接触器触点闭合，同时使互锁触点转换，为"断"线

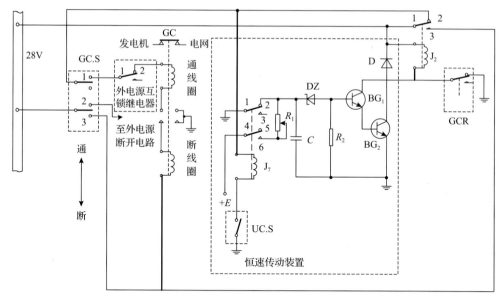

图 6-5-13   发电机主回路控制电路原理图

圈通电做好准备。要断开时，只需使"断"线圈通电，触点断开，同时使互锁触点转换，为"通"线圈通电做好准备。

电路工作情况如下：

①发电机投入电网。将 GC.S 置于接通位置时，GC.S 的活动触点分别与固定触点 1、2 接通，机上电源 28V 直流电压一路经触点 2 送出一个信号，切断外电源接触器供电回路；另一路经 J_2 的常闭触点 1-2、GC.S 的触点 1、外电源互锁继电器的常闭触点 1-2(它在接上外电源时断开)，加于 GC 的"通"线圈上，使 GC 导通，发电机投入电网。

②发电机退出电网。正常退网，只要将 GC.S 置于"断"位置，28V 直流电通过 GC.S 的触点 3 加于 GC 的"断"线圈上，使 GC 断开，发电机便退出电网；一旦故障，发电机必须退出电网时，由图 6-5-13 可见，若辅助断开继电器 J_2 动作，则 28V 直流电压可通过 J_2 的触点 1-3 加于 GC 的"断"线圈上，使 GC 断开，发电机退出电网。

J_2 动作有两种情况：一种是发电机励磁控制继电器 GCR 因有故障信号输入而断开时，GCR 的常闭触点闭合，J_2 线圈的 GCR 的常闭触点构成通路，而使 J_2 动作。因此，只要发电机励磁控制继电器一跳开，发电机接触器 GC 也就自动跳开。另一种情况是恒速传动装置输出转速低于正常转速时，GCR 虽然已经接通，但由于发电机转速低于正常转速，故不允许在该状态下将发电机投入电网运行，即不允许 GC 接通。发电机转速正常与否是由欠速保护电路来监控的。当发电机欠速时，达林顿联接的晶体管 BG_1 和 BG_2 导通，给 J_2 线圈提供通路，而使 J_2 动作。

欠速保护电路的监控作用：当发电机欠速时，位于恒速传动装置中的欠速开关 UC.S 接通，使继电器 J_7 通电工作，将常闭触点 1-2 断开，常开触点 4-6 闭合，电源电压 E 经触点 4-6、可变电阻 R_1 对电容器 C 充电，经一定时间（延时时间取决于充电回路的时间常数 R_1C）后，C 上的电压达到稳压管 DZ 的击穿电压值，将 DZ 击穿，由电阻 R_2 给晶体管 BG_1 加上正向偏置，而使 BG_1 和 BG_2 导通。对电容器 C 的充电过程实际上是个固定延时，延时的目的是防止在发动机启动或瞬变过程中引起 J_2 的误动作。转速一恢复正常，由 J_7 的常闭触点 1-2 将电容器 C 上的积累电荷释放掉。

辅助断开继电器 J_2 的主要作用是防止发电机接触器 GC 拍振。当 J_2 因故障或欠速而动作导致 GC 断开后，虽然 GC.S 置于接通位置，且"断"线圈工作时已为"通"线圈工作准备了条件，但只要故障未消失，J_2 未释放，则 GC 仍不能接通。

3. 多台发电机的控制

多台发电机的飞机电源系统，一般有两类供电方式：一类是将发电机部分或全部并联供电，如波音飞机的电源系统就是将四台发电机全部并联运行；另一类是各发电机在正常情况下单独运行，在故障情况下可自动把故障发电机的负载转接到正常运行的发电机上。后者的控制与单台发电机控制一样，在此主要介绍发电机部分或全部并联供电的控制。

1）电源系统的结构原理

某电源系统的组成如图 6-5-14 所示。它是由四台 30kV·A、风冷、二级无刷交流发电机组成的并联系统。发电机由轴向齿轮差动液压机械式恒速传动装置传动，每台发电机备有一套控制保护系统，并通过各自的 GC 接至相应的交流汇流条上，然后向各自的负载供电。发电机又通过 BTB 接至同步汇流条实行并联供电。

外电源（机场电源）经外电源插座引进，再通过外部电源接触器（EPC）和 BTB，将电能送到发电机汇流条上。外电源不得与机上发电机并联供电。

正常情况下，飞机上的直流电由变压整流器整流而得。三台变压整流器在直流汇流条上并联供电。

为了提高飞机供电的可靠性，保证安全飞行，必不可少的用电设备均由交、直流重要汇流条供电。"主电源选择开关"确保在部分发电机发生故障的情况下，可选择任一台正常运行的发电机或外电源对交、直流重要汇流条持续供电。在应急情况下，通过蓄电池开关还可由蓄电池对重要直流汇流条供电。

与单发电机电源系统的控制相比较，多台发电机并联系统的控制增加了：①BTB 的控制；②发电机接触器的"通"、"断"除应满足单发电机的逻辑动作程序，还受到并联条件的限制；③自动并联控制等项目。

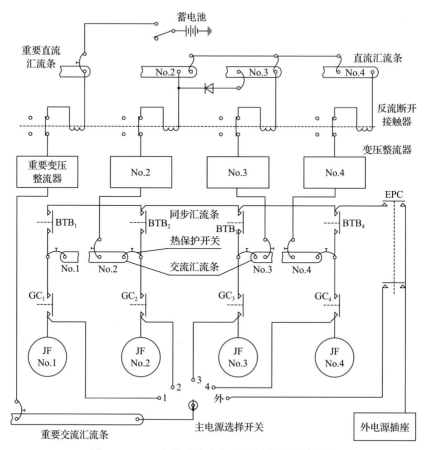

图 6-5-14　四个交流发电机并联的电源系统示例

2）BTB 的控制

为了实行并联供电，各交流发电机的汇流条通过同步 BTB 接到同步汇流条上。BTB 的结构与 GC 相同，只是功率更大。

BTB 的接通必须根据飞行员的指令来实现，即将 BTB.S 置于接通位置；而BTB 的断开，一方面可由飞行员将 BTB.S 置于断开位置来实现，另一方面在电源系统出现故障时，为了使电网故障部分与正常部分隔离开，可通过故障保护电路将故障信号送至 BTB 故障信号放大器来实现 BTB 的断开。由于 BTB 控制功率较大，通常还在故障信号放大器后加一个辅助断开继电器。汇流条联接断路器动作逻辑如图 6-5-15 所示。

3）GC 的控制

图 6-5-16 是多台发电机并联系统 GC"通"、"断"的逻辑关系图。

由于 BTB 通常处于接通状态，发电机投入电网并联，实际上由 GC 来控制。与单台发电机系统的 GC 动作逻辑关系比较可知，在 GC 接通前，首先必须经过

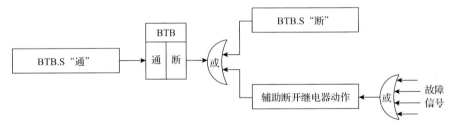

图 6-5-15　汇流条联接断路器动作逻辑图

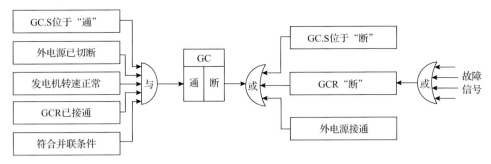

图 6-5-16　发电机接触器动作逻辑图

汇流条电压检测, 若电网上无发电机运行, 则发电机可像单台发电机系统一样直接投入电网, 若电网上已有发电机在运行, 则必须经自动并联控制线路根据自动并联的条件来控制 GC 的接通。

4. 飞机交流电源系统的故障及保护中的一般问题

通常, 飞机交流电源系统的保护项目比直流电源系统要多, 保护设备复杂。这是因为交流电源系统有其自身的特点, 而且它的容量通常也比直流电源系统大, 事故的危险性也大大增加。

在交流电源系统的运行过程中, 可能出现各种不同的故障, 有的是供电系统中各部件(如发电机、调压器等)本身的故障, 有的是系统中的线路故障, 在并联供电的系统中, 还会有分配环节中的线路故障等。故障的表现形式也是多种多样的, 有过电压、欠电压、短路、负载分配严重不均匀、过频、欠频和不稳定等。对出现的故障如不及时采取适当处理措施, 将会引起供电不正常, 甚至造成火灾等严重事故。

因为故障的种类很多, 所以必须采取各种相应的保护措施。例如, 有时应该断开 BTB, 有时应该断开 GCR 和 GC。又如, 有时应该立即动作, 有时却要延迟动作等。总之, 须对具体情况做具体分析。然而, 具体情况是很复杂的, 有时几种不同的故障其表现形式却是相同的, 如欠速故障和发电机励磁回路的短路故障, 其表现形式均为欠电压; 有时一种故障却可表现出不同的形式, 如发电机励磁回路发生短路时，在单台发电机系统和多台发电机单独供电的系统中，其表现形式为发电机端电压下降(即低电压)，而在多台发电机并联系统中，则表现为故障发电机担负的无功电流减小等。所有这些都给故障的保护增加了复杂性。但是只要各种保护项目之间协调得好，便可以达到预期的目的。对于保护装置的基本要求，除了应符合航空设备的一般要求外，还应有如下几点：

(1)任何局部的故障都不应引起整个电源系统工作不正常或损坏，而只能是迅速将故障部分与整个电网分离，以保证继续正常供电；

(2)尽量不中断对重要用电设备的供电；

(3)保护装置不应该发生误动作及拒动作。

目前，在单台交流发电机系统中的故障保护项目一般有过电压、欠电压、馈电线和发电机内部短路、欠频、过载、不稳定、电压不平衡和火警等。其中过电压、欠电压、欠频及短路保护是主要的，几乎所有电源系统都有。在多台发电机并联的系统中，还有过励磁保护和欠励磁保护等。

除上述保护项目，还有一些飞机电网的保护，如同步汇流条短路故障的保护等。但应指出，当飞机配电网(包括用电设备)产生故障时，配电网保护装置应先动作，将故障部分与整个电网隔离开，而这时电源系统保护装置则不应动作，只作为配电网保护的后备。

对于具体的飞机，以上所有保护项目不一定都有，究竟需要哪些项目，要考虑飞机的用途及性能、产生故障的可能性与危害性、保护系统的体积及重量、供电质量和供电系统的生命力等因素而定。

5. 过电压及其保护

1)产生过电压的原因及保护指标

飞机电源系统出现过电压有两种情况：一种是在发电机切除负载或排除短路故障后，由于调压器的滞后作用所产生的瞬时过电压；另一种是由于励磁系统的故障，如调压器敏感环节断线或发电机励磁电路故障，使励磁电流大大增加，在单台发电机系统中和多台发电机单独供电系统中，将使发电机的输出电压远远高于发电机的额定电压。在多台发电机并联系统中，除了会产生过电压，还有一个各发电机之间相互影响的问题。前者产生的瞬时过电压是发电机运行过程中的正常过电压，保护装置不应动作，否则就是误动作。后者则是故障状态，保护装置应该动作，否则就是拒动作。

众所周知，过电压的危害是很大的，它可能使电子设备及照明设备降低寿命，严重时甚至烧毁；它可能使电动机过速、过载。过电压越大，破坏性就越强。因此，一般电源系统都设有过电压保护装置。

通常用电设备允许的电压变化范围是额定电压的±10%，故过电压保护的低限值是由用电设备允许的最高持续电压来确定的。如果发电机调节点的额定相电压为 115V，则过电压保护的低限值为 115×110%=126.5V。必须指出，此低限值是对用电设备长期工作而言的。一般用电设备允许承受的过电压，一方面取决于过电压值的大小，另一方面也取决于承受过电压的持续时间。过电压越高，允许过电压持续的时间就越短。所以，根据用电设备在正常瞬变过程中电源系统所能产生的过电压，并考虑系统的生命力而留有一定余量的情况下可确定出过电压保护的下限曲线，如图 6-5-17 中的曲线 a 所示。过电压保护装置在此曲线以下不应该动作，否则就是误动作。

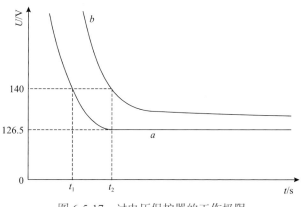

图 6-5-17　过电压保护器的工作极限

　　另外，还可以根据每一过电压值得到对应的用电设备损坏的最短时间，画出曲线 b，如图 6-5-17 所示，这就是过电压保护的上限曲线。过电压保护装置必须在用电设备损坏之前动作，也就是必须在曲线 b 以下动作，否则就是拒动，保护装置起不到保护作用。

　　从上述分析可知，过电压保护装置必须具有反延时特性，并且其时间特性应处于图 6-5-17 所示工作极限的上、下限曲线之间。例如，当系统出现 140V 过电压时，保护装置的动作时间最长不应超过 t_2，最短不应小于 t_1，而应介于 t_1 和 t_2 之间。

　　过电压保护装置的具体线路是多种多样的，下面通过例子来了解过电压保护装置的基本工作原理。

　　2)过电压保护线路示例

　　图 6-5-18 是一种采用集成运算放大器的过电压保护线路，它由敏感电路和反延时及放大电路组成。敏感电路敏感于发电机三相电压平均值，整流后经分压滤波，与稳压管 DZ 上的基准电压 U_{DZ} 进行比较。反延时及放大电路是一个由集成运算放大器组成的比例-积分电路。

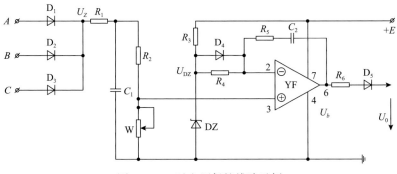

图 6-5-18   过电压保护线路示例

　　运算放大器接成差动式输入，发电机整流后的电压 U_Z 经分压、滤波后，加于运算放大器的 3 端，其 2 端输入的是基准电压 U_{DZ}。当发电机电压正常时，3 端的输入电压 U_3 低于基准电压 U_{DZ}，运算放大器处于反相输入状态，输出端 6 无信号输出，即 $U_6=0$。

　　发电机发生过电压时，3 点的电压将超过 U_{DZ}，运算放大器处于同相输入状态，输出端 6 有信号输出。运算放大器不仅能起信号放大作用，而且还起反延时作用。U_6 的增长速度与 U_3 的大小有关，U_3 越大，U_6 增长越快。在 U_6 逐渐增长的过程中，当 U_6 大于下一级电路的门槛电压时，就有故障信号输出，使 GCR 及 GC 动作。

　　在发电机出现正常的一连串瞬时过电压时，会在电容器 C_2 上积累起电荷，不及时释放，到一定程度会产生误动作。在线路中接入一个二极管 D_4，可在瞬时过电压消失后，由于 D_4 短接了 R_4 而加速 C_2 的放电，从而避免可能产生的误动作。

　　该线路的动作点电压可以通过电位计 W 来调定。

6. 欠电压及其保护

1)产生欠电压的原因及保护指标

　　飞机电源系统出现欠电压有两种情况：一种是在突然加重负载时，因调压器的滞后作用所造成的瞬时电压下降；另一种是由于励磁系统的故障，如励磁回路断路，有时也会因恒速传动装置欠速开关故障，使发电机欠速造成欠电压。前者产生的瞬时欠电压，是发电机运行过程中的正常欠电压，保护装置是不应动作的，否则就是误动作。后者则是故障状态，保护装置应该动作，否则就是拒动作。

　　欠电压的危害虽然不如过电压那样严重，但是持续的欠电压也将使用电设备不能正常工作，有些用电器会工作失灵，甚至损坏，如三相电动机在欠压时会启动困难，严重时可能烧坏。所以，一般单台发电机的电源系统和多台发电机单独供电系统中均设有欠电压保护装置，在多台发电机并联系统中也设有欠电压保护装置，但它往往是与欠励磁故障保护装置共用一个电路(这种线路一旦失效，将使欠电压和欠励磁故障均得不到保护，故有的并联系统也将欠电压与欠励磁故障分开保护)。

欠电压故障的保护指标，一般是取发电机额定电压的 90%，也就是说，当发电机电压低于额定电压的 90%时，欠电压保护装置应动作。为了在正常的瞬时欠电压时不致产生误动作，应该有一定的时间延迟，故欠电压保护装置中都设有固定延时电路，至于延时时间的长短将根据具体电流系统的要求来确定。

欠电压故障的保护装置一般采用敏感三相电压平均值的方式，但在电源系统中有电压不平衡保护时，则常采用敏感最低相电压的方式。

2)欠电压保护线路示例

(1)电路组成。

欠电压保护线路原理如图 6-5-19 所示。它由敏感电路、"非"门电路及固定延时电路三部分组成。

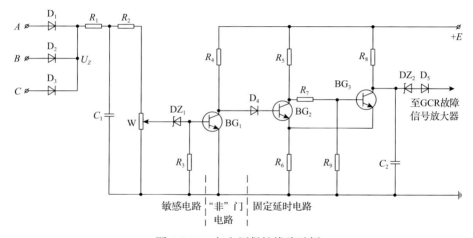

图 6-5-19　欠电压保护线路示例

敏感电路敏感三相电压平均值。晶体管 BG_1 组成"非"门电路，当 BG_1 基极输入低电位时，则在 BG_1 集电极输出高电位；反之，则 BG_1 集电极输出低电位。固定延时电路由一个射极耦合双稳态触发器(施密特触发器)和电容器 C_2 组成。触发器由晶体管 BG_2 和 BG_3 组成，在常态下，触发器的 BG_2 截止，BG_3 饱和导通，将 C_2 短接，因此电源 E 不能对 C_2 充电，当触发器翻转后，BG_2 导通，BG_3 截止，电源 E 可以通过电阻 R_8 对 C_2 充电，电容器 C_2 上的电压按指数规律上升。固定延时电路的延时时间，在忽略 BG_3 的饱和管压降和 R_6 上的射极电压(因为 R_6 的数值是不大的，故射极电压可以忽略)的情况下，主要取决于电阻 R_8、电容器 C_2 的数值和稳压管 DZ_2 的击穿电压。若设 DZ_2 的击穿电压为 U_{DZ2}，则延时时间 t 为

$$t = R_8 C_2 \ln \frac{E}{E - U_{DZ2}}$$

式中，E 为直流电源电压。

(2)电路工作原理。

发电机电压正常时，整流电压 U_Z 经分压后，在电位计 W 的活动触点取出的电压高于稳压管 DZ_1 的击穿电压，DZ_1 被击穿，BG_1 的基极输入高电位，所以其集电极输出低电位，并加在 BG_2 的基极上。此时，触发器不翻转，保持这种稳定状态。C_2 被 BG_3 短接，线路无故障信号输出。

发电机发生欠电压故障时，W 上取出的电压不足以击穿 DZ_1，BG_1 截止，在其集电极输出高电位。此高电位加于 BG_2 的基极，使触发器翻转，BG_3 解除了对 C_2 的钳位，电源电压 E 通过电阻 R_8 向 C_2 充电，经过一定时间的延时，电容器 C_2 的电压达到 DZ_2 的击穿电压值，将 DZ_2 击穿而输出故障信号，经放大后，使 GCR 及 GC 动作。欠电压保护的动作电压可由电位计 W 来调定。值得注意的是，这里的动作电压是指欠电压保护装置动作的最高电压。

当发电机电压发生正常的瞬时欠电压时，也能使触发器翻转。但由于固定延时电路的作用，C_2 上的电压不能马上达到击穿 DZ_2 的数值，所以不会输出故障信号，瞬时欠电压一旦消失，触发器马上翻转到正常时的稳定状态，BG_3 将 C_2 短接，C_2 通过 BG_3 和 R_6 迅速放电，所以 C_2 上不会积累电荷，因而也不会产生误动作。

7. 发电机内部短路故障及差动保护

1)发电机内部短路故障产生的原因

发电机内部最严重的故障是发电机定子绕组发生相与地、相与相之间的短路。短路故障通常是由振动、磨损及战斗损伤引起的。发生短路故障后，将产生很大的短路电流，短路电流及其产生的电弧不但会破坏绝缘，而且会烧毁线圈和铁心，严重时甚至可能引起火灾。因此，对于发电机内部短路故障保护的要求是，故障一旦发生，应迅速切断发电机励磁电路(即 GCR 动作)和发电机与外电路的联接(即 GC 动作)。发电机实际运行的经验表明，故障发电机在短路后 0.02～0.06s 内就从电网上切除。

到目前为止，差动电流保护器一直是对发电机内部和馈电线(馈电线就是指发电机出口接线端到包括 GC 在内的主电路)短路进行保护的较好方法。所以，无论是大型运输机还是小型的歼击机一般均采用这种方法。

2)典型差动保护线路的工作原理

发电机内部短路故障是采用瞬时动作的纵向差动保护装置来保护的，其典型的差动保护电路原理如图 6-5-20 所示。

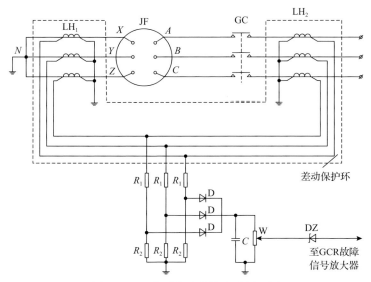

图 6-5-20　典型差动保护电路原理图

　　该线路的敏感电路由六个相同的电流互感器、三个相同的电阻 R_1、三个相同的电阻 R_2 及三个相同的二极管 D 组成。六个电流互感器以三个为一组分为两组，置于短路保护区的两端，敏感保护区两端的电流差，构成差动保护环。一组电流互感器 LH_1 置于发电机中线侧；另一组电流互感器 LH_2 置于 GC 之后(在并联供电系统中置于同步 BTB 之后)。在这两组电流互感器之间的范围称为短路保护区。在保护区内出现短路故障时,差动保护线路应立即输出信号至 GCR 故障信号放大器，切断 GCR，同时断开 GC。若在差动保护区外出现短路故障，差动保护电路不应动作。

　　为了便于分析电路的工作原理，取出一相电路，如图 6-5-21 所示。图 LH_1 和 LH_2 应这样联接：它们的副边应顺向串联，即电流互感器为异极性相接，串联成闭合回路。

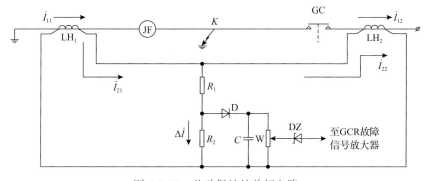

图 6-5-21　差动保护的单相电路

在正常情况下，LH_1 和 LH_2 原边流过相同的电流，即发电机输出的负载电流，$\dot{i}_{11} = \dot{i}_{12}$。如果两电流互感器的变比相同，则互感器副边电流也应相等，即 $\dot{i}_{21} = \dot{i}_{22}$。这时没有差动电流流经由 R_1 和 R_2 组成的分压器，即 $\Delta i = 0$，故没有信号输出。

若在差动保护区内任一 K 点处产生对地短路，则发电机输出端电流几乎全部直接由短路点 K 流回接地点而不经 LH_2 原边，这时 $\dot{i}_{21} > \dot{i}_{22}$，即 $\Delta i \neq 0$，在分压器上输出一正比于 Δi 的信号，经二极管 D 整流，电容器 C 滤波加于电位计 W 上，当这一信号足够大时，击穿稳压管 DZ，输出故障信号，使 GCR 动作，同时 GC 也动作。

正常情况下，对于由电流互感器构成的差动保护环，只有在电流互感器的参数完全对称的情况下，才能使差动电流为零。而实际上，电流互感器的参数不可能完全一致。因此，即使在正常情况下，差动电流也不会为零。但为了防止误动作及提高线路灵敏度，则必须尽量减小由参数不平衡引起的差动电流值。因此，要求同名相中的电流互感器的特性尽量对称，即它们的比差与角差尽可能接近于零。

至于差动保护的动作点（即保护装置动作的最小差动电流），要根据发电机的容量、发电机过载能力、电流互感器可能达到的精度及差动保护环的具体接线等情况来确定，通常低于发电机的额定电流值。调整电位计 W 可改变差动保护装置的动作点。

8. 过载及其保护

1) 对过载保护的要求

从发热的观点出发，发电机的过载是受到限制的。然而，发电机过热保护主要考虑发电机的热状态，而发电机的热状态不仅与它的负载有关，而且与周围的介质条件有关，并且所有的过热保护装置一般来说其反应都是相当缓慢的。因此，过热保护装置并不能代替过电流保护装置（即过载保护装置）。

当发电机容量不能适应机上用电设备的容量或出现某些故障（如发电机内部短路等）未能及时消除时，都会引起发电机过负载，特别是后者所引起的过负载更为严重。因此，有些飞机还采用过载保护装置来限制不允许的过载。

通常用限制发电机励磁电流的方法来限制过载，所以有时过载保护也称为励磁高限保护。励磁高限保护是敏感发电机励磁绕组两端的电压或励磁机励磁绕组两端的电压。因此，励磁高限保护还能起到过电压和过励磁保护的后备作用。在发生过电压或过励磁故障，由于某种原因过电压或过励磁保护装置没有动作时，励磁高限保护装置可以起到保护作用，同时对发电机内旋转整流器故障也能起到一定的保护作用。

励磁高限保护装置必须满足：

（1）三相短路发生在调压器的强激电流互感器作用范围内，励磁高限保护装置应动作。

（2）在正常的转速和电压下，敏感电路敏感到相应于 154%～195%额定电流的过载范围内的励磁绕组端电压时，经固定延时后，励磁高限保护装置应动作。

2）励磁高限保护线路及其工作原理

图 6-5-22 为一励磁高限保护线路原理图，它由故障敏感电路和放大及固定延时电路等组成。图中 U_j 为发电机励磁绕组两端的电压。

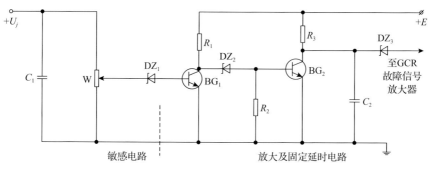

图 6-5-22　励磁高限保护线路原理图

在正常情况下，发电机励磁绕组两端的电压 U_j 经电容 C_1 滤波、电位计 W 分压后，不足以击穿稳压管 DZ_1，因此晶体管 BG_1 是截止的。BG_1 的集电极输出高电位，将稳压管 DZ_2 击穿。DZ_2 击穿后，给晶体管 BG_2 的基极加上正向偏置，使 BG_2 饱和导通，将电容器 C_2 钳至地电位，线路无信号输出。

当发电机过电流时，经调压器的作用使励磁电流超过正常值，励磁绕组两端电压也将升高，升高到一定值时，在 W 上取出的电压信号将 DZ_1 击穿，此时 BG_1 由截止变为导通，其集电极输出低电位，不能将 DZ_2 击穿。晶体管 BG_2 由于基极电位的降低将由饱和导通变为截止状态，在其集电极输出高电位，解除对电容器 C_2 的钳位，这时电源电压 E 将通过电阻 R_3 给 C_2 充电，电容器 C_2 上的电压按指数规律上升，上升至一定值时，击穿 DZ_3 而输出故障信号，使 GCR 动作，同时断开 GC。

对于一些瞬时的冲击电流，由于励磁绕组的惯性，实际上 U_j 并不能反应，即使有所反应，由于有固定延时，故不致引起保护线路的误动作。

固定延时电路的时间常数由 R_3C_2 确定，过载保护的动作点可由电位计 W 来调定。

9. 转速(频率)故障及其保护

1)转速故障的产生及危害

飞机发电机一般都由飞机发动机驱动,有的中间有恒速传动装置,有的则只有一般的减速器。当传动装置发生故障时,发电机就可能出现超速和欠速现象,即出现过频和欠频故障。频率的故障除影响自动控制设备的正常工作,还会引起其他电磁设备工作的不正常。如过频故障将引起旋转用电器的过速,长时间的过速会造成机械损伤,如欠频故障将引起电磁器件的磁负荷增大,致使它们过载,甚至过热烧毁。因此,在发生过频和欠频故障时,必须有保护装置,将发电机从电网上切除。在带有恒速传动装置的系统中,超速故障在恒速传动装置中有保护措施,使恒速传动装置在超速时自动脱扣而停转,因此发电机不必再对过频进行保护。在不带恒速传动装置的系统中,一般对过频和欠频均有保护。

为了防止在发电机正常运行时的过渡过程中保护装置产生误动作,在保护装置动作前要有一定的延时。还必须指出,频率故障一般都是由传动装置的故障引起的,故在发生频率故障时,只需断开 GC,而 GCR 不应动作,以保证在故障排除后,发电机能及时接入电网。

过频保护和欠频保护的基本原理是一样的,但由于过频故障的危害不像欠频时那样严重,故过频保护在一般飞机上用得较少。

2)欠频保护线路示例

(1)电路组成。

图 6-5-23 为一种欠频保护线路的原理图。它要求在电源频率低于 360Hz 时经

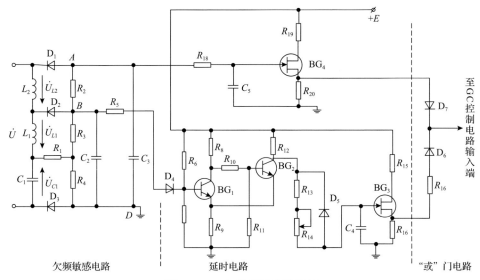

图 6-5-23　欠频保护线路示例

一定延时动作，或低于 320Hz 时，几乎不经延时（即很短的延时）动作，断开 GC。线路大致可以分为欠频敏感电路、两个延时电路和"或"门电路四个部分。

欠频敏感电路主要由一个电感和电容串联的电压谐振回路构成。电感器 L_1 与电容器 C_1 串联回路的谐振频率为 360Hz，而电感 L_1 和 L_2 与电容器 C_1 串联回路的谐振频率 320Hz。

一个延时电路是由单结晶体管 BG_4 构成的触发电路，由于电容器 C_5 充电回路的时间常数较小，故延时是很短的。另一个延时电路是在单结晶体管 BG_3 构成触发电路前还有一级开关放大器，这个开关放大器是由晶体管 BG_1 和 BG_2 组成的施密特触发器，正常时的稳定状态是 BG_1 截止、BG_2 饱和导通，将电容器 C_4 上的电压钳位于一定值。由于 C_4 充电回路的时间常数较大，故延时较长，延时时间可以通过可变电阻 R_{14} 来调节。

"或"门电路由二极管 D_6 和 D_7 组成，两个通道中只要有一个有信号输出，就能触发 GC 控制电路中的可控硅导通而断开 GC。

（2）工作原理。

由电工基础知识可知，电感和电容串联回路中，电感上的电压和电容上的电压是反相位的。当回路谐振时，电感上的电压和电容上的电压大小相等、方向相反。若电源频率大于谐振点频率，则电路呈感性，且电感上的电压大于电容上的电压。若电源频率小于谐振点频率，则电路呈容性，且电感上的电压小于电容上的电压。

当电源电压的频率 f 正常（即高于 360Hz）时，$U_{L1}>U_{C1}$。从敏感电路可以看到，U_{L1} 与 U_{C1} 分别经二极管 D_2、D_3 半波整流后，B 点的电位将低于 D 点的电位，也就是 B 点相对于地是负电位，因此 B 点没有信号输出。A 点的电位比 B 点更负，所以 A 点也没有信号输出。"或"门电路的两个通道均无信号输出，不能触发可控硅而使 GC 断开，欠频敏感电路中，电容器 C_2 和 C_3 为滤波电容器。

当电源电压的频率等于 360Hz 时，$U_{L1}=U_{C1}$，所以经半波整流后，B 点电位等于地电位，A 点仍为负电位，故欠频保护线路仍不能动作。

当电源电压的频率低于 360Hz 而高于 320Hz（即 320Hz$<f<$360Hz）时，则 $U_{C1}>U_{L1}$，但 $U_{C1}<U_{L1}+U_{L2}$，所以经半波整流后，B 点的电位将高于 D 点的电位，使 B 点相对于地成为正电位，此时在 B 点有信号输出。A 点的电位仍低于 D 点的电位，没有信号输出。

B 点的正电位经电阻 R_5、二极管 D_4 加于施密特触发器的晶体管 BG_1 的基极上，使触发器电路翻转成另一个稳定状态，BG_1 导通、BG_2 截止，解除了对 C_4 的钳位。电源电压 E 经电阻 R_{12}、R_{13}、R_{14} 对 C_4 充电。当 C_4 上的电压 U_{C4} 上升到大于单结晶体管 BG_3 的峰点电压 U_{F3} 时，BG_3 导通而输出脉冲信号。该脉冲信号触发下一级的可控硅导通，而将发电机接触器 GC 断开。

二极管 D_5 的作用是加速 C_4 的放电。在电源电压的频率出现瞬时欠频时，在电容器 C_4 上将积存电荷，如不及时释放，保护装置容易产生误动作。在频率正常时，由于 D_5 短接 R_{13} 和 R_{14}，C_4 可通过 D_5、BG_2 及 R_9 加速释放所积存的电荷。

当电源电压的频率等于 320Hz 时，则 $U_{C1}=U_{L1}+U_{L2}$，A 点电位等于地电位，B 点电位仍是正电位，线路工作情况同上述过程一样，若电源电压频率继续下降，低于 320Hz 时，则 $U_{C1}>U_{L1}+U_{L2}$。这时，A 点电位高于地电位。A 点的正电位通过电阻 R_{18} 给电容器 C_3 充电，当 C_3 上的电压大于单结晶体管 BG_4 的峰点电压 U_{F4} 时，BG_4 导通而输出脉冲信号，将下级可控硅触发导通，使 GC 断开。电源电压频率越低，A 点电位越高，延时越短。与此同时，虽然 B 点也有正电位输出，但该通道延时较长，不等它输出脉冲，GC 就已经动作了。

欠频保护线路动作点的频率是由电压谐振回路的谐振频率决定的，也就是取决于谐振回路的参数，即电感与电容的大小。

10. 电压不平衡保护及火警保护

1）电压不平衡保护

（1）产生电压不平衡的原因及其危害。

在飞机交流电源系统中，正常情况下，由于发电机制造工艺上的保证、电网正确地敷设及用电设备的合理配置，发电机的三相电动势和三相负载基本上都是平衡的（即对称的）。实际上在发电机运行过程中，很难保证三相中各相负载的大小及功率因数经常保持相等，所以这将引起电压的不平衡；在某些非正常运行情况下，如飞机由于单相熔断器熔断、振动或战斗负伤而发生开相（即某相断线），接触不良和不对称短路（如相地短路）时，就会出现三相电压的严重不平衡现象。

三相电压严重不平衡的系统是无法正常运行的，它将引起以下不良后果：

①三相电压严重不平衡必然会使有的相电压过高，有的相电压过低，但采用敏感三相电压平均值的过电压、欠电压保护线路还不能动作。这样，单相负载上的电压长期偏离额定值，这对用电设备不利。

②异步电动机启动力矩减小，除顺向转矩，还出现一个与逆序电压平方成正比的逆向转矩，使净力矩减小。

③电机转子的热状态加重，由于逆序磁场感应出的电流使转子发热，容易使电机过热甚至烧坏。

④三相整流器输出电压中出现频率较低的电压脉动，如桥式三相整流器在正常平衡电压下，输出电压中最低脉动分量频率为电源频率的 6 倍，而在电压不平衡时，输出电压中出现频率与电源频率相等的脉动分量。这样，按 6 倍电源频率设计的滤波器，就不能有效地滤除这种欠频脉动分量，将影响某些电器的正常

工作。

由以上分析可见，在飞机电源系统中，有必要对电压不平衡进行保护。应当指出，电压不平衡度不大时，上述的不良影响并不严重。通常认为，电压不平衡度不应大于 4%。

电压不平衡度是指电压的逆序分量 U_2 与顺序分量 U_1 之比，即 $(U_2/U_1) \times 100\%$。

(2)电压不平衡保护线路。

电压不平衡保护线路也比较多，目前采用的大多是敏感零序分量的保护电路。图 6-5-24 所示线路就是利用敏感不平衡电压的零序分量来进行保护的。

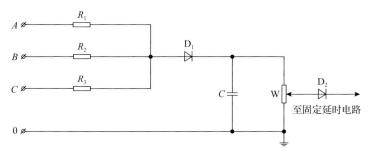

图 6-5-24　电压不平衡保护线路

对于图 6-5-24 所示的敏感电路，虽然电源系统的三相电动势 $\dot{E}_A$、$\dot{E}_B$、$\dot{E}_C$ 是平衡的，但由于开相或不平衡短路等原因，敏感点 A、B、C 端的电压 $\dot{U}_A$、$\dot{U}_B$、$\dot{U}_C$ 不平衡，由于电阻 R_1、R_2 和 R_3 是相等的，既是平衡负载，又有中线，故中性点 O' 将相对于 O 点发生位移，如图 6-5-25 所示。

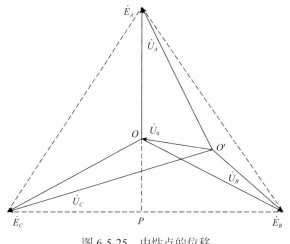

图 6-5-25　中性点的位移

图 6-5-25 中 $O'O$ 即三相不平衡电压的零序分量 $\dot{U}_0$，其值为

$$\dot{U}_0 = \frac{1}{3}\left(\dot{U}_A + \dot{U}_B + \dot{U}_C\right)$$

$\dot{U}_0$ 即三相不平衡电压的零序分量。

从图 6-5-24 的线路可见，$\dot{U}_0$ 经二极管 D_1 峰值整流后加于电位计 W 两端，从 W 的活动触点输出故障信号，经固定延时后，向控制电路发出动作信号。

当三相电压平衡时，没有零序分量存在，故线路无故障信号输出。

不平衡电压保护的动作点，可通过电位计 W 来调定。

值得指出的是，这种电路虽然也对开相起保护作用，但它的开相保护区只是在敏感点以前，对于敏感点以后的开相，则不能起保护作用。

2）火警保护

飞机上的火警保护比较简单，通常用热敏元件来敏感发动机舱内的温度。当发生火灾时，发动机舱温度升高，热敏元件给飞行人员发出警告信号，飞行人员只要扳动火警开关，接通直流电源，经一定延时，断开 GCR，同时 GC 也断开，将发电机从电网上切除。

本 章 小 结

飞机主电源主要有低压直流电源、恒频交流电源、变频交流电源、混合电源和高压直流电源等类型，其中高压直流电源代表了飞机电源的发展方向。

蓄电池是飞机电源的重要组成部分，其基本结构通常由若干个单体电池串联而成，每个单体电池都由正极、负极和电解液三部分组成。放电时，将化学能转化为电能，充电时将电能转化为化学能。蓄电池的结构和组成决定了其充放电特性，即充放电过程中，蓄电池的电动势、端电压、内电阻、容量等物理量的变化规律。而充放电特性又直接影响蓄电池的技战术性能。蓄电池的常见故障有自放电、内部短路、极板硬化等，在使用过程中应按照规程，尽量避免故障的产生。

电能变换设备是飞机上二次电源、备用电源等设备的主要组成部分。飞机上的电能变换设备很多，按照设备有无旋转部件可以分为旋转型和静止型两大类。旋转变流机实际上是将直流电变换成交流电的电动机-发电机组，静止变流器是将飞机上的直流电转变为相应电压及频率交流电的静止电能变换设备。变压整流器的作用是将 115/200V、400Hz 交流电转换为 28V 的低压直流电。

低压直流电源系统作为现役飞机广泛采用的主电源，通常由 1 台或几台直流发电机与蓄电池并联向飞机汇流条供电。为了保证供电电压的稳定性，需要对发电机的输出电压进行调节。本章介绍了振动式调压器和炭片调压器的组成、结构和调压原理，讨论了两台直流发电机并联供电负载分配的规律和均衡措施。直流电源系统常见故障有反流故障、励磁故障和短路故障，为了保障电源和用电设备的正常工作，必须采用相应的措施进行控制与保护。高压直流电源系统作为多电飞机的一个重要选择，目前已在部分先进飞机上装备，本章对其进行了简要介绍，内容包括结构、保护、并联以及特点。

恒速恒频交流电源系统主要由交流发电机、恒速传动装置、电压调节装置、控制与保护装置组成。供电方式有单台发电机供电、多台发电机单独供电和多台发电机并联供电。本章主要介绍了恒速传动装置的基本形式；无刷交流发电机的结构原理，通过旋转整流器实现了电机的无刷化；研究了晶体管式调压器的基本原理、基本形式，脉冲调宽式调压器的组成、结构和工作原理；飞机交流发电机的并联运行；交流电源系统常见故障包括过电压、欠电压、馈电线和发电机内部短路、欠频、过载、电压不平衡和火警等，为了保证电源系统和用电设备的正常工作，必须采用相应的措施进行控制与保护。

习　　题

1. 现代飞机主电源有哪几种？其发展趋势是什么？需要解决的核心问题是什么？
2. 低压直流电源系统的特点是什么？
3. 恒速恒频主电源的特点是什么？
4. 恒频交流电源有哪几种形式？它们产生的机理有何不同？
5. 飞机上采用的恒速传动装置有哪四种常用的形式。
6. 飞机交流发电机励磁的种类有哪两大类？主要要求是什么？
7. 航空蓄电池的作用是什么？如何进行分类？
8. 蓄电池的电动势是如何产生的？
9. 铅蓄电池的放电电压特性具有什么特征？为什么？
10. 铅蓄电池的主要故障及产生的原因是什么？
11. 铅蓄电池的放电电压与哪些因素相关？
12. 充好电后的银锌蓄电池，其正、负极板和电解液的物质是什么？
13. 旋转整流器主要有哪几种形式？各自的特点是什么？
14. 单台直流发电机电源系统由哪些部分组成？
15. 发电机和蓄电池并联工作时，负载如何分配？取决于什么因素？
16. 炭片调压器由哪几部分组成？简述其工作原理。
17. 简述带有炭片调压器的均衡电路的组成及其工作过程。
18. 直流电源系统短路保护的要求是什么？具体实施过程中应注意哪些问题？
19. 多台直流发电机并联供电系统，简述发电机主接触器 GC 接通和断开的条件。

20. 简述三级式无刷交流发电机的组成及工作原理。

21. 三级式无刷交流发电机的优点有什么？

22. 调压系统应具备哪些功能？

23. 晶体管式调压器的基本工作原理是什么？

24. 脉冲调宽式晶体管式调压器由哪四部分组成？

25. 为什么交流发电机实现并联供电难度大？要实现并联，必须满足什么条件？

26. 发电机和电网相关的开关元件主要有哪些？

27. 控制与保护装置主要有哪些型式？各有何特点？其发展方向是什么？

28. 飞机交流电源系统的控制与保护装置的职能是什么？

29. 单台交流发电机运行时，控制保护器的控制作用包括哪两个方面？

30. 单台交流发电机供电系统，发电机主接触器 GC 接通的条件是什么？

31. 飞机交流电源系统的故障表现形式主要有哪些？

32. 飞机交流电源系统产生欠电压故障的原因是什么？其表现形式有什么不同？

33. 何谓发电机内部短路故障？通常采用什么方法进行保护？

34. 电压不平衡故障产生的原因及危害是什么？

第7章 飞机配电系统

飞机配电系统的主要功能是将飞机电源系统所产生的电能传输并分配至机载用电设备，同时保证配电系统出现故障时，防止故障蔓延。电能的传输线路称为飞机电网，电网中电能的汇集处称为汇流条。配电方式分为集中式配电、混合式配电和分散式配电三种。供电电网有开式、闭式和混合式三种。针对不同机型，飞机配电控制主要有常规配电控制、遥控配电控制和固态配电控制三种控制管理方式，其中固态配电控制是飞机配电控制发展的趋势。本章主要研究飞机配电系统的配电方式，重点讨论配电系统的控制与电网的保护，飞机电气综合控制系统结构、组成和工作原理。

7.1 飞机配电系统布局

飞机电网的分布取决于飞机用电设备的分布，当前飞机大部分设备与系统均需用到电能，因此飞机电网几乎遍布于飞机全身。

7.1.1 对飞机配电系统的要求

根据飞机配电系统工作特点，其设计与装配需满足以下技术要求：

(1) 在飞机正常和应急工作状态下，配电系统应具有将电能从电源传输到用电设备的高可靠性，特别要保证用于安全返航设备的连续供电；

(2) 个别电源(发电机)发生故障或导线断路、短路时，配电系统仍能保持继续工作的能力，并能限制故障的发展，将故障产生的影响限制在最小范围之内；

(3) 质量轻，尤其对于采用低压直流电网的飞机，其电网电压低、电流大、导线粗，减轻电网质量更需采取必要措施；

(4) 易于安装、检查、维修和维护；

(5) 要采取滤波和屏蔽设施，减少对电子和通信设备的电磁干扰；

(6) 为消除飞机上的静电干扰，飞机上各金属部分应有良好接触(电连接使之成为一个整体)，并需安装静电放电器。

7.1.2 电网的线制

在采用直流电源系统的飞机上，配电系统采用单线制或双线制。

单线制电网如图 7-1-1 所示。发电机和用电设备的正端采用导线，飞机的金属壳体作为负线。它的优点是：电网导线少、质量轻、安装和维护方便。其缺点是任一导线与机壳接触，都会发生短路故障，因而对导线绝缘的要求高。

双线制电网如图 7-1-2 所示。发电机与用电设备正负端均采用导线。它的优点是导线与飞机壳体接触不会发生短路，因而可靠性比单线制好；缺点是在传输功率和电压降相同的条件下，电网因使用导线多而比单线制重。

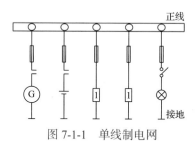

图 7-1-1　单线制电网　　　　　　　　图 7-1-2　双线制电网

双线制在早期飞机电网上使用得较普遍，因为当时供电线路不长，且机身多是木质结构或混合结构。现代飞机，双线制只用于电网局部，一般用于设备负线不能与飞机壳体有可靠电接触的场合，如某些飞机发动机上的电气附件。在单线制电网的飞机中，特别重要的用电设备可采用双线，以防止这类用电设备有误动作的可能。

交流供电系统，有单相和三相两种电网。单相交流电网有单线制和双线制两种，与直流电网的单线制和双线制类似。三相电网是目前飞机上应用最多的一种电网，有三种接线形式，即以飞机壳体为中线的三相四线制电网(图 7-1-3)；中线不接地的三相三线制电网(图 7-1-4)以及飞机壳体作为第三相导线的双线电网(图 7-1-5)。图中标号 1、2 分别表示单相用电设备和三相用电设备的连接方法。

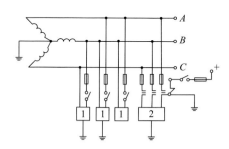
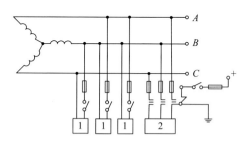

图 7-1-3　三相四线制电网　　　　　　图 7-1-4　中线不接地的三相三线制电网

现代飞机广泛采用以飞机壳体为中线的三相四线制电网，其特点是可获得两种电压，即相电压 115V 和线电压 200V。实际应用中，应尽量使连接在各相上的负载相等，以保持三相系统的对称。而在大量采用复合材料作为飞机构件后，飞机壳体的局部(或较大部分)将不再是金属结构，飞机壳体将不能替代导线来起到输送电能的作用。

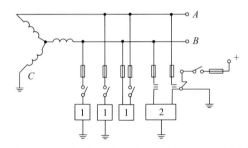

图 7-1-5 飞机壳体作为第三相导线的双线电网

7.1.3 配电方式

飞机配电系统的配电方式可分为集中、混合和分散三种。

集中式配电的原理电路如图 7-1-6 所示。发电机、蓄电池、地面电源插座均接到唯一的电源汇流条上，然后由它直接将电能送到用电设备。集中式配电系统中，电源和用电设备的控制和保护都设在有电源汇流条的中央配电盘内，配电盘位于空勤人员附近。其主要优点是当一台发电机损坏时，用电设备仍能由其他发电机继续供电，且电网操作维护方便。因此，这种配电方式在直流配电系统中仍有广泛应用；而缺点是配电系统重量大，中心配电装置笨重，一旦受到损坏，所有用电设备均断电。

混合式配电的原理电路如图 7-1-7 所示。在这种系统中由电源产生的电能都输送给中心配电装置，一般系统的电源汇流条均设置于此装置中。除中心配电装置处，系统还设分配电装置，它们安装在飞机的不同部位。各用电设备可分别就近从上述配电装置获取电能；而一些大功率用电设备一般由中心配电装置供电。这种配电系统可大大减小导线用量，简化中心配电装置，减轻其重量。但只要中心配电装置遭到破坏，全部用电设备的供电立即中断，与集中式配电类似。目前这种配电方式广泛用于中型飞机。

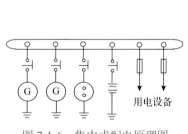

图 7-1-6 集中式配电原理图

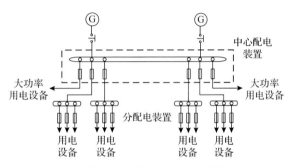

图 7-1-7 混合式配电原理图

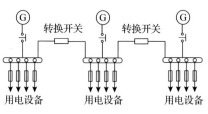
图 7-1-8　分散式配电原理图

分散式配电原理电路如图 7-1-8 所示。系统中各发电机不并联运行,即每个电源各自的电源汇流条和用电设备汇流条互不并联,但能转换。分散式配电方式适用于电路分支多、用电设备连接导线截面较大的场合,尤其在有两台发动机的飞机上得到广泛应用,如当前有两台发动机的民用飞机几乎都采用这类配电方式。由于其电源不并联运行,控制保护简单,系统可靠性高,但有可能出现"拍频"干扰。这种配电方式广泛应用于交流配电系统中。

飞机配电系统重量通常是其电源系统重量的好几倍,大型飞机更是这样。减轻配电系统重量可以增加飞机的有效载荷和航程。一般机载设备增加 1kg,飞机就要增加 3~4kg 的重量,包括飞机结构因素、发动机和燃料的增重等。

总之,配电方式对系统的供电可靠性和连续性以及与之有关的飞机战斗生存力等重要技战术指标有较大影响。

7.2　飞机配电系统的控制与保护

飞机配电系统控制按照控制方式可分常规配电控制、遥控配电控制和固态配电控制。

7.2.1　配电系统的控制

1. 常规配电控制

常规配电控制的配电中心安装在座舱内,空勤人员能直接操纵和控制,控制装置采用了诸如继电器、接触器、断路器、限流器等机电式配电设备。由于发电机馈电线必须从发电机端敷设到驾驶舱,再从驾驶舱返回到机身中部的负载中心,因而主馈电线又长又重。

某常规配电控制系统的布局如图 7-2-1 所示。系统主电源将交流电源系统中发电机的输出功率加到一个或多个主交流电源汇流条上,再按下述方式分配电力:

(1)通过用电设备汇流条直接向不重要的交流用电设备提供 115/200V 交流电;

(2)把电输送到交流重要用电设备汇流条和(或)应急交流电源汇流条,由它们向保证安全飞行必不可少的交流用电设备提供 115/200V 交流电;

(3)把电加到变压整流器上,再通过主直流电源汇流条向不重要的直流用电设备提供 28V 直流电;

(4)通过直流重要用电设备汇流条和(或)应急直流电源汇流条向保证安全飞行必不可少的直流用电设备提供 28V 直流电。

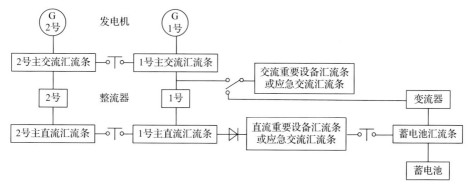

图 7-2-1　交流电源系统常规配电系统布局

通过转换措施，可使应急电源向重要用电设备汇流条和(或)应急电源汇流条供电，以及使外电源向机上用电设备供电。

因飞机用电量大，常规配电控制将使电缆重量大的矛盾突出。一般飞机驾驶舱部分的用电量只占总用电量的 25%左右，而常规配电控制需将全部电力先输送到驾驶舱，再从驾驶舱控制器返回机身中部的负载中心，这显得十分不合理。

2. 遥控配电控制

一些中大型飞机，其配电系统已采用了遥控配电控制。

遥控配电控制是对不用于座舱的那部分电力进行遥控，其配电中心置于机身中部。由于主馈电线只需敷设到飞机中部，可大大减轻电网重量。图 7-2-2 比较了常规配电控制与遥控配电控制配电系统电网电缆线路的布局。

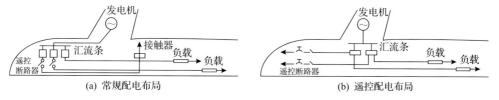

图 7-2-2　常规配电布局和遥控配电布局的结构示意图

遥控配电控制的关键配电设备是遥控断路器。在 20 世纪 80 年代前，都采用老式遥控断路器，由空勤人员操作，遥控断路器线路要接于驾驶舱中的指示/控制装置，所以还需将控制信号线路引入座舱。虽然导线总重量有所减轻，但导线总长度反而比常规配电控制有所增加。

3. 固态配电控制

20 世纪 80 年代后，研制出了新型遥控断路器。采用微处理器来实现控制和监测功能，并与计算机化的总线管理综合，实现了采用多路传输技术和微处理器的遥控配电控制，其布局如图 7-2-3 所示。由于采用了多路传输技术，电线长度和重量将进一步减小；由于采用微处理器来完成所要求的控制和监控功能，提高了配电系统的效率和可靠性；由于用键盘控制器和显示器取代了众多的指示/控制装置，也缓和了驾驶舱控制板上设备的拥挤程度。

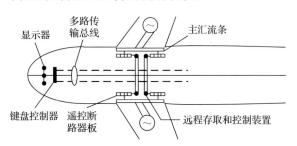

图 7-2-3 采用多路传输技术和微处理器的遥控配电布局

此种遥控配电控制需建立电气多路传输系统，由数据处理机、远程终端、数据总线、固态功率控制器、控制/显示装置等部件组成。

在电气多路传输系统中，由电气负载管理中心的固态功率控制器来控制负载的接通和断开。数据处理机将按程序和飞行、供电状态来确定接通或断开相应的负载以及在故障情况下重新配置供电系统。为了提高向关键飞行负载供电的可靠性，可给电气负载管理中心配备备份电源(如蓄电池)，或者由两个电气负载管理中心向同一个关键飞行负载供电。此配电控制，其负载的接通与断开是直接由固态功率控制器来实现的，故称其为固态配电控制。

固态功率控制器是固态配电的核心技术，是由半导体器件构成的智能开关装置，集继电器控制和断路器保护功能于一体，能快速接通和断开电路。它有以下较为突出的优点：无触头、不产生电弧，高空性能好；无机械磨损，故障率低；采用智能芯片，过载时可以按反延时特性"跳闸"；设有电气隔离措施，抗干扰能力强；此外，由于固态配电系统采用微型计算机进行负载的自动控制和管理，全部或部分代替了飞行员的操作，减轻了飞行员的负担；利用微处理器来完成控制和监控功能，提高了配电系统的效率和可靠性。固态配电现已逐步应用到先进飞机供电系统中。

7.2.2 飞机电网的保护

飞机电网保护是指飞机供电系统出现过载或短路状态时对电线(电缆)的保护。

飞机电气设备使用不当，电机、电器、电线等电气设备的绝缘老化，受机械损伤或战斗损坏等原因，都可能使电网发生短路或过载。电网短路时将出现很大的短路电流，随之产生大量热量和很大的机械力，致使设备损坏，供电中断，甚至造成事故。飞机上，电线会产生电弧，将使电弧处金属熔化或燃烧，从而出现间歇性故障，这是极具危险的故障。虽然短路电流平均值不大，但发生火灾的可能性却很大。所以，必须设置电网保护装置，当发生故障或出现不正常工作状态时，将故障部分迅速切除。

1. 对电网保护装置的基本要求

根据飞机电网工作特点，其保护装置的基本要求如下：

(1)可靠性，要求保护装置在电网发生短路故障或不正常状态时，能够正确而可靠地工作；

(2)选择性，电网发生故障时，保护装置应只切除故障部分，而保证其他电网继续正常运行；

(3)动作的快速性，保护装置切除故障动作要迅速，以防止事故蔓延扩大，减轻其危害程度；

(4)准确性，保护装置保护动作发生的参数指标要与故障参数指标协调，能实现正确的保护动作，而不发生误保护、误动作；

(5)灵活性，对保护范围内所出现的故障或不正常状态有足够的反应能力。

除此之外，还要求保护装置简单可靠，使用和维护方便。同时，在飞机工作环境条件变化时，保护装置的特性要有一定的稳定性。

2. 飞机电网的保护装置

飞机电网的保护装置的功用是在电网发生短路或过载时起保护作用，切断短路或过载电路，但不能防止短路或过载的产生。由此可见，电网保护装置可以对已发生的短路或过载起保护作用，使电气系统中的故障电路被隔离，使各种电气设备、装置和线路免遭损坏。

电网短路保护是指当电网发生短路时能自动切除故障部分，且只切除故障部分，而不影响电网其他线路正常工作，这就涉及保护装置的选择性。图 7-2-4(a)为一简单电网，A 点发生短路，短路电流将从电源(发电机)经过线路 L_1、L_2、L_3 流到短路点 A。当短路电流值大于保护装置 K_1、K_2 和 K_3 的动作电流值时，三套保护装置将都动作，断开网络。这种保护没有选择性，起不到仅切除故障部分的作用。

按保护装置选择性要求，上述情况应使离故障点最近的保护装置 K_3 动作，而保护装置 K_2 和 K_1 不动作。使保护装置动作具有不同的延时，如 $t_1 > t_2 > t_3$，如图 7-2-4(b)所示，就可满足选择性要求。这是按时间原则调定选择性保护的一种方法，其工作可靠，原则上适用于任何电力系统。但保护装置较复杂，需配自动保护开关(断路器)和延时继电器。

保护装置的选择性，也可用电流原则调定来实现，如图 7-2-4(c)所示，图中

$i_1 > i_2 > i_3$。此方法接线简单、动作迅速。但实际上，用一种方法时，并不总能获得保护的选择性。因此，在实际情况中，通常将以上两种保护方法组合起来使用。

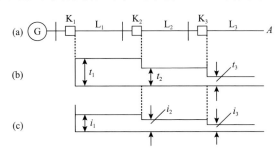

图 7-2-4　按时间原则和电流原则的选择性保护电路图

飞机电网保护装置，根据工作原理可分为两种基本类型：

(1)最大电流保护装置。当网络中的电流超过规定值时，保护装置才动作。它又有具有时延特性和不具有时延特性(速断)两种。

(2)差动电流保护装置。比较电网被保护部分始端和末端电流(纵向差动保护)或比较两个具有相同参数的并联线路各自的电流(横向差动保护)，差值超过规定数值时，保护装置立即动作，没有延时。差动电流保护装置主要用于飞机交流电网，尽管这类保护装置反应迅速，但由于结构复杂、重量大等，在直流电网中没能得到实际应用。

飞机直流电网中广泛使用的保护装置有熔断器(熔体)和热断路器(双金属自动开关)。这两类保护装置都具有反延时特性，即断开或熔断的动作时间与通过的电流成反比，如电流越大，断开时间越短。它们都属最大电流保护装置，用来保护馈电线和用电设备。最大电流保护装置的特性一般都用电流-时间特性曲线来表示。

选择最大电流保护装置的基本要求是最大限度地利用被保护对象(馈电线或用电设备)的热性能。保护装置应在被保护对象的温度达到极限允许值时才断开，起到保护作用。

正确地选择热保护装置必须知道被保护对象的允许过载与过载允许时间等特性参数，即被保护对象的电流-时间特性曲线(即热特性曲线)。这种特性曲线通常要由被保护对象的发热(温升)试验来确定。

有了被保护对象的电流-时间特性曲线，就不难选择最适合的保护装置。当被保护对象与保护装置的电流-时间特性曲线完全重合时，保护装置就是保护对象的理想防热保护模型。

实际上，由于保护装置的电流-时间特性曲线与被保护对象的热特性很难重合，而且它们周围的介质条件也各不相同，两者的完全重合是不可能的。

如果保护装置的热惯性接近于被保护对象的热惯性，就可以选择保护装置的额定电流等于或略大于被保护对象的额定电流。

对于小惯性或者无惯性的被保护对象，如照明装置和仪器仪表等，可采用惯性小的保护器。

对于直流电动机，其启动电流可达到3～8倍的额定电流值，常采用惯性熔断器或热断路器。由于惯性熔断器和热断路器的构造简单，且工作可靠，故在飞机上得到广泛应用。

在飞机交流供电系统中，对于单相、三相电网(馈电线)的保护，可以使用直流电网保护中所采用的熔断器和热断路器。目前，已有专为交流电网用的单相(115V、200V)自动保护装置和三相(200V)自动保护装置。后者当一相过载时，三相电路都将被断开。

对于瞬时动作保护和定时动作保护，可采用磁断路器，它是带触点的电磁机构。可以手动使之闭合，当流过绕组中的电流超过临界电流(规定值)时，由该电流产生的电磁力使电磁铁衔铁动作，从而使触点断开。这种保护装置通常称为高限保护装置。如果在电路中装上延时继电器或延时电路，可组成定时磁断路器。

7.3　飞机电气系统综合控制管理技术

飞机电气综合控制系统由电源系统处理器(power system processor，PSP)、电气负载管理中心(electric load management centre，ELMC)、远程终端(remote terminal，RT)等组成。

7.3.1　飞机电气综合控制系统结构

飞机电气综合控制系统可分为集中式控制、分布式控制和集散式控制。

集中式控制是传统的飞机电气系统控制模式，其优点是系统重量轻、成本低、结构简单、便于信息的分析和综合、容易实现整个系统的最优控制。但存在三个主要问题：

(1)需大量传感器信号线连接到中央控制器，所以系统的容错性差，可靠性差，可维护程度低；

(2)由单台计算机控制众多回路，一旦计算机发生故障，将导致整个系统全面瘫痪；

(3)系统性能较差。

分布式控制系统结构如图7-3-1所示，其中，ELMC是智能型的电气负载管理中心，负责其周围负载的控制与管理，系统数据总线用于在ELMC/GCU(发电机控制器)之间传递状态和传感器信息。其优点是：

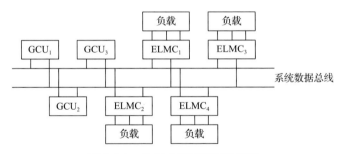

图 7-3-1　分布式控制系统结构图

（1）ELMC 具备故障诊断能力，系统容错率较好；

（2）系统的硬件和软件采用开放式、标准化和模块化设计，系统易于扩充，同时也易于维修；

（3）系统结构采用容错设计，系统的可靠性高。

但是，这种系统必须考虑通信协议和层次结构，以使系统协调工作。

集散式控制系统如图 7-3-2 所示，与分布式控制系统有所不同的是增加了 PSP。系统中 ELMC 负责局域负载的管理和控制，并具有一定的自检测能力。PSP 则对整个系统进行全面的管理与控制。这种方式把集中和分散控制集合起来，各个工作单元既可以独立完成任务，工作单元之间又可通过数据总线传递各种信息而协调工作，以完成系统的总体功能和优化处理。系统具有通用性强、组态灵活、控制功能完善、数据处理方便、显示操作集中、安装简单规范、调试方便、运行安全可靠等特点。因此，选择集散式系统作为飞机电气综合控制系统的方案较为适宜。

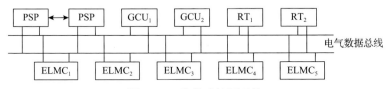

图 7-3-2　集散式控制系统

7.3.2　飞机电气综合控制系统硬件

SSPC 是由半导体器件构成的智能开关装置，用于接通断开电路，实现电路保护和接收前级计算机的控制信号并报告其状态信息。功能与传统的机械式热自动开关、熔体与继电器串联的组合器件及其他控制保护器相似，而性能则大大优于传统的装置，能快速接通和断开电路，不产生电弧，高空性能好，特别适合于航空应用；内部没有活动部件，无机械磨损，故障率低，可靠性高；过载时按反延时特性"跳闸"，保护电气负载设备和线路；有智能芯片的 SSPC，反延时可以采用软件编程来实现;设有电气隔离措施,抗干扰能力强。SSPC 是 270V 直流配电系统的主要器件,由 SSPC 构成的自动配电系统称为固态配电系统。SSPC 的应用,为自动配电技术和高压直流电气系统的发展创造了条件。

PSP 用于对整个电源系统进行控制。在正常状态,它从电气综合控制系统的其他终端接收状态数据,从航空电子系统接收请求命令。根据这些信息,PSP 计算出负载管理优先级、电源系统和配电系统的结构布局并解算出电源请求方程,然后向 ELMC、RT 发送合理的控制命令,实现系统的正常操作。

ELMC 是具有局部处理能力的智能终端,它从关键用电设备汇流条获得电力,对周围的负载进行控制和管理。其主要功能有:①控制 SSPC、ELMC 的智能终端从 PSP 接收电源请求命令,并向 SSPC 发送通断命令,实现对负载的管理;②控制继电器,根据用电设备汇流条电压控制继电器的切换动作,保证供电质量;③向 PSP 传送状态信息,ELMC 的智能终端监测自身及 SSPC 状态,并把结果发送给 PSP;④接收数据总线上的数据,是数据总线远程终端,其总线接口单元对总线数据进行监测,若数据正确,则向总线控制器返回表示数据正确的响应字。

RT 主要对主电源汇流条的电压进行监测,对外部电源进行控制。RT 的主要功能为:①监测主汇流条的电压,RT 中的模数转换器分别对主交流汇流条、主直流汇流条、主蓄电池汇流条的电压进行采样,并把采样数据发送给 PSP,以便 PSP 对整个电气系统的布局进行规划;②监测蓄电池和变压整流器的电流,判断两者是否满足飞机负载的要求;③控制外部电源,电气综合控制系统可以根据实际情况设置若干个远程终端。其中,有 1 个远程终端专门负责控制外部电源,对外部电源质量进行监测,并对 EPC 进行控制。

飞机电气系统数据总线,先进飞机电气系统都采用 MIL-STD-1553B 总线。所有总线传输都采取总线控制器到终端或者终端到总线控制器方式。系统中两个 PSP 之一作为总线控制器。

从系统容错角度出发,PSP 和数据总线作为关键任务部件都应设有三余度。

7.3.3 飞机电气综合控制系统软件

1. 飞机电气综合控制系统软件需求

按功能划分,配电自动化综合控制顶层软件可分为应用软件、支持软件和系统软件三部分,软件层次结构如图 7-3-3 所示。

1)应用软件

应用软件直接面向用户,是为解决特定项目问题而编制的程序(包括数据)。它与用户所需的功能息息相关,不同用户需求,其应用软件也不同。飞机配电自动化控制系统应用软件总目标是实现电气负载的自动控制和管理。应用软件的主

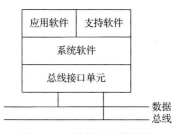

图 7-3-3　软件层次结构图

要功能应包括系统布局初始化、控制指令处理、状态显示刷新、接收信息处理、发送信息处理、供电请求处理、负载自动管理、逻辑信号仿真和实时数据存储。

应用软件受系统软件控制调度，系统软件为应用软件提供与硬件资源的接口。应用软件可以脱离系统硬件独立编程，系统硬件的修改也不会影响应用软件的使用。

2）支持软件

支持软件是开发与运行应用程序所需的辅助性软件，如开发软件、生成软件等。

3）系统软件

系统软件是应用程序正常运行所必需的环境。一般与应用对象无关，主要面向计算机硬件，如操作系统、数据库管理系统以及通信系统等。

2. 飞机电气综合控制系统软件容错原理

容错技术是处理不可预知软硬件故障的一种方法。随着计算机应用领域的不断扩大及硬件价格的降低，计算机软件可靠性显得越来越重要。一旦软件出现故障，若不采取相应保护措施，产生的后果及造成的经济损失将无法估量。

容错的目的是确保一个或多个错误或故障不会导致设备或系统失效。错误可以定义为不正确的状态，而故障则可定义为设备、系统或算法出错。系统不按规定的方式运行，便会出现故障。软件故障多在设计和编码过程中出现。软件容错技术是用以提高软件程序规避设备或系统失效的能力。

3. 飞机电气综合控制系统软件结构

根据飞机配电系统结构，飞机电气综合控制系统软件主要包括 PSP 软件、ELMC 软件和 RT 软件。

1）PSP 软件

PSP 软件可分为执行软件和应用软件，它们之间的关系如图 7-3-4 所示。PSP 的执行软件是硬件和 PSP 应用软件之间的接口。设计应用软件时，不必考虑硬件结构和操作；同样，硬件修改也不会影响应用软件的正常工作。PSP 执行软件的主要功能包括控制 PSP 应用软件、输入/输出处理、控制数据总线。PSP 应用软件的主要功能是处理系统控制命令，对电气系统进

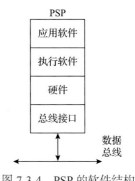

图 7-3-4　PSP 的软件结构

行初始化、监测电气系统等。

2)ELMC 软件

ELMC 软件也分为执行软件和应用软件两部分。其中,执行软件为 ELMC 硬件和应用软件之间的接口,设计应用软件时不必考虑硬件的结构,硬件的修改也不会影响应用软件。ELMC 的执行软件和 PSP 的执行软件大致相同,仅不具备总线控制器功能。

3)RT 软件

RT 软件也分为执行软件和应用软件。RT 的执行软件与 ELMC 的执行软件基本相同。RT 的应用软件有以下功能:接收数据总线上的数据、监测主电源汇流条、发送 RT 状态数据、监测 EPC 的状态。

计算机技术的发展产生了系统的综合控制与管理,在飞机电气系统中,随着电力电子和微电子技术的发展,固态器件取代了传统的机电式、触点式继电器和接触器,这种固态器件可以用计算机进行控制。固态配电方式取消了众多的离散信号控制线,由计算机通过多路传输数据总线传递控制信号和状态信息,固态功率控制器对用电设备进行控制和保护,由座舱内的综合显示装置显示系统状态。固态配电方式的配电系统可采用分布式汇流条配电方案,飞机座舱中无须设置中心配电装置,用电设备就近与配电汇流条相连。这种配电方式,由计算机全部或部分替代飞行员的操作,进行负载控制和管理,减轻了飞行人员的负担。对于飞机电气系统,综合控制与管理技术既可用于高压直流电源系统,也可用于其他类型的飞机电源系统,既能用于固态配电系统,控制电气负载管理中心中的固态功率控制器,也可用于常规配电系统,检测普通的继电器与接触器。

固态配电技术是飞机电气系统实现综合化控制的基础。这种配电方式具有电网重量小、工作可靠、高度自动化等一系列优点,现正为各国所重视。国外从 20世纪 60 年代就开始研究固态配电技术,它是以计算机为中心,通过多路数据总线和固态或混合式功率控制器构成的新型配电系统,现称为飞机电气综合控制系统。飞机电气综合控制系统有以下优点:

(1)电网重量小,配电汇流条设置在用电设备附近,电源至用电设备间的馈电线可取尽量短的路径,并显著地减少了控制线;

(2)具有容错供电的能力,即供电系统出现故障后仍能向用电设备供电;

(3)实现了负载自动管理,自动协调电源所能供给的功率和用电设备所需的功率,有效地提高了电源的利用率,有秩序地加载与卸载,避免了多个大容量负载同时突加或突卸,改善了供电品质,减轻了飞行人员的负担,避免了误操作引起的事故,缩短了负载监控时间;

(4)固态功率控制器具有接通/断开负载、实现电路故障保护和提供开关状态信息的功能,保护作用通过直接检测电流来实现,而不是采用热保护方式,改善

了保护选择性;

(5)计算机资源共享,一旦其中一台计算机失效,其工作可由其他计算机分担,保障系统连续运行;

(6)具有自检测功能,实现地面维护自检和飞行中周期性自检,提高了维修性和飞机出勤率。

本 章 小 结

飞机配电系统由输电线路、供配电管理装置、保护设备和检测仪表等设施组成。本章介绍了配电系统的配电方式、飞机配电控制方式。当飞机供电系统出现过载或短路状态时,通常采用最大电流保护装置和差动电流保护装置对电线(电缆)进行保护。固态配电技术的发展,使飞机电气系统实现综合化控制成为可能。飞机电气综合控制系统由电源系统处理器、电气负载管理中心、远程终端等硬件和相应的软件组成,按照系统的控制方式不同,分为集中式控制、分布式控制和集散式控制。

习 题

1. 交流供电系统的三相电网有哪几种接线形式?
2. 飞机配电系统的配电方式可分为哪四种方式?
3. 集中式配电系统的优点是什么?
4. 配电系统的控制形式有哪三种常用形式。
5. 固态配电有哪些特点?
6. 对电网保护装置的基本要求是什么?
7. 飞机电网的保护形式有哪两种基本类型?

第8章 飞机电气控制系统

飞机发动机从静止状态加速到能独立工作的转速状态，从而产生动力，这一过程称为发动机的启动过程。要启动发动机，必须做到：①用启动机产生启动力矩来克服发动机的静力矩；②利用点火系统将进入燃烧室的油气混合气点燃。对于第一步，目前常由启动发电机带动发动机转子转动，或由启动电动机启动燃气涡轮启动机，再由燃气涡轮启动机启动发动机。而点火方式目前常采用电点火，这些均属于发动机电气控制的范畴。

除此之外，飞机上很多操纵工作需由电气设备完成，飞机操纵系统电气控制主要包括平尾纵向操纵系统、副翼横向操纵系统和方向舵航向操纵系统的电气控制。对飞机环境、灯光和告警等系统也需要进行控制。现代飞机为了掌握各种非航空电子系统的状态，采用非航电监控处理机(non-avionics monitoring processor, NAMP)对这些系统进行监控管理和数据采集及故障检测，同时实现非航空电子系统和航空电子系统之间的数据传送。

8.1 航空发动机电点火系统

航空发动机正常工作时，燃烧室内的燃油空气混合气燃烧产生热能，为飞机提供动力。发动机启动时，为了使燃烧室进入工作状态，需要把燃油空气混合气点燃，点燃通常采用电嘴产生火花放电的方法完成。为了向电嘴提供电能，设置了点火装置，电嘴和点火装置组成点火系统。本节主要介绍航空电嘴的功用、类型和特点，重点阐述典型发动机点火系统的组成和工作原理。

8.1.1 概述

1. 电火花点燃混合气的基本原理

电嘴进行火花放电时，使火花处的一小团燃油空气混合气加热升温，当其温度达到燃点，就燃烧形成火焰核，火焰核充分成长作为火种，使混合气点燃起来。

电嘴装在燃烧室内，电火花直接点燃混合气的，称为直接点火，它需要的火花能量大。电嘴装在预燃室(或点火器)内，电火花把预燃室内的混合气点燃形成火焰，再从预燃室喷射出来的火舌把燃烧室内的混合气点燃，称为间接点火，它需要的火花能量小。

能使混合气燃烧的最低温度，称为它的着火温度。混合气的着火温度不仅和混合气的种类有关，还和混合气的状态有关。例如，混合气的流速越大，着火温度越高。混合气的初始温度比着火温度低得多，所以它需要吸收一定的热能才能燃烧。能将一个最小混合气团点着，并能使其形成的火焰在燃烧室(或预燃室)刚好能传播所需要的点火能量，称为最小点火能量。

这个能量和许多因素有关，如混合气的速度、温度、压力、浓度和燃油的雾化程度等。发动机点火时，只有实际的电火花能量大于最小点火能量，才能使混合气可靠点燃。

2. 点火系统的分类

点火装置用来把飞机上的直流或交流电压变成高压脉冲，加到电嘴上使其产生火花放电，根据点火装置向电嘴提供火花能量的方式，点火系统分为电感式点火系统和电容式点火系统。电感式点火系统的火花能量由电感线圈的磁场能转换而来；电容式点火系统的火花能量由电容器的电场能转换而来。电容式点火系统的单个火花能量大，一般在 0.2J 以上，所以又称高能点火系统。

电感式点火系统和电容式点火系统又可分为高压和低压两种类型。

8.1.2 航空电嘴

根据电嘴的结构、材料和放电特点，航空电嘴大致可分为四种：火花电嘴，在电极间的气隙中进行火花放电；电蚀电嘴，在喷镀金属粒子的绝缘体表面进行火花放电；半导体电嘴，在半导体表面进行火花放电；沿面电嘴，在绝缘体表面进行火花放电。

1. 火花电嘴

火花电嘴的基本结构如图 8-1-1 所示，它主要由中心电极、绝缘体、耐热水泥、防波套、壳体等组成。中心电极为正极，壳体(侧电极)为负极，正负极间是空气隙，火花放电在空气隙内进行。电嘴的绝缘体由矾土陶质材料制成。电嘴的中心电极与旁极的距离为 2～3mm，击穿电压约为 11kV。

1)电极间火花的产生

在紫外线和 α、β、γ 射线等自然因素的作用下，电极间气隙中总会产生一些带电粒子(正负离子和电子)。由于自然因素较弱，一般空气中每立方厘米只有1000～2000 个带电粒子，所以空气可作为电介质。

在电极间未加电压时，气隙中的带电粒子和中性粒子(原子、分子和分子团)一样，做无规则的热运动。当电极间加电压时，带电粒子在电场力的作用下定向运动，电路中有电流通过，如图 8-1-2 所示。当气隙中的全部带电粒子都参加定向运动时，电路中的电流依旧很小，仍可认为气隙是不导电的。

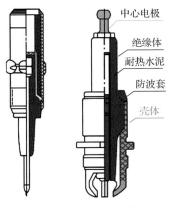

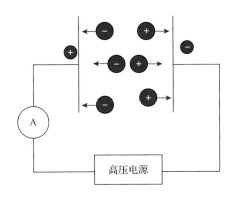

　　　图 8-1-1　火花电嘴的结构图　　　　　图 8-1-2　电极间带点粒子运动示意图

　　随着电极间电压升高，带电粒子的运动速度增大。当自由电子的运动速度和动能足够大时，便能和气隙中气体的中性粒子发生碰撞而使其电离，即一个高速电子和中性粒子碰撞时，由于其动能大于中性粒子的电离能，便使中性粒子分离成一个新的电子和正离子。碰撞后，原来的电子和新生电子在电场力的作用下一同加速，当它们的速度足够大时，又能和中性离子发生碰撞电离。这样连锁式发展下去，气隙中带电离子的数量雪崩式地增加，整个极间气隙形成连续的电离通道，成为导体，称为气隙击穿。

　　气隙击穿主要是由自由电子和中性粒子碰撞电离引起的，正负离子对碰撞电离不起重要作用。但是，正离子以较大的速度冲击阴极(负极)引起的电子发射，也促进气隙击穿。

　　气隙击穿后，气隙中发生多种强烈电离作用，除电子的碰撞电离，还发生热电离和光电离。在阴极上发生多种电子发射。这样气隙的导电作用很强，通过较大电流(该电流受外电路参数限制)，使电极气隙中的温度急剧升高，发出明亮的火花。同时，由于高温电离通道周围气体的膨胀，发出噼啪的声音。

　　2) 影响击穿电压的因素

　　刚能使电极间气隙击穿的电压称为击穿电压，它的大小和多种因素有关。

　　气隙击穿主要是高速电子碰撞电离引起的，所以影响击穿电压的因素主要是影响电子运动速度的因素。

　　(1)电极距离和气体密度。

　　电极间气隙中的电子在电场中加速运动时，不断和中性粒子相碰撞。碰撞时电子的动能被损耗掉，速度几乎降为零；碰撞后，电子重新加速，直到第二次碰撞为止。从第一次碰撞到第二次碰撞，电子经过的距离称为电子自由行程。电子和中性粒子碰撞的运动速度决定于气隙中电场强度和电子自由行程。气隙电场强度和电极间的距离有关；电子的自由行程与气体的密度有关。所以，气隙击穿电压随电极距离的增加和气体密度的增加而增大。

在温度一定的情况下，气体密度取决于气体的压力。表示击穿电压 U_j 和电极距离 d、气体压力 P 关系的帕邢定律如下：

$$U_j = \frac{BPd}{\ln\left(\dfrac{APd}{\ln\left(1+\dfrac{1}{r}\right)}\right)} \tag{8-1-1}$$

式中，A、B、r 在特定的情况下是常数；P 为气体压力。关系曲线 $U_j=f(Pd)$ 如图 8-1-3 所示。在温度一定的情况下，在 Pd 值的一定范围内，U_j 与 Pd 近似成正比。当 P 过小时，碰撞机会很少，所以 U_j 又升高，如图 8-1-3 中曲线左半部所示。

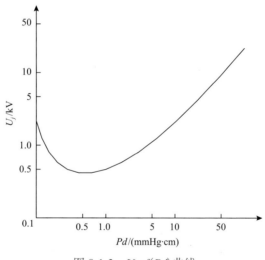

图 8-1-3　$U_j=f(Pd)$ 曲线

(2)电极的形状和极性。

气隙中电场不均匀时的击穿过程和电场均匀时不同。不均匀时，首先在电场最强的地方局部电离，为气隙提供大量的带电粒子，然后发展到整个气隙击穿，所以 U_j 低。电场越不均匀，U_j 越低。火花电嘴气隙中的电场很不均匀，不均匀程度与电极形状有关，所以电极形状影响 U_j。

当电嘴的两个电极形状不同时，U_j 还与电极的极性有关。例如，有两个电极，一个是针形，一个是柱形，如图 8-1-4 所示。当针形电极为正极，柱形电极为负极时，击穿电压低；而当电极的极性相反时，击穿电压高。

当电极间加上电压时，在针形电极附近电场最强。随着极间电压升高，碰撞电离首先在这里发生，产生电子和正离子。电子质量小，速度快，很快飞向正极；

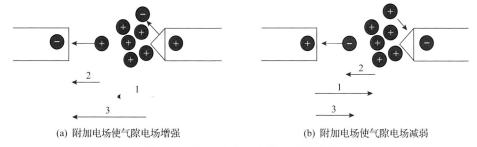

(a) 附加电场使气隙电场增强   (b) 附加电场使气隙电场减弱

图 8-1-4　附加电场对气隙电场的影响

而正离子质量大，速度慢，迟迟到不了负极，因此在针形电极尖端附近形成正离子堆，又称空间电荷。空间电荷在气隙中形成的电场称为附加电场，它使气隙电场畸变，如图 8-1-4 所示。当针形电极为正极时，附加电场使气隙中电场加强，使气隙击穿所需要的极间电压低；当针形电极为负极时，附加电场使气隙中电场削弱，使击穿电压升高。所以不能随便调换电极极性。

另外火花电嘴的击穿电压还与电极的材料、温度和表面状况有关。

(3) 火花电嘴的积碳。

电嘴的中心极和旁极间有两条并联电路，一条经过电极间的气隙，另一条经过绝缘体，如图 8-1-5 所示。电极间绝缘体的电阻称为分路电阻，以 $R_分$ 表示。从绝缘体上流过的电流称为泄漏电流，以 $I_分$ 表示。$I_分$ 的存在一方面使高压电源加到电极间的电压降低，另一方面消耗一部分能量，使电嘴上的火花能量减小。$R_分$ 主要与绝缘体表面的状况有关，随表面上的积碳或水汽的增多而减小。正常情况下，$R_分$ 在几兆欧以上，而积碳严重时，$R_分$ 将极大地降低。

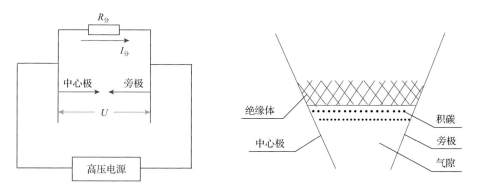

图 8-1-5　电极间的等效电路

2. 电蚀电嘴

电蚀电嘴的结构如图 8-1-6 所示。壳体、电极和绝缘体分别由不锈钢、银和矾土陶质材料制成。在电嘴端部，两电极和绝缘体平齐，都呈圆环状，电极之间的距离为 0.7～1.1mm。绝缘体的环状光滑表面上喷镀了许多银粒子。

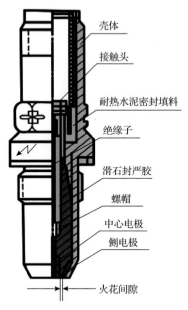

壳体

接触头

耐热水泥密封填料

绝缘子

滑石封严胶

螺帽

中心电极

侧电极

火花间隙

图 8-1-6　电蚀电嘴的结构

电嘴端部喷镀在绝缘体表面上的银粒子，彼此之间被绝缘体和空气隔开，每个银粒子相当于电容器的一个极板，两个相邻的银粒子就构成一个微电容器，于是表面上构成许多微电容器。因为银粒子大小不等且分布不均匀，所以这些微电容器的电容量不等，耐电击穿的能力也不同。在中心电极与侧电极之间的微电容器，可以等效成许多并联支路，每条支路中的各电容器相互串联，如图 8-1-7 所示。

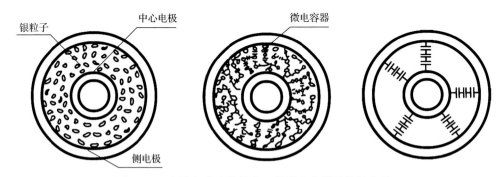

图 8-1-7　电蚀电嘴绝缘体表面的微电容器及等效电路

当电极间加上电压时，绝缘体表面的微电容器都被充串。一条支路中相串联的电容器分配到的电压与其电容量成反比，电容量小的分配到的电压高。当电极间的电压升高到一定数值时，有的微电容器首先击穿，使电压重新分配，未被击穿的电容器的电压相应提高。这样又有若干微电容器击穿。如此反复进行，一直到串联支路中所有微电容器都被击穿。这时，绝缘体表面就被击穿，沿表面进行强烈的火花放电。

因为电极间的绝缘体表面是逐次分段击穿的，所以电蚀电嘴的击穿电压较低，一般都小于 1500V。

电蚀电嘴击穿电压的大小与绝缘体表面的银粒子数量有关。在发动机工作过程中，绝缘体表面的一些银粒子会被烧掉，使电嘴的击穿电压升高，以至于点火装置提供的电压不能使电嘴击穿。所以在点火燃烧前、后，都要对电嘴进行"获能锻炼"，以补充被烧掉的银粒子。

电嘴的"获能锻炼"，只是让电嘴发火，而不喷油燃烧。在电嘴放电过程中，绝缘体的表面气层被电离产生大量正离子，它们以较大的速度轰击负极，致使电极材料飞溅。飞溅出来的银粒子有一部分喷镀在绝缘体的表面，使表面上的银粒子得到补充。

电蚀电嘴具有以下性能特点：

(1) 工作可靠性高。电蚀电嘴的击穿电压低，它对电嘴的积碳污染不敏感。

(2) 高空性能好。电蚀电嘴的击穿电压虽然也随气体密度的减小而降低，但影响很小。由于电嘴的表面放电在绝缘体的光滑表面与气体的交界面进行，微电容器的击穿电压基本不受气压的影响，所以气体密度对击穿电压的影响不显著。

3. 半导体电嘴

半导体电嘴的基本结构如图 8-1-8 所示，它主要由中心电极、壳体、绝缘体和半导体塞组成。半导体塞是以陶瓷材料为基础，掺入一定比例的半导体材料制成的。通常采用的半导体材料有二氧化钛 (TiO_2)（又称金红石）、氧化亚铜 (Cu_2O)、碳化硅 (SiC) 等。根据半导体塞的材料配方和制作工艺，可以制成不同的电嘴。

半导体塞中的 TiO_2，事先在还原介质中加热被部分还原，成为电子型半导体材料。半导体电嘴的结构如图 8-1-9 所示。

半导体塞介于中心电极和壳体之间。它的电气性能是：有明显的导电性，材料结构不均匀，不同部位的导电性不同，具有负的电阻温度系数。

在高能点火系统中，半导体电嘴的电压来自系统中的储能电容器。当电极间加上较高电压时，便在半导体塞内部和表面产生电流。因为电嘴端部的极间距离小，所以电流主要从端表面通过。半导体塞表面电流主要集中在导电性能好的某一导电通道上。电流通过半导体表面的导电通道时，使通道发热，温度升高，致使通道的电阻减小。这样，通道的电流又增大，致使通道电阻进一步减小。如此循环作用下去，两极间的全部放电电流几乎都集中在半导体塞端表面某一狭窄细

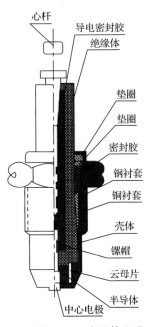

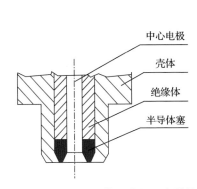

图 8-1-8　半导体电嘴的基本结构　　　　图 8-1-9　半导体电嘴

丝状导电通道上。

导电通道的温度不断升高，当温度达到某一数值时，表面的半导体材料开始蒸发。这时的温度称为临界温度。半导体材料蒸发形成的蒸气层附着在半导体塞表面。在蒸气层中，由于热电离而产生大量带电粒子，电离度很大，耐电强度降低。如果电极间的电压大于蒸气层的击穿电压，就会在电嘴表面形成火花放电。这时，电嘴的表面放电间隙，相当于阻值为 $35\sim75\mathrm{m}\Omega$ 的一个小电阻。

可见，半导体电嘴的表面火花放电分为两个阶段：第一阶段(即准备阶段)，从电嘴通电开始，到电嘴端表面形成电离度很高的半导体材料蒸气层；第二阶段(即火花放电阶段)，在半导体材料蒸气层中产生火花放电。

8.1.3　电感式点火系统

电感式点火系统有高、低压两种，前者由高压点火线圈和火花电嘴配套；后者由低压电感线圈和电蚀电嘴配套。两种点火系统的工作原理和工作过程相同，本节结合高压电感式点火系统来分析它们的共性原理。

电感式点火系统的原理电路如图 8-1-10 所示。系统输入低压直流电，经带触点的电感线圈把它变换为高压脉冲，使电嘴上形成火花放电。

电感线圈主要由绕在同一铁心上的初级线圈、次级线圈以及电磁断续器组成。电磁断续器包括接触点(固定触点及活动触点)、衔铁和弹簧片。初级线圈的匝数少，一般为 150～350 匝，次级线圈的匝数多，一般为 7000～11000 匝。初级线圈

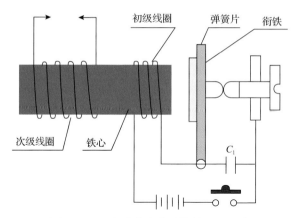

图 8-1-10　电感式点火系统的原理电路

和断续器的触点串联，电容器 C_1 并联于两触点之间。

断续器的活动触点和衔铁都固定在弹簧片上。不通电时，在弹簧片的作用下，活动触点和固定触点接通并压紧，电容器 C_1 被短接。

按下按钮，接通电源，初级线圈有电流 i_1 通过，在断续器的铁心与衔铁间的气隙中建立磁场，对衔铁产生电磁吸力，力图使触点断开。随着 i_1 的增大，电磁吸力增大，当 i_1 增大到一定值时，电磁吸力便大于弹簧片的弹力，衔铁与弹簧片被吸向铁心，使触点断开。触点断开后，电流 i_1 迅速消失，磁通也随即消失。由于磁通的迅速变化，便在次级线圈上产生万伏以上的感应电势。这种高压脉冲加到电嘴上，便产生火花放电。

断续器的触点断开后，电流 i_1 消失，作用于衔铁上的电磁吸力也随之消失，所以在弹簧力的作用下，触点重新闭合，使初级线圈电路再次接通。然后又重复上述过程。这样断续器的接触点一直处于时通时断状态，每断开一次，次级线圈就产生一个高压脉冲，电嘴上就产生一个火花。电嘴上的火花频率一般为 300～800Hz。

在断续器的触点每次断开瞬间，初级线圈都产生几百伏的自感电势。这时触点刚刚分离，间隙很小，在自感电势的作用下，间隙被击穿，产生电弧。触点间的电弧不仅会烧伤触点和损耗能量，而且会减小初级电流 i_1 的消失速度，降低次级线圈的感应电势，对点火造成不利影响。在断续器的触点间并联电容器 C_1，就是为了削弱触点间的电弧，减少它的危害。

8.1.4　高能点火系统

我们知道，电感式点火系统的火花频率和断续器触点的振动频率相同。触点每断开一次，就把电感线圈中储存的磁场能释放出来，转换成电嘴上的火花能。所以它的火花能量和火花功率都小，一般前者在 50mJ 以下，后者在 25W 以下。

　　如果断续器的触点断开后，把磁场能转换成电容器中的电场能储存起来，经触点几百次通断，电容器中就会储存较多的能量。再使电嘴产生火花放电，就可得到较大的火花能量，这就是高能点火的基本原理。累积储存能量的电容器称为储能电容器。高能点火系统的基本原理如图 8-1-11 所示。图中 U_1 是电源电压；BH 是变换器；U_2 是 BH 的输出电压。当 U_1 是直流电时，BH 或是振子变压器(即 8.1.3 节所述的电感线圈)，或是晶体直流变换器。当 U_1 是交流电时，BH 是升压变压器。可见，BH 的作用是将电源电压变成高电压脉冲，向储能电容器 C 充电。

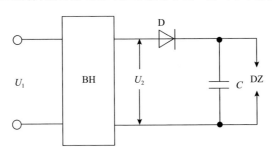

图 8-1-11　　高能点火系统的基本原理图(DZ 指电嘴)

　　高能点火系统是 20 世纪 50 年代发展起来的，已在国际上得到广泛的应用。英、美等国已于 60 年代用它取代了电感式点火系统。苏联也从米格-23 型飞机开始转为高能点火。在我国新型飞机上，也采用了高能点火系统。现代涡轮风扇发动机都用高能点火系统点火。

　　高能点火系统具有许多优点，主要是：①可直接点燃燃烧室内的燃料空气混合气，不需要预燃室、专用的启动供油系统和附加的点火补氧装置等；②储能电容器的储能大，可从 0.2J 到 20J，所以火花能量大，比电感式点火系统的火花能量大数百倍，并且点火具有较高的效率和可靠性；③可根据发动机的特性选择火花能量和火花持续时间；④在发动机工作不稳定时，可以帮助维持燃烧。

　　本节重点介绍带振子变压器和由交流供电的两种高能点火系统。

1. 带振子变压器的高能点火系统

　　带振子变压器的高能点火系统原理电路如图 8-1-12 所示，C_1、C_2、L_1 组成滤波网络；B、C_3 等组成振子变压器；C_4 为储能电容器。

　　图 8-1-12 中：

　　D 是整流器(一般用高压硅堆)。

　　G 是密封式气体放电管。变压器次级输出达到 2000V 时被击穿，放电管击穿才有输出。它有两个钨电极，极距一般在 2mm 左右。管内充满了低气压的惰性气体，国产管子管内充同位素铯 137。玻璃管壁上涂有放射性同位素，以稳定其击

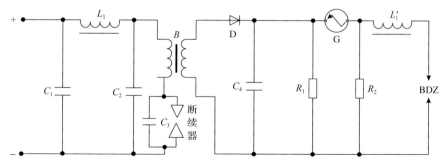

图 8-1-12　带振子变压器的高能点火系统原理电路（BDZ 指半导体电嘴）

穿电压。G 的型号根据所用的电嘴选定，已有 2000V、2250V、2800V、4500V 等几种气体放电管。

L'_1 是扼流圈，用来限制火花放电时的放电电流，使其在设计值的附近，同时可延长放电的持续时间。

R_1 是安全电阻，在点火系统断电后，用来消耗 C_4 中的剩余能量，以免次级回路中的高电压危害操纵人员的安全。

R_2 是限压电阻，因故障而使电嘴不能产生火花放电时，用来限制 C_4 上的电压，以保护次级电路中的元件。

若已知电路参数、振子变压器的断开电流 I_p、断续器的振动频率 f 和气体放电管的击穿电压 U_j，可以计算电嘴的火花放电频率 F。

$F=1/(t_c+t_f)$，式中 t_c 为储能电容器在电嘴两次火花放电之间的充电时间，t_f 为电嘴的一次火花放电时间。

对于实际的点火系统，因为 $t_f \ll t_c$，所以 $F=1/t_c$，$t_c=nT$，式中 n 为储能电容器的充电次数，T 为断续器的振动周期。

不计损耗时，$\dfrac{C_4 U_j^2}{2}=n\dfrac{L_1 I_p^2}{2}$，$T=\dfrac{1}{f}$，所以 $F=\dfrac{1}{t_c}=\dfrac{1}{nT}=\dfrac{f}{n}=\dfrac{L_1 f}{C_4}\left(\dfrac{I_p}{U_j}\right)^2$。

为了提高点火系统的可靠性，有的把触点密封起来，密封罩内充惰性气体或干燥空气。系统中的储能电容器间接保护触点，使触点间的火花较弱。再经密封，可使触点寿命成倍增加。

2. 交流供电的高能点火系统

系统的原理电路如图 8-1-13 所示。其中 B 是升压变压器，用以通过倍压整流电路对储能电容器 C_2 充电；C_1 是倍压电容器，用以提高 C_2 的充电电压。

下面主要分析系统的工作原理，即倍压原理。

假设：高压硅堆 D_1、D_2 的正向压降和反向漏电流可忽略不计；$1/(\omega C_1) \gg R_A+R_1$（$R_1$ 是 D_1 的保护电阻，R_A 是变压器次级线圈电阻），C_1、C_2 的充放电过程可

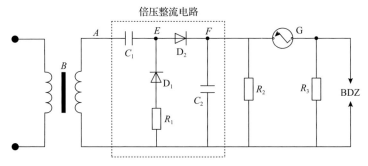

图 8-1-13   交流供电的高能点火系统原理电路

瞬时完成。

变压器 B 次级电压 u_A 按正弦规律变化，$u_A = U_m \sin(\omega t)$。

(1) u_A 由 0 上升时，D_1 截止，D_2 导通，C_1、C_2 充电；当 u_A 上升到 U_m 时，C_1、C_2 充电结束，此时 $u_A = U_m = U_{AE} + U_F$。

(2) u_A 由 U_m 下降到小于 $U_{AE} + U_F$ 时，D_2 截止；当 u_A 下降到等于 U_{AE} 时，$U_E(U_F)=0$；当 u_A 下降到小于 U_{AE} 时，D_1 导通，C_1 放电(可称 u_A 反向给 C_1 充电)；当 u_A 下降到 $-U_m$ 时，C_1 被反向充电到 $-U_m$，此时 $U_{AE} = -U_m$。

(3) u_A 由 $-U_m$ 上升时，D_1 截止；当 u_A 上升到大于 $-U_{AE} + U_F$ 时，D_2 导通，C_1 给 C_2 充电，直到 u_A 重新上升到 U_m 时，C_2 充电结束；此时 C_2 在第一次充电基础上又增加一个电压，而 C_1 又被正向充电到 $U_m - U_F$。

(4) u_A 从 U_m 下降，D_2 截止；当 u_A 下降到小于 U_{AE} 时，D_1 导通，C_1 又被反向充电，直到 u_A 下降到 $-U_m$ 时，C_1 被反向充电到 $-U_m$；接着 u_A 从 $-U_m$ 上升到大于 $-U_{AE} + U_F$ 时，D_2 导通，C_1 给 C_2 充电；当 u_A 上升到 U_m 时，C_2 充电结束，C_2 上又增加一个电压，直到充至 $2U_m$(倍压)。

8.2   发动机电力启动控制

常见的涡轮喷气发动机或双涵道涡轮喷气发动机在正常工作情况下可以根据需要工作于不同状态，其中转速最低的状态为慢车状态，其转速称为慢车转速。

发动机在启动前处于静止状态，把发动机从静止状态加速到慢车转速的过程，称为发动机的启动过程。在此期间，先由外界动力装置把发动机加速到独立工作转速，再完全由发动机自身的动力将其加速到慢车转速。外界动力装置可以是启动发电机、启动电动机，也可以根据需要选择涡轮启动机、火药启动机或冷气启动机。用启动发电机、启动电动机对发动机进行的启动，称为发动机的电力启动；把发动机由静止状态加速到独立工作转速的过程，称为电力启动过程。电力启动控制系统的任务，就是保证系统各执行机构按给定的程序投入工作，使发动机能够安全、迅速、可靠地由静止状态进入慢车工作状态。

发动机的电力启动分为直接启动和间接启动。前者是启动发电机直接启动发动机，后者是先由启动电动机启动燃气涡轮启动机，再由燃气涡轮启动机启动发动机。

8.2.1 概述

双转子式涡轮喷气发动机的基本组成如图 8-2-1 所示。

涡轮喷气发动机主要由压缩器、燃烧室、涡轮、加力燃烧室、喷管、可调喷口、主燃料泵和加力燃料泵等组成。其中压缩器和涡轮分高、低压两部分。三级高压压缩器和高压涡轮安装在一根空心轴上，组成高压转子，它通过传动机匣，带动发动机上的主燃料泵和加力燃料泵等。三级低压压缩器和低压涡轮之间的连接轴从高压转子的空心轴内穿过，并组成低压转子。高、低压转子彼此独立，没有机械联系。转速表的刻度是用最大转速的百分比来表示的。

压缩器用来向燃烧室提供增压空气，此增压空气与主燃料泵送来的燃料，在燃烧室里混合并燃烧。主燃烧室是圆筒形，由 10 个火焰筒组成，如图 8-2-2 所示。为了点燃，上面有两个启动点火器，火焰筒之间有传焰管。

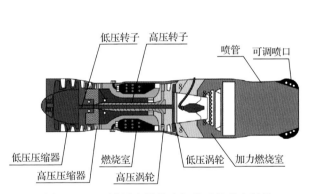

图 8-2-1 双转子式涡轮喷气发动机基本结构

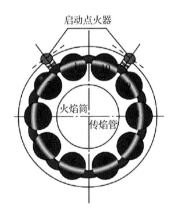

图 8-2-2 燃烧室横截面简图

主燃料泵和加力燃料泵，分别向主燃料室和加力燃烧室输送高压燃料，它们都是柱塞式机械油泵。主燃料泵上的电气设备有回油电磁活门、补油电磁活门和液压延迟电门。

8.2.2 发动机直接启动

1. 启动过程

发动机启动时，启动发电机处于电动机状态，带动发动机转动。整个启动过程可分为三个阶段：

第一阶段，由启动机单独带动高压转子，这时涡轮还未产生力矩。

第二阶段，燃烧室刚工作，涡轮力矩较小，与启动机力矩共同作用，使发动机加速。

第三阶段，发动机产生力矩已经较大，启动机结束工作，发动机自己加速到慢车状态。

启动过程中，除控制启动机产生足够大的输出力矩，还应及时使启动引燃装置、供油装置、放气装置等按照发动机所要求的预定程序投入工作，其工作关系如图 8-2-3 所示。

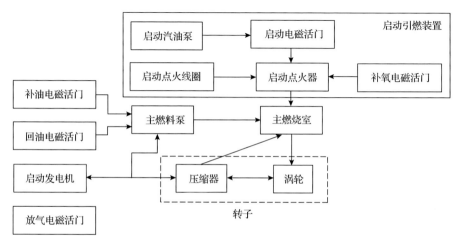

图 8-2-3   各装置间的工作关系

压缩器向主燃烧室提供增压空气，与供油装置送来的煤油混合，在引燃装置的作用下点燃、燃烧，通过涡轮膨胀，推动涡轮转动，而涡轮又带动压缩器。随着转速的升高，空气流量、供油量均增大，涡轮力矩也增大，并加速到慢车状态，启动结束。若再前推油门，发动机将分别进入额定、最大、最小加力和全加力状态，发动机推力逐渐增大，同时发动机的喷口也要相应随着变化。

由上述过程可以看出，发动机的电力启动是一个程序控制系统，该系统的控制对象是发动机，电气执行机构是启动发电机、启动引燃装置、回油电磁活门、补油电磁活门和放气电磁活门。除启动发电机，统称启动附件。所有执行机构的工作，由控制设备按照预定程序进行控制。其控制设备有定时机构、启动继电器盒、启动接触器盒、转速控制盒和启动附件供电转换继电器盒。除此之外，启动设备还应包括启动电源。

2. 启动附件

启动附件包括启动引燃装置、放气电磁活门、回油电磁活门和补油电磁活门。

1)启动引燃装置

启动引燃装置的组成和相互关系如图 8-2-4 所示，它由点火设备、启动汽油泵、汽油电磁活门和补氧电磁活门等组成。

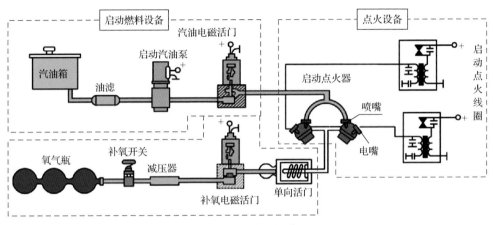

图 8-2-4　启动引燃装置

（1）点火设备。

发动机有两套低压电感式点火系统，它们分别点燃两个点火器里的汽油启动燃料，然后引燃主燃烧室的工作燃料。

（2）启动燃料设备。

为了提高点燃的可靠性，用汽油做启动燃料，因为它的最小点火能量比煤油小。启动燃料的油路受启动燃料电磁活门控制，通电时，油路打开。

（3）补氧电磁活门。

为了提高空中点火的可靠性，在空中启动时，采取补氧措施。补氧电磁活门通电，打开供氧管路。

2)放气、回油和补油电磁活门

（1）放气电磁活门。

放气电磁活门，在按下启动按钮若干秒时开始通电，使放气门打开放气。当 n_2 达到一定值时，结束启动，电磁活门断电。

（2）回油、补油电磁活门。

发动机启动时的供油量，直接影响启动的可靠性，为了使启动时供油量接近最佳，某发动机采用回油电磁活门、启动调节器和补油电磁活门，分三个阶段调节启动时的供油量，其中回油、补油电磁活门是电气附件。

3. 启动机的传动与程序控制

1) 启动发电机与发动机的二速传动

启动发电机与发动机间的传动关系如图 8-2-5 所示。

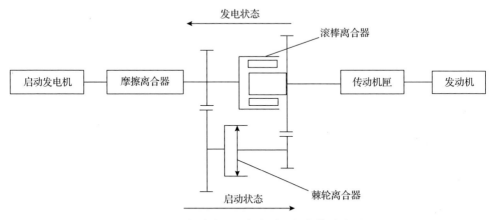

图 8-2-5　启动发电机与发动机间的传动关系

启动时，启动发电机经摩擦离合器、棘轮离合器、滚棒离合器内环、传动机匣带动发动机。这时，滚棒离合器是脱开的，启动发电机对发动机的传动比为

$$i_{d,f} = \frac{n_{电}}{n_{发}}$$

式中，$n_{电}$ 为启动发电机的转速；$n_{发}$ 为发动机的转速。

发电时，发动机经传动机匣、滚棒离合器、摩擦离合器带动启动发电机。这时，棘轮离合器是脱开的，发动机对启动发电机的传动比为

$$i_{f,d} = \frac{n_{电}}{n_{发}}$$

这种传动关系是由二速传动装置来实现的，它由两对齿轮和上述两个离合器组成。棘轮离合器的组成如图 8-2-6 所示，滚棒离合器的组成如图 8-2-7 所示。

由图 8-2-6 可以看出，棘轮离合器的离合子，在心轴两端的质量不一样。启动时，在弹簧力的作用下，质量小的下端伸出，并与离合器结合。当发动机电力启动结束后，离合子质量大的一端，因离心力大，并克服弹簧力的作用，使离合子脱开。

滚棒离合器如图 8-2-7 所示(从右端看)，它由内、外环和滚棒组成，外环是圆形，与启动发电机相连，内环是八角形，与发动机相连。平时，每一个滚棒都

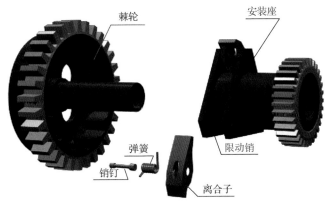

图 8-2-6 棘轮离合器

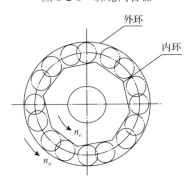

图 8-2-7 滚棒离合器工作原理

相应停在各八角面右端的小间隙处。启动时，棘轮离合器结合，而滚棒离合器因外环转速高于内环，并把滚棒向大间隙处推动，内、外环便脱开。

当发动机已工作，涡轮的转速增大到一定值时，会使棘轮离合器脱开。当启动发电机结束工作时，外环转速要降低(内环和棘轮离合器离合子端的转速并不降低)，当转速降到使滚棒离合器的外环转速与内环一样时，滚棒回到初始位置，若外环转速还要低于内环转速，滚棒再不能移动，离合器便靠滚棒与内、外环之间摩擦力而结合。

2) 启动机的程序控制

启动时，电机带动高压转子，高压压缩器的力矩 M_K 是负载力矩，高压涡轮的力矩 M_T 与启动机力矩 M_m 同方向，使发动机加速。发动机阻力矩大小为

$$M_l = M_K - M_T \tag{8-2-1}$$

启动机力矩为

$$M_m = C_m I \Phi = \frac{C_m \Phi}{R}(U - C_e n \Phi) \tag{8-2-2}$$

若把电机力矩折算到发动机轴上，则有

$$M'_m = i_{d,f} M_m \qquad (8\text{-}2\text{-}3)$$

各力矩随转速的变化关系如图 8-2-8 所示。

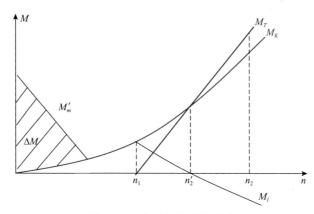

图 8-2-8   力矩与转速的关系

发动机的加速力矩为

$$\Delta M = M'_m - M_l = J_2 \frac{\mathrm{d}\omega_2}{\mathrm{d}t} = \frac{J_2}{9.55} \frac{\mathrm{d}n_2}{\mathrm{d}t} \qquad (8\text{-}2\text{-}4)$$

式中，J_2 为高压转子的转动惯量。

由图 8-2-8 可以看出，发动机转速达到 n_1 时，燃烧室工作，产生涡轮力矩 M_T，到 n'_2 时，M_T 与 M_K 相等，到 n_2 时，M_T 足够大，能独立加速到慢车转速，启动机可退出工作。

若启动机是如图 8-2-8 所示的一级启动，M'_m 随转速升高而减小，加速力矩 ΔM 迅速减小，不能使发动机转速达到 n_1 以上。为此必须逐步加大电机的输出功率，也就是说，随转速的升高，要设法使启动机保持足够大的力矩。最好使它输出恒定的最大允许力矩，但难以实现，现在广泛使用的是分级控制。

为了使电机产生更大的力矩，就必须增大工作电流，这对于电机处于短时启动工作状态是允许的。

由式 (8-2-2) 可以看出，要改变电机力矩，可改变 R、U 和 $\varPhi$。在启动系统中，正是根据此原理，按照一定的顺序对它们进行控制的。

第一级，在电枢回路中串电阻，这是为了防止棘轮离合器离合子被撞击损坏。该电阻选择得较大，使第一级启动冲击力矩较小。

第二级，去掉降压电阻，增大电机力矩。

第三级，升高启动机供电电压，一般用两组电源串联供电。

第四级，减小磁通。因为这时启动机转速已经很高，$C_e n \Phi$ 中 $C_e n$ 值很大，磁通减小 $\Delta \Phi$ 后，将引起

$$M = \frac{C_m}{R} \Phi (U - C_e n \Phi)$$

式中，$U - C_e n \Phi$ 的增加，大于 Φ 的减小，所以力矩增大。

8.2.3　发动机间接启动

对于双涵道涡轮喷气发动机，发动机功率很大，用通常电机很难对它进行直接启动，故采用了间接启动。也就是说，用启动电动机启动涡轮启动机，再由涡轮启动机启动发动机。这种间接电力启动的机械传动关系如图 8-2-9 所示。

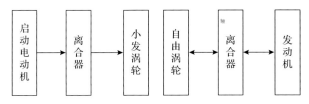

图 8-2-9　各装置之间传动关系图

涡轮启动机是一台燃气涡轮启动机(简称小发)，由压气机、燃烧室、涡轮和排气管等部分组成。涡轮有两级，第一级涡轮和压气机组成压气机涡轮转子；第二级涡轮称为自由涡轮，经减速器、附件机匣带动发动机(简称大发)的高压转子。

在启动电动机、燃气涡轮启动机、发动机之间采用了减速器以增大转矩。此外还需解决以下两个问题：

第一是传动方向问题，在启动过程中顺方向的传动当然没有问题，但发动机正常工作时也会反过来带动涡轮启动机和启动电动机。这样，一方面会白白消耗发动机的能量，而且会使减速器变为加速器，过高的转速还会损坏涡轮启动机和启动电动机，因此传动应当是单方向的，在启动电动机和涡轮启动机之间，涡轮启动机和发动机之间设有单向离合器。

第二是涡轮启动机和发动机之间传动的时机问题。启动电动机一工作，不仅会带动涡轮启动机，而且还要带动发动机，使得电动机和涡轮启动机启动时的负载很重，工作很困难。这个矛盾是由离合器和自由涡轮共同解决的。当涡轮启动机的燃烧室工作以后，涡轮发出功率，这个功率达到一定值时，高温高压气流使自由涡轮转动，并通过离合器带动发动机高压转子转动。当发动机转速达到一定值时，离合器脱开。

1. 发动机启动种类

1)地面启动(即热开车)

在这种启动方式中，由启动电动机启动小发，再由小发启动大发。在大发的整个启动过程中，小发经历过启动和正常工作两个阶段。

2)冷开车

(1)大发冷开车。

大发冷开车的用途是：吹除发动机内的燃油；使发动机降温；进行油封(或启封)启动。大发冷开车时，小发的工作和地面启动时相同，而大发不供油、不点火，只在小发带动下转动。

(2)小发冷开车。

小发冷开车的用途和大发冷开车相同。

小发冷开车时，小发不供氧、不供油、不点火，只在启动电机带动下转动。

3)空中启动

(1)遭遇启动：发动机喘振时，自动接通空中点火。

(2)惯性启动：当发动机空中停车后，当 n_2 小于一定数值时，自动接通空中点火。

(3)油门杆启动：用油门杆操纵的空中点火。

(4)"空中启动"电门启动：用"空中启动"电门操纵的空中点火。

2. 发动机启动系统组成

飞机左右两台发动机的启动系统是独立的，每台发动机完成启动过程需包括下列组成部分：

(1)带转装置。将发动机由静止状态带转到一定转速。为此每台发动机设置一台启动电动机和一台燃气涡轮启动机。

(2)点火系统。用来产生火源，使燃烧室由静止状态到工作状态。为此每台发动机设有涡轮启动机点火系统和主燃烧室点火系统。

(3)补氧系统。为了保证地面和空中可靠启动，设有涡轮启动机补氧设备和空中启动补氧设备。

(4)启动控制设备。按一定程序控制启动附件和调节启动供油量。

(5)启动供油和调节系统。

(6)扭矩传递装置。

(7)几何调节。为了缩短启动时间并保证可靠启动，在启动过程中采用放大喷口面积和调节压气机通道面积等措施。

8.3 飞机纵向操纵系统电气控制

飞机上很多操纵工作需由电气设备完成，飞机操纵系统电气控制主要包括平尾纵向操纵系统、副翼横向操纵系统和方向舵航向操纵系统的电气控制。本节研究水平尾翼(简称平尾)操纵系统的组成、工作情况、力臂自动调节系统的组成和原理。

力臂自动调节系统，是某些超声速飞机纵向操纵系统的一个重要电气设备。其力臂能随飞行速度或高度自动进行调节。因此，它是一套随动调节系统，借此使飞机的驾驶技术趋于一致。为了弄清力臂自动调节系统的作用，首先对平尾纵向操纵系统要有所了解。

8.3.1 平尾纵向操纵系统的组成

水平尾翼包括水平安定面和升降舵，现代超声速飞机广泛采用水平安定面和升降舵合为一体的全动式水平尾翼。水平尾翼的作用是使飞机具有需要的俯仰稳定性，保持和改变飞机的俯仰姿态。水平尾翼操纵系统可分为液压助力操纵系统和电力操纵系统两类。液压助力操纵系统又分为人工操纵和自动控制两部分，其中人工操纵部分主要由驾驶杆、力臂调节器、载荷感觉器、调整片效应机构、双腔液压助力器、全动式水平尾翼等组成，如图 8-3-1 所示；自动控制部分主要由纵向舵机、稳定切断开关、极限位置传感器等组成。电力操纵系统多作为应急操纵系统，当液压助力操纵系统失效，可用电力操纵系统来操纵水平尾翼。

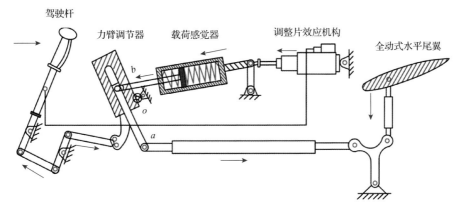

图 8-3-1 飞机纵向液压助力操纵系统的组成

1. 液压助力操纵系统的组成

下面对飞机液压助力操纵系统的组成和各部分工作情况进行分析。

1) 双腔液压助力器

双腔液压助力器的工作原理如图 8-3-2 所示。飞机上相互独立的助力液压系统和收放液压系统，分别向双腔液压助力器的一个腔供压。如图所示，拉驾驶杆时，两个配油柱塞分别打开各自的油路，每个腔的右室均与来油路相通，左室与回油路相通，在液压的作用下，助力器活塞杆向左移动。移到一定位置后，油路又都堵死，这样就使平尾偏转到与驾驶杆相对应的位置上。

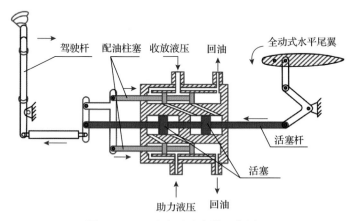

图 8-3-2　双腔液压助力器工作原理

当助力系统不能正常供压时，只要压力低于一定值，液压电门自动接通，通过接触器接通应急电动油泵，以便继续向助力腔供压。由此看出，平尾助力器用三套供压系统来保证其工作。

2) 载荷感觉器

载荷感觉器的工作原理如图 8-3-3 所示。当拉驾驶杆时，空心轴右移，使衬套和垫圈右移，左侧小弹簧被压缩，右侧小弹簧放松。当空心轴右移大于一定值时，左侧垫圈与支承环接触，使左侧支承环右移，压缩大弹簧。大弹簧的反力作用在驾驶杆上，使驾驶杆产生向前的力，为消除驾驶杆上的作用力，调效机构工作，带动平尾载荷感觉器的轴和外筒右移，消除了大弹簧的反力。

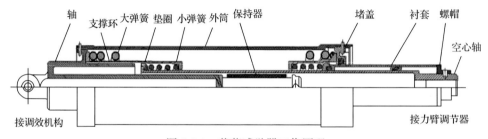

图 8-3-3　载荷感觉器工作原理

3) 力臂调节器

力臂调节器在操纵系统中的作用，可从图 8-3-1 看出，图中力臂调节器 o 点是壳体与飞机相连的接耳，a、b 是活动臂上两个接耳，由于力臂自动调节系统的作用，使 ao 的距离（通常称为力臂值）自动随飞行速度或高度变化。不难看出，力臂越大，驾驶杆到平尾之间的传动比越大，若用 Δx 表示杆位移，$\Delta\varphi$ 表示平尾偏角，则传动比 $K_i=\Delta\varphi/\Delta x$ 增大。说明力臂越大，单位杆位移引起的舵面偏角越大。而到载荷感觉器之间的传动比减小，杆力的变化也减小，反之则相反。

4) 调整片效应机构

由图 8-3-1 可以看出，若需驾驶杆拉在某一位置，因载荷感觉器左侧弹簧被压缩，使驾驶杆上作用一个反力。若在这种情况下做长距离飞行，飞行员就要长时间用力。为了减轻飞行员的负担，可使调整片效应机构向伸长方向工作，弹簧复位，杆力也就消除了。

2. 电动机构组成

电动机构由壳体、电机、减速器、滚轮变换装置、传动筒和凸轮断电装置等组成。

1) 电机

它是带有电磁制动的两极串激电动机，如图 8-3-4 所示。摩擦圆片固定在电机轴上，与电机一起转动。制动圆盘上有三个孔，并通过此孔穿过固定在壳体上的三个导向销，使它不能转动，但能轴向移动。平时制动圆盘在弹簧力作用下，被压向摩擦圆片，并对它进行制动。为了增大摩擦力，在制动圆盘上还贴有软木圈。

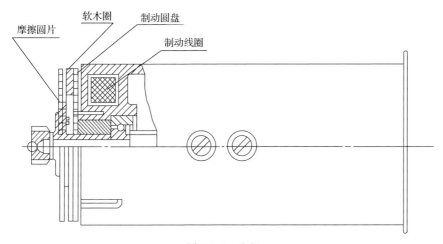

图 8-3-4　电机

通电时，与电机串联的制动线圈有电，电磁力大于弹簧反力，使制动圆盘吸向电机端并与摩擦圆片脱开，电机即可自由旋转。

断电时，在弹簧力的作用下，制动圆盘对摩擦圆片进行制动。

2）减速器和滚轮变换装置

该机构有三级游星减速器。滚轮变换装置的功用是将旋转运动高效率地变换为传动筒的直线运动。滚轮变换装置由滚轮座及固定在其上面的三个滚轮和传动筒组成，三个滚轮的外侧与传动筒内侧的螺纹相啮合。由于传动筒不能转动，滚轮座的转动和滚轮在传动筒内侧螺纹槽里的滚动，便驱使传动筒做轴向运动，如图 8-3-5 所示。

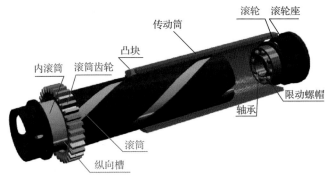

图 8-3-5　滚轮变换装置

3）凸轮断电装置

凸轮断电装置的作用是限制传动筒的活动范围和显示其中立位置。它由两个微动电门、一对中立位置触点、凸轮轴和滚筒等组成。而凸轮轴上固定有两个凸轮、一个接触轮和一个传动齿轮。

为了能通过传动筒位置的变化来控制凸轮断电装置的工作，应用了如图 8-3-6 所示的传动装置。内套筒固定在壳体上，里面装有电机、减速器和滚轮座轴承。在内套筒的外表面上，有三条纵向槽。滚筒是一端带齿轮、中间有三条斜缝的薄壁筒，它右端顶在内套筒的凸台上，左端拧有限动螺帽，使它不能轴向移动，但能转动。

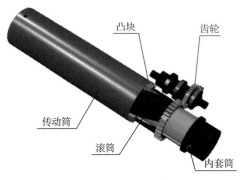

图 8-3-6　凸轮轴的传动

传动筒套在滚筒的外面，它里面有螺纹，而在底部的内侧固定有三个凸块，这三个凸块分别穿过滚筒的三条斜缝，并卡在内套筒的三条纵槽里。由于内套筒固定在壳体上，不能转动。卡在纵槽里的凸块又使传动筒不能转动，电机带动滚轮座的转动，只能使传动筒轴向移动。

在移动时，凸块便推动滚筒斜缝的斜面而使它转动，再通过啮合齿轮带动凸轮轴转动。

3. 传动关系

由图 8-3-7 可以看出，在中立位置时，接触轮将使中立信号灯燃亮。若飞机处于拉杆飞行，要减小或消除力，应使驾驶杆上操纵电门向后按压，图中电门向拉杆方向接通，经伸出微动电门常闭触点向电机供电。从左端看，电动机、减速器和滚轮座逆时针旋转，传动筒外伸，便可减小杆力。同时，滚筒顺时针转动，凸轮轴逆时针转动，若传动筒外伸至极限位置，"伸出"凸轮将微动电门断开。

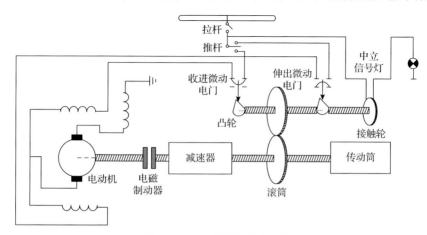

图 8-3-7　电动机构传动关系

不难看出，传动筒伸出的最大长度，是由伸出微动电门断开时凸轮轴转过的角度决定的，凸轮轴转过的角度越大，伸出微动电门断开得越晚，伸出的长度就越大。此角度可以进行调整，对某一个具体型号而言，都有固定的要求。

推杆时的情况，从工作方向上是相反的，但原理是相似的。

4. 平尾纵向操纵系统工作情况

推或拉驾驶杆后，力臂调节器偏转：一方面，固定在力臂调节器下接耳的拉杆，使双腔液压助力器中的配油柱塞移动，控制液压助力器的油路，使它工作，并带动平尾偏转；另一方面，固定在力臂调节器上接耳的拉杆，使载荷感觉器里的活塞杆移动，压缩一侧的弹簧，驾驶杆上有力的感觉。不难看出，驾驶杆位移越大，平尾偏转角越大，同时杆力也越大。

8.3.2　力臂自动调节系统

为了保证飞机在各种飞行速度和高度下飞行时,纵向操纵性能既不过于灵敏,也不过于迟钝，因而在平尾纵向操纵系统中装设了力臂自动调节系统。它能根据飞机的飞行速度和高度的变化，按照一定的规律自动调节力臂值的大小，改变驾驶杆与平尾之间的传动比，使飞机在各种情况下飞行时，飞行员能够依据驾驶杆的位移和杆力，正确操纵飞机的俯仰姿态，既不过于灵敏，也不过于迟钝。

1. 力臂自动调节系统的调节规律

我们知道，过载系数为

$$n_y = \frac{Y_翼}{G}$$

式中，$Y_翼$ 为机翼升力，随迎角增大而增大；G 为飞机重量。为了保证飞机具有安定性，升力 $Y_翼$ 的作用点，通常设计在飞机重心之后。这样，$Y_翼$ 对穿过飞机重心的横轴 z 形成一个低头力矩：

$$M_{z翼} = Y_翼 L_翼$$

式中，$L_翼$ 为升力 $Y_翼$ 作用点到重心的距离。

水平尾翼上的空气动力为

$$Y_尾 = C_尾(\varphi)\frac{1}{2}rV^2$$

式中，$C_尾(\varphi)$ 为平尾升力系数，随舵面偏角 φ 增大而增大。$Y_尾$ 相对 z 轴产生抬头力矩：

$$M_{z尾} = Y_尾 L_尾 = C_尾(\varphi)\frac{1}{2}\rho V^2 L_尾$$

式中，$L_尾$ 为平尾升力作用点到飞机重心的距离。平飞时，两个力矩相等，即

$$M_{z尾} = M_{z尾}$$

同时 $n_y = \frac{Y_翼}{G} = 1$。

机动飞行时，若是拉杆，平尾偏角增大，$M_{z尾} > M_{z翼}$，使迎角 α、升力 $Y_翼$ 和过载系数 n_y 均增大，飞机跃起。

若驾驶杆移动时平尾产生相同的偏角，而飞行速度、高度不同时，必将引起 $M_{z尾}$ 变化，而它又使 α、n_y 不同，飞机俯仰情况也随着不同。这就看出，n_y 不

但与舵面偏角 φ 有关，还与速度、高度有关。反过来，操纵驾驶杆时飞机产生单位过载时，平尾偏角必须随速度和高度而变。单位过载的舵面偏角，通常记为 $\Delta\varphi/\Delta n_y$，此值越小，说明平尾对飞机的操纵越敏感。由于通常使用的是表速，下面再具体分析一下，在不同的表速和高度下 $\Delta\varphi/\Delta n_y$ 的变化规律。

1）亚声速阶段

若高度不变、速度增大，则因 $Y_尾$ 的增大，必使 n_y 增大。若 n_y 不变，则应减小平尾偏角 φ，也就是说，$\Delta\varphi/\Delta n_y$ 是随速度的增大而减小的，其规律如图 8-3-8 中实线的斜线段所示。

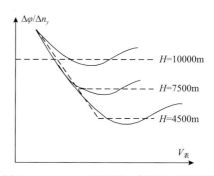

图 8-3-8　$\Delta\varphi/\Delta n_y$ 随速度、高度的变化规律

若表速不变，高度升高，则由于 $Y_尾$ 不变，所以 n_y 和 $\Delta\varphi/\Delta n_y$ 也不变。由此看出，$\Delta\varphi/\Delta n_y$ 亚声速阶段，随速度增大而减小，与高度无关。但由于真速随高度升高而增大，将在更小的表速下进入超声速。

2）超声速阶段

高度不变、速度增加时，一方面，$Y_尾$ 增大，要求 $\Delta\varphi/\Delta n_y$ 减小。另一方面，超声速后，因平尾舵面效能的降低使 $M_{z尾}$ 减小，焦点（机翼升力增量的作用点）后移使 $M_{z翼}$ 增大，又要求 $\Delta\varphi/\Delta n_y$ 增大。由于这两个方面的影响，在跨声速和超声速后小 Ma 阶段基本相互抵消，所以 $\Delta\varphi/\Delta n_y$ 基本不变，而在大 Ma 下，后者作用大于前者，$\Delta\varphi/\Delta n_y$ 又要增大。若速度不变，高度升高，则一方面，由于速度不变，$Y_尾$ 不变，$\Delta\varphi/\Delta n_y$ 也不需要变化；但另一方面，由于高度升高，飞行真速再增大（即 Ma 再增大），舵面效能的降低和焦点后移，要求 $\Delta\varphi/\Delta n_y$ 增大。所以 $\Delta\varphi/\Delta n_y$ 必须随高度的升高而增大。

这就说明，超声速后，$\Delta\varphi/\Delta n_y$ 不随速度变化，而随高度的升高而增大。其规律如图 8-3-8 中实线的曲线部分所示。图中的拐点，就是跨声速阶段（Ma 约为 1），随高度的升高而上移说明在较小的表速下便进入超声速。

由于 $\Delta\varphi$ 由驾驶杆的位移 Δx 控制，故 $\Delta\varphi=K_i\Delta x$，若驾驶杆到平尾之间的传动比 K_i 是常数，Δx 必须按图中规律来变化，这就造成驾驶技术的不一致，给飞行员的操纵带来极大的困难。

为了解决这个矛盾，而设置力臂自动调节系统，用力臂调节器来改变传动比 K_i。力臂能够根据飞行速度、高度的变化使 K_i 按图 8-3-8 中规律变化，在相同的 Δx 下，就能满足在不同速度、高度下飞行对 $\Delta\varphi$ 的需要，从而使驾驶技术趋于完全一致。

但是，由于图 8-3-8 规律(实线)的非线性，实现起来比较困难，为了不使力臂自动调节系统过于复杂，而用图中虚线规律代替，它能使驾驶技术基本取得一致，此规律称为设计规律或给定规律。图中的拐点，都是 Ma 约为 1 的跨声速阶段。

因为力臂值和 K_i 的大小是一一对应的，所以图中 K_i 的变化规律就是力臂的变化规律。

2. 力臂自动调节系统的工作原理

力臂自动调节系统种类很多，但它们的组成和工作原理基本相同。

1)力臂自动调节系统的组成

力臂自动调节系统由力臂调节器、力臂控制盒和力臂位置指示器等组成，如图 8-3-9 所示。

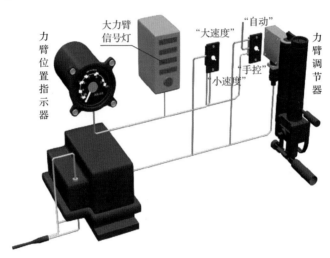

图 8-3-9　力臂自动调节系统的组成

(1)力臂调节器。

力臂调节器的作用是：力臂增大，回输电刷电位升高；指示电位计电刷电位降低，力臂位置指示器以此电压来指示力臂自动调节系统的工作情况。

(2)力臂控制盒。

力臂控制盒由动压传感器、静压传感器、极化继电器和中性继电器等组成。

①动压传感器。

动压传感器是能感受飞行速度并将速度信号变成电位信号的传感器，主要由开口膜盒、电位计和壳体等组成。

②静压传感器。

静压传感器的结构与动压传感器基本相同，不同点是它用真空膜盒，因此传感器下面没有全压接头。膜盒的变形和电刷的位置由高度决定，高度升高，膜盒变形增大，电刷上移。

③极化继电器。

极化继电器能反映输入信号极性。

④其他。

在控制盒里除上述元件，还有两个中性继电器、双联电桥供电分压计、调整电阻和整流器等。

力臂自动调节系统中，各主要组成部分的作用和相互关系如图8-3-10所示。速度$V_\text{表}$和高度H经过动、静压传感器变成电位u_V、u_H，成为给定信号，力臂L是系统被调量，u_L是力臂回输信号。u_V、u_H、u_L三个信号在极化继电器中进行综合、比较、放大，然后控制中性继电器和电机。

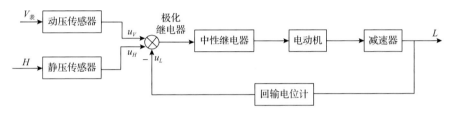

图8-3-10 力臂自动调节系统方框图

2) 工作原理

对于任何一种飞机，其飞行速度、高度都有一个确定的范围，力臂自动调节系统应该在最需要解决驾驶技术一致的范围内进行调节，也就是说，都有一个确定的设计规律。

力臂位置指示器用来指示力臂的大小。它是一块电压表，感受指示电位计电压，但表上的刻度既不是电压，也不是力臂值，而是速度和高度，这样做的目的是便于检查。若表上刻的是力臂值，则在使用中必须先记住在各高度、速度下所要求的力臂值，再用测量值与之比较后才能做出判断，这在实际中是很不方便，甚至不可能实现的。而指示器刻上速度、高度就方便了。因为亚声速力臂按表速调节，这时

$$X_V = X_L = X_Z$$

式中，X_Z为指示电位计相对长度(取电源正极端为长度起点)。所以，指示电位计电刷位置与速度电刷位置一一对应，也与表速一一对应。在指示器的对应位置上刻上速度，飞行后，只要指示器所指示的表速与空速表读数一致，就说明工作正常。

超声速力臂按高度调节，这时$X_H = X_L = X_Z$，指示器的指示高度与高度表一致，也说明正常。这样在使用中，只要借助于马赫数表、空速表和高度表，就能

方便地判断出力臂调节装置的工作情况。

但需要指出，由于指示器指示的速度、高度不是真正的速度和高度，而是电压，此电压受电源电压的高低和每一个动、静压传感器非线性特性不一致的影响，这样就使指示器所指示的速度、高度与空速表、高度表所指示的真实值有一定的误差，在使用中要注意这一点。

3. 晶体化力臂自动调节系统

早期的力臂自动调节系统，其控制盒是由动压传感器、静压传感器和几个继电器组成的，由于触点和机械活动部分多，常因松动、卡滞、锈蚀、触点烧伤和尘埃等造成接触不良。为了提高力臂工作的可靠性，而出现了晶体化控制盒，它由半导体元件和组合式动静压传感器组成。这样，除组合式动静压传感器外，再没有活动部分和触点，不但工作可靠，性能稳定，而且还使控制盒具有体积小、重量轻，使用维护简单等特点。

1) 组合式动静压传感器

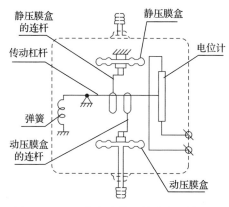

图 8-3-11   组合式动静压传感器工作原理

组合式动静压传感器，是动、静压信号的敏感和综合元件，由动压膜盒、静压膜盒、连杆和电位计等组成，工作原理如图 8-3-11 所示。

带动电刷的传动杠杆穿过动、静压膜盒连杆的条形孔，传动杠杆左端由弹簧拉着，右端在亚声速时，由动压膜盒连杆拉着；超声速时，由静压膜盒连杆顶着。

设计和调整保证：

当 $Ma = 1$ 时，动、静压膜盒连杆都触及传动杠杆，如图 8-3-11 所示位置。

当 $Ma < 1$ 时，静压膜盒连杆顶不到传动杠杆，电刷位置由动压膜盒膨胀程度决定，即由表速决定。

当 $Ma > 1$ 时，静压膜盒连杆已将传动杠杆顶下来，使传动杠杆在动压膜盒连杆的条形腔内活动，电刷的位置由高度决定。

这样，组合式动静压传感器，就把飞行速度、高度变成了电阻信号，其电阻值在亚声速时随速度增大而增大，超声速时随高度升高而减小。

2) 调节系统的基本工作原理

调节系统基本工作原理如图 8-3-12 所示。图中，R_{VH} 为组合式动静压传感器输出电阻，a_1 为速度起始值和高度终止值位置，b_1 为速度终止值和高度起始值位置，R_l 为回输电位计输出电阻，a_3 为大臂位置，b_3 为小臂位置。差动放大器的输出，取决于电位差 U_{AB}。由于 $R_2 = R'_2$，若 $R_{VH} + R_l = R_4$，则 $U_{AB} = 0$。

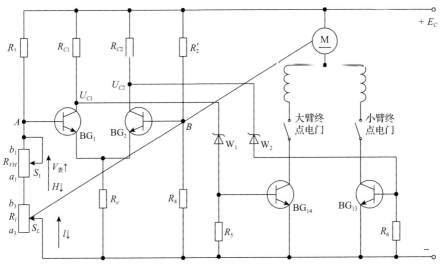

图 8-3-12 调节系统基本工作原理

这时，差动放大器单臂输出电压 U_{C1}、U_{C2} 不能使稳压管 W_1、W_2 导通，BG_{13} 和 BG_{14} 均处于截止状态，力臂电机不工作。

在亚声速飞行速度增大或超声速飞行高度降低时，设 R_{VH} 增大了 ΔR_{VH}，同时 U_{AB}、U_{C2} 也都随之增大，当 U_{C2} 增大到使 W_2 导通时，力臂便向小臂工作。随着力臂的减小，R_l 减小，当 $\Delta R_l = \Delta R_{VH}$ 时，电桥又平衡，$U_{AB} = 0$，工作便停止。若速度减小或超声速时高度升高，其工作情况相反。力臂工作到极限位置，虽然电桥也是不平衡的，W_1、W_2 中有一个会导通，但由于终点电门断开而使力臂不能再变化了。

8.4 飞机环境电气控制

飞机环境电气控制包括液压电气控制、空调电气控制、防火电气控制和防冰电气控制等。

8.4.1 液压电气控制

液压电气系统通过压力信号器监测液压系统的压力状况，通过 NAMP 系统和语音告警系统发出故障告警信号，同时向飞行参数记录系统、飞行控制系统及操纵等系统发出液压故障信号。

液压电气系统通过油箱液面终点开关监测液压系统的油量状况，通过 NAMP

系统和语音告警系统发出故障告警信号。

8.4.2　空调电气控制

空调电气系统，即温度调节系统，分为涡轮冷却器后管路中空气温度自动调节系统与座舱内温度自动和手动调节系统。

1. 空调电气控制系统功能

1) 涡轮冷却器后管路中空气温度自动调节系统

低高度时，自动保持水分离器前面管路中空气温度为预定值，防止水分离器结冰。

高高度时，空气中没有水蒸气，温度值限制在一个低温值。

2) 座舱温度调节系统

座舱温度调节系统用于自动保持座舱内空气温度在 15～25℃ 范围内的某一给定值。另外，飞行员对系统所调定的温度不满意时，可以对座舱温度进行手动调节。

2. 空调电气控制系统工作原理

1) 涡轮冷却器后管路中空气温度自动调节系统

低高度时，设定涡轮冷却器后的管路温度，通过"热"管路放出的部分空气来保持。管路中温度敏感器向温度控制盒发出信号，同时向温度调节控制活门的电动机构发出相应的脉宽信号。控制活门根据信号的脉宽，改变流入"冷"管路的热空气流量，保证管路中的设定温度。空气顺管路流向电气设备和无线电设备的各个部件。

高高度时，压力测量器接通高度控制继电器，重新给定温度控制盒的调节值，冷空气流入设备的各个部件。

发动机启动后，管路温度、压力均较小，压力信号器可以防止水分离器结冰。由于压力较小，打开温度调节控制活门，热空气进入冷管路。系统压力达到一定值时，温度调节控制活门转入自动保持管路气温的工作状态。

2) 座舱温度调节系统

(1) 座舱温度手动调节。

座舱温度由温度选择器给定，通过"热"管路输送部分热空气保持给定的气温范围。温度敏感器向座舱温度控制盒发出信号，同时向温度调节控制活门发出相应的脉宽信号。活门根据信号脉宽，改变流向座舱调节管路热空气的流量，保持座舱在给定温度。

(2)座舱温度自动调节。

"座舱加温"转换开关置于"自动",座舱温度自动调节。

低速和高空飞行时，即使完全打开温度调节控制活门，座舱温度也可能降到5~10℃。所以，系统装有两个活门。

活门完全打开，活门的终点开关发出信号，空气散热器旁通管路的活门打开，部分热空气不经过空气散热器直接进入系统，保证座舱具有适宜的温度。

飞机速度较高时，热气流无须流入空气散热器的旁通管路。大气数据计算机发出信号接通空气散热器旁通管路继电器，向活门电动机构通电，关闭空气散热器的旁通管路。

如果自动调节系统故障，转换开关按向"热"或"冷"位置，直接向活门电动机构供电，手动调节温度。

8.4.3 防火电气控制

防火电气控制系统由火警信号系统和灭火设备组成。防火电气控制系统利用热敏传感器感知发动机舱是否发生火灾，将火警信号传输给告警系统；飞行员收到告警信息，采取相应的灭火措施，实施灭火。当发动机舱发生火灾时，发出火警信号。飞行员依据接收的信息，启动相应的灭火设备，实施灭火。防火电气控制系统的主要功能：发动机舱失火时，发出发动机舱中的火警信号；控制发动机输油路防火开关的电动机构，切断油路；接通灭火器上的导火管部件，引爆电爆管，熄灭发动机舱火灾。

1. 火警信号控制

发动机舱内的火警信号系统包含一个火警控制盒及多个热敏传感器。具有绝缘层的点式热敏传感器组成敏感支路。为了提高火警信号系统的工作可靠性，热敏传感器涂有密封胶防护层。在每条支路上串接有传感器，传感器安装在发动机舱不同的温度区域。

发动机舱内的温度达到一定值时，传感器的热电势达到一定数值，输出电压加在火警控制盒中测量比较电路的输入端，与基准电压相比较，当传感器组的输出电压大于基准电压时，门限电路输出有效信号，该信号经功率放大后驱动执行部件输出告警信号。发动机舱所安装的传感器任何一个敏感到火灾情况，火警控制盒都会输出告警信号。火警信号系统一般由应急汇流条供电。

2. 灭火设备

灭火设备由防火转换开关、输油路防火开关、灭火按钮和灭火器以及相应电路组成。灭火器上有导火管部件。

灭火设备控制发动机输油防火开关的电动机构，切断油路。接通灭火器导火管部件，引爆电爆管，熄灭发动机舱火灾。

灭火首先切断通往发动机的燃油通道。发动机防火转换开关和灭火按钮由直流应急汇流条经断路器供电。防火转换开关位于"关闭"位置，关闭输油路防火开关，切断油路；油路切断信号输出给飞行参数记录系统。

关闭防火开关，接通的是可逆复激直流电动机的"关闭"绕组。然后，按压灭火按钮，通过导火管部件启动装在灭火器上的电爆管。电爆管引爆以后，在灭火器压力作用下，灭火剂流入失火的发动机舱的喷射管。

8.4.4　防冰电气控制

防冰电气控制系统包括机翼防冰电气系统、座舱盖防冰电气系统和发动机防冰电气系统等。飞机防冰分为发动机热空气加温和电加温两部分。

1. 机翼防冰电气系统

热空气适用于大面积部件的防冰，因而现代飞机机翼前缘大多采用热空气防冰。机翼防冰大多采用发动机压气机引气热防冰。大多数飞机的机翼热防冰系统在地面不能工作，当飞机在地面时，空-地感应开关会切断机翼防冰电气系统的工作。这是因为飞机在地面停机时，没有冲压空气，进行热防冰有可能使系统超温而损坏飞机结构。但有些飞机的机翼防冰电气系统能在地面工作，此种形式的防冰系统可由空-地感应开关控制其加温的效率。当飞机在空中时，采用正常的加温功率，飞机在地面时即转换到低加温功率，以防止过热。

飞机在起飞爬升过程中应关闭机翼防冰电气系统以减少防冰系统的引气，保证飞机的起飞推力。所以在起飞爬升过程中，机翼防冰电气系统将停止工作。即使在地面已打开机翼防冰电气系统，飞机上的自动控制系统也会在飞机爬升过程中将其切断。

机翼防冰电气系统由机翼防冰开关控制。对于有结冰探测器的飞机，机翼防冰开关一般有三个位置，即关断位、自动位和打开位。将控制开关放在自动位时，如果没有机翼防冰抑制信号，可由结冰探测器自动控制机翼防冰电气系统的工作；将控制开关放在打开位，若没有机翼防冰抑制信号，机翼防冰电气系统开始工作。

2. 座舱盖防冰电气系统

座舱盖防冰电气系统预防座舱盖风挡玻璃在复杂气象条件下结冰，影响飞行员视线。

可以采用喷射管喷酒精的方法，防止座舱盖前部风挡玻璃外表面结冰。酒精喷射到风挡玻璃上与水混合，成为冰点很低的混合液，能够防止结冰。风挡玻璃已经结冰时，喷射出的酒精使冰层溶解而被气流吹走。

3. 发动机防冰电气系统

当进气道结冰时，利用来自高压压气机的热空气，对整流罩和低压压气机进口导流器进行加热，同时发出结冰信号。系统根据结冰信号自动或手动接通发动机防冰电气系统。

发动机防冰转换开关有三个位置："自动"、"断开"、"手动"。如果结冰传感器上结冰，冰沉积在结冰传感器振动头上，振动头的刚度提高，导致振荡频率增加。振荡频率增大到某一数值，达到结冰信号器灵敏度规定的冰厚度时，防冰控制器中的鉴频器电路导通，向防冰系统接通继电器和结冰传感器发出防冰加热指令信号。

8.5　灯光照明设备与灯光告警系统

飞机灯光照明设备的作用是为飞机安全正常飞行和驾驶员的工作提供灯光照明和指示。飞机灯光照明设备的功用主要表现在以下几个方面：

(1) 为驾驶员提供所需的驾驶舱正常和备用灯光照明；

(2) 为驾驶员提供飞机相关系统的灯光指示和告警。

飞机的灯光照明设备主要分为机外照明和机内照明，典型的飞机灯光分类如下。

1. 机外照明灯

着陆灯、滑行灯：用于起飞、着陆和地面滑跑时照亮跑道。

航行灯、防撞灯、频闪灯：相互结合，用于显示飞机的轮廓，辨识飞机位置及运动方向，以防止飞机之间的相互碰撞或飞机撞上建筑物等。

探冰灯：用来照亮飞机机翼前缘和发动机进气道等最容易结冰部位的机上灯光。

2. 机内照明灯

驾驶舱照明：用于驾驶舱照明及信号指示。

8.5.1　机外照明灯

飞机外照明是飞机在夜间或复杂气象条件下飞行和准备时必不可少的条件之一，不同机型的机外照明设备数量、种类及安装位置都有所不同。

1. 着陆灯

着陆灯是在夜间或能见度不良的条件下，为飞机起飞和着陆照明机场跑道的机上灯光装置，以保证飞行员观察跑道和目测高度。着陆灯按结构分为活动式和固定式两种：活动式着陆灯又称可收放式着陆灯，安装于机翼、机身前部或发动机舱表面的开口处，以便着陆灯在收起位置能收缩到机翼或机身外廓之内；固定式着陆灯常安装于机翼前缘、机身前端或前起落架构件上。有些着陆灯还兼有着陆照明和滑行照明两种功用。

着陆灯要求有足够的光强，会聚性好，对光束角度、照射距离、照射宽度等有专门要求。着陆灯的功率很大，使用时发热量大，因此需要高速气流进行冷却，并且不能长时间使用。使用方法是飞机起飞滑跑前打开，离地后关闭，飞机最后进近阶段打开，落地后立即关闭。

2. 滑行灯

滑行灯是在夜间或能见度不良的条件下，飞机在地面滑跑时照亮前方跑道及滑行道的机上灯光装置。通常安装在机翼前缘，也有的安装在飞机头部或前起落架构件上。与着陆灯相比，滑行灯灯光水平扩散角较大，但光强较着陆灯弱，以满足飞机滑行时要有较宽视野和较长滑行照明时间的要求。飞机滑行时滑行灯打开，离地后立即关闭。

有的飞机着陆灯和滑行灯组合在一起构成着陆滑行灯，供飞机夜间起飞着陆和滑行时照明用。着陆滑行灯有强光-弱光转换开关，强光挡在飞机起飞着陆时使用，弱光挡在飞机滑行时使用。

3. 航行灯

航行灯又称导航灯，主要作用是夜航时指示飞机在空中的位置及航向；必要时可用于飞机与飞机之间或飞机与地面之间的紧急联络。

为了与星光和地面灯光相区别，航行灯的颜色设置有明确的要求。一般航行灯的颜色设置是：左翼尖或靠近左翼尖处设红灯；右翼尖或靠近右翼尖处设绿灯；飞机尾部设白灯，即左红、右绿、尾白。飞机带电工作后，航行灯一般均为打开状态。

航行灯有连续和闪光两种工作状态，闪光工作状态可在防撞灯故障时代替防撞灯。

4. 防撞灯和频闪灯

防撞灯又称信标灯，其作用是与航行灯相互配合，显示飞机位置以防止飞机相撞。大中型飞机的机身上部、下部和后部各装有一个防撞灯，为了使目标明显，均采用闪光工作方式，颜色为红色，因此俗称"闪光灯"。不管白天还是夜间，在移动飞机或试车之前，一般应打开红色防撞灯，以引起周围其他飞机、车辆和人员等的注意。多数飞机还在机翼尖处和机尾处安装有频闪灯。

防撞灯有电机旋转式、气体脉冲放电式、晶体管开关式等几种类型，其中气体脉冲放电式应用较多。为了提高可靠性，有些飞机防撞灯内装有两只灯泡。

5. 探冰灯

探冰灯又称"机翼检查灯"，是用来照亮飞机最易结冰部位的机上灯光装置。探冰灯一般装于大中型飞机上，供机组人员目视检查机翼前缘和发动机进口等部位的结冰情况，以便采取相应措施。

6. 编队灯

编队灯用于飞机在夜间或能见度较低的气象条件下做编队飞行时使用，能够向编队中其他飞机的驾驶员提供关于飞机姿态和位置的明确目视方位信息，一般安装于左、右机翼的上部和下部及机身尾部。

8.5.2　机内照明灯

机内照明灯的主要作用是飞机在夜间或复杂气象条件下飞行和准备时，为空地勤人员的工作或维护提供照明。

1. 驾驶舱照明

驾驶舱照明用于照明驾驶舱及其仪表、操作机构和其他设备，以便机组人员能顺利完成工作，是机内照明的重要组成部分。对驾驶舱照明的要求是要有足够而又不引起目眩的亮度、好的暗适应性、尽可能小的反射光及能够抗舱外强光等。

按照不同需求，驾驶舱照明可以分为普通照明、局部照明、仪表板和操纵台及各种仪表设备的照明、信号指示灯等。驾驶舱内整体的照明色调一般为白色。普通照明比较简单，通常使用安装在座舱天花板或侧板上的座舱顶灯来均匀照亮整个驾驶舱。一般使用活动照明灯对驾驶舱某个区域进行局部照明，其具有灯罩，可以调整照射范围，灯体可以在支架上旋转，以选择灯光照射的方位。仪表板和操作台等照明一般采用投射照明，单独配置的仪表一般采用表内整体照明。信号指示灯指的是仪表板上的系统警告灯、警戒灯和不同颜色的位置或状态指示灯、遮光板上红色主警告灯和黄色主警戒灯等。

驾驶舱指示灯用于指示系统处于正常或安全状态，其颜色可以是绿色、蓝色或白色；警戒灯用于指示系统不正常的状态，以便引起飞行员注意，其颜色通常是黄色或琥珀色，但是警戒灯亮起并不一定是危险情况；警告灯用于向飞行员发出不安全情况的紧急信号，需要立即采取行动，其颜色为红色。

2. 应急照明灯

应急照明是主电源断电后飞机处于应急状态时，为机组人员完成迫降提供应急所需的照明，以及迫降后机上人员进行应急撤离所需要的照明，一般由应急灯、出口标志灯和应急出口标志灯组成。当飞机出现全机断电时，应急照明灯能自行燃亮。当机上人员需要紧急撤离时，可从支架上取下应急灯，作为紧急撤离时的便携照明灯使用，出口标志灯用于指示出口、应急出口位置。

8.5.3 灯光告警系统

灯光告警系统是通过指示灯的燃亮或闪亮，向飞行员发出与飞行安全有关的重要信息，从而引起飞行员注意，并引导其采取适当动作的告警系统。

灯光告警系统主要设备包括主告警灯盒、综合告警灯盒、分立信号灯、火警信号灯、告警系统控制盒、灯光告警计算机等设备。灯光告警系统的各组成部分通过相应指示灯的燃亮或闪亮，引导和提醒飞行员采取必要处置动作。

1. 主告警灯盒

主告警灯盒作用如下：
(1)提供危险级告警和复位。
(2)提供警告级告警和注意级告警的主警告信号指示及复位。

2. 综合告警灯盒

综合告警灯盒提供警告级、注意级、提示级、状态级故障告警。

3. 分立信号灯

分立信号灯提供状态级告警信息，包括平尾中立、副翼中立、方向舵中立、起落架放下。

4. 火警信号灯

火警信号灯提供发动机火警信号指示。

5. 告警系统控制盒

告警系统控制盒提供座舱内所有信号灯的检灯控制、昼夜转换和亮度调节。

6. 灯光告警计算机

灯光告警计算机采集机上飞行控制系统、机电系统和航空电子系统的故障信号，进行告警逻辑判断并点亮对应告警灯。

另外，对于具备空中加油功能的飞机，一般有加油状态灯，当飞机在进行受油时提供飞机各状态信息，包括状态级告警灯和注意级告警灯。

8.6 非航电监控处理机

非航电监控处理机(NAMP)系统又称机械电气系统监控处理机，作为综合航空电子系统的一个分系统，是一个计算机化的装置，它完成对非航空电子系统的监控管理和数据采集，是非航空电子系统的故障监测中心，同时实现非航空电子系统和航空电子系统之间的数据传送。NAMP 为一个单独的航线可更换单元(line replaceable unit, LRU)安装在飞机上，一般采用 28V 直流供电，当有电源时 NAMP 系统自动接通，无电源时系统自动断开。

8.6.1 NAMP 的功用与组成

NAMP 通过总线与其他有关分系统交联，它能完成对液压系统、电源系统和发动机系统等机械电气系统的监控管理、数据采集及运算，实现非航空电子系统的故障检测、状态监控，实时完成航空电子系统和非航空电子系统的数据交换，与灯光告警系统及语音告警系统一起完成飞机的告警功能。NAMP 系统的主要功能如下：

(1)实时采集非航空电子系统的状态信息和故障信息；

(2)实时向显示控制系统传送非航空电子系统的状态信息和故障信息；

(3)利用航空电子系统的显示资源，可以对发动机组合仪表进行备份显示，可以查看电源系统的参数信息；

(4)记录相关故障信息；

(5)向航空电子记录设备传送飞行过程中的故障信息和相关的参数数据；

(6)将航空电子系统的故障信息转送飞行参数记录系统记录。

NAMP 硬件由数据处理模块、存储器模块、多路总线接口模块、电源模块、串行接口模块、通用接口模块、模拟量处理模块、离散量接口模块、电磁兼容模块等组成。

数据处理模块是 NAMP 系统的核心，它完成数据的计算和处理。多路总线接口模块用于 NAMP 连接航空电子系统，当 NAMP 与航空电子系统通信时，NAMP 为远程终端。

电源模块负责将飞机提供给 NAMP 的 28V 直流电源经网络滤波、功率转换和整流滤波以及三端稳压分别转换为 NAMP 各模块所需的直流电压。

串行接口模块有多路串行通信接口可连接至飞机非航空电子系统，用于完成串行异步通信的控制。

通用接口模块主要用于产生非航空电子系统所需的离散量输出信号和启动测试信号、多路转换通道选择信号以及模拟量输出信号。模拟量处理模块用于检测非航空电子系统 115V/400Hz 交流电源、输入 28V 直流电源和来自各子系统的电流源输入以及温度传感器输入，并将它们转换成数字量供数据处理模块处理。

离散量接口模块用于接收非航空电子系统的机械开关/触点类型离散输入信号、晶体管地/开路离散输入信号、直流 28V/开路离散输入信号等三种信号，并做相应的预处理供数据处理模块读取。

电磁兼容模块的作用是抑制外部电磁干扰，既不让外部电磁干扰影响 NAMP 的正常工作，也不让 NAMP 的工作影响与其接口的非航空电子系统的工作。

NAMP 输入信号主要来自电源、电子开关、继电器开关和阀门等，NAMP 的输出主要是驱动继电器、阀门开关和报警灯，当这些开关动作时会产生各种干扰信号，电磁兼容模块就是抑制这些干扰。

8.6.2 NAMP 的工作方式

NAMP 是综合航空电子系统与非航空电子系统之间的一个接口装置，内部由若干可更换部件板构成，这些可更换部件板就是各种各样的对外接口电路，NAMP 通过这些接口电路与非航空电子系统交联、收集信息，经过 NAMP 系统应用软件的加工处理，将需要的信息通过总线传送给综合航空电子系统的各个分系统，进行数据显示、故障告警和各种维护操作。NAMP 上电后自动进入工作状态，直到断电。NAMP 具有启动自检测方式、飞行前自检测方式、正常工作方式、维护工作方式等四种工作方式。

1. 启动自检测方式

飞机在地面时，根据航空电子系统工作方式控制命令，NAMP 转入启动自检测方式。启动自检测只针对 NAMP 本身。在空中时，NAMP 系统不执行人工启动自检测。

2. 飞行前自检测方式

当飞机在地面时，NAMP 从地面工作汇流条加电时，转入飞行前自检测，执行飞行前自检测工作过程。

3. 正常工作方式

在飞行前自检测工作方式中，NAMP 系统通电完成通电自检测后就自动转入连续自检测，直到 NAMP 断电。在连续自检测中，根据航空电子系统的命令转入正常工作方式，在此期间 NAMP 系统循环不断地完成下列过程：

(1) 周期自检测；

(2) 非航空电子系统故障的检测；

(3) 故障告警；

(4) 发送/接收非航空电子系统参数；

(5) 随时接收并处理显示控制管理处理机的命令，转入相应的工作方式。

4. 维护工作方式

当飞机在地面时，NAMP 系统根据航空电子系统的控制命令转入维护自检测方式。维护自检测分别针对非航空电子系统和 NAMP 本身，每次只能对一个非航空电子系统或 NAMP 系统进行维护。在空中时，NAMP 系统不执行维护操作。

本 章 小 结

飞机发动机的电力启动是由启动发电机带动发动机转动，然后由点火系统适时点燃油气混合气产生涡轮力矩，发动机转子在启动机力矩和涡轮力矩共同作用下加速到慢车转速。决定点火系统能否可靠点燃混合气的主要因素：对于电感式点火系统，只有电感线圈的次级线圈感应电势大于电嘴的击穿电压，且电嘴上的火花能量大于燃料混合气的最小点火能量，电嘴上才能产生火花放电；对于高能点火系统，只有储能电容器的电压大于气体放电管的击穿电压，且储能电容器的储能大于燃料混合气的最小点火能量，电嘴上才能产生火花放电。

水平尾翼操纵系统又称纵向操纵系统，它可分为液压助力操纵系统和电力操纵系统两类。液压助力操纵系统又分为人工操纵和自动控制两部分，其中人工操纵部分主要由驾驶杆、力臂调节器、载荷感觉器、调整片效应机构、双腔液压助力器、水平尾翼等组成；自动控制部分主要由纵向舵机、稳定切断开关、极限位置传感器等组成。电力操纵系统多作为应急操纵系统，当液压助力操纵系统失效时，可用电力操纵系统来操纵水平尾翼。纵向操纵系统中的核心部件是力臂自动调节系统，它能根据飞机的飞行速度和高度的变化，自动调节力臂值的大小，改变驾驶杆与平尾之间的传动比，使飞机在各种情况下飞行时，飞行员能够正确操纵飞机的俯仰姿态。

飞机环境电气控制设备涉及液压、空调、防火、防冰等电气系统和照明系统。液压电气系统通过压力信号器监测液压系统的压力状况。空调电气系统保证飞行员在座舱工作的必需条件，包括座舱通风、保持一定的压力和温度，以及为玻璃防雾等；保证电子设备组件必要的工作条件，进行空气冷却和增压；为其他专业提供气源。防火电气控制系统监控发动机舱的火灾情况，当发动机舱发生火灾时，发出火警信号，飞行员依据接收信息，启动相应的灭火设备，实施灭火。防冰电气控制系统包括座舱盖防冰电气系统和发动机防冰电气系统，座舱盖防冰电气系统预防座舱盖风挡玻璃在复杂气象条件下结冰，影响飞行员视线；当进气道结冰时，发动机防冰电气系统利用来自高压压气机的热空气对整流罩和低压压气机进口导流器进行加热，同时向通信导航识别(communication navigation identification，CNI)系统、NAMP 发出结冰信号。飞机灯光照明设备为飞机安全正常飞行、驾驶员和乘务员的工作提供灯光照明和指示。

灯光告警系统主要显示和提醒与飞行安全紧密相关的信息，飞行中飞行员应该按照告警信息和等级正确操纵飞机，保证飞行安全。

NAMP 能够实时地对机械电气系统进行故障检测和状态监控，对确保电气系统工作的可靠性、安全性和稳定性具有重要意义。

习　　题

1. 点火系统的组成及其作用是什么？
2. 何为获能锻炼？获能锻炼的原因、方法、过程如何？
3. 半导体电嘴的最小发火电压和其他电嘴的击穿电压有何不同？
4. 简述电感式点火系统的组成与工作原理。
5. 试述影响击穿电压的因素有哪些？
6. 简述火花电嘴与电蚀电嘴产生火花放电的原理。
7. 试述高能点火系统的工作原理。
8. 什么是发动机的启动？
9. 简述发动机直接启动过程的三个阶段。
10. 电力启动机对发动机的启动，为什么要进行分级控制？
11. 发动机电力启动系统主要组成有哪些？启动附件与启动程序控制设备各自组成有哪些？
12. 为什么要用二速传动装置？简述二速传动装置工作情况。
13. 发动机间接启动系统的启动过程如何？
14. 试述飞机纵向操纵系统的组成和工作情况。
15. 怎样用力臂位置指示器来判读力臂自动调节系统的工作情况？在力臂位置指示器上指示的速度、高度与空速表、高度表指示的数值是否一样？为什么？
16. 液压系统压力低(双液压故障)故障告警信号有哪些？
17. 试述空调电气系统的组成与功能。
18. 试述火警信号系统的工作原理。
19. 试述发动机防冰电气系统工作原理。

20. 飞机上的应急照明有哪些特殊要求？

21. 试述灯光告警系统的功用。

22. NAMP 系统有哪些工作方式？什么情况下进入自检测方式？

第9章 飞行控制原理基础知识

自动控制原理是分析飞行控制系统工作原理的重要基础。无论是自动飞行控制系统还是飞机阻尼器、增稳系统、控制增稳系统，其基本工作原理都需要用自动控制原理来分析。为此，本章首先简要介绍飞行控制系统的基本原理，进而介绍自动控制系统的组成、自动控制的基本方式、控制系统的性能要求等内容，为开展控制原理分析搭建框架；进一步介绍系统微分方程、系统传递函数和系统结构图这三类系统模型，为后续开展系统性能分析奠定基础，进而介绍控制系统的典型时域分析方法，这些分析方法同样适用于分析飞机飞行控制原理；最后简要介绍控制系统的典型控制规律。

9.1 飞机飞行控制系统基本原理

飞行控制系统通常分为人工飞行控制系统和自动飞行控制系统。人工飞行控制系统是直接传递驾驶员的人工操纵指令，或形成和传递人工操纵指令的增强指令，从而实施飞行控制功能的系统。自动飞行控制系统是通过自动或半自动的航迹控制，协助驾驶员工作或减轻其工作负担，或自动控制飞机对扰动的响应。本书着重介绍固定翼飞机自动飞行控制系统的功能结构、一般原理及相关技术。

9.1.1 自动驾驶仪

自动驾驶仪(autopilot，简称驾驶仪)是一种简单的飞行控制系统，是自动飞行控制系统的雏形。它使用无线电/雷达信号、航向和姿态角测量信号、大气数据系统的飞行参数或人工输入的指令信号，模仿飞行员的人工操纵，达到自动驾驶飞机的目的。

假设要求飞机做水平直线飞行，飞行员应如何控制飞机呢？飞机受干扰(如突风干扰)偏离原姿态，如飞机抬头，飞行员用眼睛观察到仪表板上地平仪的变化，由大脑做出决定，通过神经系统传递到胳膊、手臂，推动驾驶杆，经机械操纵系统驱动平尾(升降舵)，产生相应的低头力矩，使飞机趋于水平；随着修正的继续，飞行员根据地平仪的指示，逐步回收驾驶杆；当飞机恢复水平时，将驾驶杆回收中立，使平尾回到原先中立平衡位置，停止修正。这一过程可用图 9-1-1 表示。

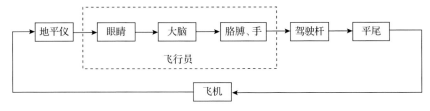

图 9-1-1　人工驾驶原理框图

驾驶仪模仿飞行员自动驾驶时，必须包含与眼、脑、手相对应的装置，并与飞机组成如图 9-1-2 所示的闭环控制系统。

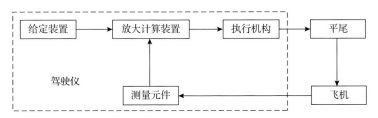

图 9-1-2　自动驾驶原理框图

自动驾驶的原理是按偏差自动调节。飞机偏离原飞行状态后，测量元件测量到偏离的大小和方向，并输出相应的信号，该信号经放大、计算后，按偏差自动产生控制信号，控制执行机构操纵相应舵面，使飞机向着修正偏差，恢复原飞行状态的方向运动。当飞机回到原飞行状态时，测量元件输出信号为零。操纵机构也控制舵面回到原位，飞机重新按原状态飞行。因此，驾驶仪中的测量元件、放大计算装置和执行机构可代替飞行员的眼睛、大脑神经系统和四肢，自动驾驶飞机。

如图 9-1-3 所示，驾驶仪一般由以下部件组成：

(1)测量元件(反馈元件)，用于测量飞机的运动参数，例如，垂直陀螺和航向陀螺测量俯仰角、滚转角及偏航角，速度陀螺测量角速度。

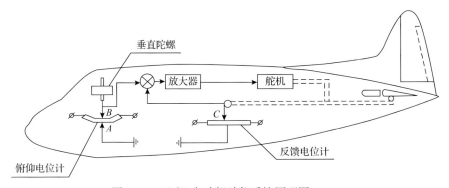

图 9-1-3　飞机-自动驾驶仪系统原理图

(2)给定装置，供驾驶员给出指令信号，以控制飞机的姿态、航向和高度。

(3)放大计算装置，用于计算部分把各种敏感元件的输出信号处理为符合控制要求的信号，包括综合装置、微分器、限幅器及滤波器等，又称计算装置；放大部分对上述装置的输出信号进行放大、处理。

(4)执行机构，根据放大元件的输出信号驱动舵面偏转，包括舵机及其传动装置。

9.1.2　舵回路

实现自动飞行必须通过自动控制系统形成回路。根据飞行任务的不同可组成各种不同的回路，这些回路是由简单的内回路逐渐增添元部件形成新回路而得到的，其中自动飞行控制系统的执行机构就是舵回路。驾驶仪的放大元件、执行机构(舵机)犹如驾驶员的大脑和四肢，根据修正飞行状态偏差的指令，自动控制舵面的偏转量。实现自动驾驶的控制中枢是根据飞行控制指令自动驱动飞机操纵面的舵回路，又称操纵面伺服机构。

如图 9-1-4 所示，舵回路通常是由放大元件、舵机和反馈元件等组成的自动控制回路——伺服操纵系统，输入量是飞行控制指令——综合控制信号，输出量是舵机带动舵面偏转的角度或角速度。综合控制信号由自动飞行控制系统的控制规律(以后简称控制规律)决定。飞行控制系统的子系统(控制器)通过舵回路控制飞机的操纵面，达到飞行控制的目的。

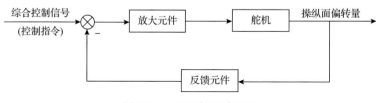

图 9-1-4　飞机舵回路原理

一般来说，二代机的操纵面有三类：平尾(或升降舵)、副翼和方向舵，所以驾驶仪的舵回路一般也有三个：平尾(升降)舵回路、副翼(倾斜)舵回路和方向(航向)舵回路。另外，驾驶仪从信号(包括测量信号和操纵信号)的产生，经信号的综合、放大，到舵机带动舵面转动，这样一条传递途径也称为"通道"。一套完整的驾驶仪，一般由三个通道组成，分别称为平尾(升降)通道(或俯仰通道、纵向通道)、副翼通道(或倾斜通道)、方向舵通道(或航向通道)。

三代后飞机的自动飞行控制中枢——舵回路已经获得长足发展，操纵使用性好、控制可靠性高、结构更为紧凑的电传飞行控制系统越来越多地得以使用。因其采用了一些辅助操纵面自动控制，飞行控制信号的通道也有所增加。它表明飞行控制信号(通道)的一般作用过程:驾驶控制指令→控制规律解算(飞行控制计算机)→伺服操纵(舵回路)。

上述飞行控制通道与被控对象(飞机)构成各种闭环控制回路。

9.1.3 角运动控制回路

角运动控制回路完成驾驶仪的基本功能:姿态(俯仰角和倾斜角)稳定与控制。驾驶仪稳定飞机俯仰角和倾斜角的原理是类似的:按姿态偏差调节飞行姿态。

控制俯仰角的基本原理如图 9-1-5 所示。在驾驶仪自动控制飞行姿态时,飞行员把控制权交给驾驶仪,必要时进行干预。此时,姿态控制器一般应带动驾驶杆,以便驾驶员监控它的工作。驾驶仪一般设有保障飞行安全的装置,保证驾驶员对它的优先控制。

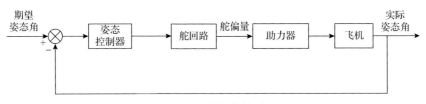

图 9-1-5　姿态控制原理

航向角控制原理与姿态角控制类似,因此又把它们统称为角运动控制。不过,飞机的航向控制与滚转角控制是紧密相关的。

9.1.4 航迹控制回路

飞机航迹控制的问题比较复杂,一般是根据飞机航迹运动的特点,分为纵向、侧向两个方面进行研究。这里仅希望读者明确:一般是在姿态(包括航向角)控制的基础上,构成航迹控制回路,航迹控制器根据实际航迹与期望航迹的偏差,生成航迹控制指令,并将其送入姿态控制器,通过飞行航向和姿态的控制,适时地修正航迹偏差,使飞机按期望航迹飞行。航迹控制回路的一般结构如图 9-1-6 所示。

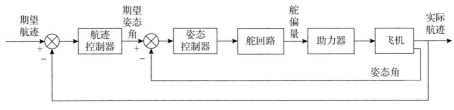

图 9-1-6　航迹控制回路一般结构

期望航迹可以是静态的——事先由飞行员设定，如自动导航中的计划航线；也可以是动态的——飞行中随时更改，如战术飞行中飞行员根据空中敌我态势的变化随时制定飞行路线。

高度稳定就是一种简单的航迹控制问题。稳定飞机高度时，一般由驾驶员将飞机操纵到预定高度后，接通定高功能回路，使高度控制回路根据飞机高度的偏差信号，操纵平尾(升降舵)，自动稳定飞行高度。

战机自动攻击导引，则是非常复杂的航迹控制问题。此外，在航空交通管制和战术飞行管理中，需要在指定时间使飞机抵达指定位置。因此，航迹控制不仅是三维的，还可能是四维的，并且与飞行速度等飞行状态的控制密切相关。

9.2　自动控制的基本概念

自动控制，是指在没有人直接参与的情况下，利用外加的设备或装置(控制装置或控制器)，使机器、设备或生产过程(统称被控对象)的某个工作状态或参数(被控量)自动地按照预定的规律运行，如飞机的自动高度保持、飞机的空速保持、导弹发射和制导系统、自动地将导弹引导到敌方目标。为了使得这些设备、机器的运行状况在没有人直接参与的情况下符合要求，就需要对其运行进行自动控制。

9.2.1　自动控制系统

1. 自动控制系统的构成和任务

自动控制系统由被控对象和控制器按照一定的方式连接起来，组成一个有机的整体，实现预期的系统功能。例如，飞机定高自动飞行，飞船、卫星按预定轨道飞行，无人机按规划航迹飞行，发动机按给定转速运转等。被控对象(受控对象)(如飞机、宇宙飞船、卫星、飞机、发动机等)是工作的主体，其作用是完成给定任务。控制器(调节装置)由控制元部件组成，其作用是操纵被控对象，使其按照希望的状态运行。

控制系统中被控对象和控制器之间的相互作用是通过信号进行传递的，控制系统中常用的信号术语和符号表达如下(图 9-2-1)：

被控量 $c(t)$ ，表征被控对象工作状态的物理量(或状态量)，如飞机的飞行速度和高度、发动机的转速、热炉的温度等；

给定值(指令信号) $r(t)$ ，希望的被控对象的工作状态，是系统的输入信号；

干扰信号 $n(t)$ ，对系统的工作状态产生不利影响的信号，如飞机飞行时受到的大气扰动；

反馈信号 $b(t)$，被控量 $c(t)$ 经测量元件检测后送到系统输入端的信号，$b(t)$ 是 $c(t)$ 的测量值；

偏差信号 $e(t)$，有两种定义，一种是给定值与被控量的差值，另一种是给定值与反馈信号的差值。

以上五种信号都称为控制系统信号。

自动控制的任务指自动控制系统在运行过程中，利用控制器操纵被控对象，使被控对象的工作状态按照理想状态运行，也就是被控量 $c(t)$ 按给定值 $r(t)$ 变化，即 $c(t) = r(t)$。

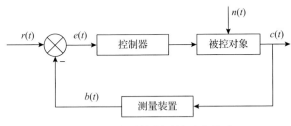

图 9-2-1　自动控制系统基本构成

2. 反馈控制

根据给定值和被控对象的被控量的偏差对系统进行调节，控制器按偏差的大小产生控制作用，称为反馈控制。在反馈控制系统中，控制装置对被控对象施加的控制作用是依据被控量的反馈信息，不断修正被控量与输入量之间的偏差，从而实现对被控对象进行控制的任务。其实，人的一切活动都体现出反馈控制的原理，人本身就是一个具有高度复杂控制能力的反馈控制系统，如人用手拿取桌上的书、汽车司机操纵方向盘驾驶汽车沿公路平稳行驶等，这些日常生活中习以为常的动作都渗透着反馈控制的原理。

为了说明反馈控制的概念，下面举一个热炉温度控制系统的例子。首先，分析人控制炉温的过程。操作人员希望炉子内的温度保持在给定温度(给定值或指令信号)，人通过观测温度计感知炉内温度(被控量)。当发现炉内温度高于期望值时，就关小阀门(执行动作)，减少进气量；当发现炉内温度低于期望值时，就开大阀门增加进气量，这就是人按给定温度和实际温度偏差实施控制的过程，这种控制作用就是反馈控制原理，被控量(实际的炉温)反馈到系统的输入端，如图 9-2-2 所示。

现在，用一个自动调节装置(控制器)来替代热炉系统中人的操作，对比人的控制过程，不难理解自动控制器的构成和应该具备的功能。自动控制器控制的热炉系统如图 9-2-3 所示。其中，电位计输出电压设置指令温度，热电偶测量值经放大器后为测量的输出信号；比较放大相当于人的大脑，完成计算工作；电动机

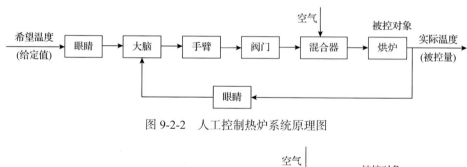

图 9-2-2　人工控制热炉系统原理图

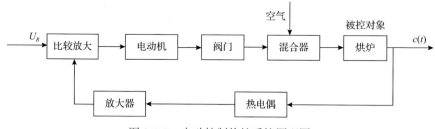

图 9-2-3　自动控制热炉系统原理图

驱动阀门，相当于手臂的作用。

在反馈系统中，被控量经过一些中间环节，最后又作用于被控对象自身，使被控量发生变化，其中信息的传递途径是一个自身闭合的环。所以反馈控制是闭环(closed-loop)控制。

反馈控制系统是由各种结构不同的元部件组成的。从完成"自动控制"这一职能来看，一个系统必然包含被控对象和控制装置两大部分，而控制装置是由具有一定职能的各种基本元件组成的。将组成系统的元部件按职能分类，主要有测量元件、比较元件、放大元件和执行元件。下面通过热炉温度控制系统的人工控制与自动控制器控制之间的比较，来描述自动控制器的基本职能。下面给出人工控制和自动控制器控制的功能图。

如图 9-2-4 所示，测量元件相当于人的感受器官，其职能是检测被控量，例如，热电偶测量炉子的温度、飞机上的速度传感器测量飞行速度、陀螺测量飞机的姿态角等。

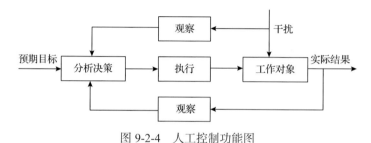

图 9-2-4　人工控制功能图

比较元件和放大元件相当于人的大脑，其中，比较元件的职能是把测量元件检测到的被控量与给定值进行比较，并求出它们之间的偏差；放大元件的职能是将比较元件给出的偏差信号进行放大，用来驱动执行元件去控制被控对象。

执行元件相当于人的四肢，其职能是直接驱动被控对象，使被控量发生变化。

如果用技术装置和工程语言代换图 9-2-4 中的各子单元，那么工作对象即被控对象，实际结果即被控量，预期目标则相当于给定值(或参考输入)。而功能块(观察、分析决策)分别以测量、分析计算取代，则可得到自动控制原理方框图如图 9-2-5 所示。

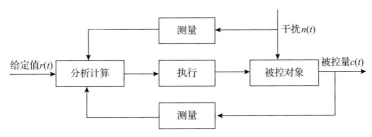

图 9-2-5 自动控制原理方框图

图 9-2-5 中除被控对象外，其他功能部分必须由控制装置(控制器)承担，故控制装置应该具备测量、分析计算、执行三种基本功能，这需要配置相应的部件来实现。实际控制系统中，测量部件就是各种工业仪表及传感器；分析计算部件即各种比较线路、模拟运算装置和计算机；执行部件则为交、直流伺服电动机，电磁铁，作动筒，以及气压、液压马达。

另外，由图 9-2-5 可以看出，参与控制的原始信号有三个，即被控量 $c(t)$、给定值 $r(t)$ 及干扰 $n(t)$，这是控制的主要依据。

9.2.2 自动控制的基本方式

自动控制有三种基本方式，即按给定值操纵的开环控制、按干扰补偿的开环控制及按偏差调节的闭环(反馈)控制。其中，第一、二种又统称为开环控制，第三种通常称为闭环控制。

1. 按给定值操纵的开环控制

这种控制方式的特点是，需要控制的是被控对象的被控量 $c(t)$，而控制装置只接受给定值信号 $r(t)$，如图 9-2-6 所示。系统中，信号源给定值经分析计算、执

图 9-2-6 按给定值操纵的系统原理方框图

行部件到达被控对象而转变为被控量，信号传递为单向，故称为开环控制。

这种控制系统具有明显的缺陷，即当被控对象受到干扰或运行中某些部件的特性参数发生变化时，会直接影响被控量，且无法自行纠正。因此，系统的控制精度难以保证。当然，如果系统的部件特性相当稳定，基本不受干扰的影响，则也还是可用的。

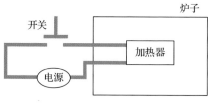

图 9-2-7　热炉定时加热系统

如图 9-2-7 所示，热炉定时加热系统的控制方式就是按给定值操纵的开环控制。在预定的时刻，开关就会合上，连通电路回路，加热器开始工作。

2. 按干扰补偿的开环控制

按干扰补偿的开环控制原理方框图如图 9-2-8 所示。需要控制的仍是被控对象的被控量，而控制装置接受的是(影响正常运行的)干扰信号 $n(t)$ 。利用干扰信号产生控制作用，以补偿干扰对被控量的直接影响，故称按干扰补偿式。而干扰经测量、分析计算、执行等部件传递到被控对象变换为被控量，也是单向传递，故又称开环控制。

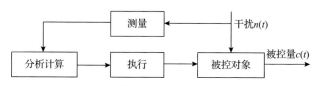

图 9-2-8　按干扰补偿的开环控制原理方框图

由于测量的是干扰，故只能对可测干扰进行补偿，而不可测干扰以及被控对象和各功能部件内部参数变化对被控量的影响，系统自身仍无法控制，因此控制精度受到限制。

如图 9-2-9 所示，当水箱受到干扰时，即开关 2 开启，水箱水位下降，此时开关 1 也会开启，使水箱水位保持在一个理想的位置。该系统的控制方式就是按干扰补偿的开环控制。

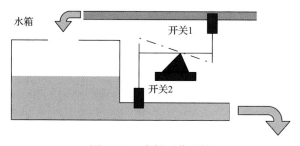

图 9-2-9　水箱工作系统

3. 按偏差调节的闭环控制

按偏差调节的闭环控制的原理方框图如图 9-2-10 所示。这种控制方式的特点是，需要控制的是被控对象的被控量，而控制装置接收的是被控量和给定值，并计算二者的偏差。只要被控量偏离了给定值，无论是干扰影响还是内部特性参数变化，或是给定值主动变动，系统均能自动纠正，故称为按偏差调节。显然，这种系统从原理上提供了实现高精度控制的可能性。

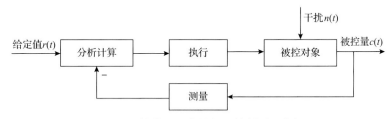

图 9-2-10　按偏差调节的闭环控制原理方框图

系统中，控制信号经分析计算、执行部件传递给被控对象，然后又经测量部件反馈回来，循环往复形成闭合回路传递，故又称反馈控制，也称为闭环控制。

在反馈控制系统中，反馈信号必须与给定值相减，以形成偏差，这种反馈称为负反馈(图 9-2-10 中负号)。负反馈闭合回路，是按偏差进行控制的自动控制系统在结构联系和信号传递上的重要标志。

反馈控制是自动控制系统中非常重要的控制方式，在控制工程中获得了广泛的应用。

9.2.3　控制系统的性能要求及设计原则

自动控制理论是研究自动控制共同规律的一门学科。尽管自动控制系统有不同的类型，对每个系统也都有不同的特殊要求，但对于各类系统，在已知系统的结构和参数时，我们感兴趣的都是系统在某种典型输入信号下，其被控量变化的全过程。对每一类系统被控量变化全过程提出的共同基础要求都是一样的，可以归结为稳定性、快速性和准确性。

1. 控制系统的性能要求

按照基本控制方式工作的自动控制系统是否能很好地工作，是否能在运行中准确地保持被控量等于给定值呢？并不一定，系统也可能工作得很不好，甚至会发生被控量的剧烈摆动，使被控对象严重损坏。这取决于被控对象和控制装置之间、各功能部件的特性参数之间是否匹配得当。

　　理想情况下，被控量 $c(t)$ 和给定值 $r(t)$ 相等，运行中完全没有误差，即 $c(t)$ 恒等于 $r(t)$。而实际上，由于系统中质量、惯量、阻尼以及电路中电感、电容的存在，也由于能源的功率限制，一些运动部件的加速度不会太大，速度和位移不可能突变，而是要经历一个逐渐变化的过程，这样就会造成偏差。

　　通常将系统受到给定值或干扰信号作用后，控制被控量变化的全过程称为系统的动态过程，常以 $c(t)$ 表示，则系统控制性能的优劣，可以从动态过程 $c(t)$ 对 $r(t)$ 的比较中显示出来，反映控制的精度。

　　控制精度是衡量系统技术性能的重要尺度。一个高质量的控制系统，在整个运行过程中，被控量对给定值的偏差应该是最小的。考虑到控制系统的动态过程 $c(t)$ 在不同阶段中的特点，工程上常从稳定性、快速性和准确性三个方面来评价控制系统的性能。

　　稳，指的是动态过程的稳定性。稳定性是指控制过程中会出现被控量围绕给定值的摆动或振荡，首先是振荡应逐渐减弱，其次是振幅和频率都不能过大。若像图 9-2-11(a) 那样呈发散型变化，则是系统不稳定的情况，显然是无法完成控制任务的。

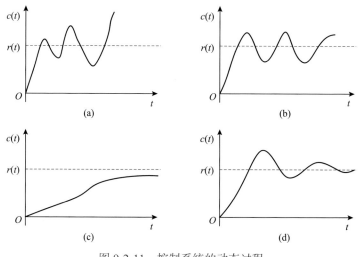

图 9-2-11　控制系统的动态过程

　　快，指的是动态过程的快速性。若振荡过程衰减很慢，或者虽然没有振荡，但被控量迟缓地趋向平衡状态，都将使系统长时间出现大偏差，如图 9-2-11(b)、(c) 中过程所示。过程的总体调节时间应有所限制，应尽快进入稳态。

　　稳和快反映了系统过渡态的性能，既快又稳，则过程中被控量偏离给定值较小，偏离的时间短，表明系统动态精度高，如图 9-2-11(d) 中过程所示。

　　准，指的是动态过程的最终精度，即系统进入平衡工作状态后，被控量对给定值所达到的控制准确度。准，则误差小、精度高，它反映了系统后期稳态的性能。

被控对象不同，对稳、快、准的技术要求也有所侧重。例如，随动系统对"快"要求较高，而温控系统对"稳"限制严格。在实际控制系统中，稳、快、准相互制约，提高过程的快速性，常会诱发系统强烈振荡；改善平稳性，控制过程有可能很迟缓，甚至最终精度也有所下降。分析、解决这些矛盾，将是要讨论的重要内容。

2. 控制系统的设计原则

任何控制系统都必须是稳定的，这是对控制系统的一个基本要求，不稳定的系统是不能工作的。除了稳定性要求，还需要适度的平稳性，响应速度要快，并且所设计的控制系统应能使误差减小到零或减小到某一允许的范围内。任何有实用价值的控制系统，都必须满足这些要求。

系统的稳、快、准性能指标要求之间是有矛盾的，因此在设计控制系统时，必须在它们之间选择最有效的折中方案。控制设计方案的形成是在分析的基础上进行的。

控制系统的分析，就是指在特定的条件下，对数学模型已知的系统性能进行研究。任何系统都是由元件组成的，分析工作首先从列写每一个元件的数学表达式开始，建立系统的数学模型。控制理论基于数学模型对系统进行分析，分析的方法不依赖于具体的物理系统，即不论系统是气动的、电动的还是机械的，控制理论的分析方法都是通用的。

设计系统，就是指设计一个能完成给定任务的系统。一般来说，设计过程不是一个简单的一次能完成的过程，而是一个逐步试探的过程。设计任何实际控制系统的基本方法，必然要包含试探法。线性控制系统的设计方法，在理论上是可行的，但是实际上，系统可能受到很多限制，或者说系统可能是非线性的。此外，元件的特性也并非十分清楚，所以试探法总是不可缺少的。应当指出，有些技术要求可能是不现实的，在这种情况下，必须在设计工作的初始阶段，就对设计要求进行修改。

控制系统的设计可依据下列步骤进行：工程人员在初始设计阶段，首先，应该熟悉技术要求或性能指标，了解给定对象的动态特性和元件的动态特性；其次，建立起系统的数学模型。一旦将设计问题表示为数学模型的形式，就可以用控制理论的方法进行设计。

控制器设计完成以后，控制工程人员就可以将数学模型输入计算机，对设计出来的系统在各种信号和扰动作用下的响应进行仿真计算。通常，系统的初型是不能令人满意的，因此必须对系统进行再设计，并完成相应的分析。这种设计和分析过程反复进行，直到获得满意的系统。此后，就可以制造物理系统的样机了。

应当指出，建造系统样机的过程，是系统模拟的反过程。系统样机是物理系统，它以适当的精度代替了系统的数学模型，当样机被建成后，工程技术人员就可以对样机进行试验，看其是否满足性能要求。如果满足性能要求，设计便告结束；如果不满足性能要求，就必须对样机进行修改，并重新试验。这种过程一直要进行到系统样机完全满足性能要求时为止。

9.3　控制系统的数学模型

自动控制理论的任务是对控制系统进行分析和设计，分析和设计是基于系统的数学模型。根据系统的物理构成建立系统的工作原理框图，是控制系统建模的第一步。在原理框图的基础上，需要对系统的每个部分建立数学模型。

系统的数学模型一般依据具体系统所遵循的物理定律来建立，如机械系统中的牛顿定律、电路系统中的基尔霍夫定律等，系统动态特性的数学表达式称为数学模型。要分析动态系统，首先应推导它的数学模型。控制理论中数学模型有两种基本形式：一种是在复频域描述的传递函数形式，经典控制理论是基于这种形式的数学模型；另一种是在时域中，采用一阶微分方程组的形式，建立在这种数学模型基础上的控制理论称为现代控制理论。这两种数学模型之间是可以相互转换的。本节主要介绍经典控制理论的传递函数模型。

9.3.1　微分方程

列写微分方程的方法有解析法和实验法。下面通过简单示例，介绍解析法的一般步骤。

1. 列写系统微分方程一般步骤

例9-1　列写如图 9-3-1 所示 RC 无源网络的微分方程。

解　设该网络的输入量为电压 u_r，输出量为电压 u_c。根据电路理论的基尔霍夫电压定律，任一时刻网络的输入电压等于各支路的电压降之和，则得

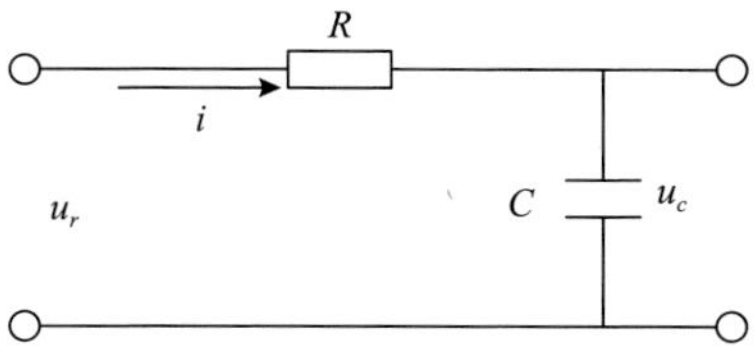

$$u_r = Ri + u_c \tag{9-3-1}$$

而

$$u_c = \frac{1}{C}\int_0^t i\,\mathrm{d}t \tag{9-3-2}$$

图 9-3-1　RC 无源网络

式中，i 为网络电流，是除输入量、输出量之外的中间变量。

将式(9-3-2)两端求导，得

$$\frac{\mathrm{d}u_c}{\mathrm{d}t} = \frac{1}{C}i \qquad (9\text{-}3\text{-}3)$$

或

$$i = C\frac{\mathrm{d}u_c}{\mathrm{d}t} \qquad (9\text{-}3\text{-}4)$$

代入式(9-3-1)整理为

$$RC\frac{\mathrm{d}u_c}{\mathrm{d}t} + u_c = u_r \qquad (9\text{-}3\text{-}5)$$

这就是如图9-3-1所示 RC 网络的动态数学模型，是一个一阶常系数线性非齐次微分方程。等号右端为输入量，左端为输出量。

2. 线性系统的叠加原理

用线性微分方程描述的元件或系统，称为线性元件或线性系统。叠加原理是线性系统的重要性质。叠加原理又包含了两层含义：①可叠加性；②齐次性（又称均匀性）。

假设线性微分方程为

$$\frac{\mathrm{d}^2c(t)}{\mathrm{d}t^2} + \frac{\mathrm{d}c(t)}{\mathrm{d}t} + c(t) = r(t) \qquad (9\text{-}3\text{-}6)$$

当 $r(t) = r_1(t)$ 时，上述方程的解为 $c_1(t)$ ；当 $r(t) = r_2(t)$ 时，其解为 $c_2(t)$ 。若 $r(t) = r_1(t) + r_2(t)$ ，则方程的解必为 $c(t) = c_1(t) + c_2(t)$ ，这就是叠加性。

而当 $r(t) = Ar_1(t)$ 时，式中，A 为常数，则方程的解必为 $c(t) = Ac_1(t)$ ，这就是齐次性（均匀性）。

从叠加原理可以看出，当有几个外作用力同时加在系统上时，所产生的输出等于各个外作用力单独作用时产生的输出之和；当外作用力扩大时，输出也跟着扩大同样的倍数。

3. 微分方程与运动的模态

线性微分方程的解由特解和齐次微分方程的通解组成。微分方程的特征根决定了它的通解，代表自由运动。若 $\lambda_1, \lambda_2, \cdots, \lambda_n$ 是 n 阶微分方程的特征根，且无重根，那么函数 $\mathrm{e}^{\lambda_1 t}, \mathrm{e}^{\lambda_2 t}, \cdots, \mathrm{e}^{\lambda_n t}$ 称为该微分方程所描述运动的模态，又称振型，每一种模态代表一种类型的运动形态，齐次微分方程的通解是它们的线性组合，即

$$x(t) = c_1 \mathrm{e}^{\lambda_1 t} + c_2 \mathrm{e}^{\lambda_2 t} + \cdots + c_n \mathrm{e}^{\lambda_n t} \qquad (9\text{-}3\text{-}7)$$

其中，$c_1, c_2, \cdots, c_n$ 系数是由初始条件决定的常数。

当特征根中有重根 λ 时，模态具有函数 $\mathrm{e}^{\lambda t}, t\mathrm{e}^{\lambda t}, t^2\mathrm{e}^{\lambda t} \cdots$ 的形式；如果特征根中有共轭复根 $\lambda = \sigma \pm \mathrm{j}\omega$，则共轭复模态 $\mathrm{e}^{(\sigma+\mathrm{j}\omega)t}$、$\mathrm{e}^{(\sigma-\mathrm{j}\omega)t}$ 可写成 $\mathrm{e}^{\sigma t}\sin(\omega t)$、$\mathrm{e}^{\sigma t}\cos(\omega t)$ 形式的实函数模态。

9.3.2　传递函数

在经典控制理论领域中广泛使用的频率法和根轨迹法，不是直接求解系统的微分方程，而是采用系统的另一种数学模型——传递函数，间接地分析系统结构参数对系统性能的影响。

传递函数是利用拉普拉斯(Laplace)变换求解线性常系数微分方程的过程中构造出来的，是经典控制理论中最基本和最重要的概念。传递函数不仅可以表征系统的动态性能，而且可以用来研究系统结构或参数变化对系统性能的影响。为了得到系统的传递函数就需要采用拉普拉斯变换。

1. 拉普拉斯变换

一般把拉普拉斯变换简称为拉氏变换。用拉普拉斯变换解线性常微分方程，可将微积分运算转化为代数运算，并可将外作用及系统的初始条件一同考虑，而且可利用拉普拉斯变换表。因此，拉普拉斯变换是一种较为简便的工程数学方法。利用拉普拉斯变换求解系统时域响应的主要步骤为：①建立微分方程(组)；②求取微分方程(组)的拉普拉斯变换；③求解代数方程；④求代数方程解的拉普拉斯逆变换。

该过程可以用图 9-3-2 直观地说明。

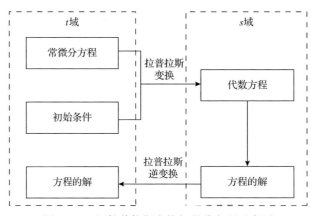

图 9-3-2　用拉普拉斯变换解微分方程示意图

1)拉普拉斯变换的定义

对于函数 $f(t)$, t 为实变量，如果积分

$$\int_0^\infty f(t)\mathrm{e}^{-st}\mathrm{d}t \quad (s = \sigma + \mathrm{j}\omega \text{ 为复变量})$$ (9-3-8)

存在，则称其为函数 $f(t)$ 的拉普拉斯变换。变换后的函数是复变量 s 的函数，记作 $F(s)$ 或 $\mathcal{L}[f(t)]$ ，即

$$\mathcal{L}[f(t)] = F(s) = \int_0^\infty f(t)\mathrm{e}^{-st}\mathrm{d}t$$ (9-3-9)

通常称 $F(s)$ 为 $f(t)$ 的象函数，而 $f(t)$ 为 $F(s)$ 的原函数。

2)拉普拉斯变换的基本法则

（1）线性法则。

设 $F_1(s) = \mathcal{L}[f_1(t)]$, $F_2(s) = \mathcal{L}[f_2(t)]$, a 和 b 为常数，则有

$$\mathcal{L}[af_1(t) \pm bf_2(t)] = a\mathcal{L}[f_1(t)] \pm b\mathcal{L}[f_2(t)] = aF_1(s) \pm bF_2(s)$$ (9-3-10)

（2）微分法则。

设 $F(s) = \mathcal{L}[f(t)]$ ，则有

$$\begin{cases} \mathcal{L}\left[\dfrac{\mathrm{d}f(t)}{\mathrm{d}t}\right] = sF(s) - f(0) \\ \mathcal{L}\left[\dfrac{\mathrm{d}^2 f(t)}{\mathrm{d}t^2}\right] = s^2 F(s) - sf(0) - f'(0) \end{cases}$$ (9-3-11)

式中， $f(0), f'(0), \cdots$ 为函数 $f(t)$ 及其各阶导数在 $t = 0$ 时的值，当 $f(0) = f'(0) = \cdots = 0$ 时，则有

$$\begin{cases} \mathcal{L}\left[\dfrac{\mathrm{d}f(t)}{\mathrm{d}t}\right] = sF(s) \\ \mathcal{L}\left[\dfrac{\mathrm{d}^2 f(t)}{\mathrm{d}t^2}\right] = s^2 F(s) \end{cases}$$ (9-3-12)

式(9-3-12)表示，原函数导数的拉普拉斯变换相当于象函数乘以 s ，求导几次就乘以几次 s ，条件是 $t = 0$ 时原函数初值为零。

（3）积分法则。

设 $F(s) = \mathcal{L}[f(t)]$, $f(0) = 0$ ，则

$$\mathcal{L}\left[\int f(t)\mathrm{d}t\right] = \frac{1}{s}F(s)$$ (9-3-13)

原函数积分的拉普拉斯变换，相当于象函数除以 s，条件是初始值均为零。积分符号可用$1/s$代替，即

$$\frac{1}{s} \leftrightarrow \int dt \tag{9-3-14}$$

(4)终值定理。

设 $F(s) = \mathcal{L}[f(t)]$，且当 $t \to \infty$ 时，$f(t)$ 存在一个确定的值，则其终值

$$\lim_{t \to \infty} f(t) = \lim_{s \to 0} sF(s) \tag{9-3-15}$$

该式为求系统的稳态(即 $t \to \infty$)误差提供了方便。

$$e(\infty) = \lim_{t \to \infty} e(t) = \lim_{s \to 0} sE(s) \tag{9-3-16}$$

注意：正弦函数不能应用终值定理。

(5)位移定理。

设 $F(s) = \mathcal{L}[f(t)]$，有

$$\begin{cases} \mathcal{L}\big[f(t - \tau_0) \big] = e^{-s\tau_0} F(s) \\ \mathcal{L}\big[e^{at} f(t) \big] = F(s-a) \end{cases} \tag{9-3-17}$$

利用上述基本性质，可以简化一些复杂函数的拉普拉斯变换运算。

3)拉普拉斯逆变换

拉普拉斯逆变换的定义如下：

$$\mathcal{L}^{-1}[F(s)] = f(t) = \frac{1}{2\pi j} \int_{\sigma - j\omega}^{\sigma + j\omega} F(s) e^{st} ds \tag{9-3-18}$$

一般很难用该公式直接进行计算，通常由 $F(s)$ 求 $f(t)$，常用分部积分法。首先将 $F(s)$ 分解成一些简单的有理分式函数之和，然后由拉普拉斯变换表一一查出对应的拉普拉斯逆变换函数，即得所求的原函数 $f(t)$。

$F(s)$ 通常是 s 的有理分式函数,即分母多项式的阶次高于分子多项式的阶次, $F(s)$ 的一般式为

$$F(s) = \frac{s^m + b_1 s^{m-1} + \cdots + b_{m-1}s + b_m}{s^n + a_1 s^{n-1} + \cdots + a_{n-1}s + a_n} \tag{9-3-19}$$

式中，$a_i(i-1,2,\cdots,n)$ 及 $b_j(j=1,2,\cdots,m)$ 为实数，m、n 为正数，且 $m < n$。

如果 $F(s)$ 可分解成下列分量：

$$F(s) = F_1(s) + F_2(s) + \cdots + F_n(s) \tag{9-3-20}$$

并且 $F_i(s)(i = 1, 2, \cdots, n)$ 的拉普拉斯逆变换可以很容易地求出，则

$$\mathcal{L}^{-1}[F(s)] = \sum_{i=1}^{n} \mathcal{L}^{-1}[F_i(s)] = \sum_{i=1}^{n} f_i(t) \tag{9-3-21}$$

注：常用函数的拉普拉斯变换见附录附表 1。

2. 传递函数的概念及定义

首先通过一个如图 9-3-1 所示的 RC 无源网络作为示例，来建立传递函数的概念。根据电路理论中的基尔霍夫定律可列写出如图 9-3-1 所示的 RC 无源网络的微分方程：

$$RC\frac{\mathrm{d}u_c}{\mathrm{d}t} + u_c = u_r \tag{9-3-22}$$

一般情况下把输出信号写在等式的左边，把输入信号写在等式的右边。设初始值 $u_c(0) = 0$，对式 (9-3-22) 取拉普拉斯变换，得

$$RCsU_c(s) + U_c(s) = U_r(s) \tag{9-3-23}$$

$T = RC$，则得

$$U_c(s) = \frac{1}{Ts+1}U_r(s) \tag{9-3-24}$$

令 $G(s) = \dfrac{1}{Ts+1}$，则 $U_c(s) = G(s)U_r(s)$。若 $U_r(s)$ 不变，则输出 $U_c(s)$ 的特性完全由 $G(s)$ 的形式确定。可见，$G(s)$ 反映了系统自身的动态本质，称 $G(s)$ 为传递函数，且

$$G(s) = \frac{U_c(s)}{U_r(s)} \tag{9-3-25}$$

式 (9-3-25) 中的输出、输入和传递函数三者之间的关系，可用图 9-3-3 形象地表示。输入信号经方框内的 $G(s)$ 传递到输出端。

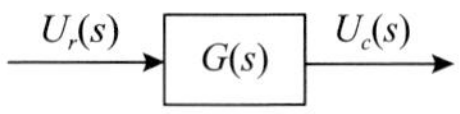

$$U_r(s) \longrightarrow \boxed{G(s)} \longrightarrow U_c(s)$$

图 9-3-3 方框图

根据上面的说明，可以对传递函数做如下定义：

线性定常系统在零初始条件下，输出信号的拉普拉斯变换与输入信号的拉普拉斯变换之比称为系统（或元部件）的传递函数。

设线性定常系统的微分方程的一般式为

$$a_0 \frac{\mathrm{d}^n}{\mathrm{d}t^n} c(t) + a_1 \frac{\mathrm{d}^{n-1}}{\mathrm{d}t^{n-1}} c(t) + \cdots + a_n c(t) = b_0 \frac{\mathrm{d}^m}{\mathrm{d}t^m} r(t) + b_1 \frac{\mathrm{d}^{m-1}}{\mathrm{d}t^{m-1}} r(t) + \cdots + b_m r(t)$$

$$(9\text{-}3\text{-}26)$$

式中，$c(t)$ 为系统的输出量；$r(t)$ 为系统的输入量；$a_i(i = 0, 1, \cdots, n)$ 及 $b_j(j = 0, 1, \cdots, m)$ 均为由系统结构参数决定的常数。

设在所有初始条件均为零的条件下，对式(9-3-26)两端进行拉普拉斯变换，得

$$\left(a_0 s^n + a_1 s^{n-1} + \cdots + a_n\right) C(s) = \left(b_0 s^m + b_1 s^{m-1} + \cdots + b_m\right) R(s) \qquad (9\text{-}3\text{-}27)$$

按照定义，得系统的传递函数为

$$G(s) = \frac{C(s)}{R(s)} = \frac{b_0 s^m + b_1 s^{m-1} + \cdots + b_m}{a_0 s^n + a_1 s^{n-1} + \cdots + a_n} \qquad (9\text{-}3\text{-}28)$$

对传递函数的说明：

(1)传递函数是复数域中的一个表达式，它通过系统结构参数使线性定常系统的输出和输入建立联系，而与输入形式无关，只适用于线性定常系统。

(2)传递函数分母多项式的阶次总是大于或等于分子多项式的阶次，即 $n \geqslant m$，这通常是由系统中含有较多的储能元件所造成的。分母多项式的最高阶次为 n，称该系统为 n 阶系统。

(3)传递函数只描述系统输入、输出之间的关系，但不反映系统内部结构的任何信息。因此，不同的物理系统完全可能有相同形式的传递函数，这就给数学模拟创造了条件。

(4)同一系统、不同观测点的输出信号对不同作用点的输入信号之间的传递函数的形式具有相同的分母，所不同的只是分子。把分母多项式称为特征式，记为 $D(s)$，$D(s) = a_0 s^n + a_1 s^{n-1} + \cdots + a_n$。

(5)传递函数和微分方程有相通性。传递函数分子多项式系数和分母多项式系数分别与相应微分方程的右端和左端微分算子多项式系数相对应，所以将微分方程

符号 $\mathrm{d}/\mathrm{d}t$ 用复数 s 置换便得到传递函数；反之，将传递函数多项式中的 s 用 $\mathrm{d}/\mathrm{d}t$ 置换便得到微分方程。

(6)传递函数 $G(s)$ 的拉普拉斯逆变换是脉冲响应 $g(t)$，脉冲响应 $g(t)$ 是系统在单位脉冲 $\delta(t)$ 输入时的输出响应，此时 $R(s)=\mathcal{L}[\delta(t)]=1$，所以有

$$g(t)=\mathcal{L}^{-1}[C(s)]=\mathcal{L}^{-1}[G(s)R(s)]=\mathcal{L}^{-1}[G(s)] \tag{9-3-29}$$

3. 传递函数的零点和极点

传递函数的分子多项式和分母多项式经因式分解后可写成如下形式：

$$
\begin{aligned}
G(s)&=\frac{C(s)}{R(s)}=\frac{b_0 s^m+b_1 s^{m-1}+\cdots+b_m}{a_0 s^n+a_1 s^{n-1}+\cdots+a_n}\\
&=\frac{b_0\left(s-z_1\right)\left(s-z_2\right)\cdots\left(s-z_m\right)}{a_0\left(s-p_1\right)\left(s-p_2\right)\cdots\left(s-p_n\right)}\\
&=K^*\frac{\displaystyle\prod_{j=1}^{m}\left(s-z_j\right)}{\displaystyle\prod_{i=1}^{n}\left(s-p_i\right)}
\end{aligned}
\tag{9-3-30}
$$

式中，$z_j(j=1,2,\cdots,m)$ 是分子多项式的零点，称为传递函数的零点；$p_i(i=1,2,\cdots,n)$ 是分母多项式的零点，称为传递函数的极点。传递函数的零点和极点可以是实数，也可以是复数。

传递函数的分子多项式和分母多项式经因式分解后也可写成如下形式：

$$G(s)=\frac{b_m\left(\tau_1 s+1\right)\left(\tau_2^2 s^2+2\xi\tau_2 s+1\right)\cdots\left(\tau_j s+1\right)}{a_n\left(T_1 s+1\right)\left(T_2^2 s^2+2\xi T_2 s+1\right)\cdots\left(T_i s+1\right)} \tag{9-3-31}$$

式中，一次因子对应实数零极点，二次因子对应共轭复数零极点；τ_j、T_i 为时间常数。令 $K=b_m/a_n$，称为传递系数或开环增益。

9.3.3 控制系统的动态结构图

动态结构图(方框图)是描述系统各元部件之间信号传递关系的数学图形，它们表示了系统各变量之间的因果关系以及对各变量所进行的运算，是控制理论中描述复杂系统的一种简便方法。

1. 动态结构图

1）组成要素

方框：表示输入、输出信号之间的传递关系，方框的输出信号等于方框的输入信号与方框中传递函数的乘积。图 9-3-4 中，$C(s) = E(s)G(s)$，$B(s) = C(s)H(s)$。

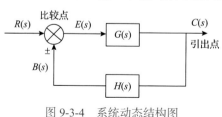

图 9-3-4   系统动态结构图

信号线：表示系统中信号的流通方向，一般在信号线上标注信号所对应的变量，如 $\xrightarrow{R(s)}$，信号只能沿箭头方向流通，绝不能逆向传播，即信号的传递具有单向性。

引出点：表示信号从该点引出。注意，从同一点引出的信号，大小和性质完全相同。

比较点(综合点)：表示两个或两个以上的信号在该点相加、减。注意，比较点处信号运算符号必须标明正(+)、负(−)，一般不标时取正号。同时，进行运算的信号必须具有相同的量纲。

前向通道：经过方框 $G(s)$ 的通道称为前向通道，$G(s)$ 称为前向通道传递函数。

反馈通道：经过方框 $H(s)$ 的通道称为反馈通道，$H(s)$ 称为反馈通道传递函数。

2）动态结构图的特点

(1)动态结构图形象、直观，便于研究系统的动态性能。

(2)同一系统可画出不同的动态结构图，即结构图不是唯一的，但得到的系统传递函数是唯一的。

3）系统动态结构图的建立

其方法步骤如下：

(1)建立系统各元部件(或典型环节)的微分方程。

(2)对各微分方程进行拉普拉斯变换，并画出各元部件的动态结构图(方框图)。或者直接用算子符 s 代替 $\dfrac{\mathrm{d}}{\mathrm{d}t}$，即将微分方程中的微分符号 $\dfrac{\mathrm{d}}{\mathrm{d}t}, \dfrac{\mathrm{d}^2}{\mathrm{d}t^2}, \cdots$ 用算子符 $s, s^2, \cdots$ 代替，并将时域均换成相应的复数域中拉普拉斯变换后的变量，经简单运算可得各元件的传递函数，并填写在对应的方框内。

(3)按照系统中各信号的传递顺序，依次用信号线将各方框连接起来。置系统的输入变量于左端，输出变量(即被控量)于右端，便得到系统的动态结构图。

如 RC 网络的微分方程：

$$\begin{cases} u_r(t) = Ri(t) + u_c(t) \\ i(t) - C\dfrac{\mathrm{d}u_c(t)}{\mathrm{d}t} \end{cases} \tag{9-3-32}$$

对式(9-3-32)进行拉普拉斯变换：

$$\begin{cases} U_r(s) - U_c(s) = RI(s) \rightarrow I(s) = \dfrac{1}{R}(U_r(s) - U_c(s)) \\ I(s) = CsU_c(s) \rightarrow U_c(s) = \dfrac{1}{Cs}I(s) \end{cases} \qquad (9\text{-}3\text{-}33)$$

绘制式(9-3-33)各子方程的方框图，如图 9-3-5 所示。

(a) 子方程方框图(1)　　　　(b) 子方程方框图(2)　　　　(c) 子方程方框图(3)

图 9-3-5　元件的方框图

将方框图连接起来，得出系统的动态结构图，如图 9-3-6 所示。

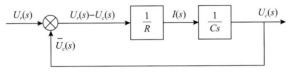

图 9-3-6　RC 网络系统动态结构图

2. 结构图的等效变换

进行结构图等效变换应首先明确以下四点：

(1)结构变换的等效性，即变换前、后输入输出总的数学关系应保持不变；

(2)所得结果(传递函数)的唯一性，结构图的多样性(不唯一性)；

(3)信号传递的单向性；

(4)多输入系统的叠加性。

动态结构图的等效变换法则如下。

1)串联变换法则

n 个传递函数依次串联的等效传递函数，等于 n 个传递函数的乘积，如图 9-3-7 所示。

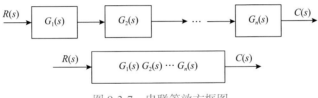

图 9-3-7　串联等效方框图

2) 并联变换法则

n 个传递函数并联，其等效传递函数为该 n 个传递函数的代数和，如图 9-3-8 所示。

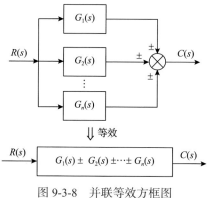

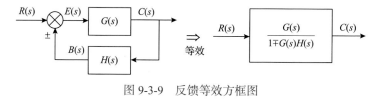

图 9-3-8   并联等效方框图

3) 反馈变换法则

反馈等效方框图如图 9-3-9 所示。

图 9-3-9   反馈等效方框图

证明如下：

$$C(s) = G(s)E(s) = G(s)(R(s) \pm B(s)) = G(s)(R(s) \pm H(s)C(s))$$

即

$$(1 \mp G(s)H(s))C(s) = G(s)R(s)$$

因此 $\dfrac{C(s)}{R(s)} = \dfrac{G(s)}{1 \mp G(s)H(s)}$ ，令

$$\phi(s) = \frac{C(s)}{R(s)} = \frac{G(s)}{1 \mp G(s)H(s)} \tag{9-3-34}$$

式中，$\phi(s)$ 称为系统的闭环传递函数，分母中的正号对应负反馈，负号对应正反馈。下面以负反馈为例，说明常用的单位负反馈。

当 $H(s) = 1$ 时，称为单位负反馈，闭环传递函数为 $\phi(s) = \dfrac{G(s)}{1 + G(s)}$ 。设 $G(s) =$

$\dfrac{M(s)}{P(s)}$，则

$$\phi(s) = \frac{G(s)}{1+G(s)} = \frac{M(s)}{P(s)+M(s)} \tag{9-3-35}$$

式(9-3-35)说明，单位负反馈系统的闭环传递函数的分子等于$G(s)$的分子，而分母等于$G(s)$的分母加分子。

9.3.4　控制系统的传递函数

1. 典型环节的传递函数

一个物理系统通常是由许多元件组合而成的，如电器元件、液压元件、机械元件、气动元件等。虽然各种元件的具体结构和作用原理是多种多样的，但若抛开其具体结构和物理特点，研究其运动规律和数学模型的共性，就可以划分为几种具有典型代表性的环节。在自动控制原理中，通常把那些具有低阶简单因子的数学模型称为典型环节。

1) 比例环节

比例环节方框图如图 9-3-10 所示，其微分方程为

$$c(t) = Kr(t) \tag{9-3-36}$$

式中，K 为常数，称为比例系数或增益。传递函数为

$$G(s) = K \tag{9-3-37}$$

例 9-2　运算放大器(图 9-3-11)。

其微分方程为$\dfrac{U_2(s)}{U_1(s)} = \dfrac{R_f}{R_1} = K$。

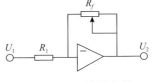

图 9-3-10　比例环节方框图　　　　图 9-3-11　运算放大器 1

2) 积分环节

微分方程为

$$c(t) = \int r(t)\mathrm{d}t \tag{9-3-38}$$

传递函数为

$$G(s) = \frac{1}{s} \tag{9-3-39}$$

例9-3 积分器(图9-3-12)。

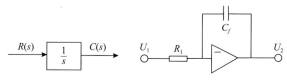

图9-3-12 积分环节的方框图和原理图

图9-3-12中，U_1 为输入电压信号，U_2 为输出电压信号，则

$$\frac{U_2(s)}{U_1(s)} = \frac{\dfrac{1}{C_f s}}{R_1} = \frac{1}{R_1 C_f s} = \frac{1}{T_i s}$$

式中，$T_i = R_1 C_f$ 为积分时间常数。

3)理想微分环节

微分方程为

$$c(t) = \frac{\mathrm{d}r(t)}{\mathrm{d}t} \tag{9-3-40}$$

传递函数为

$$G(s) = s \tag{9-3-41}$$

方框图如图9-3-13所示。

测速发电机(转速传感器)为微分环节，如图9-3-14所示，θ 为输入角位移信号，u 为输出电压信号，则

$$u(t) = K_t \dot{\theta}(t) \quad \text{和} \quad \frac{U(s)}{\theta(s)} = K_t s$$

式中，K_t 为测速发电机电压的斜率。

电感线圈以电流作输入信号、电压作输出信号，也是纯微分环节。由 $u(t) = L\dfrac{\mathrm{d}i(t)}{\mathrm{d}t}$ 可得 $\dfrac{U(s)}{I(s)} = Ls$ 。

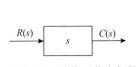

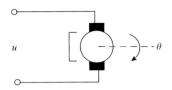

图 9-3-13 微分环节方框图　　图 9-3-14 测速发电机示意图

4) 惯性环节

微分方程为

$$T\frac{\mathrm{d}c(t)}{\mathrm{d}t} + c(t) = r(t) \tag{9-3-42}$$

传递函数为

$$G(s) = \frac{1}{Ts+1} \tag{9-3-43}$$

方框图如图 9-3-15 所示。

例 9-4 运算放大器(图 9-3-16)。

图 9-3-16 中, u_1 为输入信号, u_2 为输出信号, 则

$$\frac{U_2(s)}{U_1(s)} = \frac{R_f \dfrac{1}{C_f s} \Big/ \left(R_f + \dfrac{1}{C_f s}\right)}{R_1} = \frac{R_f/R_1}{R_f C_f s + 1} = \frac{K}{Ts+1}$$

式中, $K = R_f/R_1$ 为放大系数; $T = R_f C_f$ 为时间常数。

另外, RC 网络、发动机转速与供油量之间的传递函数、飞机的滚转运动角速度与副翼的偏转角之间的传递函数也都是惯性环节。

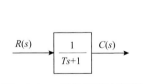

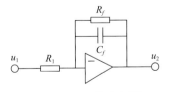

图 9-3-15 惯性环节方框图　　图 9-3-16 运算放大器2

5) 一阶微分环节

微分方程为

$$c(t) = \tau\frac{\mathrm{d}r(t)}{\mathrm{d}t} + r(t) \tag{9-3-44}$$

传递函数为

$$G(s) = \tau s + 1 \tag{9-3-45}$$

方框图如图 9-3-17 所示。

图 9-3-17　一阶微分环节方框图 1

例 9-5　在放大器上加一 RC 网络反馈，当增益 K 足够大时，该装置也可视为一阶微分环节，表示为方框图，如图 9-3-18 所示。

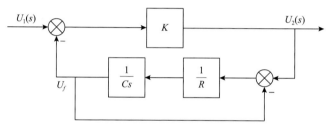

图 9-3-18　一阶微分环节方框图 2

进行结构变换，得

$$\frac{U_2(s)}{U_1(s)} = \frac{K}{1 + \dfrac{K}{RCs+1}} = \frac{K(RCs+1)}{RCs+1+K} = \frac{RCs+1}{\dfrac{RC}{K}s + \dfrac{1}{K} + 1}$$

当 K 足够大时，$\dfrac{RC}{K} \approx 0$，$\dfrac{1}{K} \approx 0$，上式变为

$$\frac{U_2(s)}{U_1(s)} = RCs + 1 = \tau s + 1$$

式中，$\tau = RC$ 为时间常数。

6）振荡环节

微分方程为

$$\frac{\mathrm{d}^2 c(t)}{\mathrm{d}t^2} + 2\xi\omega_n \frac{\mathrm{d}c(t)}{\mathrm{d}t} + \omega_n^2 c(t) = \omega_n^2 r(t) \tag{9-3-46}$$

传递函数为

$$G(s) = \frac{\omega_n^2}{s^2 + 2\xi\omega_n s + \omega_n^2} \tag{9-3-47}$$

式中，ξ 为阻尼比；ω_n 为无阻尼自然频率(rad/s)。

振荡环节方框图如图 9-3-19 所示。若传递函数的分子与分母同除以 ω_n^2 且 $T = 1/\omega_n$，则振荡环节的传递函数变为

$$G(s) = \frac{1}{T^2 s^2 + 2\xi T s + 1}$$

式中，T 为时间常数。

例 9-6 RLC 网络(图 9-3-20)。

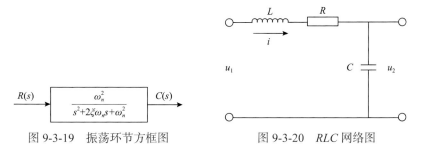

图 9-3-19　振荡环节方框图　　　　　图 9-3-20　RLC 网络图

图 9-3-20 中，u_1 为输入信号，u_2 为输出信号，i 为中间变量。可以直接画出方框图，如图 9-3-21 所示。

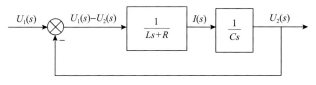

图 9-3-21　RLC 网络方框图

进行结构变换，得

$$\frac{U_2(s)}{U_1(s)} = \frac{1}{LCs^2 + RCs + 1} = \frac{1/(LC)}{s^2 + \frac{R}{L}s + \frac{1}{LC}} = \frac{\omega_n^2}{s^2 + 2\xi\omega_n s + \omega_n^2}$$

式中，$\omega_n = \sqrt{\dfrac{1}{LC}}$，$\xi = \dfrac{R}{2}\sqrt{\dfrac{C}{L}}$。

在工程上，很多情况下系统的模型能简化为二阶振荡环节，例如，在飞机上，电动舵机、角速度陀螺、飞机的俯仰(低头和抬头)等运动都可以近似为二阶振荡环节。

7) 二阶微分环节

微分方程为

$$c(t) = \tau^2 \frac{\mathrm{d}^2}{\mathrm{d}t^2} r(t) + 2\xi\tau \frac{\mathrm{d}}{\mathrm{d}t} r(t) + r(t) \tag{9-3-48}$$

传递函数为

$$G(s) = \tau^2 s^2 + 2\xi\tau s + 1 \tag{9-3-49}$$

方框图如图 9-3-22 所示。

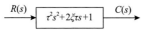

图 9-3-22   二阶微分环节方框图

典型环节是分析系统的基础，对其各环节的标准型应牢固地掌握。一个控制元部件的传递函数，不一定只含有一个典型环节，而可能是多个环节的组合，如电动机在一般情况下包含了放大、积分、惯性三个典型环节。另外，一个典型环节也可能代表几个实际元部件的组合，如放大环节可以是几级放大器串联的总增益。因此，典型环节与控制元部件之间并不存在一一对应的关系，而是为了便于理论分析所做的典型化处理的结果。

2. 反馈控制系统的传递函数

一个闭环控制系统的典型结构可用图 9-3-23 表示。图中，$R(s)$ 为指令信号，即参考输入信号，作用于系统输入端；$N(s)$ 为干扰信号，也是外部作用信号，一般作用于被控对象上，也可能出现在其他元器件上，甚至夹杂在指令信号中；$C(s)$ 为被控量，即输出信号；$B(s)$ 为反馈信号；$E(s)$ 为误差信号。

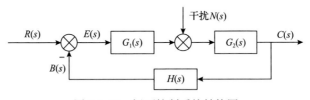

图 9-3-23   闭环控制系统结构图

研究系统被控量 $C(s)$ 的运动规律，只考虑指令 $R(s)$ 的作用是不全面的，往往还需要考虑干扰 $N(s)$ 的影响。

1) 系统开环传递函数

在图 9-3-23 中，将 $H(s)$ 的输出通路断开，即断开系统的主反馈通路。此时把 $G_1(s)G_2(s)$ 和 $H(s)$ 之积称为该系统的开环传递函数，即定义为 $B(s)/R(s) = G_1(s)G_2(s)H(s)$。

2）$R(s)$ 作用下的系统闭环传递函数

令 $N(s) = 0$ ，此时 $C(s)$ 对 $R(s)$ 的闭环传递函数为

$$\phi_{C \cdot R}(s) = \frac{C(s)}{R(s)} = \frac{G_1(s)G_2(s)}{1 + G_1(s)G_2(s)H(s)} \tag{9-3-50}$$

当系统中只有指令 $R(s)$ 作用时，系统的输出 $C(s)$ 完全取决于 $\phi_{C \cdot R}(s)$ 和输入信号 $R(s)$ 。

3）$N(s)$ 作用下的系统闭环传递函数

令 $R(s) = 0$ ，并把 $N(s)$ 前移到输入端，得如图 9-3-24 所示的结构图。

$$\phi_{C \cdot N}(s) = \frac{G_2(s)}{1 + G_1(s)G_2(s)H(s)} \tag{9-3-51}$$

由于干扰 $N(s)$ 在系统中的作用点与指令信号 $R(s)$ 的作用点不一定是同一个，故两个传递函数分子不相同，而分母则是相同的。

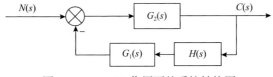

图 9-3-24　$N(s)$ 作用下的系统结构图

4）系统总输出

根据线性叠加原理，系统的总输出等于各外作用引起输出的总和：

$$C(s) = \phi_{C \cdot R}(s)R(s) + \phi_{C \cdot N}(s)N(s) = \frac{G_2(s)(G_1(s)R(s) + N(s))}{1 + G_1(s)G_2(s)H(s)} \tag{9-3-52}$$

注意，只有系统总输出的概念，而没有系统总传递函数的概念。

如果系统中控制装置的参数设置能满足 $\left| G_1(s)G_2(s)H(s) \right| \gg 1$ 及 $\left| G_1(s)H(s) \right| \gg 1$ ，则系统的总输出表达式可近似为

$$C(s) \approx \frac{R(s)}{H(s)} \tag{9-3-53}$$

因此

$$E(s) = R(s) - H(s)C(s) = R(s) - R(s) = 0 \tag{9-3-54}$$

这表明，采用负反馈控制的系统，适当匹配元部件的参数，有可能获得较高的控制精度，且系统具有很强的抑制干扰的能力，同时又具有复现、跟踪指令输

入信号的性能，这是闭环控制优于开环控制之处。

5) 闭环系统的误差传递函数

闭环系统在指令信号和扰动信号的作用下，以误差信号 $E(s)$ 作为输出量时的传递函数为系统误差传递函数。误差传递函数可以通过结构图等效变换 (图 9-3-25 和图 9-3-26) 求得。

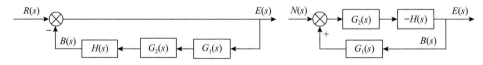

图 9-3-25　$R(s)$ 作用下误差输出的结构图　　　图 9-3-26　$N(s)$ 作用下误差输出的结构图

$$\phi_{E \cdot R}(s) = \frac{E(s)}{R(s)} = \frac{1}{1 + G_1(s)G_2(s)H(s)} \tag{9-3-55}$$

$$\phi_{E \cdot N}(s) = \frac{E(s)}{N(s)} = \frac{-G_2(s)H(s)}{1 + G_1(s)G_2(s)H(s)} \tag{9-3-56}$$

根据叠加原理，系统总误差为

$$E(s) = \phi_{E \cdot R}(s)R(s) + \phi_{E \cdot N}(s)N(s) \tag{9-3-57}$$

对比上面推导出的各种闭环传递函数可知，它们的分母形式相同，这是因为它们的特征式相同，即 $\Delta = 1 + G_1(s)G_2(s)H(s)$。$G_1(s)G_2(s)H(s)$ 为系统的开环传递函数，这是闭环系统的本质特征，即同一系统的 Δ 具有唯一性。

9.4　控制系统时域分析法

对控制系统进行分析，首先要建立系统的数学模型。一旦建立起数学模型，就可以运用适当的方法对系统的控制性能进行分析。对于线性定常系统，常用的工程方法有时域分析法、根轨迹法和频率法。本节介绍时域分析法，这种方法是根据系统的微分方程，以拉普拉斯变换作为数学工具，直接解出控制系统的时间响应；然后，依据响应的表达式及其描述曲线来分析系统的控制性能，如稳定性、快速性、稳态精度等。为了衡量这些性能，设立了一定的指标，所以系统分析的基本内容就是分析系统在上述三个方面的性能是否达到了规定的指标。

9.4.1　典型输入信号及性能指标

一个系统的时间响应，不仅取决于系统本身的结构与参数，而且还与系统的初始状态以及加在系统上的外作用信号有关。实际的控制系统，它的输入信号和受到的干扰是不同的，甚至事先无法知道，而且系统的初始状态也会不同。在分析和设计系统时，为了比较系统性能的优劣，应对外作用信号和初始状态做典型化处理。通常规定控制系统的初始状态均为零状态，即在外作用信号加于系统的瞬时之前，系统是相对静止的，被控量及其各阶导数相对于平衡工作点的增量为零。规定了一些具有特殊形式的试验信号作为系统的输入信号，这些典型的输入信号应反映系统的大部分实际情况，还应尽可能简单，便于分析处理，并且应是对系统工作最不利的信号。

1. 典型输入信号

1）脉冲函数

实际的脉冲函数（也称为脉动函数），如图9-4-1(a)所示，其表达式为

$$r(t)=\begin{cases} \dfrac{1}{\Delta}, & 0\leqslant t<\Delta \\ 0, & t<0,\ t\geqslant\Delta \end{cases}$$

式中，Δ为脉冲宽度；$1/\Delta$为脉冲高度。

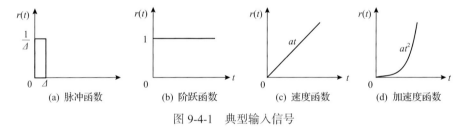

| (a) 脉冲函数 | (b) 阶跃函数 | (c) 速度函数 | (d) 加速度函数 |

图 9-4-1　典型输入信号

若对脉冲函数的宽度Δ取极限，则得单位脉冲函数$\delta(t)$，其数学描述为

$$\delta(t)=\begin{cases} \infty, & t=0 \\ 0, & t\neq0 \end{cases} \quad 且 \quad \int_{-\infty}^{+\infty}\delta(t)\mathrm{d}t=1$$

单位脉冲函数的拉普拉斯变换为$R(s)=1$。幅值为无穷大、持续时间为零的脉冲$\delta(t)$在现实中是不存在的，它是数学上的假设，但在系统分析中很有用处。脉动电压信号、冲击力、阵风等可近似看成脉冲作用。

2）阶跃函数

阶跃函数表达式为

$$r(t)=\begin{cases} a, & t\geqslant0 \\ 0, & t<0 \end{cases}$$

指令的突然转换、电源的突然接通、负荷的突变等，均可看成阶跃作用。

当 $a=1$ 时，如图 9-4-1(b)所示，$r(t)=1$，称为单位阶跃函数，记作 $1(t)$，则有

$$1(t)=\begin{cases}1, & t\geqslant 0\\ 0, & t<0\end{cases}$$

单位阶跃函数的拉普拉斯变换为 $R(s)=\mathcal{L}[1(t)]=\dfrac{1}{s}$。

3）速度函数（斜坡）

速度函数如图 9-4-1(c)所示，其表达式为

$$r(t)=\begin{cases}at, & t\geqslant 0,\ a\ 为常量\\ 0, & t<0\end{cases}$$

大型船闸匀速升降、数控机床加工斜面时的进给指令等均可看成斜坡作用。当 $a=1$ 时，$r(t)=t$，称为单位速度函数。速度函数的拉普拉斯变换为 $R(s)=\mathcal{L}[at]=a/s^2$。

4）加速度函数（抛物线）

加速度函数如图 9-4-1(d)所示，其表达式为

$$r(t)=\begin{cases}at^2, & t\geqslant 0,\ a\ 为常量\\ 0, & t<0\end{cases}$$

当 $a=1/2$ 时，$r(t)=t^2/2$，称为单位加速度函数。加速度函数的拉普拉斯变换为 $R(s)=\mathcal{L}[at^2]=2a/s^3$。

四种典型单位输入函数间有一定的关系。按单位脉冲函数、单位阶跃函数、单位斜坡函数、单位抛物线函数的顺序排列，前者是后者的导数，如 $\dfrac{\mathrm{d}}{\mathrm{d}t}\left[\dfrac{1}{2}t^2\right]=t$，$\dfrac{\mathrm{d}}{\mathrm{d}t}[t]=1(t)$；而后者是前者的积分，如 $\int\delta(t)\mathrm{d}t=1(t)$。因此，在分析线性系统时，只需知道一种输入函数的输出时间响应，就可以确定另外一种输入函数的输出响应。

实际应用时采用哪种典型输入信号，取决于系统常见的工作状态。同时，在所有可能的输入信号中，一般选取最不利的信号作为系统的典型输入信号。例如，水位调节系统和温度调节系统，以及工作状态突然改变或突然受到恒定输入作用的系统，都可以采用阶跃函数作为输入信号。

2. 动态过程与稳态过程

在典型输入信号作用下，任何一个控制系统的时间响应都由动态过程和稳态过程两部分组成。

1) 动态过程

动态过程又称过渡过程或瞬态过程，是指系统在典型输入信号的作用下，系统输出量从初始状态到最终状态的响应过程。由于实际控制系统具有惯性、摩擦以及其他一些原因，系统输出量不可能完全复现输入量的变化。根据系统结构和参数选择的情况，动态过程表现为衰减、发散或者等幅振荡的形式。显然，一个可以实际运行的控制系统，其动态过程必须是衰减的，换句话说，系统必须是稳定的。动态过程除提供系统稳定性的信息，还可以提供响应速度及阻尼情况等信息，这些信息用动态性能描述。

2) 稳态过程

稳态过程是指系统在典型输入信号作用下，当时间 t 趋于无穷时，系统输出量的表现方式。稳态过程又称稳态响应，表征系统输出量最终复现输入量的程度，提供系统有关稳态误差的信息，这些信息用稳态性能描述。

由此可见，控制系统在典型输入信号作用下的性能指标，通常由动态性能和稳态性能两部分组成。

3. 阶跃响应的性能指标

为定性地讨论，分析时假定控制系统是单位负反馈的，初始条件为零，给定输入为单位阶跃函数。现在讨论对系统时域性能的要求。

首先，对系统要有稳定性的要求。如图 9-4-2 所示，不同的控制系统可能有各种类型的单位阶跃响应。

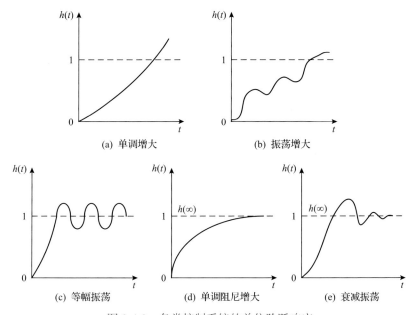

图 9-4-2　各类控制系统的单位阶跃响应

　　图 9-4-2(a) 的输出量随时间无限单调增大，以及图 9-4-2(b) 的输出量振荡且振幅随时间无限增大，都将使系统无法正常工作，这种系统是不稳定的。图 9-4-2(c) 的输出量是持续的等幅振荡，称为临界稳定状态，这在工程上也属不稳定状态，不能正常工作。图 9-4-2(d) 和 (e) 单调阻尼增长到稳态值及衰减振荡到达稳态值，这两种情况都是经过过渡过程最后达到希望的工作状态，这类系统是稳定的。控制系统正常工作的首要条件必须是稳定的。线性控制系统的稳定性与输入量无关，完全由系统的结构和参数决定。

　　其次，讨论对系统稳态性能的要求。系统在稳定运行时，它的输出量应该达到期望的稳态值。但由于系统的结构等因素的原因，输出的实际稳态值达不到期望值，存在着输出误差，称为系统的稳态误差。系统的稳态性能就是用稳态误差的大小来衡量的。

　　最后，讨论控制系统的动态性能。系统从初始状态到接近最终状态的响应过程称为过渡过程。控制系统的单位阶跃响应一般具有阻尼衰减振荡的性质，其特性如图 9-4-3 所示。对于这种过渡过程可以做定量描述，并由此提出以下性能指标。

　　(1) 延迟时间 t_d：单位阶跃响应曲线 $h(t)$ 上升到其稳态值的 50% 所需要的时间。

　　(2) 上升时间 t_r：单位阶跃响应曲线 $h(t)$ 从稳态值的 10% 上升到 90% 所需要的时间 (对于欠阻尼系统，通常是指从零增长，第一次达到稳态值或给定值所需要的时间)。

　　(3) 峰值时间 t_p：单位阶跃响应曲线 $h(t)$ 超过其稳态值而达到第一个峰值所需要的时间。

　　(4) 调节时间 t_s：整个过渡过程所经历的时间，有时又称过渡过程时间。理论上只有 $t \to \infty$ 时，过渡过程才结束。而实际上调节时间 t_s 是指输出衰减到与稳态值的偏差不再大于特定的值 (一般取稳态值的 2% 或 5%) 所经历的时间。±5%或±2%区域就是它的误差带。

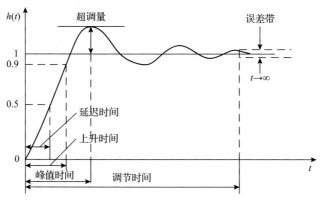

图 9-4-3　控制系统的典型单位阶跃响应

(5)超调量 $\sigma\%$：响应过程中，输出量超出稳态值的最大偏差值，一般用它与稳态值的比值的百分数表示，即

$$\sigma\% = \frac{h(t_p) - h(\infty)}{h(\infty)} \times 100\% \tag{9-4-1}$$

式中，$h(t_p)$ 是单位阶跃响应的峰值；$h(\infty)$ 是单位阶跃响应的稳态值。

(6)振荡次数 N：单位阶跃响应曲线在 $0 \sim t_s$ 时间内，穿越稳态值次数的一半称为振荡次数，它反映了系统的阻尼特性和相对稳定性。

(7)稳态误差 e_{ss}：对于单位负反馈系统，当时间 t 趋于无穷时，系统单位阶跃响应的期望值(即输入量 $1(t)$)与实际值(即稳态值)之差，定义为稳态误差，即 $e_{ss} = 1 - h(\infty)$。当 $h(\infty) = 1$ 时，系统的稳态误差为零。

由以上七项性能指标可知，延迟时间、上升时间、峰值时间和调节时间反映了系统的快速性；超调量和振荡次数反映了系统响应过程的平稳性；稳态误差则反映了系统复现输入信号的最终(稳态)精度。下面将侧重以超调量 $\sigma\%$、调节时间 t_s 和稳态误差 e_{ss} 这三项指标来评价系统单位阶跃响应的平稳性、快速性和稳态精度。这正是目前在控制工程领域中最常用的三项技术性能指标。

因为计算高阶微分方程的时间解非常复杂，所以时域分析法通常用于分析一、二阶系统。至于高阶系统，可以采用根轨迹法和频率法进行研究，本书不进行分析。在工程上，许多高阶系统常常具有近似一、二阶系统的时间响应，因此研究一、二阶系统的性能指标有着广泛的工程实际意义。

9.4.2 一阶系统分析

由一阶微分方程描述的系统，称为一阶系统。常见的一些控制元部件以及简单的系统，如 RC 网络、发电机、空气加热器、液面控制系统等都是一阶系统。

1. 一阶系统的数学模型

一阶系统的微分方程为

$$T\frac{dc(t)}{dt} + c(t) = r(t) \tag{9-4-2}$$

式中，$c(t)$ 为输出量；$r(t)$ 为输入量；T 为时间常数。一阶系统的结构如图 9-4-4 所示。其闭环传递函数为

$$\Phi(s) = \frac{C(s)}{R(s)} = \frac{1}{\frac{1}{K}s + 1} = \frac{1}{Ts + 1} \tag{9-4-3}$$

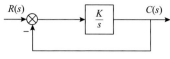

图 9-4-4　一阶系统结构

式中，$T=1/K$。一阶系统也称为惯性环节，结构图中 $K/s=1/(Ts)$ 是积分环节。

在飞机自动飞行控制系统中，舵回路是飞行控制系统中不可缺少的组成部分，它按照指令模型装置或敏感元件输出的电信号去操纵舵面，执行来自飞行控制计算机的指令，将电气指令控制信号转换为作动器的机械操纵量，驱动相关舵面偏转，实现飞机角运动或航迹运动的自动稳定和控制。以 ΔU 为舵回路输入电压，舵偏角 $\Delta\delta_e$ 为输出信号，所构建的舵回路方块图如图 9-4-5 所示。

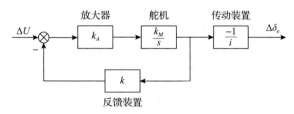

图 9-4-5　引入反馈装置的舵回路

图 9-4-5 中，k_M/s 为舵机的传递函数，k_A 为舵机放大器的增益，传动装置的传动比为 $-1/i$，舵机若采用角位置反馈，则反馈装置的传递函数为 k。舵回路的传递函数为

$$\Phi_\delta(s) = \frac{\Delta\delta_e(s)}{\Delta U(s)} = \frac{k_\delta}{T_\delta s + 1} \tag{9-4-4}$$

式中，$k_\delta = -1/(ki)$ 为角位置反馈式舵回路的静态增益；$T_\delta = 1/(k_A k_M k)$ 为角位置反馈式舵回路的时间常数。可见，角位置反馈式舵回路可以看成一个一阶系统，比例系数为 k_δ，时间常数为 T_δ。如果时间常数非常小，舵回路的传递函数可近似为一个比例环节，此时舵偏角 $\Delta\delta_e$ 和舵回路输入电压 ΔU 呈正比关系。

2. 一阶系统的脉冲响应

单位脉冲输入的拉普拉斯变换为 $R(s)=1$，则

$$C(s) = \frac{1}{Ts+1} \cdot R(s) = \frac{1}{Ts+1} \tag{9-4-5}$$

取 $C(s)$ 的拉普拉斯逆变换，得到单位脉冲响应为

$$g(t) = \mathcal{L}^{-1}\left[\frac{1}{Ts+1}\right] = \frac{1}{T}\mathrm{e}^{-\frac{1}{T}t}, \quad t \geqslant 0 \tag{9-4-6}$$

由式 (9-4-6) 可画出一阶系统的脉冲响应曲线，如图 9-4-6 所示。

脉冲响应是单调下降的指数曲线。输出量的初始值为 $1/T$ ，若时间趋于无穷，输出量趋于零，不存在稳态分量，则可以认为在 $t=3T$ 或 $t=4T$ 时过渡过程结束。时间常数 T 反映了响应过程的快速性，T 越小，响应的持续时间越短，快速性也越好。

3. 一阶系统的单位阶跃响应

单位阶跃输入的拉普拉斯变换为 $R(s)=1/s$ ，则式(9-4-3)可写为

$$C(s)=\Phi(s)\cdot R(s)=\frac{1}{Ts+1}\cdot\frac{1}{s} \tag{9-4-7}$$

取 $C(s)$ 的拉普拉斯逆变换，可得单位阶跃响应：

$$h(t)=\mathcal{L}^{-1}\left[\frac{1}{Ts+1}\cdot\frac{1}{s}\right]=\mathcal{L}^{-1}\left[\frac{1}{s}-\frac{1}{s+\frac{1}{T}}\right] \tag{9-4-8}$$

则 $h(t)=1-\mathrm{e}^{-\frac{1}{T}t}$ ，$t\geqslant0$ ，或写成 $h(t)=c_{\mathrm{ss}}+c_{\mathrm{tt}}$ 。其中，$c_{\mathrm{ss}}=1$ 代表稳态分量，$c_{\mathrm{tt}}=-\mathrm{e}^{-\frac{1}{T}t}$ 代表动态分量。当时间 t 趋于无穷时，c_{tt} 衰减为零。

一阶系统中的单位阶跃响应曲线是一条由零开始，按指数规律上升并最终趋于 1 的曲线，如图 9-4-7 所示。响应曲线单调上升，故为非周期响应。曲线的初始斜率在数值上等于 $1/T$ 。

$$\left.\frac{\mathrm{d}h(t)}{\mathrm{d}t}\right|_{t=0}=\left.\frac{1}{T}\mathrm{e}^{-\frac{1}{T}t}\right|_{t=0}=\frac{1}{T} \tag{9-4-9}$$

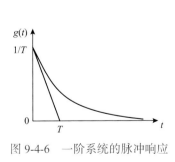

图 9-4-6 一阶系统的脉冲响应

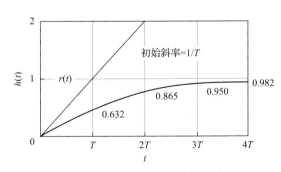

图 9-4-7 一阶系统的阶跃响应

时间常数 T 是表示响应特性的唯一参数，它与输出有确定的对应关系：

$$t=T ，\quad h(T)=0.632$$

$$t = 2T , \quad h(2T) = 0.865$$

$$t = 3T , \quad h(3T) = 0.950$$

$$t = 4T , \quad h(4T) = 0.982$$

一阶系统的响应没有超调量，故其性能指标主要是调节时间，它表征系统过渡过程进行得快慢。由于 $t=3T$ 时输出响应达到稳态值的 95%，而 $t=4T$ 时输出响应达到稳态值的 98.2%，所以，一般取：

$t_s = 3T$（对应±5%误差带），我国和俄罗斯等国常用。

$t_s = 4T$（对应±2%误差带），美国、日本和西欧等国家及地区常用。

由上述分析可知，一阶系统阶跃响应是单调上升指数曲线，特性由 T 决定，T 越小，过渡过程进行得越快，系统的快速性越好。

一阶系统的单位阶跃响应是没有稳态误差的，这是因为 $e_{ss} = 1 - h(\infty) = 1 - 1 = 0$。

9.4.3　二阶系统分析

由二阶微分方程描述的系统，称为二阶系统。二阶系统的例子很多，如 RLC 网络、忽略了电枢电感后的电动机、具有质量的物体的运动等。许多高阶系统，在一定的条件下，常常近似地作为二阶系统来研究。

1. 二阶系统的数学模型

二阶系统的传递函数可写成如下一般形式：

$$\frac{C(s)}{R(s)} = \frac{\omega_n^2}{s^2 + 2\xi\omega_n s + \omega_n^2} \tag{9-4-10}$$

其闭环特征方程为

$$s^2 + 2\xi\omega_n s + \omega_n^2 = 0 \tag{9-4-11}$$

方程的特征根为

$$s_{1,2} = -\xi\omega_n \pm \omega_n\sqrt{\xi^2 - 1} \tag{9-4-12}$$

式 (9-4-12) 说明，随着阻尼比 ξ 的不同，二阶系统的特征根（闭环极点）也不同，如图 9-4-8 所示。

当 $0 < \xi < 1$ 时，方程有一对实部为负的共轭复根，系统时间响应具有振荡特性，称为欠阻尼状态，如图 9-4-8(a) 所示。

当 $\xi = 1$ 时，系统有一对相等的负实根，称为临界阻尼状态，如图 9-4-8(b) 所示。

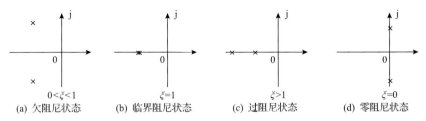

$0<\xi<1$	$\xi=1$	$\xi>1$	$\xi=0$
(a) 欠阻尼状态	(b) 临界阻尼状态	(c) 过阻尼状态	(d) 零阻尼状态

图 9-4-8　s 平面上二阶系统的闭环极点分布

当 $\xi>1$ 时，系统有两个不相等的负实根，称为过阻尼状态。临界阻尼和过阻尼状态下，系统的时间响应均无振荡，如图 9-4-8(c) 所示。

当 $\xi=0$ 时，系统有一对纯虚根，称为零阻尼状态，如图 9-4-8(d) 所示。此时系统时间响应为持续的等幅振荡。

二阶系统的响应特性完全由 ξ 和 ω_n 两个参数来描述，所以 ξ 和 ω_n 是二阶系统的重要结构参数。

2. 二阶系统的单位阶跃响应

系统的阻尼系数影响系统响应的性质，下面根据其不同取值的条件来讨论对应的阶跃响应。

1) 过阻尼的情况（$\xi>1$）

此时 $\sqrt{\xi^2-1}>0$，系统闭环特征方程有两个不相等的负实根，可以写为

$$s^2+2\xi\omega_n s+\omega_n^2=\left(s+\frac{1}{T_1}\right)\left(s+\frac{1}{T_2}\right)=0 \tag{9-4-13}$$

式中，$T_1=\dfrac{1}{\omega_n\left(\xi-\sqrt{\xi^2-1}\right)}$，$T_2=\dfrac{1}{\omega_n\left(\xi+\sqrt{\xi^2-1}\right)}$，且 $T_1>T_2$，$\omega_n^2=1/\left(T_1T_2\right)$。于是闭环传递函数为

$$\frac{C(s)}{R(s)}=\frac{1/T_1T_2}{\left(s+\dfrac{1}{T_1}\right)\left(s+\dfrac{1}{T_2}\right)}=\frac{1}{(T_1s+1)(T_2s+1)} \tag{9-4-14}$$

因此，过阻尼二阶系统可以看成两个时间常数不同的惯性环节的串联。

当输入信号为单位阶跃信号时，$R(s)=1/s$，系统的输出为

$$C(s)=\frac{1/\left(T_1T_2\right)}{\left(s+\dfrac{1}{T_1}\right)\left(s+\dfrac{1}{T_2}\right)}\cdot\frac{1}{s} \tag{9-4-15}$$

取 $C(s)$ 的拉普拉斯逆变换，得到单位阶跃响应

$$h(t) = 1 + \frac{1}{T_2/T_1 - 1} \cdot e^{-\frac{1}{T_1}t} + \frac{1}{T_1/T_2 - 1} \cdot e^{-\frac{1}{T_2}t}, \quad t \geqslant 0 \tag{9-4-16}$$

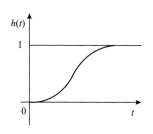

图 9-4-9　过阻尼系统阶跃响应

式 (9-4-16) 中，稳态分量为 1，动态分量为两项指数项。动态分量随时间 t 的增长而衰减到零，最终输出稳态值为 1，所以系统不存在稳态误差。其响应曲线如图 9-4-9 所示。

由图 9-4-9 可以看出，响应是非振荡的，但它由两个惯性环节串联，故又不同于一阶系统的单位阶跃响应。它初始速度为零，然后速度逐渐加大，至某一值后又减小，直到趋于零。因此，曲线有拐点。

2) 临界阻尼的情况 ($\xi = 1$)

这时系统具有两个相等的负实根 $s_{1,2} = -\omega_n$。所以

$$C(s) = \frac{\omega_n^2}{(s + \omega_n)^2} \cdot \frac{1}{s} \tag{9-4-17}$$

取 $C(s)$ 的拉普拉斯逆变换，得临界阻尼下二阶系统的单位阶跃响应

$$h(t) = 1 - (1 + \omega_n t) e^{-\omega_n t} \tag{9-4-18}$$

3) 欠阻尼的情况 ($0 < \xi < 1$)

在二阶系统中，欠阻尼的情况比较多见，这种系统具有一对实部为负的共轭复根，时间响应呈衰减振荡特性，故又称振荡环节。系统闭环传递函数的一般形式为

$$\frac{C(s)}{R(s)} = \frac{\omega_n^2}{s^2 + 2\xi\omega_n s + \omega_n^2} \tag{9-4-19}$$

一对共轭复根为

$$s_{1,2} = -\xi\omega_n \pm j\omega_n\sqrt{1 - \xi^2} = -\sigma \pm j\omega_d \tag{9-4-20}$$

式中，$\sigma = \xi\omega_n$，为特征根实部的模值，具有角频率量纲。$\omega_d = \omega_n\sqrt{1 - \xi^2}$ 称为阻尼振荡角频率，而且 $\omega_d < \omega_n$。

当输入信号为单位阶跃作用时，有

$$C(s) = \frac{\omega_n^2}{s^2 + 2\xi\omega_n s + \omega_n^2} \cdot \frac{1}{s} = \frac{1}{s} - \frac{s + \xi\omega_n}{(s + \xi\omega_n)^2 + \omega_d^2} - \frac{\xi\omega_n}{(s + \xi\omega_n)^2 + \omega_d^2} \quad (9\text{-}4\text{-}21)$$

取 $C(s)$ 的拉普拉斯逆变换，得到单位阶跃响应：

$$h(t) = 1 - e^{-\xi\omega_n t}\left(\cos(\omega_d t) + \frac{\xi}{\sqrt{1-\xi^2}}\sin(\omega_d t)\right), \quad t \geqslant 0 \quad (9\text{-}4\text{-}22)$$

或者

$$h(t) = 1 - \frac{e^{-\xi\omega_n t}}{\sqrt{1-\xi^2}}\sin\left(\omega_d t + \beta\right), \quad t \geqslant 0 \quad (9\text{-}4\text{-}23)$$

式中，$\beta = \arctan\left(\sqrt{1-\xi^2}\big/\xi\right)$，$\beta = \arccos\xi$。

由式(9-4-23)可以看出，系统的响应由稳态分量和动态分量两部分组成，稳态分量的值等于 1，动态分量是一个随时间 t 的增长而衰减的振荡过程。振荡角频率 ω_d 的值取决于阻尼比及无阻尼自然频率 ω_n。式(9-4-23)所描述的单位阶跃响应如图 9-4-10 所示，具有衰减的正弦特性。

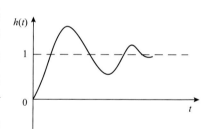

图 9-4-10　欠阻尼二阶系统的
单位阶跃响应曲线

将式(9-4-23)写成以下形式，采用无因次时间 $\omega_n t$ 作为横坐标，则时间响应就仅仅是阻尼比 ξ 的函数。

$$h(t) = 1 - \frac{e^{-\xi(\omega_n t)}}{\sqrt{1-\xi^2}}\sin\left(\sqrt{1-\xi^2}\,(\omega_n t) + \arccos\xi\right) \quad (9\text{-}4\text{-}24)$$

图 9-4-11 为二阶系统单位阶跃响应的通用曲线。下面根据曲线族来分析系统结构参数 ξ、ω_n 对阶跃响应性能的影响。

平稳性：由曲线可以看出，阻尼比 ξ 越大，超调量越小，响应的振荡倾向越弱，平稳性越好；反之，阻尼比 ξ 越小，振荡越强，平稳性越差。当 $\xi = 0$ 时，零阻尼响应为

$$h(t) = 1 - \sin\left(\omega_n t + 90°\right) = 1 - \cos(\omega_n t), \quad t \geqslant 0 \quad (9\text{-}4\text{-}25)$$

这时，响应为具有频率 ω_n 的不衰减(等幅)振荡。

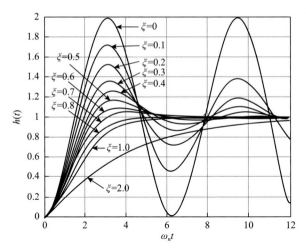

图 9-4-11　不同阻尼比的二阶系统单位阶跃响应曲线

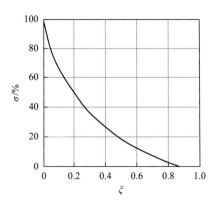

图 9-4-12　超调量与阻尼比关系曲线

阻尼比 ξ 和超调量 σ 的关系曲线如图 9-4-12 所示，由于 $\omega_d = \omega_n \sqrt{1-\xi^2}$，所以，在一定的阻尼比 ξ 下，ω_n 越大，振荡频率 ω_d 也越高，系统响应的平稳性越差。总体来说，要使系统单位阶跃响应的平稳性好，就要求阻尼比 ξ 大，自然频率 ω_n 小。

快速性：由图 9-4-11 中的曲线可以看出，ξ 过大，如 ξ 值接近于 1，系统响应迟钝，调节时间 t_s 长，快速性差；ξ 过小，虽然响应的起始速度较快，但因为振荡强烈，衰减缓慢，所以调节时间 t_s 也长，快速性差。由图 9-4-12 可以看出，当 $\xi = 0.707$ 时，超调量 $\sigma < 5\%$，平稳性也令人满意，故称 $\xi = 0.707$ 为最佳阻尼比。而对于 5% 的误差带，当 $\xi = 0.707$ 时，调节时间 t_s 最短，即快速性最好。

对于一定的阻尼比 ξ，所对应的无因次时间的响应是一定的。因此，当 ξ 一定时，ω_n 越大，调节时间 t_s 也就越短，即快速性越好。

稳态精度：由式 (9-4-23) 可以看出，瞬态分量随时间 t 的增长衰减到零，而稳态分量等于 1，因此上述欠阻尼二阶系统的单位阶跃响应不存在稳态误差。

3. 欠阻尼二阶系统单位阶跃响应的性能指标

1）上升时间 t_r

按照定义，单位阶跃响应曲线第一次到达稳态值的时间就是上升时间，此时

$h(t_r) = 1$，由式(9-4-22)可得

$$1 - e^{-\xi\omega_n t}\left(\cos(\omega_d t) + \frac{\xi}{\sqrt{1-\xi^2}}\sin(\omega_d t_r)\right) = 1 \qquad (9\text{-}4\text{-}26)$$

即得

$$t_r = \frac{1}{\omega_d}\arctan\left(-\frac{\sqrt{1-\xi^2}}{\xi}\right) = \frac{\pi - \beta}{\omega_d} \qquad (9\text{-}4\text{-}27)$$

参见图 9-4-13 和图 9-4-14，其中 $\beta = \arctan\dfrac{\omega_n\sqrt{1-\xi^2}}{\xi\omega_n}$，$\omega_d = \omega_n\sqrt{1-\xi^2}$。

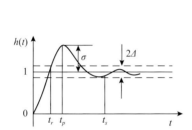
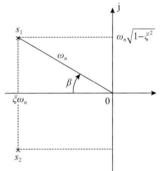

图 9-4-13　表示性能指标的响应曲线　　　　图 9-4-14　β 角的定义

由式(9-4-26)可知，当阻尼比 ξ 一定时，欲使上升时间 t_r 较短，必须要求系统具有较高的无阻尼自然频率 ω_n。

2) 峰值时间 t_p

响应曲线达到第一个峰值所需的时间定义为峰值时间，将式(9-4-22)对时间求导并令其为零，可得峰值时间：

$$\left.\frac{\mathrm{d}h(t)}{\mathrm{d}t}\right|_{t=t_p} = (\sin\omega_d t_p)\frac{\omega_n}{\sqrt{1-\xi^2}}e^{-\xi\omega_n t_p} = 0 \qquad (9\text{-}4\text{-}28)$$

到达第一个峰值时应满足 $\omega_d t_p = \pi$，于是 $t_p = \dfrac{\pi}{\omega_d} = \dfrac{\pi}{\omega_n\sqrt{1-\xi^2}}$。显然，$t_p$ 是有阻尼振荡周期 $\dfrac{2\pi}{\omega_d}$ 的一半。当 ξ 一定时，t_p 与 ω_n 成反比。当 ω_n 一定时，t_p 随 ξ 的减小而减小。

3）超调量 σ

按定义，$\sigma = \dfrac{h(t_p) - h(\infty)}{h(\infty)} \times 100\%$，对于单位阶跃响应，其稳态值 $h(\infty) = 1$，

将峰值时间的表达式代入式（9-4-23），得到输出量的最大值为

$$h(t)_{\max} = h(t_p) = 1 - \frac{e^{-\xi\omega_n t_p}}{\sqrt{1-\xi^2}}\sin\left(\omega_d t_p + \beta\right) = 1 - \frac{e^{-\pi\xi\sqrt{1-\xi^2}}}{\sqrt{1-\xi^2}}\sin(\pi + \beta) \qquad (9\text{-}4\text{-}29)$$

由图 9-4-12 可知 $\sin(\pi + \beta) = -\sin\beta = -\sqrt{1-\xi^2}$，则 $h(t_p) = 1 + e^{-\pi\xi\sqrt{1-\xi^2}}$。所以，

$\sigma = \dfrac{h(t_p) - 1}{1} \times 100\% = e^{-\pi\xi\sqrt{1-\xi^2}} \times 100\%$。可见，超调量只是阻尼比的函数。

4）调节时间 t_s

写出调节时间 t_s 的表达式相当困难。若 ω_n 一定，则 t_s 先随 ξ 的增大而减小，当 $\xi = 0.707$ 时，对 5%误差带，t_s 达到最小值，之后 t_s 随 ξ 的增大而增大。曲线的不连续性是由于 ξ 值的微小变化可能引起调节时间的显著变化而造成的。

由于实际响应的收敛速度总是比包络线要快，在初步分析和设计控制系统时，经常采用下列近似公式来计算调节时间。当阻尼比 $\xi < 0.8$ 时，$t_s = \dfrac{3.5}{\xi\omega_n}$（取 5%误差带），$t_s = \dfrac{4.5}{\xi\omega_n}$（取 2%误差带）。

设计二阶系统时，一般取 $\xi = 0.707$ 作为最佳阻尼比，因为这时不仅 t_s 最小，而且 σ 也小于 5%。

应当指出，调节时间 t_s 是与 ω_n 和 ξ 乘积成反比的，由于 ξ 通常是根据最大超调量 σ 的要求来确定的，所以 t_s 主要根据 ω_n 来确定。调整系统的无阻尼自然频率 ω_n，可以在不改变 σ 的情况下改变过渡过程调节时间 t_s。

有关几个问题的说明如下：

（1）二阶系统其他典型输入函数下的响应将不再讨论，因为前面已经提过，按照单位脉冲响应、单位阶跃响应、单位斜坡响应、单位抛物线响应的顺序，前者积分一次就得到后者。前面讨论过的单位阶跃响应可以用来换算成另外几种响应。

（2）系统工作中遇到干扰作用，它的动态响应分析方法与系统在输入端接受典型输入函数后的响应类似，因为区别仅在于干扰的作用点不同而已。

（3）初始条件不为零的系统响应比初始条件为零的系统响应仅多一项动态分量，此分量与输入信号无关，而是由非零初始条件和系统传递函数的极点性质共同决定的。

(4)实际系统的运动方程多是高阶微分方程,其时域响应一般不便于用解析方法求解得出,通常用经验公式进行计算或用二阶系统近似估算的方法来分析。为了得到更精确的结果,可以利用数字计算机来求取响应的数值解。

4. 二阶系统响应性能的改善措施

事实上,系统响应性能对结构参数的要求往往是矛盾的。为提高响应速度而调整参数,结果阻尼偏小,使振荡加剧;反之,增大响应平稳程度,但响应过程又相对迟缓。因此,有时难以全面满足性能指标。在这种情况下,必须研究其他控制方式,以改善系统的动态性能和稳态性能。

1)比例-微分控制

比例-微分控制的二阶系统如图 9-4-15 所示,图中 $E(s)$ 为误差信号,T_d 为微分时间常数。由图可见,系统控制信号同时受误差信号及其速率的双重作用。因而,比例-微分控制是一种早期控制,能在实际超调之前就产生一个适当的修正作用。

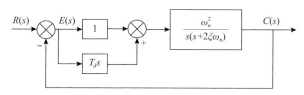

图 9-4-15 比例-微分控制系统

系统的开环传递函数为

$$G(s) = \frac{(T_d s + 1)\omega_n^2}{s(s + 2\xi\omega_n)} \tag{9-4-30}$$

闭环传递函数为

$$
\begin{aligned}
\Phi(s) &= \frac{(T_d s + 1)\omega_n^2}{s^2 + 2\xi\omega_n s + (T_d s + 1)\omega_n^2} \\
&= \frac{(T_d s + 1)\omega_n^2}{s^2 + 2(\xi + T_d\omega_n/2)\omega_n s + \omega_n^2} \\
&= \frac{(T_d s + 1)\omega_n^2}{s^2 + 2\xi_d\omega_n s + \omega_n^2}
\end{aligned} \tag{9-4-31}
$$

式中,$\xi_d = \xi + \dfrac{1}{2}T_d\omega_n$,称为等效阻尼比。

$T_d s$ 的设置等效于阻尼比加大，从而使超调减弱，改善了系统的平稳性。甚至在原系统阻尼比很小的情况下，也可实现等效阻尼比大于1，完全消除振荡。

2）测速反馈控制

输出量的导数同样可以用来改善系统的性能。通过将输出的速度信号反馈到系统输入端，与误差信号相叠加，也可以起到增大系统阻尼、改善系统动态性能的作用，如图9-4-16所示。

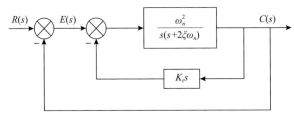

图 9-4-16　测速反馈控制的二阶系统

系统的开环传递函数为

$$G(s) = \frac{\omega_n}{2\xi + K_t\omega_n} \cdot \frac{1}{s\left[s\big/\left(2\xi\omega_n + K_t\omega_n^2\right)+1\right]} \tag{9-4-32}$$

其中，开环增益为 $K = \dfrac{\omega_n}{2\xi + K_t\omega_n}$。

系统的闭环传递函数为

$$\Phi(s) = \frac{C}{R} = \frac{\omega_n^2}{s^2 + 2\left(\xi + K_t\omega_n/2\right)\omega_n s + \omega_n^2} = \frac{\omega_n^2}{s^2 + 2\xi_t\omega_n s + \omega_n^2} \tag{9-4-33}$$

式中，$\xi_t = \xi + \dfrac{1}{2}K_t\omega_n$，称为等效阻尼比。

3）测速反馈控制与比例-微分控制的比较

对于理想的线性控制系统，在比例-微分控制与测速反馈控制方法中，可以任取其中一种方法来改善系统的性能。然而，实际控制系统中有许多必须考虑的因素，如系统的具体组成、系统的线性范围和饱和程度等。下面仅讨论它们的主要差别。

（1）附加阻尼来源。

比例-微分控制的阻尼作用产生于系统的输入端误差信号的速度，而测速反馈控制的阻尼作用来源于系统的输出端响应的速度，因此对于给定的开环增益和指令输入速度信号，后者对应较大的稳态误差值。

(2) 使用环境。

比例-微分控制对噪声有明显的放大作用，当系统输入端噪声严重时，一般不选用比例-微分控制。测速反馈控制对系统输入端噪声有滤波作用，同时测速发电机的输入信号能量水平较高，因此使用场合比较广泛。

(3) 对开环增益和自然频率的影响。

比例-微分控制对系统的开环增益和自然频率均无影响；测速反馈虽不影响自然频率，但会降低开环增益。因此，对于确定的常值稳态误差，测速反馈系统要求有较大的开环增益。

9.4.4 系统稳定性分析

控制系统能在实际中应用，其首要条件是保证系统稳定。如果一个系统受到外界或者内部一些因素的扰动(如负载或能源的波动、系统参量的变化等)，即使这些扰动很微弱，持续时间很短，也会使系统中的各物理量偏离其原平衡工作点，随时间的推移而发散，致使系统在扰动消失后，不能再恢复到原来的平衡工作状态，那么这样的系统是无法正常工作的。因此，稳定性是控制系统的重要性能，是系统正常工作的首要条件。

1. 稳定性的概念

为了建立稳定性的概念，首先看两个直观的例子，如图 9-4-17 所示，它是一个摆的示意图。

在外界干扰力作用下，摆由平衡点 a 偏到新的位置 b。当外力去掉后，摆在重力作用下，运动到位置 a；由于惯性作用，摆继续向前摆动，最后到达最高点 c。此后，摆将围绕点 a 反复振荡，经过一段有限时间，摆仍旧回到平衡点 a。这样的平衡点就称为稳定的平衡点。如果取摆的另一个平衡点 d，则在扰动力作用下，摆一旦离开了平衡点 d，即使外力消失，无论经过多么长的时间，摆也不会再回到原平衡点 d。把 d 这样的平衡点称为不稳定平衡点。

由图 9-4-18 可以看到，当小球处于平衡点 a 时，总可以在小球允许的偏差范围 $(b，c)$ 内，找到包含平衡点 a 在内的一个区域 d、e，只要扰动力不使小球的起始偏差超出区域 d、e，便能保证在外力消除之后，小球无论如何也不会到达允许偏差的边界 b 和 c，而且经过一段有限时间最终总会再回到平衡点 a。这个点 a 是稳定平衡点，不过这个稳定平衡点是有附加条件的，即要求起始偏差不超出 d、e 区域，否则小球就有可能超出允许偏差的边界 b 和 c，以致小球不能再回到平衡点 a。因此，a 点所表征的是在小偏差范围内的稳定特性。

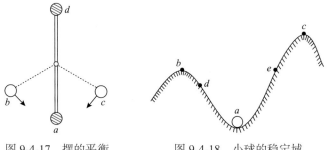

图 9-4-17　摆的平衡　　　　　图 9-4-18　小球的稳定域

2. 稳定性的定义和数学条件

基于上述概念，可以给出控制系统稳定性的定义。

如果控制系统在扰动影响下，其响应过程随时间的推移而逐渐衰减并趋于零，则称这样的系统具有渐近稳定性，简称具有稳定性。反之，在扰动影响下，若控制系统的响应过程随时间推移而发散，则称这样的系统具有不稳定性。

稳定性是系统的一种固有特性，它只取决于系统的结构和参数，而与初始条件及外作用无关。

线性定常系统的一般微分方程为

$$a_0 \frac{\mathrm{d}^n}{\mathrm{d}t^n} c(t) + a_1 \frac{\mathrm{d}^{n-1}}{\mathrm{d}t^{n-1}} c(t) + \cdots + a_{n-1} \frac{\mathrm{d}}{\mathrm{d}t} c(t) + a_n c(t)$$
$$= b_0 \frac{\mathrm{d}^m}{\mathrm{d}t^m} r(t) + b_1 \frac{\mathrm{d}^{m-1}}{\mathrm{d}t^{m-1}} r(t) + \cdots + b_{m-1} \frac{\mathrm{d}}{\mathrm{d}t} r(t) + b_m r(t) \tag{9-4-34}$$

对式(9-4-34)进行拉普拉斯变换得

$$\left(a_0 s^n + a_1 s^{n-1} + \cdots + a_{n-1} s + a_n \right) C(s)$$
$$= \left(b_0 s^m + b_1 s^{m-1} + \cdots + b_{m-1} s + b_m \right) R(s) + M_0(s) \tag{9-4-35}$$

可简写为

$$D(s)C(s) = M(s)R(s) + M_0(s) \tag{9-4-36}$$

式中，$D(s) = a_0 s^n + a_1 s^{n-1} + \cdots + a_{n-1} s + a_n$ 是系统的闭环特征式，又称输出端算子式；$M(s) = b_0 s^m + b_1 s^{m-1} + \cdots + b_{m-1} s + b_m$ 称为输入端算子式；$R(s)$ 为输入信号；$C(s)$ 为输出信号；$M_0(s)$ 是与系统的初始状态有关的多项式。

输出 $C(s)$ 可写为

$$C(s) = \frac{M(s)}{D(s)} \cdot R(s) + \frac{M_0(s)}{D(s)} \tag{9-4-37}$$

假定特征方程 $D(s) = 0$ 具有 n 个互异特征根 s_i ， $i = 1, 2, \cdots, n$ ，则

$$D(s) = a_0 \prod_{i=1}^{n} \left(s - s_i \right) \tag{9-4-38}$$

$R(s)$ 具有 l 个互异极点 s_{rj} ， $j = 1, 2, \cdots, l$ ，则式(9-4-37)可以展成如下部分分式：

$$C(s) = \sum_{i=1}^{n} \frac{A_{i0}}{s - s_i} + \sum_{j=1}^{l} \frac{B_j}{s - s_{rj}} + \sum_{i=1}^{n} \frac{C_i}{s - s_i} \tag{9-4-39}$$

式中， A_{i0} 、 B_j 、 C_i 均为待定常数。

将式(9-4-39)进行拉普拉斯逆变换，得

$$c(t) = \sum_{i=1}^{n} A_{i0} \mathrm{e}^{s_i t} + \sum_{j=1}^{l} B_j \mathrm{e}^{s_{rj} t} + \sum_{i=1}^{n} C_i \mathrm{e}^{s_i t} \tag{9-4-40}$$

式(9-4-39)中第二项为稳态分量，即微分方程的特解，其运动规律取决于输入作用。第一、三项为动态分量，即微分方程的通解，其运动规律取决于 s_i ，即由系统的结构参数确定。系统去掉扰动后的恢复能力应由动态分量决定。因此，系统要稳定，只需式(9-4-39)中的动态分量随时间的推移渐近为零即可。

故稳定性定义为

$$\lim_{t \to \infty} \sum_{i=1}^{n} \left(A_{i0} + C_i \right) \mathrm{e}^{s_i t} = 0 \tag{9-4-41}$$

或写为

$$\lim_{t \to \infty} \sum_{i=1}^{n} A_i \mathrm{e}^{s_i t} = 0 \tag{9-4-42}$$

式中， $A_i = A_{i0} + C_i$ 为任意常值。

式(9-4-42)必须各子项都渐近为零才能成立，所以应有

$$\lim_{t \to \infty} A_i \mathrm{e}^{s_i t} = 0, \quad i = 1, 2, \cdots, n \tag{9-4-43}$$

由式(9-4-43)可以看出，A_i 为常值，故系统的稳定性仅取决于特征根 s_i 的性质。由此可以得出稳定的充分必要条件为：系统特征方程的所有根都具有负实部，或者说都位于 s 平面的虚轴之左。

9.4.5 系统稳态精度分析

控制系统中的稳态误差，是系统控制精度的一种度量，通常称为稳态性能。系统的稳态误差与系统本身的结构、参数以及外作用的形式密切相关。对于一个实际的控制系统，由于系统结构、输入作用的类型、输入函数形式的不同，控制系统的稳态输出不可能在任何情况下都与输入量一致或相当，也不可能在任何形式的扰动作用下都能准确地恢复原平衡位置。

此外，控制系统中不可避免地存在摩擦、间隙、不灵敏区、零位输出等非线性因素，这些都会造成附加的稳态误差。可以说，控制系统的稳态误差是不可避免的。显然，只有当系统稳定时，研究稳态误差才有意义；对于不稳定的系统，根本不存在研究稳态误差的可能性。

1. 误差与稳态误差的定义

系统的误差 $e(t)$ 一般定义为期望值与实际值之差，即

$$e(t) = 期望值 - 实际值$$

对于如图 9-4-19 所示系统典型结构，其误差的定义有两种，一种为

$$e(t) = r(t) - c(t) \tag{9-4-44}$$

式中，期望值是给定值 $r(t)$；实际值就是系统的被控量 $c(t)$。

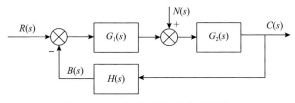

图 9-4-19 控制系统的典型结构

另一种为

$$e(t) = r(t) - b(t) \tag{9-4-45}$$

式中，期望值是代表给定值的指令信号 $r(t)$，而实际值为代表被控量的反馈信号 $b(t)$。通常 $H(s)$ 是测量装置的传递函数。因此，这里的误差 $e(t)$ 就是测量装置输

出的反馈信号 $b(t)$ 与指令信号 $r(t)$ 之差。当图 9-4-19 中的反馈通道 $H(s)=1$，即为单位反馈时，形式上两种定义统一为

$$e(t) = r(t) - c(t) \tag{9-4-46}$$

$e(t)$ 也常称为系统的误差响应，它反映了系统在跟踪输入信号 $r(t)$ 和干扰信号 $n(t)$ 的整个过程中的精度。

求解误差响应 $e(t)$ 与求系统输出 $c(t)$ 一样，对于高阶系统是相当困难的。但是如果只是关注系统控制过程稳定下来以后的误差，即系统误差响应的动态分量消失以后的稳态误差，就容易求解了。

稳态误差的定义：稳定系统误差的终值称为稳态误差。当时间 t 趋于无穷时，$e(t)$ 的极限存在，则稳态误差为

$$e_{ss} = \lim_{t \to \infty} e(t) \tag{9-4-47}$$

2. 稳态误差的计算

用拉普拉斯变换的终值定理计算稳态误差 e_{ss} 比求解系统的误差响应 $e(t)$ 要简单得多。拉普拉斯变换的终值定理为

$$\lim_{t \to \infty} f(t) = \lim_{s \to 0} sF(s) \tag{9-4-48}$$

式中，$F(s)$ 为 $f(t)$ 的拉普拉斯变换。应用终值定理计算稳态误差，则

$$e_{ss} = \lim_{t \to \infty} e(t) = \lim_{s \to \infty} sE(s) \tag{9-4-49}$$

其应用条件是，$e(t)$ 的拉普拉斯变换 $E(s)$ 在右半 s 平面及虚轴上（原点除外）没有极点，这就要求在用终值定理求稳态误差时，先判断系统的稳定性。

由式 (9-4-49) 可以看出，利用终值定理求稳态误差 e_{ss} 实质上可归结为求误差 $e(t)$ 的拉普拉斯变换 $E(s)$。

在图 9-4-19 所示的系统中，求在输入信号和干扰同时作用下误差的拉普拉斯变换式 $E(s)$，根据第二种定义得

$$E(s) = R(s) - B(s) \tag{9-4-50}$$

式中，$B(s)$ 为反馈量，其表达式为

$$B(s) = \varPhi_{B \cdot R}(s) \cdot R(s) + \varPhi_{B \cdot N}(s) \cdot N(s) \tag{9-4-51}$$

$\varPhi_{B \cdot R}(s)$ 为反馈量 $B(s)$ 对输入 $R(s)$ 的闭环传递函数；$\varPhi_{B \cdot N}(s)$ 为反馈量 $B(s)$ 对干扰

$N(s)$ 的闭环传递函数。

将式 (9-4-51) 代入式 (9-4-50) 中得

$$
\begin{aligned}
E(s) &= R(s) - \Phi_{B \cdot R}(s) \cdot R(s) - \Phi_{B \cdot N}(s) \cdot N(s) \\
&= \left[1 - \Phi_{B \cdot R}(s)\right] R(s) - \Phi_{B \cdot N}(s) \cdot N(s)
\end{aligned} \tag{9-4-52}
$$

进一步可求出

$$
1 - \Phi_{B \cdot R}(s) = 1 - \frac{G_1(s)G_2(s)H(s)}{1 + G_1(s)G_2(s)H(s)} = \frac{1}{1 + G_1(s)G_2(s)H(s)} = \Phi_{E \cdot R}(s) \tag{9-4-53}
$$

称 $\Phi_{E \cdot R}(s)$ 为系统对输入信号的误差传递函数。

$$
\Phi_{E \cdot N}(s) = \frac{-G_2(s)H(s)}{1 + G_1(s)G_2(s)H(s)} = -\Phi_{B \cdot N}(s) \tag{9-4-54}
$$

称 $\Phi_{E \cdot N}(s)$ 为系统对干扰的误差传递函数，它与反馈量 $B(s)$ 对干扰的闭环传递函数 $\Phi_{B \cdot N}(s)$ 仅是符号相反。

由式 (9-4-52)、式 (9-4-54)，可将 $E(s)$ 写为

$$
\begin{aligned}
E(s) &= \Phi_{E \cdot R}(s) \cdot R(s) + \Phi_{E \cdot N}(s) \cdot N(s) \\
&= E_R(s) + E_N(s)
\end{aligned} \tag{9-4-55}
$$

式中，$E_R(s)$ 为输入信号引起的误差象函数；$E_N(s)$ 为干扰引起的误差象函数。

接下来，以输入信号为阶跃信号为例，计算典型信号作用下的稳态误差。

设 $r(t) = R \cdot 1(t)$，其中 R 是阶跃信号的幅值，其拉普拉斯变换为 $R(s) = \dfrac{R}{s}$，系统的稳态误差为

$$
e_{ss} = \lim_{s \to 0} sE(s) = \lim_{s \to 0} s \frac{1}{1 + G(s)H(s)} \cdot \frac{R}{s} = \frac{R}{1 + \lim_{s \to 0} G(s)H(s)} \tag{9-4-56}
$$

令 $K_p = \lim\limits_{s \to 0} G(s)H(s)$，$K_p$ 称为静态位置误差系数，则 $e_{ss} = \dfrac{R}{1 + K_p}$。

9.5　控制系统的校正

根据用户提出的技术性能指标，对控制系统进行工程设计，需要进行大量的工作，控制系统的设计需要进行反复的分析与综合。一个好的控制系统应具有以下特性：稳定性好；对各类输入能产生预期的响应；对系统参数的扰动不敏感；

有较小的稳态跟踪误差；能有效地抑制外界干扰的影响。在实际工程中，通常设计出来的控制系统很难同时满足各方面的设计要求，只有在经过了适当校正之后，才可能具备综合的最优性能。

一般来说，适当调整系统参数，能使闭环控制系统的性能得到改善。但是，仅仅调整系统参数不能使多方面性能指标满足要求，还需要重新考虑控制系统的结构，并做出必要的修改。因此，闭环控制系统的设计应包括重新规划与调整系统结构、配置合适的校正装置和选取适当的系统参数值。

校正，就是在系统中加入一些其参数可以根据需要而改变的机构或装置，使系统特性发生变化，从而满足给定的各项性能指标要求。本节介绍工程实践中常用的几种校正方法，包括串联校正、反馈校正、前馈校正和复合校正。

9.5.1　校正方式

1. 典型校正方式

按照系统中校正装置的连接方式，校正可分为串联校正、反馈校正、前馈校正、复合校正四种。串联校正一般接在系统误差测量点和放大器之间，串接于系统前向通道之中。反馈校正接在系统的局部反馈通路中。这两种校正的连接方式如图 9-5-1 所示。

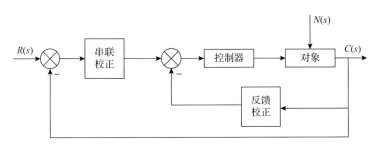

图 9-5-1　串联校正和反馈校正

前馈校正(又称顺馈校正)，是在系统主反馈回路之外采用的校正方式。前馈校正装置有两种，一种接在系统的给定值(指令、参考输入信号)之后、主反馈作用点之前的前向通道中，如图 9-5-2(a) 所示，作用是对给定值信号进行整形滤波，再作用于系统。

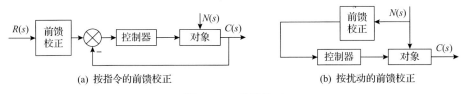

(a) 按指令的前馈校正　　　　　　　　　(b) 按扰动的前馈校正

图 9-5-2　前馈校正

另一种前馈校正装置接在系统可测扰动点与控制器之间，形成一条附加的、对扰动影响进行补偿的通道，如图 9-5-2(b) 所示。图 9-5-2 的两种方式分别称为按指令的前馈校正和按扰动的前馈校正。

在实际的控制系统设计中，常采用多种控制方式的组合，为复合校正，如图 9-5-3 所示。

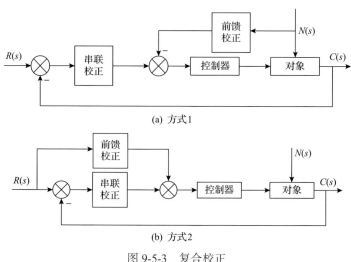

(a) 方式1

(b) 方式2

图 9-5-3　复合校正

2. 反馈校正

在控制工程实践中，通过附加局部反馈元部件，可达到改善系统性能的目的，这种方法一般称为反馈校正。其作用还可能消除被反馈所包围的不可变部分参数波动对系统性能的影响。基于此特点，当所设计的系统随着工作条件变化，其中一些结构参数可能有较大幅度的变化，而该系统又能够取出适当的反馈信号时，在系统中采用反馈校正是最适当的。例如，电液伺服系统中的阻尼比变化大，选用反馈校正能有效地提高系统控制精度。

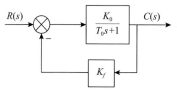

图 9-5-4　比例负反馈包围惯性环节

1) 比例负反馈

比例负反馈可以减弱被反馈包围部分的惯性，从而扩展其频带。比例负反馈包围惯性环节，如图 9-5-4 所示，其闭环传递函数为

$$\Phi(s)=\frac{C(s)}{R(s)}=\frac{\dfrac{K_0}{1+K_0K_f}}{\dfrac{T_0}{1+K_0K_f}s+1}=\frac{K}{Ts+1} \tag{9-5-1}$$

式中，$T = \dfrac{T_0}{1 + K_0 K_f}$；$K = \dfrac{K_0}{1 + K_0 K_f}$。

从闭环传递函数的形式看，此种情况仍是惯性环节。因为 $K_0 K_f + 1 > 1$，则 $T < T_0$，即采用比例负反馈的惯性环节，其惯性将有所减弱，减弱程度大致与反馈系数 K_f 成反比，从而使调节时间 t_s 缩短，提高了系统或环节的快速性。

从频域角度看，比例负反馈可使系统或环节的频带得到展宽，其展宽的倍数基本上与反馈系数 K_f 成正比。然而，其增益也将因负反馈而降低，即 $K < K_0$，这是不希望的，可通过提高放大环节的增益得到补偿。

图 9-5-5 即系统结构变换图，只要适当地提高 K_1 的数值，即可解决增益减小的问题。

2）速度反馈

速度反馈包围振荡环节，可增加环节的阻尼，有效地减弱小阻尼环节的不利影响。如图 9-5-6 所示系统的闭环传递函数为

$$\Phi(s) = \frac{C(s)}{R(s)} = \frac{\omega_n^2}{s^2 + 2\left(\xi + \dfrac{K_t}{2}\omega_n\right)\omega_n s + \omega_n^2} = \frac{\omega_n^2}{s^2 + 2\xi'\omega_n s + \omega_n^2} \qquad (9\text{-}5\text{-}2)$$

式中，$\xi' = \xi + \dfrac{K_t}{2}\omega_n$。因此，$\xi' > \xi$，增加了相对阻尼比，改善了系统或环节的平稳特性。

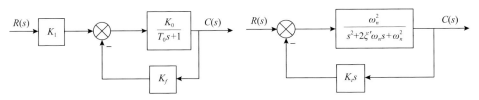

图 9-5-5　系统结构变换图　　　　图 9-5-6　速度反馈包围振荡环节

速度反馈一般可采用测速发电机来实现，也可采用微分网络来实现。一般情况下，得不到纯微分环节，实际上都存在着小惯性环节的影响，即 $K_t s/(T_1 s + 1)$。只要 T_1 足够小（$10^{-2} \sim 10^{-4}$），即可认为是纯微分环节，增大阻尼的效果是较显著的。

9.5.2　PID 控制规律

在校正装置中，常采用比例（P）、积分（I）、微分（D）的组合控制形式，简称 PID 控制。根据实际需求，可以组成比例-微分（PD）、比例-积分（PI）、比例-积分-微分（PID）等基本的控制规律，这些控制规律用有源模拟电路很容易实现，这在

自动化领域中是很成熟的技术。另外，数字计算机可把 PD、PI、PID 等控制规律编成程序对系统进行实时控制，获得良好的性能。本节主要针对上述控制规律对改善系统性能方面的问题加以讨论。

1. 比例控制

具有比例控制规律的控制器称为比例控制器，其特性为比例环节，是一个可调增益的放大器。比例控制器可改变信号的增益。

比例控制器动态结构如图 9-5-7 所示。

动态方程：

$$x(t) = K_p e(t) \tag{9-5-3}$$

传递函数：

$$\frac{X(s)}{E(s)} = K_p \tag{9-5-4}$$

在系统中增大比例系数 K_p，可减小系统的稳态误差以提高稳态精度；增大 K_p 可降低系统的惯性；减小一阶系统的时间常数，改善系统的快速性；提高 K_p 往往会降低系统的稳定裕度，甚至会造成系统的不稳定。

2. 比例-微分控制

具有比例-微分控制规律的控制器称为比例-微分控制器，其动态结构如图 9-5-8 所示。

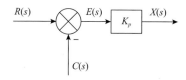
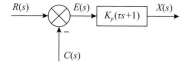

图 9-5-7　比例控制器动态结构图　　　图 9-5-8　比例-微分控制器动态结构图

动态方程：

$$x(t) = K_p e(t) + K_p \tau \frac{\mathrm{d}e(t)}{\mathrm{d}t} \tag{9-5-5}$$

传递函数：

$$\frac{X(s)}{E(s)} = K_p (\tau s + 1) \tag{9-5-6}$$

比例-微分控制器(图 9-5-9)具有超前校正的作用,具有"预见"性,能反映偏差信号的变化速率(变化趋势),并能在偏差信号变得太大之前,在系统中引进一个有效的早期修正信号,有助于增加系统的稳定性;同时,还可以提高系统的快速性。在串联校正中,它相当于在系统中增加一个开环零点,其缺点是系统抗高频干扰能力差。

3. 积分控制

具有积分控制规律的控制器,称为积分控制器,其动态结构如图 9-5-10 所示。

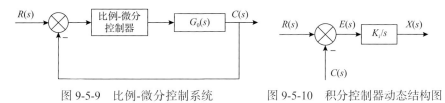

图 9-5-9 比例-微分控制系统   图 9-5-10 积分控制器动态结构图

动态方程为

$$x(t) = K_i \int_0^t e(t) \mathrm{d}t \qquad (9\text{-}5\text{-}7)$$

由于积分控制器的积分作用,当输入 $e(t)$ 消失后,输出有可能为一个不为零的常量。串联校正可以提高系统的稳态精度,但这增加了一个位于原点的开环极点,对系统的稳定性不利。因此,一般不单独采用积分控制。

4. 比例-积分控制

比例-积分控制器的动态结构如图 9-5-11 所示。
动态方程:

$$x(t) = K_p e(t) + K_i \int_0^t e(t) \mathrm{d}t \qquad (9\text{-}5\text{-}8)$$

传递函数:

$$\frac{X(s)}{E(s)} = K_p \left(1 + \frac{1}{T_i s} \right) = \frac{K_p}{T_i} \frac{T_i s + 1}{s} \qquad (9\text{-}5\text{-}9)$$

比例-积分控制器在系统中主要用于提高系统的稳态精度。在串联校正中,相当于在系统中增加了一个位于原点的开环极点,同时增加了一个位于左半 s 平面的开环零点,减小了系统的稳态误差,改善了稳态性能,同时增加的开环零点提高了系统的阻尼程度,缓解了比例-积分控制器极点的不利影响。在控制系统设计中，比例-积分控制器是较多采用的控制装置。

5. 比例-积分-微分控制

比例-积分-微分控制器动态结构如图 9-5-12 所示。

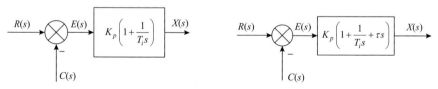

图 9-5-11　比例-积分控制器动态结构图　　图 9-5-12　比例-积分-微分控制器动态结构图

动态方程：

$$x(t) = K_p e(t) + K_p \tau \frac{\mathrm{d}e(t)}{\mathrm{d}t} + \frac{K_p}{T_i} \int_0^t e(t)\,\mathrm{d}t \qquad (9\text{-}5\text{-}10)$$

传递函数：

$$\frac{X(s)}{E(s)} = K_p \left(1 + \frac{1}{T_i s} + \tau s \right) \qquad (9\text{-}5\text{-}11)$$

　　比例-积分-微分控制器具有比例-微分控制器和比例-积分控制器的双重作用，能够较全面地提高系统的控制性能，是一种应用比较广泛的控制器。比例-积分-微分控制器提供了两个负实零点，从而比比例-积分控制器在提高系统的动态性能方面有更大的优越性。因此，在工业控制设计中，比例-积分-微分控制器得到了广泛的应用。

本 章 小 结

　　本章主要介绍了飞机飞行控制系统的基本原理，进而介绍了自动控制的基本概念，包括自动控制的定义，自动控制系统的基本组成、基本的控制方式，自动控制系统的分类，自动控制系统性能的基本要求；进一步利用时域法来分析系统的性能，介绍了动态性能指标和稳态性能指标，着重对一阶系统和二阶系统进行了详细分析，求出系统的单位阶跃响应，根据阶跃响应计算动态性能指标，就可知系统响应速度的快慢；简要介绍了稳定的定义及充要条件、误差与稳态误差的定义以及利用终值定理法求解稳态误差的方法；最后主要介绍了控制系统的几种校正方式，着重讲解了控制系统常用的几种控制规律，并分析了几种控制规律的作用及性能。

习　　题

1. 飞行控制系统的三大回路及其作用。

2. 自动控制与人工控制的区别在哪里？

3. 怎样理解反馈控制的原理？

4. 一个自动控制系统由哪些元部件构成？各元部件的功能分别是什么？

5. 自动控制系统采用哪几种控制方式？各种控制方式的区别是什么？

6. 系统的稳定性、准确性和快速性该如何理解？

7. 拉普拉斯变换在求解系统微分方程解析解的过程中发挥着怎样的作用？

8. 系统运动模态与微分方程解有何关系？

9. 传递函数的定义是什么？零初始条件的含义是什么？

10. 传递函数的零极点对系统输出有什么样的影响？

11. 系统运动模态与传递函数零极点有何联系？

12. 叠加原理对于求解系统输出有什么作用？

13. 当有多个信号作用到系统上时，应该怎样分析系统？

14. 查表求 $F(s) = \dfrac{s+2}{s^2 - 4s + 3}$ 的拉普拉斯逆变换。

15. 在控制系统的分析与设计中，典型的输入信号有哪几种？

16. 写出单位阶跃函数的复数域表达式。

17. 动态性能指标有哪几个，分别是怎样定义的？

18. 什么是一阶系统？什么是二阶系统？

19. 总结欠阻尼情况下阶跃响应曲线的特点。

20. 试分析如下形式的控制系统改善系统响应的基本原理。

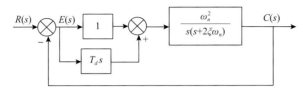

21. 系统稳定的充分必要条件是什么？

22. 利用终值定理求系统单位阶跃稳态误差，其中

$$E(s) = \frac{s(s+1)(2s+1)}{s(s+1)(2s+1) + K(0.5s+1)}$$

23. 写出传递函数 $G(s) = \dfrac{4s + 2}{(s+1)(s+2)}$ 的零点和极点。

24. 系统校正的几种方式是什么？

25. 在比例-积分-微分控制中，比例控制、积分控制、微分控制的作用分别是什么？

第10章 飞机运动数学模型

从飞行控制系统的核心问题来看，其实质是研究由飞行控制系统和飞机所组成的闭合回路，必须首先建立飞行控制系统和飞机的运动方程即数学模型。所建立的飞机数学模型形式根据不同需要，可以采用多种形式，如微分方程、传递函数和状态空间表达式等。建立数学模型就是应用牛顿定律等有关定理、定律来描述飞行器的运动。为此，首先将飞机假设成一种刚体飞行器，在此前提下，应用牛顿定律推导出刚体飞行器的基本运动方程。然后在小扰动前提下，将方程组进行线性化和无因次化，并利用基本简化假设条件，将飞机一般运动方程组分成两组独立的方程组，即纵向运动方程组和侧向运动方程组，并对飞机的纵向运动模态和侧向运动模态进行分析。

10.1 飞机坐标系及其操纵机构

适当的飞机坐标系可准确描述飞机的运动状态，例如，地面坐标系可确定飞机在地球上的位置，机体坐标系或气流坐标系(速度坐标系)可较简单地描述飞机的转动与移动等。下面建立飞机上常用的三种坐标系，用来表示飞机在空间的运动。

10.1.1 坐标系

1. 地面坐标系(地轴系)

地面坐标系 $o_d x_d y_d z_d$ 如图 10-1-1(a)所示。原点 o_d 取在地面的某一点(如飞机的起飞点)。$o_d x_d$ 轴处于地平面内指向某方向(如指向飞行航线)；$o_d y_d$ 轴垂直

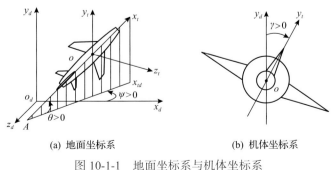

(a) 地面坐标系   (b) 机体坐标系

图 10-1-1 地面坐标系与机体坐标系

地面向上；$o_d z_d$ 轴垂直于 $o_d x_d y_d$ 平面。满足右手定则：拇指代表 $o_d x_d$ 轴，食指代表 $o_d y_d$ 轴，中指的指向就是 $o_d z_d$ 轴的方向。用地面坐标系描述飞机的航迹是最方便的。

2. 机体坐标系(机体轴系)

机体坐标系 $ox_t y_t z_t$ 如图 10-1-1(b)所示。原点 o 取在飞机重心处，三个坐标轴与飞机固联，ox_t 轴处于飞机的对称平面内，与机身轴线一致，指向前方；oy_t 轴也处于对称平面内垂直于 ox_t 轴，指向上方；oz_t 轴垂直于 $ox_t y_t$ 平面，指向右方。

3. 速度坐标系(速度轴系)

速度坐标系 $ox_q y_q z_q$ 如图 10-1-2 所示。原点 o 取在飞机重心处，ox_q 轴与飞机重心轨迹的切线一致，其正方向为重心运动瞬间速度 V 的方向。一般情况，V 不一定处在飞机对称平面内；oy_q 轴处于飞机对称平面内垂直于 ox_q 轴，指向上方；oz_q 轴垂直于 $ox_q y_q$ 平面内，指向右方。

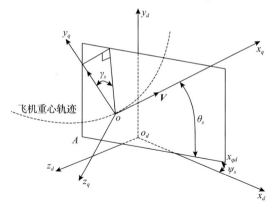

图 10-1-2　速度坐标系

10.1.2　飞机运动参数

1. 飞机的姿态航向角(机体轴系相对地轴系)

三个姿态航向角表示机体轴系与地轴系之间的关系，其定义如下(图 10-1-1)。

(1)俯仰角 θ：飞机机体轴 ox_t 与地平面的夹角(即 ox_t 轴与它在地平面的投影 Ax_{td} 之间的夹角)，抬头为正。

(2)偏航角 ψ：ox_t 轴在地平面上的投影与地轴 $o_d x_d$ 之间的夹角(即 Ax_{td} 与 $o_d x_d$ 之间的夹角)，机头左偏航为正。

（3）滚转角 γ（又称倾斜角）：机体轴 oy_t 与 x_tAx_{td} 平面（或 oy_d 轴）之间的夹角，飞机右倾为正。

2. 飞机的航迹角（速度轴系相对地轴系）

以下三个角度表示速度向量与地轴系之间的关系，如图 10-1-2 所示。

（1）航迹倾斜角 θ_s：ox_q 轴与地平面的夹角，飞机上升为正，下降为负。

（2）航迹偏转角 ψ_s：ox_q 轴在地平面内的投影 Ax_{qd} 与 o_dx_d 的夹角，以左偏为正。

（3）航迹滚转角 γ_s：oy_q 轴与 x_qAx_{qd} 平面之间的夹角，以 oy_q 在该平面之右为正。

3. 飞机迎角和侧滑角（机体轴系相对速度轴系）

（1）迎角 α：速度向量 V 在飞机对称平面内的投影，与 ox_t 轴之间的夹角，以 V 的投影在 ox_t 轴之下为正，如图 10-1-3 所示。

（2）侧滑角 β：速度向量 V 与飞机对称平面之间的夹角，以 V 处于对称平面之右时为正，如图 10-1-3 所示。

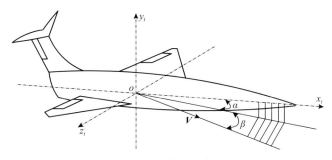

图 10-1-3　迎角与侧滑角示意图

坐标系之间可通过方向余弦矩阵进行转换，如速度坐标系和机体坐标系的方向余弦矩阵元素如表 10-1-1 所示。

表 10-1-1　速度坐标系和机体坐标系的方向余弦表

机体坐标系	速度系		
	ox_q	oy_q	oz_q
ox_t	$\cos\alpha\cos\beta$	$\sin\alpha$	$-\cos\alpha\sin\beta$
oy_t	$-\sin\alpha\cos\beta$	$\cos\alpha$	$\sin\alpha\sin\beta$
oz_t	$\sin\beta$	0	$\cos\beta$

10.1.3　飞机运动的自由度及其操纵机构

1. 飞机运动的自由度

由上可以看出，飞机运动有六个自由度。

三个线运动(重心运动)的自由度：前后(进退运动)、上下(升降运动)、左右(侧向移动)。

三个角运动(绕重心运动)的自由度：俯仰运动、偏航运动、滚转运动。

上述六个自由度的运动可分为对称平面内的运动和非对称平面内的运动。以后将看到，这样划分可使飞行控制问题的分析大为简化。

对称平面内的运动称为纵向运动，包括进退运动、升降运动、俯仰运动。

非对称平面内的运动可称为横侧向运动，简称侧向运动，包括侧向移动、偏航运动、滚转运动。

2. 飞机的操纵机构

飞机的运动通常是利用升降舵、方向舵、副翼及油门进行控制的。飞机的运动具有六个自由度，是很复杂的，只有使操纵机构正确动作，才能完成预定的飞行任务。因此，基本操纵机构的偏转极性及其所产生的力矩的极性，对控制飞机是很重要的。

基于"苏式"坐标系，规定如下：升降舵偏角用 δ_z 表示，向下偏转为正，如图 10-1-4 所示。图中标明了操纵机构的正偏转方向以及力矩和角速度的正方向；方向舵偏角用 δ_y 表示，向右偏转为正；副翼偏角用 δ_x 表示，右副翼向下、左副翼向上为正。油门杆位移用 δ_p 表示，前推时油门加大，取为正，反之为负。

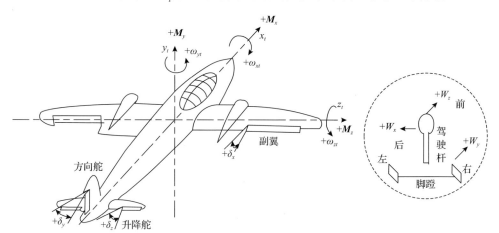

图 10-1-4　操纵机构及其偏转极性规定

驾驶员通过驾驶杆、脚蹬和操纵杆系(如钢索、钢管等)操纵舵面。图 10-1-4 中也表示出了驾驶杆偏转的正方向和脚蹬的正方向。力矩和角速度的正方向与相应机体轴的正方向一致。驾驶杆前推(使飞机低头)为正,左偏(使飞机左倾)为正。右脚蹬向前(使飞机右偏航)为正。

根据图 10-1-4 所规定的极性,可得出一个简单而有用的规则:"操纵面的正偏角产生负控制力矩",如 $+\delta_z$(升降舵下偏),产生沿 oz_t 轴指向左方的力矩向量 $\boldsymbol{M}$,即 $+\delta_z$ 产生 $-\boldsymbol{M}_z$。

10.1.4 飞机的气动力及气动力矩

飞机在大气中飞行时,其表面分布着空气动力。这些力可归化为一个作用于飞机重心的合力 $\boldsymbol{R}$(总空气动力)和一个绕重心的合力矩 $\boldsymbol{M}$(总空气动力矩)。在空气动力学中,一般采用总空气动力 $\boldsymbol{R}$ 和总空气动力矩 $\boldsymbol{M}$ 在某个坐标系上的投影(分量)来研究问题。

$\boldsymbol{R}$ 沿速度坐标系的分量 $\boldsymbol{X}$、$\boldsymbol{Y}$、$\boldsymbol{Z}_q$ 分别称为阻力、升力和侧力。规定 $\boldsymbol{X}$(阻力)沿 ox_q 轴的负向为正;$\boldsymbol{Y}$(升力)的正方向与 oy_q 轴一致;$\boldsymbol{Z}_q$(侧力)的正方向与 oz_q 轴一致。

$\boldsymbol{M}$ 沿机体坐标系的分量为 $\boldsymbol{M}_x$、$\boldsymbol{M}_y$、$\boldsymbol{M}_z$,分别称为滚转力矩、偏航力矩和俯仰力矩。它们的正方向与相应机体轴的正方向一致。飞机六自由度运动可分为纵向运动和侧向运动,其气动力和气动力矩也可分为纵向和侧向两个部分。

10.2 飞机运动方程及其运动模态

为定量和定性分析飞机在空间的运动,需建立飞行控制系统和飞机的运动方程,即其微分方程或传递函数等形式的数学模型。在建立飞机数学模型时,可忽略一些次要因素,将飞机假设成一种刚体飞机,来推导飞机的动力学方程组和运动学方程组。为简化分析,需要对方程组进行线性化,并将其进行纵/侧向的合理分组,以便降低运动方程的阶次,使得求解较为容易和便于研究。在此基础上对飞机的纵/侧向运动模态进行分析。

10.2.1 飞机纵向运动方程及其运动模态

飞机的运动是一个复杂的质点系动力学问题。如果要全面考虑地球曲率、飞机武器投射、燃油消耗、飞机内部动力系统和操纵系统等机件的相对运动及飞机本身的弹性变形,以及外力使飞机外形、飞行姿态和运动参数变化等因素,会使飞机运动方程的推导变得极其复杂,并且很难进行解析处理。因此,有必要做出经实践证明合理的简化假设：

(1)假设飞机为刚体，且质量是常数；

(2)假设地面坐标系是惯性参考系，即忽略地球的自转运动和地球质心的曲线运动；

(3)忽略地球曲率，把地球看成平面；

(4)假设重力加速度 g 是一个常数，且不随飞行高度而变化；

(5)假设 ox_t 轴和 oy_t 轴处于飞机的对称平面内，因而惯性积 I_{xz} 和 I_{zy} 等于零，在 ox_t 轴与飞机的惯性主轴重合的情况下，$I_{xy}=0$。但 ox_t 轴一般不是飞机的惯性主轴。

1. 小扰动线性化原理

飞机运动方程都是一组复杂的非线性微分方程，一般不能用解析法，而只能用数值积分法求解。在研究飞机的稳定性和操纵性时，常根据小扰动线性化原理对这组方程进行线性化处理(简称线性化)，以便采用较简便的求解方法。

一般小扰动线性化是相对原点或某点进行的，这里的小扰动线性化则是相对于基准运动进行的。基准运动(又称未扰动运动)是指在完全理想的条件下，飞机按照驾驶员或飞行控制系统的意图按预定规律进行的运动。这里所说的理想条件包括对飞机的准确控制、控制系统以额定参数工作、标准大气条件等。扰动运动是指飞机在外干扰作用下偏离基准运动，一段时间内违背预定规律的运动。外干扰可能来自大气的紊乱、发动机工作情况的改变以及驾驶员的偶然操纵等，可以是瞬时的，也可以是持续性的。

若扰动运动与基准运动之间差别甚小，则称为小扰动运动。差别甚小是从相对的意义上来理解的，绝对的量值范围应视具体情况而定，一般小扰动限制不太严格。用小扰动线性化原理简化处理的运动方程，在大多数情况下能给出工程上足够的准确度。

小扰动线性化原理如下：将扰动运动变量表示为基准运动参数与偏离量之和，将扰动方程展开成泰勒级数，在小扰动假设下，可略去二阶和二阶以上的小量，减去基准运动方程，即得系数已知的线性化的小扰动运动方程。

对于飞机运动方程，一般选取定常直线无侧滑飞行为基准运动。

2. 纵向运动方程及其线性化

为符合空气动力学习惯，通常以速度坐标系为参考建立力的方程，一般转动惯量是相对于机体轴而言的，力矩方程以机体坐标系为参考。飞机纵向受力如图 10-2-1 所示。

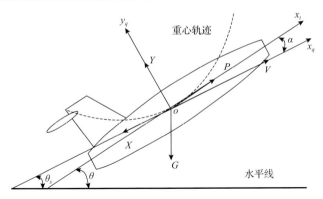

图 10-2-1　飞机纵向受力图

θ_s 为航迹倾斜角；θ 为俯仰角；α 为迎角；Y 为升力；X 为阻力；P 为推力；G 为重力

由图 10-2-1 可得飞机纵向运动的四个方程：

$$\begin{cases} m\dfrac{\mathrm{d}V}{\mathrm{d}t} = P\cos\alpha - X - G\sin\theta_s \\ mV\dfrac{\mathrm{d}\theta_s}{\mathrm{d}t} = P\sin\alpha + Y - G\cos\theta_s \\ I_z\dfrac{\mathrm{d}^2\theta}{\mathrm{d}t^2} = M_z \\ \theta = \theta_s + \alpha \end{cases} \tag{10-2-1}$$

式中，m 为飞机质量；V 为切向速度；I_z 为绕横轴的惯性矩；M_z 为俯仰力矩。

另外，可得飞机的纵向运动学方程组：

$$\begin{cases} \dfrac{\mathrm{d}\theta}{\mathrm{d}t} = \omega_z \\ \dfrac{\mathrm{d}H}{\mathrm{d}t} = V\sin\theta_s \\ \dfrac{\mathrm{d}L}{\mathrm{d}t} = V\cos\theta_s \end{cases} \tag{10-2-2}$$

式中，L 为航程；H 为高度；ω_z 为俯仰角速度。

式(10-2-1)是一组非线性微分方程。进行小扰动线性化处理后，并采取系数冻结法，得到常系数线性微分方程组，可解析求解，并引用系数符号，则得飞机纵向线性化动力学方程：

$$\begin{cases} (\mathrm{p}+n_{1V})\Delta\overline{V} + n_{1\alpha}\Delta\alpha + n_{1\theta}\Delta\theta = n_{1\delta_p}\Delta\delta_p - n_{1\delta_z}\Delta\delta_z + X_r/(mV_0) \\ n_{2V}\Delta\overline{V} + (\mathrm{p}+n_{2\alpha})\Delta\alpha - (\mathrm{p}+n_{2\theta})\Delta\theta = -n_{2\delta_p}\Delta\delta_p - n_{2\delta_z}\Delta\delta_z - Y_r/(mV_0) \\ n_{3V}\Delta\overline{V} + (n_{3\dot\alpha}\mathrm{p}+n_{3\alpha})\Delta\alpha + (\mathrm{p}+n_{3\dot\theta})\mathrm{p}\Delta\theta = -n_{3\delta_z}\Delta\delta_z + M_{zr}/I_z \end{cases} \tag{10-2-3}$$

式中，$p = d/dt$；$\bar{V}$ 为飞行速度；δ_p 为油门杆位移量；δ_z 为升降舵偏转量；X_r 为切向力；Y_r 为法向力；M_{zr} 为俯仰力矩，各参数前面的 Δ 表示该参数的增量；其余符号见附录附表 2。

根据小扰动线性化原理，引入系数符号，则得飞机纵向线性化运动学方程：

$$\begin{cases} p\Delta\theta - \Delta\omega_z = 0 \\ -n_{4V}\Delta\bar{V} + n_{4\alpha}\Delta\alpha - n_{4\theta}\Delta\theta + p\Delta H = 0 \\ -n_{5V}\Delta\bar{V} + n_{5\alpha}\Delta\alpha + n_{5\theta}\Delta\theta + p\Delta L = 0 \end{cases} \quad (10\text{-}2\text{-}4)$$

式(10-2-3)和式(10-2-4)总称为纵向运动线性微分方程组。

3. 飞机纵向运动模态分析

1）飞机纵向运动特征方程的根

要了解纵向运动的特性，必须解出特征方程的根。令式(10-2-3)右边为零，求解特征方程。当外加输入为零时，纵向运动方程为

$$\begin{cases} (p + n_{1V})\Delta\bar{V} + n_{1\alpha}\Delta\alpha + n_{1\theta}\Delta\theta = 0 \\ n_{2V}\Delta\bar{V} + (p + n_{2\alpha})\Delta\alpha - (p - n_{2\theta})\Delta\theta = 0 \\ n_{3V}\Delta\bar{V} + (n_{3\dot{\alpha}}p + n_{3\alpha})\Delta\alpha + (p + n_{3\dot{\theta}})p\Delta\theta = 0 \end{cases} \quad (10\text{-}2\text{-}5)$$

分析表明，正常式飞机(升降舵在机翼之后)的四个特征值中有两个大根，两个小根。

假设某型飞机在 H=11000m 高度上，以马赫数 0.9 的速度做定常水平直线飞行，据其主要的构造参数及气动参数可写出纵向运动线性化方程组如下：

$$\begin{cases} (p + 0.016605)\Delta\bar{V} + 0.0057\Delta\alpha + 0.0369\Delta\theta = 0 \\ 0.105\Delta\bar{V} + (p + 0.585)\Delta\alpha - p\Delta\theta = 0 \\ 0.898\Delta\bar{V} + (0.248p + 8.574)\Delta\alpha + (p + 0.627)p\Delta\theta = 0 \end{cases}$$

其特征方程的解为

$$\lambda_{1,2} = -0.7315 \pm j2.8944$$
$$\lambda_{3,4} = -0.00607 \pm j0.03895$$

其扰动运动的过渡过程曲线如图 10-2-2 所示。

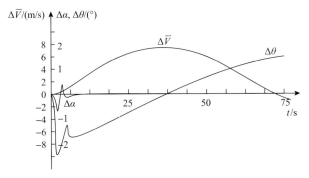

图 10-2-2　$\Delta\overline{V}$、$\Delta\alpha$、$\Delta\theta$ 过渡过程曲线

据起始条件 $t=0$ 时 $\Delta\overline{V}(0)=0$，$\Delta\theta(0)=0$，$\Delta\alpha(0)=2°$，$p\Delta\theta(0)=0$，求得该方程组的数值解：

$$\begin{cases} \Delta\alpha(t)=1.9996°\mathrm{e}^{-0.7315t}\cos(165.85°t+1.9°)+0.1968°\mathrm{e}^{-0.00607t}\cos(2.232°t+89.5°) \\ \Delta\theta(t)=1.984°\mathrm{e}^{-0.7315t}\cos(165.85°t-14.3°)+1.976°\mathrm{e}^{-0.00607t}\cos(2.232°t-193.5°) \\ \Delta V(t)=0.13114\mathrm{e}^{-0.7315t}\cos(165.85°t+63.5°)+8.4723\mathrm{e}^{-0.00607t}\cos(2.232°t+269.6°) \end{cases}$$

2) 扰动运动的两种典型运动模态

由图 10-2-2 可以看出，迎角 $\Delta\alpha$ 在扰动运动的开始阶段变化剧烈，以后则变化不大。速度 ΔV 在开始阶段基本不变，以后则缓慢变化。俯仰角 $\Delta\theta$ 的运动情况兼有以上两者的特点，开始变化剧烈，以后则缓慢变化。由此看出，运动有两种模态(模样、状态)：一种周期很短、衰减很快；另一种周期很长、衰减很慢。前一种模态对应于特征方程的一对大共轭复根，后一种模态对应于一对小共轭复根。

由此可见，在外界瞬时扰动作用下，各运动参数随时间变化的规律正是这两种典型运动模态的叠加。周期短、衰减快的运动称为短周期运动；周期长、衰减慢的运动称为长周期运动。实际上这两种运动模态普遍存在于所有飞机。

物理原因分析：飞机受到外界扰动后，出现不平衡的外力和外力矩，使飞机在受扰后的初瞬容易产生旋转运动，而其速度不易改变。在扰动运动的起始阶段，飞机的角加速度变化比飞行速度剧烈得多，一般飞机都是如此。因为一般飞机纵向静稳定度较大，起始迎角可引起较大的恢复力矩，相比之下，飞机的转动惯量并不大，因而在扰动运动初瞬产生较大的角加速度，使飞机的迎角和俯仰角迅速变化。恢复力矩使迎角增量由起始正值变为负值；反向的静稳定恢复力矩又使飞机向相反方向转动。于是形成迎角和俯仰角的短周期振荡。另外，飞机的阻尼力矩导数较大，所产生的阻尼力矩较大，因而飞机短周期振荡运动的衰减较快。一般情况下，飞机的短周期运动在前几秒就基本结束。飞机的力矩也基本上恢复到原有的平衡状态。

起始迎角增量所产生的阻力和俯仰角变化所产生的重力分量，数值上远远小于飞机质量，因而初始线加速度很小。但是在力矩基本恢复平衡之后，作用于飞机上的外力仍然处于不平衡状态。飞机的航迹仍未恢复到原有水平直线飞行状态。因此，当升力大于重力沿航迹的法向分量时，产生向上的法向加速度使航迹上弯，飞机高度逐渐增加。与此同时重力沿航迹切向的分力使飞行速度不断减小，升力也就不断减小。当升力小于重力的法向分量时，出现向下的法向加速度，航迹便转为向下弯曲，高度逐渐降低。这时重力的切向分量使飞行速度不断增大，又使升力在下降过程中不断增大，航迹再次上弯。如此反复，就形成飞行速度和航迹倾斜角的振荡运动。

一般来说，飞机质量较大，而起恢复作用的气动力和起阻尼作用的力较小，因此振荡周期较长，衰减较慢，形成长周期运动模态。在长周期运动中，飞机的重心时升时降，又称浮沉运动，如图 10-2-3 所示。

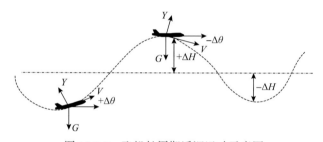

图 10-2-3　飞机长周期浮沉运动示意图

综上所述，飞机的纵向扰动运动可大致分为两个阶段：初始阶段是以迎角和俯仰角速度的变化为代表的短周期运动，飞行速度基本不变；以后的阶段是以飞行速度和航迹倾斜角的变化为代表的长周期运动，飞机迎角基本不变。

10.2.2　飞机侧向运动方程及其运动模态

侧向运动包括滚转运动、偏航运动和侧向运动。操纵面是方向舵和副翼。滚转运动与偏航运动紧密地交联在一起，因而侧向运动问题是多变量(多输入多输出)系统问题。但为弄清物理本质，仍简化为单变量问题来处理。

1. 飞机侧向运动方程及其线性化

因转动惯量是相对机体坐标系求得的，故按机体坐标系与地面坐标系来描述侧向运动方程。侧力和力矩均与侧滑角有关，应将它引入运动方程。利用机体坐标系与速度坐标系之间的方向余弦矩阵可得

$$\begin{cases} V_x = V\cos\alpha\cos\beta \\ V_y = -V\sin\alpha\cos\beta \\ V_z = V\sin\beta \end{cases} \tag{10-2-6}$$

式中，α 为迎角；β 为侧滑角。

若 α、β 为小量，即 $\Delta\alpha$、$\Delta\beta$，则式(10-2-6)可写为

$$\begin{cases} V_x \approx V \\ V_y \approx -V\Delta\alpha \\ V_z \approx V\Delta\beta \end{cases} \tag{10-2-7}$$

由此可得小扰动下的线性侧向运动方程组。由于侧向运动的基准运动参数 ψ_0、γ_0、β_0、ω_{x0}、ω_{y0}、δ_{x0}、δ_{y0} 均为零，在列写线性化方程时，各变量增量符号中均省去"Δ"。此外，还假定了 H_0、M_0、V_0、θ_0、α_0 等几个基准运动参数。得到侧向运动的动力学和运动学方程组：

$$\begin{cases} mV_0\left(\dfrac{\mathrm{d}\beta}{\mathrm{d}t} - \alpha_0\omega_x - \omega_y\right) = Z \\[2mm] I_x\dfrac{\mathrm{d}\omega_x}{\mathrm{d}t} = M_x \\[2mm] I_y\dfrac{\mathrm{d}\omega_y}{\mathrm{d}t} = M_y \\[2mm] \dfrac{\mathrm{d}\gamma}{\mathrm{d}t} = \omega_x - \theta_0\omega_y \\[2mm] \dfrac{\mathrm{d}\psi}{\mathrm{d}t} = \omega_y \\[2mm] \dfrac{\mathrm{d}z_d}{\mathrm{d}t} = -V_0(\psi - \beta) \end{cases} \tag{10-2-8}$$

式中，$Z = \Delta\sum Z$，$M_x = \Delta\sum M_x$，$M_y = \Delta\sum M_y$。并认为 $V_{y0}\Delta\gamma = V_0\alpha_0\Delta\gamma = 0$，$V_{y0}\sin\theta_0\Delta\psi = V_0\alpha_0\theta_0\Delta\psi = 0$。

对动力学方程进行线性化处理，得到侧向线性化运动方程：

$$\begin{cases} (\mathrm{p} + n_{1\beta})\beta + (n_{1\omega_x}\mathrm{p} + n_{1\gamma})\gamma - \mathrm{p}\psi = -n_{1\delta_y}\delta_y \\[2mm] n_{2\beta}\beta + (\mathrm{p}^2 + n_{2\omega_x}\mathrm{p})\gamma + n_{2\omega_y}\mathrm{p}\psi = -n_{2\delta_x}\delta_x - n_{2\delta_y}\delta_y \\[2mm] n_{3\beta}\beta + n_{3\omega_x}\mathrm{p}\gamma + (\mathrm{p}^2 + n_{3\omega_y}\mathrm{p})\psi = -n_{3\delta_x}\delta_x - n_{3\delta_y}\delta_y \end{cases} \tag{10-2-9}$$

式中，$p = d/dt$，其他系数定义见附录附表 3。

2. 飞机侧向运动模态分析

1) 飞机侧向运动特征方程的根

令式 (10-2-9) 右边为零，则得齐次方程：

$$\begin{cases} \left(p + n_{1\beta}\right)\beta + \left(n_{1\omega_x}p + n_{1\gamma}\right)\gamma - p\psi = 0 \\ n_{2\beta}\beta + \left(p^2 + n_{2\omega_x}p\right)\gamma + n_{2\omega_y}p\psi = 0 \\ n_{3\beta}\beta + n_{3\omega_x}p\gamma + \left(p^2 + n_{3\omega_y}\right)p\psi = 0 \end{cases} \tag{10-2-10}$$

一般情况下正常飞机侧向运动的特征根都有以下特点：

(1) 具有一个绝对值较大的负实根；

(2) 具有一个绝对值较小的负实根，或是有一个很小的正实根；

(3) 具有一对共轭复根，该复根实部的绝对值介于两个实根的绝对值之间。

以纵向运动分析中所讨论的飞机为例讨论其侧向运动。设飞机在 H=11000m 高度，以马赫数 0.9 做定常水平直线飞行。在此飞行状态下，其侧向气动导数等参数可求取，并可得到此时侧向运动特征方程为

$$p^4 + 2.484p^3 + 5.024p^2 + 8.666p - 0.0236 = 0$$

由特征方程解出的四个特征根，分别代表三种典型的运动模态：

模态 1　　$\lambda_1 = -2.0768$　　　　　　　　（大根）

模态 2　　$\lambda_2 = 0.00272$　　　　　　　　（小根）

模态 3　　$\lambda_{3,4} = -0.205 \pm j2.0341$　　　（共轭复根）

由此可见，飞机的侧向扰动运动通常由两个非周期运动模态和一个振荡模态组成。大的负实根对应于滚转运动模态，衰减很快。小实根 (可正可负) 对应于螺旋运动模态，这种模态运动非常缓慢。若具有小的正实根，则对应于缓慢发散的不稳定模态。共轭复根所对应的是振荡运动模态。

飞机受到侧向干扰后，侧向运动变量的变化均由这三种典型模态的简单运动叠加而成。但不同变量、不同典型模态在扰动运动的不同阶段的反应是不同的。

2) 典型模态分析

(1) 滚转模态分析。

一般来说，在扰动运动的初瞬，大负实根起主要作用，飞机滚转角速度和滚转角迅速变化；而其他参数，如侧滑角、偏航角速度则变化很小。这主要是由于滚转转动惯量 I_x 比偏航转动惯量 I_y 小得多。在外干扰作用下容易产生滚转运动而

不易产生偏航运动。另外，飞机的滚转阻尼通常较大，运动过程能很快衰减，因此飞机在扰动运动初瞬表现为迅速衰减的滚转运动。

(2)荷兰滚模态(振荡模态)分析。

滚转阻尼运动基本结束后，共轭复根的作用变得明显起来，滚转角、偏航角和侧滑角随时间周期性地变化。

如果 M_x^β 远大于 M_y^β ，就会比较突出地表现出荷兰滚运动。若飞机受侧向扰动而向右倾斜，如图 10-2-4(a)所示，则升力 Y 的向心力分量 $Y\sin\gamma$ 指向飞机右侧，使飞机速度 V 转向飞机右侧，从而形成右侧滑（ $\beta>0$ ）。侧滑角主要产生 $M_x^\beta\beta$ 和 $M_y^\beta\beta$ 两个力矩。由前知 $M_x^\beta<0$ 、 $M_y^\beta<0$ ，右侧滑的情况（ $\beta>0$ ）引起负的横向稳定力矩（ $M_x^\beta\beta<0$ ），使飞机向左滚转，减小滚转角 γ 。与此同时，右侧滑引起负的航向稳定力矩（ $M_y^\beta\beta<0$ ），使飞机向右偏转减小侧滑角。由于 M_x^β 远大于 M_y^β ，向左滚转的力矩大于向右偏航的力矩。这样，当 γ 回到零时，机头偏转不大，仍存在 β 角。滚转力矩 $M_x^\beta\beta$ 使飞机继续向左滚转，飞机左倾斜 $\gamma<0$ 。这时，向心力 $Y\sin\gamma$ 指向飞机左侧，速度又转向左侧，形成左侧滑，如图 10-2-4(b)所示。应补充说明，当前面飞机右侧滑时，机头向右偏转（ $\omega_y<0$ ），因存在交叉力矩 $M_x^{\omega_y}\omega_y$ ，且 $M_x^{\omega_y}$ 为负，所以 $M_x^{\omega_y}\omega_y>0$ 使

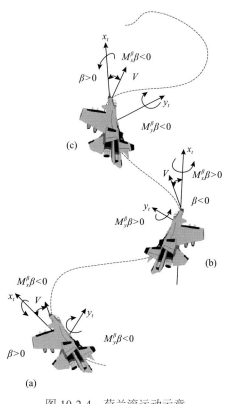

图 10-2-4　荷兰滚运动示意

飞机向右滚转，恰与 $M_x^\beta\beta$ 的作用相反。由于 ω_y 和 $M_x^{\omega_y}$ 不大， $M_x^\beta\beta>M_x^{\omega_y}\omega_y$ ，飞机仍向左滚转。

综上所述，飞机右倾斜引起右侧滑，形成左滚转和右偏航；进而形成左倾斜，引起左侧滑，又形成右滚转和左偏航，进而又形成右倾斜引起右侧滑，周而复始。这就使得飞机航迹呈弯曲的 S 形。这种运动方式与荷兰人滑冰时的动作相仿，故称为荷兰滚。

(3)螺旋模态分析。

小实根的作用在扰动运动的后期才会明显地表现出来，且往往首先表现为偏航角，其次是滚转角单调而缓慢地变化。当 M_y^β 远大于 M_x^β 时，螺旋运动就会突

出地表现出来，如图 10-2-5 所示。

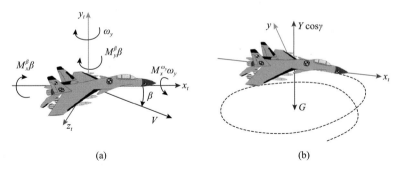

图 10-2-5　螺旋运动示意图

在扰动运动后期，如果飞机仍有小的正侧滑角，则将产生两个力矩 $M_y^\beta \beta$ 和 $M_x^\beta \beta$，如图 10-2-5(a)所示。由于 $M_y^\beta > M_x^\beta$，力矩 $M_y^\beta \beta$ 对飞机起主要作用，使机头向右偏转以减小 β 角。在机头向右偏转（$\omega_y < 0$）过程中将产生交叉力矩 $M_x^{\omega_y} \omega_y$。由于 $M_x^{\omega_y}$ 为负，交叉力矩 $M_x^{\omega_y} \omega_y > 0$，使飞机向右滚转，而这时 $M_x^\beta \beta$ 使飞机向左滚转，因 M_x^β 较小，故 $\left| M_x^\beta \beta \right| < \left| M_x^{\omega_y} \omega_y \right|$，结果飞机向右滚转。

飞机缓慢地向右滚转时，速度向量也缓慢地向右偏转，β 角将保留一个很小的值，飞机将继续缓慢地向右偏航。于是飞机在缓慢右偏的同时缓慢地向右滚转。飞机滚转后，升力在垂直方向的分量 $Y \cos \gamma$ 小于飞机的重力，飞行高度也将缓慢地下降，飞机最终沿着螺旋下降的轨迹运动，如图 10-2-5(b)所示，这种运动模态称为螺旋模态。

若 M_y^β 很大，进入螺旋运动后驾驶员又不采取措施，则上述过程会继续发展，飞机倾斜越来越严重，向心力加大，盘旋角速度越来越大，而盘旋半径越来越小，飞机最终将坠入尾旋。这就是螺旋不稳定过程。

飞机侧向扰动运动按其固有特点分为三个典型模态和三个阶段，有着重要的实际意义。滚转模态衰减较快，一般总是稳定的。螺旋模态参数变化非常缓慢，即使不稳定，只要发散不太快，一般也是允许的，只要驾驶员干预就可避免进入尾旋，因此对螺旋模态的要求较低。而荷兰滚模态周期较短、参数变化剧烈，驾驶员难以控制，要求这种模态不仅稳定而且有较好的阻尼。

10.3　飞机运动的传递函数

由特征根所得的纵向运动的解，仅仅是齐次方程的解，是在无外加输入，仅存在起始条件下求出的自由运动的解。有外加输入时，则必须求解纵向运动的非齐次方程才能得到各运动参数的响应。根据方程来求解比较麻烦，也不便于分析与综合控制系统。通常采用建立传递函数的方法。

10.3.1　飞机纵向运动的传递函数

1. 纵向全面运动的传递函数

纵向全面运动是指同时考虑两种模态的运动。下面研究以舵面偏转为输入的各个传递函数，油门杆为输入的情况在后面讲述。

依据纵向运动方程，设无外界干扰且 $\Delta\delta_p = 0$，并以水平直线飞行为基准运动（$\theta_s = 0$），认为各变量的起始条件为零，对方程组进行拉普拉斯变换，可得

$$\begin{cases} (s + n_{1V})\Delta\overline{V} + n_{1\alpha}\Delta\alpha + n_{1\theta}\Delta\theta = -n_{1\delta_z}\Delta\delta_z \\ n_{2V}\Delta\overline{V} + (s + n_{2\alpha})\Delta\alpha - s\Delta\theta = -n_{2\delta_z}\Delta\delta_z \\ n_{3V}\Delta\overline{V} + (n_{3\dot\alpha}s + n_{3\alpha})\Delta\alpha + (s + n_{3\dot\theta})s\Delta\theta = -n_{3\delta_z}\Delta\delta_z \end{cases} \quad (10\text{-}3\text{-}1)$$

式中，s 为拉普拉斯算子。

以 $\Delta\delta_z$ 为输入、$\Delta\overline{V}$ 为输出的传递函数可用行列式写出：

$$\frac{\Delta\overline{V}(s)}{\Delta\delta_z(s)} = \frac{\begin{vmatrix} -n_{1\delta_z} & n_{1\alpha} & n_{1\theta} \\ -n_{2\delta_z} & s + n_{2\alpha} & -s \\ -n_{3\delta_z} & n_{3\dot\alpha}s + n_{3\alpha} & (s + n_{3\dot\theta})s \end{vmatrix}}{\begin{vmatrix} s + n_{1V} & n_{1\alpha} & n_{1\theta} \\ n_{2V} & s + n_{1\alpha} & -s \\ n_{3V} & n_{3\dot\alpha}s + n_{3\alpha} & (s + n_{3\dot\theta})s \end{vmatrix}} = \frac{N_{\delta_z}^V(s)}{\Delta_z(s)}$$

$$= \frac{A_V\left(s + \dfrac{1}{T_{V1}}\right)\left(s + \dfrac{1}{T_{V2}}\right)\left(s + \dfrac{1}{T_{V3}}\right)}{\left(s^2 + 2\xi_c\omega_c s + \omega_c^2\right)\left(s^2 + 2\xi_d\omega_d s + \omega_d^2\right)} \quad (10\text{-}3\text{-}2)$$

$$= \frac{K_V(T_{V1}s + 1)(T_{V2}s + 1)(T_{V3}s + 1)}{\left(T_c^2 s^2 + 2\xi_c T_c s + 1\right)\left(T_d^2 s^2 + 2\xi_d T_d s + 1\right)}$$

式中，$N_{\delta_z}^V(s)$ 为 $\Delta\overline{V}$ 传递函数分子的行列式；$\Delta_z(s)$ 为纵向全面运动特征行列式；A_V 为 $\Delta\overline{V}$ 传递函数的增益；T_{V1}、T_{V2}、T_{V3} 为 $\Delta\overline{V}$ 传递函数分子的时间常数；ξ_c 为长周期运动的阻尼比；ω_c 为长周期运动的固有频率；ξ_d 为短周期运动的阻尼比；ω_d 为短周期运动的固有频率；T_c 为长周期运动的时间常数；T_d 为短周期运动的时间常数；K_V 为 $\Delta\overline{V}$ 传递函数的传递系数。

同理可写出以 $\Delta\delta_z$ 为输入、$\Delta\alpha$ 为输出的传递函数为

$$\frac{\Delta\alpha(s)}{\Delta\delta_z(s)} = \frac{\begin{vmatrix} s+n_{1V} & -n_{1\delta_z} & n_{1\theta} \\ n_{2V} & -n_{2\delta_z} & -s \\ n_{3V} & -n_{3\delta_z} & \left(s+n_{3\dot\theta}\right)s \end{vmatrix}}{\Delta_z(s)} = \frac{N_{\delta_z}^{\alpha}(s)}{\Delta_z(s)}$$

$$= \frac{-A_\alpha\left(s+\dfrac{1}{T_{\alpha 1}}\right)\left(s^2+2\xi_\alpha\omega_\alpha s+\omega_\alpha^2\right)}{\left(s^2+2\xi_c\omega_c s+\omega_c^2\right)\left(s^2+2\xi_d\omega_d s+\omega_d^2\right)} \qquad (10\text{-}3\text{-}3)$$

$$= \frac{-K_\alpha\left(T_{\alpha 1}s+1\right)\left(T_\alpha^2 s^2+2\xi_\alpha T_\alpha s+1\right)}{\left(T_c^2 s^2+2\xi_c T_c s+1\right)\left(T_d^2 s^2+2\xi_d T_d s+1\right)}$$

式中，$N_{\delta_z}^{V}(s)$ 为 $\Delta\alpha$ 传递函数分子的行列式；A_α 为 $\Delta\alpha$ 传递函数的增益；$T_{\alpha 1}$ 为 $\Delta\alpha$ 传递函数分子的时间常数；ξ_α 为 $\Delta\alpha$ 传递函数的阻尼比；ω_α 为 $\Delta\alpha$ 传递函数分子的固有频率；K_α 为 $\Delta\alpha$ 传递函数的传递系数；T_α 为 $\Delta\alpha$ 传递函数分子的时间常数。

同样，以 $\Delta\delta_z$ 为输入、$\Delta\theta$ 为输出的传递函数为

$$\frac{\Delta\theta(s)}{\Delta\delta_z(s)} = \frac{\begin{vmatrix} s+n_{1V} & n_{1\alpha} & -n_{1\delta_z} \\ n_{2V} & s+n_{2\alpha} & -n_{2\delta_z} \\ n_{3V} & n_{3\dot\alpha}s+n_{3\alpha} & -n_{3\delta_z} \end{vmatrix}}{\Delta_z(s)} = \frac{N_{\delta_z}^{\theta}(s)}{\Delta_z(s)}$$

$$= \frac{-A_\theta\left(s+\dfrac{1}{T_{\theta 1}}\right)\left(s+\dfrac{1}{T_{\theta 2}}\right)}{\left(s^2+2\xi_c\omega_c s+\omega_c^2\right)\left(s^2+2\xi_d\omega_d s+\omega_d^2\right)} \qquad (10\text{-}3\text{-}4)$$

$$= \frac{-K_\theta\left(T_{\theta 1}s+1\right)\left(T_{\theta 2}s+1\right)}{\left(T_c^2 s^2+2\xi_c T_c s+1\right)\left(T_d^2 s^2+2\xi_d T_d s+1\right)}$$

式中，$N_{\delta_z}^{\theta}(s)$ 为 $\Delta\theta$ 传递函数分子的行列式；A_θ 为 $\Delta\theta$ 传递函数的增益；$T_{\theta 1}$、$T_{\theta 2}$ 为 $\Delta\theta$ 传递函数分子的时间常数；K_θ 为 $\Delta\theta$ 传递函数的传递系数。

以上三个传递函数均为两个关于 s 的多项式之比。所有传递函数的分母多项式 $\Delta_z(s)$ 是相同的。传递函数的极点就是运动方程的特征根。一般飞机的 $\Delta_z(s)$ 为两个二次因式之积，分别代表长周期和短周期运动模态。但在特殊飞行条件下，或飞机本身特殊则长或短周期的二次因式可能转化为两个一次因式之积，甚至出现不稳定的情况。所有传递函数分子多项式 $N(s)$ 各不相同。

2. 短周期运动的近似传递函数

纵向运动的初始阶段表现为短周期运动，其过程很短，飞行速度不会发生大的变化，可认为速度增量 $\Delta\overline{V}$ 为零，则得

$$\begin{cases} \left(s+n_{2\alpha}\right)\Delta\alpha - s\Delta\theta = -n_{2\delta_z}\Delta\delta_z \\ \left(n_{3\dot{\alpha}}s+n_{3\alpha}\right)\Delta\alpha + \left(s+n_{3\dot{\theta}}\right)s\Delta\theta = -n_{3\delta_z}\Delta\delta_z \end{cases} \tag{10-3-5}$$

删去一个方程减少一个自由度，由此可求出二自由度短周期运动的近似传递函数：

$$\frac{\Delta\alpha(s)}{\Delta\delta_z(s)} = \frac{-A_\alpha\left(s+\dfrac{1}{T_\alpha}\right)}{s^2+2\xi_d\omega_d s+\omega_d^2} \tag{10-3-6}$$

$$= -\frac{K_\alpha\left(T_\alpha s+1\right)}{T_d^2 s^2+2\xi_d T_d s+1}$$

$$\frac{\Delta\theta(s)}{\Delta\delta_z(s)} = \frac{-K_\theta\left(T_\theta s+1\right)}{s\left(T_d^2 s^2+2\xi_d T_d s+1\right)} \tag{10-3-7}$$

3. 长周期运动的近似传递函数

长周期运动近似描述飞机质心的移动，短周期运动则描述飞机绕质心的转动。与短周期相比，长周期运动的响应中各增量的变化缓慢得多，因而俯仰动态力矩（惯性力矩和阻尼力矩）比俯仰静态力矩（稳定力矩和操纵力矩）小得多。

在近似研究中，通常忽略动态力矩，则长周期运动方程可近似写为

$$\begin{cases} \left(s+n_{1V}\right)\Delta\overline{V} + n_{1\alpha}\Delta\alpha + n_{1\theta}\Delta\theta = -n_{1\delta_z}\Delta\delta_z \\ n_{2V}\Delta\overline{V} + \left(s+n_{2\alpha}\right)\Delta\alpha - s\Delta\theta = -n_{2\delta_z}\Delta\delta_z \\ n_{3V}\Delta\overline{V} + n_{3\alpha}\Delta\alpha = -n_{3\delta_z}\Delta\delta_z \end{cases} \tag{10-3-8}$$

长周期运动的近似传递函数为

$$\frac{\Delta\overline{V}(s)}{\Delta\delta_z(s)} = \frac{\begin{vmatrix} -n_{1\delta_z} & n_{1\alpha} & -n_{1\theta} \\ -n_{2\delta_z} & s+n_{2\alpha} & -s \\ -n_{3\delta_z} & n_{3\alpha} & 0 \end{vmatrix}}{\begin{vmatrix} s+n_{1V} & n_{1\alpha} & n_{1\theta} \\ n_{2V} & s+n_{2\alpha} & -s \\ n_{3V} & n_{3\alpha} & 0 \end{vmatrix}} = \frac{N_{\delta_{zc}}^V(s)}{\Delta_c(s)} \tag{10-3-9}$$

式中，$N^V_{\delta_{zc}}(s)$ 为 ΔV 长周期传递函数分子行列式；$\varDelta_c(s)$ 为长周期传递函数的特征行列式。

以 $\Delta\delta_z$ 为输入，$\Delta\alpha$ 为输出的传递函数为

$$\frac{\Delta\alpha(s)}{\Delta\delta_z(s)}=\frac{\begin{vmatrix} s+n_{1V} & -n_{1\delta_z} & n_{1\theta} \\ n_{2V} & -n_{2\delta_z} & -s \\ n_{3V} & -n_{3\delta_z} & 0 \end{vmatrix}}{\begin{vmatrix} s+n_{1V} & n_{1\alpha} & n_{1\theta} \\ n_{2V} & s+n_{2\alpha} & -s \\ n_{3V} & n_{3\alpha} & 0 \end{vmatrix}}=\frac{N^\alpha_{\delta_{zc}}(s)}{\varDelta_c(s)} \tag{10-3-10}$$

式中，$N^\alpha_{\delta_{zc}}(s)$ 为 $\Delta\alpha$ 长周期传递函数分子的行列式。

以 $\Delta\delta_z$ 为输入，$\Delta\theta$ 为输出的传递函数为

$$\frac{\Delta\theta(s)}{\Delta\delta_z(s)}=\frac{\begin{vmatrix} s+n_{1V} & n_{1\alpha} & -n_{1\delta_z} \\ n_{2V} & s+n_{2\alpha} & -n_{2\delta_z} \\ n_{3V} & n_{3\alpha} & -n_{3\delta_z} \end{vmatrix}}{\begin{vmatrix} s+n_{1V} & n_{1\alpha} & n_{1\theta} \\ n_{2V} & s+n_{2\alpha} & -s \\ n_{3V} & n_{3\alpha} & 0 \end{vmatrix}}=\frac{N^\theta_{\delta_{zc}}(s)}{\varDelta_c(s)} \tag{10-3-11}$$

式中，$N^\theta_{\delta_{zc}}(s)$ 为 $\Delta\theta$ 长周期传递函数分子的行列式。

可写出 $\varDelta_c(s)$ 的展开式为

$$\varDelta_c(s)=\left\{s^2+\left[n_{1V}-\frac{n_{3V}}{n_{3\alpha}}(n_{1\alpha}+n_{1\theta})\right]s+n_{1\theta}\left(n_{2V}-\frac{n_{3V}n_{2\alpha}}{n_{3\alpha}}\right)\right\}n_{3\alpha} \tag{10-3-12}$$

$$=\left(s^2+2\xi_c\omega_c s+\omega_c^2\right)n_{3\alpha}$$

式中，$2\xi_c\omega_c=n_{1V}-\dfrac{n_{3V}}{n_{3\alpha}}(n_{1\alpha}+n_{1\theta})$，$\omega_c^2=n_{1\theta}\left(n_{2V}-\dfrac{n_{3V}n_{2\alpha}}{n_{3\alpha}}\right)$。

当 $M_z^V\approx0$，即 $n_{3V}\approx0$ 时，$2\xi_c\omega_c=n_{1V}$，$\omega_c^2=n_{1\theta}n_{2V}$。在跨声速飞行条件下，$M_z^V$ 往往不等于零，且是一个大的负值。这是因为当飞机进入跨声速范围时，机翼的焦点随 Ma 增大而迅速后移，使全机焦点随之迅速后移，产生一个低头的负力矩增量。随着飞机的自动低头，飞机速度将进一步增加，这是一种速度不稳定状态。当 M_z^V 为一个大的负值，即 n_{3V} 是一个大的正值时，ω_c^2 有可能变为负值。这时，长周期模态的二次因式变成两个一次因式之积，其中一个是收敛的，另一

个是发散的，即

$$\Delta_c(s) = \left(s + \frac{1}{T_{c1}}\right)\left(s - \frac{1}{T_{c2}}\right) \tag{10-3-13}$$

由此看出，长周期近似传递函数将是不稳定的。若升降舵下偏，则飞机低头，飞行速度增加，致使低头力矩随之增大，机头更下俯，飞行速度继续增加。这样，飞机的俯仰角和飞行速度将不断发散。

对于长周期不稳定的飞机，其静稳定导数 m_z^α 仍是负值，即飞机受扰出现迎角偏差，在扰动去掉瞬间，飞机向迎角减小的方向偏转，但飞机最终的运动却是不稳定的。

速度静不稳定性具体表现为长周期运动是不稳定的。为克服这种固有的缺陷，可采用开环或闭环控制系统。例如，采用开环控制系统，飞机进入跨声速范围后，随 Ma 增加操纵舵面上偏某角度，以平衡焦点后移所产生的低头力矩，从而使等效的 $M_z^V \approx 0$，这就是"Ma 配平系统"。如果采用闭环控制，则可引入速度变量信号(形成反馈系统)去操纵升降舵，从而保证速度的稳定。

10.3.2 飞机侧向运动的传递函数

1. 侧向全面运动的传递函数

侧向全面运动传递函数的推导方法和步骤与纵向类似。研究以方向舵和副翼偏转角为输入的传递函数。在零干扰下和零起始条件下，对侧向运动方程组进行拉普拉斯变换，可得

$$\begin{cases} \left(s + n_{1\beta}\right)\beta + \left(n_{1\omega_x}s + n_{1\gamma}\right)\gamma - s\psi = -n_{1\delta_y}\delta_y(s) \\ n_{2\beta}\beta + \left(s^2 + n_{2\omega_x}s\right)\gamma + n_{2\omega_y}s\psi = -n_{2\delta_x}\delta_x(s) - n_{2\delta_y}\delta_y(s) \\ n_{3\beta}\beta + n_{3\omega_x}s\gamma + \left(s + n_{3\omega_y}\right)s\psi = -n_{3\delta_x}\delta_x(s) - n_{3\delta_y}\delta_y(s) \end{cases} \tag{10-3-14}$$

先令 $\delta_x = 0$，分别写出以 δ_y 为输入，β、γ 和 $s\psi$ 为输出的传递函数：

$$\frac{\beta(s)}{\delta_y(s)} = \frac{\begin{vmatrix} -n_{1\delta_y} & n_{1\omega_x}s + n_{1\gamma} & -1 \\ -n_{2\delta_y} & s^2 + n_{2\omega_x}s & n_{2\omega_y} \\ -n_{3\delta_y} & n_{3\omega_x}s & s + n_{3\omega_y} \end{vmatrix}}{\begin{vmatrix} s + n_{1\beta} & n_{1\omega_x}s + n_{1\gamma} & -1 \\ n_{2\beta} & s^2 + n_{2\omega_x}s & n_{2\omega_y} \\ n_{3\beta} & n_{3\omega_x}s & s + n_{3\omega_y} \end{vmatrix}} = \frac{N_{\delta_y}^\beta(s)}{\Delta_{ce}(s)}$$

$$
= \frac{-A_{\beta_y}\left(s+\dfrac{1}{T_{\beta y_1}}\right)\left(s+\dfrac{1}{T_{\beta y_2}}\right)\left(s+\dfrac{1}{T_{\beta y_3}}\right)}{\left(s+\dfrac{1}{T_g}\right)\left(s+\dfrac{1}{T_l}\right)\left(s^2+2\xi_h\omega_h s+\omega_h^2\right)} \tag{10-3-15}
$$

$$
= \frac{-K_{\beta_y}\left(T_{\beta y_1}s+1\right)\left(T_{\beta y_2}s+1\right)\left(T_{\beta y_3}s+1\right)}{\left(T_g s+1\right)\left(T_l s+1\right)\left(T_h^2 s^2+2\xi_h T_h s+1\right)}
$$

式中，$N_{\delta_y}^{\beta}(s)$ 为以 δ_y 为输入、β 为输出的传递函数的分子行列式；$\Delta_{ce}(s)$ 为侧向全面运动的特征行列式；A_{β_y} 为以 δ_y 为输入、β 为输出的传递函数的增益；$T_{\beta y_1}$、$T_{\beta y_2}$、$T_{\beta y_3}$ 为分子的时间常数；T_g 为滚转模态的时间常数；T_l 为螺旋模态的时间常数；ξ_h 为荷兰滚模态的阻尼比；ω_h 为荷兰滚模态的固有频率；T_h 为荷兰滚模态的时间常数；K_{β_y} 为以 δ_y 为输入、β 为输出的传递函数的传递系数。

令 $\delta_x=0$，以 δ_y 为输入，γ 为输出的传递函数为

$$
\frac{\gamma(s)}{\delta_y(s)} = \frac{\begin{vmatrix} s+n_{1\beta} & -n_{1\delta_y} & -1 \\ n_{2\beta} & -n_{2\delta_y} & n_{2\omega_y} \\ n_{3\beta} & -n_{3\delta_y} & s+n_{3\omega_y} \end{vmatrix}}{\Delta_{ce}} = \frac{N_{\delta_y}^{\gamma}(s)}{\Delta_{ce}(s)}
$$

$$
= \frac{-A_{\gamma y}\left(s+\dfrac{1}{T_{\gamma y_1}}\right)\left(s+\dfrac{1}{T_{\gamma y2}}\right)}{\left(s+\dfrac{1}{T_g}\right)\left(s+\dfrac{1}{T_l}\right)\left(s^2+2\xi_h\omega_h s+\omega_h^2\right)} \tag{10-3-16}
$$

$$
= \frac{-K_{\gamma y}\left(T_{\gamma y_1}s+1\right)\left(T_{\gamma y_2}s+1\right)}{\left(T_g s+1\right)\left(T_l s+1\right)\left(T_h^2 s^2+2\xi_h T_h s+1\right)}
$$

式中，$N_{\delta_y}^{\gamma}(s)$ 为以 δ_y 为输入、γ 为输出的传递函数分子的行列式；$A_{\gamma y}$ 为以 δ_y 为输入、γ 为输出的传递函数的增益；$T_{\gamma y_1}$、$T_{\gamma y_2}$ 为分子的时间常数；$K_{\gamma y}$ 为以 δ_y 为输入、γ 为输出的传递函数的传递系数。

令 $\delta_x=0$，以 δ_y 为输入，$s\psi$ 为输出的传递函数为

$$
\frac{s\psi(s)}{\delta_y(s)} = \frac{\begin{vmatrix} s+n_{1\beta} & n_{1\omega_x}s+n_{1\gamma} & -n_{1\delta_y} \\ n_{2\beta} & s^2+n_{2\omega_x}s & -n_{2\delta_y} \\ n_{3\beta} & n_{3\omega_x}s & -n_{3\delta_y} \end{vmatrix}}{\Delta_{ce}} = \frac{N_{\delta_y}^{\psi}(s)}{\Delta_{ce}}
$$

$$
= \frac{-A_{\dot{\psi}y}\left(s+\dfrac{1}{T_{\dot{\psi}y_1}}\right)\left(s^2+2\xi_{\dot{\psi}y_2}\omega_{\dot{\psi}y_2}s+\omega_{\dot{\psi}y_2}^2\right)}{\left(s+\dfrac{1}{T_g}\right)\left(s+\dfrac{1}{T_l}\right)\left(s^2+2\xi_h\omega_h s+\omega_h^2\right)} \tag{10-3-17}
$$

$$
= \frac{-K_{\dot{\psi}y}\left(T_{\dot{\psi}y_1}s+1\right)\left(T_{\dot{\psi}y_2}^2 s^2+2\xi_{\dot{\psi}y_2}T_{\dot{\psi}y_2}s+1\right)}{\left(T_g s+1\right)\left(T_l s+1\right)\left(T_h^2 s^2+2\xi_h T_h s+1\right)}
$$

式中，$N_{\delta_y}^{\dot{\psi}}(s)$ 为以 δ_y 为输入、$\dot{\psi}$ 为输出的传递函数分子的行列式；$A_{\dot{\psi}y}$ 为以 δ_y 为输入、$\dot{\psi}$ 为输出的传递函数的增益；$T_{\dot{\psi}y_1}$、$T_{\dot{\psi}y_2}$ 为分子的时间常数；$\xi_{\dot{\psi}y_2}$ 为分子的阻尼比；$\omega_{\dot{\psi}y_2}$ 为分子固有频率；$K_{\dot{\psi}y}$ 为以 δ_y 为输入、$\dot{\psi}$ 为输出的传递函数的传递系数。

同样可求出以 δ_x 为输入，β、γ 和 $\dot{\psi}$ 为输出的传递函数，其中系数的含义与上面相似，不再一一写出。

$$
\frac{\beta(s)}{\delta_x(s)} = \frac{N_{\delta_x}^{\beta}(s)}{\varDelta_{ce}(s)} = \frac{-A_{\beta x}\left(s+\dfrac{1}{T_{\beta x_1}}\right)\left(s+\dfrac{1}{T_{\beta x_2}}\right)}{\left(s+\dfrac{1}{T_g}\right)\left(s+\dfrac{1}{T_l}\right)\left(s^2+2\xi_h\omega_h s+\omega_h^2\right)} \tag{10-3-18}
$$

$$
\frac{\gamma(s)}{\delta_x(s)} = \frac{N_{\delta_x}^{\gamma}(s)}{\varDelta_{ce}(s)} = \frac{-A_{\gamma x}\left(s^2+2\xi_{\gamma x}\omega_{\gamma x}s+\omega_{\gamma x}^2\right)}{\left(s+\dfrac{1}{T_g}\right)\left(s+\dfrac{1}{T_l}\right)\left(s^2+2\xi_h\omega_h s+\omega_h^2\right)} \tag{10-3-19}
$$

$$
\frac{\dot{\psi}(s)}{\delta_x(s)} = \frac{N_{\delta_x}^{\dot{\psi}}(s)}{\varDelta_{ce}(s)} = \frac{-A_{\dot{\psi}x}\left(s+\dfrac{1}{T_{\dot{\psi}x_1}}\right)\left(s^2+2\xi_{\dot{\psi}x_2}\omega_{\dot{\psi}x_2}s+\omega_{\dot{\psi}x_2}^2\right)}{\left(s+\dfrac{1}{T_g}\right)\left(s+\dfrac{1}{T_l}\right)\left(s^2+2\xi_h\omega_h s+\omega_h^2\right)} \tag{10-3-20}
$$

在侧向全面传递函数中航向运动是以 $s\psi$ 为输出的。若以 ψ 为输出变量，则在以上公式的分母中有一个等于零的根，即

$$
\frac{\psi(s)}{\delta_y(s)} = \frac{N_{\delta_y}^{\dot{\psi}}(s)}{s\varDelta_{ce}(s)} \tag{10-3-21}
$$

$$\frac{\psi(s)}{\delta_x(s)} = \frac{N_{\delta_x}^{\dot\psi}(s)}{s\Delta_{ce}(s)} \tag{10-3-22}$$

这说明 δ_x 或 δ_y 到 ψ 之间包含一个积分环节，因而在舵偏角 δ_x 或 δ_y 为固定值时，ψ 会不停地变化。ψ 的自由运动微分方程为

$$\left(p^5 + b_1 p^4 + b_2 p^3 + b_3 p^2 + b_4 p\right)\psi = 0 \tag{10-3-23}$$

积分环节的输出与输入无比例关系。输出总是保持在输入回零瞬时的值。也就是说，航向运动受扰后，不可能恢复到扰动前的航向位置。这从物理意义上很容易理解，飞机航向改变到任何位置，都不会破坏力和力矩的平衡，具有航向随遇平衡特性。这也是侧向运动的一种模态。总体来说，侧向运动有四种典型模态：滚转模态、螺旋模态、荷兰滚振荡模态和航向随遇模态。

2. 二自由度荷兰滚运动的近似传递函数

为简化，通常忽略飞机的滚转运动，将三自由度 β、γ、$\dot\psi$ 的空间侧向运动化简为二自由度 β、$\dot\psi$ 的平面偏航运动。简化的侧向运动方程为

$$\begin{cases}\left(s + n_{1\beta}\right)\beta - s\psi = -n_{1\delta_y}\delta_y \\ n_{3\beta}\beta + \left(s + n_{3\omega_y}\right)s\psi = -n_{3\delta_y}\delta_y\end{cases} \tag{10-3-24}$$

对应的近似传递函数为

$$\frac{\beta(s)}{\delta_y(s)} = \frac{-n_{1\delta_y}\left(s + n_{3\omega_y} + \dfrac{n_{3\delta_y}}{n_{1\delta_y}}\right)}{s^2 + \left(n_{1\beta} + n_{3\omega_y}\right)s + \left(n_{3\beta} + n_{1\beta}n_{3\omega_y}\right)} \tag{10-3-25}$$

$$\frac{\dot\psi(s)}{\delta_y(s)} = \frac{-n_{3\delta_y}\left(s + n_{1\beta} - \dfrac{n_{1\delta_y}n_{3\beta}}{n_{3\delta_y}}\right)}{s^2 + \left(n_{1\beta} + n_{3\omega_y}\right)s + \left(n_{3\beta} + n_{1\beta}n_{3\omega_y}\right)} \tag{10-3-26}$$

方向舵偏转引起的侧力一般较小，即 $n_{1\delta_y} \approx 0$，近似传递函数还可进一步简化为

$$\frac{\beta(s)}{\delta_y(s)} = \frac{-n_{3\delta_y}}{s^2 + \left(n_{1\beta} + n_{3\omega_y}\right)s + \left(n_{3\beta} + n_{1\beta}n_{3\omega_y}\right)} \tag{10-3-27}$$

$$\frac{\dot{\psi}(s)}{\delta_y(s)} = \frac{-n_{3\delta_y}\left(s + n_{1\beta}\right)}{s^2 + \left(n_{1\beta} + n_{3\omega_y}\right)s + \left(n_{3\beta} + n_{1\beta}n_{3\omega_y}\right)} \tag{10-3-28}$$

以上二自由度荷兰滚运动近似传递函数与纵向短周期运动近似传递函数形式类同。

3. 一自由度滚转运动近似传递函数

如前所述，副翼偏转引起的基本上是滚转运动，并叠加一定程度的荷兰滚振荡运动。如果忽略荷兰滚振荡运动的影响，可认为副翼偏转只产生滚转运动，于是可令 $\beta = \psi = 0$，得到滚转运动方程：

$$\left(s^2 + n_{2\omega_x}s\right)\gamma = -n_{2\delta_x}\delta_x \tag{10-3-29}$$

滚转近似传递函数为

$$\frac{\gamma(s)}{\delta_x(s)} = -\frac{n_{2\delta_x}}{s\left(s + n_{2\omega_x}\right)} \tag{10-3-30}$$

对于能自行消除侧滑（由控制系统完成）的协调飞机，这种滚转近似传递函数能很好地描述飞机的滚转运动。

本　章　小　结

为确切描述飞机的运动状态，必须选定适当的坐标系，本章主要对地面坐标系、机体坐标系和速度坐标系进行了描述。飞机的三个线运动和三个角运动构成了飞机运动的六个自由度。升降舵、方向舵、副翼及油门杆通常是飞机运动的操纵机构。本章对纵向平面中的升力、阻力、纵向力矩，以及侧向平面中的侧力、滚转力矩、偏航力矩进行了简要介绍。

将飞机假设成一种刚体飞机，在小扰动前提下，对方程组进行线性化，并将其进行纵/侧向的合理分组，以便降低运动方程的阶次，使得求解较为容易和便于研究；最后对飞机的纵/侧向运动模态进行了简要分析。飞机的纵向扰动运动包括短周期运动和长周期运动两种典型运动模态，且短周期运动是经常采用的模态。前者以迎角和俯仰角速度为代表，后者以飞行速度和航迹倾斜角为代表。飞机侧向扰动运动包括快速衰减的滚转运动、荷兰滚运动和螺旋运动等运动模态。其中荷兰滚运动是最重要的一种运动模态。本章同时也对飞机运动的传递函数进行了简要推导。

习　题

1. 简述飞机的常用坐标系的定义。

2. 简述建立飞机运动方程的基本思路。

3. 说明飞机纵向运动典型模态及其物理成因。

4. 说明飞机侧向运动典型模态及其物理成因。

5. 依据飞机纵向短周期运动传递函数的特征方程，分析飞机纵向运动模态的特点。

6. 依据飞机侧向短周期运动传递函数的特征方程，分析飞机侧向运动模态的特点。

第 11 章 增稳及电传飞行控制系统

舵回路作为飞行控制系统的关键执行机构，在实现飞机的飞行控制过程中发挥着重要的作用。为此，本章首先对舵机及舵回路的工作原理进行介绍。同时，为改善飞机的角运动性能，仅靠气动布局和结构设计已不能满足实现大包线飞行的要求。为此，可在飞机上安装阻尼器，用人工方法增加飞机运动的阻尼，以改善飞机自身的飞行品质。后来为了提高飞机静稳定性，在阻尼器基础上发展了增稳系统，不仅提高飞机阻尼，而且改善飞机静稳定性；进一步，为解决飞机稳定性和操纵性之间的矛盾，又在增稳系统的基础上发展了控制增稳系统，不仅能改善飞机的静稳定性，还可改善飞机的操纵性。在此基础上，现在又发展成为全时全权限的电传飞行控制系统。

11.1 飞机舵机及舵回路

舵回路是自动飞行控制系统不可缺少的组成部分，它按照指令模型装置或敏感元件输出的电信号操纵舵面，实现飞机角运动或轨迹运动的自动稳定与控制。舵回路是由若干部件组成的随动系统，其中舵机是执行元件，它输出力矩(或力)和角速度(或线速度)来驱动舵面偏转。

11.1.1 飞机舵机

根据供给能源的不同，舵机一般分为电动舵机、液压舵机、气动舵机等几种。本节主要以电动舵机为例介绍其工作原理。

1. 飞机舵机的工作原理

电动舵机是以电力作为能源的舵机。通常它由交流或直流电动机、测速装置、位置传感器、齿轮传动装置和安全保护装置等组成。位置传感器是舵回路的主要反馈元件。电动舵机通常采用的控制方式有直接式控制方式和间接式控制方式两种。

1)直接式控制方式

通过控制电动机的电枢电压或励磁电压，直接控制舵机输出轴的转速与转向。如图 11-1-1 所示的舵机主要由磁滞电动机、齿轮减速系、电磁铁、主/从动端面齿轮、鼓轮与摩擦离合器、测速发电机等元部件组成，其传动原理示意图如图 11-1-1 所示。

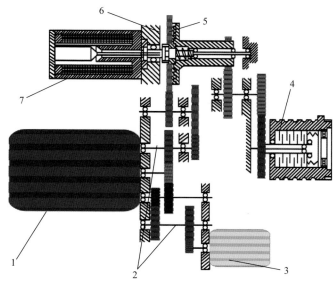

图 11-1-1　直接式控制舵机传动示意图

1-磁滞电动机；2-齿轮减速系；3-测速发电机；4-鼓轮与摩擦离合器；
5-从动端面齿轮；6-主动端面齿轮；7-电磁铁

　　该舵机工作原理简述如下：当处于"准备"状态时，电磁铁 7 没有激励信号输入，它并不工作，此时电磁离合器的主/从端面齿轮 5 和 6 处于分离状态，即使有控制信号使磁滞电动机 1 转动并通过齿轮减速系 2 带动测速发电机 3 转动，舵机鼓轮与摩擦离合器 4 也不转动，舵面不被控制。但飞行员可通过驾驶杆、脚蹬等操纵机构对飞机进行人工操纵。

　　当需要飞行控制时，根据控制需要，电磁铁 7 有激励信号输入，电磁铁 7 开始工作，使电磁离合器主/从端面齿轮 5 和 6 衔接。如果伺服放大器有信号输出驱动磁滞电动机 1 转动，则通过减速齿轮系减速后，带动鼓轮转动，按输入信号的大小和极性操纵舵面偏转。同时，通过测速传动部分的减速器带动测速发电机旋转，输出与舵面偏转角速度成正比的电信号，为舵回路提供反馈信号，增加其动态性能。采用鼓轮与摩擦离合器结构是为了使飞行员在电磁离合器因故障断不开时，可以通过强力操纵杆系将摩擦离合器的摩擦片打滑从而强迫操纵，以保证飞行安全。

　　2)间接式控制方式

　　电动机恒速转动，通过控制离合器的吸合，间接控制舵机输出轴的转速与转向。常用的间接式控制方式主要包括电磁离合器控制方式和磁粉离合器控制方式两种。

　　图 11-1-2 为用磁粉离合器间接控制的电动舵机传动原理示意图。这种电动舵机主要由磁滞电动机 1、两个磁粉离合器 3、减速齿轮 9、电磁离合器 7、金属摩

擦离合器 4、测速发电机 8、旋转变压器 2 和鼓轮 5 等组成。

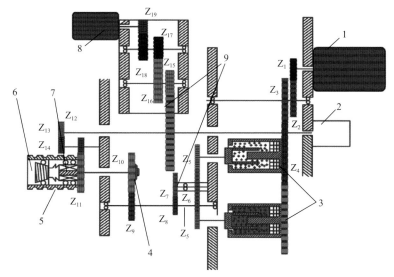

图 11-1-2　用磁粉离合器间接控制的电动舵机传动示意图
1-磁滞电动机；2-旋转变压器；3-磁粉离合器；4-金属摩擦离合器；5-鼓轮；
6-衔铁与斜盘；7-电磁离合器；8-测速发电机；9-减速齿轮

这种电动舵机的关键部件——磁粉离合器 3 主要由主动、从动和固定三部分组成。主动部分装有控制绕组和磁粉，其壳体与齿轮 Z_4 的端面固联并随电动机输出轴一起恒速旋转。从动部分的环形转子与磁粉离合器的输出齿轮 Z_5 一起运动。当磁粉离合器控制绕组有电流流过时，主动部分壳体中的磁粉（一种铁钴合金粉）被磁化，按照磁力线方向排成链状，链的一端与主动部分相连，另一端与从动部分相连。由于磁力的作用，在磁粉与主、从动部分，磁粉颗粒之间产生正比于控制电流的摩擦力矩，从而带动杯形转子和齿轮 Z_5 一起运动。

磁滞电动机的输出轴经齿轮 Z_1、Z_2 和 Z_3、Z_4 两级减速，带动两个磁粉离合器的主动部分，以不同方向恒速转动。当控制电流加到磁粉离合器的控制绕组时，根据电流的极性，其中一个磁粉离合器工作，产生正比于控制电流的摩擦力矩，驱动它的从动部分转动，经齿轮 Z_5、Z_6、Z_7、Z_8 和 Z_9、Z_{10} 三级减速，再经金属摩擦离合器 4 带动鼓轮恒速转动，输出正比于控制电流的力矩。当控制电流的极性相反时，另一个磁粉离合器工作，鼓轮向相反的方向转动。

线性旋转变压器 2 和测速发电机 8 分别经齿轮传动装置由鼓轮带动一起旋转，同时输出一个电信号，信号的相位取决于鼓轮转动的方向，信号的大小分别正比于鼓轮的转角和角速度。

电磁离合器 7 是控制鼓轮与输出齿轮 Z_{10} 连接的一种装置，用来解决人工驾驶与自动控制的矛盾。自动控制时，电磁离合器的励磁绕组通电，电磁离合器吸合，输出齿轮 Z_{10} 与鼓轮连接，鼓轮随输出齿轮 Z_{10} 一起转动。人工驾驶时，电磁离合器不通电，输出齿轮不和鼓轮连接，舵面改由驾驶员直接操纵。金属摩擦离合器 4 是一种安全保护装置。利用金属片之间的摩擦传递力矩。当电磁离合器工作时，齿轮 Z_{10} 经金属摩擦离合器带动鼓轮转动，当负载力矩超过某值时，金属片打滑，从而限制舵机的最大输出力矩。紧急状态下，驾驶员还可以作强力操纵，确保飞机的飞行安全。

　　一般来说，与其他舵机相比，电动舵机的加工制造和维修较为简单，可以和飞行控制系统采用同一能源，信号的传输与控制也比较容易，并且线路的敷设较管路方便。但是，电动舵机必须具有减速机构，因而尺寸和重量大。在同样功率的条件下，液压舵机的重量只是电动舵机的 $1/10 \sim 1/8$，如果加上液压源及附件，其重量也只有电动舵机的 $1/5 \sim 1/3$。除此之外，电动舵机的力矩与转动惯量的比值较小，快速性也差。在实际中，电动舵机的功率一般只有几十瓦，通频带也仅几赫兹(舵偏角的幅值为最大舵偏角的 $1/5 \sim 1/4$)，因此，电动舵机仅应用在亚声速轰炸机、大中型客机和小型靶机上。

　　液压舵机的功率增益大，力矩与转动惯量的比值大，运转平稳、快速性好；结构紧凑，体积小，重量轻；控制功率小，灵敏度高；承受的负载大。但是，加工精度要求高，所以成本高，受环境的影响大，又需要一套液压源和敷设管路，维修麻烦。在实用中，液压舵机的功率远比电动舵机大得多，且通频带可达十几赫兹以上(舵偏角的幅值为最大舵偏角的 $1/5 \sim 1/4$)，因此一般用于高速和重型飞机，尤其是现代超声速飞机。

　　2. 飞机舵机特性分析

　　舵机是飞行控制系统中极为重要的部件。飞行控制系统的性能在很大程度上取决于舵机的性能。为了深入研究和分析飞行控制系统，必须确切描述舵机的负载特性及动特性。

　　1)舵机的负载特性

　　舵机在运动过程中所承受的负载一般包括铰链力矩、惯性力矩(或力)、摩擦力矩(或力)和阻尼力矩(或力)。其中铰链力矩是舵机的最主要负载。一般来说，由于舵面偏转产生了作用在舵机上的铰链力矩 M_j，其表达式可近似为

$$M_j = m_j^{\delta} q S_{\delta} b_{A\delta} \delta = M_j^{\delta} \delta \qquad (11\text{-}1\text{-}1)$$

式中，q 为舵面的动压；S_{δ} 为舵面面积；$b_{A\delta}$ 为舵面的平均气动弦长；M_j^{δ} 为单位舵偏角产生的铰链力矩。

　　由于铰链力矩的大小和方向随飞行状态而变化，这将对舵机的工作带来很

大的影响。M_j^δ 不同于一般负载。由式(11-1-1)可见，相同舵偏角产生的铰链力矩，会随飞行状态而改变，动压 q 越大，铰链力矩越大；此外，铰链力矩的方向(即系数 M_j^δ 的符号)也会随之改变。M_j^δ 的符号取决于舵面转轴 O_δ 相对于舵面上的气动力(R_δ)压力中心的位置。通常舵面转轴位置设置在这个压力中心的前面，如图 11-1-3(a)所示，即 $M_j^\delta < 0$。但是，动压 q 增大时，铰链力矩 M_j 会随之急剧增加，超声速飞行时甚至可达吨·米的数量级。因此，在一些飞机上，为了减小铰链力矩的大小，把舵面转轴的位置设置在压力中心变化范围的中间处。这样在同一舵面偏角下，压力中心随 Ma 增加由前向后移动，铰链力矩 M_j 的方向或系数 M_j^δ 的符号也会随之改变，如图 11-1-3(b)所示。当压力中心位于转轴 O_δ 后面时，$M_j^\delta < 0$，铰链力矩的方向力图使舵面恢复到中立位置。当位于前面时，$M_j^\delta > 0$，铰链力矩的方向则力图使舵面继续偏转，即出现通常所说的铰链力矩反操纵现象。

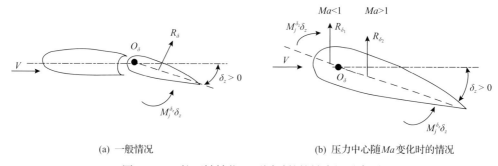

(a) 一般情况   (b) 压力中心随 Ma 变化时的情况

图 11-1-3　舵面转轴位置不同时的铰链力矩示意图

2)舵机的动特性

由于铰链力矩的大小和方向随飞行状态而变化，这将对舵机的工作带来很大的影响。下面以采用磁粉离合器控制的间接式电动舵机为例，简要分析舵机的动特性，其原理方块图如图 11-1-4 所示。

图 11-1-4　用磁粉离合器控制的间接式电动舵机的工作原理图

在电动舵机中，假设鼓轮到舵面传动机构的速度比为 i，磁粉离合器、齿轮传动装置、舵面以及它的传动机构和电动机转子折算到鼓轮的总转动惯量为 J，磁粉离合器控制绕组的电感量和电阻分别为 L 和 R，角速度 ω 为常数时输出力矩 M 对输入电流 I 的偏导数为 A，输入电压 U 为常数时输出力矩 M 对角速度 ω 的偏导数为 B，单位舵偏角产生的铰链力矩为 M_j^δ。于是，舵机的运动方程可描述为

$$\begin{cases} \Delta u = L\dfrac{\mathrm{d}\Delta I}{\mathrm{d}t} + \Delta IR \\[2mm] \Delta M = A\Delta I \\[2mm] \Delta M = J\dfrac{\mathrm{d}\Delta\omega}{\mathrm{d}t} + B\Delta\omega + \dfrac{\Delta M_j}{i} \\[2mm] \Delta M_j = M_j^\delta \Delta\delta \\[2mm] \Delta\delta = -\dfrac{\Delta\delta_k}{i} \end{cases} \tag{11-1-2}$$

根据式(11-1-2)运动方程可列出电动舵机的结构图，如图 11-1-5 所示。

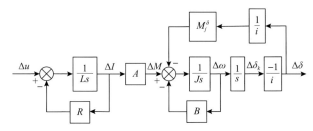

图 11-1-5　间接式电动舵机的结构图

磁粉离合器机械特性曲线的斜率 $B \approx 0$，式(11-1-2)经拉普拉斯变换后，得出空载时($\Delta M_j = 0$)电动舵机的传递函数为

$$W_M(s) = \frac{\Delta\delta_k(s)}{\Delta u(s)} = \frac{k_M}{s^2\left(T_M s + 1\right)} \tag{11-1-3}$$

式中，$T_M = L/R$ 为电动舵机的电气时间常数；$k_M = A/(JR)$ 为电动舵机的静态增益。

有载($\Delta M_j \neq 0$)时，电动舵机的传递函数为

$$W_M(s) = \frac{\Delta\delta_k(s)}{\Delta u(s)} = \frac{Ai^2 / (M_j^\delta R)}{\left(T_M s + 1\right)\left[\left(Ji^2 / M_j^\delta\right)s^2 - 1\right]} \tag{11-1-4}$$

由式(11-1-3)可见，空载时用磁粉离合器控制的电动舵机动特性可用两个积分环节与一个惯性环节的串联来描述。有载时舵机在铰链力矩作用下的动特性可用一个二阶无阻尼的振荡环节与一个惯性环节的串联来描述，传递函数随着铰链力矩的改变而变化。由于舵机的电气时间常数 T_M 较小，近似分析中往往可以忽略。

3)铰链力矩对舵机动特性的影响

铰链力矩对舵机的作用，相当于在舵机内部引入一个包围原电动或液压舵机的附加反馈。电动舵机的传递函数中包含了铰链力矩系数 M_j^δ，显然，铰链力矩

的变化会改变舵机的原有特性。

下面仅以电动舵机为例，分析随飞行状态改变的铰链力矩对舵机动特性的影响。假设电动舵机的机械特性斜率 B 不为零，由图 11-1-5 可得有载时电动舵机的传递函数为

$$W_M(s) = \frac{\Delta\delta_k(s)}{\Delta u(s)} = \frac{A}{(Ls+R)\left(Js^2 + Bs - \dfrac{M_j^\delta}{i^2}\right)} \qquad (11\text{-}1\text{-}5)$$

式(11-1-5)各参数的含义同前。由该式可见，在铰链力矩作用下，舵机传递函数中出现系数 M_j^δ。显然，飞行状态变化时，舵机的动特性也会随之变化。如果系数 M_j^δ 的符号发生变化，出现 $M_j^\delta > 0$（即出现铰链力矩反操纵），那么舵机传递函数中将包含一个不稳定的二阶振荡环节，因此舵机的工作也就不稳定了。

另外，舵机的稳态输出值 $\Delta\delta_{k\infty}$（当 $M_j^\delta < 0$ 时）由式(11-1-5)求得

$$\Delta\delta_{k\infty} = -\left[Ai^2 / \left(m_j^\delta R\right)\right]\Delta u \qquad (11\text{-}1\text{-}6)$$

式(11-1-6)表明，舵机的稳态转角 $\Delta\delta_{k\infty}$ 正比于输入电压 Δu。因此，铰链力矩不仅影响舵机的动特性，而且对静特性也会产生很大影响，并随飞行状态而变化。

3. 舵机和人工操纵系统的连接方式

自动控制系统是通过舵机操纵舵面的，舵机与人工操纵系统的连接方式主要有两种：并联连接方式和串联连接方式。

1）并联连接方式

图 11-1-6 为舵机与人工操纵系统并联的结构原理图。自动驾驶仪的舵机与人工操纵系统就采用这种连接方式。理论上可通过同一机械传动装置分别实现人工操纵和自动控制，但实际上人工操纵和自动操纵是相互排斥的。若自动控制系统无输入信号，则舵机处于制动状态，阻碍人工操纵。若自动控制系统有输入信号，则舵机操纵舵面，同时拖动驾驶杆使之位移，干扰驾驶员人工操纵。因此，当自动驾驶仪接入工作后，驾驶员不再操纵驾驶杆。

需要人工改变飞机姿态时，可通过

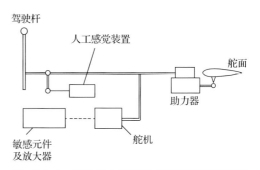

图 11-1-6　舵机与人工操纵并联的结构原理图

操纵台上的按钮给出信号,通过舵机操纵舵面。驾驶员如果要直接操纵舵面,必须切断自动驾驶仪,使舵机断电。当然,在来不及切断自动驾驶仪的紧急状态下,驾驶员只要用大力仍可强行操纵舵面。这是由于在舵机里装有摩擦离合器(起连接舵机与舵面的作用),只要杆力超过摩擦离合器的摩擦力,使离合器打滑,舵机失去作用,就可强行人工操纵飞机。

2)串联连接方式

并联连接方式存在的问题是舵机动作时会带动驾驶杆,舵机不动时驾驶杆又不易拉动。希望舵机只推动舵面偏转而不带动驾驶杆,驾驶杆又可直接拉动舵面。采用串联的连接方式就可实现这一要求,如图 11-1-7 所示。

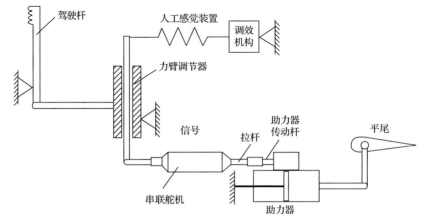

图 11-1-7　舵机与人工操纵系统串联的结构原理图

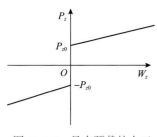

图 11-1-8　具有预载的人工
感觉装置非线性特性

其中舵机串联在驾驶杆和液压助力器的传动杆之间。舵机不动作时,舵机拉杆被制动,这时舵机只起普通传动杆的作用,移动驾驶杆可使串联舵机前后移动,推动助力器阀芯,通过作动筒活塞带动舵面。有信号输入舵机时,舵机的拉杆伸长或缩短,从而推动阀芯带动舵面。推动阀芯的力虽然不大,如不采取任何措施直接传递给驾驶杆,仍会干扰人工操纵。为克服此缺点,应使人工感觉装置具有预载非线性特性,如图 11-1-8 所示。

显然只要推动阀芯的力小于 P_{z0},舵机拉杆的运动就不会影响驾驶杆的运动。另外,预载不仅可防止力的反传,而且可克服摩擦和间隙的不良影响,改善驾驶杆的回中性,并能局部抵消动态摩擦的影响,降低机械滞环效应,从而减小闭环系统(指驾驶员、操纵系统和飞机)在人工操纵时产生诱发振荡的可能性。

人工操纵系统与串联舵机的连接存在一个操纵权限分配问题。操纵权限是指能操纵舵面行程的大小。对于确定的飞机，舵面最大的偏角是一定的。当串联舵机的拉杆达到最大位移时，人工操纵的最大舵偏量是舵面最大偏角减去拉杆最大位移所对应的舵偏角。当拉杆只能偏转最大舵偏角的一部分时称为有限权限，而拉杆能偏转最大舵偏角时则称为全权限。

硬性故障(指无法排除的故障)是串联舵机在安全方面存在的最大问题。当串联舵机出现故障拉杆不能回中时，无法像并联舵机那样通过强行操纵来避免事故。特别是拉杆在极限位置并卡死时，驾驶杆可能仍处于回中位置，造成驾驶杆与舵面位置的严重不协调，致使驾驶员无法操纵飞机。例如，当串联升降舵机使升降舵向下偏转并突然卡死在最大偏角位置时，飞机必然俯冲，即使驾驶员把驾驶杆后拉到极限位置，升降舵也不过回到中立位置，因而无法退出俯冲状态，直至飞机坠毁。串联舵机硬性故障问题目前有两种解决办法，最常用的是把串联舵机的操纵权限(舵机拉杆的行程)限制到足够小的程度，一般串联舵机的权限仅为全权限(舵面最大偏角)的 1/10～1/3。例如，某飞机水平安定面的极限偏角为 +13° 和 –27°，而串联舵机权限所对应的水平安定面(全动舵面)偏转角只有 ±1°，另一种方法是采用多余度技术，采用余度舵机即有备份舵机。

11.1.2 飞机舵回路

舵面的铰链力矩对舵机的影响很大，尽管可以采用气动补偿或其他措施来弥补，但是这种影响还会存在。为了削弱铰链力矩对舵机的影响，自动飞行控制系统中都采用舵回路，而不直接控制舵机来操纵舵面的偏转。

舵回路是一个随动系统，除用来削弱铰链力矩对舵机工作的影响，还可按人们的意愿达到均匀调速或比例操纵舵偏角、提高舵机的通频带、减小舵机中非线性因素对自动飞行控制系统的影响。下面以电动舵机为例，介绍舵回路的构成、分类及反馈量对舵回路的影响。

1. 舵回路的构成

铰链力矩是不可能等于零的，但是铰链力矩对舵机的作用，相当于在舵机内部引入一个反馈，因而可利用自动控制原理中的补偿方法，人为在舵机内部引入另一反馈来抵消它的影响，如图 11-1-9 所示。

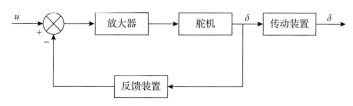

图 11-1-9 飞机舵回路简化结构图

1）采用位置反馈的舵回路

如果引入舵机鼓轮输出转角的反馈 f 来包围电动舵机，如图 11-1-10 所示（图中已忽略磁粉离合器控制绕组的电感量 L），则可得引入反馈 f 后的电动舵机传递函数为

$$W_M(s) = \frac{\Delta\delta_k(s)}{\Delta u(s)} = \frac{A/R}{Js^2 + Bs + (A/R)\left\{f - \left[M_j^\delta R/(Ai^2)\right]\right\}} \tag{11-1-7}$$

在各种飞行状态下，如果取 $f>0$，并且满足 $f \gg \left|M_j^\delta R/(Ai^2)\right|$，则式（11-1-7）可近似为

$$W_M(s) = \frac{\Delta\delta_k(s)}{\Delta u(s)} = \frac{A/R}{Js^2 + Bs + (A/R)f} \tag{11-1-8}$$

由式（11-1-8）可得在输入常值电压 Δu 作用下的鼓轮转角稳态值为

$$\Delta\delta_{k\infty} = \Delta u/f \tag{11-1-9}$$

由式（11-1-8）可以看出，引入反馈 f 后，舵机的传递函数在各种飞行状态下都是一个稳定的二阶振荡环节（忽略电感 L 时），并且传递函数中各系数的值均与飞行状态无关，仅取决于舵机自身的结构参数和反馈 f 的大小。在稳态时鼓轮输出转角 $\Delta\delta_{k\infty}$ 正比于输入电压，与反馈量 f 成反比，而与飞行状态无关。

2）采用速度反馈的舵回路

如果引入舵机输出角速度反馈 r 来包围舵机，其结构如图 11-1-11 所示。

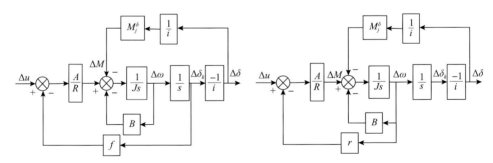

图 11-1-10　引入反馈 f 后的电动舵机结构图　　图 11-1-11　引入反馈 r 后的电动舵机结构图

由此可得舵机的传递函数为

$$W_M(s) = \frac{\Delta\delta_k(s)}{\Delta u(s)} = \frac{-A/R}{Js^2 + \left(B + \dfrac{Ar}{R}\right)s - \dfrac{M_j^\delta}{i^2}} \tag{11-1-10}$$

假设在各种飞行状态下，反馈系数 r 均大于零，且满足 $[B+(Ar/R)]^2 \gg \left|4M_j^\delta J / i^2\right|$，则式(11-1-10)将包含两个实极点，其中一个实极点非常接近于零值。式(11-1-10)还可近似为

$$W_M(s) = \frac{\Delta \delta_k(s)}{\Delta u(s)} \approx \frac{-A/R}{\left[Js + \left(B + \frac{Ar}{R}\right)\right]s} \qquad (11\text{-}1\text{-}11)$$

由式(11-1-11)可得在输入常值电压 Δu 作用下的鼓轮稳态角速度为

$$\Delta \omega_\infty = \frac{-A/R}{B + \frac{Ar}{R}} \Delta u \qquad (11\text{-}1\text{-}12)$$

可见，引入反馈 r 与引入反馈 f 相似，在 r 相当大时同样可以削弱铰链力矩对舵机的影响，使之与飞行状态无关。不同的是引入反馈 r 后，在常值电压作用下，舵回路的输入 Δu 正比于舵机输出的稳态角速度，而不是正比于输出的转角。

综上所述，只要人为引入一个很强的反馈，就可大大削弱铰链力矩对舵机工作的影响，并能按比例控制舵机的输出角速度或者转角，而基本上与飞行状态无关。

舵机输出位置量(角度或线位移)的反馈(即前述 f)通常称为位置反馈。如果采用输出速度(角速度或线速度)反馈，则通常称为速度反馈。反馈通路包围舵机构成的闭合回路则称为舵回路。实际中，用电位计、同位器、线性旋转变压器或位移传感器等位置传感器实现位置反馈，输出正比于位置的电压。而速度反馈则用测速发电机等速度传感器实现，输出正比于速度的电压。由于控制舵机需要一定的功率，输入电压又要与反馈电压相比较，在舵回路中需有电气放大器，用来实现对电压(或对电流)的综合比较、放大或变换。图 11-1-12 为某型电动舵回路的原理方框图。

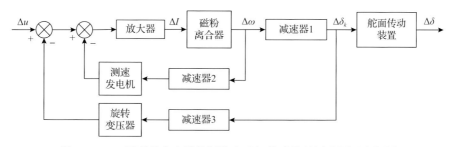

图 11-1-12　用磁粉离合器控制的电动机构成的舵回路原理方框图

2. 舵回路的分类

在舵回路中常用的反馈有三种：位置反馈(又称硬反馈)、速度反馈(又称软反

馈)和均衡反馈(又称弹性反馈)。硬反馈、软反馈和弹性反馈是三种常见的舵回路形式。

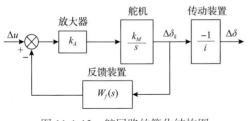

图 11-1-13   舵回路的简化结构图

图 11-1-13 为舵回路的简化结构图。图中 k_A 表示放大器的增益；$W_f(s)$ 为反馈装置的传递函数；舵机的动特性用近似的传递函数(即一个积分环节)表示，并忽略铰链力矩的影响。

1)硬反馈

如果用硬反馈包围舵机，即取 $W_f(s) = k_{\delta_f}$(k_{δ_f} 为反馈系数)，这样的舵回路称为硬反馈式舵回路。由此可得其传递函数为

$$\Phi_\delta(s) = \frac{\Delta\delta(s)}{\Delta u(s)} = \frac{-k_\delta}{T_\delta s + 1} \qquad (11\text{-}1\text{-}13)$$

式中，$k_\delta = 1/(k_{\delta_f} i)$ 为硬反馈式舵回路的静态增益；$T_\delta = 1/(k_A k_M k_{\delta_f})$ 为硬反馈式舵回路的时间常数。

由上可见，硬反馈式舵回路的传递函数近似为一个惯性环节，其中 k_δ 与 T_δ 值都与反馈系数 k_{δ_f} 成反比。所以，这种舵回路的特性与反馈系数 k_{δ_f} 密切相关。此外，引入硬反馈后，舵回路输出的稳态舵偏角正比于输入电压，从而使自动飞行控制系统的指令能按比例地控制舵偏角的大小。

2)软反馈

如果用软反馈包围舵机，即取 $W_f(s) = k_{\dot\delta_f} s$($k_{\dot\delta_f}$ 为软反馈系数)时，这样的舵回路称为软反馈式舵回路。由此可得其传递函数为

$$\Phi_\delta(s) = \frac{\Delta\delta(s)}{\Delta u(s)} = \frac{-k_M k_A / i}{1 + k_M k_A k_{\dot\delta_f}} \cdot \frac{1}{s} = \frac{-k_{\dot\delta}}{is} \qquad (11\text{-}1\text{-}14)$$

式中，$k_{\dot\delta} = k_M k_A / (1 + k_M k_A k_{\dot\delta_f})$。

由上可见，软反馈舵回路的传递函数为一个积分环节。引入软反馈后，舵回路输出的舵偏角正比于输入电压的积分。或者说，输出的舵面偏转角速度正比于输入电压，并且两者的比值近似与软反馈系数 $k_{\dot\delta_f}$ 成反比，因而使得自动飞行控制系统的指令能按比例的控制舵偏角速度。应当指出，在有铰链力矩作用时，上述软反馈舵回路特性只是近似的。

3)弹性反馈

用弹性反馈包围舵机构成的舵回路称为弹性反馈式或均衡式舵回路。弹性反馈可由硬反馈中串联一个均衡环节来实现，它的传递函数取为

$$W_f(s) = k_{\delta_f} \frac{T_e s}{T_e s + 1} \qquad (11\text{-}1\text{-}15)$$

式中，k_{δ_f} 为硬反馈系数；T_e 为均衡环节的时间常数。

由此可得，引入弹性反馈后舵回路的传递函数为

$$\Phi_\delta(s) = \frac{\Delta\delta(s)}{\Delta u(s)} = \frac{\dfrac{-k_M k_A (T_e s + 1)}{1 + k_A k_M T_e k_{\delta_f}}}{is\left(\dfrac{T_e s}{1 + k_A k_M T_e k_{\delta_f}} + 1\right)} \qquad (11\text{-}1\text{-}16)$$

式中，T_e 值一般都比较大，所 $k_A k_M T_e k_{\delta_f} \gg 1$，当忽略时间常数很小的惯性环节时，式(11-1-16)可近似表示为

$$\Phi_\delta(s) = \frac{-1}{iT_e k_{\delta_f}} \cdot \frac{T_e s + 1}{s} = -\left(\frac{1}{ik_{\delta_f}} + \frac{1}{ik_{\delta_f} T_e s}\right) \qquad (11\text{-}1\text{-}17)$$

如果弹性反馈式舵回路工作在低频段(即输入电压的角频率小于 $1/T_e$)，由式(11-1-17)可见，舵回路的传递函数近似为一个积分环节。当工作在高频段(即输入电压的角频率大于 $1/T_e$)时，式(11-1-17)又近似为一个比例环节。因此，弹性反馈式舵回路具有在低频段接近于软反馈式舵回路、高频段则接近于硬反馈式舵回路的特性。或者说，它的输出既正比于输入，又正比于输入的积分，既有硬反馈舵回路特性，又有软反馈式舵回路特性。

综上所述，用不同形式的反馈包围舵机，可以构成特性各异的几种舵回路，它们的性能在很大程度上取决于反馈的性质(如位置或速度)和大小。

11.2   飞机阻尼器

随着飞行包线的不断扩大，飞机自身运动的阻尼下降，在驾驶员操纵飞机时，飞机运动的角速度会出现强烈的振荡，驾驶员难以准确地操纵飞机完成瞄准、射击等任务；驾驶员长时间处于这种操纵过程也会感到疲劳。为此，可在飞机上安装阻尼器，用人工方法增加飞机运动的阻尼，以改善飞机自身的飞行品质，提高飞机的战斗性能。

阻尼器或控制增稳系统与自动驾驶仪一样，也是基于反馈原理与飞机组成闭合回路。但其工作方式与驾驶仪不同，接入阻尼器、增稳系统或控制增稳系统，不需要向自动驾驶仪那样建立基准工作状态，在飞机起飞时就可接入。对于有人驾驶的飞机，增稳系统与驾驶员共同操纵飞机。

11.2.1　俯仰阻尼器

由自动控制理论可知，引入某变量的信号，形成反馈回路就可实现对该变量的稳定和控制。如果在原操纵系统的基础上，以飞机姿态角的角速度作为反馈信号，就可稳定飞机的角速度，这相当于增大飞机运动的阻尼比，使之不出现强烈振荡。如图 11-2-1 所示，以原飞机方框图为基础增加阻尼器得到新方框图，此时飞机-阻尼器构成了新的环节，相当于一架阻尼比得到改善的新飞机。

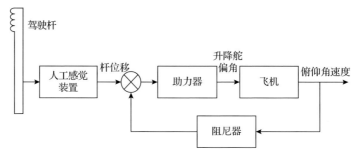

图 11-2-1　飞机-俯仰阻尼器结构图

由于飞机的姿态运动可以分解为绕三个机体轴的角运动，以姿态角变化率为被控量的阻尼器包括了俯仰阻尼器、偏航阻尼器和滚转阻尼器三种。

俯仰阻尼器(又称纵向阻尼器)的主要作用是改善飞机纵向短周期运动的阻尼特性。图 11-2-2 为未装阻尼器的飞机俯仰操纵系统的原理图。

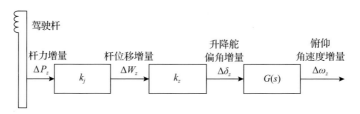

图 11-2-2　未装阻尼器的飞机俯仰操纵系统原理图

图 11-2-2 为未装阻尼器的飞机俯仰操纵系统的结构图，对应的系统传递函数为

$$\frac{\Delta\omega_z(s)}{\Delta P_z(s)} = \frac{-k_j k_z K_\theta (T_\theta s + 1)}{T_d^2 s^2 + 2\xi_d T_d s + 1} \tag{11-2-1}$$

式中，k_j 为机械传动装置的传动比，即人工感觉装置弹簧刚度的倒数；k_z 为助力器传递系数。另外，图 11-2-2 中，$\Delta W_z = k_j \Delta P_z$ 为驾驶杆的位移增量，ΔP_z 为杆力增量。

为了稳定飞机俯仰角速度，可引入角速度反馈，根据角速度的大小来控制舵面的偏转，此时飞机飞行操纵系统原理如图 11-2-3(a)所示。

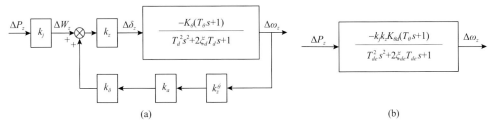

图 11-2-3 装有阻尼器的飞机飞行操纵系统原理图

舵面的偏转角与俯仰角速度成比例，即

$$\Delta \delta_z = K_z^{\dot{\theta}} \Delta \omega_z \tag{11-2-2}$$

式中，$K_z^{\dot{\theta}} = k_z^{\dot{\theta}} k_a k_\delta k_z$ 为阻尼器增益，表示角速度到升降舵的传动比，$k_z^{\dot{\theta}}$ 为俯仰角速度陀螺的传递系数，k_a 为放大器的放大系数，k_δ 为阻尼器伺服舵机(或舵回路)的传递系数。这里忽略了舵机等设备元件的惯性。

此时，舵面所形成的力矩就等效于阻尼力矩，因而等效地增大了飞机运动的阻尼。式(11-2-2)就是俯仰阻尼器的控制规律。

由此得出整个系统的闭环传递函数为

$$\frac{\Delta \omega_z(s)}{\Delta P_z(s)} = \frac{-k_j k_z K_\theta \left(T_\theta s + 1\right)}{T_d^2 s^2 + \left(2\xi_d T_d + K_z^{\dot{\theta}} K_\theta T_\theta\right)s + \left(1 + K_z^{\dot{\theta}} K_\theta\right)} \tag{11-2-3}$$

这里忽略了各元件的惯性。

式(11-2-3)的分子、分母同除以 $1 + K_z^{\dot{\theta}} K_\theta$ 可得

$$\frac{\Delta \omega_z(s)}{\Delta P_z(s)} = \frac{-k_j k_z K_{\theta d} \left(T_\theta s + 1\right)}{T_{de}^2 s^2 + 2\xi_{de} T_{de} s + 1} \tag{11-2-4}$$

$$\begin{cases} K_{\theta d} = K_\theta \Big/ \left(1 + K_z^{\dot{\theta}} K_\theta\right) \\[2mm] T_{de} = T_d \Big/ \sqrt{1 + K_z^{\dot{\theta}} K_\theta} \\[2mm] \xi_{de} = \dfrac{\xi_d + \left[K_z^{\dot{\theta}} K_\theta T_\theta / (2T_d)\right]}{\sqrt{1 + K_z^{\dot{\theta}} K_\theta}} \end{cases} \tag{11-2-5}$$

可以看出等效飞机的传递函数，其传递系数、时间常数和阻尼比均与原来不同。同样也可由式(11-2-5)中的第三式得出，适当选取反馈系数 $K_z^{\dot\theta}$ 的数值可增大阻尼比 ξ_{de}，从而解决飞机纵向自身阻尼不足的问题。

引入阻尼器提高飞机阻尼比的同时也会带来如下问题：

(1)飞机的静操纵性减小。由式(11-2-5)中的第一式看出，随着 ξ_{de} 的增大，用于表征飞机静操纵性的系数 $K_{\theta d}$ 将减小，即阻尼比的增大是靠牺牲静操纵性获得的。但引入阻尼器对飞机的固有频率 ω_d（或 $1/T_d$）影响不大。

(2)飞机在进行稳定盘旋和水平转弯飞行时，俯仰阻尼器将产生附加舵偏角问题。当飞机在稳定盘旋和转弯时，存在一固定的 $\Delta\omega_z = -\Delta\dot\psi\sin\Delta\gamma$ 分量，阻尼器的速度陀螺感受到这个分量，从而驱动阻尼器伺服舵机产生一个固定的附加舵偏角

$$\Delta\delta_z = -K_z^{\dot\theta}\Delta\dot\psi\sin\Delta\gamma \tag{11-2-6}$$

这个负反馈的作用使俯仰角速度减小，这是人们不希望的。驾驶员只得操纵驾驶杆来补偿这个舵偏角。

俯仰阻尼器中的舵机通常是串联舵机，权限很小（仅 ±1°），如不采取措施，附加舵偏角就可能超过串联舵机的权限，使俯仰阻尼器改善飞机阻尼特性的正常功能失效。因此，一般加入清洗网络(高通滤波器)滤去速度陀螺输出信号中的稳态分量。其机理为：飞机水平转弯飞行时所产生的俯仰角速度增量是一种低频信号，可以通过加入清洗网络(高通滤波器)滤去速度陀螺输出信号中的稳态分量，而使稳定水平盘旋或转弯飞行时所产生的俯仰角速度不会影响俯仰阻尼器工作。

根据以上分析，俯仰阻尼器引入清洗网络后的控制规律为

$$\Delta\delta_z(s) = K_z^{\dot\theta}\frac{\tau s}{\tau s+1}\Delta\omega(s) \tag{11-2-7}$$

式中，τ 为清洗网络的时间常数；$\dfrac{\tau s}{\tau s+1}$ 为清洗网络的传递函数。

11.2.2 滚转阻尼器

由于采用小展弦比机翼的飞机在超声速和大迎角飞行中，滚转阻尼力矩显著减小，出现较大的滚转角速度，给驾驶员的操纵带来困难，因此飞机需要引入滚转阻尼器，如图11-2-4所示。滚转阻尼器的主要作用和功能就是用来改善飞机的滚转阻尼特性。

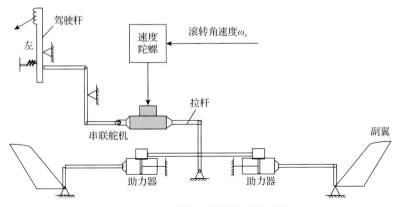

图 11-2-4 滚转阻尼器原理示意图

为分析简单，令侧滑角 $\beta=0$，并忽略偏航对滚转的影响。此时，滚转阻尼器控制规律如下所示：

$$\delta_x = K_x^{\omega_x} \omega_x \qquad (11\text{-}2\text{-}8)$$

式中，$K_x^{\omega_x}$ 为滚转角速度到副翼的传动比。

实际上大多数飞机并不是绕机体轴 ox_t 滚转，而基本上绕 V 滚转，即 $\omega = \omega_{x_q}$，其中，ω 为飞机的角速度，ω_{x_q} 为飞机沿 V 的角速度分量。若速度陀螺的测量轴与机体轴 ox_t 一致，如图 11-2-5 所示，则所测得的滚转角速度为 $\omega_x = \omega_{x_q} \cos\alpha$，有

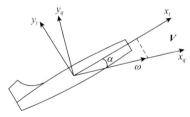

图 11-2-5 速度陀螺的测量值

$$\delta_x = K_x^{\omega_x} \omega_{x_q} \cos\alpha \qquad (11\text{-}2\text{-}9)$$

由式(11-2-9)可见，副翼偏转角是 α 的函数，其值随 α 增大而减小，相当于阻尼效能减弱。为了不降低阻尼效能，通常采用传动比调整机构，即 $K_x^{\omega_x} \propto 1/\cos\alpha$。

超声速飞行时，副翼舵面效率大大降低。为使过渡过程时间不随飞行状态而变，一般还采用 $K_x^{\omega_x}$ 随动压 q 而变化。综上所述，$K_x^{\omega_x}$ 可表示为 $K_x^{\omega_x}(\alpha,q)$，滚转阻尼器的控制规律为

$$\delta_x = K_x^{\omega_x}(\alpha,q)\omega_x \qquad (11\text{-}2\text{-}10)$$

注意：飞机侧向运动中，滚转运动与偏航运动是相互交联的。

11.2.3　偏航阻尼器

偏航阻尼器的主要作用和功能是改善飞机的荷兰滚振荡阻尼特性。其基本原理是引入偏航角速度反馈到方向舵，使其产生偏航力矩，以抵消荷兰滚模态建立的偏航速度。原理示意如图 11-2-6 所示。

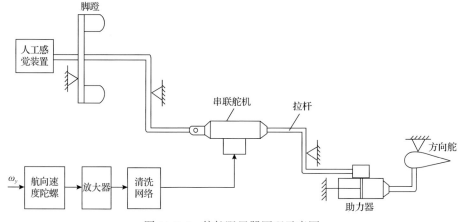

图 11-2-6　偏航阻尼器原理示意图

需说明的是，由于偏航阻尼器工作时所要求的方向舵偏角较小（一般为 1°～2°），而舵机所能提供的权限又较大（±4°），因此在分析偏航阻尼器时，只进行线性分析即可，而不必像俯仰阻尼器那样考虑串联舵机的权限问题。

11.3　飞机增稳系统

飞机阻尼器可以提高阻尼系数，改善飞机的动稳定性，但并不能改善其静稳定性。现代战斗机的机身细长、垂尾面积很小，导致飞机的航向静稳定性不足。同时，飞机在大迎角飞行时，飞机的纵向静稳定性导数会随着迎角的增加而减小，甚至反号，使飞机变为纵向静不稳定的。因此，为了实现对飞机的控制，提出改善飞机静稳定性的要求。飞机增稳系统是在飞机阻尼器的基础上发展起来的。由于飞机增稳系统比阻尼器引入更多的反馈，其不仅能增加飞机的动稳定性（阻尼），而且还能在整个飞行包线内给飞机提供良好的静稳定性。目前这种系统已广泛用于高性能战斗机。

11.3.1　俯仰增稳系统

1. 工作原理

飞机俯仰增稳系统的功用是提供满意的短周期模态阻尼和固有频率，改善其动稳定性和静稳定性。其主要工作原理是引入飞机的迎角反馈，从而改变飞机的静稳定性，如图 11-3-1 所示。

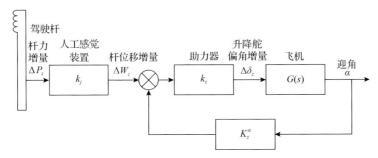

图 11-3-1 引入迎角反馈的飞机纵向操纵系统结构原理图

以迎角 α 为输出的飞机纵向操纵系统结构如图 11-3-2(a)所示。如果引入图 11-3-2(b)所示的迎角 α 的比例负反馈，则根据自动控制理论，可影响二阶环节的常数项（$\omega_d^2 = 1/T_d^2$），从而改变固有频率。

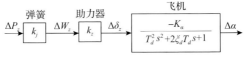

(a) 以迎角α为输出的飞机纵向操纵系统结构图

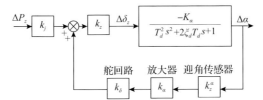

(b) 引入迎角α比例负反馈的飞机纵向操纵系统结构图

$$\xrightarrow{\Delta P_z} \boxed{k_j} \xrightarrow{\Delta W_z} \boxed{\dfrac{-k_z K_\alpha}{T_d^2 s^2 + 2\xi_d T_d s + 1 + K_z^\alpha K_\alpha}} \xrightarrow{\Delta \alpha}$$

(c) 简化后的等效控制结构图

图 11-3-2 以 α 为输出的飞机纵向操纵系统结构图

图 11-3-2(c)中杆位移到迎角的传递函数为

$$\frac{\Delta \alpha}{\Delta W_z} = \frac{-k_z K_\alpha}{T_d^2 s^2 + 2\xi_d T_d s + 1 + K_z^\alpha K_\alpha}$$

$$= \frac{-k_z K_\alpha \big/ T_d^2}{s^2 + 2\xi\omega s + \omega^2}$$

式中，$K_z^\alpha = k_z^\alpha k_\alpha k_\delta k_z$；$\xi$ 和 ω 分别为引入迎角反馈后的等效飞机短周期阻尼比和频率，且

$$\xi = \frac{\xi_d}{\sqrt{1 + K_z^\alpha K_\alpha}}, \quad \omega = \sqrt{\frac{1 + K_z^\alpha K_\alpha}{T_d^2}}$$

显然，通过引入迎角反馈可改变短周期频率 ω。如果原传递函数分母中的常数项为负值，则可通过调整迎角反馈系数 k_z^α，使该项成为正值；如果该常数项为较小的正数，则可通过调整迎角反馈系数 k_z^α，使该项增大，从而提高短周期频率。另外，由于等效阻尼比的计算公式可以看出，迎角反馈增大频率 ω 的同时，会降低阻尼比 ξ。因此，还须保留俯仰角速度的反馈来增大阻尼比。同时引用这两种反馈就形成了俯仰增稳系统，如图 11-3-3 所示。

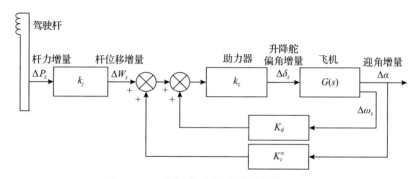

图 11-3-3　飞机-纵向增稳系统结构原理图

因为测量迎角的传感器本身精度低，测量时又存在气流扰动影响，所以一般采用间接方法来测量迎角值。

由法向力方程可知：飞机在重心处的法向加速度与迎角成正比，测量法向加速度即可近似获得迎角信号。加速度计固联于飞机，其测量轴与机体轴 oy_t 一致。在实际中，法向加速度计不仅感受重心处的法向加速度，而且还感受重力加速度分量。所以，实际测量的结果是

$$\Delta A_y = \Delta a_y + g \cos\theta \cos\gamma \tag{11-3-1}$$

式中，ΔA_y 为实际测量的法向加速度；Δa_y 为飞机在重心处的法向加速度。

当飞机做巡航飞行时，$\Delta a_y = 0$，由于重力分量的影响，俯仰增稳系统会输出一个恒定的升降舵偏角，其值为

$$\Delta \delta_z = K_z^{a_y} g \cos\theta \cos\gamma \tag{11-3-2}$$

式中，$K_z^{a_y}$ 为从加速度计到升降舵的传动比。

恒定的升降舵偏角产生俯仰角角速度，破坏了飞机原有的配平状态，驾驶员必须操纵驾驶杆产生一个相反极性的舵偏角来抵消这个恒定的舵偏角，这给驾驶员带来麻烦。在实际应用中采用补偿方法，使

$$\Delta \delta_z = K_z^{a_y} \left(\Delta a_y + g \cos \theta \cos \gamma - g \right) \tag{11-3-3}$$

当 $\theta = \gamma = 0$ 时，得到

$$\Delta \delta_z = K_z^{a_y} \Delta a_y \tag{11-3-4}$$

显然，如果 θ、γ 值较大，那么仍有恒定的舵偏角。可采用清洗网络消除稳态分量的影响。

2. 控制规律

由上述分析，可建立如图 11-3-4 所示的飞机俯仰增稳系统结构原理图。

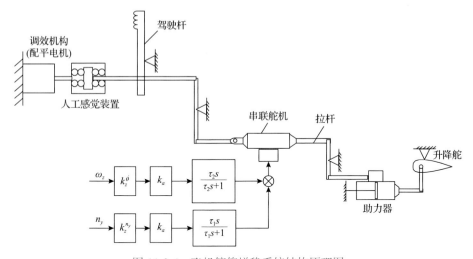

图 11-3-4　飞机俯仰增稳系统结构原理图

在飞机俯仰增稳系统中，引入了两个反馈信号：法向加速度 Δa_y（或法向过载 $\Delta n_y = \Delta A_y / g$）和俯仰角速度 $\Delta \omega_z$。由图 11-3-4 可写出其控制规律如下：

$$\Delta \delta_z = K_z^{a_y} \frac{\tau_1 s}{\tau_1 s + 1} \left(\Delta a_y + g \cos \theta \cos \gamma - g \right) + K_z^{\omega_z} \frac{\tau_2 s}{\tau_2 s + 1} \Delta \omega_z \tag{11-3-5}$$

式中，τ_1、τ_2 为清洗网络的时间常数；$K_z^{\omega_z} = K_z^{\dot{\theta}}$（即 $k_z^{\omega_z} = k_z^{\dot{\theta}}$）。

因为 $\Delta n_y = \Delta A_y / g = \left(\Delta a_y + g\cos\theta\cos\gamma\right)/ g$ ，所以式(11-3-5)又可写为

$$
\begin{aligned}
\Delta \delta_z &= K_z^{a_y} \frac{\tau_1 s}{\tau_1 s + 1} g\left(\Delta n_y - 1\right) + K_z^{\omega_z} \frac{\tau_2 s}{\tau_2 s + 1} \Delta \omega_z \\
&= K_z^{n_y} \frac{\tau_1 s}{\tau_1 s + 1}\left(\Delta n_y - 1\right) + K_z^{\omega_z} \frac{\tau_2 s}{\tau_2 s + 1} \Delta \omega_z
\end{aligned}
\tag{11-3-6}
$$

式中， $K_z^{n_y} = K_z^{a_y} g$ 为法向过载到升降舵的传动比。

11.3.2　航向/横侧向增稳系统

1. 航向增稳系统

飞机航向增稳系统主要用来改善荷兰滚阻尼并提高航向静稳定性。机身细长且垂尾面积较小的超声速飞机的航向静稳定性往往不足，飞机常处于有侧滑的飞行状态，不仅阻力增大，且不利于协调转弯、格斗等飞行作战任务的完成。

为弥补荷兰滚阻尼的不足，可引入航向速度信号，则航向增稳系统的控制规律为

$$
\delta_y = K_y^{\beta} \beta + K_y^{\omega_y} \frac{\tau s}{\tau s + 1} \omega_y
\tag{11-3-7}
$$

式中， τ 为时间常数。

然而，直接获得侧滑角信号也是比较困难的，飞机的侧向加速度与侧滑角有近似负比例关系，测量侧向加速度即可近似获得迎角信号。加速度计固联于飞机，其测量轴与机体轴 oz_t 一致。于是，利用侧向加速度计作为反馈元件的航向增稳系统控制规律为

$$
\delta_y = K_y^{\omega_y}[\tau s / (\tau s + 1)]\omega_y - K_y^{a_z} a_z
\tag{11-3-8}
$$

式中， $K_y^{a_z}$ 为侧向加速度到方向舵之间的传动比。

2. 横侧向增稳系统

1)横侧向增稳系统结构图

滚转与偏航紧密联系，相互影响，在分析增稳系统时也应考虑这种交联，从而出现横侧向增稳系统。图 11-3-5 为某超声速飞机横侧向增稳系统结构图。

由结构图可以看出，航向通道实际上是在航向增稳的基础上添加副翼交联信号 $-K_y^{\delta_x}\delta_x$ 所组成的。滚转通道与前述滚转阻尼器不同，其反馈信号是侧滑角 β (实

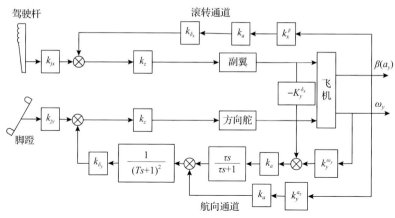

图 11-3-5　横侧向增稳系统结构图

际上是 a_z) 而不是 ω_x；这是因为该飞机的 m_x^β 太大，m_y^β 较小，导致严重的荷兰滚，而滚转阻尼的问题并不严重。用 β 信号控制副翼，K_x^β 取负值，相当于引入 β 的正反馈，其结果等效于减小 m_x^β。

2) 横侧向增稳系统的控制规律

由图 11-3-5 可见，横侧向增稳系统的控制规律可写为

$$\begin{cases} \delta_y = \left[\dfrac{\tau s}{\tau s + 1}\left(K_y^{\omega_y}\omega_y - K_y^{\delta_x}\delta_x \right) + K_y^\beta \beta \right]\dfrac{1}{(Ts+1)^2} \\ \delta_x = -K_x^\beta \beta \end{cases} \tag{11-3-9}$$

式中，$K_y^{\omega_y}$、$K_y^{\delta_x}$、K_y^β 分别为速度陀螺、副翼、侧向加速度计到方向舵的传动比；K_x^β 为侧向加速度计到副翼的传动比；$1/(Ts+1)^2$ 为低通滤波器。

设计式(11-3-9)控制规律是为了解决现代超声速战斗机在横侧向运动中普遍存在的如下几个问题：①由于气动布局(大后掠角、三角翼、细长比较大等)，飞机有很大的上反效应(m_x^β 大)和较小的航向静稳定性(即 m_y^β 小)，致使飞机滚摆比很大；②高空飞行时，航向阻尼减小，致使荷兰滚阻尼变小；③在高空大 Ma 飞行时，飞机受扰后由于固有频率较低，恢复到平衡状态的速度较慢，尤其是在大迎角情况下进入滚转和恢复原态时，会出现较大的侧滑角，产生的侧向过载可能超过垂直尾翼强度的容许极限；④高空小 Ma 飞行时，滚转机动性差。

3) 横侧向增稳系统分析

现对式(11-3-9)控制规律可改善飞机飞行品质原因进行简要分析如下：

ω_y 的反馈作用增加了航向阻尼比 ξ_h，清洗网络 $\tau s/(\tau s+1)$ 的作用是提高飞机的转弯机动性。

为减小或消除进入滚转和恢复原态时所产生的有害侧滑角，使副翼操纵具有

自动协调转弯的过渡过程，在航向通道中加入一个极性与副翼偏转相反的比例信号，即 $-K_y^{\delta_x}\delta_x$。副翼正偏(飞机左倾斜，产生左侧滑)时，使方向舵负偏，机头左转减小侧滑角，达到自动协调。

在飞行中，由于各种原因造成飞机不平衡，出现小的滚转角速度，为了保持飞机的平衡，驾驶员必须操纵副翼。由于存在副翼交联信号，方向舵必将偏转，使飞机出现不希望的偏航。采用清洗网络来阻止常值或低频的副翼交联信号通过，从而避免了不希望的偏航。

引入侧滑角(相当于 a_z)信号能提高航向静稳定性，使飞机航向运动的固有频率增加，从而提高了恢复速度。

在高空飞行时，方向舵易出现频率较高的自振，从而使飞机产生振动，敏感元件感测振动并输出信号。考虑到舵机和助力器的固有频率较低，高频自振信号的响应有较大的相移，可能使这种振动持续或加剧，因此引入一个低通滤波器 $1/(Ts+1)^2$ 滤掉敏感元件中输出的高频信号，保证系统正常工作。

该飞机 m_x^β 较大，m_y^β 较小，导致较大的荷兰滚振荡。副翼通道中引入按 β 角正反馈的极性信号，产生副翼舵面力矩使横向静稳定力矩减小，相当于减小了 m_x^β。当然，如果 m_x^β 减得过小，又会导致螺旋不稳定。

11.4 飞机控制增稳系统

通过对以上飞机阻尼器和增稳系统的分析可见：①两种控制系统都只影响了飞机传递函数的分母，即只对系统的稳定性进行了改善，提高了飞机的阻尼比和固有频率，却使相应传递系数减小，牺牲了飞机操纵性；②两种控制系统都无法解决非线性操纵指令问题，即在大机动飞行时，驾驶员要求有较高的角加速度灵敏度，且杆力不宜过大，在做小机动飞行时要求有较小的角加速度灵敏度，且杆力不宜过小。而对于一般系统，灵敏度和杆力很难兼顾两种机动飞行情况下的要求，往往只能选取折中的灵敏度和杆力值。这样，在大机动飞行时驾驶员感到灵敏度不够，而在小机动飞行时又嫌灵敏度太高。

可见，要使飞机具有良好的飞行品质，必须解决飞机的稳定性和操纵性之间的矛盾，即在保证稳定性的基础上，通过引入前馈等技术措施，来增强飞机的操纵性，这就将飞机的增稳系统发展成为控制增稳系统。下面以飞机俯仰控制增稳系统为例，介绍控制增稳系统的工作原理。

11.4.1 工作原理

根据以上讨论，可画出典型的飞机俯仰控制增稳系统的结构示意和原理图，如图 11-4-1 和 11-4-2 所示。

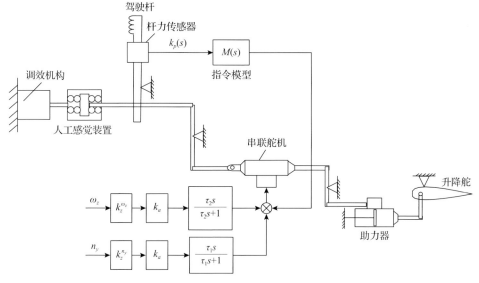

图 11-4-1　飞机俯仰控制增稳系统结构示意图

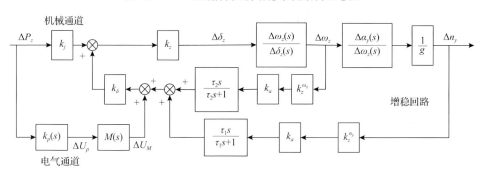

图 11-4-2　飞机俯仰控制增稳系统原理图

由图 11-4-1 可以看出，控制增稳系统是在增稳系统的基础上添加了一个杆力传感器 $k_p(s)$ 和一个指令模型 $M(s)$。由图 11-4-2 可以看出，驾驶员对飞机的操纵有两条并行的通道：一条是原有的机械通道，另一条是电气通道。电气通道的作用正是增大传递系数，并使角加速度灵敏度满足驾驶员的要求。

系统简要工作原理：当驾驶杆不动时，控制增稳系统的指令信号为零，系统只起增稳作用。当做机动飞行时，驾驶员的操纵信号一方面通过机械通道使舵面偏转 $\Delta\delta_m$，另一方面又通过杆力传感器发出指令信号，经指令模型放大器，与反馈信号综合后，使舵面偏转 $\Delta\delta_M$。总的舵偏角为 $\Delta\delta_z = \Delta\delta_m + \Delta\delta_M$。

可见电气指令信号的作用是使操纵量增强，因此控制增稳系统又称控制增强系统。显然，控制增稳系统能兼顾稳定性和操纵性两方面的要求。

控制增稳系统由于增设电气通道可使系统开环增益取得较高。如果没有电气

通道而过分增大 $k_a k_\delta$，将会使以机械通道为输入，n_y 为输出的闭环传递函数的传递系数变得过小，即静操纵性太差。有了电气通道，可增大 $k_p M(s)$ 来弥补由于 $k_a k_\delta$ 很大而产生的很强的负反馈作用。增大 $k_a k_\delta$ 的好处是使闭环特性只取决于 $k_a k_\delta$ 所处的反馈通道而与飞机所处的正向通道无关。这样一来，飞机上的干扰以及飞行状态的变化就不会影响整个系统的特性。由于这个原因，控制增稳系统往往是高增益的控制系统。

由上可见，控制增稳系统具有如下优点：

(1)较好地解决了稳定性和操纵性之间的矛盾；

(2)减少了干扰和飞行状态变化对系统的影响；

(3)能够实现杆指令与飞机响应之间的任何动、静关系和驾驶杆启动力的要求；

(4)可简化机械系统的设计，只要保证飞行安全即可。

控制增稳系统由于具有上述优点，而广泛用于高性能歼击机上。

11.4.2　控制规律

根据对系统动、静态性能要求不同，可设计不同形式的控制规律，主要包括比例式控制规律、比例加积分式控制规律等。

1. 比例式控制规律

根据图 11-4-1 可写出控制增稳系统的比例式控制规律如下：

$$\Delta \delta_z = K_z^{\omega_z} \Delta \omega_z + K_z^{n_y} \Delta n_y + k_z \left[k_j + k_p M(s) k_\delta \right] \Delta P_z \qquad (11\text{-}4\text{-}1)$$

式中，$K_z^{\omega_z} = k_z^{\omega_z} k_a k_\delta k_z$；$K_z^{n_y} = k_z^{n_y} k_a k_\delta k_z$。式中未包括清洗网络，控制信号可用杆力 P_z 或用杆位移 W_z 表示。一般来说，驾驶员对力的敏感性好，且杆力的相位移超前于杆位移，故多数采用杆力信号。

2. 比例加积分式控制规律

根据以前所述，引入积分环节，可减小系统的稳态误差，因此为提高系统稳态性能及实现飞机的自动配平，可给出控制增稳系统的另一种结构形式，如图 11-4-3 所示。

图 11-4-3 与 11-4-2 的差别仅在于将 k_δ 环节换成 $k_\delta(s+1)/s$。但积分环节的引入不仅是为了提高稳态精度，更重要的是为了实现飞机的自动配平。当纵向力矩不平衡时，将出现 $\Delta \omega_z$ 和 Δn_y，通过反馈使舵面偏转；由于有积分环节，舵面将继续偏转直至 $\Delta \omega_z$ 和 Δn_y 为零，从而实现了自动配平。舵机既已担负配平任务，

就无需驾驶员干预，因而不存在杆力的配平问题。

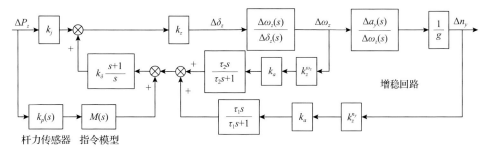

图 11-4-3 具有比例加积分式控制规律的飞机控制增稳系统原理图

图 11-4-3 的比例加积分式控制规律如下：

$$
\begin{aligned}
\Delta\delta_z =\ & K_z^{\omega_z}\Delta\omega_z + K_z^{n_y}\Delta n_y + k_z k_p M(s) k_\delta \Delta P_z + k_z k_j \Delta P_z \\
& + \int (K_z^{\omega_z}\Delta\omega_z + K_z^{n_y}\Delta n_y)\mathrm{d}t + k_\delta k_z \int k_p M(s)\Delta P_z \mathrm{d}t
\end{aligned}
\tag{11-4-2}
$$

3. 带有调效机构的飞机控制增稳系统

比例加积分式控制规律虽能实现自动配平，但要实现积分作用，舵机必须有较大的权限。所以权限不大的控制增稳系统，无法采用比例加积分式控制规律，此时控制增稳系统宜采用比例式控制规律。对于舵机权限不大的控制增稳系统，只要与调效机构配合动作也可实现自动配平，其结构如图 11-4-4 所示。

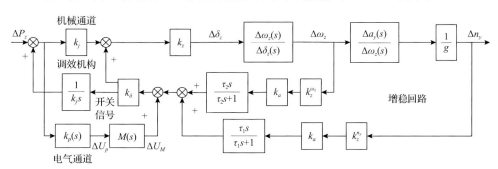

图 11-4-4 具有调效机构的飞机控制增稳系统原理图

当纵向力矩不平衡时，出现 $\Delta\omega_z$ 和 Δn_y，并通过反馈使舵机动作，舵面偏转。偏转到规定权限位置时，舵机停止偏转，同时接通调效机构，继续朝原方向偏转舵面。调效机构是积分环节(如电动机)，它使舵面偏转到 $\Delta\omega_z$ 和 Δn_y 消失，从而实现了自动配平。

可见引入作为积分环节的调效机构，使比例控制规律变为等效的比例加积分式控制规律。但要指出调效机构转速很慢(约为舵机转速的 1/10)，只能起配平的作用，即只在稳态时起积分作用，而在动态变化时不起作用。调效机构与机械通道并联，故对它并不要求有极高的可靠性。在前述增稳系统中，只要串联舵机与调效机构配合动作，也可实现自动配平。

采用比例加积分式控制规律后，舵面的偏转与杆力(或杆位移)失去了固定的关系。在起飞与着陆时，过载与角速度变化不大，杆力是不大的，但微小的杆力随时间积分可产生较大的舵偏角，有可能引起事故。因此，在起飞和着陆时，应断开积分环节，改接成比例式控制规律。

飞机跨声速飞行时，会出现速度不稳定，引起纵向力矩不平衡。接入比例加积分式控制规律后，纵向力矩可自动平衡，使速度不稳定成为中性速度稳定，因此称这种工作模态为中立速度稳定性(neutral speed stability, NSS)模态。而在起飞和着陆时，速度较小，不会出现速度不稳定现象，飞机处于正的速度稳定状态(即速度是稳定的)，而这时采用比例式控制规律，因而这时的工作模态称为正速度稳定性(positive speed stability, PSS)模态。

11.4.3　指令模型

控制增稳系统的特点是可通过指令模型较方便地满足飞行品质的要求。如前所述，大机动飞行时驾驶员要求有较高的灵敏度，小机动飞行时有较低的灵敏度。能满足这种要求的指令模型有两种形式：非线性指令模型和滞后网络指令模型。

1. 非线性指令模型

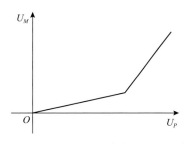

图 11-4-5　非线性指令模型特性曲线

非线性指令模型是一种增益随输入信号做非线性变化的电路，其 $M(s)$ 特性曲线如图 11-4-5 所示。图中 U_P 为杆力传感器的输出电压，U_M 为指令模型的输出电压。

因为 $k_j \ll k_p M(s) k_\delta$，故由图 11-4-2 可得助力器输入端的总位移为

$$W_{z1} \approx k_p M(s) k_\delta P_z \qquad (11\text{-}4\text{-}3)$$

由灵敏度表达式可得

$$M_{P_z} = \frac{\ddot{\theta}\,|_{t=0^+}}{P_z} = \frac{k_p k_M k_\delta \ddot{\theta}\,|_{t=0^+}}{W_{z1}} \qquad (11\text{-}4\text{-}4)$$

式中，k_M 为 $M(s)$ 的传递系数；M_{P_z} 为杆力灵敏度。

当使用大杆力操纵时，指令模型为大增益，则相应的灵敏度就大，也就是说，飞机对操纵指令具有较高的灵敏度；当使用小杆力操纵时，指令模型为小增益，相应的杆力灵敏度较小，这样就可以满足大机动飞行时有较高灵敏度、小机动飞行时有较低灵敏度的操纵要求。

2. 滞后网络指令模型

指令模型为滞后网络时的传递函数，为

$$M(s) = k_M / (\tau_M s + 1) \tag{11-4-5}$$

式中，τ_M 为时间常数；k_M 为传递系数。

这种情况下的灵敏度表达式为

$$M_{P_z} = k_p k_\delta \Delta \ddot{\theta}\big|_{t=0^+} |M(j\omega)| / W_{z1} \tag{11-4-6}$$

因为在驾驶员用大杆力做大机动飞行时，杆力变化缓慢，输入滞后网络的是低频信号，低频段的传递系数大，灵敏度较高。做小机动飞行时，由于动作快，杆力变化是高频信号，传递系数衰减大，灵敏度较低。侧向控制增稳系统也增设了一条从杆力到助力器的电气通道以满足飞行品质的全面要求，与纵向基本相同。

以上讨论中机械通道、助力器、杆力传感器等均认为是理想环节，用传递系数来表示。实际上这些环节都具有惯性和非线性，所以进一步分析中应考虑各个环节的惯性和非线性。此外，虽有了加速度反馈，也并不能完全消除飞行状态变化对整个系统的影响，故还需随动压和高度来调节各个环节的传递系数。

11.4.4　控制增稳系统中的舵机权限

由于控制增稳系统不仅用来增加飞机的动、静稳定性，而且用来改善飞机的操纵性，因而要求舵机具有更大的权限（一般要求全权限的 1/2），但随之而来的是控制系统的可靠性问题。为此，可通过采用并联舵机和串联舵机联用的方式来扩大电气通道操纵权限，该方案的原理如图 11-4-6 所示。

由图 11-4-6 可以看出，驾驶员的操纵通过并联舵机来完成，而系统的增稳由串联舵机来完成。这样串联舵机和并联舵机分别实现稳定和操纵的功能。并联舵机可具有较大的权限，而并不要求很高的可靠性，但系统中多了一个并联舵机，变得复杂了。

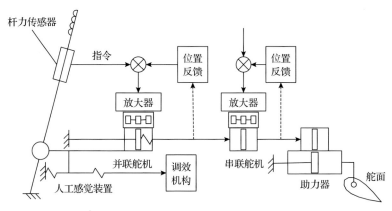

图 11-4-6　串/并联舵机联用扩大电气通道操纵权限原理图

随着飞行控制计算机性能的提高以及余度技术的成熟，目前飞行控制系统可靠性问题通常采用多余度舵机来解决。

11.5　飞机电传飞行控制系统

由于传统机械操纵系统、增稳系统以及控制增稳系统都具有不同程度的摩擦、间隙等非线性因素，同时存在体积大、质量重和结构弹性变形等缺陷，机械操纵系统的这些问题曾一度制约着飞行控制技术的进一步发展。20 世纪 70 年代，由于计算机技术迅速发展，同时现代控制理论和余度技术也日趋成熟，出现了电传飞行控制系统，较好地克服了机械操纵系统所存在的一系列缺点。

11.5.1　电传飞行控制系统基本组成与原理

电传飞行控制系统是指利用电气信号形成操纵指令，通过电线(电缆)实现飞行员对飞机运动进行操控的飞行控制系统。工程界比较一致的观点是把电传飞行控制系统做如下定义：它是一个"利用反馈控制原理而使飞机运动成为被控参量的电气飞行控制系统"，其组成结构如图 11-5-1 所示。

与机械操纵系统类似，电传飞行控制系统也分为俯仰、滚转和航向等通道。典型单通道电传飞行控制系统主要由杆力(位移)传感器、飞行控制计算机、舵机及其作动器、速度陀螺、加速度计、过载传感器、迎角传感器、控制/显示接口装置等组成。电传飞行控制系统的基本特征：飞行员的操纵杆传感信号、飞机运动传感信号和控制面作动器位置信号全部通过电信号传递。电传飞行控制系统能够快速、准确地处理飞行控制计算机产生的控制面偏转角指令，并以电信号的形式传送给控制面伺服作动器。闭环机动指令控制通过增加运动传感反馈回路的增益实现。控制面作动器根据飞行员指令信号与相应传感器测得的飞机运动状态之间

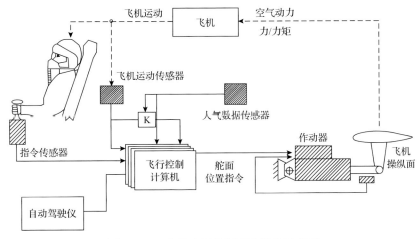

图 11-5-1　电传飞行控制系统结构示意图

的差异或偏差进行飞行控制，驱动相应的控制面运动并使飞机能够快速平稳地跟踪飞行员的指令。

1. 电传飞行控制系统分类

根据所使用的飞行控制计算机形式的不同，电传飞行控制系统分为模拟式和数字式两个类别。模拟式电传飞行控制系统是指使用模拟计算机作为控制器进行控制规律计算、余度管理解算以及控制转换逻辑运算的电传飞行控制系统。数字式电传飞行控制系统是指使用数字计算机作为控制器进行控制规律解算以及余度管理的逻辑判断及运算的电传飞行控制系统。现今，数字式电传飞行控制系统是指使用微型数字计算机作为控制器的飞行控制系统。这一类系统中，传感器、伺服机构等仍是模拟部件。所以有人把这种系统称为混合式数字电传飞行控制系统。与之相对应的全数字式电传飞行控制系统则是从传感器、计算机到伺服机构均是以数字信号形式存在的系统。

与传统飞行控制系统相比，电传飞行控制系统已将控制增稳系统中的机械操纵部分完全取消，飞行员的操纵指令完全以电信号的形式，利用控制增稳系统实现对飞机的操纵。电传飞行控制系统是全时、全权限的"电信号＋控制增稳"的飞行操纵系统。由于电传飞行控制系统没有机械通道，故其结构简单、体积小、质量轻，不存在机械传动装置中的间隙、摩擦、滞后等不良影响，能显著提高飞机的操纵质量。电传飞行控制系统由于能分散布局，可提高飞机的生存能力（飞机被炮火击中后，安全返航的能力）。由于取消了机械操纵系统，因此对电传飞行控制系统的可靠性要求很高，目前提高可靠性的主要措施是采用多余度技术，具有表决器/监控器鉴别并切断有故障的系统，保证飞机正常飞行。

对电传飞行控制系统的分析设计，主要包括两个方面：一是控制规律；二是可靠性。控制规律是要保证飞机飞行品质满足飞行品质规范要求，即保证飞机具有良好的稳定性和操纵品质；可靠性要保证电传飞行控制系统满足可靠性规范的要求，即保证飞机的飞行安全和完成任务的可靠性。因此，控制规律和可靠性是电传飞行控制系统的两个重要内容。

2. 电传飞行控制系统与常规飞行控制系统的异同

为了实现从驾驶员到飞机舵面的操纵链，必须首先将飞行员的操纵量(驾驶杆和脚蹬的位移或力)变换为电气指令信号，然后在飞机气动面之前，将该电气指令信号转换成操纵机构的机械位移，从而达到操纵飞机舵面、控制飞机运动的目的。不过，这种电气信号传递方式除取消笨重的机械传动杆系和减小了原机械传动的间隙、摩擦等非线性影响，并未对改善飞机的飞行品质作出贡献。所以，这种电气信号传输系统的实际飞行应用并不多见(往往被用来作为电传系统的应急备份，称为"直接链")。绝大多数电传飞行控制系统均利用其电气信号易于综合、校正和转换的便捷性，至少设计成控制增稳系统。

电传飞行控制系统是将控制系统中的机械传动链完全去掉(仅留下人工感觉系统所必需的机械传动部分)，从而变成一个全时间工作、全权限控制气动面的控制增稳系统。由于不存在机械联系，所以也可以把伺服作动器(舵机)与动力作动器(助力器)合为一个组合作动器，如图 11-5-2 所示。

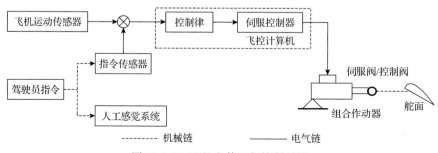

图 11-5-2　飞机电传飞行控制系统

必须强调指出的是，电传飞行控制系统在完全取消了机械操纵链之后，由于电子-电气器件所组成的单重电气信号传输系统的可靠性无法同机械操纵链相匹比，因而无法满足作为飞行安全关键系统的飞行控制的可靠性要求。所以，电传飞行控制系统均是以多重余度的形式设计和实现的。

11.5.2　电传飞行控制系统可靠性和余度技术

1. 电传飞行控制系统的可靠性

尽管机械操纵系统有各种各样的缺点，但它有一个最大的优点，那就是有较高的安全可靠性。安全可靠对飞机是至关重要的，只有当电传飞行控制系统的安全可靠性与机械操纵系统相近，电传飞行控制系统才能被广泛使用。因此，从控制增稳系统发展到电传飞行控制系统，关键的问题在于安全可靠性。

飞机飞行安全可靠性可用飞机每 10 万次飞行的损失率或事故率来表示，也可以用飞机未完成规定任务的概率表示。美国《有人驾驶飞机飞行操纵系统——设计、安装和试验通用规范》MIL-F-9490D 根据操纵系统故障后的性能，将操纵系统的工作状态分为五级。其中 V 级工作状态指的是飞机操纵系统的故障引起操纵系统工作性能下降到只能使飞机做有限的机动飞行，以实现乘员安全弹射跳伞所必需的工作状态。使操纵系统落入此种工作状态的故障概率和飞机的最大损失率 Q_s 基本上是对应的。

如果以飞行小时为单位计算飞机的飞行安全可靠性指标，依据美国空军的统计资料，要使电传飞行控制系统具有与不可逆助力操纵系统相当的安全可靠性，其可靠性指标应为 $1.0 \times 10^{-7} \mathrm{h}^{-1}$ 左右。但是，根据目前电子元件可靠性水平，单通道电传飞行控制系统的故障率约为 $1.0 \times 10^{-3} \mathrm{h}^{-1}$。要使电传飞行控制系统的可靠性满足上述要求，必须采用余度技术。

据可靠性理论计算，系统的最大损失率 (Q_s) 与余度数目 (N) 之间的关系，如图 11-5-3 所示。

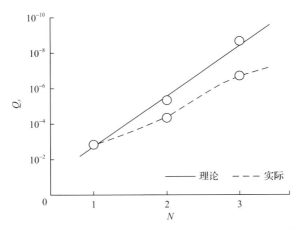

图 11-5-3　系统最大损失率 Q_s 与余度数目 N 之间的关系曲线

由图 11-5-3 可知，单通道电传飞行控制系统的故障率约为 $1.0 \times 10^{-3} \mathrm{h}^{-1}$，当电传飞行控制系统采用三余度或四余度时，其安全可靠性就可以大大提高，满足接近或不低于不可逆助力操纵系统的可靠性水平。

2. 电传飞行控制系统的余度技术

余度技术是指：通过为系统增加多重资源（硬件和软件的重复配置），实现对多重资源的合理管理，从而提高产品和系统可靠性。可见，余度技术的两个要素是：合理的余度布局配置和完善的余度管理方案选定。

图 11-5-4 给出了一个四余度电传飞行控制系统结构简图。该系统的操纵力传感器、飞行状态传感器(如速度陀螺、加速度计等)、前置放大器、执行机构和计算机均有四套，从而构成四余度系统。

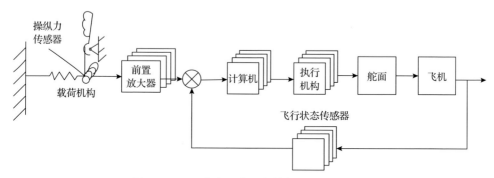

图 11-5-4　四余度电传飞行控制系统结构简图

1)余度形式的选择

这里讨论的余度形式及其选择是指：相似余度、非相似余度以及余度通道工作方式(热运行、冷备份)的取舍。

(1)相似余度。

采用完全相同的硬件(或软件)所组成的多重余度系统，构成相似余度。相似余度的弱点在于无法抗拒共性故障的雪崩式损害。

(2)非相似余度。

由非相似余度设计思想建立的余度系统体制，其中，非相似硬件要求构成系统的各个余度通道是由完全不同的工作原理、不同的线路、不同的元器件而设计的硬件。对于非相似软件，则要求以不同的程序语言、使用不同的开发工具，并由不同的设计人员完成的软件。这一安排的优点是：可以大大减少各余度通道之间遭受共同故障而同时丧失功能的概率，从而增加系统的生存能力和提高可靠性。

余度通道间的运行状态可分为热并行运行方式和主备方式。

①热并行运行方式中，全部(N 个)余度均在执行同一任务的热运行之中。此时，可以采用多余度表决原则进行监控。如果选择 "N 中选 K" 准则，则在 N 个热并行运行的余度系统中，允许 $N–K$ 个系统失效，而不影响系统的正常工作任务的完成。

②主备方式，是指系统虽然具有 N 个余度，但是在工作时间内，只有一个工作通道在运行，其他余度通道不运行、不参与控制，而只是处于备份状态。当运行的余度通道出现故障时，切除工作通道，并自动转换到等待切入的备份余度。

因为每一时刻只有一个余度通道在运行，所以此类系统也可以认为是"N 中取 1"系统。显然，主备余度这种安排，除要求其必须具备良好的故障检测手段和完善的自动切换机制之外，还必须具有及时的启动备份余度的能力。

2）余度管理

余度管理的目的是最大限度地提高系统的可靠性，使系统在正常工作时高效率地运行，产生故障后，系统性能降低最小，并对故障瞬态提供保护。余度管理方式的优劣对余度系统的可靠性、质量、体积、复杂性和费用起决定性的作用，它是余度系统设计的核心。余度管理主要是信号选择（表决）和故障监控与隔离。

（1）信号表决准则。

信号表决是指：采用指定的表决准则（或算法），从多个同名的可用余度信号中选择（或处理）出供系统使用的工作信号。实现这一功能的线路、机构或逻辑，称为表决器。信号表决，也称为信号选择、信号选取。各种余度信号（如模拟量、离散量），均应进行表决，以求在所建立的信号链上传递唯一的工作信号。

在假定参与表决的信号已经经过监控器的判定，并证明均是可用信号的条件下，信号表决的准则可以分为下列几种：

①信号的多数表决准则。在多余度同名信号中，取多数相同的信号值为选定值，是在通常情况下最为公正的准则。当然，这种表决方式的公正基础是多数信号必须是正确的。这一准则，对离散信号的表决直接有用。因为离散量的真值（或假值）是严格一致的。考虑到模拟量各余度信号之间存在无法避免的差异，因此仍需对这些"正确的多数"信号进行指定值、均值等信号选择的处理。

②指定信号值表决准则。指定余度信号中的某一具有特定属性的信号值为使用信号值。例如，对于物理的四个余度信号，一般可以区分出最大值、次大值、次小值和最小值等四种信号（也可能出现相等、并列值情况，并不影响信号的表决）。此时，如果表决准则指定次大值（或次小值）为有用值，则比指定最大值（或最小值）的选择，正确概率更高一些。

对于三余度信号的情况，选择三个信号的中值，比较可靠。

③均值表决准则。均值表决准则，是把正确的信号加以平均，并以平均值作为选定信号值。

需要说明的是，上述表决方式的讨论，是建立在信号的正确（有效）与错误（失效）已经由监控算法做出正确判断的基础之上的。

（2）故障监控与隔离。

故障监控与隔离是感受各通道工作状况，从而检测并隔离故障。完成这种功能的装置为监控器，可以用硬件或软件实现。余度系统中必须要包括故障监控与隔离装置。

监控主要分为两种：比较监控与自监控。比较监控，是通过把各余度信号加以相互比较的方法，实现对故障的检测和识别。自监控是通过硬件、软件或硬/软件综合等手段，无需外部任何支持条件而仅依靠本通道(本余度)自身的能力，所提供的故障检测与识别方式。自监控也称为自检测、通道内自监控。

故障隔离是故障监控的任务之一，其目的在于剔除已经发生故障的信号和功能，使之不再参与(不再影响)系统的正常运行。飞行控制系统的故障信号与故障功能的隔离，所采用的方式有如下几种：

①利用表决器及监控器的重构，完全舍弃已发生故障的信号，使其不再参加信号链的信息表决和传递。

②利用转换机构(开关、离合器)、转换线路(逻辑电路)切除已发生故障功能对系统的影响。

③在地面维护性测试条件下，可以通过监控器将故障进行定位，进行人工更换，从而达到隔离的目的。

11.5.3　电传飞行控制系统控制规律模态

1. 控制规律基本模态

1)主控制模态

主控制模态包括控制增稳、中性速度稳定性、飞行参数(法向过载、迎角限制和滚转速度等)边界限制、惯性耦合抑制等功能。

控制增稳功能是电传飞行控制系统最基本的工作模态。众所周知，稳定性与操纵性是飞机设计中的两项基本要求，也是评定飞机飞行品质的重要内容之一。在寻求改善飞行品质的过程中，电传飞行控制系统改变了常规布局飞机设计中需要保证静稳定性的严格限制，从而可以根据飞机设计的任务需求，选择和优化最有效的气动布局。而基本的稳定性与操纵性要求，则由装订于飞行控制计算机中的相应控制规律予以保证。控制增稳功能是电传飞行控制系统主控制模态最基本功能的另外一个原因是，主控制模态将在整个飞行包线内，全时、全权应用。

2)独立备份模态

电传飞行控制系统的备份模态，是独立于所有其他控制模态的应急工作模态。当多余度的电传飞行控制系统不能正常工作时，可自动地或由驾驶员手动切换到备份模态。此时，放宽对飞行控制系统完成原定任务能力的要求，仅要求备份模态保障飞机安全返航着陆。在电传飞行控制技术发展的初期阶段，系统备份模态曾经采用机械操纵系统。在后来的电传飞行控制系统研究中，常常选用独立的电气备份。电气备份既可以采用电信号直接链开环控制，也可以采用闭环控制。这种独立于其他控制模态的电气备份，不仅不会影响主控制模态的控制性能和飞行品质，而且还克服了机械备份的不利影响，不再需要复杂的转换装置和机械设计与维护，从而使飞行控制系统总重量减轻、成本降低。

独立备份模态纵向控制规律设计，是备份模态的关键，需要优先保证低速和起飞/着陆飞行状态的性能和飞行品质。通常采用俯仰速度反馈构成备份系统的闭环控制，提供俯仰轴的增稳和控制，驾驶员的操纵指令控制飞机的俯仰速度响应。对于横航向控制规律，通常采用滚转速度和偏航速度反馈构成闭环控制，提供滚转轴和偏航轴的增稳和控制，也可以采用直接链形式的开环控制。

3) 控制规律其他模态

自动飞行控制模态，可以替代驾驶员来控制和稳定飞机的角运动、重心运动，实现姿态控制、航迹控制、自动导航、自动着陆等，并可减轻驾驶员的工作负担和改善飞行品质(稳定性与操纵性)。飞机自动飞行控制，通过自动地控制飞机操纵面而控制飞行姿态、轨迹，既可以自动地稳定姿态、高度和航迹，也可以控制飞机爬升、下滑和协调转弯等。对每一种自动控制功能，其接通与断开、控制逻辑变换均有相应的准则和限制要求。一般情况下，采用自动控制功能时的性能要求，仅适用于平静大气。

2. 主动控制功能

主动控制技术的应用，包括放宽静稳定性、直接力(直接升力和直接侧力)解耦控制、机动载荷控制、阵风缓和、主动颤振抑制等功能。

放宽静稳定性设计的目的是提高机动性、增加航程和减轻飞机重量，其效益主要在于提高升力系数、减小尾翼载荷和附加阻力。实现静稳定性放宽的飞机在亚声速飞行状态下是不稳定的。因此，必须由控制系统提供人工静稳定性，并保证与常规操纵飞机具有相同的安全可靠性。附加的人工静稳定性补偿，必须借助于全时间、全权限的电传飞行控制系统才能实现。

具有先进控制功能的飞机通常采用新操纵面(如鸭翼)、变机翼弯度与后掠角，以及发动机喷口转向、发动机和机身运动更加密切的综合控制等，这些广义操纵面必须密切配合使用，针对此类飞机所设计的控制规律的复杂性是驾驶员人工开环操纵无法实现的。因此，必须借助于闭环反馈控制系统实现复杂的控制规律，并发挥主动控制功能的效益。

3. 控制规律模态转换

工作(正常/故障)状态，可以由手动或自动完成工作模态的转换。这种转换的本质，是控制规律模态之间的转换。在模态转换过程中，不同模态控制规律的动、静态参数甚至控制规律结构的不同，必然会使飞机产生不系统的瞬态响应。模态之间的控制规律结构和参数的差异越大，转换瞬态也越大。为了抑制转换瞬态，如果要求驾驶员在转换过程中做出相应的操纵动作，这无疑增加了驾驶员的工作负担，而且在短暂(一般 2～5s)转换过程中急剧的瞬态响应，驾驶员也很难用操纵动作加以抑制，因此必须采用自动转换瞬态抑制措施。

为了抑制转换瞬态，在模态转换控制中可以设计专用程序，即"淡化器"。"淡化器"可以使转换时断开的控制模态逐渐退出，接通的控制模态逐渐进入。

11.5.4 典型电传飞行控制系统分析

多余度电传飞行控制系统实质上可以看成由多套单通道系统按照一定的关系组合而成的。因此，下面主要对纵向单通道电传飞行控制系统的组成、工作原理和控制规律进行分析，然后对四余度电传飞行控制系统进行简要介绍。

1. 纵向单通道电传飞行控制系统结构

图 11-5-5 为典型纵向单通道电传飞行控制系统结构图。电传飞行控制系统是在控制增稳系统的基础上发展而来的，所以它的组成与前者类似。其不同点是：取消了机械通道，只保留由飞行员经操纵力传感器输出的电指令信号通道。这对操纵系统来说是一场革命，革掉了传统的机械传动装置，随之用电信号来传递飞行员的操纵指令；在正向通道中增加过载限幅器、自动配平网络和为了补偿飞机静不稳定而需要的人工稳定回路，该回路称为放宽静稳定性(relaxed static stability，RSS)回路；在反馈通道内增加迎角/过载限幅器，以增加飞机安全性。

图 11-5-5 中 $F_A(s)$、RSS、$F(\alpha)$ 分别表示自动配平网络、放宽静稳定性回路和迎角/过载限幅器；$F_1(s)$、$F_2(s)$ 和 $H(s)$ 分别表示低通滤波器和清洗网络；$F_s(s)$ 为机体结构陷幅滤波器。带有下标的 K 和 k 分别为相应环节的传递系数，$K(q)$ 是动压 q 的函数，它表示该增益是随飞行状态变化而自动调整的。

需要指出的是，如果飞机是静稳定的，且其静稳定度又符合规范要求，那就不必再引入人工稳定性回路了，这里只是为了说明人工稳定性回路的功能而引入的。

2. 纵向单通道电传飞行控制系统工作原理

图 11-5-5 单通道电传飞行控制系统具有操纵和稳定两种工作状态。当系统处于操纵状态时，飞行员的操纵，经操纵力传感器产生电指令信号与来自测量飞机运动参数的速度陀螺和加速度计信号综合后的信号比较，以其差值信号驱动平尾偏转，使飞机做相应的运动，当飞机的运动参数达到飞行员的期望值时，平尾停止偏转，从而使飞机保持在飞行员所期望的运动状态；当飞机做等速直线水平飞行时，如果飞机受到扰动破坏了该运动状态，那么速度陀螺和法向加速度计有相应的信号输出，该信号与操纵力传感器的电指令信号相比较而形成新的误差信号，以此差值信号驱动平尾偏转，使飞机自动恢复到原运动状态。

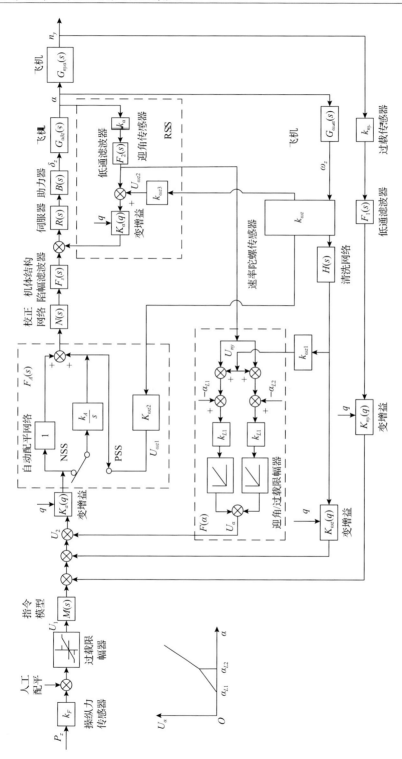

图11-5-5　典型纵向单通道电传飞行控制系统结构图

1）过载限幅器和迎角/过载限幅器

当飞机高速飞行时，虽然迎角不大，但此时飞行员若操纵过猛，常会出现很大的法向过载，以致飞机结构可能被破坏。为此，在指令模型前设置了一个非对称过载限幅电路，以限制飞机可能出现的最大正（或负）过载。例如，当飞行员操纵疏忽产生一个很大的正过载指令信号时，由于有限幅电路的存在，其输出电压 U_1 的最大值受到限制，这就限制了最大的平尾偏转角，从而限制了飞机的最大法向过载，以确保飞机高速飞行时的安全。

飞机低速飞行时其法向过载往往不大，但若操纵疏忽可能会出现超过失速迎角而造成飞机失速。有时即使飞机还没有达到失速迎角，但当飞机迎角超过一定值后，可能使飞机横航向运动由静稳定变成静不稳定，为此需要设置迎角限制值（如 α_{L1}）。此外，当实际迎角大于某值（如 α_{L2}）时，飞机的迎角静稳定导数 m_z^α 值开始向正向增大，即迎角静稳定性减弱。此时如果迎角反馈信号的强度不够，则可能使等效飞机迎角静不稳定。为了增加迎角反馈信号的强度，在系统中设置了 α_{L2}。这样，当实际迎角小于 α_{L1} 时，经迎角/过载限幅器输出的电压信号 $U_\alpha = 0$；当 $\alpha_{L1} < \alpha < \alpha_{L2}$ 时，$U_\alpha \neq 0$；当 $\alpha < \alpha_{L2}$ 时，U_α 骤然增加，即引入很强的迎角反馈信号，从而大大减小飞行员的指令信号，以限制迎角继续增大，使迎角被限制在某一允许的范围内，从而保证飞机低速飞行时的安全性。

另外，在迎角/过载限幅器入口处还引入 $U_{ny} = k_{\omega z1} k_{\omega z} \omega_z$ 信号。因为 $\omega_z \approx \frac{g}{V} n_y$，所以此信号实际上与过载 n_y 成正比。这样，U_α 不仅取决于迎角 α，而且还与过载 n_y 有关。于是，此限幅器不仅能限制迎角，还能限制过载，哪一个量先达到预定的限制值，就限制哪一个。正因为这个缘故，此限幅器取名为迎角/过载限幅器。总之，引入过载限幅器、迎角/过载限幅器是用来防止飞行员操纵时，由于操纵疏忽而危及飞行安全的一种有效保护措施，使飞行员能放心大胆地操纵，从而改变飞机的操纵性。

2）自动配平网络

操纵力 P_z 对于速度 $V(Ma)$ 的梯度 P_z^V，称为操纵力速度梯度，它是飞机静操纵性的一个重要指标。

操纵力速度梯度与飞机速度静稳定性有如下关系：对于具有速度静稳定性的飞机，$P_z^V > 0$，即要求增加速度时需要向前推驾驶杆，这和飞行员的生理习惯一致；对于速度静不稳定的飞机，$P_z^V < 0$，即要求增加速度时需要向后拉驾驶杆，出现反操纵现象；对于速度中立稳定的飞机，$P_z^V = 0$，即速度的改变与驾驶杆的操纵无关。这样，可定义 $P_z^V > 0$ 为正速度稳定性（PSS），简称速度稳定性；$P_z^V < 0$ 为负速度稳定性；$P_z^V = 0$ 为中立速度稳定性（NSS）。

在系统的正向通路中引入自动配平网络的目的是使系统既有中立速度稳定性(图 11-5-5 中开关处于 NSS 位置)控制规律的特点,又具有正速度稳定性(图 11-5-5 中开关处于 PSS 位置)控制规律的特点。图 11-5-5 中表示的是开关处于 NSS 的情况,其中积分环节的作用是:在操纵状态下,使操纵力指令信号与俯仰角速度、法向过载反馈信号综合后的误差保持为零;在扰动状态下,使任何非指令信号的反馈信号(俯仰角速度或法向过载信号)能自动减小到零。由于前向通道中积分环节的存在,纵向操纵力与平尾偏角失去了比例关系,从而使飞机的速度、迎角、过载与纵向操纵力失去了比例关系,飞机的这种特性通常称为中性速度稳定性。在这种情况下,系统呈现比例-积分控制规律的特点,其相应的传递函数为

$$F_A(s) = 1 + \frac{k_A}{s} \tag{11-5-1}$$

由式(11-5-1)可知:在高频区域内,此环节近似地等效为一个比例环节,使这个系统具有快速响应的特点;在低频区域,此环节近似地起积分作用,使系统具有一阶无静差的特点,即呈现中立速度稳定性控制规律特点。

例如,飞机在飞行员无操纵输入的情况下做等速直线水平飞行。如果飞机受到某个不平衡力矩的作用使得俯仰角速度不等于零,那么系统会自动偏转舵面,直至不平衡力矩消失,从而实现自动配平的目的。

但是,上述控制规律在飞机的起飞和着陆过程中会给飞行员对飞机的操纵带来困难。因为在起飞着陆过程中,飞行员要根据起飞着陆的进程,操纵驾驶杆,偏转平尾来改变迎角,控制飞机的速度和轨迹俯仰角。

积分作用的存在会使驾驶杆的位置与舵面偏角之间失去比例关系,这使得飞行员不容易掌握所需的驾驶杆操纵量。以着陆拉平阶段的操纵为例,在正常情况(比例式操纵)下,飞行员为增大迎角,会逐渐向后拉驾驶杆使平尾前缘逐渐下偏,以达到拉平飞行的目的。在比例加积分控制的情况下,由于积分作用会不断地配平飞行员对平尾的操纵,当飞行员按照习惯拉杆时,会感觉操纵量不足,从而增大操纵量。这很有可能会使飞机反应过分猛烈,甚至可能会造成事故。为此,在起飞或着陆飞行中,当飞机起落架放下时,系统中计算机输出一个电信号,自动将积分器切除,并将图中开关转换成 PSS 状态,如图 11-5-6 所示。此时相应的传递函数为 $F_A(s) = 1$,系统

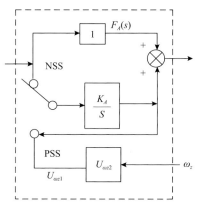

图 11-5-6 PSS 状态时自动配平网络结构图

呈现比例控制特性，此时要求飞行员进行人工配平。

值得指出的是，当系统处于 PSS 状态时，飞机的阻尼可能会很小。为此引入 $U_{\omega z1}=k_{\omega z2}\omega_z$ 信号，以增加等效飞机的阻尼，改善飞机的动稳定性。

3）放宽静稳定性回路

在现代歼击机设计中，为获得高性能，常常采用放宽静稳定性技术将飞机设计成亚声速飞行时是静不稳定的，或接近中立稳定的，在超声速飞行时是静稳定的。例如 F-16 飞机，在亚声速以小迎角飞行时，在空战状态下，其纵向设计成静不稳定的，$m_z^{c_y}=0.06$；在有外挂物对地攻击时设计成 $m_z^{c_y}=0.1$；在超声速或亚声速大迎角飞行时设计成静稳定的，$m_z^{c_y}=-0.06$。这样使 F-16 飞机具有较高的机动能力，如其最大可用法向过载达 $9g$。当飞机静不稳定时，不利于飞行员操纵，为此在系统中要用迎角反馈信号来补偿静稳定性不足，如图 11-5-5 中所示的放宽静稳定性回路（RSS）。

这里，引入迎角反馈的目的就是补偿飞机静稳定性，产生人工稳定性，以实现放宽静稳定性要求。但等效飞机静稳定性增强的同时，阻尼比就会下降。为补偿阻尼比下降，在 RSS 中引入俯仰角速度反馈信号 $U_{\omega z2}=k_{\omega z3}k_{\omega z}\omega_z$，采用 $K_\alpha(q)[F_2(s)k_\alpha\alpha+k_{\omega z3}\omega_z]$ 反馈，使等效飞机具有适量的阻尼比，以便飞行员能正常操纵飞机。

4）机体结构陷幅滤波器

初步分析设计电传飞行控制系统，通常将飞机视为刚体，但实际上并非如此。这是因为现代高性能歼击机为了减小阻力，采用长细比较大的机身和相对厚度较小的机翼，再加上尽可能减轻飞机的结构质量，更使其刚度下降。这样。飞机在空中飞行时，就不能把它仅仅看成刚体，而应是弹性体，即飞行时除了有刚体运动，还有机体结构的弹性弯曲振动。这种弯曲振动模态与刚体运动模态的主要区别是：频率高，振型多达六阶以上，并且这种振动会在机体的不同部位引起不同的运动。由于系统中传感器不仅感受飞机的刚体运动，而且也感受机体结构的弯曲振动，控制系统传感器安装位置的不同将影响其输出信号的幅相特性，从而引起舵面不同的附加偏转。当这些信息通过控制系统对舵面起作用时，由于系统总有延迟，即相位上的滞后，若在弯曲振动频率范围内恰好满足弹性飞机电传飞行控制系统不稳定条件，那么整个系统将出现耦合发散，导致飞机损坏。为避免上述现象发生，除了应适当选择传感器的安装位置，一个重要的措施就是在系统中引入机体结构陷幅滤波器 $F_s(s)$。通常它位于综合校正网络和伺服器之间，其目的是衰减机体结构振动模态，以保证系统稳定性和安全性。

图 11-5-7 为某电传飞机机体结构陷幅滤波器的对数幅频特性曲线，该滤波器的表达式为

$$F_s(s) = \frac{\left(\dfrac{s}{70}\right)^2 + 2 \times 0.06 \times \dfrac{s}{70} + 1}{\left(\dfrac{s}{65}\right)^2 + 2 \times 0.6 \times \dfrac{s}{65} + 1} \cdot \frac{1}{\dfrac{s}{70} + 1} \qquad (11\text{-}5\text{-}2)$$

由图 11-5-7 可见，它可滤除飞机的一阶弹性弯曲模态的影响，或者说对该频率的信号起阻塞作用，不让其通过，使得该频率的信号增益为最小。因为其形状类似陷落，故该滤波器取名为机体结构陷幅滤波器。

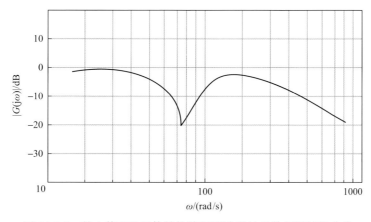

图 11-5-7　某电传飞机机体结构陷幅滤波器的对数幅频特性曲线

5）其他环节

除了上述几个环节，图 11-5-5 中的指令模型 $M(s)$ 实际上是一个低通滤波器，一方面可滤掉操纵力的猛烈冲击和高频噪声，另一方面也可使指令变得柔和而平滑；校正网络 $N(s)$ 一般筛选滞后或超前网络，其目的是补偿伺服器、助力器等引起的相位滞后，改善系统的动态品质；法向加速度、迎角信号分别通过低通滤波器 $F_1(s)$、$F_2(s)$，以衰减机体的高频噪声；清洗网络 $H(s)$ 的作用是滤掉稳态俯仰角速度信号，克服在稳态盘旋时由常值稳态俯仰角速度信号引起的低头力矩，提高转弯机动性。

3. 纵向单通道电传飞行控制系统控制规律

由上述分析，典型纵向电传飞行控制系统控制规律的功能模块如图 11-5-8 所示。如果纵向电传飞行控制系统还包括其他操纵面（如鸭翼等），则还应包括操纵面之间的交联模块。在实际系统中，为了实现控制规律模态转换，可能还包含逻辑控制模块等。此外，纵向电传飞行控制系统控制规律还应该包括横航向的协调控制模块，该模块应根据滚转角提供升降舵面的相应偏转。

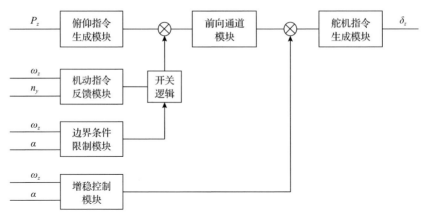

图 11-5-8　纵向电传飞行控制系统控制规律功能模块图

机体结构陷幅滤波器 $F_s(s)$ 的主要作用是衰减(或阻塞)机体结构振动模态,以保证飞行安全。但考虑到弹性飞机振动模态的频率远比刚体飞机运动模态的最大频率高,所以在讨论控制规律时,通常可以将它忽略不计,即令 $F_s(s)=1$。

4. 四余度电传飞行控制系统工作原理

四余度电传飞行控制系统实质上是由四套完全相同的单通道电传飞行控制系统组合而成的,其目的是使电传飞行控制系统的可靠性至少不低于机械操纵系统,因此四余度电传飞行控制系统的组成、工作原理基本与单通道电传飞行控制系统相同,只是在每个传输信号的通道中还增加了表决器/监控器电路等,如图 11-5-9 所示。

图 11-5-9 为四余度模拟式电传飞行控制系统原理示意图,它是由 A、B、C、D 四套完全相同的单通道电传飞行控制系统按一定关系组合而成的。其中,状态传感器指的是除了操纵力传感器以外的其他测量飞机飞行状态的传感器,如迎角传感器、角速度传感器、过载传感器等;综合器/补偿器用于对输入的电信号进行信号综合和补偿;表决器/监控器用来监视、判别四个输入信号中有无故障信号,并输出一个从中选择的正确的无故障信号,如果四个输入信号中任何一个被检测出是故障信号,则系统将自动隔离这个故障信号,不使它输入后面的舵回路中。

当四套系统工作都正常时,飞行员对驾驶杆的操纵经操纵力传感器 A、B、C、D 以及飞机的飞行状态参数经飞行状态传感器 A、B、C、D 各自产生四个同样的电指令信号,分别输入相应的综合器/补偿器中,再通过四个表决器/监控器的作用,分别输出一个正确的无故障信号加到相应的舵回路,四个舵回路的输出通过机械装置共同操纵一个助力器,使舵面偏转,以操纵飞机相应的运动。

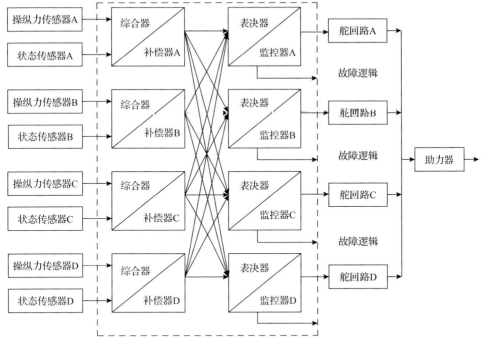

图 11-5-9 四余度模拟式电传飞行控制系统原理示意图

　　若某一个通道中的操纵力传感器或其他部件出现故障，则输入表决器/监控器的四个输入信号有一个是故障信号，此时由于表决器/监控器的作用，将隔离这个故障信号。每个表决器/监控器按规定的表决方式选出工作信号，并将其输出到舵回路，再驱动助力器、平尾，于是飞机按飞行员的操纵意图做相应运动。如果某一通道的舵回路出现故障，它本身能自动切除与助力器的联系(因舵回路采用余度舵机)，这样输入助力器的仍是一个正确的无故障信号。同样，如果系统中某一通道再出现故障，电传飞行控制系统仍能正常工作，而且不会降低系统的性能。由此可见，四余度电传飞行控制系统具有双故障等级，故它又称双故障/工作电传飞行控制系统。

　　综上所述，电传飞行控制系统可以将飞行员的操纵指令信号，只通过导线(或总线)传给计算机，经其计算产生输出指令，操纵舵面偏转，以实现对飞机的操纵。它显然是一种人工操纵系统，其安全可靠性是由余度技术来保证的。

　　考虑到横航向电传飞行控制系统的组成、工作原理和控制规律形式基本与纵向电传飞行控制系统类似，故不再介绍。

　　一个电传飞行控制系统的典型实例是 F-16 飞机的电传飞行控制系统，该电传飞行控制系统是模拟式四余度电传飞行控制系统，该系统具有如下特点：

　　(1)纵向放宽静稳定性，以提高飞机的机动性；

(2)三轴控制增稳，以提供精确的控制和极好的操纵品质；

(3)具有双故障安全的故障等级，以提供高度的安全性和任务成功的概率；

(4)全电传飞行控制系统为改善操纵品质提供最大的灵活性；

(5)能自动限制迎角，这样允许飞行员无顾忌地发挥飞机的最大能力，不必担心由于疏忽造成的失控；

(6)机内具有自检能力，以最短的停飞维护时间保证电传飞行控制系统处于良好的飞行准备状态。

11.5.5　电传飞行控制系统的主要特点

1. 设计特点

当前，现代高性能歼击机通常安装了三轴电传飞行控制系统。其电传飞行控制系统设计的指导思想主要是尽可能提高飞机整体性能，其设计特点主要包括：①飞机气动布局比较灵活，构形比常规飞机复杂，操纵面多，甚至达 10 个以上；②具有多模态和多功能特点，如三轴控制增稳、边界限制和防失速尾旋功能等；③边界限制功能的内容较多，如包括对多种指令、迎角、侧滑角、俯仰角速度、滚转角速度和法向过载限制等；④与其他系统交联多，如与自动驾驶仪、发动机推力控制系统交联等；⑤为了保证复杂的三轴电传飞行控制系统的安全可靠性，除了配有备份系统，在主系统中还常采用非相似余度技术来设计余度系统，故系统余度结构复杂。

2. 主要优缺点

同机械操纵系统相比，电传飞行控制系统有如下优点：

(1)减轻了飞行控制系统的体积和质量，降低了飞行控制系统的安装、维护费用。

(2)飞机操纵稳定特性不仅得到根本改善，且可以发生质的变化，且对飞机结构变化的影响不敏感。

(3)消除了机械系统的非线性摩擦、间隙、滞环等非线性因素的影响，容易调整飞机响应和操纵力之间的函数关系，使其在所有飞行状态下满足要求，可改善精确微小信号的操纵，改善飞机操纵品质。

(4)可使用侧杆，从而改善驾驶员对座舱仪表的视界和观察条件，增加座舱布局设计的灵活性。

(5)提高战伤生存力。由于采用余度技术，其总线(导线)可在机翼和机身内部分散安排，所以在战伤生存性、安全可靠性方面，电传飞行控制系统也优于机械操纵系统。

(6) 简化了主操纵系统与其他系统的组合。因电气组合简单，故电传飞行控制系统与战术武器投放系统、自动跟踪系统、自动着陆系统等自动控制系统的结合是很方便而且容易实现的。

(7) 使飞机设计具有更大的灵活性。电传飞行控制系统受飞机外形或系统性能变化的影响很小，这是因为电传飞行控制系统实际上控制的是飞机的运动而不是操纵面的位置。

目前电传飞行控制系统存在的问题包括如下几点：

(1) 单通道电传飞行控制系统可靠性不高，导致其成本较高。为了克服这一问题，目前均采用三余度或四余度电传飞行控制系统，并利用非相似余度技术设计备份系统，如四余度电传飞行控制加二余度模拟热备份系统，这必然导致系统成本较高，需要进一步简化余度和降低各部件成本。

(2) 电传飞行控制系统易受雷击和电磁脉冲波干扰影响。目前解决这些问题的唯一办法是采用光纤作为传输线路，因为光纤式介质材料不向外辐射能量；不存在金属导线所固有的地环流及由此产生的瞬时扰动；对核辐射、电磁干扰不敏感；可以隔离通道之间的相互影响；再加上光纤系统传输容量大，一根光纤能传输视频、音频及数据信息。由于光纤技术的发展和数字式电传飞行控制系统的发展，出现了光传飞行控制系统。但这种系统的强度、成本、地面环境试验以及光纤和飞机结构组合等问题有待进一步研究解决。

本 章 小 结

本章首先对飞机舵机、舵回路进行了分析。飞机舵机是舵回路的执行元件，它输出力矩(或力)和角速度(或线速度)来驱动舵面偏转。对常见电动舵机的组成、工作原理及特性进行了简要介绍。舵回路按照指令模型装置或敏感元件输出的电信号操纵舵面，执行来自飞行控制计算机的指令，将电气指令控制信号转换为作动器的机械操纵量，驱动相关舵面偏转，实现飞机角运动或航迹运动的自动稳定和控制。对舵回路的构成及分类进行了分析。舵回路反馈不仅可用来削弱铰链力矩对舵机工作的影响，而且可以利用不同形式的反馈构成不同形式的舵回路。同时对舵机和人工操纵系统的连接方式进行了简要介绍。

然后对阻尼器、增稳系统和控制增稳系统进行了分析，主要包括相关结构图、工作原理和控制规律。为解决超声速飞机因飞行包线不断扩大导致飞机自身性能急剧变坏问题，逐渐安装阻尼器、增稳系统和控制增稳系统。阻尼器使飞机阻尼性能得到改善；增稳系统不仅能改善阻尼，且能改善飞机的静稳定性；控制增稳系统不仅能改善飞机静稳定性，还能改善其操纵性。阻尼器、增稳系统和控制增稳系统与自动驾驶仪一样，也是基于反馈原理与飞机形成闭合回路。但其工作方式与自动驾驶仪不同，接入阻尼器、增稳系统或控制增稳系统之前，不需要建立基准工作状态，即在飞机起飞时就可接入。在增稳系统工作时驾驶员仍如平常一样进行驾驶，但其驾驶的是性能得到改善的飞机。

最后分析了在现代飞机上采用的电传飞行控制系统。电传飞行控制系统是将控制增稳系统的电气通道权限扩展为全权限后逐渐发展起来的。对电传飞行控制系统的基本组成、可靠性、主要特点和优缺点进行简要分析，对纵向单通道电传飞行控制系统的结构和工作原理进行了扼要分析。电传飞行控制系统较好地克服了机械操纵系统所存在的一系列缺点，并为实现主动控制技术奠定了物质基础。

习　　题

1. 简述电动舵机的工作原理。
2. 为什么要引入舵回路？其主要作用是什么？
3. 简述三种形式舵回路的结构，并比较这三种舵回路各有什么特点。
4. 飞行操纵系统与舵机的连接方式有哪几种？各存在什么问题？
5. 简述飞机引入阻尼器、增稳系统和控制增稳系统的必要性。
6. 阻尼器、增稳系统和控制增稳系统三者的关系如何？
7. 控制增稳系统中的指令模型的形式是依据什么原则确定的？
8. 控制增稳系统有哪几种控制规律？这些控制规律有什么特点？
9. 分析控制增稳系统中舵机的权限问题，如何扩大权限？会带来什么问题？
10. 引入过载限幅器及迎角/过载限幅器的主要作用是什么？
11. 请简要分析电传飞行控制系统与常规飞行操纵系统的异同及构成特点。

第12章　飞机自动飞行控制系统

通常，稳定和控制飞机的运动首先是控制飞机的角运动，使其姿态发生变化，而后飞机重心的轨迹才发生变化，所以稳定和控制飞机角运动是首要的。在分析与设计控制系统时，也往往从飞机角运动开始，首先保证飞机角稳定和控制回路的性能，并作为飞机轨迹运动控制系统的内回路，然后在此基础上分析与设计轨迹运动控制系统。飞机角稳定与控制也称为姿态稳定与控制，其相关控制回路称为姿态控制回路。为此，本章分别介绍飞机的纵向和侧向姿态，以及轨迹控制系统的工作原理。

12.1　飞机纵向姿态控制系统

飞机纵向姿态控制系统是飞机飞行控制系统的重要分系统，也是飞机纵向轨迹控制系统的重要基础。现以飞机俯仰角的稳定和控制为例，简述飞机纵向角运动控制的基本工作原理。在此之前，需要对驾驶员操纵飞机俯仰角过程进行简要介绍。

12.1.1　俯仰角控制的基本原理

1. 驾驶员操纵飞机俯仰角的过程

欲要求飞机做等速直线飞行，必须产生一定的升力 Y 以平衡重力 G，因而要求飞机有一定的起始迎角 α_0，飞机平飞时 $\alpha_0 = \theta_0$。为了维持这一迎角，驾驶员必须将升降舵上偏一定角度 δ_{z0}，使飞机绕 oz_t 轴的纵向力矩达到平衡，即

$$M_z^{\delta_z} \delta_{z0} + M_z^{\alpha} \alpha_0 + M_{z\alpha=0} = 0 \tag{12-1-1}$$

式中，$M_{z\alpha=0}$ 为 $\alpha=0$ 时的俯仰力矩；$M_z^{\delta_z} \delta_{z0}$ 为操纵力矩；$M_z^{\alpha} \alpha_0$ 为静稳定力矩。

驾驶员所建立的水平直线飞行的基准状态如图 12-1-1 所示。

假如在飞行过程中由于某种干扰使俯仰角增大了 $\Delta\theta$。如果要求驾驶员稳定此基准状态，驾驶员需要观察地平仪上的"小飞机"。驾驶员发现飞机已抬头，于是推驾驶杆，使升降舵从 δ_{z0} 的位置向下偏转 $\Delta\delta_z$，在此舵偏角增量所产生的低头力矩作用下，飞机俯仰角逐渐回到 θ_0 位置。在 θ 逐渐回到 θ_0 的过程中，驾驶员逐渐收回驾驶杆，直至 $\theta = \theta_0$，$\delta = \delta_{z0}$，飞机又恢复到水平飞行。

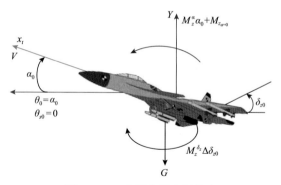

图 12-1-1　水平直线飞行状态

如果需要操纵飞机爬高，就要求俯仰角在原 θ_0 基础上增大 $\Delta\theta$ ，为此驾驶员应向后拉驾驶杆使舵上偏 $\Delta\delta_z$ 。在抬头操纵力矩作用下，俯仰角逐渐增大，驾驶员逐渐收回驾驶杆。当飞机达到 $\theta = \theta_0 + \Delta\theta$ 时，舵面又回到起始的 δ_{z0} 位置。此时飞机以新的基准状态按 θ 角爬高。为了补偿由于爬高所造成的速度损失，还必须推油门杆。

可见驾驶员稳定与操纵飞机的运动是在某一基准状态的基础上进行的。一般飞机飞行的基准状态取其水平直线飞行状态。在有人驾驶时，飞机的基准状态是由驾驶员建立的。驾驶员操纵飞机舵面给出基准舵偏角，以建立配平状态。若用自动驾驶仪来代替驾驶员，必须首先建立飞行基准状态，然后应用自动驾驶仪稳定与控制飞机。

2. 飞机俯仰角控制基本原理

稳定与控制是自动驾驶仪的两种工作状态。稳定是指稳定给定的基准状态，目的是使飞机尽可能不受外界干扰的影响。自动驾驶仪工作的目的是消除飞行器对基准运动的偏离，因此人们关心的是在基准运动附近的小扰动运动。控制是指外加一个控制信号去改变原来的基准运动。控制信号相当于在原基准信号的基础上附加一个增量信号。因此，稳定与控制都是在基准运动基础上的小扰动运动。在小扰动假设的前提下，才有可能将建立在小扰动线性化理论基础上的飞行器传递函数用于稳定与控制的结构，也才有可能将在空中运动的飞行器简化成这样一种线性系统来进行研究。

下面仅从控制飞机俯仰角的角度，简述其工作原理，原理方框图如图 12-1-2 所示，并由此导出控制规律，指出其特性。

图 12-1-3 给出了飞机简单角位移自动驾驶仪结构图。图中，飞机舵机用积分环节表示，升降舵偏角增量和飞机俯仰角增量之间的传递函数用飞机的短周期动力学模型表示，反馈通道为垂直陀螺，输入装置传递系数为 k_θ 。

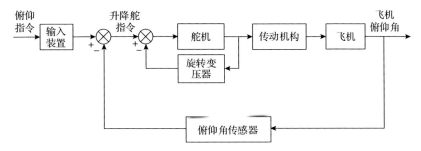

图 12-1-2　简单的俯仰角控制原理方框图

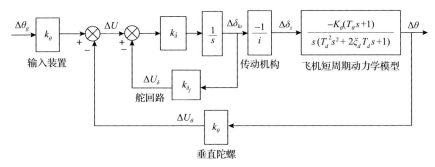

图 12-1-3　简单角位移自动驾驶仪结构图

若要求飞机增加俯仰角 $\Delta\theta_g$，而实际飞机的俯仰角增量为 $\Delta\theta$，则由于差值 $\Delta\theta_g - \Delta\theta$ 的存在，在信号的综合装置上形成误差信号 ΔU，且

$$\Delta U = k_\theta \left(\Delta\theta_g - \Delta\theta \right) \tag{12-1-2}$$

由式(12-1-2)可知，误差信号 ΔU 经放大后驱动舵机，舵机经传动机构带动舵面以操纵飞机。与此同时舵机又通过硬反馈将反馈信号加到综合装置中，舵面一直转到反馈信号 ΔU_δ 与 ΔU 相等。

飞机在 $\Delta\delta_z$ 作用下，其姿态的改变量 $\Delta\theta$ 逐渐趋于给定的值 $\Delta\theta_g$。随着 ΔU 减小，舵的反馈信号 ΔU_δ 超过 ΔU，放大器的输入信号极性改变，使舵机返回原来的基准位置。控制完成后，$\Delta U = 0$，$\Delta\delta_z = 0$，$\Delta\theta = \Delta\theta_g$。

由于舵回路采用位置反馈，因此有

$$\Delta U_\delta = -ik_{\delta_f} \Delta\delta_z \tag{12-1-3}$$

同时因为 ΔU_δ 最终与 ΔU 相等，则由式(12-1-2)和式(12-1-3)可得

$$\Delta\delta_z = \frac{k_\theta}{ik_{\delta_f}} \left(\Delta\theta - \Delta\theta_g \right) = K_z^\theta \left(\Delta\theta - \Delta\theta_g \right) \tag{12-1-4}$$

式中，$K_z^{\theta} = k_{\theta} / (ik_{\delta_f})$ 为俯仰角到舵偏角之间的传递系数或称传动比。

式(12-1-4)即该自动驾驶仪的控制规律，也就是舵的偏转角与输入信号之间的关系。它说明舵是按什么规律进行偏转的，并描述了自动驾驶仪的特性。

由式(12-1-4)所表示的控制规律指出，舵面的偏转角 $\Delta\delta_z$ 与被控量的差值成正比。所以人们也称其为"比例式驾驶仪"。这是一种最简单的比例式控制规律。因为这种比例关系完全靠舵回路的硬反馈来实现，所以也称为"硬反馈式自动驾驶仪"。图 12-1-4 为某型比例式俯仰角运动控制原理图。

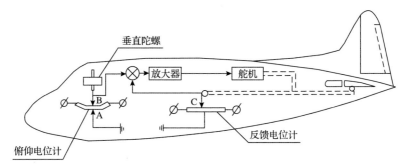

图 12-1-4　某型比例式俯仰角运动控制原理图

控制规律不仅表达了舵偏角与飞机角运动之间的数量关系，同时也表达了它们之间的极性关系。

例如，在控制状态下，要求飞机在 $\Delta\theta_0$ 基础上向上偏转 $\Delta\theta_g$，即 $\Delta\theta_g$ 为正，若飞机的实际偏转量 $\Delta\theta$ 小于 $\Delta\theta_g$，则 $\Delta\theta - \Delta\theta_g < 0$，按控制规律，这时 $\Delta\delta_z < 0$，舵向上偏转，符合控制要求。在稳定状态下，$\Delta\theta_g = 0$，此时的控制规律为 $\Delta\delta_z = K_z^{\theta}\Delta\theta$。若飞机由于某种干扰而抬头，并且偏离基准值的角度为 $\Delta\theta > 0$，按控制规律 $\Delta\delta_z$ 为正值，即舵在 $\Delta\delta_{z0}$ 位置上向下偏转使飞机低头，从而使 $\Delta\theta$ 回到零，符合稳定性要求。

应该指出的是，式(12-1-4)所表示的简单控制规律没有考虑舵回路的时间常数。若考虑舵回路的惯性，则由图 12-1-5 所示的系统结构可直接写出其控制规律：

$$\Delta\delta_z = \frac{-K_z^{\theta}}{T_{\delta}s+1}\left(\Delta\theta_g - \Delta\theta\right) = \frac{K_z^{\theta}}{T_{\delta}s+1}\left(\Delta\theta - \Delta\theta_g\right) \tag{12-1-5}$$

式中，T_{δ} 为舵回路时间常数，也称为自动驾驶仪时间常数。

这是由于整个驾驶仪的惯性主要体现在舵回路这一执行机构中。适当选择舵回路参数可保证 T_{δ} 取值在 0.03s 到 0.1s 之间。由于一般舵回路的频带比飞行短周期运动自然频率 ω_d 大 3～5 倍，故在粗略研究控制系统时，往往忽略自动驾驶仪的时间常数。

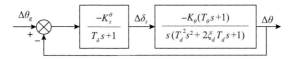

图 12-1-5　简化后的角位移控制系统结构图

12.1.2　俯仰角控制规律

1. 比例式控制规律

1) 比例式俯仰角回路控制规律分析

前面提到的控制规律(12-1-5)是最简单的角位移控制规律，可供某些老式飞机使用。这是由于低速飞机本身有较好的短周期阻尼，又不做大的机动飞行，采用这种简单的角位移控制规律还是可行的。而现代高空高速飞机的短周期运动自然阻尼不足，若仍采用上述角位置反馈回路控制的系统则不能胜任自动控制飞机的要求。其理想和实际的俯仰角稳定过程如图 12-1-6 和图 12-1-7 所示。为了使系统具有良好的动态阻尼，引入俯仰角速度反馈将是有效的方法。

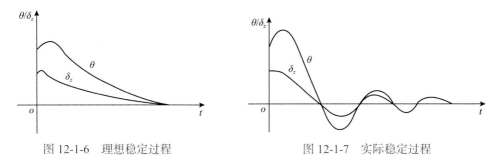

图 12-1-6　理想稳定过程　　　　　图 12-1-7　实际稳定过程

2) 俯仰角速度反馈在比例式控制规律中的作用

对自然阻尼不足的高空高速飞机，需在角位移自动驾驶仪中引入俯仰角速度反馈信号，如图 12-1-8 和图 12-1-9 所示。

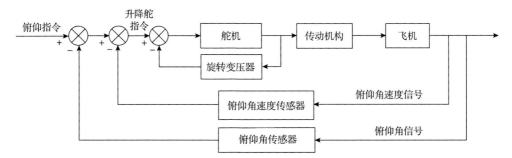

图 12-1-8　具有俯仰角速度反馈的俯仰姿态保持原理框图

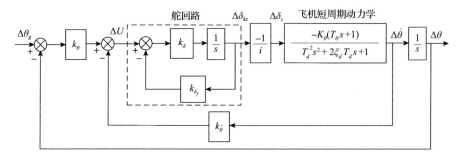

图 12-1-9 具有俯仰角速度反馈的角位移控制系统结构图

由图 12-1-9 可直接得出其控制规律：

$$\Delta \delta_z = K_z^\theta \left(\Delta \theta - \Delta \theta_g \right) + K_z^{\dot\theta} \Delta \dot\theta \tag{12-1-6}$$

式中，$K_z^{\dot\theta} = k_{\dot\theta} / (ik_{\delta_f})$ 为单位俯仰角速度所产生的舵偏角；$k_{\dot\theta}$ 为角速度陀螺的传递系数。

通常认为做基准飞行时 $\dot\theta_0 = 0$，因此 $\Delta \dot\theta = \dot\theta$。则式 (12-1-6) 可写为

$$\Delta \delta_z = K_z^\theta \left(\Delta \theta - \Delta \theta_g \right) + K_z^{\dot\theta} \dot\theta \tag{12-1-7}$$

由式 (12-1-7) 可看出：引入自动驾驶仪角偏离信号，增大了稳定力矩，其增大值与 K_z^θ 成正比，增大 K_z^θ 可使飞机的俯仰角偏离迅速地消失；引入角速度信号可增加飞机的阻尼力矩，且阻尼的增加值与 $K_z^{\dot\theta}$ 成正比。

由于附加力矩的方向与俯仰角速度的方向相反，附加力矩就相当于阻尼力矩，用以补偿飞机本身自然阻尼的不足。

速度陀螺提供微分信号，从物理上讲，此微分信号将使舵的偏转在相位超前于 $\Delta\theta(t)$，故称为"提前反舵"，它揭示了飞机控制系统中引入俯仰角速度信号的物理实质。有俯仰角速度信号的稳定过程如图 12-1-10 所示。

3) 常值干扰力矩的影响

假设飞机水平飞行时，受到常值俯仰干扰力矩的作用，如抬头力矩 $M_f > 0$ 的干扰，飞机将抬头，$\theta > 0$；俯仰角舵回路按照比例式控制规律驱使升降舵向下偏转，$\Delta\delta_z > 0$。由此产生一个平衡力

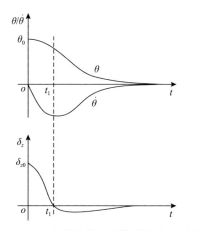

图 12-1-10 有俯仰角速度信号的稳定过程

矩 $M(\Delta\delta_z)$ 来抵消常值干扰力矩 M_f。其力矩平衡条件为

$$M(\Delta\delta_z) + M_f = 0$$

　　由比例式控制规律(12-1-5)可知，为维持这个舵偏角，必须牺牲飞机的俯仰角作为俯仰控制舵回路的输入信号，由此产生平衡力矩 $M(\Delta\delta_z)$。因此，$\Delta\theta$ 最终也就回不到零位，存在俯仰角偏差，即静差。

　　由此可以看出，此时采用具有硬反馈式舵回路的角位移自动驾驶仪的稳态精度不能令人满意。如飞机进场着陆时，由于飞行速度和外形变化(放下起落架、襟翼)也会产生很大的静差，而此时又需要准确地实现飞行轨迹。因此，有必要寻求以引入积分环节为宗旨的其他形式的自动驾驶仪，使之既能满足动态性能的要求又兼顾所需的稳态精度。

　　2. 积分式控制规律

　　具有硬反馈式舵回路的驾驶仪，稳态后 $\Delta\delta_{zs} = K_z^\theta \Delta\theta_S$，即只有存在静差才能提供舵偏角。

　　为了消除常值干扰力矩的影响，提高系统的稳态精度，可以去掉舵回路的硬反馈，采用速度反馈，使舵的偏转角速度与俯仰角的偏差成正比即可消除静差，其中 $\Delta\delta_{zr}$ 为干扰力矩 ΔM_{zr} 造成的干扰舵偏角，其结构如图 12-1-11 和图 12-1-12 所示。

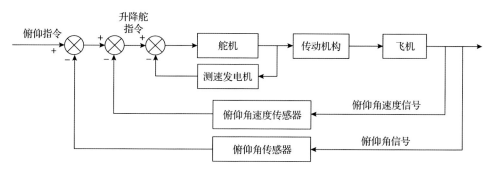

图 12-1-11　舵回路采用速度反馈的自动驾驶仪原理框图

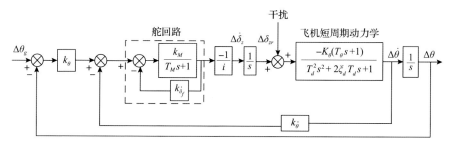

图 12-1-12　舵回路采用速度反馈的自动驾驶仪结构图

若系统工作在稳定状态，则

$$\Delta\dot{\delta}_z = K_z^\theta \Delta\theta \tag{12-1-8}$$

式中，$K_z^\theta = k_\theta k_{\dot\delta}/i$ 为俯仰角每偏离 1° 所产生的舵偏角速度；$k_{\dot\delta}$ 为舵回路增益。

将式(12-1-8)两边积分，且令初始条件 $\Delta\theta_0 = 0$，则

$$\Delta\delta_z = K_z^\theta \int \Delta\theta \mathrm{d}t \tag{12-1-9}$$

即舵偏角与俯仰角偏离值的积分成比例。这样，当系统进入稳态后，靠 $\Delta\theta$ 的积分值去提供舵偏角，$\Delta\theta$ 的静差即可为零。由于舵的偏转角与俯仰角偏离的积分成正比，故又称积分式自动驾驶仪。这种积分关系是由舵回路采用速度反馈所造成的，所以也称为速度反馈自动驾驶仪或软反馈式自动驾驶仪。

由结构图 12-1-12 可知，从 $\Delta\delta_{zr}$ 的干扰点至 $\Delta\theta$ 的输入口处，出现了积分环节，故对常值干扰是无差的。但在回路的正向通道中出现两个积分环节，要使系统稳定必须引入起微分作用的俯仰角速度信号 $\Delta\dot\theta$，此时的控制规律为

$$\Delta\dot{\delta}_z = K_z^\theta \Delta\theta + K_z^{\dot\theta}\Delta\dot\theta \tag{12-1-10}$$

式中，$K_z^{\dot\theta} = k_{\dot\theta}k_{\dot\delta}/i$ 为单位俯仰角速度所引起的舵偏转角速度。

若初始条件为 $\Delta\theta_0 = 0$、$\Delta\dot\theta_0 = 0$，对式(12-1-10)两边进行积分则得

$$\Delta\delta_z = K_z^\theta \int \Delta\theta \mathrm{d}t + K_z^{\dot\theta}\Delta\theta \tag{12-1-11}$$

由式(12-1-11)可知，在舵面的偏转规律中具有相位与俯仰角偏离 $\Delta\theta$ 一致的成分。速度陀螺所提供的信号相当于具有硬反馈式舵回路的驾驶仪中的位置陀螺所提供的信号。图 12-1-13 为某型积分式俯仰角运动控制原理图。

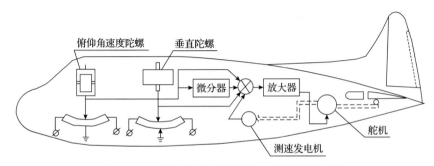

图 12-1-13　某型积分式俯仰角运动控制原理图

从稳定飞机及提高动态性能出发，还希望舵的偏转在相位上超前于俯仰角的

偏转,故在控制规律中还引入俯仰角加速度信号,如图 12-1-14 和图 12-1-15 所示。

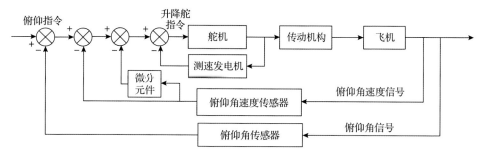

图 12-1-14 引入俯仰角加速度信号的积分式自动驾驶仪原理框图

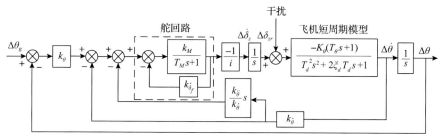

图 12-1-15 引入俯仰角加速度信号的积分式自动驾驶仪结构图

其控制框图如图 12-1-15 所示, 此时的控制规律为

$$\Delta \dot{\delta}_z = K_z^{\theta} \Delta \theta + K_z^{\dot{\theta}} \Delta \dot{\theta} + K_z^{\ddot{\theta}} \Delta \ddot{\theta} \qquad (12\text{-}1\text{-}12)$$

式中, $K_z^{\ddot{\theta}} = k_{\ddot{\theta}} k_{\dot{\delta}} / i$ 为单位俯仰角加速度所引起的舵偏转角速度。

若初始条件为 $\Delta \theta_0 = 0$ 、 $\Delta \dot{\theta}_0 = 0$ 、 $\Delta \ddot{\theta}_0 = 0$, 则由式(12-1-12)可得

$$\Delta \delta_z = K_z^{\theta} \int \Delta \theta \mathrm{d}t + K_z^{\dot{\theta}} \Delta \theta + K_z^{\ddot{\theta}} \Delta \dot{\theta} \qquad (12\text{-}1\text{-}13)$$

所以角加速度信号相当于具有硬反馈式舵回路的驾驶仪中的俯仰角速度信号, 起阻尼作用。若系统工作在控制状态, 则控制规律为

$$\Delta \delta_z = K_z^{\theta} \int \left(\Delta \theta - \Delta \theta_g \right) \mathrm{d}t + K_z^{\dot{\theta}} \Delta \theta + K_z^{\ddot{\theta}} \Delta \dot{\theta} \qquad (12\text{-}1\text{-}14)$$

由式(12-1-14)可以作出图 12-1-15 的等效结构图, 即图 12-1-16。虚线中的部分与硬反馈式驾驶仪形式一样。由图可明显看出该驾驶仪中各信号所起的作用, 其中 $\Delta \delta_{zr}$ 为干扰力矩造成的干扰舵偏角。

为加深对该型驾驶仪的认识, 特指出如下几点:

(1)由结构图 12-1-16 所构成的控制系统仍属 I 型系统。这是由于飞机传递函

数中的积分环节已被速度陀螺所构成的反馈回路所包围，不再显示对控制信号的积分作用，当控制信号 $\Delta\theta_g$ 为斜坡信号时，它仍有控制静差。

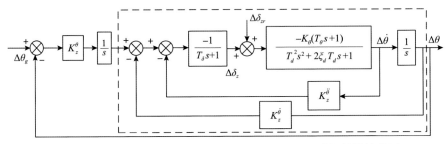

图 12-1-16　引入俯仰角加速度信号的积分式自动驾驶仪等效结构图

(2)若飞机的基准状态 δ_{z0}、θ_0、α_0 等是由外加信号 $U_{\theta b}$ 建立的，则对速度反馈驾驶仪来说，由于稳态后 $U_{\theta 0}=U_{\theta b}$，$U_\theta=0$，故不用 ΔU_b 去提供基准舵偏角 δ_{z0}。

(3)速度反馈驾驶仪虽有利于消除干扰力矩作用下的静差，但比较复杂，需另加俯仰角加速度信号。用无源网络来获得较好质量的二次导数信号是困难的，常由于线路复杂带进噪声，使系统出现小抖动。为保证质量，可采用角加速度陀螺传感器。

说明：除了以上所介绍的两种角位移自动驾驶仪的控制规律，为克服各种干扰所带来的稳态误差，现代飞机中，还可采用其他不同类型的角位移自动驾驶仪的控制规律，如均衡式自动驾驶仪控制规律、引入积分环节的硬反馈式自动驾驶仪控制规律等。同时，飞机飞行时，将遭受各种干扰，在分析这些干扰所造成的影响时，常常采用常值力矩干扰和常值风干扰的形式来分析。

12.1.3　自动配平和自动驾驶仪的回零系统

1. 飞机自动配平系统

有人驾驶飞机的自动驾驶仪并不是一直处在接通状态，因而必须解决自动驾驶仪进入工作与切断的问题。

接通自动驾驶仪的过程通常是首先由驾驶员进行人工配平，即操纵升降舵使纵向力矩获得平衡；接着操纵调整片或安定面，使驾驶员在操纵驾驶杆时所承受的力为零，即卸载；然后接通驾驶仪的回零机构，使驾驶仪输出信号为零；于是驾驶仪与舵面接通，使飞机在驾驶仪接通后保持驾驶员所建立的人工配平基准状态，并在此基础上执行稳定与控制的任务。

在飞行过程中，当纵向力矩的平衡由于某种原因遭到破坏时，自动驾驶仪及所属的自动配平系统立即工作。驾驶仪使舵偏转一定角度 $\Delta\delta_z$，用来平衡纵向力矩，使飞机重新配平；自动配平系统自动地调节调整片或安定面，卸掉由 $\Delta\delta_z$ 所引起的铰链力矩增量，为切断自动驾驶仪过渡到人工驾驶做好准备。如果没有自动配平系统，那么当纵向力矩不平衡时，舵机偏转 $\Delta\delta_z$，铰链力矩由舵机承担。一旦断开自动驾驶仪，舵机不工作，铰链力矩立即引起升降舵剧烈偏转。在这种情况下为防止舵面的这种突然动作，驾驶员在断开驾驶仪前不得不给驾驶杆加一定的力。尤其在自动着陆时，在断开驾驶仪前驾驶员把驾驶杆拉向自己，以防止升降舵突然向下偏转，这样对驾驶员来说是不方便的。

　　此外，自动驾驶仪万一发生故障，监控机构自动切除驾驶仪，升降舵在铰链力矩作用下立刻回到杆力为零的位置。出现上述缺陷的根本原因在于驾驶仪接通时由舵机承担了铰链力矩。若在驾驶仪工作期间能自动操纵调整片，及时卸去铰链力矩，那么一旦断开驾驶仪，舵面仍保持在断开前的位置，就可顺利地过渡到手操纵。这就是采用自动配平系统的主要原因。自动配平系统有各种形式，图 12-1-17 给出了无动压传感器的自动配平系统工作原理图。

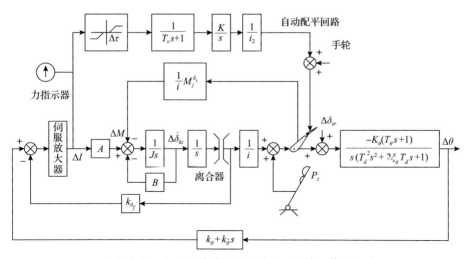

图 12-1-17　无动压传感器的自动配平系统工作原理图

2. 自动驾驶仪的回零系统

　　要求飞机能在一定范围的飞行姿态下接通自动驾驶仪，并且在接通时保持原有飞行状态，不产生任何异常的突然行动，保证飞行安全。回零系统能够使驾驶仪满足上述要求。

　　飞机飞行时要保持一定的飞行状态，所以驾驶仪中的敏感元件总有信号输出。此外，驾驶仪的某些元件也会有零位输出。以上原因使得接通驾驶仪前，信号电路内就有不平衡信号。如果这时接通驾驶仪，不平衡信号将通过舵机带动舵面转动，改变原有的飞行状态，这是不希望发生的。回零就是去掉这些不平衡信号。

自动驾驶仪回零有两种方法，一是自动回零，二是人工回零。回零机构是一个小型随动系统，如图 12-1-18 所示，由放大器、电动机、减速器及输出传感器组成，有时另外加速度反馈。工作时 K_1 接通，从舵机伺服放大器中引出信号 U_A 进入回零机构，并以积分形式通过输出传感器将信号 U_0 输出给舵机放大器，最终与 $U_{\theta 0}$、U_δ 进行综合，直至 $U_\lambda = U_0 - U_{\theta 0} - U_\delta = 0$。回零系统中含有积分环节，只要回零过程中 δ_{z0}、θ_0 不变化，回零结束后 U_λ 必为零，从而保证舵机转轴以静止状态与舵面接通。回零完成后，断开 K_1，接通 K_2、K_3，U_0 保持不变。

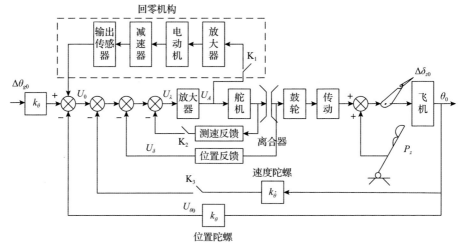

图 12-1-18　回零系统工作原理图

12.2　飞机纵向轨迹控制系统

飞行控制的最终目的是使飞机以足够的准确度保持在预定的轨迹上。控制飞机运动轨迹的系统称为制导系统，它是在角运动控制系统基础上形成的。图 12-2-1 给出了轨迹控制系统的一般原理框图。

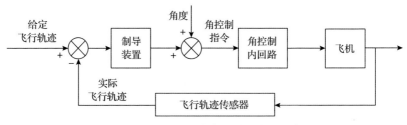

图 12-2-1　飞行轨迹控制系统一般原理框图

进行轨迹控制时，其系统的输入是给定的轨迹参量，而输出是飞机在空间的实际运动参量。若飞机偏离了给定的轨迹，则制导装置将测出其偏差，并形成相应的信号输给角控制内回路，通过控制角运动使飞行器按一定的准确度回到预定的轨迹上。轨迹控制的制导回路在飞机内部闭合，也可由飞机通过地面设备而闭合。

12.2.1 飞行高度控制系统

1. 基本工作原理

飞机编队飞行、执行轰炸任务、远距离巡航以及进场着陆的初始阶段均需保持高度，但飞行高度的稳定与控制不能由俯仰角的稳定与控制来完成。当飞机受到纵向常值干扰力矩或垂风气流作用时，硬反馈式角稳定系统存在俯仰角及航迹倾斜角静差，不能保持高度。因此，飞机高度的稳定与控制系统中需要直接测量飞机的飞行高度，根据高度信息直接控制飞机的姿态，从而改变航迹倾斜角，以实现对飞行高度的闭环稳定与控制。

飞机飞行高度控制系统的内回路为俯仰角控制回路，外回路由高度传感器感知飞机高度变化形成反馈回路。可见，飞机飞行高度控制系统是建立在飞机的俯仰角控制系统基础之上的，如图 12-2-2 所示。

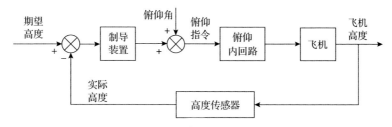

图 12-2-2 飞机飞行高度控制系统简化原理图

从原则上讲，可通过控制升降舵或控制发动机推力的大小来控制飞行高度，但借助于控制推力来控制飞行高度不是很有效，因为推力改变使飞行速度改变之后，飞行高度才开始变化。由于惯性，飞行速度的变化是缓慢的，故高度变化的过渡过程也是缓慢的。为此下面仅讨论利用升降舵控制的高度控制系统。

飞机飞行高度控制系统的构成除了飞行高度控制系统所包括的元部件，还要有测量相对于给定高度偏差的测量装置——高度传感器，如气压式高度表、无线电高度表或大气数据传感器。将高度差信息输入俯仰角控制系统，用来改变航迹倾斜角，控制飞机的升降，直至高度差为零，飞机回到预定的高度。图 12-2-3 为飞机飞行高度控制系统详细原理图。单独执行角控制时，应将高度差测量装置断开。为便于飞行状态转换，设计飞机飞行高度控制系统时通常不再改变已设计完毕的角控制系统。

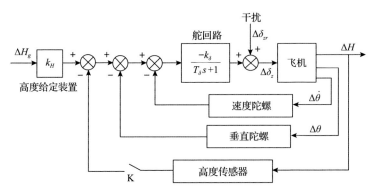

图 12-2-3　飞机飞行高度控制系统详细原理图

由图 12-2-3 可列出飞机飞行高度控制系统的控制规律为

$$\Delta \delta_z = K_z^\theta \Delta \theta + K_z^{\dot\theta} \Delta \dot\theta + K_z^H \Delta H + K_z^{\dot H} \Delta \dot H \qquad (12\text{-}2\text{-}1)$$

式中，ΔH 为相对给定高度 H_g 的偏差（高度差），即 $\Delta H = H - H_g$，超过相对给定高度时 ΔH 为正；K_z^H 和 $K_z^{\dot H}$ 分别为高度偏差和升降速度的传动比。

高度差测量装置一般能输出高度差 ΔH 及高度变化率（即升降速率 $\Delta \dot H$）的信号。其相应的传递系数为 k_H 及 $k_{\dot H}$。$K_z^H = k_H k_\delta$ 为 1m 高度差所产生的舵偏角度；$K_z^{\dot H} = k_{\dot H} k_\delta$ 为 1m/s 的高度差变化率所产生的舵偏角度。

控制规律指出，若飞机低于预定高度（ΔH 为负），则 $\Delta \delta_z$ 为负值，舵面上偏，飞机爬升，返回预定高度。控制规律中的极性是符合控制要求的。

2. 高度稳定过程

现以飞机飞行高度控制系统纠正起始偏离的过程为例，进一步阐述控制规律中的信号作用。以起始高度偏离 $\Delta H_0 < 0$ 的稳定过程为例进行阐述，其纠正起始偏离的过程如图 12-2-4 所示。

状态 1：飞机起始偏离 ΔH_0，飞机飞行高度控制系统未接通，飞机以 $\alpha = \alpha_0$ 做水平飞行，其升力等于重力，舵处在平衡角 δ_{z0}。

状态 2：飞机飞行高度控制系统接通，高度偏差信号使舵上偏 $\Delta \delta_{z2} < 0$，它与高度差 ΔH_0 成正比。迎角增加 $\Delta \alpha_2$，并与 $\Delta \delta_{z2}$ 成比例。升力增加 ΔY_2，并与 $\Delta \alpha_2$ 成正比。

状态 3：在 ΔY_2 作用下，产生正的航迹倾斜角速度 $\Delta \dot\theta_s$，使轨迹向上弯曲。随着 $\Delta \theta_s$ 增大，$\Delta \theta$ 也逐渐增大。由控制规律可知，由于 $\Delta \theta$ 的增大和 ΔH 的减小，舵偏角也减小。与状态 2 相比，迎角增量、升力增量也减小。

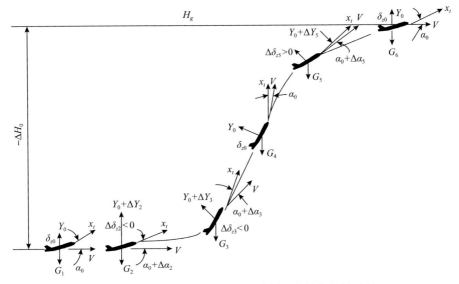

图 12-2-4　飞机飞行高度控制系统纠正起始偏离的过程

状态 4：系统中的俯仰角偏离信号与高度差信号相平衡，使舵回到 δ_{z0} 的位置。故 $\alpha = \alpha_0$，$\Delta Y = 0$。但飞机仍以一定的 $\Delta \theta_s$ 爬高。

状态 5：高度差信号小于俯仰角偏离信号，使舵回路的输入信号极性反号，舵向下偏转，即 $\Delta \delta_{z5} > 0$。从而使迎角增量 $\Delta \alpha_5$、升力增量 ΔY_5、航迹倾斜角速度增量 $\Delta \dot{\theta}_s$ 均出现负值。飞机的轨迹逐渐向下弯曲。

状态 6：由于高度差 $\Delta H = 0$、$\Delta \theta = 0$，舵又回到 δ_{z0} 的位置。速度向量回到水平位置，飞机在给定高度上飞行。

由以上稳定过程可以看出，高度偏差信号及俯仰角偏离信号是十分重要的。若控制规律中无俯仰角的偏离信号，则在高度稳定过程中舵总是向上偏转，导致升力增量总为正，轨迹总向上弯曲。当飞机达到给定高度时，由于速度向量不在水平位置而飞越给定高度，出现正 ΔH。到此时舵才向下偏转，这样就不可避免地出现在给定高度上的振荡运动。引入俯仰角偏离信号后，飞机在未达到给定高度时，就提前收回舵面，如状态 4 和 5，它减小了飞机的上升率，对高度振荡起阻尼作用。可见俯仰角偏离信号是飞机飞行高度控制系统的阻尼信号，所以飞机飞行高度控制系统通常就是在俯仰角控制系统的基础上形成的。

为进一步增加飞机飞行高度控制系统的阻尼，仅靠 $\Delta \theta$ 信号往往是不够的，因为 $\Delta \theta$ 的强度 K_z^θ 在设计稳定回路中已确定，不宜再变，故需再引入高度微分信号 $\Delta \dot{H}$。

12.2.2　下滑波束导引系统

为了实现飞机的全天候飞行，保证在恶劣气候无目视基准的条件下自动导引飞机安全正确地在跑道降落，飞机上广泛采用无线电波束导引系统(仪表着陆系统(ILS))。

1. 飞机着陆过程

飞机着陆过程中一般包括定高、下滑、拉平、飘落及滑跑等阶段，如图 12-2-5 所示。典型的着陆过程和参考数据是：飞机在着陆前先在 300~500m 上空做定高飞行，当截获下滑波束线后，即按一定下滑坡度下滑，使飞机稳定在下滑道上直到决断高度。此时飞机仍有相当高的速度，不低于失速速度的 1.3 倍。大多数民航飞机进场下滑的速度为 70~85m/s。因此，当飞机沿航迹角 $\theta_s = -2.5°\sim -3.0°$ 下滑时，飞机的垂直速度 $\dot{H}$ 为 $-3.1 \sim -4.5\text{m/s}$。

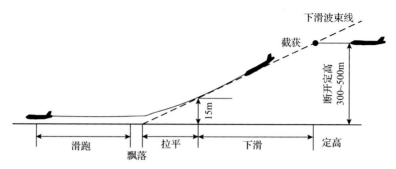

图 12-2-5　典型飞机着陆过程各阶段示意图

以如此大的接地速度着地是不允许的。目前规定自动着陆时飞机与地面相接瞬间的垂直速度 $\dot{H} = -0.5\sim -0.6\text{m/s}$。因此，需要减小航迹倾斜角，使飞机沿曲线运动拉起，这一阶段称为拉平。然后使速度向量与地面平行，飞机离地 14~15m，由于速度逐渐减小，需加大迎角，这一阶段称为保持。当飞机到达降落速度时，将迎角减小，由于重力大于升力，飞机将以曲线轨迹落地，称为飘落。飞机与地面相接后，为缩短滑跑距离，常采用机轮制动或发动机反推力措施。目前有依靠增加接地速度来减小空中着陆距离的趋势。在许多情况下，拉平终了的飞行速度就是着陆的接地速度，不存在保持与飘落阶段。在自动着陆时，为简化控制步骤更是如此。然而在着陆过程中控制下滑、拉平及滑跑是必要的。

2. 基本工作原理

仪表着陆系统由机上设备和地面设备共同组成。飞机上装备有下滑波束导引系统和侧向波束导引系统。地面设备主要由两部分组成，分别是航向信标台和下滑信标台。航向信标台安装在跑道终点以外的跑道中心延伸线上，下滑信标台安装在跑道入口处的侧面，它们各自提供着陆基准。另外，为了辨别几个监控点，在地面安装了外、中、内三个指点信标台，利用这些信标点确定飞越它们上空的时刻。在机上用灯光和音响信号的形式给出穿过指点信标台的信息。某机场中各信标台配置如图 12-2-6 所示。

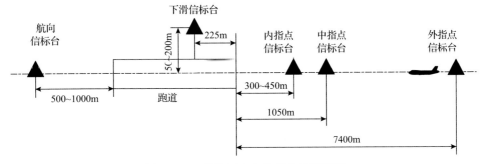

图 12-2-6 某机场中各信标台的配置图

下滑信标台给飞机提供下滑基准，如图 12-2-7 所示，它向飞机着陆方向连续发射两个频率各为 90Hz 和 150Hz 的高频无线电调幅波，其载波频率范围一般为 329～335MHz。90Hz 的大波瓣下沿与 150Hz 的最下面一个波瓣互相重叠形成等信号线，又称下滑波束中心线，其仰角一般为 2°～4°。在等信号线上方，90Hz 调幅信号强于 150Hz 的调幅信号；反之，在下方 150Hz 信号强于 90Hz 信号。

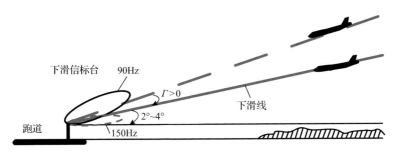

图 12-2-7 下滑信标台提供下滑基准图

机上装有下滑波束导引系统，由下滑耦合器及俯仰角位移控制系统组成，其结构如图 12-2-8 所示。

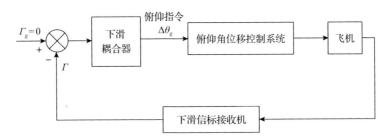

图 12-2-8 下滑波束导引系统基本结构图

　　下滑耦合器包括接收、放大、限幅及信号变换等部分。当飞机沿着波束中心线(即等信号线)飞行时，由于接收机接收到的两个频率信号强度相等，经解调、比幅后输出为零。当飞机偏离波束中心线一边时，就出现波束偏差角 Γ ，规定在等信号线上方 Γ 为正，下方为负。机上接收机的输出信号反映 Γ 的大小及极性。

　　当 Γ 为正时，下滑耦合器输出所形成的指令信号 $\Delta\theta_g$ 为负，它控制俯仰角位移系统使飞机低头，产生负 $\Delta\theta$ ，迫使飞机回到等信号线上。

　　当 Γ 为负时，则以相反的控制过程使飞机回到等信号线上。因此，下滑耦合器的工作可通过俯仰角位移系统修正飞机的航迹，使其沿着波束中心线下滑。

　　在图 12-2-8 中应将 $\Gamma_g = 0$ 理解为给定的飞行轨迹参量，因为只要保证 $\Gamma_g = 0$ ，飞机就沿着给定的波束中心线飞行，所以系统的输出量 Γ 代表了实际的飞行轨迹参量。

　　另外，图 12-2-1 中的"制导装置"在不同的制导系统中具有不同的名称。例如，在图 12-2-8 的下滑波束导引的制导系统中称为下滑耦合器。

3. 下滑耦合器

　　选择合适的控制规律并精心设计其参数就能保证导引系统有良好的动态性能与稳态精度。为了使系统在接近地面时保持稳定，应在下滑耦合器中采取调参措施。通常下滑耦合器具有图 12-2-9 形式的结构。

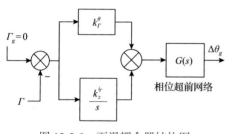

图 12-2-9　下滑耦合器结构图

　　为提高导引系统的稳态精度，耦合器以比例加积分的形式控制俯仰角位移控制系统。图中 k_Γ^θ 为下滑耦合器的比例系数，$k_z^{i_\Gamma}$ 为积分常数。为改善导引系统动特性，可在下滑耦合器中接入相位超前网络 $G(s)$ ，且

$$G(s) = G\frac{s + \omega_{g1}}{s + \omega_{g2}} \tag{12-2-2}$$

其零点 $s = -\omega_{g1}$ 用来补偿俯仰角位移系统传递函数中最靠近坐标原点的极点。

　　根据以上分析，可作出下滑波束导引系统结构如图 12-2-10 所示，图中飞机俯仰角控制系统可采用近似的飞机短周期传递函数，另外还可以考虑垂风扰动及常值干扰力矩的作用。下滑波束导引系统的运动学环节表征了飞机俯仰角和波束偏差角之间的几何关系。

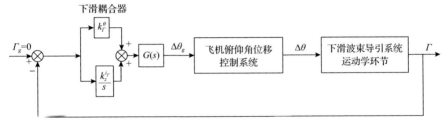

图 12-2-10   下滑波束导引系统结构

12.2.3   自动拉平着陆系统

进场着陆的最后阶段，飞机由下滑转变为拉平。应使机头抬起从而减小下降垂直速度，以便按允许的下降速度着地。按预先设计的轨迹实现自动拉平的系统称为自动拉平着陆系统。

1. 基本工作原理

飞机在垂直平面内，从下滑过渡到实际着陆点的纵向运动轨迹称为拉平轨迹，如图 12-2-11 所示。

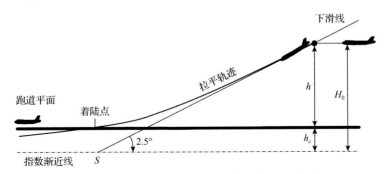

图 12-2-11   按指数曲线规律的拉平轨迹示意图

拉平轨迹的任务是将下滑时的下降垂直速度减小到允许的着地下降速度。拉平轨迹最好能使飞机的垂直速度 $\dot{H}$ 随着高度 H 的下降而相应减小，使飞机每个瞬间的垂直下降速度和它现有的高度成比例，即

$$\dot{H}(t) = -CH(t) = -\frac{1}{\tau}H(t) \tag{12-2-3}$$

式中，$C = 1/\tau$ 为比例系数。

式 (12-2-3) 可写为

$$\tau\frac{\mathrm{d}H}{\mathrm{d}t} + H = 0 \tag{12-2-4}$$

由此可解出高度 $H(t)$，它按指数规律变化，即

$$H(t) = H_0 e^{-\frac{t}{\tau}} \tag{12-2-5}$$

式中，H_0 为拉平开始时的高度；τ 为指数曲线的时间常数。

由式(12-2-5)可知，若以飞机的跑道平面线作为指数拉平轨迹的渐近线，那么仅当时间 t 趋于无穷大时飞机才能着地，并使下降速度为零（$\dot H = H = 0$）。这将要求跑道无限延长。

现假定飞机拉平过程中的速度 V 为常数，则飞机着陆所经历的距离 l 为

$$l = (V_0 \cos\theta_s)t \approx V_0 t \tag{12-2-6}$$

将 $\dot H(t)$ 及 $H(t)$ 写成距离坐标 l 的函数，有

$$\dot H(l) = -\frac{H_0}{\tau} e^{-\frac{l}{\tau V_0}} = \dot H_0 e^{-\frac{l}{\tau V_0}} \tag{12-2-7}$$

由此可得

$$l = \tau V_0 \ln\left(\frac{-H_0}{\tau \dot H}\right) \tag{12-2-8}$$

式(12-2-8)表明，拉平终止 $\dot H = H = 0$，飞机拉平阶段所经历的路程 $l = \infty$，这显然是不容许的。因此，将跑道平面高出拉平轨迹渐近线 h_c 距离，如图 12-2-11 所示，此时

$$\dot H = -\frac{H}{\tau} = -\frac{1}{\tau}(h + h_c) = -\frac{h}{\tau} + \dot H_{jid} \tag{12-2-9}$$

式中，$\dot H_{jid} = -h_c/\tau$ 为规定的飞机着地速度；h 为飞机相对于地面的高度；τ 为时间常数。

当已知 $\dot H_{jid}$ 及时间常数 τ 后，即可决定 h_c 值和飞机拉平的距离，时间常数 τ 的选取应使飞机从下滑轨迹到拉平轨迹的切换平滑，同时应综合考虑拉平的距离。

综合考虑拉平时飞机的迎角和俯仰角变化以及在风干扰情况下飞机主轮接地点的纵向散布等因素，通常选取 τ 为 2～5s。

由此可以看出，自动拉平系统应该是一个与离地高度成正比的速度控制系统，其内回路仍然是俯仰角控制与稳定回路，如图 12-2-12 所示。

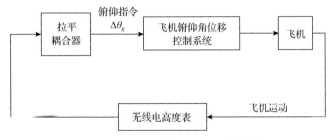

图 12-2-12　自动拉平系统基本结构

为了使飞机沿着设计的指数轨迹飞行，自动拉平系统可根据拉平轨迹的方程 (12-2-9) 进行设计。若以

$$\dot{H}_g = -\frac{h}{\tau} + \dot{H}_{jid} \qquad (12\text{-}2\text{-}10)$$

作为自动拉平系统的控制信号，而整个拉平过程可看成飞机的实际下降率 $\dot{H}$ 不断地跟踪 $\dot{H}_g$ 的过程，如图 12-2-13 所示。

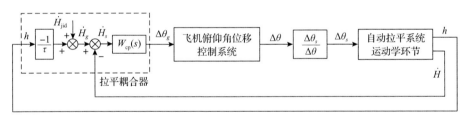

图 12-2-13　自动拉平系统结构图

2. 拉平耦合器

图 12-2-13 中拉平耦合器由无线电高度表、气压式升降速度表、加速度传感器等部分组成。为了形成上述控制规律，拉平耦合器还应包含信号变换、放大、校正等装置，如图 12-2-14 所示。无线电高度表测出飞机相对于地面的高度 h，经小型跟踪系统带动电位计 P_1 的电刷。当 $h=0$ 时，P_1 的电刷停在"0m"处。此时它只输出从电位计 P_2 中取得的表征 h_c 的信号。当 $h\neq0$ 时，从 P_1 的电刷上取得的是 $h+h_c$ 电信号。经 P_3 电位计衰减 $1/\tau$，最终成为拉平系统的输入 $\dot{H}_g$ 的电信号。

从垂直速度传感器取得自动拉平系统的反馈信号 $\dot{H}$。垂直速度传感器由气压式升降速度计(也可由无线电高度表的 h 信号经微分得 $\dot{h}$ 来代替)、加速度传感器、限幅器、滤波器等组成。由升降速度计输出的信号需经限幅处理，以防止升降速度信号超过下滑状态所允许的下降速度信号，特别是在进入跑道前的地面不平坦时，限幅措施更为必要。设置滤波器的目的是抑制升降速度计的噪声电平。由于滤波器也时延了有用信号，需采用加速度信号来补偿。由图 12-2-15 可知，经补偿后垂直速度传感器可成为无惯性环节。

$$W_{\dot{H}}(s) = \left(k_{\dot{H}} + k_{\dot{H}}Ts\right)\left(\frac{1}{Ts+1}\right) = k_{\dot{H}} \tag{12-2-11}$$

由此可得拉平耦合器的结构，如图 12-2-14(b) 所示。

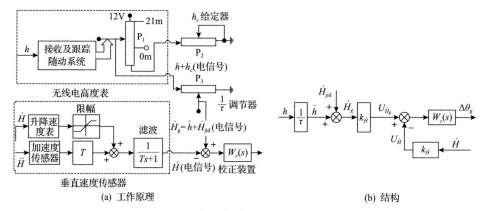

(a) 工作原理　　　　　　　　　　　　　　　　　　　(b) 结构

图 12-2-14　拉平耦合器工作原理及结构图

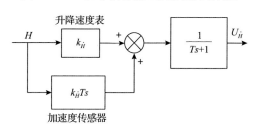

图 12-2-15　垂直速度传感器结构图

12.3　飞机空速保持与控制系统

　　飞机空速保持与控制系统是随着飞机飞行速度的大幅提高、在恶劣气象条件下飞机自动进场着陆等要求下而得到快速发展的。

　　在 20 世纪 40 年代前，处于巡航飞行状态的亚声速飞机具有较大的速度稳定性，且速度的变化又是缓慢的长周期过程，驾驶员可以及时地对速度的变化进行修正。另外，巡航飞行时对速度稳定的精度要求不高。在整个飞行过程中只要注意飞行速度是否在允许的最大值与最小值之间就可以。因为空速的最大值在低空飞行时受飞机结构强度限制，在高空飞行时受临界马赫数的限制；速度的最小值受临界迎角的限制。因此，飞行空速保持与控制系统比角运动控制系统与轨迹运动控制系统出现得要晚一些。

20 世纪 40 年代后，飞机飞行速度等飞行参数得到很大提升，同时要求飞机具有在恶劣气象条件下自动进场着陆的能力。而进场着陆时引起飞机空速变化的因素很多。例如，放起落架、襟翼、扰流片时的迎面阻力的变化，以及进入下滑线时航迹倾斜角的变化均引起速度的改变。而着陆任务本身又要求有较高的速度控制精度，这是因为速度偏低则受临界迎角的限制；若速度偏高，则又受襟翼、制动板等结构强度的限制。另外，降低了速度控制精度，就不能保证在允许的着陆点着陆。同时飞机的编队飞行，巡航状态的等马赫数飞行也要求有相应的速度控制系统。

当飞机飞行在低动压时，由于飞机机动性能的参数 Y^α 减小，增加了速度不稳定的可能性，利用速度控制系统就可以保证飞机在低动压状态平飞，仍具有速度稳定性。另外，飞机的航迹控制实际上是通过控制飞机角运动来实现的，但其前提是认为在控制飞机角运动时，飞行速度是不变的，当在低动压或长时间机动时，就不能保证这个前提，就需要速度控制系统。而且，利用速度控制可以使飞机在跨声速飞行时能保持速度稳定。由此，必然导致对飞机空速、马赫数保持与自动控制系统的需求，进而促进了飞机空速、马赫数保持与控制系统的快速发展。目前的现代飞行控制系统中都增加了空速或马赫数自动控制系统。

12.3.1　飞机空速保持与控制系统的主要作用

飞机空速保持与控制系统的主要作用包括：低动压下的空速保持，高动压下的马赫数保持，在跨声速飞行时，由于飞机焦点随着马赫数的增大而后移，会导致速度不稳定，使飞机出现长周期运动单调发散，所以在飞机跨声速飞行时应采用马赫数自动配平或速度控制系统以稳定飞行速度；在低动压下，为了控制飞行轨迹角沿着下滑波束中心线飞行，需要保持飞行速度。对飞机速度大小的控制会改善超声速飞机的速度稳定性，增加对飞机长周期运动的阻尼作用，同时它也往往是飞机轨迹控制的必要前提。飞机空速保持与控制系统具有如下主要作用。

1）低动压下的空速保持与控制

在飞机飞行过程中，如果飞机的速度增大，那么为了保持飞机的飞行方向不变，就必须减小飞机的迎角，使升力增量为零，即飞机必须低头以产生负迎角增量，而这又会导致速度继续增大，从而出现速度不稳定的现象。因此，在低动压状态下平飞，必须对速度进行控制才能得到稳定的速度。

低动压下速度保持与控制主要是通过油门杆的控制系统(或自动油门系统)实现的。控制油门的速度控制系统可以用于巡航飞行，但更多是用于进场着陆时或爬升下滑段的空速保持与控制。自动油门系统总是与俯仰角控制系统一起工作。

当飞机工作于低动压时，反映机动性能的系数减小，使速度不稳定的可能性增加。因此，在低动压状态下平飞，要获得速度稳定，设置速度控制系统是十分必要的。低动压下空速保持与控制，主要用于保持飞机平飞速度或在进场时保持飞机的速度。

2)空速保持与控制是角运动控制的必要前提

如果对空速不进行人工或自动控制，那么对航迹倾斜角的控制就不能达到预期的目的，特别是在低动压状态下要想控制航迹是不可能的。

控制飞机航迹角的过程是操纵舵面，改变飞行姿态，然后借助飞机本身的升力增量变化使速度向量以非周期动态过程的形式跟踪姿态角的变化，即 $\Delta\theta_s = \Delta\theta / (T_\theta s + 1)$，最终 $\Delta\theta_s$ 与 $\Delta\theta$ 一致。但以上这一切是以假设 $\Delta V = 0$ 为前提的。为了使 $\Delta V = 0$，人工驾驶时在拉驾驶杆同时应推油门，无人驾驶时在输入 $\Delta\theta_g$ 信号的同时给油门控制系统以相应的信号，尤其在低动压着陆状态更需如此。

3)飞机进入跨声速飞行时保持速度稳定

亚声速飞行时，飞行速度增加，飞机将上仰，结果会使阻力和沿 x 轴的重力分量增大，从而导致飞机的速度下降，此时飞机的速度是稳定的。当进入跨声速飞行时，随马赫数提高飞机焦点后移，结果飞机在下俯力矩的作用下低头，又使速度更大，从而可能导致速度不稳定，出现长周期运动发散。故当飞机进入跨声速时应采用马赫数自动配平系统或速度控制系统以稳定飞行速度。

4)高动压下的马赫数保持与控制

马赫数控制系统一般用于远距离巡航飞行或在一定高度上进行编队飞行的飞机上。其控制方法一般是通过控制升降舵，改变俯仰角以达到对速度的控制。由升降舵控制的速度控制系统实际上是在已有的俯仰角控制系统为内回路的基础上，增加了飞行速度反馈外回路而构成的，这种系统可以有效保证在高动压下的马赫数稳定，并可方便地对其实施控制。

12.3.2 基于升降舵控制的速度控制系统

通过控制升降舵，改变俯仰角以达到速度控制。改变俯仰角的物理实质是改变重力在飞行方向上的投影，从而引起飞行加速度的变化。在角位移控制系统的基础上增加一个速度控制的外回路即构成该速度控制方案，如图 12-3-1 所示。与高度控制系统一样，角控制系统是它的内回路。

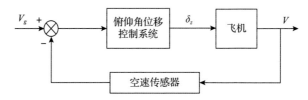

图 12-3-1　基于升降舵控制的速度控制方案

　　用升降舵控制的速度控制系统多用于远距离巡航飞行或在一定高度上的编队飞行的飞机上，其工作状态称为等马赫数飞行状态或马赫数保持状态。在系统工作之前，先调节发动机，以提供所需马赫数，然后接通升降舵控制的速度控制系统。这种系统也用于升限飞行，由于此时发动机已达到最大推力状态，控制速度的大小只能依赖于控制飞机的上仰与下俯。

　　在已有的俯仰角位移控制系统基础上增加一个能感受速度变化的外回路，即构成升降舵控制的速度控制系统，如图 12-3-2 所示。

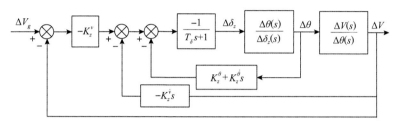

图 12-3-2　基于升降舵控制的速度控制系统结构图

　　由图 12-3-2 可列出相应的控制规律，当不计舵回路的时间常数 T_δ 时，有

$$\Delta\delta_z = K_z^\theta \Delta\theta + K_z^{\dot\theta}\Delta\dot\theta + K_z^v\left(\Delta V_g - \Delta V\right) - K_z^{\dot v}\Delta\dot V \qquad (12\text{-}3\text{-}1)$$

当垂直陀螺断开时，控制规律为

$$\Delta\delta_z = K_z^{\dot\theta}\Delta\dot\theta + K_z^v\left(\Delta V_g - \Delta V\right) - K_z^{\dot v}\Delta\dot V \qquad (12\text{-}3\text{-}2)$$

式中，K_z^v 为速度变化 1m/s 所产生的舵偏角；$K_z^{\dot v}$ 为加速度变化 1m/s² 所产生的舵偏角。

　　信号 ΔV 及 $\Delta\dot V$ 是由空速传感器或大气数据传感器所提供的。控制规律中 $K_z^v\Delta V$ 及 $K_z^{\dot v}\Delta\dot V$ 前面的负号是保证系统实现负反馈所必需的，即当速度增加并产生加速度时应给出负的舵偏转角使飞机抬头从而减小速度。

12.3.3　基于发动机油门控制的速度控制系统

　　用油门杆控制的速度控制系统，若升降舵是锁住的，则达不到速度控制的预期目的。油门杆做阶跃位移后的结果，往往是速度最终没有变化，而俯仰角反而变化。其物理原因是：油门杆移动 $\Delta\delta_p > 0$ 使速度增大 ΔV，形成正的升力增量 $\Delta Y > 0$，从而使速度向量向上偏转，从而使迎角减小。此时由 $\Delta\delta_{z_0}$ 所产生的配平力矩大于由迎角产生的稳定力矩，从而使飞机抬头产生正的 $\Delta\theta$ 以保持迎角不变。同时，重力在速度向量上的投影增加，迫使速度下降到原来的值。这样，油门杆移动的结果由于飞机的姿态发生了变化，达不到控制速度的目的。

为有效地控制飞行速度，必须抑制俯仰角的变化。其具体措施是：当驾驶员操纵油门杆时应相应地操纵舵面来抑制姿态的变化。更有效的途径是接通角稳定系统，自动稳定飞机的姿态。所以油门杆控制的速度控制系统往往与角稳定系统配套同时工作。这样就出现如图 12-3-3 所示的速度控制方案。

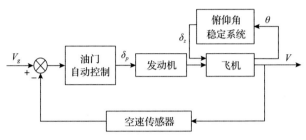

图 12-3-3　基于油门杆控制的速度控制方案

控制油门的速度控制系统可用于巡航飞行，但更多地用于进场着陆的空速稳定与控制。利用油门杆控制飞行速度时，为了使飞机姿态不变，需要俯仰角位移系统同时工作，以稳定俯仰角。所以速度控制系统总是与俯仰角位移系统一起工作的。

控制油门杆时飞行速度简化传递函数为近似非周期环节，如下所示：

$$\frac{\Delta V(s)}{\Delta \delta_p(s)} = \frac{n_{1\delta_p}}{s + \omega_v} \qquad (12\text{-}3\text{-}3)$$

图 12-3-4 为控制油门杆的速度控制系统结构图。驾驶员通过速度给定器给出空速信号 U_{vg}，若它与空速传感器给出的信号 U_v 不一致，则形成误差信号 ΔU_v，并进入油门杆伺服器，由它改变发动机推力以控制飞行速度 V，最终 V 与 V_g 相一致。为了改善控制过程的动特性，引入了空速的微分信号。为了提高控制精度有时还引入积分信号。

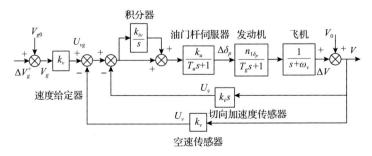

图 12-3-4　控制油门杆的速度控制系统结构图

若飞机的基准状态为 $V_0 = V_{g0}$，$\dot{V}_0 = 0$，并考虑 $\Delta\theta_g$ 的干扰，则可简化成图 12-3-5。

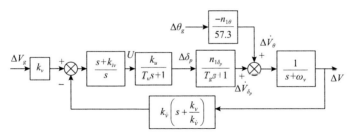

图 12-3-5　以增量形式表示的速度控制系统结构图

速度控制系统的控制对象包括发动机及飞机这两大部分。由于从发动机油门杆的位移到建立一定推力的过程是一非周期过程，其时间常数 T_g 长达 3～10s 或更长一些时间，而飞机速度对于推力的反应过程又是一个时间常数较大的非周期过程。这就决定了整个系统的动态过程是缓慢的。

当俯仰角位移系统处在控制状态，如着陆时由水平飞行过渡到下滑状态时，输入控制信号 $-\Delta\theta_g$ 使飞机低头。此时对速度控制系统相当于外加一个干扰信号使飞机加速产生 $\Delta\dot{V}_\theta$，如图 12-3-5 所示。

根据一般规定，飞机进场着陆阶段要求速度控制的静态精度由巡航时 14%提高到 1.14%，因此需要合理地选择控制规律来提高控制精度指标。

若系统不引入空速的微分信号（$k_{\dot{v}} = 0$），对空速的误差信号也不进行积分（$k_{iv} = 0$），则其控制规律有如下简单形式：

$$\Delta\delta_p = \frac{K_z^v}{T_u s + 1}\left(\Delta V_g - \Delta V\right) \tag{12-3-4}$$

式中，T_u 为油门杆伺服系统的时间常数；$K_z^v = k_v k_u$ 为空速至油门杆的传动比。

由此前分析可知，增大 K_z^v 可减小稳态误差，但 K_z^v 的增大受稳定性要求的限制。为了选取较大的 K_z^v 值，可引入空速的微分信号，其控制规律为

$$(T_u s + 1)\Delta\delta_p = -K_z^{\dot{v}}\Delta\dot{V} + K_z^v\left(\Delta V_g - \Delta V\right) \tag{12-3-5}$$

12.4　飞机侧向姿态控制系统

飞机的侧向姿态控制包括飞机滚转角控制和航向角控制。与飞机的纵向控制系统类似，飞机的侧向姿态控制系统也是飞机侧向轨迹控制系统的内回路。

12.4.1　滚转角控制的基本原理

当要求飞机做直线飞行时，需要稳定滚转角，滚转角稳定回路在外干扰力矩作用下，力图保持飞机滚转角为零。当需要改变飞机航向或盘旋转弯时，现代飞机一般均借助于滚转角控制系统，输入给定的控制信号，使飞机滚转，由飞机滚转后所产生的侧力来改变航迹偏转角，以达到改变飞机航向的目的。

1. 滚转运动的特点

与飞机纵向运动相比，飞机的滚转运动有其自身的特点，分析如下：当飞行员向左压杆偏转副翼时，飞机因左右两翼升力差形成横向操纵力矩而向左加速滚转，又因滚转角速度产生横向阻尼力矩，其大小随滚转角速度增大而增大。在加速滚转中，只要没有侧滑，就不会有任何稳定力矩产生，于是滚转角加速度只取决于控制力矩与阻尼力矩之差，直到二者平衡时，角加速度消失，飞机即做等速滚转，滚转角仍在不断变化，这显然与纵向运动不同。

稳态后，操纵力矩与阻尼力矩相平衡。必须注意的是，由于飞机滚转后没有恢复力矩，要使飞机滚转不再继续下去，保持一定滚转角，副翼一定要回到中立位置，消除横向控制力矩，在阻尼力矩作用下，使滚转角速度回零。

飞机处于平衡位置时，$\dot{\gamma}=0$，$\delta_{x0}=0$，这就是飞机滚转运动的基准状态。飞机滚转运动的稳定与控制都在这一基准状态下进行，这一点与俯仰通道不同，为了建立这一基准状态，在滚转控制回路中无须像俯仰通道那样，另加基准信号使舵上偏以建立配平状态。

考虑一般平飞状态，用 $\gamma_0=0$ 表示滚转运动基准。由于 $\gamma=\gamma_0+\Delta\gamma$，$\delta_x=\delta_{x0}+\Delta\delta_x$，而 $\gamma_0=0$，$\delta_{x0}=0$，所以滚转角控制系统中 $\gamma=\Delta\gamma$，$\delta_x=\Delta\delta_x$，偏差量与全量没有区别。

滚转运动参量和控制量极性规定为右副翼下偏左副翼上偏时 δ_x 为正，产生负控制力矩，形成负 γ 角。正干扰力矩 M_{xr} 引起正 γ 角，相当于负的 δ_x 作用结果，所以正 M_{xr} 可折算为负的 δ_x 作用加到飞机上，通过稳定回路作用，产生正的副翼舵偏平衡干扰力矩。当然，在常值干扰力矩作用下，为补偿外干扰力矩的常值副翼偏转角，必须由飞机常值滚转角提供，即若控制规律不含有 γ 的积分信号，则会产生滚转角的静差 γ_s。

2. 滚转角控制规律

图 12-4-1 为滚转角保持与控制原理方框图，其外回路是滚转角反馈回路，内回路是滚转角速度反馈回路。

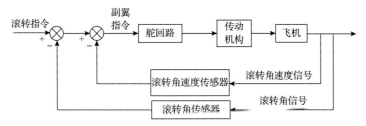

图 12-4-1 滚转角保持与控制原理方框图

滚转角控制系统结构如图 12-4-2 所示，其相关控制规律为

$$\delta_x = K_x^\gamma(\gamma - \gamma_g) + K_x^{\dot\gamma}\dot\gamma \qquad (12\text{-}4\text{-}1)$$

式中，$K_x^\gamma = \delta_x / \gamma$ 表示单位滚转角产生的副翼舵偏角，简称滚转角传动比；$K_x^{\dot\gamma} = \delta_x / \dot\gamma$ 表示单位滚转角速度产生的副翼舵偏角，简称滚转角速度传动比。

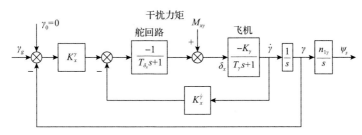

图 12-4-2 滚转角控制系统结构图

图 12-4-2 中考虑了舵回路的惯性。飞机传递函数采用了"一自由度滚转模态"简化传递函数，并应用了如下简化假设：飞机侧向运动是协调控制的，即为改变航向，一方面给出控制信号，使飞机滚转以改变速度矢量的方向；同时，采用适当方案使飞机机头在改变航向过程中，基本上保持与速度矢量方向一致，飞机进行无侧滑飞行，即 $\beta = \psi - \psi_s \approx 0$。由于 $\beta \approx 0$，同时在协调控制过程中假设方向舵偏角及偏航角速度都很小，因此可忽略它们的交联作用。

如同俯仰角控制系统一样，为增加飞机滚转角运动阻尼，改善飞机动态性能，在滚转角控制回路中引入角速度反馈是必要的。

例 12-4-1 某喷气式无人机 $V = 208\text{m/s}$ 时的传递函数为 $\gamma(s) / \delta_x(s) = -23.6 / [s(s + 1.3)]$，在高空 11400m 处。该系统的结构如图 12-4-3 所示，其中舵回路的时

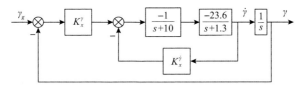

图 12-4-3 滚转角控制系统结构图实例

间常数为 0.1s，其控制规律可取式(12-4-1)形式。

如同分析俯仰角控制系统一样，可通过控制理论来确定控制规律参数 K_x^γ 和 $K_x^{\dot\gamma}$。若要求内回路的阻尼为 $\xi = 0.72$，外回路的阻尼为 $\xi = 0.6$，则可设计 $K_x^{\dot\gamma} = 0.2$、$K_x^\gamma = 0.6$。此时相对应的内、外回路的传递函数为

$$\dot\gamma(s)/\dot\gamma_g(s) = 23.6/(s^2 + 11.3s + 17.72)$$

$$\gamma(s)\big/\gamma_g(s) = 14.16\big/(s^3 + 11.3s^2 + 17.72s + 14.16)$$

应该指出，对于飞行高度和速度变化不大的飞机，应选择一组固定参数 K_x^γ 和 $K_x^{\dot\gamma}$，使得每一个飞行状态都能满足动态品质指标要求。对于飞行高度和速度变化较大的飞机，由于快速滚转运动近似方程中系数变化较大，用一组固定参数无法同时满足所有飞行状态的要求，因此在各不同飞行阶段上控制系统应能相应调参。

在有的民航机，巡航阶段上取 $K_x^\gamma = 0.4$，$K_x^{\dot\gamma} = 0$，因这时飞机本身具有较好的阻尼，在着陆阶段中，由于飞机速度下降，飞机本身传递系数下降，因此将 K_x^γ 提高到 1.14，并接通速度陀螺，使 $K_x^{\dot\gamma} = 1.2$，可满足整个控制系统过渡过程品质的要求。

12.4.2 航向角控制的基本原理

航向自动控制系统完成的主要任务是根据飞机侧向运动模态特点和所需的侧向飞行状态的性能要求提出的。早期的侧向自动驾驶仪主要是为了保持机翼水平和维持飞机在所希望的航向上。航向的改变通常是利用改变航向基准并通过方向舵把飞机偏转到所需航线上。很明显，这种机动是不协调的，只适用于航向的小改变。由于机动性差，以及近代高性能飞机荷兰滚振荡阻尼低，所以这种驾驶仪目前已不适用。大多数驾驶仪必须给荷兰滚运动提供必要的阻尼，并要求减少或基本消除转弯过程中的侧滑，改善动态过程品质，提高转弯机动性。

航向控制可有三种方式。由于飞机纵轴在水平面内的转动是靠偏航力矩的作用，而速度矢量在水平面内的转动靠侧力，即气动合力在水平面内投影的作用。当飞机有侧滑时，这个侧力靠侧滑产生的侧向气动力得到；当飞机有倾斜时，靠升力倾斜的水平分量得到；或同时由侧滑和倾斜得到。因此，飞机的航向控制方式为通过方向舵、副翼，或同时用方向舵和副翼协调控制实现。

由于平转弯的弱机动以及侧滑带来的问题，目前多数飞机上已不再采用平转弯这种简单的平转弯形式的自动驾驶仪，而是采用副翼实现转弯，方向舵通道主要用来增加荷兰滚阻尼和减小侧滑，采用副翼通道航向控制的原理如图 12-4-4

所示。

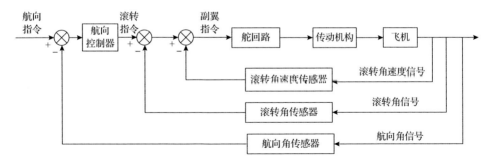

图 12-4-4   副翼通道航向控制原理结构图

1. 偏航阻尼器

偏航阻尼器也称为荷兰滚阻尼器。实践表明，通过修改飞机的气动外形来提高荷兰滚阻尼是很困难的，例如，将垂直尾翼面积增大一倍，可以提高荷兰滚阻尼到令人满意的程度，但是飞机的飞行阻力、结构重量大大增加，并且飞机对侧风的反应也大为加剧，反而降低了飞机的性能。为了不降低飞机原有飞行性能，通常在航向飞行操纵系统中附加一个电气装置以提高荷兰滚振荡阻尼。

偏航阻尼器感受飞机偏航角速度，变成方向舵转角，并呈正比关系，从而构成反馈，以达到提高荷兰滚阻尼的目的。偏航阻尼器控制规律为

$$\delta_y = K_y^{\omega_y} \omega_y \tag{12-4-2}$$

式中，ω_y 为偏航角速度；δ_y 为舵转角；$K_y^{\omega_y}$ 为 ω_y 到 δ_y 之间的传递系数，又称偏航阻尼器传动比。

方向舵偏转的极性与偏航角速度极性相同，舵偏量大小与偏航角速度成比例。此偏舵产生的附加力矩与飞机运动方向相反，它阻止飞机偏航运动，而且这个力矩随偏航角速度变化。因此，该附加力矩性质与飞机航向阻尼力矩性质相同，起增大偏航阻尼力矩作用。

由于速度陀螺测量轴与机体坐标系是一致的，飞机在稳态转弯时速度陀螺会感受到 $\dot{\psi}$ 在机体轴 oy_t 上的分量，如图 12-4-5 所示，即

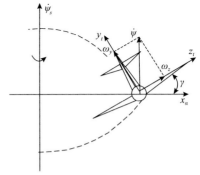

图 12-4-5   飞机稳态转弯时 $\delta_y = K_y^{\omega_y} \dot{\psi} \cos\gamma$ 和 γ 的关系图

$$\omega_y = \dot{\psi} \cos \gamma \qquad (12\text{-}4\text{-}3)$$

于是偏航阻尼器产生一个恒定的方向舵偏角：

$$\delta_y = K_y^{\omega_y} \dot{\psi} \cos \gamma \qquad (12\text{-}4\text{-}4)$$

由此产生一个附加阻尼力矩，阻止飞机机头偏转。这样，飞机在转弯时会引起很大侧滑，从而降低飞机机动性，这不是希望的。为了减小航向阻尼器对稳态转弯的影响，提高转弯机动性，引入清洗网络。此时偏航阻尼器的控制规律具有如下形式：

$$\delta_y = K_y^{\omega_y} \frac{\tau s}{\tau s + 1} \omega_y \qquad (12\text{-}4\text{-}5)$$

式中，τ 为清洗网络时间常数。

2. 航向角控制规律

采用副翼稳定和控制航向角，当飞机采用一自由度滚转运动模态传递函数时，并考虑到方向舵通道协调工作，侧滑角很小。略去侧滑角的影响，可作出副翼通道航向控制系统结构，如图 12-4-6 所示。其控制规律如下：

$$\delta_x = K_x^\gamma \gamma + K_x^{\dot\gamma} \dot\gamma - K_x^\psi (\psi - \psi_g) \qquad (12\text{-}4\text{-}6)$$

式中，K_x^γ 和 $K_x^{\dot\gamma}$ 分别为滚转角和滚转角速度的传动比；K_x^ψ 为航向角偏差的传动比，在传动比 K_x^ψ 前加负号，是因为要使机头向左转，需要副翼正向偏转。

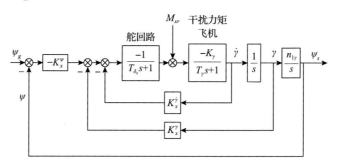

图 12-4-6　副翼通道航向控制系统结构图

根据式(12-4-6)，当飞机有正航向初始偏离时，随着飞机偏航，γ 信号不断增加。因信号 γ 与信号 ψ 反号，故当滚转角增加时，副翼偏转角减小，滚转角一直增大到 γ 信号和飞机 ψ 信号平衡时为止，副翼则回到初始位置。飞机倾斜时，升力水平分量 $Y\sin\gamma$ 使速度向给定航向转动，但因初始修正时，飞机纵轴还未转动，纵轴落后于速度转动，出现 β 角，利用飞机本身的偏航稳定力矩使飞机纵轴跟踪速度转动。

随着飞机转弯，航向信号减小，滚转信号超过它后，副翼就反方向偏转，γ 开始减小，当 ψ 恢复到初始值时，γ 和 β 也回到初始值。必须指出的是，用具有式(12-4-6)控制规律的自动驾驶仪稳定航向时，飞机不能保持原定航线。仅用副翼操纵航向时，由于速度向量和飞机纵轴不重合引起侧滑造成航向稳定力矩使纵轴转动，当航向稳定性很小时，侧滑角可能达到很大数值，这是不希望的。同时，当采用式(12-4-6)控制规律时，驾驶仪在常值滚转干扰力矩 M_{xr} 作用下，会产生偏航静差。为了消除 M_{xr} 所引起的飞机偏航，可引入航向积分信号，其结构如图 12-4-7 所示。

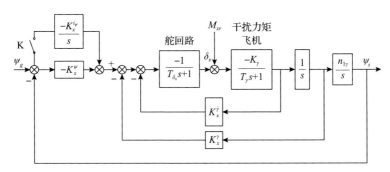

图 12-4-7　引入积分信号的副翼通道结构图

由系统结构图可见，其控制规律设计如下：

$$\delta_x = K_x^{\gamma}\gamma + K_x^{\dot{\gamma}}\dot{\gamma} - K_x^{\psi}(\psi - \psi_g) - K_x^{i_\psi}\int(\psi - \psi_g)\mathrm{d}t \qquad (12\text{-}4\text{-}7)$$

为了兼顾静、动态性能，往往一开始不接入积分信号，当系统快进入稳态后，再接通积分环节，以提高航向的稳态精度。用这种控制规律进行转弯时，可在副翼通道加入给定滚转角信号 γ_g，同时切除航向稳定信号。其控制规律变为

$$\begin{cases} \delta_x = K_x^{\gamma}(\gamma - \gamma_g) + K_x^{\dot{\gamma}}\dot{\gamma} \\ \delta_y = K_y^{\omega_y}\dfrac{\tau s}{\tau s + 1}\omega_y \end{cases} \qquad (12\text{-}4\text{-}8)$$

切除航向稳定信号的目的，是为了保证飞机连续转弯的实现。

12.4.3　协调转弯和高度补偿

协调转弯是指飞机在水平面内连续改变飞行方向、保证 $\beta=0$ 即滚转与偏航运动两者耦合影响最小、并能保持不掉高度的一种转弯机动动作。在实际飞行中，

飞机的滚转与偏航运动并不完全独立,而是紧密联系、相互交叉耦合的。因此,在转弯机动中,引起飞机纵轴与速度向量的方向不同(即不协调),往往产生很大的侧滑角,而侧滑角的存在,不仅增大了飞机阻力,而且不利于飞机导航瞄准,人也感到不适,因此在现代飞机上迫切要求解决这一问题,必须进行协调转弯的控制。

1. 驾驶员操纵飞机协调转弯过程

驾驶员是如何操纵飞机进行无侧滑协调转弯呢?要完成协调转弯,驾驶员必须同时操纵三个舵面配合动作。若要实现左转弯,就要左压杆,偏转副翼使飞机左滚,当飞机倾斜到要求的滚转角时,回收驾驶杆使副翼回中。同时,向左蹬舵,使方向舵左偏,使纵轴按相应的 ω_y 转动。为克服转弯时的惯性,开始蹬舵大些,到进入稳态转弯后,蹬舵量减小,但仍需保留一个舵偏量,借以维持要求的角速度 ω_y。另外,驾驶员还要向后拉杆,使升降舵上偏,保持飞机不掉高度。转弯过程中,驾驶员一边通过地平仪观察滚转角大小,一边通过侧滑仪观察有无侧滑,若有内侧滑,则说明飞机纵轴跟不上空速向量的转动,应加大蹬舵量,提高 ω_y;反之,若有外侧滑,则应减小蹬舵量。另外还要通过升降速度表适时地控制升降舵偏角以保持高度不变。

以上所讨论的协调转弯(包括小角度转弯),对于装有自动驾驶仪的飞机,自动驾驶仪是工作在控制状态,即自动驾驶仪给出控制信号操纵飞机进行协调转弯。那么当自动驾驶仪工作在稳定状态时,是否也要求协调即 $\beta=0$ 呢?实践表明,在航向稳定过程中,由于偏航角、侧滑角和滚转角都不大,一般侧风引起的侧滑角也不大,因此稳定状态的协调信号是以保证稳定航向的调节质量为主,而允许有不大的侧滑角(如 $2°\sim3°$)。

最后,还应指出,即使是采用协调方法,飞机侧向运动实际上不可能在所有飞行状态下都达到理想的协调($\beta=0$)。增加各种交联信号的必要性,主要决定于飞机的侧向稳定性和操作性、干扰作用下的特性以及对稳定 β 所提出的精度要求。

2. 协调转弯控制方案

在实际所采用的侧向协调控制规律中,有许多不同的协调转弯控制方案,但其中根本问题是要求飞机在实现转弯过程中侧滑角为零,表示飞机协调转弯的各种不同形式均根据这一点得出,下面是协调转弯的几种方案。

第一种方案为 $\beta=0$:即利用侧滑角 β 来衡量飞机协调转弯的情况。当 $\beta=0$ 时,飞机做协调转弯,这时飞机纵轴与速度向量在水平面上的投影完全重合在一起,以相同角速度绕地面坐标的垂直轴转动。

第二种方案为 $a_z = 0$：因飞机重心处的侧向加速度 a_z 正比于侧滑角，故实际上还常用侧向加速度 a_z 来衡量飞机转弯的协调情况，当 $a_z = 0$ 时，飞机即做协调转弯。

前两种途径的控制结构如图 12-4-8 所示

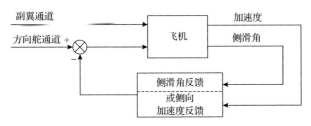

图 12-4-8   协调转弯的一般结构

第三种方案为 $\dot{\psi}_s = -(g/V_k)\tan\gamma$：对于一定的滚转角和飞行速度，只有一个相应的转弯角速度可以实现协调转弯。图 12-4-9 表示飞机协调转弯时作用在飞机上的力。

简便起见，假设 $\theta = 0$，则由图 12-4-9 可知，协调转弯时的航向角速度 $\dot{\psi}$ 需满足如下条件：

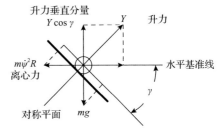

图 12-4-9   飞机协调转弯受力图

$$\begin{cases} Y\cos\gamma = G = mg \\ -Y\sin\gamma = mV_k\dot{\psi} \end{cases} \quad (12\text{-}4\text{-}9)$$

式中，Y 为升力；m 为飞机质量；G 为飞机重力；V_k 为空速；$\dot{\psi}$ 为航向角速度。

式(12-4-9)表明，协调转弯时，升力在垂直方向上的分力与重力平衡，以保持飞机在水平面内飞行，升力的水平分力与飞机转弯时的离心力平衡。这样，飞机以恒定的转弯角速度 $\dot{\psi}_s$ 在水平面内做圆周运动。因此，可得协调转弯公式：

$$\dot{\psi} = -(g/V_k)\tan\gamma \quad (12\text{-}4\text{-}10)$$

由此可见，要使空速矢量在水平面内以恒定的转弯角速度转动，必须使飞机保持一定的滚转角，转弯角速度 $\dot{\psi}$ 与滚转角 γ 关系应满足式(12-4-10)的要求。

3. 协调转弯控制规律

1) 比例式控制实现协调转弯的原理

具有副翼和方向舵控制信号的协调转弯控制系统，在具有交联信号的侧向控制系统中，可设计小角度转弯状态下的控制规律，如下所示：

$$\begin{cases} \delta_x = K_x^\gamma \gamma + K_x^{\dot\gamma}\dot\gamma - K_x^\psi(\psi - \psi_g) \\ \delta_y = K_y^\psi \dot\psi + K_y^\gamma \gamma \end{cases} \tag{12-4-11}$$

以上控制规律的特点是航向信号送到副翼通道，同时副翼通道工作后所产生的滚转信号引入方向舵通道。控制转弯指令加到副翼通道使飞机自动转弯到一定航向，副翼使飞机滚转从而使空速向量转动，而滚转信号又控制方向舵使飞机纵轴跟踪空速向量转动。通过调节 K_y^γ 可以基本实现协调转弯。

2) 积分式控制实现协调转弯的原理

航向/滚转通道加入控制信号，在航向通道引入 β 信号的侧向控制系统，其协调转弯状态下的控制规律为

$$\begin{cases} \dot\delta_x = K_x^{\ddot\gamma}\ddot\gamma + K_x^{\dot\gamma}\dot\gamma + K_x^\gamma(\gamma - \gamma_g) \\ \dot\delta_y = K_y^\psi\ddot\psi + K_y^\psi(\dot\psi - \dot\psi_g) + K_y^\beta \beta \end{cases} \tag{12-4-12}$$

式中，γ_g 为给定滚转角；$\dot\psi_g$ 为给定偏航角速度。

当给定 γ_g 为正值时（右滚转）时，给定偏航角速度 $\dot\psi_g$ 应为负值（右转弯）。要保证协调转弯，γ_g 与 $\dot\psi_g$ 应保持数值上有一定关系，即 $\dot\psi_g = -\dfrac{g}{V_k}\tan\gamma_g$。可见，要通过调整两个通道的两个控制信号实现协调转弯，必须在不同飞行状态下不断改变协调控制参数。当自动驾驶仪为固定参数时，不可能做到所有状态下的协调。因此，引入 β 信号，实行开环与闭环补偿相结合的方法进行协调。即使这样，也只能减小 β，不可能使 $\beta = 0$。

稳定状态时，在控制规律(12-4-12)中切断控制信号，同时加入航向稳定信号，此控制规律如下所示：

$$\begin{cases} \dot\delta_x = K_x^{\ddot\gamma}\ddot\gamma + K_x^{\dot\gamma}\dot\gamma + K_x^\gamma(\gamma - \gamma_g) - K_x^\psi\Delta\psi \\ \dot\delta_y = K_y^\psi\ddot\psi + K_y^\psi(\dot\psi - \dot\psi_g) + K_y^\psi\Delta\psi + K_y^\beta\beta \end{cases} \tag{12-4-13}$$

这种控制规律具有积分性质。当干扰力矩最终与舵偏角产生的舵面力矩平衡时，γ、ψ、β 都没有静差。这些参量保持精度较高，这是此控制规律的重要优点。

4. 协调转弯中的高度补偿

驾驶员在做机动转弯的侧向操纵时，为了保持飞机在水平面内转弯，使飞机不掉高度，同时必须操纵升降舵产生一个附加舵偏角。为使飞机不掉高度，要求升力的垂直分力与重力平衡，即要满足 $Y\cos\gamma = G$。

假设转弯前飞机升力 $Y = G$ ，那么转弯时飞机倾斜后， Y 也随着转动，则 $Y\cos\gamma < G$ ，所以必须增大升力才能继续保持平衡。如果飞行速度不变，要使升力增加，显然必须操纵升降舵以增大迎角。由此可见，为使飞机协调转弯时不掉高度，驾驶员还必须操纵升降舵，产生一个与 γ 保持 $(1-\cos\gamma)/\cos\gamma$ 关系并与动压成反比的舵偏角，以增大迎角或升力。

另外，要保持飞机沿铅垂轴盘旋，除应控制偏航角速度 ω_z ，还需要使飞机绕 oz_t 轴有一个上仰角速度（ $\omega_z > 0$ ），而 ω_z 引起的俯仰阻尼力矩同样靠升降舵上偏 $\Delta\delta_{z2}$ 来平衡。

综上可以看出，总的升降舵偏角应为

$$\Delta\delta_z = \Delta\delta_{z1} + \Delta\delta_{z2} \approx -K_0|\gamma| \tag{12-4-14}$$

式中， K_0 为滚转角到升降舵的传动比，负号表示升降舵偏转方向与 $|\gamma|$ 相反，即不论 γ 为正还是为负， $\Delta\delta_z$ 总是负，即向上偏转。

飞机自动控制系统就是依据上述原理实现飞机协调转弯时的纵向控制的。图 12-4-10 为实现纵向控制采用的一种高度补偿原理图。

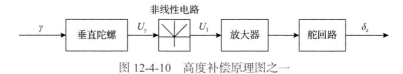

图 12-4-10　高度补偿原理图之一

这种高度补偿的基本工作原理是：当飞机滚转后，垂直陀螺测得滚转角，输出一个与 γ 成正比的电信号。经非线性电路，当 $u_\gamma > 0$ 或 $u_\gamma < 0$ 时，其输出电压均为正，即 $u_1 > 0$ 。信号经放大输入到自动驾驶仪纵向通道的舵回路，产生一个上偏的升降舵偏角，从而增大升力保持飞机不掉高度。

具有高度补偿的纵向通道控制规律为

$$\Delta\delta_z = K_z^\theta(\theta - \theta_g) + K_z^{\omega_z}\omega_z - K_z^\gamma|\gamma| \tag{12-4-15}$$

式中， $K_z^\gamma|\gamma|$ 为纵向控制所需附加升降舵偏角； K_z^γ 为滚转角到升降舵之间的传动比。

图 12-4-11 是采用另一种方法实现高度补偿的原理图。

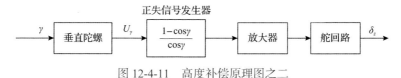

图 12-4-11　高度补偿原理图之二

该方法用正失信号发生器代替上述非线性电路。在转弯机动中，垂直陀螺感受的滚转角同样使升降舵上偏，产生相应迎角，以增大升力，补偿高度损失。这种情况下，相应的纵向通道控制规律为

$$\Delta \delta_z = K_z^{\theta}(\theta - \theta_g) + K_z^{\omega_z}\omega_z - K_z^{\gamma}\frac{1 - \cos\gamma}{\cos\gamma} \tag{12-4-16}$$

12.5 飞机侧向轨迹控制系统

飞机的侧向轨迹控制系统除对不同侧向运动模态采取不同的控制结构方案和相应控制规律，以便保证飞机具有良好的姿态控制性能外，还要保证飞机具有良好的侧向轨迹运动，即需要对飞机重心的运动进行自动控制。

12.5.1 侧向偏离控制系统

飞机侧向偏离的自动控制与高度控制原理有许多相似之处。高度是以俯仰角自动控制系统作为内回路的，侧向偏离的自动控制是以偏航角和滚转角的自动控制作为内回路的，一般是通过让飞机转弯的方法自动修正。所以，在航向通道与横向通道两通道协调的方法上又与侧向角运动自动控制一致，可有多种协调控制方案，相应地出现了多种侧向偏离的控制方案。

飞机侧向偏离控制系统控制方案主要包括：①通过副翼与方向舵同时工作进行协调转弯来控制侧偏距离；②利用方向舵控制转弯来修正侧偏距离，副翼通道起协调作用；③利用副翼控制飞机滚转使飞机转弯以修正侧偏距离，方向舵只起阻尼与协调作用。

以上三种方案都是靠协调转弯修正侧向偏离的。此外，还可以利用副翼让飞机倾斜产生侧滑，单纯靠侧滑来修正偏离，这种方案有时可用于侧风着陆修正偏离。下面主要研究目前使用最多的第三种方案，如图 12-5-1 所示。

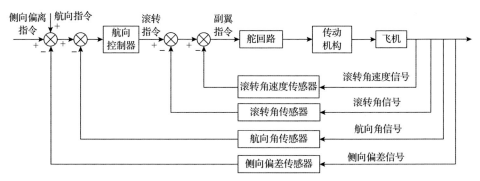

图 12-5-1　协调转弯修正的侧向航迹控制系统原理框图

1. 基本工作原理

上述第三种方案的航迹控制系统是在滚转角运动回路的基础上，增加侧偏距离 z 的反馈构成的。这种方案是通过副翼控制飞机倾斜实现转弯，方向舵通道仅起阻尼与协调作用，使转弯基本上是协调的。因此，可假定侧滑角为零。分析中略去偏航通道，只按滚转单一通道讨论，且忽略 ω_y、δ_y 对滚转的交联影响，认为飞机的滚转仅由副翼偏转引起，即采用一自由度滚转传递函数。

为了构成航迹自动控制系统，应建立飞机滚转角 γ 和侧向偏离 z 之间的关系。

由协调转弯公式 $\dot{\psi}_s = -(g/V_k)\gamma = n_{1\gamma}\gamma$，又由 $\dot{z} = -V_k(\psi - \beta)/57.3 \approx -V_k\psi_s/57.3$ 可得

$$z(s) = -(V_k/s)(n_{1\gamma}/s)\gamma(s)/57.3 \qquad (12\text{-}5\text{-}1)$$

式中，V_k 为飞机空速。

根据上述关系，在滚转角控制回路的基础上可构成航迹控制系统，如图 12-5-2 所示。

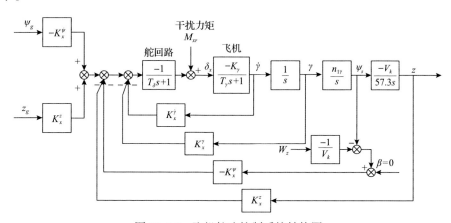

图 12-5-2　飞机航迹控制系统结构图

由图 12-5-2 可见，系统必须具有侧向偏离的测量装置，它通常由导航系统来实现。当飞机重心偏离给定航迹时，飞机重心对给定航迹的偏差信号即侧偏距离 z 加入自动驾驶仪副翼通道，使飞机滚转。其滚转方向是使飞机速度向量向着减小 z 的方向偏转，在这个过程中，方向舵通道起阻尼和协调作用。

根据图 12-5-2，可写出航迹控制系统控制规律：

$$\begin{cases} \delta_x = K_x^\gamma \gamma + K_x^{\dot\gamma}\dot\gamma - K_x^\psi(\psi - \psi_g) + K_x^z(z - z_g) \\ \delta_y = K_y^{\dot\psi}\dot\psi + K_y^\gamma \gamma \end{cases} \qquad (12\text{-}5\text{-}2)$$

式中，K_x^z 为飞机重心偏离给定航迹的侧向距离到副翼舵偏角的传递系数，单位为 (°)/m，其符号为正。即当 $z>0$ 时，飞机在应飞航线右侧时，必须使飞机向左转弯才能修正过来，这就是说，要使飞机向左滚转，必须有 $\delta_x>0$。

2. 侧向航迹纠偏过程

假定飞机起始位置位于图 12-5-3 的 C 点，即此时飞机同时存在航向偏离 $\psi<0$

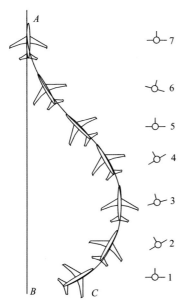

和侧偏距离 z，现要求飞机通过控制规律 (12-5-2) 进行纠偏，使飞机沿航线 BA 飞行。

下面按 7 个典型位置点，对其纠偏过程分析如下。

位置 1：飞机处于水平直线飞行状态，飞机重心位于距航迹 BA 的右侧 z 处，且飞机的航向与期望航迹 BA 有一夹角 $\psi<0$（速度矢量与飞机纵轴方向一致)时，航迹稳定系统还未接通。

位置 2：从离开位置 1 瞬时起，航迹稳定系统接通。由于 ψ 为负，z 为正，δ_x 将产生正偏转使飞机左滚，直到滚转信号 $-K_x^\gamma \gamma$ 和 $K_x^\psi \psi$ 与 $K_x^z z$ 之和相等，并且副翼回零时才停止。由于飞机存在 $\gamma<0$，所以速度矢量和航

图 12-5-3　飞机侧向航迹纠偏示意图

向不断向 BA 方向偏转，但是速度矢量在对准 BA 方向之前，总存在垂直于 BA 方向的分量，所以侧偏距离 z 不像 ψ 那样不断减小，反而增大。虽然 ψ 不断减小，但因为 z 反而增大，所以飞机仍以左滚转角姿态飞行。在此过程中，通过方向舵通道作用，侧滑基本为零。

位置 3：飞机的航向与速度矢量已和 BA 平行，而侧偏距离达到最大，飞机在 $K_x^z z$ 信号作用下仍以左滚转飞行。

位置 4：由于飞机仍向左滚转，航向角由零开始变为正值，z 也从最大值开始减小，飞机航向正偏离增大。但由于 $K_x^z z$ 和 $-K_x^\psi \psi$ 相等，副翼回中，滚转角 γ 达到负最大值，正的航向偏离不断增大，z 继续减小。

位置 5：由于 z 继续减小，$-K_x^\psi \psi$ 信号使飞机改平，飞机正航向角 ψ 也达到最大，不再左偏。

位置 6：在 $-K_x^\psi \psi$ 信号作用下飞机右滚转，航向与速度矢量都向右转，力图与 BA 方向一致，z 仍不断减小。

位置 7：最后 z 减小到零，航向角与速度矢量都稳定在与应飞航迹 BA 一致的方向上，侧向偏离 z、偏航角 ψ 及滚转角 γ 都回到零。

从以上过程可见，系统开始工作时，$K_x^z z$ 和 $K_x^\psi \psi$ 作用相同。在到达位置 3 之前，信号 $-K_x^\psi \psi$ 和 $K_x^z z$ 符号一致。若信号强度大，飞机的偏离能迅速纠正。从位置 3 以后，航向偏离信号 ψ 实际上是飞机重心侧向偏离的阻尼信号，这同飞机飞行高度控制系统中俯仰角偏离信号是高度差的阻尼信号一样，其物理解释是类似的。

增大 $K_x^z z$ 可使飞机滚转角加大，使速度矢量和飞机纵轴转动加快，但这可能导致飞机重心沿给定航迹振荡。可引入 $\dot{z}$ 信号和适当调节 K_x^ψ 值，使过程振荡减小到满意程度。

12.5.2　侧向波束导引系统

1. 基本工作原理

飞机着陆轨迹可以看成飞机重心在通过跑道中心线且与水平面垂直的平面内的纵向运动和在水平面内侧向运动的合成。利用仪表自动着陆系统实现自动着陆，除下滑波束自动控制系统、自动拉平着陆系统，还包括侧向波束导引系统。下面对飞机侧向波束导引系统进行分析。

航向信标台(LOC)是一个无线电波发射台，设置在跑道中心线的延长线上，距离跑道末端 500~1000m。LOC 能向飞机着陆方向连续发射两个调制解调频率各为 90Hz 和 150Hz、载波频率为 108~112MHz 的高频无线电波，在水平方向形成两个载频相同、信号强度相同并且对称的两个波瓣，如图 12-5-4 所示。其原理与前文中讨论的纵向下滑信标台类似，这里不再重复。

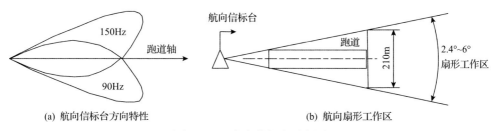

(a) 航向信标台方向特性　　　　　　　　　(b) 航向扇形工作区

图 12-5-4　航向信标台示意图

侧向波束导引系统基本结构如图 12-5-5 所示。侧向波束导引系统是将飞机偏离航向信标台发射的无线电波束中心线的信号，通过耦合器变为滚转控制指令，输给自动驾驶仪的侧向通道，操纵副翼偏转来改变航迹偏转角 ψ_s，修正飞机水平方向的航迹。也就是说，侧向波束耦合器和自动驾驶仪侧向通道耦合，构成侧向波束导引系统。它自动修正飞机水平方向的航迹，使飞机对准跑道中心线飞行。侧向波束耦合器与下滑耦合器类似，这里也不再重述。

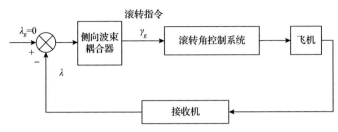

图 12-5-5　侧向波束导引系统基本结构图

2. 侧向波束导引系统控制规律

侧向波束导引系统由侧向波束耦合器与自动驾驶仪侧向通道耦合而成。侧向波束耦合器是能够将波束偏差角转换成滚转指令信号的装置，其控制规律如下：

$$\gamma_g = -K_x^{\lambda}\lambda - K_x^{i_{\lambda}} \int \lambda \mathrm{d}t - K_x^{\dot{\lambda}}\dot{\lambda} \tag{12-5-3}$$

式中，$K_x^{\dot{\lambda}}$、K_x^{λ}、$K_x^{i_{\lambda}}$ 分别为波束偏差角速度、波束偏差角及其积分到副翼舵偏角的传动比。

式(12-5-3)控制规律对于自动导引飞机沿跑道中心线飞行的侧向波束导引系统，波束偏差角及其速度信号是必须引入的基本信号，这对提高系统稳定性和改善系统动态品质是极其重要的。其中，波束偏差角信号用来保证飞机稳定在波束中心线上。波束偏差角速度信号保证系统稳定工作，且其信号强度要足够大。积分信号用来消除静差，提高系统稳态精度。

本 章 小 结

为对飞机姿态控制回路进行分析，本章从驾驶员操纵飞机角运动的过程出发，建立了飞机飞行基准状态，简述了飞机俯仰角位移的稳定与控制基本原理，对比例式控制规律及积分式控制规律进行了分析。在对飞机纵向轨迹运动控制系统进行分析时，主要对几种典型飞机纵向轨迹控制系统进行分析，包括飞机飞行高度的稳定与控制、飞机下滑波束导引系统、自动拉平着陆系统。现代飞行控制系统中都具有空速或马赫数自动控制系统，分析了飞机空速保持与控制系统作用，给出了两种空速保持与控制系统的控制方案，并进行了分析。

进一步对飞机侧向姿态控制系统和侧向轨迹控制系统进行了分析。飞机侧向姿态运动是绕 ox_t 轴和 oy_t 轴两个轴的转动运动，其滚转、偏航有关力、力矩、相应滚转、航向操纵是相互交联耦合的。飞机侧向姿态控制系统的目的在于针对快速滚转模态、荷兰滚模态和螺旋模态采用相应的自动控制系统及合理的控制规律来保证飞机有良好的动、静态性能。侧向控制系统是一种多输入多输出的多变量系统，应采用现代控制理论分析综合。但为阐述简单，本章仍采用该多变量系统的简化单输入单输出系统，基于经典控制理论进行了分析研究，主要对飞机滚转角/偏航角控制系统结构图、相关控制规律、几种典型协调转弯控制方案以及协调转弯控制中的纵向控制系统进行了分析研究。

飞机侧向偏离 z 的稳定与控制属于飞机重心的运动控制范畴，它是以偏航角和滚转角的自动控制作为内回路的，一般通过让飞机转弯的方法自动修正侧向偏离 z。由于具有多种协调控制方案，相应地出现了多种侧向偏离 z 的控制方案，主要对侧向偏离 z 的稳定与控制方案进行了分析，同时对侧向波束自动导引系统进行了分析，包括侧向航迹稳定系统的结构图及控制规律、对侧向航迹纠偏的分析、侧向航迹控制系统设计、结构图及控制规律的建立等。

习　　题

1. 简述驾驶员操纵飞机俯仰角运动过程以及稳定与控制飞机俯仰角的基本原理。

2. 说明比例式自动驾驶仪控制规律在系统工作过程中的特点。

3. 简述飞机飞行高度控制系统工作原理。

4. 试说明高度控制系统的控制规律中各信号在系统工作过程中的作用。

5. 如何实现按指数规律自动拉平系统？

6. 空速控制系统作用主要包括哪些？

7. 为什么油门杆速度控制系统必须与姿态角稳定系统或飞机飞行高度控制系统同时工作？

8. 简要分析控制升降舵的速度控制系统控制规律中各信号的作用。

9. 请简要分析飞机的侧向运动与纵向运动的主要区别。

10. 飞机滚转运动和俯仰运动的主要区别有哪些？

11. 分析平转弯侧向自动驾驶仪控制规律及其主要特点。

12. 简要说明副翼稳定和控制航向的控制系统控制规律。

13. 协调转弯的定义是什么？消除侧滑有哪几种方案？试进行比较。

14. 驾驶员如何操纵飞机实现协调转弯？

15. 试分析侧向协调控制中纵向补偿原理与方法。

16. 侧向偏离控制方案主要有哪几种？试简要分析侧向航迹的纠偏原理。

17. 简述侧向波束导引系统的基本工作原理。

第 13 章　惯性导航原理

飞机上的惯性导航系统能够为航线导航、武器投放、飞行控制、雷达、光电平台等提供精确的位置、速度及姿态信息，其精度直接影响飞机及机载武器系统的性能，惯性导航系统具有完全自主、完全隐蔽、不受干扰、提供的导航参数多且频率高等优点，已经成为现代飞机上必不可少的主导航设备，在诸多机载导航系统中处于核心地位。

本章重点介绍在现代飞机中作为主导航设备的惯性导航系统的基本原理，从学习惯性导航系统需要的基础知识入手，介绍惯性导航系统的基本方程即比力方程，然后讲解平台式惯性导航系统的关键部件——陀螺稳定平台，重点讲解平台式惯性导航系统中的指北方位惯性导航系统，简单介绍其他平台式惯性导航系统及捷联式惯性导航系统，然后介绍惯性导航系统初始对准，最后是现代飞机上普遍采用的组合导航系统的基本原理。

13.1　惯性导航基本原理

惯性导航系统是建立在牛顿运动定律基础上的导航系统。在地球表面附近实现惯性导航还必须了解地球的基本特性参数，这样才能正确理解惯性导航中如何得到地球表面的经度、纬度等位置信息。

13.1.1　惯性导航的概念

根据牛顿运动定律，物体的运动状态可以用加速度来描述。

牛顿第二定律：物体加速度的大小与作用力成正比，与物体的质量成反比；加速度的方向与作用力的方向相同。

$$a = \frac{F}{m} \tag{13-1-1}$$

根据牛顿第二定律，通过测量力就可以得到物体运动的加速度，通过加速度对时间的积分并加上初始条件就可以计算出物体运动的速度和位置：

$$V = V_0 + \int a \mathrm{d}t \tag{13-1-2}$$

$$\boldsymbol{S} = \boldsymbol{S}_0 + \int \boldsymbol{V} \mathrm{d}t$$
$$= \boldsymbol{S}_0 + \boldsymbol{V}_0 t + \int \left(\int \boldsymbol{a} \mathrm{d}t \right) \mathrm{d}t \qquad (13\text{-}1\text{-}3)$$

在给定初始运动条件下，由加速度计测量载体运动的加速度，由导航计算机计算出载体的速度和位置(经度、纬度)，由陀螺测量载体的角运动，并经转换、处理，输出载体的姿态和航向，就可以完成预定的导航任务。

上述导航原理是建立在牛顿运动定律的基础上的，而牛顿运动定律以惯性空间作为参考坐标系，而且陀螺和加速度计输出的都是相对惯性空间的测量值，因此把这类基于牛顿惯性定律的导航方法称为惯性导航。

13.1.2 惯性导航的简单例子

假如需要确定平面上沿直线铁轨运动的火车的位置，如图 13-1-1(a)所示，根据式(13-1-2)和式(13-1-3)只要能够测量火车沿铁轨运动的加速度，综合火车的初始速度和相对起始点的初始位移，就可以得到火车的即时速度和位置。这样只要有测量火车加速度的加速度计和进行积分运算的计算机就可以实现一维惯性导航。

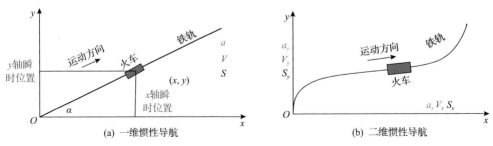

图 13-1-1　惯性导航简单例子

一般需要在某个坐标系中用坐标来表示火车的位置，只要知道了铁轨相对坐标轴的角度(也就是火车相对坐标轴的方位)，就可以把沿着一维直线方向的加速度、速度和位移分解到 x 和 y 两个方向上。

如果火车的铁轨不是一条一维的直线，而是二维平面上一条曲线，火车的方向时刻发生着变化，这时可以考虑在火车上安装一个平台，用测量角运动的陀螺构成控制系统来控制平台相对两个坐标轴的方向保持不变，在这个平台上沿着两个坐标轴分别安装两个加速度计，这样通过计算就可以实时得到沿两个坐标轴的加速度、速度和位移，根据平台与火车的角度，还可以确定火车的方位。这就实现了二维平面上的惯性导航。

13.1.3　地球表面导航的基础知识

1. 有关地球的一些参数

我们所研究的飞机运动大都是在地球表面进行的，也是相对于地球计算和给出所需要的位置、速度、姿态等重要参数，所以有必要掌握地球的几何形状和力学特性。

在研究飞机运动时，常用到有关地球的一些参数及定义，如地球半径、地球自转角速度、垂线、子午线、经度和纬度等。

飞机相对于地球的姿态和航向的测量基准分别是当地地垂线和子午线，飞机相对于地球的位置则是由经度和纬度来确定的。地球上某点的地理垂线称为当地地垂线。地球表面某点的垂线与赤道平面之间的夹角称为纬度（用 φ 表示），纬度的数值是以赤道平面为始点计算的。在北半球，以赤道平面为始点向北计算的纬度称为北纬，北纬共分 90°；在南半球，以赤道平面为始点向南计算的纬度称为南纬，南纬共分 90°。

子午线是地球上表示地理南北方向的方向线，如图 13-1-2 所示。对于整个地球，子午线是通过地理南、北极的大圆弧线，但对于地面某点，子午线则是一条水平指北的方向线，子午线与地球自转轴构成的平面称为子午面。某地的子午面与本初子午面之间的夹角称为经度（用 λ 表示），经度数值是以本初子午面为始点计算的，在东半球，以本初子午面为始点向东计算的经度称为东经，东经共分 180°；在西半球，以本初子午面为始点向西计算的经度称为西经，西经共分 180°。

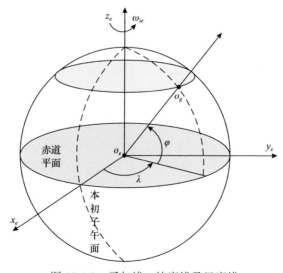

图 13-1-2　子午线、纬度线及经度线

在精度要求不高的情况下，可以将地球近似为一个质量均匀分布的圆球，近似取其平均半径为 R_e=6370km。但是，实际上地球表面的形状起伏、高低不平，有高山、盆地、深谷和海洋等，它的真实形状很不规则，并不是一个理想的规则圆球。实际上地球沿赤道方向鼓出，南北极稍微凹入，所以赤道各处的地球半径比极轴方向的半径要长，也就是说地球呈扁圆状，一般可以将地球简化为一个扁平的椭球体，如图 13-1-3 所示。椭球体的表面可以用数学模型来描述。那么该如何描述呢？平静的海平面与该处的重力矢量相垂直，若采用海平面作为基准，把它延伸到全部陆地形成一个封闭曲面，则称为"大地水准面"，而这个面所包围的几何体是一个椭球体，这就是"大地水准体"，其长、短轴由大地测量确定。由于地球质量分布不均，加上太阳、月球等天体运动的影响，大地水准体也不是一个规则的几何体，但是可以近似为一个旋转椭球体。

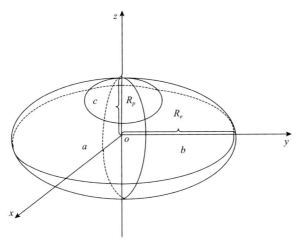

图 13-1-3 参考椭球体

地球周围空间的物体都受到地球重力的作用，地球重力在地球周围形成重力场。重力就是由地球的质量和转动对地球表面的物体产生的作用力，它是地球引力和由于地球自转所引起离心力的矢量和。单位质量的物体所受的重力，就是通常所说的重力加速度。地球表面上任意一点的重力加速度 g 是引力加速度 G 和负方向的地球转动向心加速度 F (即单位质量的离心惯性力) 的合成，向量表达式为

$$g = G - \omega_{ie} \times (\omega_{ie} \times R) = G + F \tag{13-1-4}$$

如图 13-1-4 所示，也可以这样来理解式(13-1-4)：引力加速度 G 分解为重力加速度 g 和向心加速度 $\omega_{ie} \times (\omega_{ie} \times R) = -F$ 两部分，即

$$G = g + \omega_{ie} \times (\omega_{ie} \times R) \tag{13-1-5}$$

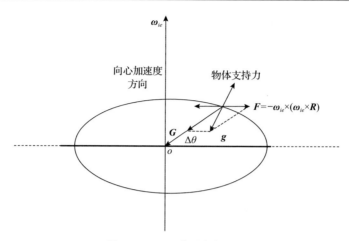

图 13-1-4   地球重力矢量图

时间的计量以物质的周期性运动作为标准。为了保证时间计量的准确性，要求这种周期性运动是均匀、连续的；从这个意义上说，任何具有这种性质的周期运动均可作为计量时间的标准。地球的自转运动非常稳定，一般把它作为计时标准。为了准确计时，通常把太阳或恒星取作参考系以便观察地球的自转运动。

2. 研究飞机运动的参考坐标系

一个物体在空间的位置只能相对另一个物体而确定，这样后一个物体就构成了描述前一个物体运动时的参考系。当物体对于参考系的位置有了改变时，就说这个物体已经发生了运动；反之，如果一个物体相对参考系没有任何位置的改变，就说这个物体是静止的。因此，物体的运动和静止都只具有相对的意义。在描述物体运动时，必须说明所采用的参考系，这样才使所描述的运动具有正确的意义。参考系通常采用直角坐标系来代表，称为参考坐标系或简称参考系。在研究陀螺或运动载体的运动时，同样需要有参考系才行。

1)惯性坐标系

惯性坐标系表示为 $o_i x_i y_i z_i$（简称 i 系）。通常把牛顿运动定律成立的参考坐标系称为惯性坐标系或简称惯性系。惯性坐标系是指原点取在不动点或做匀速直线运动的点，而且没有转动的坐标系，常用的有日心惯性坐标系和地心惯性坐标系。对于航空导航，地心惯性坐标系就足够准确了，本书使用的惯性坐标系指的就是地心惯性坐标系。地心惯性坐标系的坐标原点为地心，x_i 轴和 y_i 轴在地球赤道平面内，x_i 轴指向春分点(春分点是天文测量中确定恒星时的起始点)，z_i 轴指向与地球自转轴(地球极轴)一致，y_i 轴按右手法则确定。

2) 地球坐标系

地球坐标系表示为 $o_e x_e y_e z_e$（简称 e 系），也称为地心固联坐标系，它与地球固联，坐标轴的空间指向随地球的转动而转动，其坐标原点位于地心。当前使用的地球坐标系的具体定义有多种。国内常用的地球坐标系以地球中心为原点，$ox_e y_e$ 在赤道平面，z_e 轴指向北极，与地球自转轴重合，x_e 轴指向零经度线（赤道平面与本初子午面的交线），y_e 轴按右手法则确定（指向东经 90°的子午线），如图 13-1-5 所示。

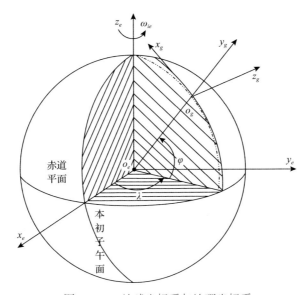

图 13-1-5　地球坐标系与地理坐标系

3) 地理坐标系

地理坐标系表示为 $o_g x_g y_g z_g$（简称 g 系）。地理坐标系如图 13-1-5 所示，其原点与载体重心重合，x_g 轴水平并指向北，y_g 轴与当地地垂线重合并指向天顶，z_g 轴水平并指向东。显然，地理坐标系三根坐标轴是按"北、天、东"顺序构成右手直角坐标系的，其中 $o_g x_g z_g$ 平面即当地水平面，$o_g x_g y_g$ 平面即当地子午面，所以地理坐标系是测量载体姿态角和航向角的参考坐标系。当然，也常有采用东北天系、北西天系或北东地系作为地理坐标系的，图 13-1-5 所标出的地理坐标系即北天东系。地理坐标系是跟随载体运动的，确切地说，应称为当地地理坐标系。

4) 地平坐标系

地平坐标系表示为 $o_h x_h y_h z_h$（简称 h 系）。地平坐标系如图 13-1-6 所示，坐标原点取在载体重心，x_h 轴水平并指向航行方向，y_h 轴与当地地垂线重合并指向天顶，z_h 轴也水平并与 x_h 轴和 y_h 轴构成右手直角坐标系。其中 $o_h x_h z_h$ 平面就是当地水平面，$o_h x_h y_h$ 平面就是载体的纵向铅垂面。因此，在确定载体姿态角时，采用地平坐标系更为直接和方便。

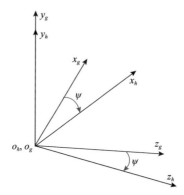

图 13-1-6　地平坐标系及与地理坐标系的关系

地平坐标系其实就是前面飞行控制基础知识中介绍的地面坐标系，它也是跟随载体运动的，所以称为当地地平坐标系。地平坐标系与地理坐标系只相差一个航向角 ψ，其关系如图 13-1-6 所示。

5）载体坐标系

载体坐标系表示为 $o_b x_b z_b y_b$（简称 b 系）。载体坐标系与载体固联，如图 13-1-7 所示，其坐标原点与飞机重心重合；x_b 轴沿载体纵轴方向，向前为正；y_b 轴沿载体立轴方向，向上为正，z_b 轴沿载体的横轴方向，向右为正。三个坐标轴构成右手直角坐标系，其中 $o_b x_b y_b$ 平面就是飞机的纵向对称面。

 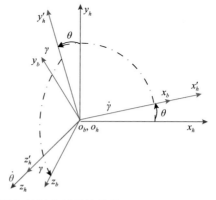

图 13-1-7　载体坐标系及与地平坐标系的关系

飞机在空中相对地平面的角位置，即航向角、俯仰角和倾斜角，可以用载体坐标系相对地理坐标系的角位置来表示，如图 13-1-8 所示。假设飞机以航向角 ψ

水平飞行，此时两个坐标系只相差一个航向角 ψ 。

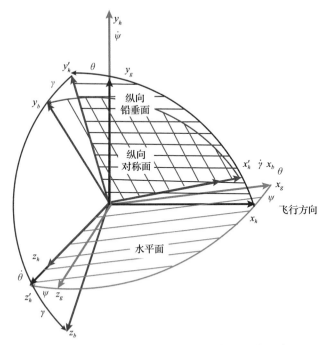

图 13-1-8　载体坐标系相对地理坐标系的位置角

由此可以看出，如果在飞机上用陀螺建立一个人工地理坐标系，并将载体坐标系与它比较，则可测量出飞机的航向角、俯仰角和倾斜角。同理，如果在飞机上用陀螺建立一个人工地平坐标系，并将载体坐标系与地平坐标系比较，则可测出飞机的俯仰角和倾斜角。当飞机绕 z_h 轴（横向水平轴）正向以角速度 $\dot{\theta}$ 转动一个俯仰角 θ ，达到新的位置 $o_h x_h' y_h' z_h'$ ，飞机再绕 $o_h x_h'$ 轴（飞机纵轴）正向以角速度 $\dot{\gamma}$ 转动一个倾斜角 γ ，达到位置 $o_b x_b z_b y_b$ 时，载体坐标系和地平坐标系之间相差一个俯仰角 θ 和一个倾斜角 γ 。俯仰角 θ 和倾斜角 γ 称为飞机的姿态角。

载体坐标系是与载体固联并且时刻随着载体的运动而运动的。对于捷联式惯性导航系统，导航系统三个惯性传感器的测量轴通常与载体坐标系三个坐标轴是一致的。

3. 地理坐标系相对惯性空间的转动角速度

由于地球自转及飞机相对地球运动，引起地理坐标系和地平坐标系相对惯性空间不断转动。地理坐标系相对惯性空间的转动角速度分别是多少呢？

1)地球自转引起地理坐标系相对惯性空间转动

参看图 13-1-9，地球自转角速度 ω_e 沿地球自转轴方向，把它平移到纬度为 φ

处的地理坐标系的原点，并投影到地理坐标系的各轴上，可得

$$\omega_{iex}^g = \omega_e \cos\varphi$$
$$\omega_{iey}^g = \omega_e \sin\varphi \qquad\qquad (13\text{-}1\text{-}6)$$
$$\omega_{iez}^g = 0$$

式中，ω_{iex}^g、ω_{iey}^g、ω_{iez}^g 分别为地球自转角速度在纬度为 φ 处的地理坐标系的北向分量、天向分量和东向分量，该式表明，地球自转将引起地理坐标系绕地理北向和垂线方向相对惯性空间转动。因地球自转角速度垂直于东西方向，故沿地理东向的角速度分量为零。

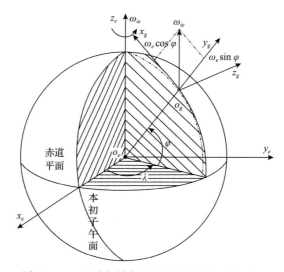

图 13-1-9　地球自转角速度在地理坐标系的分量

2)飞行速度引起地理坐标系相对地球(地球坐标系)转动

飞机在地球上空飞行时，飞机相对地球的位置不断改变，而地球上不同地点的地理坐标系相对地球坐标系的角位置不同，即飞机相对地球运动将引起地理坐标系相对地球坐标系转动。参见图 13-1-10，设飞机在纬度为 φ 的上空做水平飞行，飞行高度为 h，飞行速度为 V，飞机航向角为 ψ。把飞行速度 V 分解为沿地理北向和地理东向两个分量：

$$V_N = V \cos\psi$$
$$V_E = V \sin\psi \qquad\qquad (13\text{-}1\text{-}7)$$

飞行速度北向分量 V_N 引起地理坐标系绕着平行于地理东西方向的轴相对地球坐标系转动，其转动角速度为

$$\dot{\varphi} = \frac{V_N}{R+h} \tag{13-1-8}$$

飞行速度东向分量 V_E 引起的地理坐标系绕着地球自转轴相对地球坐标系转动，其转动角速度为

$$\dot{\lambda} = \frac{V_E}{(R+h)\cos\varphi} \tag{13-1-9}$$

把上述飞行等效转动角速度 $\dot{\varphi}$ 与 $\dot{\lambda}$ 平移到地理坐标系的原点，并投影到地理坐标系的各轴上，可得

$$\omega_{egx}^g = \dot{\lambda}\cos\varphi = \frac{V_E}{R+h}$$

$$\omega_{egy}^g = \dot{\lambda}\sin\varphi = \frac{V_E}{R+h}\tan\varphi \tag{13-1-10}$$

$$\omega_{egz}^g = -\dot{\varphi} = -\frac{V_N}{R+h}$$

式中，ω_{egx}^g、ω_{egy}^g、ω_{egz}^g 是飞行等效转动角速度在地理坐标系北向、天向和东向的分量。该式表明，飞行速度将引起地理坐标系绕地理北向、天向和东向相对地球坐标系转动。

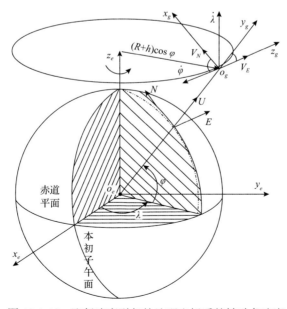

图 13-1-10　飞行速度引起的地理坐标系的转动角速度

综合考虑地球自转和飞行速度的影响，地理坐标系相对惯性空间的转动角速度在地理坐标系各轴上的投影表达式为

$$\omega_{igx}^{g} = \omega_{e} \cos \varphi + \frac{V_{E}}{R + h}$$

$$\omega_{igy}^{g} = \omega_{e} \sin \varphi + \frac{V_{E}}{R + h} \tan \varphi \qquad (13\text{-}1\text{-}11)$$

$$\omega_{igz}^{g} = -\frac{V_{N}}{R + h}$$

这里再介绍一下等角线航行与大圆圈航行的概念。飞机由 A 地飞向 B 地，一般有两种航行法，一种是飞行过程中始终保持航向角 ψ 不变，即沿与各子午线相交的角度都相等的曲线飞行，称为等角线航行，如图 13-1-11(a)所示。由于地球表面的经线最终都会合在南北极，所以等角线航行的轨迹在一般情况下是一条逐渐向两极收敛的螺旋线，为了保持等角线航行，飞机必须不断地转弯。

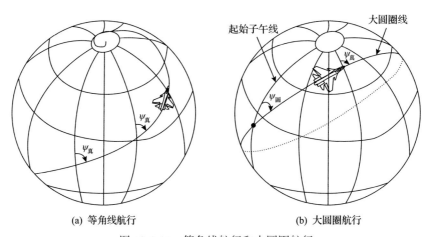

(a) 等角线航行　　　　　　　　(b) 大圆圈航行

图 13-1-11　等角线航行和大圆圈航行

第二种是沿通过 A、B 两点的大圆圈航行，如图 13-1-11(b)所示。显然，这是 A、B 两点间距离最近的航线，而且不用转弯，在高纬度地区或长距离飞行时，最好沿大圆圈航行。但是，大圆圈航行中航向角 ψ 却是在不断变化的，故利用普通罗盘来实现大圆圈航行不如等角线航行容易控制。

13.1.4　地球表面惯性导航系统的基本工作原理

前面通过惯性导航的简单例子，我们知道了一维和二维平面上惯性导航的实现原理，由于地球不是一个平面，在地球表面附近运动，本质上是三维空间的导航。基于三维空间导航的平台式惯性导航系统的基本原理如图 13-1-12 所示。

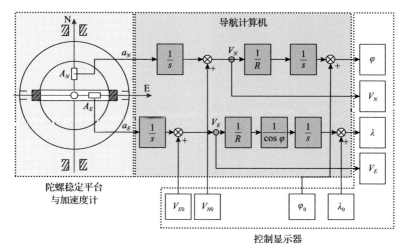

图 13-1-12 基于三维空间导航的平台式惯性导航系统基本原理

在飞机上安装一个陀螺稳定平台，通过伺服回路使平台始终与水平面保持平行，并使平台的一个轴指向正东而另一个轴指向正北。在平台上沿平台的两个轴安装两个加速度计，敏感轴指向地理北向的加速度计 A_N 测量飞机沿南北方向的加速度分量 a_N，敏感轴指向地理东向的加速度计 A_E 测量飞机沿东西方向的加速度分量 a_E。

将两个方向的加速度分量进行积分，便可得到飞机沿这两个方向的地速分量，即

$$\begin{cases} V_N = V_{N0} + \int_0^t a_N \mathrm{d}t \\ V_E = V_{E0} + \int_0^t a_E \mathrm{d}t \end{cases} \tag{13-1-12}$$

式中，V_{N0} 为北向的初始速度；V_{E0} 为东向的初始速度。

在风速为零的条件下，由速度可求得飞机的真航向：

$$\psi = \arctan \frac{V_E}{V_N} \tag{13-1-13}$$

飞机在地球上的位置一般用经度和纬度表示，在短时间内，可忽略地球自转，则

$$\begin{cases} \varphi = \varphi_0 + \frac{1}{R+h} \int_0^t V_N \mathrm{d}t \\ \lambda = \lambda_0 + \frac{1}{(R+h)\cos\varphi} \int_0^t V_E \mathrm{d}t \end{cases} \tag{13-1-14}$$

式中，φ_0、λ_0 分别为飞机初始位置对应的纬度和经度；R 为地球的半径；h 为飞机相对海平面的高度。

计算出了飞机的速度、航向和即时位置，只要与预定的目标位置或所需航迹（航路点）进行比较，便可实现对飞机的导航。

从惯性导航系统的基本原理可以看出，实现惯性导航的关键在于获得飞机相对地球的加速度沿东西方向和南北方向的分量，根据这两个加速度分量就可以计算出飞机的速度、位置以及真航向等导航参数。

根据上面对惯性导航的介绍，惯性导航系统主要包括以下几个主要部分：

(1)加速度计。用于测量载体运动的加速度，一般由三个加速度计完成三个方向加速度的测量。

(2)陀螺稳定平台。为加速度计提供一个准确的安装基准和测量基准，以保证不管载体做何种机动，三个加速度计的空间指向是不变的。例如，使得这个稳定平台与当地水平面平行，在方位上对准正北向，使平台的三个轴正好指向北、天、东三个方向。陀螺是稳定平台的核心部件，因而这样的平台又称陀螺稳定平台。正因为有了这样一个基准平台，飞机相对该平台在方位上的偏角就反映了飞机的航向，飞机相对该平台在两个水平轴向上的偏角就反映了飞机的俯仰和倾斜(横滚)。可见，稳定平台同时还代替了地平仪、罗盘或航向姿态系统的功能。当然，随着陀螺技术和计算机技术的发展，用计算机(数学平台)代替实际陀螺稳定平台的功能，将加速度计和陀螺直接固联在载体上的捷联式惯性导航系统得到了快速的发展和广泛的应用。

(3)导航计算机。根据测得的加速度信号计算出载体的速度、位置等导航参数，同时为保证平台随飞机运动和地球自转时始终水平和指北，要不断计算出修正平台位置的指令信号，还要计算并补偿有害加速度等。

(4)控制显示器。控制显示器的一个功用是向导航计算机输入飞机初始运动参数、位置参数和航路点信息，另一个功用是显示飞行过程中的导航参数，还可以控制导航系统的工作状态。

另外，惯性导航系统还包括电源装置，以提供系统工作所需的电能。惯性测量装置(加速度计、陀螺)、陀螺稳定平台、导航计算机、电源及相应的电子线路一般装在一个机箱内，统称惯性导航部件。

13.2　加速度与惯性导航系统基本方程

惯性导航系统的核心问题之一是测量载体运动的加速度。载体运动的加速度由加速度计测量，但是在地球表面，加速度计的输出值和载体运动的加速度相等吗？

13.2.1　加速度计

加速度计是用来感受、输出与飞机运动加速度呈一定函数关系的电信号的测量装置。它是惯性导航系统确定飞机速度、飞行距离和所在位置等导航参数的基本元件，也是实现平台初始对准不可缺少的部分。

按测量原理和工作方式，加速度计分为宝石轴承摆式加速度计、液浮摆式加速度计、挠性摆式加速度计、陀螺摆式加速度计、压阻式加速度计、压电式加速度计、振弦式加速度计、石英振梁加速度计、激光和光纤加速度计等。按输出信号的方式，加速度计分为模拟式加速度计和数字式加速度计。按敏感轴的数目，加速度计分为单轴加速度计、双轴加速度计和三轴加速度计。

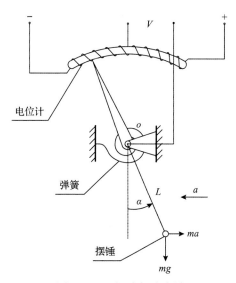

图 13-2-1　摆式加速度计

1. 经典摆式加速度计

摆式加速度计(图 13-2-1)通常由三部分构成：一是感受输入加速度的标准质量 m(摆锤)；二是产生弹簧反力矩的机械弹簧；三是输出或显示装置(图中为一个输出电位计)。

当线加速度 a 作用于摆锤时，摆臂将相对支点转动，弹簧产生反力矩，用来平衡因惯性力矩造成的摆偏转。稳定后，摆将偏离原平衡位置(零位)一个角度 α，电位计输出与这个角度成比例的电信号 V，这个电信号 V 的大小就代表了输入加速度 a 的大小。与上述过程对应的运动方程式为

$$J\ddot{\alpha} = maL\cos\alpha - mgL\sin\alpha - K_e\alpha - M_d \qquad (13\text{-}2\text{-}1)$$

式中，J 为摆锤绕支点 o(输出轴)的转动惯量；K_e 为弹性系数；L 为摆锤到支点的距离(摆长)；g 为重力加速度；M_d 为绕输出轴的干扰力矩。若选择的 K_e 很大，则 α 角很小，近似认为 $\sin\alpha \approx \alpha$，$\cos\alpha \approx 1$，则式(13-2-1)变为

$$J\ddot{\alpha} + \left(K_e + mgL\right)\alpha = maL - M_d \qquad (13\text{-}2\text{-}2)$$

当系统处于稳态时，有 $\ddot{\alpha} = 0$，则

$$\alpha = \frac{maL}{K_e + mgL} - \frac{M_d}{K_e + mgL} \qquad (13\text{-}2\text{-}3)$$

由上述推导过程可以看出：只有满足 α 很小，且干扰力矩很小（$M_d \ll maL$）时，加速度计的输出（α 角或电压 V）才能与输入加速度呈线性关系：

$$\alpha = \frac{mL}{K_e + mgL} a \qquad (13\text{-}2\text{-}4)$$

对于摆式加速度计，要满足干扰力矩很小（$M_d \ll maL$），还要满足惯性导航系统对加速度计测量范围的要求（$10^{-5} g \sim 6g$），测量较小的加速度则要求摆长或摆的质量很大，测量较大的加速度则要求弹簧的弹性系数很大，同时满足这两个条件的加速度计是不存在的。所以惯性导航系统中一般应用其他形式的加速度计。

2. 挠性加速度计

挠性加速度计也是靠摆锤来敏感加速度的，它也是一种摆式力反馈加速度计。不同的是：其摆组件既不是悬浮在液体中，也不是靠两端的宝石轴承定位，而是靠一端具有细颈特征的挠性杆支承，如图 13-2-2 所示，当沿输入轴方向有加速度作用时，由于挠性支承这个方向的刚度最小，摆将会在惯性力的作用下使挠性杆弯曲。

挠性支承除了要求敏感轴方向刚度尽量小，其他方向则要求刚度足够大，以提高抗交叉干扰的能力，因此挠性支承一般都成对使用，如图 13-2-3 所示。两个挠性杆细颈的方向保证有垂直纸面的加速度作用时，三角形的摆组件能垂直纸面绕挠性支承摆动，但使侧向抗弯刚度和抗扭刚度大为提高，可以大大减小交叉干扰误差。

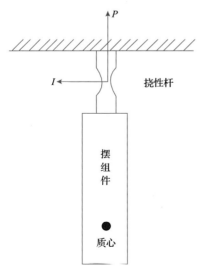

图 13-2-2　挠性支承摆组件

图 13-2-3　成对挠性支承

石英挠性加速度计是在金属挠性加速度计的基础上发展起来的一种新型加速度计，它将挠性杆和电容信号器做成一体，因而具有结构简单、体积小、精度和灵敏度高、功耗小、易于小型化的优点。此外，微电子工业中的先进工艺技术，为制作精密挠性支承提供了新的工艺途径，容易将石英挠性支承、摆片、电容极板、信号器、力矩器引线做成一个单独的完整部件。这种一体化的加速度计，便于使用、维护和更换，是惯性导航系统的理想部件。

3. 惯性导航系统对加速度计的要求

加速度的测量精度直接影响着惯性导航系统的导航精度，惯性级加速度计必须满足下列要求：

(1)灵敏限小。最小加速度的测量值，直接影响飞机速度和飞行距离的测量精度。灵敏限以下的值不能测量，本身就是误差，而且形成的速度误差和距离误差随时间累积。用于惯性导航中的加速度计，其灵敏限必须要求在$10^{-5}g$以下，有的要求达到$10^{-7}g \sim 10^{-8}g$。

(2)摩擦干扰小。根据灵敏限的要求(如为$10^{-5}g$)，对摆质量m与摆长L乘积为$1g \cdot cm$的摆，要感受此加速度，并绕输出轴转动起来，必须保证摆轴中的摩擦力矩小于$0.98 \times 10^{-9} N \cdot m$。这个要求，是任何精密仪表轴承所无法达到的。因此，发展各种支承技术是提高加速度计测量精度的关键。

(3)量程大。通常，飞机上要求的加速度计的测量范围是$10^{-5}g \sim 6g$，最大到$12g$甚至$20g$。在这么大的范围内要保证输出的线性特性及测量过程的性能一致，不是一件容易的事。这就必须增大弹簧刚度，减少输出转角。因此，必须用"电弹簧"代替机械弹簧，控制转角在几角秒或几角分以内。

科学技术的飞速发展，尤其是微电子学、计算机、激光、半导体器件及微机械加工技术的进步和发展，为加速度计的发展提供了有利条件。现在加速度计的精度、可靠性、小型化、经济性、使用寿命以及与陀螺的整体加工，均有了全方位的提高。

13.2.2　加速度测量与比力

从严格意义上讲，加速度计测量的不是加速度而是比力。根据牛顿第二定律，假设质点M的质量为m，在受到外力$\boldsymbol{F}$作用后，质点M将产生与外力方向相同、大小成正比的加速度$\boldsymbol{a}_I$，即

$$\boldsymbol{F} = m\boldsymbol{a}_I \tag{13-2-5}$$

式中，$\boldsymbol{F}$为所有外力的合力；$\boldsymbol{a}_I$为质点相对惯性空间的绝对加速度。

　　根据牛顿万有引力定律，任何两个具有一定质量的物体间总存在引力。在地球表面运动的物体，可以仅考虑地球引力的影响，若地球引力用 F_G 表示，地球引力加速度用 G 表示，则

$$F_G = Gm \qquad (13\text{-}2\text{-}6)$$

　　将质点 M 所受的除引力 F_G 之外的其他作用力用 F_s 表示，即 $F = F_G + F_s$，并令

$$F_s = fm \qquad (13\text{-}2\text{-}7)$$

则式 (13-2-5) 可以写为

$$a_I = G + f \qquad (13\text{-}2\text{-}8)$$

或

$$f = a_I - G = \frac{\mathrm{d}^2 R}{\mathrm{d}t^2} - G \qquad (13\text{-}2\text{-}9)$$

式中，R 为质点 M 在地心惯性坐标系内的矢径；f 为单位质量对应的外作用力（除引力之外），称为比力。式 (13-2-9) 称为地心惯性坐标系的比力式，由此式可知，比力是质点相对惯性空间的加速度 a_I 与引力加速度 G 之差，所以比力又称"非引力加速度"。

　　加速度计测量的就是比力，如图 13-2-4 所示，假设飞机位于地心惯性坐标系中的 M 点，矢径为 R。在飞机上装有一个简单的加速度计，它包括一个敏感质量 m 和与其相连的弹簧，其敏感轴与飞机纵轴平行，如图 13-2-4 所示。加速度计随飞机运动时，其位置可用地心惯性坐标系中的位置矢量 R 表示。不考虑加速度计中质量的摩擦力，敏感质量 m 所受的力包括壳体对质量的支承力 F_N（垂直于敏感轴）、弹簧的弹性力 F_s 和地球引力 F_G（指向地心）。设飞机沿纵轴的绝对加速度分量为 a_{Is}，F_s 和 F_G 在敏感轴上的分量分别为 F_{Ss} 和 F_{Gs}，F_N 垂直于敏感轴，在敏感轴方向没有分量。所以有

$$F_{Ss} + F_{Gs} = ma_{Is} \qquad (13\text{-}2\text{-}10)$$

即比力

$$\frac{F_{Ss}}{m} = a_{Is} - G_s \qquad (13\text{-}2\text{-}11)$$

　　G_s 为引力加速度在加速度计敏感轴上的分量。在加速度计敏感轴方向，敏感质量 m 与弹簧间只有弹性力 F_{Ss} 的相互作用，在该力的作用下，弹簧发生变形，

质量 m 产生位移，这个位移量就是加速度计的输出。可见，加速度计测量的是比力 F_{Ss}/m ，因为加速度计实际测量的是比力而不是加速度，所以加速度计又称"比力计"或"比力敏感器"。由式（13-2-11）可见，要得到绝对加速度 a_I 在加速度计敏感轴上的分量 a_{Is} ，必须对比力 F_{Ss}/m 进行引力加速度分量 G_s 的补偿，即

$$a_{Is} = \frac{F_{Ss}}{m} + G_s \qquad (13\text{-}2\text{-}12)$$

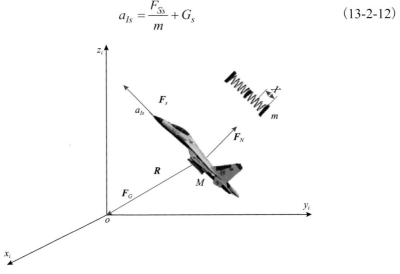

图 13-2-4　比力和加速度

13.2.3　比力方程——惯性导航系统的基本方程

由前面的分析可知，从加速度计的输出中补偿了引力加速度就得到载体相对惯性空间的绝对加速度。但是，对于航空导航，需要的是地速、经纬度等相对地球的参数；所以，必须根据加速度计的输出求得飞机相对地面的加速度，再求出地速和经纬度等导航参数。

以地心惯性坐标系 $ox_iy_iz_i$ 为参考坐标系，地球坐标系 $ox_ey_ez_e$ 绕地轴相对惯性坐标系的自转角速度为 $\boldsymbol{\omega}_{ie}$ ，如图 13-2-5 所示，自地心至理想平台坐标系的支点 M 引位置矢量 $\boldsymbol{R}$ ，则位置矢量相对惯性坐标系的速度 $\left.\dfrac{\mathrm{d}\boldsymbol{R}}{\mathrm{d}t}\right|_i$ 可以根据哥氏定理得到

$$\left.\frac{\mathrm{d}\boldsymbol{R}}{\mathrm{d}t}\right|_i = \left.\frac{\mathrm{d}\boldsymbol{R}}{\mathrm{d}t}\right|_e + \boldsymbol{\omega}_{ie} \times \boldsymbol{R} \qquad (13\text{-}2\text{-}13)$$

式中， $\left.\dfrac{\mathrm{d}\boldsymbol{R}}{\mathrm{d}t}\right|_e$ 为在地球上观察到的位置矢量的变化率，也就是载体相对地球的运动速度，简称地速，记作 V_{ep} ，"×"表示两个向量的叉乘。所以有

$$\left.\frac{\mathrm{d}\boldsymbol{R}}{\mathrm{d}t}\right|_i = \boldsymbol{V}_{ep} + \boldsymbol{\omega}_{ie} \times \boldsymbol{R} \qquad (13\text{-}2\text{-}14)$$

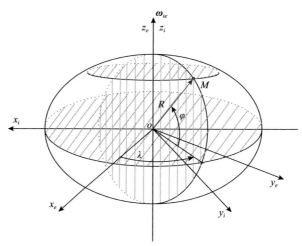

图 13-2-5　地心惯性坐标系中的位置矢量

对式(13-2-14)两边相对惯性坐标系再求一次微分，得到

$$\boldsymbol{a}_{ip} = \left.\frac{\mathrm{d}^2\boldsymbol{R}}{\mathrm{d}t^2}\right|_i = \left.\frac{\mathrm{d}\boldsymbol{V}_{ep}}{\mathrm{d}t}\right|_i + \left.\frac{\mathrm{d}(\boldsymbol{\omega}_{ie} \times \boldsymbol{R})}{\mathrm{d}t}\right|_i \qquad (13\text{-}2\text{-}15)$$

因为加速度的测量和地速的计算是在平台系中进行的，所以等式右边第一项再次使用哥氏定理，其中相对变化率对平台坐标系 p 求取

$$\left.\frac{\mathrm{d}\boldsymbol{V}_{ep}}{\mathrm{d}t}\right|_i = \left.\frac{\mathrm{d}\boldsymbol{V}_{ep}}{\mathrm{d}t}\right|_p + \boldsymbol{\omega}_{ip} \times \boldsymbol{V}_{ep} \qquad (13\text{-}2\text{-}16)$$

将式(13-2-14)和式(13-2-16)代入式(13-2-15)得

$$\boldsymbol{a}_{ip} = \left.\frac{\mathrm{d}\boldsymbol{V}_{ep}}{\mathrm{d}t}\right|_p + \boldsymbol{\omega}_{ip} \times \boldsymbol{V}_{ep} + \boldsymbol{\omega}_{ie} \times (\boldsymbol{V}_{ep} + \boldsymbol{\omega}_{ie} \times \boldsymbol{R}) + \left.\frac{\mathrm{d}\boldsymbol{\omega}_{ie}}{\mathrm{d}t}\right|_i \times \boldsymbol{R} \qquad (13\text{-}2\text{-}17)$$

由于 $\boldsymbol{\omega}_{ip} = \boldsymbol{\omega}_{ie} + \boldsymbol{\omega}_{ep}$，$\left.\dfrac{\mathrm{d}\boldsymbol{\omega}_{ie}}{\mathrm{d}t}\right|_i = 0$，所以式(13-2-17)可写为

$$\boldsymbol{a}_{ip} = \left.\frac{\mathrm{d}\boldsymbol{V}_{ep}}{\mathrm{d}t}\right|_p + (2\boldsymbol{\omega}_{ie} + \boldsymbol{\omega}_{ep}) \times \boldsymbol{V}_{ep} + \boldsymbol{\omega}_{ie} \times (\boldsymbol{\omega}_{ie} \times \boldsymbol{R}) \qquad (13\text{-}2\text{-}18)$$

$\dfrac{\mathrm{d}V_{ep}}{\mathrm{d}t}\Big|_p$ 为地速在平台坐标系中对时间的微分，即载体上惯性导航系统稳定平台测

得的相对地球的加速度。令 $\dfrac{\mathrm{d}V_{ep}}{\mathrm{d}t}\Big|_p = \dot{V}_{ep}$ ，则

$$a_{ip} = \dot{V}_{ep} + (2\boldsymbol{\omega}_{ie} + \boldsymbol{\omega}_{ep}) \times V_{ep} + \boldsymbol{\omega}_{ie} \times (\boldsymbol{\omega}_{ie} \times \boldsymbol{R}) \tag{13-2-19}$$

设平台上的加速度计质量块的质量为 m ，质量 m 受到的力为非引力外力 $\boldsymbol{F}$ 和地球引力 $m\boldsymbol{G}$ ， $\boldsymbol{G}$ 为引力加速度。根据牛顿第二定律，有

$$\boldsymbol{F} + m\boldsymbol{G} = m\boldsymbol{a}_{ip} = m\dfrac{\mathrm{d}^2\boldsymbol{R}}{\mathrm{d}t^2}\Big|_i$$

即

$$\boldsymbol{a}_{ip} = \dfrac{\boldsymbol{F}}{m} + \boldsymbol{G} = \boldsymbol{f} + \boldsymbol{G} \tag{13-2-20}$$

式中， $\boldsymbol{f} = \dfrac{\boldsymbol{F}}{m}$ 为单位质量上作用的非引力外力，即前面介绍的比力。

将式(13-2-20)代入式(13-2-19)，得 $\boldsymbol{f} + \boldsymbol{G} = \dot{V}_{ep} + (2\boldsymbol{\omega}_{ie} + \boldsymbol{\omega}_{ep}) \times V_{ep} + \boldsymbol{\omega}_{ie} \times (\boldsymbol{\omega}_{ie} \times \boldsymbol{R})$ ，即

$$\dot{V}_{ep} = \boldsymbol{f} - (2\boldsymbol{\omega}_{ie} + \boldsymbol{\omega}_{ep}) \times V_{ep} + \boldsymbol{G} - \boldsymbol{\omega}_{ie} \times (\boldsymbol{\omega}_{ie} \times \boldsymbol{R}) \tag{13-2-21}$$

根据重力加速度的表达式 $\boldsymbol{g} = \boldsymbol{G} - \boldsymbol{\omega}_{ie} \times (\boldsymbol{\omega}_{ie} \times \boldsymbol{R})$ ，式(13-2-21)可写为

$$\dot{V}_{ep} = \boldsymbol{f} - (2\boldsymbol{\omega}_{ie} + \boldsymbol{\omega}_{ep}) \times V_{ep} + \boldsymbol{g} \tag{13-2-22}$$

式(13-2-22)即比力方程，其中 $\dot{V}_{ep}$ 为惯性导航系统在平台坐标系测得的飞机相对地球的加速度，它的积分就是在平台坐标系测量(实为计算)得到的地速，经过积分和其他运算就得到飞机在地球上的经纬度和航向等导航参数。可见比力方程是惯性导航系统关于加速度测量的一般表达式；所有近地面工作的惯性导航系统，最根本的就是要实现这个动力学关系，因此通常把比力方程称为惯性导航系统的基本方程。

13.3 陀螺稳定平台

陀螺稳定平台是以陀螺为敏感元件，能隔离基座角运动并能使平台按指令旋

转的机电控制系统。陀螺稳定平台充分利用了陀螺的定轴性和进动性，即相对惯性空间指向保持不变的能力和按照要求的规律相对惯性空间旋转的能力。从定义中可以看出陀螺稳定平台有两个基本功能：一是稳定功能，即隔离外界对平台的干扰；二是跟踪功能，即按要求的指令角速度旋转，确保平台的坐标轴指向要求的方位。

13.3.1　陀螺稳定平台的组成、功用和分类

　　一般来说，陀螺稳定平台以陀螺动力学特性为基础，利用陀螺作为测量敏感元件，将陀螺与伺服电机组成一个伺服系统，从而依赖伺服系统的力量实现系统的稳定。陀螺稳定平台在飞行器上的应用比较广泛，种类也多，按平台台体被稳定的轴数，可以分为单轴陀螺稳定平台、双轴陀螺稳定平台及三轴陀螺稳定平台三种，惯性导航系统的陀螺稳定平台必须是三轴稳定平台。因为要实现不受干扰地跟踪与地球有关的坐标系（如地理坐标系），必须有三个相互垂直的稳定轴。图 13-3-1 给出了单轴陀螺稳定平台的结构原理示意图。由图可知，它由下列几个主要部分组成：平台及单自由度陀螺；信号器装在陀螺轴上，用来输出陀螺相对平台转过的角度；变换放大器及平台轴上的稳定电机。单自由度陀螺、信号器、变换放大器、稳定电机组成了力矩平衡式反馈回路，即构成了一个稳定系统。

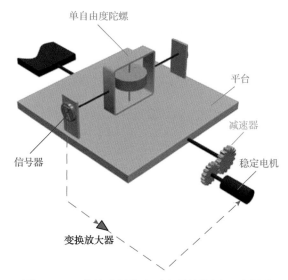

图 13-3-1　单轴陀螺稳定平台的结构原理示意图

　　陀螺稳定平台的功用与双自由度陀螺姿态仪表相同，但是，它们的性能则远比双自由度陀螺姿态仪表的性能要好，因此陀螺稳定平台在飞行器的惯性导航系统及姿态控制系统中得到广泛应用。概括起来，用于飞行器上的陀螺稳定平台大

致有下列三种用途：①在飞行器惯性导航系统中，使加速度计与飞行器隔离，并给加速度计提供一个方位基准；②在飞行器姿态控制系统中提供一个方位基准，从而测量及控制飞行器相对该方位基准的姿态角，并输出飞行器程序飞行控制指令信号，保证飞行器按预定轨迹做程序飞行；③在飞行器上用来稳定其他设备。

13.3.2　单轴指示式陀螺稳定平台

陀螺稳定平台具有两种工作状态：几何稳定工作状态和空间积分工作状态。几何稳定工作状态是指平台不受基座运动和干扰力矩的影响，相对惯性空间保持方位稳定的工作状态，所以也称为稳定工作状态；空间积分工作状态是指在指令角速度控制下，平台相对惯性空间以给定规律转动的工作状态，也称为指令跟踪状态或指令角速度跟踪状态。

1. 单自由度陀螺构成的单轴指示式陀螺稳定平台

图 13-3-1 为单自由度陀螺构成的单轴指示式陀螺稳定平台原理图。陀螺转子轴、内环轴和平台稳定轴三者相互垂直，其中平台稳定轴又称平台支承轴，简称平台轴，它是陀螺输入轴的方向。陀螺为单自由度速度积分陀螺，其内环轴（又称进动轴）是陀螺输出轴的方向。

平台稳定回路由信号器、变换放大器和稳定电机组成，力矩器的输入信号（通常是电流）由导航计算机提供。平台的工作原理如下。

1）几何稳定工作状态

沿平台轴有干扰力矩 M_d 作用时，平台将被迫绕平台轴相对惯性空间转动，设转动角速度为 $\dot{\alpha}_p$；由于平台的转动，在陀螺内环轴产生陀螺力矩 $H \times \dot{\alpha}_p$，在这一陀螺力矩作用下，陀螺转子绕内环轴转动（设角速度为 $\dot{\beta}$、角位移为 β）。随着陀螺转子绕内环轴转动：一方面，内环轴上的信号器感受转角 β 并输出电压信号 V_s 给放大器，经过放大后的信号送到稳定电机，电机产生稳定力矩 M_s，并通过减速器作用到平台轴上；另一方面，角速度 $\dot{\beta}$ 使陀螺产生沿平台轴方向的陀螺力矩 $H \times \dot{\beta}$，但因为陀螺的角动量较小，这一陀螺力矩也比较小，通常在分析指示式陀螺稳定平台工作原理时都忽略这一陀螺力矩的作用，干扰力矩 M_d 主要由稳定电机产生的力矩 M_s 来平衡。当陀螺绕内环轴的转角达到某一数值时，稳定电机输出的稳定力矩完全平衡干扰力矩的作用，平台停止转动，陀螺绕内环轴的转动也停止。这样，不管平台轴上作用任何力矩，平台绕平台稳定轴相对惯性空间将始终保持稳定，也就是实现了在几何稳定工作状态下的工作。

2）空间积分工作状态

假如要求平台绕稳定轴以角速度 ω_c（称为指令角速度）相对惯性空间转动，就需要给内环轴上的力矩器输入指令电流 I_c，它与 $\boldsymbol{\omega}_c$ 成比例。这样力矩器就产生指令力矩 $\boldsymbol{M}_c$，沿陀螺内环轴作用在单自由陀螺上。指令力矩 $\boldsymbol{M}_c$ 使陀螺绕内环轴转动，产生 β 角。信号器测得 β 角并将它转换为电压信号 V_s，通过变换放大器放大后输给稳定电机。稳定电机产生力矩带动平台绕稳定轴相对惯性空间以角速度 $\dot{\boldsymbol{\alpha}}_p$ 转动。当转动角速度 $\dot{\boldsymbol{\alpha}}_p$ 的大小达到要求的角速度 $\boldsymbol{\omega}_c$ 时，陀螺产生沿内环轴的陀螺力矩 $\boldsymbol{M}_g(=\boldsymbol{H}\times\boldsymbol{\omega}_c)$ 与同轴但方向相反的指令力矩相平衡。此后，积分陀螺的转角 β 不再增大，平台就以角速度 $\boldsymbol{\omega}_c$ 转动，这就实现了平台在空间积分工作状态下的工作要求。

稳定情况下，陀螺力矩和指令力矩大小相等，满足：

$$M_g = M_c = K_t I_c \qquad (13\text{-}3\text{-}1)$$

式中，K_t 为力矩器传递系数。

平台带动陀螺绕平台轴转动时产生的陀螺力矩大小为

$$M_g = H \cdot \dot{\alpha}_p \qquad (13\text{-}3\text{-}2)$$

平衡时平台绕台体轴旋转的角速度大小为

$$\dot{\alpha}_p = \frac{K_t I_c}{H} \qquad (13\text{-}3\text{-}3)$$

平台转过的角度为

$$\alpha_p = \alpha_{p0} + \frac{K_t}{H}\int_0^t I_c \mathrm{d}t \qquad (13\text{-}3\text{-}4)$$

式中，α_{p0} 为 $t=0$ 时刻平台相对惯性坐标系的初始偏角。

可见，平台相对惯性坐标系的转角 α_p 与指令电流 I_c 的积分成正比。

如果指令力矩大小为 $M_c = K_t'\omega_c$，K_t' 为力矩器传递系数，则

$$\dot{\alpha}_p = \frac{K_t'}{H}\omega_c \qquad (13\text{-}3\text{-}5)$$

设 $K_t'/H = 1$，则

$$\alpha_p = \alpha_{p0} + \int_0^t \omega_c \mathrm{d}t \qquad (13\text{-}3\text{-}6)$$

这说明平台转过的角度是指令角速度随时间的积分，空间积分工作状态由此得名。

从空间积分工作状态的工作原理可以看出，当干扰力矩作用在陀螺内环轴上时，会使积分陀螺绕内环轴转动，这种现象称为积分陀螺的漂移。通过稳定回路

的作用，平台会产生错误的转动角速度 $\boldsymbol{\omega}_d$，这种转动称为平台漂移，$\boldsymbol{\omega}_d$ 称为平台漂移角速度(也称为积分陀螺的漂移角速度)。设内环轴上的干扰力矩为 $\boldsymbol{M}_d$，则平台漂移角速度的大小为

$$\omega_d = \frac{M_d}{H}$$

上面的分析说明，由于有了稳定回路，对于作用在平台轴上的各种干扰力矩，平台具有很高的抗干扰能力，但是对作用在陀螺内环轴上的干扰力矩，平台缺少抵抗这种干扰的能力。

2. 双自由度陀螺构成的单轴指示式陀螺稳定平台

图 13-3-2 为由一个双自由度陀螺(也称为角位置陀螺或简称位置陀螺)构成的单轴指示式陀螺稳定平台的原理图。在该平台中，双自由度陀螺的外环轴与平台稳定轴平行，外环轴上装有信号器，在陀螺的内环轴上装有力矩器。信号器、变换放大器、稳定电机以及减速器组成了一个稳定回路。

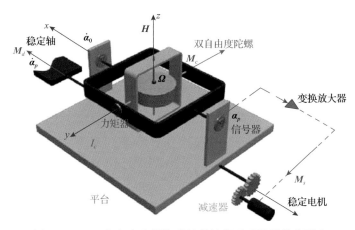

图 13-3-2 双自由度陀螺构成的单轴指示式陀螺稳定平台

1)几何稳定工作状态

当平台稳定轴有干扰力矩 $\boldsymbol{M}_d$ 作用时，平台绕稳定轴转动，设转动角度为 $\boldsymbol{\alpha}_p$，因为双自由度陀螺具有稳定性，它并不会绕其外环轴转动。这样，装在外环轴上的信号器就会有信号输出，该信号经变换放大器放大后送给稳定电机，稳定电机产生稳定力矩 $\boldsymbol{M}_s$，$\boldsymbol{M}_s$ 通过减速器作用于平台，平衡掉干扰力矩，使平台绕稳定轴保持稳定。

2)空间积分工作状态

要使平台绕稳定轴以指令角速度 $\boldsymbol{\omega}_c$ 相对惯性空间转动，则应给陀螺内环轴上

的力矩器输入大小与指令角速度 $\boldsymbol{\omega}_c$ 成比例的指令电流 I_c，该电流使力矩器产生一个沿陀螺内环轴方向的指令力矩 $\boldsymbol{M}_c$，$\boldsymbol{M}_c$ 使陀螺绕外环轴以角速度 $\dot{\alpha}_0$ 进动。由于此时平台没有运动，陀螺绕外环轴的进动造成陀螺绕外环轴相对平台出现转角。该转角经陀螺外环轴上的信号器测出并转变为电信号，经变换放大器放大后输给稳定电机，稳定电机经减速器带动平台绕稳定轴以角速度 $\dot{\alpha}_p$ 转动，$\dot{\alpha}_p$ 的方向与 $\dot{\alpha}_0$ 相同。在稳定状态下，$\dot{\alpha}_p$ 与 $\dot{\alpha}_0$ 大小相等，即

$$\dot{\alpha}_p = \dot{\alpha}_0 \tag{13-3-7}$$

而

$$\dot{\alpha}_0 = \frac{M_c}{H} = \frac{K_t I_c}{H} = \frac{K_t'}{H}\omega_c \tag{13-3-8}$$

式中，K_t、K_t' 为力矩器传递系数。显然，只要令

$$K_t' = H \tag{13-3-9}$$

就有

$$\dot{\alpha}_p = \dot{\alpha}_0 = \omega_c \tag{13-3-10}$$

这样就使平台转动角速度 $\dot{\alpha}_p$ 等于指令角速度 $\boldsymbol{\omega}_c$，平台转过的角度是指令角速度随时间的积分。

与单自由度陀螺构成的单轴指示式陀螺稳定平台相比，作用在陀螺内环轴上的干扰力矩会使平台产生漂移误差。陀螺内环轴上有干扰力矩为 M_d 时，陀螺要绕外环轴进动(这种进动称为陀螺漂移)，设进动角速度为 $\boldsymbol{\omega}_d$。于是，经过稳定回路的作用，造成平台绕稳定轴以相同的角速度 $\boldsymbol{\omega}_d$ 转动,这种转动就是平台的漂移，漂移角速度的大小为

$$\omega_d = \frac{M_d}{H} \tag{13-3-11}$$

因此，为了提高平台相对惯性空间的稳定精度，必须尽量减小陀螺的漂移。

13.3.3　三轴稳定平台

在惯性导航系统中，通常需要三个相互垂直安装的加速度计来测量空间任意方向的加速度，这就要求实际的惯性导航平台具有三个稳定轴，相应有三个稳定回路。从本质上讲，每一个稳定回路的工作过程及特性分析，与单轴稳定平台没有大的区别。但是三轴稳定平台并非三个单轴稳定平台的简单叠加，在工作过程

中三轴稳定平台有其特殊的问题,如陀螺信号的合理分配、基座角运动的耦合与隔离等,必须通过一定的关系将三个轴的稳定回路有机联系在一起。和单轴稳定平台一样,三轴稳定平台可由单自由度陀螺组成,也可由双自由度陀螺组成。

　　由单自由度陀螺构成的三环三轴稳定平台如图 13-3-3 所示。设平台为纵向安装,即最外一个环架的稳定轴与飞机纵轴重合。从外向内三个环架依次为横滚环、俯仰环、方位环(平台),三个支承轴(稳定轴)分别为横滚轴、俯仰轴、方位轴。用 γ、θ、ψ 分别表示横滚环相对基座、俯仰环相对横滚环、方位环相对俯仰环的转角。

　　由双自由度陀螺构成的三轴稳定平台如图 13-3-4 所示。一个双自由度陀螺有两个测量轴,可为平台提供两个轴的稳定基准,而三轴稳定平台要求陀螺为平台提供三个轴的稳定基准,所以需要有两个双自由度陀螺。设两个陀

图 13-3-3　单自由度陀螺构成的
三环三轴稳定平台

螺的外环轴均平行于平台的方位轴安装,内环轴平行于平台台面且相互垂直。

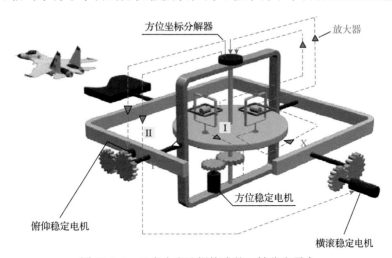

图 13-3-4　双自由度陀螺构成的三轴稳定平台

　　三轴稳定平台除了以上各部分组成,其三个环架轴上还分别装有横滚角旋转变压器、俯仰角旋转变压器、方位角(航向角)旋转变压器,以测量飞机的姿态和航向角信号。

　　这种三轴陀螺平台中的双自由度陀螺,仅起到为平台提供稳定基准的作用,并不承受作用在平台上的干扰力矩,陀螺内、外环轴上的支承并不担负传递陀螺

力矩的作用。这样就减小了陀螺内、外环轴上的摩擦力矩，也就减小了陀螺的随机漂移，从而减小了平台的随机漂移。所以平台式惯性导航平台广泛采用双自由度液浮陀螺或挠性陀螺作为敏感元件。

13.3.4　四环三轴稳定平台

三轴稳定平台因为有三个环架，所以称为三环三轴稳定平台。这类平台为便于测量飞机的真实倾斜角和俯仰角，都使平台横滚轴与飞机纵轴平行。但这种安装形式，在飞机俯仰时，飞机将带动横滚轴和横滚环一起俯仰，使横滚轴偏离水平位置。如果飞机的俯仰角达到 90°，平台的横滚轴就会与方位轴重合，从而与平台的台面相垂直，使平台失去一个自由度，如图 13-3-5 所示。

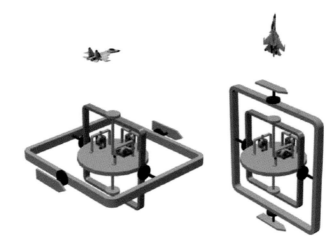

图 13-3-5　三轴稳定平台的环架锁定

这种状态称为平台的环架锁定。在环架锁定时，若飞机绕立轴以某个角速度转动，则飞机的转动将通过环架带动平台绕飞机立轴转动，不仅会破坏平台的稳定状态，也会破坏横滚轴稳定回路的工作。

事实上，在俯仰角大到一定程度时，即使平台还未出现环架锁定，平台绕横滚轴的稳定作用就已经大大降低，以至于不能保证平台的正常工作。基于上述原因，规定三环三轴稳定平台的正常工作范围为：俯仰角小于 90°，一般在 45°～60° 的范围内工作。但是这样的规定，对于许多飞机，特别是机动性很大的军用机来说是不切实际的，这类飞机要求平台在飞机倾斜角、俯仰角在全角度范围内都能正常工作，即要求平台能够完全和飞机的角运动相隔离。或者说，不论在什么飞行状态下，平台稳定电机的三个轴都是正交的，以避免环架锁定带来的弊端。

解决平台环架锁定的方法是在横滚环外再加一个外横滚环，构成四环三轴稳定平台，如图 13-3-6 所示。

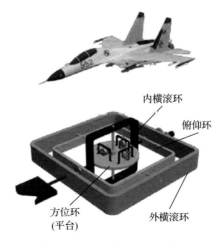

内横滚环
俯仰环
方位环
(平台)
外横滚环

图 13-3-6 四环三轴稳定平台

13.4 平台式惯性导航系统

最先研制成功并得到广泛应用的惯性导航系统内部有一个陀螺稳定平台，用来模拟导航坐标系，为加速度计测量提供基准。

13.4.1 平台式惯性导航系统概述

平台式惯性导航系统一般由惯性平台、导航计算机、控制显示器和状态选择器四大部分组成，这几部分的关系如图 13-4-1 所示。

惯性平台一般是一个四环三轴陀螺稳定平台，平台上的惯性元件包括两个上下配置的双自由度陀螺(也可以采用三个单自由度陀螺)和相互垂直安装的三个加速度计。两个陀螺的外环轴与平台方位轴平行。三个加速度计分别用来测量飞机沿两个水平相互垂直的方向和天向(垂直于水平面)的加速度分量。装在方位环、俯仰环和外横滚环上的信号同步器，可以向外输出航向角、俯仰角和倾斜角信号。

导航计算机又称惯性导航计算机。加速度计输出信号是惯性导航计算机的主要输入，惯性导航计算机根据加速度计的输出信号和飞机初始位置、初始速度实时计算出飞机的即时位置和速度；惯性导航计算机的另一功用是计算施加给陀螺力矩器的指令信号。另外，在初始对准时，惯性导航计算机还要校准惯性元件的常值误差并进行补偿；消除有害加速度的任务也是由惯性导航计算机来完成的；在导航过程中，计算机还要监控系统硬件的工作，随时发出告警信号。

控制显示器是对系统进行必要操作和显示导航参数的装置，如向导航计算机输入初始经纬度和航路点坐标等数据时，可通过操作该部件的转换开关或按键将数据送入计算机，同时在显示面板上显示上述数据。

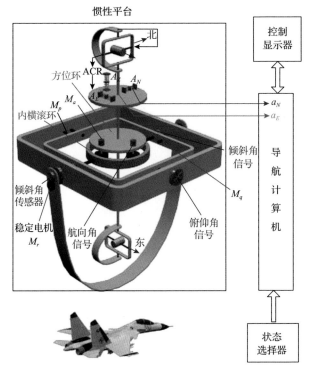

图 13-4-1　平台式惯性导航系统的组成原理图（ACR 指方位坐标分解器）

　　状态选择器实际上是一个状态选择波段开关，利用它可以使导航系统转换不同的工作状态，如断开、通电待用、对准、导航和姿态参考等。

　　目前国内外生产的惯性导航系统中，一般都把惯性平台及其电子线路、导航计算机和数字子系统以及电源模块等主要部件组装在一起，称为惯性导航部件。控制显示器一般安装在飞机驾驶员或领航员仪表面板上，以便驾驶员或领航员进行操作和观察。

　　航空用平台式惯性导航系统一般都用平台坐标系模拟当地水平坐标系，只是平台稳定的方位不同。根据对平台方位的不同控制方式，平台式惯性导航系统分为指北方位惯性导航系统、游移方位惯性导航系统、自由方位惯性导航系统和旋转方位惯性导航系统四种类型。指北方位惯性导航系统用平台坐标系模拟地理坐标系，平台 x 轴指向地理北；游移方位惯性导航系统也称为游动方位或游动自由方位惯性导航系统，这种系统只对平台方位陀螺施加补偿地球自转角速度垂直分量的指令力矩；自由方位惯性导航系统对方位陀螺不加指令力矩，平台方位相对地理北向的夹角随地球自转和飞机运动不断变化；旋转方位惯性导航系统的平台绕方位轴以一定速度旋转。目前应用较多的是指北方位惯性导航系统和游移方位惯性导航系统。

13.4.2 舒勒调谐和平台式惯性导航系统的水平修正回路

由惯性导航系统的基本方程可以看出，加速度的测量受重力加速度的影响。为了避免受重力加速度的影响，最简单的方法是使加速度计的敏感轴保持与重力相垂直。因此，在近地面工作的惯性导航系统大都使平台模拟水平坐标系，采用地理坐标系作为导航坐标系。这种系统有两个水平回路和一个高度通道，显然当水平回路的加速度计敏感轴与重力保持垂直时，高度通道加速度计敏感轴也就与重力方向一致，这样高度通道加速度的测量也就简单了。怎样才能使平台在飞机运动过程中与水平面保持水平呢？舒勒调谐原理解决了这一问题。

1. 舒勒摆及舒勒调谐原理

从惯性导航的基本概念和组成中已经得知，为了保证两个水平加速度计能准确测量飞机的水平加速度分量，要求安装加速度计的平台应始终与当地水平面平行，或者说应始终与当地地垂线垂直。如果平台满足不了这个要求，就会产生一定的加速度测量误差。这是因为平台的偏离，将导致两个水平加速度计的测量轴也偏离水平面，从而导致加速度计除感受水平方向的加速度分量，还要感受重力加速度分量。平台偏离水平面越多，加速度误差越大。

平台怎样才能始终保持水平呢？从已有的陀螺仪表知识可知，摆(液体摆或重力摆)可借助其下摆性，将平台稳定在当地地垂线上，如图 13-4-2 飞机所在的 A 点所示，图中的圆弧表示某个子午线，飞机在该子午面上等高飞行。显然，这样的摆只有静止或匀速直线运动时，摆线才能准确地指示当地地垂线的方向。但在加速运动的飞机上，由于加速度的影响，在惯性力的作用下，摆将围绕悬挂点摆动而偏离当地地垂线的方向。这样一来，惯性平台的平面不再水平，加速度的测量轴将感受重力加速度分量而产生测量误差。

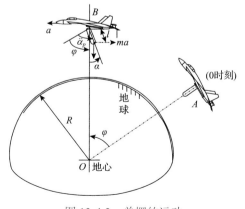

图 13-4-2 单摆的运动

　　如何使摆免受这种加速度干扰呢？德国科学家舒勒(Schuler)在 1923 年研究加速度对陀螺罗盘的影响时，首先提出，如果能制造这样一个摆(或机械装置)，当它的摆动周期长达 84.4min 时，则载体在接近地球表面处以任意方式运动时，摆将不受加速度干扰始终保持在水平面内。称这个摆为舒勒摆。惯性导航要想实现精确导航，必须满足舒勒摆要求。

　　如图 13-4-2 所示，假定飞机沿地球表面子午线等高度航行，机上悬挂有质量为 m、摆长为 l 的一个单摆，摆围绕悬挂点的转动惯量为 J。当飞机在 A 点时，摆停在当地地垂线上，平台处于水平位置。当飞机以加速度 a 从 A 点运动到 B 点时，摆偏离初始位置的总角度为 α_p，由于加速度 a 产生的惯性力的作用使摆偏离当地地垂线的角度为

$$\alpha = \alpha_p - \varphi \qquad (13\text{-}4\text{-}1)$$

式中，φ 为 A、B 两点垂线的夹角(或者说 A、B 两点纬度之差)，根据力矩平衡关系有

$$J\ddot{\alpha}_p = mla\cos\alpha - mlg\sin\alpha \qquad (13\text{-}4\text{-}2)$$

　　假设地球不动，则由飞机运动加速度 a 所造成的当地地垂线的运动方程为

$$\ddot{\varphi} = \frac{a}{R+h} \approx \frac{a}{R} \qquad (13\text{-}4\text{-}3)$$

式中，R 为地球半径；h 为飞机的飞行高度。当 α 为小角度时，式(13-4-2)变为

$$J\ddot{\alpha}_p = mla - mlg\alpha \qquad (13\text{-}4\text{-}4)$$

　　根据式(13-4-1)和式(13-4-3)，式(13-4-4)变为

$$J\left(\frac{a}{R} + \ddot{\alpha}\right) = mla - mlg\alpha \qquad (13\text{-}4\text{-}5)$$

整理得

$$\ddot{\alpha} + \frac{mlg}{J}\alpha = \left(\frac{ml}{J} - \frac{1}{R}\right)a \qquad (13\text{-}4\text{-}6)$$

　　若摆的参数满足：

$$\frac{ml}{J} = \frac{1}{R} \qquad (13\text{-}4\text{-}7)$$

则式(13-4-6)变为

$$\ddot{\alpha} + \frac{g}{R}\alpha = 0 \qquad (13\text{-}4\text{-}8)$$

则摆偏离当地地垂线的角度 α 与载体的运动加速度 a 没有关系，也就是说摆的运动不受载体运动加速度的影响。微分方程(13-4-8)的解为

$$\alpha(t) = \alpha_0 \cos(\omega_s t) + \frac{\dot{\alpha}_0}{\omega_s}\sin(\omega_s t) \qquad (13\text{-}4\text{-}9)$$

式中，α_0、$\dot{\alpha}_0$ 分别为初始时刻摆偏离当地地垂线误差角和误差角速度；$\omega_s = \sqrt{g/R}$ 为角频率。若初始条件为零，即 $\alpha_0 = 0$，$\dot{\alpha}_0 = 0$，则

$$\alpha(t) = 0 \qquad (13\text{-}4\text{-}10)$$

如果 $\alpha_0 \neq 0$，$\dot{\alpha}_0 \neq 0$，则摆按照式(13-4-9)绕当地地垂线做等幅振荡，这种振荡运动与飞机的加速度无关，取 $R = 6.37 \times 10^6\,\mathrm{m}$，$g = 9.81\mathrm{m/s^2}$，可以得到式中振荡周期为 $T = 2\pi/\omega_s = 2\pi/\sqrt{g/R} = 84.4\mathrm{min}$，由前面的分析可知，当摆的参数满足式(13-4-7)，或摆的振荡周期为 84.4min 时，摆能跟踪当地地垂线而不受飞机运动加速度的影响。这就是德国科学家舒勒在 1923 年提出的舒勒调谐原理，简称舒勒原理，这种摆称为舒勒摆，84.4min 的振荡周期为舒勒周期，相应的频率为舒勒频率，式(12-4-7)为物理摆的舒勒调谐条件。

如图 13-4-3 所示是初始条件为 $\alpha_0 = 1°$，$\dot{\alpha}_0 = 0.1(°)/\mathrm{h}$ 时的舒勒振荡。需要说明的是：满足舒勒摆条件，并不是说摆一定没有偏差，而是说摆围绕一个微小偏差做长周期振荡。后面讲到的平台跟踪水平面，也同样表明平台并非一点不动、绝对水平，而是在水平面附近进行舒勒振荡。

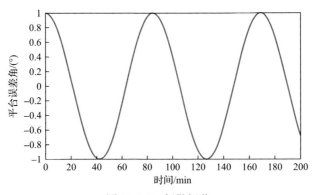

图 13-4-3 舒勒振荡

应用自动控制理论，结合式(13-4-1)、式(13-4-3)和式(13-4-4)可得实现舒勒振荡的结构图，如图 13-4-4 所示。

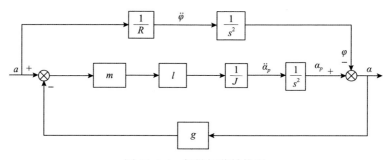

图 13-4-4　舒勒振荡结构图

图 13-4-4 中，中间的主通道代表了物理摆的运动，上边的并联通道代表当地地垂线的运动，下边的反馈通道则反映摆有偏角 α 时，重力加速度的影响过程。显然，只有在 $\alpha = 0$ 的瞬间，这个通道才没有反馈信号 $g\alpha$ 。

根据式(13-4-7)的分析，要满足舒勒条件，必须有 $\dfrac{ml}{J} = \dfrac{1}{R}$ ，对于单摆 $J = ml^2$ ，则单摆实现舒勒调谐的条件为

$$\frac{1}{l} = \frac{1}{R} \tag{13-4-11}$$

此时图 13-4-4 可以简化为图 13-4-5。

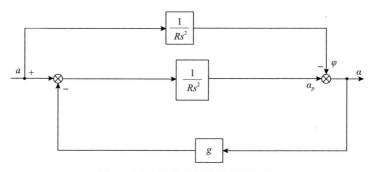

图 13-4-5　简化的舒勒振荡结构图

根据单摆实现舒勒调谐的条件(13-4-11)，单摆的摆长必须等于地球半径，这在工程中是无法实现的。不过随后的技术发展表明，这种舒勒摆或舒勒条件的思想不仅是完全正确的，而且是可以实现的。1948 年美国在实验室首先实现了舒勒条件，证明利用惯性导航系统中的陀螺和控制回路的特性，通过合理调整参数，是可以满足舒勒振荡的要求的。从此惯性导航发展成为一门新科学。

2. 惯性导航系统水平修正回路实现舒勒调谐

在平台式惯性导航系统中，为了使加速度的测量不受重力加速度的影响，必须使平台始终与水平面平行，这就要求平台水平修正回路满足舒勒条件。

单自由度积分陀螺构成的单轴惯性导航系统如图 13-4-6 所示。

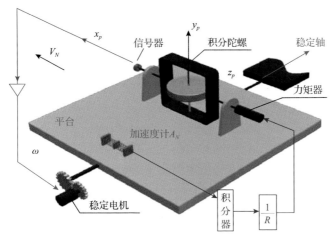

图 13-4-6　单自由度积分陀螺构成的单轴惯性导航系统

图 13-4-6 中由积分陀螺、信号器、放大校正网络、稳定电机及平台组成的系统就是前面介绍过的稳定回路，它的作用是隔离飞机俯仰角运动对平台的影响和抵消平台轴上的干扰力矩，保证平台轴相对惯性空间的稳定，使其仅做平动运动，不做转动运动，即工作在几何稳定工作状态。由加速度计、积分器、除法器和陀螺力矩器组成的系统称为修正回路，它的作用是给陀螺提供指令信号，使平台工作在空间积分工作状态，以跟踪由飞机运动造成的当地地垂线(当地水平面)的偏离运动，保证平台始终与当地水平面平行。

为了分析问题方便，设地球为球体且不转动；飞机沿子午线等高度向正北飞行，且只有俯仰而无倾斜和偏航动作，平台的稳定轴与飞机的纵轴垂直，与陀螺的测量轴平行。平台上装有一个北向加速度计 A_N，与飞机纵轴方向一致，可以测量飞机沿纵向的加速度分量 $\dot{V}_N$。假定在初始时刻平台已精确调整到当地水平面内(通过初始对准过程调整)，平台坐标系 $o_p x_p y_p z_p$ 与地理坐标系 $o_g x_g y_g z_g$ 重合，如图 13-4-7 中的 A 点所示，则 $o_p x_p$ 轴既指北又水平。当飞机以加速度 $\dot{V}_N$ 沿子午线由 A 点运动到 B 点向北飞行时，如果不对平台进行控制，则由于地球是圆的，且陀螺是相对惯性空间稳定的，平台将不再与当地水平面平行。惯性导航系统为了保证平台坐标系与地理坐标系相重合，平台必须经历两种运动：一个平动，一个转动。平动，就是将平台由 A 点平移至 B 点，如图 13-4-7 中的虚线所示，它由平台的稳定回路实现；转动，就是平台沿逆时针方向转动一个角度，到 B 点实线所示的位置，它由平台的修正回路实现。

在飞机运动过程中，当地地垂线方向不断变化，变化角速度为 V_N / R。要使平台保持在当地水平面内，平台也应以角速度 V_N / R 绕 $o_p z_p$ 轴负向转动，即平台的指令角速度为 $\omega_c = -V_N / R$，该指令信号送给陀螺力矩器。陀螺力矩器产生指令力矩 M_c，通过稳定回路的工作，平台绕 $o_p z_p$ 轴负向转动，以跟踪地平面的转动。为保证加速度计的测量精度，平台必须始终处于水平状态，即平台坐标系的水平轴应与地理坐标系的水平轴始终重合或平行，飞机飞行时当地地垂线的变化及平台的转动如图 13-4-7 所示。

当飞机有线加速度 $\dot{V}_N$ 时，加速度计信号器将输出与 $\dot{V}_N$ 成比例的电信号，经积分后输出与飞行速度 V_N 成比例的电信号，该信号经除法器后，输给力矩器。这个指令信号与当地地垂线的转动角速度 $-V_N / R$ 成比例。在指令力矩 M_c 的作用下，通过稳定回路的工作，使平台绕平台稳定轴 $o_p z_p$ 的负向进动(图 13-4-8)，其进动角速度应等于指令角速度 $-V_N / R$，从而使平台跟踪当地水平面的转动。

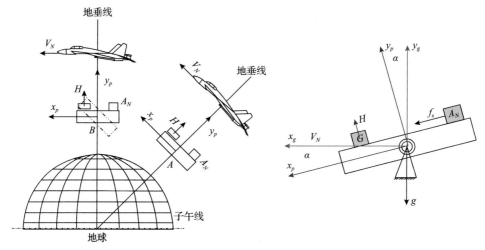

图 13-4-7　飞机飞行时当地地垂线的　　　　图 13-4-8　平台偏离水平面时
　　　　变化及平台的转动　　　　　　　　　　加速度计的输出

从前面的介绍可以知道，加速度计输出的是比力。当平台与当地水平面不平行时，加速度计的输出会受到重力加速度的影响。如图 13-4-8 所示，假定平台绕 $o_p z_p$ 轴负向相对 $o_g x_g$ 轴偏过 α 角，也就是平台绕 $o_p z_p$ 轴负向的转动角度 α_p 与垂线变化角度 φ 的差值为 α。若 α 很小，则此时加速度计的输出为

$$f_x = \dot{V}_N \cos\alpha - g\sin\alpha \approx \dot{V}_N - g\alpha \qquad (13\text{-}4\text{-}12)$$

而陀螺力矩的指令信号是根据加速度计的输出来计算的，即此时指令角速度为

$$
\begin{aligned}
\omega_c &= \left(\int_0^t f_x \mathrm{d}t + V_{N0} \right) \Big/ R \\
&= \left(\int_0^t (\dot{V}_N - g\alpha)\mathrm{d}t + V_{N0} \right) \Big/ R
\end{aligned}
\qquad (13\text{-}4\text{-}13)
$$

由指令角速度的表达式、纬度变化率、平台误差角的表达式可以得到如图 13-4-9 所示的水平修正和稳定回路结构图。

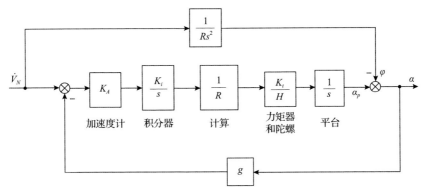

图 13-4-9　水平修正和稳定回路结构图

图 13-4-9 中，K_A 为加速度计标度因数（又称刻度系数、标定系数或传递系数），K_i 为积分器系数，R 为地球半径，K_t 为陀螺力矩器系数，H 为陀螺角动量，环节 $1/(Rs^2)$ 为在 $\dot{V}_N$ 作用下当地地垂线偏离角度 φ 的传递函数，只有在 $\alpha_p = \varphi$ 时，平台才真正水平，即 $\alpha = 0$，否则 $\alpha \neq 0$，重力加速度要影响加速度计的输入。由上面的分析可见，修正回路的工作要借助稳定回路来完成。由于稳定回路是一个快速跟踪系统，它的过渡过程是零点几秒的数量级；而修正回路是一个周期长达 84.4min 的慢速跟踪系统，所以二者可以彼此独立工作，互不影响。

将图 13-4-9 和图 13-4-4 的结构图加以比较，可以发现，这两个结构图的目的都是使研究对象——摆或平台能跟踪当地地垂线的运动。二者所感受的信号都是飞机的加速度，输出的都是由力矩转为转角的量，只是它们产生力矩的方法有所不同：一个是通过惯性力及摆长产生的；另一个则通过给陀螺力矩器输入指令电流产生。另外，受力矩作用后，摆的运动形式也不同，物理摆以一定的摆长围绕悬挂点做直观的单摆运动；而惯性导航系统却无明显的摆长，只是平台绕稳定轴

的进动。既然单摆可以在满足舒勒振荡时，不受加速度干扰，使摆始终处于当地水平面。那么，平台能否找到满足舒勒振荡的条件，使平台不受加速度干扰，始终保持在当地水平面内呢？以下就研究平台实现舒勒振荡的条件。若水平修正回路主通道的传递函数满足：

$$\frac{K_A K_i K_t}{H} = 1 \qquad (13\text{-}4\text{-}14)$$

则水平修正回路可简化为如图 13-4-10 所示的形式。

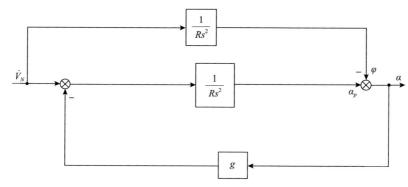

图 13-4-10　实现舒勒调谐的水平修正回路

根据图 13-4-10 可得平台转角 α 的频域方程为

$$\left(s^2 + \frac{g}{R}\right)\alpha(s) = 0 \qquad (13\text{-}4\text{-}15)$$

该方程的通解为

$$\alpha(t) = A\sin(\omega_s t + \psi) \qquad (13\text{-}4\text{-}16)$$

式中，A 与初始条件有关；$\omega_s = \sqrt{g/R}$ 为振荡角频率。此时平台系统的振荡频率为舒勒频率，系统输出角度与飞机运动加速度 $\dot{V}_N$ 无关，运动规律与单摆完全相同，平台实现了舒勒调谐，平台绕当地水平面等幅振荡，振荡周期为舒勒周期 84.4min。式(13-4-14)为惯性导航系统水平修正回路实现舒勒调谐的条件，通过对各元件参数适当选择，这个条件是完全可以实现的，其要求远不如物理摆那样苛刻。

这种根据舒勒摆原理，由加速度计、积分器和陀螺构成，具有 84.4min 自振周期，使平台不受加速度干扰，始终保持在当地水平面的控制回路称为舒勒回路，有时也称为舒勒调谐回路。舒勒回路的实现是惯性导航技术的一大关键突破。由于惯性平台有两个相互正交的水平轴，所以一个完整的惯性导航系统就有相应的两个舒勒回路。

13.4.3 惯性导航系统的高度通道

从原理上讲，把飞机相对地面的垂直加速度积分两次，再加上初始高度即可得到飞机的即时高度。这种测量高度的方法称为惯性法。当飞机在地球表面局部地区飞行时，可以把地球表面近似看成平面，重力加速度处处平行且为常数。这样，从垂直加速度计输出的"比力"中减去重力加速度，就可得到垂直加速度信号，该信号经两次积分就可得到飞行高度。这时的系统是一个不考虑有害加速度影响的开环高度测量系统，如图 13-4-11 所示。

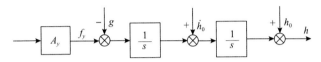

图 13-4-11 惯性导航系统开环高度通道原理

这样的系统，对包括加速度计零位偏置、标度因数等误差在内的一些误差源都会形成累积误差。设垂直加速度计等效零位偏差为 $\nabla_y = 0.5 \times 10^{-4} g$，则高度误差表示为

$$\delta h = \frac{1}{2} \nabla_y t^2 = \frac{1}{2} \times 0.5 \times 10^{-4} g t^2 \tag{13-4-17}$$

若飞行时间 $t=1\mathrm{h}$，则 $\delta h = 3.2\mathrm{km}$；若 $t=2\mathrm{h}$，则 $\delta h = 12.7\mathrm{km}$。显然，开环高度测量系统的工作时间越长，累积误差的增加就越快，对垂直方向的速度和高度测量的准确性影响也就越大。因此，开环高度测量系统只能在短时间内进行惯性高度测量。

上述分析说明，惯性导航系统虽可利用垂直加速度计的输出，通过积分计算得到惯性高度，但由于惯性导航系统的垂直通道存在缺陷，纯惯性高度发散，用纯惯性的方法是不可能在较长时间内精确测量高度的，因而惯性导航系统自身得不到载体的准确高度。飞机上的惯性导航系统，由于飞机高度变化不算太大，但飞行时间较长，可在高度通道中借助气压高度或无线电高度，利用它们对惯性高度进行修正，也就是用气压高度或无线电高度与惯性高度进行组合，构成混合高度测量系统来获得飞机高度。这种混合高度测量系统比单独用气压式高度表或无线电高度表测出的高度要精确得多。

低空侦察、下滑着陆都要用到准确的高度信息，因此混合高度的测量也是十分重要的。所以飞机上即使有惯性导航系统，也会有气压高度测量的系统以及无线电高度测量系统。

13.4.4　指北方位惯性导航系统的力学编排

力学编排，又称机械编排（mechanization），是指惯性导航系统的机械实体布局、采用的坐标系及解析计算方法的总和。它体现了从加速度计的输出到计算出即时速度和位置的完整过程。具体地说，就是指以怎样的结构方案实现惯性导航的力学关系，进而确定出所需的各种导航参数及信息。这样，就把描述惯性导航系统从加速度计所感测的比力信息，转换成飞机速度和位置的变化，以及对平台控制规律的解析表达式，称为力学编排方程，它是力学编排在数学关系上的体现。

指北方位惯性导航系统，是指平台坐标系 $o_p x_p y_p z_p$ 与地理坐标系 $o_g x_g y_g z_g$ 在工作中完全重合的惯性导航系统。这种系统的惯性平台，其平台台面控制在当地水平面内，其方位控制在地理北向，这正是它名称的来由。有了模拟地理坐标系的水平指北平台，实际上相当于在飞机上建立了一个实体的地理坐标系。安装在平台三个轴向的加速度计，可以测得飞机沿任意方向飞行时，沿北、天、东三个方向的比力分量，并由此计算所需的导航参数。

1. 给平台施加的指令角速度

由于平台有相对惯性空间稳定的特性，而地理坐标系随地球自转及飞机运动相对惯性空间不断变化。因此，要保证平台始终模拟地理坐标系，就必须给平台施加控制指令，以补偿地球自转和飞机相对地球运动造成的地理坐标系相对惯性空间的转动。

由图 13-4-12，地理坐标系相对惯性空间的转动角速度 ω_{ig}^g，可以分为地球自转引起的地球坐标系相对惯性坐标系的转动角速度 ω_{ie}^g，以及飞机相对地球坐标系的运动造成的地理坐标系相对地球坐标系的转动角速度 ω_{eg}^g 两部分，即

$$\boldsymbol{\omega}_{ig}^g = \boldsymbol{\omega}_{ie}^g + \boldsymbol{\omega}_{eg}^g \tag{13-4-18}$$

式中，ω_{ig}^g 为地理坐标系 g 相对惯性坐标系 i 的转动角速度在地理坐标系中的分量，其中地球自转角速度造成的地理坐标系相对惯性空间的偏离角速度，在地理坐标系三个轴向上的分量为

$$\boldsymbol{\omega}_{ie}^g = \boldsymbol{\Omega}^g = \begin{bmatrix} \Omega_x^g \\ \Omega_y^g \\ \Omega_z^g \end{bmatrix} = \begin{bmatrix} \Omega\cos\varphi \\ \Omega\sin\varphi \\ 0 \end{bmatrix} \tag{13-4-19}$$

式中，Ω 为地球坐标系相对惯性坐标系的运动角速度 ω_{ie} 的简化符号，其示意图

如图 13-4-13 所示。

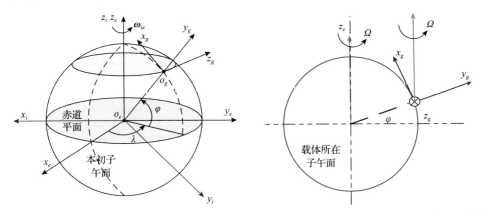

图 13-4-12 地理坐标系的运动   图 13-4-13 地球自转角速度在地理坐标系的分量

考虑地球椭圆度，南北和东西方向的地球半径分别为 R_N 和 R_E，忽略飞机离地高度，由飞机带动平台相对地球运动造成的地理坐标系相对惯性空间的偏离角速度，在地理坐标系三个轴向上的分量为

$$\boldsymbol{\omega}_{eg}^{g} = \begin{bmatrix} \omega_{egx}^{g} \\ \omega_{egy}^{g} \\ \omega_{egz}^{g} \end{bmatrix} = \begin{bmatrix} \dfrac{V_{egz}^{g}}{R_E} \\ \dfrac{V_{egz}^{g}}{R_E}\tan\varphi \\ -\dfrac{V_{egx}^{g}}{R_N} \end{bmatrix} \tag{13-4-20}$$

指北方位惯性导航系统的平台坐标系与地理坐标系重合，所以根据式 (13-4-19) 和式 (13-4-20) 对平台施加的指令角速度为

$$\boldsymbol{\omega}_{ip}^{p} = \boldsymbol{\omega}_{ig}^{g} = \begin{bmatrix} \omega_{ipx}^{p} \\ \omega_{ipy}^{p} \\ \omega_{ipz}^{p} \end{bmatrix} = \begin{bmatrix} \Omega\cos\varphi + \dfrac{V_{egz}^{g}}{R_E} \\ \Omega\sin\varphi + \dfrac{V_{egz}^{g}}{R_E}\tan\varphi \\ -\dfrac{V_{egx}^{g}}{R_N} \end{bmatrix} \tag{13-4-21}$$

将这三个角速度分量作为控制指令信号，分别施加给相应的陀螺力矩器，平台便能自动跟踪地理坐标系。

2. 速度方程

惯性导航系统的基本方程在平台坐标系 p 内的形式为

$$\dot{V}^p_{ep} = f^p - \left(2\boldsymbol{\omega}^p_{ie} + \boldsymbol{\omega}^p_{ep}\right) \times V^p_{ep} + g^p \qquad (13\text{-}4\text{-}22)$$

这里平台坐标系 p 即地理坐标系 g，不考虑平台误差，可以写出上面各矢量的表达式，并将上面矢量形式的方程写成分量形式，对得到的两个水平加速度进行积分，可得相应的两个水平速度为

$$V^g_{egx} = \int_0^t \dot{V}^g_{egx}\mathrm{d}t + V^g_{egx0}$$
$$V^g_{egz} = \int_0^t \dot{V}^g_{egz}\mathrm{d}t + V^g_{egz0} \qquad (13\text{-}4\text{-}23)$$

而载体相对地面运动的水平速度为上述两个水平速度的合成，即

$$V^g_{eg} = \sqrt{(V^g_{egx})^2 + (V^g_{egz})^2} \qquad (13\text{-}4\text{-}24)$$

3. 位置方程

由于北向和东向运动，经纬度的变化率大小表达式为

$$\dot{\varphi} = \frac{V^g_{egx}}{R_N}$$
$$\dot{\lambda} = \frac{V^g_{egz}}{R_E \cos\varphi} \qquad (13\text{-}4\text{-}25)$$

积分并加上初始经纬度就可以得到运动后的经纬度。由于惯性高度是发散的，在这里不考虑高度的计算。

由于平台坐标系与地理坐标系始终重合，故平台台面始终水平，且平台的三个稳定轴分别指向北、天、东三个方向。这样，就可直接从平台各环架(轴)上的同步器或旋转变压器输出飞机的俯仰角、倾斜角和航向角信号。

4. 指北方位惯性导航系统的优缺点

指北方位惯性导航系统的优点是：由于指北方位惯性导航系统的平台坐标系与地理坐标系始终重合，加速度计输出的"比力"信号不用经坐标变换就可求得所需的导航参数；其姿态角和航向角可从平台框架上直接获取，简单直观；对地

球曲率半径的计算只需考虑主曲率半径，计算量小，对计算机的容量没有很高的要求。正因为指北方位惯性导航系统计算简单，对计算机要求不高，易于实现，故在惯性导航系统初期使用的都是指北方案。

指北方位惯性导航系统的缺点是：由于要求平台始终指北，当飞机在高纬度地区飞行时，因经线的极点汇聚，飞机的东西向速度会引起很大的经度变化率，这就要求给方位陀螺施加很大的控制力矩，从而引起附加误差甚至导致导航系统丧失工作能力。根据式(13-4-21)施加给平台上方位陀螺的指令角速度是

$$\omega_{ipy}^{p} = \Omega\sin\varphi + \frac{V_{egz}^{g}}{R_{E}}\tan\varphi \qquad (13\text{-}4\text{-}26)$$

可以看出随着纬度 φ 的增加，方位指令角速度会迅速增加，当 φ 接近 $\pm90°$ 时，计算机会因为计算正切函数而溢出。此外在穿过极点时，要求平台立即转 $180°$，即 $\omega_{ipy}^{p} \to \infty$，这在工程实际中是不可能的。所以指北方位惯性导航系统，一般只适用于 $|\varphi| < 60°$ 的地区，不能作为全球导航使用，这是指北方位惯性导航系统的最大缺点。

该系统的另一个缺点是在惯性导航初始对准时，要求平台在方位上一定要指北，从而导致对准时间过长，这对军用飞机惯性导航来说也是不符合要求的。

13.4.5 其他平台式惯性导航系统

1. 游移方位惯性导航系统

游移方位惯性导航系统的平台台体也保持在水平面内，平台的两个水平稳定轴与水平面平行，在方位上只对方位陀螺施加用于补偿地球自转角速度垂直分量的控制力矩。游移方位惯性导航系统施加给方位陀螺的指令角速度为

$$\omega_{ipy}^{p} = \Omega\sin\varphi \qquad (13\text{-}4\text{-}27)$$

因为地球坐标系相对惯性坐标系的转动角速度在平台坐标系 y 轴方向的分量分别为

$$\omega_{iey}^{p} = \Omega\sin\varphi \qquad (13\text{-}4\text{-}28)$$

地理坐标系相对惯性坐标系的转动角速度在平台坐标系 y 轴方向的分量分别为

$$\omega_{igy}^{p} = \Omega\sin\varphi + \frac{V_{egz}^{g}}{R_{E}}\tan\varphi \qquad (13\text{-}4\text{-}29)$$

所以平台相对地球围绕平台 y 轴的角速度 ω_{epy}^{p} 为零：

$$\omega_{epy}^{p} = \omega_{ipy}^{p} - \omega_{iey}^{p} = \Omega\sin\varphi - \Omega\sin\varphi = 0 \qquad (13\text{-}4\text{-}30)$$

当飞机具有东西向速度时，平台将绕方位轴 $o_p y_p$ 相对地理坐标系产生转动角速度：

$$\dot{\alpha} = \omega_{gpy}^{p} = \omega_{ipy}^{p} - \omega_{igy}^{p} = -\frac{V_{egz}^{g}}{R_E}\tan\varphi \qquad (13\text{-}4\text{-}31)$$

很明显，平台的方位角将随东西向速度的大小和方向发生变化。也就是平台轴 $o_p x_p$ 与真北方向 $o_g x_g$ 之间的夹角 α 是任意的，随 V_{egz}^{g} 的大小和方向游动，因此将 α 称为平台的游移方位角，并规定 α 相对地理坐标系逆时针方向旋转为正，如图 13-4-14 所示。图中游移方位惯性导航的平台坐标系 $o_p x_p y_p z_p$ 和地理坐标系 $o_g x_g y_g z_g$ 的垂直轴 $o_p y_p$ 和 $o_g y_g$ 相互重合，$o_p x_p z_p$ 及 $o_g x_g z_g$ 均处于当地水平面内，但它们的水平轴之间有一个游移方位角 α。

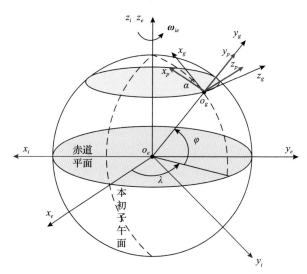

图 13-4-14　游移系与地理系关系

游移方位惯性导航系统的优点是：与指北方位惯性导航系统相比，游移方位惯性导航系统可以实现全球导航。因为对平台方位陀螺施加的补偿地球自转角速度的垂直分量为 $\Omega\sin\varphi$，即使 $\varphi = 90°$，指令速度最大也不会超过 15(°)/h，不会给方位陀螺力矩器和平台方位稳定回路的设计带来困难。

游移方位惯性导航系统的缺点是：虽然平台可以直接输出飞机的俯仰角、倾斜角信号，但不能直接输出飞机的航向信号，而只能直接输出平台方位轴与飞机纵轴之间的夹角 ψ_{bp}。ψ_{bp} 同平台方位轴与真北之间的游移方位角 α、飞机纵轴与真北之间的航向角 ψ 之间的关系为

$$\psi = \psi_{bp} - \alpha \qquad (13\text{-}4\text{-}32)$$

另一个缺点是，游移方位惯性导航系统的计算量比指北方位惯性导航系统大得多，这就要求计算机有较高的运算速度。

2. 自由方位惯性导航系统

自由方位惯性导航系统不给平台上的方位陀螺施加控制力矩，因而平台方位轴相对惯性空间的某一方向固定不动。这样地球自转和飞机运动，会使平台方位相对地理坐标系(真北方向)产生一个任意夹角 β，所以称这种惯性导航系统为自由方位惯性导航系统。平台相对地理坐标系的偏离角速度 $\dot{\beta}$ 应是地球自转和飞机运动引起的平台偏离角速度之和，即

$$\dot{\beta} = \omega_{ipy}^p - \omega_{igy}^p = -\omega_{igy}^p = -\left(\Omega\sin\varphi + \frac{V_{egz}^g}{R_E}\tan\varphi\right) \qquad (13\text{-}4\text{-}33)$$

自由方位惯性导航系统与游移方位惯性导航系统的区别仅在于：游移方位惯性导航系统补偿了地球自转角速度的垂直分量 $\Omega\sin\varphi$，而自由方位惯性导航系统在方位上对平台不施加控制。

由于不给方位陀螺施加任何指令角速度，自由方位惯性导航系统同样解决了极区使用问题；同时该系统避免了方位陀螺的施矩误差(标度因数误差)，有利于系统精度的提高。该系统的缺点是：自由方位角 β 的计算较复杂，因它随飞机运动在不断变化；且不能直接得到飞机的真航向信号，计算量大，对计算机的容量及速度要求更高。

3. 旋转方位惯性导航系统

旋转方位惯性导航系统的平台台体保持在水平面内，并绕方位轴以一定速度旋转。按不同的旋转方式，有两种不同的结构。一种是所有惯性元件都装在一个平台台体上，对方位陀螺力矩器施加较大的电流，使平台以某一角速度绕方位轴旋转。另一种是平台台体由上下两部分组成，把方位陀螺和垂直加速度计装在上平台上(称为方位平台)，水平陀螺和水平加速度计装在下平台(称为水平平台)，利用同步电机使水平平台以给定角速度绕平台垂直轴相对方位平台等速旋转，其典型结构如图 13-4-15 所示。

这种旋转平台的好处在于，对惯性元件安装误差、质量不平衡及其他常值干扰力矩引起的水平陀螺和水平加速度计的漂移及零位偏差具有调制平均作用，从而减小了系统误差。如图 13-4-16 所示，在每个转动周期中，陀螺漂移和加速度计零偏由正变到负，再由负变到正，其平均值为零。这样，就可以达到用普通惯性元件获得高质量惯性导航系统的目的。美国的轮盘木马-4 惯性导航系统采用的就是这种方案。

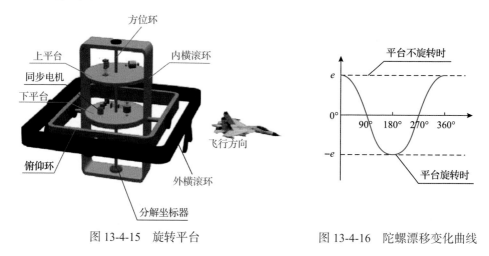

图 13-4-15　旋转平台　　　　　　　　图 13-4-16　陀螺漂移变化曲线

13.5　捷联式惯性导航系统

捷联式惯性导航系统简称捷联惯导系统，英文为 strapdown inertial navigation system（SINS），其中"strapdown"即为捆绑的意思，是将陀螺及加速度计直接固联在载体上，与平台式惯性导航系统最大的区别是没有机电式实体平台，所以也称为无平台式惯性导航系统，也就是解析式惯性导航系统，这是捷联式惯性导航系统的根本特点。

在平台式惯性导航系统中，惯性导航平台通过水平修正回路的作用稳定在预定的导航坐标系内。这样，正交安装在平台上的三个加速度计的测量轴就被稳定在导航坐标系的三个轴上，加速度计就可以直接测量飞机沿导航坐标系轴向的加速度分量，也就是说惯性导航平台为加速度计提供了一个测量基准。另外，利用惯性导航平台还可以直接输出飞机的姿态和航向信息。

但是，在捷联式惯性导航系统中没有平台怎么来完成这一任务呢？其实，平台这个概念在捷联式惯性导航系统中依然存在，只不过是由计算机来完成平台的功能而已。当我们将陀螺及加速度计直接安装于载体上时，如何通过计算机解算出导航参数呢？首要的问题是如何在计算机中建立一个"数学平台"，它具有相当于机电式平台的功能。捷联式惯性导航系统中的"数学平台"通过方向余弦矩阵来实现。

　　捷联式惯性导航系统由惯性器件、导航计算机及相应软件、控制显示器和电源等组成。捷联式惯性导航系统的惯性元件直接安装在载体上，它测得载体相对惯性空间的比力和角速度沿载体坐标系 b 的分量。角速度信息用来计算从载体坐标系 b 到"数学平台"坐标系 p 的姿态矩阵 C_b^p，比力信息经姿态矩阵转换为沿导航坐标系各轴的比力分量，进而可以进行导航参数的计算；还可以利用姿态矩阵的元素提取姿态和航向信息。按照这种思路组成的捷联式惯性导航系统的原理方块图如图 13-5-1 所示。

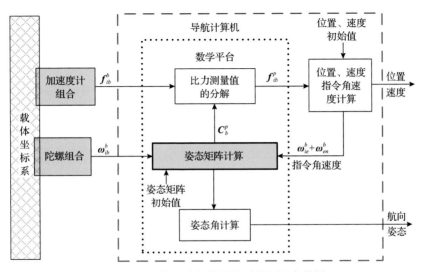

图 13-5-1　捷联式惯性导航系统原理方块图

　　图 13-5-1 中 f_{ib}^b 及 f_{ib}^p 分别是载体相对惯性空间 i 的比力在载体坐标系 b 和平台(导航)坐标系 p 的表示；ω_{ib}^b 是载体相对惯性空间 i 的角速度在载体坐标系 b 的表示。导航计算机向姿态矩阵 C_b^p 计算提供相当于陀螺施矩的信息 $\omega_{ie}^b + \omega_{en}^b$，以便根据当时载体的位置在计算机中建立起导航坐标系。由图还可以看出，加速度信息的坐标变换、姿态矩阵计算及姿态角计算这三者的功能，实际上就代替了机电式导航平台的功能，因此图中用虚线框起来的部分就是捷联式惯性导航系统中的"数学平台"。

　　大多数捷联式惯性导航系统采用游移方位坐标系作为导航坐标系。捷联式惯性导航系统的算法是指从惯性器件的输出到给出所需导航和控制信息所进行的全部计算问题的计算方法。计算的内容和要求，根据捷联式惯性导航系统的应用和要求不同而有所不同，但一般来说，包括以下内容：系统启动和自检测、系统初始化、惯性器件的误差补偿、姿态矩阵的计算、导航参数的计算、导航和控制信息的提取。系统启动之后，各部分的工作是否正常，要通过自检程序的检测，其中包括电源、惯性器件、计算机及其软件。若自检发现异常则发出警告信息。与平台式惯性导航系统一样，捷联式惯性导航系统的初始化包括三项任务：①给定载体的初始位置和初始速度等初始信息；②确定捷联式惯性导航系统姿态矩阵的初始值；③对惯性器件进行校准，对陀螺的漂移进行测定并补偿，对陀螺和加速度计的标度因数进行标定。

由捷联式惯性导航系统基本原理可以看出，该惯性导航系统具有如下特点：

(1)惯性元件直接安装在机体上，便于安装维护和更换。

(2)惯性元件可直接给出机体线加速度和角速度信息，而这些信息又是飞行控制系统所必需的。这样在采用了捷联式惯性导航系统的飞机上，可以省略专门为飞行控制系统提供上述信息的传感器(加速度计和陀螺)。

(3)由于取消了机械平台，减少了平台式惯性导航系统中的机械零件，系统体积减小、重量降低(只有机械平台重量的 1/7 左右)，故便于采用更多的惯性元件来实现余度技术，从而大大提高了系统的可靠性。

(4)惯性元件的工作环境比平台式惯性导航系统中的惯性元件要差，惯性元件误差对系统误差的影响要比平台式惯性导航系统大。因此，捷联式惯性导航系统对惯性元件的要求比平台式惯性导航系统要高，要求惯性元件在机体的振动、冲击、温度等环境条件下精确工作，相应的参数和性能要有很高的稳定性。同时，由于机体的角运动干扰直接作用在惯性元件上，将产生严重的动态误差，因此系统中必须采取误差补偿措施，这就要求建立较准确的惯性器件静态、动态数学模型。就捷联式惯性导航系统中的陀螺而言，要具有低漂移率、较小的标度因数误差和较宽的动态范围，其测量角速度的范围为 $0.01(°)/s \sim 400(°)/s$，即动态量程高达 $10^8(°)/s$。对加速度计的精度要求也较高。

(5)用"数学平台"取代机械平台，增加了导航计算机的计算量；同时，因机体姿态角的变化速度很快，可高达 $400(°)/s$，故相应的姿态计算必须有高速的计算机。这就是说，捷联式惯性导航系统对导航计算机的性能提出了更高的要求。要求计算机存储容量大、计算速度快、精度高。随着高速、大容量计算机的出现，导航计算机已经不是捷联式惯性导航系统发展的障碍。

捷联式惯性导航系统和平台式惯性导航系统一样，能精确地提供载体的姿态以及地速、经纬度等导航参数。但这两种系统又各有特点。平台式惯性导航系统构造比较复杂、可靠性较低、平均故障间隔时间(MTBF)较短、造价也较高，用精密陀螺及加速度计组成的平台式惯性导航系统定位精度较高，设计原理和实际应用也比较早。但在捷联式惯性导航系统中，惯性元件的工作环境恶劣、测量范围大、对元件要求苛刻，而且对导航计算机要求较高。新的激光陀螺、挠性陀螺和微型计算机的迅猛发展，为捷联式惯性导航系统的发展提供了条件。在捷联式惯性导航系统中对陀螺及加速度计采取了动静态误差补偿技术，大大提高了惯性元件的精度，也就提高了导航的精度。虽然捷联式惯性导航系统发展较晚，但目前已成熟并达到了航空的精度要求，逐渐在航空、航天等领域得到了成功应用。

13.6　惯性导航系统的初始对准

惯性导航系统输出的载体运动速度和位置由测得的比力积分而来，积分过程必须知道初始条件；另外，在指北方位惯性导航系统中，要求稳定平台准确地跟踪地理坐标系，即要求平台水平指北，在捷联式惯性导航系统中要确定初始姿态矩阵，即确定数学平台；从前面的力学编排我们知道，陀螺和加速度计的误差对导航解算结果的影响较大，如果能在惯性导航系统工作前确定并补偿将能够提高惯性导航系统的精度。因此，在惯性导航系统工作前，首先必须引入载体的初始速度和初始位置，将平台控制在所要求的方位上，确定并修正陀螺的初始漂移、加速度计的零位误差等。一般将惯性导航系统进入导航工作状态之前所进行的工作称为惯性导航系统的初始化或通称初始对准。

13.6.1　初始对准的一般概念

惯性导航系统从接通电源到进入导航工作状态，需经历"准备"和"对准"两种工作状态。在"准备"工作状态，平台式惯性导航系统进行平台加温、陀螺启动、平台锁定，操作人员通过控制显示器送入初始位置(即时经度及纬度)。在静基座条件下系统初始速度为零，无需输入；在飞机运动过程中(称为动基座条件)进行对准时，初始位置及初始速度由其他设备提供。在"对准"工作状态，系统要进行初始对准(简称对准)，即将平台调整到预定坐标系内，同时还对陀螺的漂移和标定因数误差进行测定(通常称为测漂和定标)。整个"对准"工作状态一般持续数分钟。

平台的初始对准分为粗对准和精对准两个阶段，粗对准的目的是尽快减小平台的初始失调角，使平台粗略地调整到接近于水平和指北的方位上，以便在此基础上通过精对准，以达到所需的精度要求。粗对准一般要求水平误差达到1°左右，方位误差达到2°左右。精对准在粗对准的基础上进行，除了要达到所要求的对准精度，在精对准过程中还要进行陀螺的测漂和定标。每个阶段又分为水平对准和方位对准两个步骤，水平对准是在水平陀螺上施加控制力矩，减小平台与当地水平面的误差，在此过程中方位陀螺不参加工作，而方位对准是在水平对准的基础上进行的。

惯性导航系统的初始对准是确定初始速度、位置，使平台与导航坐标系一致，估计惯性器件误差的过程。如果能确定惯性导航系统进入导航状态之前的速度误差、位置误差以及平台与导航坐标系之间误差、惯性器件的误差，并进行补偿，也就完成了初始对准过程。但这些误差是哪些原因引起的？又有什么样的变化规律呢？

13.6.2　惯性导航系统的误差分析

前面在分析惯性导航系统的工作原理时，是将惯性导航系统看成一个理想的系统。例如，认为指北方位惯性导航系统的平台坐标系真实地模拟了地理坐标系。但在实际惯性导航系统中，惯性元件、元件安装以及系统的工程实现各个环节都不可避免地存在误差，这些影响惯性导航系统性能的误差因素称为误差源。在这些误差因素影响下，惯性导航系统输出的导航参数不可避免地会有或大或小的误差，没有误差的导航系统是不存在的。误差分析的结论是完成初始对准的理论基础，使惯性导航系统开始工作时有一个精确的初始条件；通过分析误差源对系统的影响，采取有效措施进行补偿，达到提高惯性导航精度的目的。

1. 惯性导航系统的误差源

根据误差产生的原因和性质，惯性导航系统的误差源可分为以下几类：

(1)元件误差，主要指陀螺漂移和加速度计零位偏差，以及两类元件的标度因数误差。

(2)安装误差，指陀螺和加速度计安装到平台台体上的不准确性造成的误差。

(3)初始条件误差，指初始对准及输入计算机的初始位置、初始速度不准所形成的误差。

(4)计算误差，由导航计算机的字长限制和量化器的位数限制等所造成的计算误差。

(5)原理误差，又称编排误差，是由力学编排中数学模型的近似、地球形状的近似和重力异常等引起的误差。例如，用旋转椭球体近似作为地球的模型，在导航参数的计算中就会造成误差；力学编排时忽略高度通道造成的误差等。

(6)外干扰误差，包括两个方面，一是由飞机机动飞行时的冲击及振动引起的加速度干扰，二是与惯性导航系统交联的其他导航设备带来的姿态、位置及速度误差。

除此之外，还包括组成惯性导航系统的电子组件相互之间干扰造成的误差，以及其他已知或未知的误差源。理论和实践证明，对惯性导航系统工作性能影响较大的还是元件误差、安装误差和初始条件误差。

对于元件误差，无论陀螺还是加速度计，影响本身精度的误差有很多因素。但是，从整个惯性导航系统的角度把它们作为元件时，主要误差就是标度因数误差、零位偏差和漂移。

初始条件误差主要指惯性导航系统开始以导航状态工作之前，给导航计算机输入初始经、纬度的误差 $\delta\lambda_0$ 及 $\delta\varphi_0$；以及系统初始对准后，接入舒勒回路一瞬间平台所具有的姿态误差 ϕ_{x0}、ϕ_{z0} 和方位误差 ϕ_{y0}。$\delta\lambda_0$ 和 $\delta\varphi_0$ 的存在不仅直接影响系统的定位精度，而且影响整个系统的工作；ϕ_{x0}、ϕ_{z0} 的存在除了直接影响定位精度，还会使加速度计感受重力分量而产生错误输出。

2. 指北方位惯性导航系统误差方程

在指北方位惯性导航系统的误差分析中，平台的误差可以定义为地理坐标系 g（又称理想平台坐标系 G 与实际平台所确定的平台坐标系 p 之间的误差角。设平台坐标系 p 相对地理坐标系 g 的误差角为 $\boldsymbol{\phi} = [\phi_x \quad \phi_y \quad \phi_z]^{\mathrm{T}}$，并假设为小角度，则从地理坐标系到平台坐标系的方向余弦矩阵可以表示为

$$\boldsymbol{C}_g^p = \begin{bmatrix} 1 & \phi_z & -\phi_y \\ -\phi_z & 1 & \phi_x \\ \phi_y & -\phi_x & 1 \end{bmatrix} \tag{13-6-1}$$

前面介绍的平台式惯性导航系统都是用平台模拟水平坐标系，本节以指北方位惯性导航系统的误差分析为例，介绍指北方位惯性导航系统的姿态误差方程、速度误差方程及位置误差方程。

1）姿态误差方程

姿态误差方程是描述姿态误差变化规律的微分方程。指北方位惯性导航系统的平台姿态误差是指平台坐标系相对理想平台坐标系（指北方位惯性导航系统中就是地理坐标系）之间的偏差角 $\boldsymbol{\phi}$，由定义可以推导得到

$$\begin{cases} \dot{\phi}_x = \dfrac{\delta V_z}{R} - \Omega\sin\varphi \cdot \delta\varphi - \dfrac{V_x^g}{R}\phi_y - \left(\Omega\sin\varphi + \dfrac{V_z^g}{R}\tan\varphi\right)\phi_z + \varepsilon_x \\[3mm] \dot{\phi}_y = \dfrac{\delta V_z}{R}\tan\varphi + \left(\Omega\cos\varphi + \dfrac{V_z^g}{R}\sec^2\varphi\right)\delta\varphi + \dfrac{V_x^g}{R}\phi_x + \left(\Omega\cos\varphi + \dfrac{V_z^g}{R}\right)\phi_z + \varepsilon_y \\[3mm] \dot{\phi}_z = -\dfrac{\delta V_x}{R} - \left(\Omega\cos\varphi + \dfrac{V_z^g}{R}\right)\phi_y + \left(\Omega\sin\varphi + \dfrac{V_z^g}{R}\tan\varphi\right)\phi_x + \varepsilon_z \end{cases}$$

$$\tag{13-6-2}$$

从等式右边可以看出，造成平台姿态误差的因素大致分为三类：一是由于陀螺漂移的存在，通过空间积分工作状态而造成的平台偏移；二是平台姿态误差角

ϕ_x、ϕ_y、ϕ_z造成的交叉耦合误差；三是由计算出的速度误差及位置误差造成的平台误差。

若平台在静基座条件下工作，则

$$V_x^g = V_y^g = V_z^g = 0 \tag{13-6-3}$$

代入式（13-6-2），得静基座条件下指北方位惯性导航系统的平台姿态误差方程为

$$\begin{cases} \dot{\phi}_x = \dfrac{\delta V_z}{R} - \Omega \sin \varphi \cdot \delta \varphi - \phi_z \Omega \sin \varphi + \varepsilon_x \\[2mm] \dot{\phi}_y = \dfrac{\delta V_z}{R} \tan \varphi + \Omega \cos \varphi \cdot \delta \varphi + \phi_z \Omega \cos \varphi + \varepsilon_y \\[2mm] \dot{\phi}_z = -\dfrac{\delta V_x}{R} - \phi_y \Omega \cos \varphi + \phi_x \Omega \sin \varphi + \varepsilon_z \end{cases} \tag{13-6-4}$$

需要指出的是，在惯性导航系统静基座条件下，由于平台姿态误差和加速度计零位误差的存在，加速度计会有输出信号，这些输出信号经过积分计算后就产生速度误差δV_x、δV_z，因为$\delta \varphi \approx \delta V_x / R$，所以北向速度误差又会造成纬度计算误差$\delta \varphi$。

2）速度误差方程

速度误差是指导航计算机计算的飞机速度与真实速度之差，而描述其变化的微分方程便是速度误差方程。静基座条件下的速度误差方程为

$$\begin{aligned} \delta \dot{V}_x &= -2\Omega \sin \varphi \cdot \delta V_z + \phi_z g + \nabla_x \\ \delta \dot{V}_z &= 2\Omega \sin \varphi \cdot \delta V_x - \phi_x g + \nabla_z \end{aligned} \tag{13-6-5}$$

由式（13-6-5）可以看出，影响速度误差的因素来自三个方面：有害加速度、平台姿态误差及加速度计零位偏差。

3）位置误差方程

在地球表面附近的导航中一般用经纬度表示位置，指北方位惯性导航系统的位置误差就是指经度和纬度误差。静基座条件下，经度误差方程为

$$\delta \dot{\lambda} = \dot{\lambda}_c - \dot{\lambda} = \frac{\delta V_z}{R \cos \varphi} \tag{13-6-6}$$

纬度误差方程为

$$\delta \dot{\varphi} = \dot{\varphi}_c - \dot{\varphi} = \frac{V_x^c}{R} - \frac{V_x^g}{R} = \frac{\delta V_x}{R} \tag{13-6-7}$$

由式(13-6-6)可以看出，经度误差主要由东向速度误差 δV_z 引起，而由式(13-6-7)可以看出纬度误差主要由北向速度误差 δV_x 引起。

13.6.3 惯性导航系统静基座条件下的经典初始对准

惯性导航系统的初始对准就是确定惯性导航系统开始导航工作时的初始速度、位置和姿态。以指北方位惯性导航系统为例，最主要的是将平台调整到和当地的地理坐标系一致，按照对准的轴系分为水平对准和方位对准，在对准过程中一般先进行水平对准再进行方位对准。

1. 水平对准

下面以单轴稳定平台为例来分析水平对准的基本原理，如图 13-6-1 所示，当平台水平时，x、y 和 z 三个轴向的加速度计的输出值为 $[0, -g, 0]^T$，当平台有水平误差角 $-\phi_z$ 时，三个轴向的加速度计的输出值为 $[g\sin\phi_z, -g\cos\phi_z, 0]^T$，如果误差角 $-\phi_z$ 较小，则三个轴向的加速度计的输出值可以近似为 $[g\phi_z, -g, 0]^T$。也就是说，x 轴向加速度计的输出为 0，就可以判断平台是水平的，如果 x 轴向加速度计有输出值 $g\phi_z$，则可以根据该输出值控制平台绕 z 轴旋转直到 x 轴向加速度计的输出变为 0 就完成了水平对准。

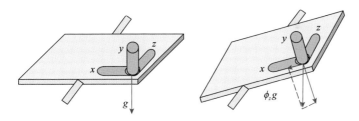

图 13-6-1 水平对准原理示意图

2. 方位对准

下面来分析方位对准的基本原理，平台的方位对准是在水平对准的基础上进行的。

如图 13-6-2 所示，当已经完成水平对准的平台 z_p 轴和 x_p 轴分别与当地的东向 E 及北向 N 一致时，地球自转角速度在 x、y 和 z 三个轴向的陀螺的输出值为 $[\omega_{ie}\cos\varphi, \omega_{ie}\sin\varphi, 0]^T$，也就是说东向陀螺的测量值为 0。当平台有方位误差角 ϕ_y 时，三个轴向的陀螺的输出值为 $[\cos\phi_y\omega_{ie}\cos\varphi, \omega_{ie}\sin\varphi, \sin\phi_y\omega_{ie}\cos\varphi]^T$，若误差角

ϕ_y 较小，则三个轴向的陀螺的输出值可以近似为 $\left[\omega_{ie}\cos\varphi, \omega_{ie}\sin\varphi, \phi_y\omega_{ie}\cos\varphi\right]^{\mathrm{T}}$。
也就是说，东向陀螺的输出为 0，就可以判断平台是指北的，若东向陀螺有输出值 $\phi_y\omega_{ie}\cos\varphi$（称为罗经效应），则可以根据该输出值控制平台绕方位轴旋转直到东向陀螺的输出变为 0 就完成了方位对准。具体如何实现水平和方位对准呢？就必须要根据误差方程通过控制回路来实现，根据静基座条件下指北方位惯性导航系统的误差方程设计控制回路来实现。

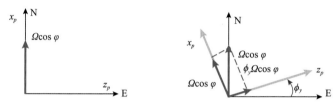

图 13-6-2　方位对准原理示意图

上面的分析表明，平台的姿态对准是以重力加速度 g 和地球自转角速度 ω_{ie} 这两个非共线向量作为基准的，当载体在北极（或南极）时这两个向量共线，不能实现方位对准。

13.6.4　惯性导航系统动基座条件下的传递对准

13.6.3 节介绍的初始对准是在静基座条件下进行的，但是航空母舰上的舰载机惯性导航系统初始对准时，由于海上风浪等因素的影响，航空母舰是运动的，此时在动基座条件下如何完成初始对准呢？传递对准是引入外部基准进行对准的方法之一，传递对准的外部基准是精度更高的导航系统，如舰载机利用舰上的导航系统信息进行的对准、机载或舰载导弹利用飞机或舰船上的导航系统信息进行的对准等都属于这种情况。通常作为传递对准外部基准的惯性导航系统称为主惯性导航系统，而把需要对准的惯性导航系统称为从惯性导航系统或子惯性导航系统，因此传递对准习惯上也称为主/子传递对准。

传递对准可以简单地将数据从主惯性导航系统直接复制到子惯性导航系统，也可以采用更精确的方法，即惯性测量匹配方法。

惯性测量匹配传递对准方法中，对失准角的估计需要用到滤波算法，目前最常用的滤波算法是卡尔曼滤波算法。卡尔曼滤波器的量测量由主、子惯性导航系统的同类输出量比较后形成。不同的匹配方案所利用的量测信息不同：速度匹配方案利用主、子惯性导航系统的速度输出构造量测；角速度匹配方案由主、子惯性导航系统的角速度输出构造量测信息。匹配方案选定后，根据匹配量列写出量测方程，从而可设计出用于传递对准的卡尔曼滤波器。在传递对准过程中，当卡尔曼滤波器达到稳态后，通常根据估计的失准角对子惯性导航系统进行一次性修正，传递对准即完成。

1. 一次性传递对准

主/从传递对准最简单的方法是将位置、速度和姿态信息从主惯性导航系统直接复制到子惯性导航系统中，这种方法称为一次性传递对准，其基本原理如图 13-6-3 所示。

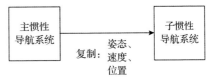

图 13-6-3 一次性传递对准

显然，在导航参数传递过程中，主惯性导航系统与子惯性导航系统之间任何相对角位移都将作为对准误差引入子惯性导航系统中，因此这种对准方法能否成功取决于主惯性导航系统与子惯性导航系统的相对位置或相对指向精度。主、子惯性导航系统在位置上的距离会引起"杆臂运动"，导致位置和速度参数的"杆臂误差"；主、子惯性导航系统相对指向的差异会导致姿态参数的误差。因此，一次性传递对准方法的对准精度十分有限，因而有必要寻求更加精确的方法。

2. 惯性测量匹配传递对准

惯性测量匹配法是近年来研究和应用较为广泛的另一类传递对准方法，它通过比较主、子惯性导航系统的参数测量值来推算出主、子惯性导航系统的相对误差关系，其基本原理如图 13-6-4 所示。具体应用时，可以采用一次性传递对准方法来完成粗对准过程，然后再启动测量匹配方法进行精对准。

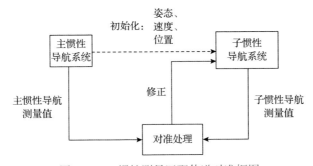

图 13-6-4 惯性测量匹配传递对准框图

惯性测量匹配又可分为两类：一类是测量参数匹配，另一类是计算参数匹配。测量参数匹配是利用主、子惯性导航系统测得的角速度之差和加速度之差来对失准角进行估计；计算参数匹配利用主、子惯性导航系统计算出位置之差、速度之差来对子惯性导航系统进行对准。一般来说，测量参数匹配的速度较快，但其精度受载体弹性变形的影响较大；而计算参数匹配的估计精度较高，但对准速度较低。

　　具体使用的匹配方案包括位置匹配、速度匹配、积分速度匹配、双积分速度匹配、加速度匹配、角速度匹配、积分角速度匹配等。不同的匹配方案对传递对准的精度和收敛速度的影响不同。由于失准角需经过一定时间才能反映到速度误差上，反映到位置误差上的时间更长，所以位置匹配对准时间比速度匹配对准时间长，不适用于快速传递对准。在加速度匹配方案中，杆臂效应难以精确补偿，残余误差被直接引入量测量，直接影响对准精度；此外，对准过程中还需产生加速度激励，对飞机发动机推力提出了一定的额外要求。匹配量选取还取决于主惯性导航系统的类型，如果主惯性导航系统为平台式惯性导航系统，则宜采用速度匹配方案；如果主惯性导航系统为捷联式惯性导航系统，则可采用比平台式惯性导航系统更多的匹配量。目前，速度匹配方案和位置匹配方案比较成熟，而"速度+姿态"匹配方案则是实现快速对准最常用的一种方案。

　　3. 速度匹配传递对准

　　如前面所述，传递对准的不同匹配方案需要建立不同的量测方程用于卡尔曼滤波估计，但不同匹配方案的系统方程可以是相同的，即系统方程可以同时包含速度误差、姿态误差、位置误差等状态变量。速度匹配传递对准如图 13-6-5 所示。

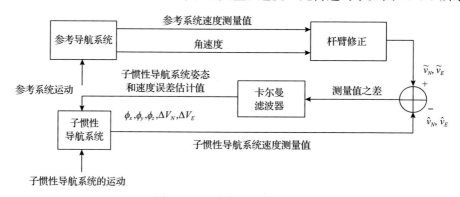

图 13-6-5　速度匹配传递对准

13.7　惯性/卫星组合导航系统

　　随着科学技术和国防事业的不断发展，人们对导航技术也提出了越来越高的要求。导航设备除了一般设备要求的安全可靠、体积小、重量轻和价格低廉等以外，在军事上应用的要求是十分苛刻的。惯性导航系统具有非常突出的优点：

　　(1)自主性强，不需要任何地面设备配合工作；

　　(2)隐蔽性好，不向外辐射任何信息；

　　(3)抗干扰能力强，不受光、电、磁的干扰；

(4)提供的导航参数多,能够提供导航所需的位置、速度、姿态、航向等信息。

但在实际使用中,惯性导航系统的缺点也十分明显:首先是一般惯性导航系统初始对准所需的时间比较长,不利于某些特定条件下的快速反应;此外,初始对准完成后,系统的导航精度随飞行时间增加而不断下降,难以满足远距离、高精度的导航需求。事实上,除惯性导航系统,还有很多导航系统,如无线电导航系统(如塔康、罗兰-C、奥米伽等)、卫星导航系统(如 GPS、GLONASS 等)、地形辅助系统、多普勒雷达系统、天文导航系统等。这些系统输出的导航参数不同,适用条件各异,具有不同的性能特点,也有各自的局限性,因此在当前对导航系统性能要求越来越高的情况下,可以通过将不同导航系统按某种方式结合在一起构成组合导航系统,从而实现多个导航系统的优势互补,提高导航系统的各项性能指标。就导航精度、自主性和提供导航参数的全面性等主要方面来说,惯性导航较其他导航方法具有不可替代的优越性。因此,通常以惯性导航系统作为主导航系统。

13.7.1 卫星导航系统

卫星导航是借助于在预定空间轨道上运行的人造地球卫星进行导航的一种技术。专门用于导航的人造卫星称为导航卫星,导航卫星在预定的轨道上运动,载体测量相对于卫星的位置便可以确定出自己的地理坐标和速度矢量。

卫星导航系统是继惯性导航系统之后导航技术的又一重大发展。目前广泛应用的卫星导航是美国的 GPS、俄罗斯的 GLONASS 全球导航系统、欧洲的 Galileo 卫星导航系统以及我国的北斗卫星导航系统(BeiDou Navigation Satellite System,BDS)。它们都是利用无线电波传播的直线性和等速性实施时间测距定位,以及利用载体与卫星之间的多普勒频移进行多普勒测速的导航系统。

卫星导航系统由导航卫星、地面站和用户设备三大部分组成,如图 13-7-1 所示。地面站主要用来跟踪、计算和向卫星发送数据;用户设备包括接收、处理和显示部分。天空中的卫星由于位置随时可知,如同地面上的无线电导航台搬到了空间,于是便可测量卫星到飞机的距离,实现定位要求。同时卫星发射的电波,经载体上接收设备测出二者之间的多普勒频移,可以确定载体相对卫星的距离变化率,即载体运动速度。

导航卫星是若干围绕地球分布在若干条预定轨道上运行的卫星。卫星上的无线电设备一般包括向用户发送所需导航参数的发射设备、向地面传送卫星设备工作数据的遥测设备、供地面站跟踪卫星的设备、卫星工作的控制设备、保证卫星上设备正常工作的调节设备/天线/电源等。

地面站是测量和预报卫星轨道,以及对卫星设备的工作进行控制的地面综合

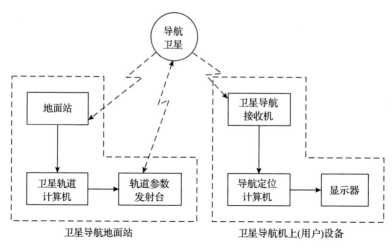

图 13-7-1　卫星导航系统组成

设备。它主要由三部分组成：地面雷达跟踪站、卫星轨道计算机和轨道参数发射台。地面雷达跟踪站不断地测出卫星的真实位置；卫星轨道计算机根据跟踪站测量的数据（卫星位置坐标），计算出卫星的轨道参数，并推算出在未来一段时间内卫星的轨道参数，还要编制卫星设备的工作程序和确定传输给卫星的指令信息等；轨道参数发射台是一个与卫星轨道计算机直接联系的无线电发射台，它用来向卫星传送计算和预报的轨道参数信息、卫星设备工作程序等。卫星把这些参数存储起来转发给用户设备。

用户设备是利用导航卫星定位时用户所需的终端设备，主要包括卫星导航接收机、导航定位计算机、显示器等。卫星导航接收机接收卫星发来的信号，从这些信号中解调并译出卫星轨道参数和定时信息，并根据无线电测距原理或多普勒效应测出用户相对于卫星的距离或速度，进而由导航定位计算机计算出用户的地理位置、速度矢量等导航参数，并在显示器上显示出来。

1959～1967 年美国建成了海军导航卫星系统，该系统所有卫星的轨道都通过地球两极，卫星的地迹与子午圈重合，所以卫星称为子午仪，系统也称为子午仪系统。1973 年 12 月美国制定了建立具有全球导航定位能力的导航星系统，也称为 GPS 计划。GPS 是美国国防部研制的第二代卫星导航系统，它布放在空间的卫星有 24 颗，其中 21 颗工作卫星、3 颗备份卫星。这 24 颗卫星分布在六个轨道平面上，轨道倾角为 55°，每个轨道面上有 4 颗卫星，轨道面间相差 60°，即升交点赤经互隔 60°，相邻轨道邻近卫星位置相差 30°，轨道平均高度 20200km，卫星运行周期 T=11h58min。卫星座示意图如图 13-7-2 所示，它是一种被动式导航系统，主要优点是导航精度很高，又适于全球导航，加之用户设备简单、价格低廉，所以应用领域十分广泛。但它需要庞大的地面站支持，电波又易受干扰。

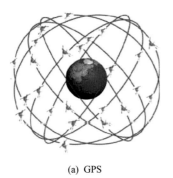
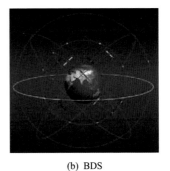

(a) GPS　　　　　　　　　　　(b) BDS

图 13-7-2　卫星星座示意图

　　Galileo 是欧洲联合研制的卫星导航系统，原理和 GPS 基本相同。Galileo 的定位精度优于 GPS，军民信号都可以达到 1m 的精度。Galileo 为地面用户提供三种信号：免费使用的信号、加密且需交费使用的信号、加密且需满足更高要求的信号。其精度依次提高，最高精度比 GPS 高 10 倍，即使是免费使用的信号精度也达到 6m。Galileo 的另一个优势在于，它能够与美国的 GPS、俄罗斯的 GLONASS 实现多系统内的相互兼容。Galileo 的接收机可以采集各个系统的数据或者通过各个系统数据的组合来实现定位导航的要求。

　　BDS 是我国自行研制的全球卫星导航系统，是继美国 GPS、俄罗斯 GLONASS 之后第三个成熟的卫星导航系统。BDS 和美国 GPS、俄罗斯 GLONASS、欧洲 Galileo，是联合国卫星导航委员会已认定的供应商。BDS 由空间段、地面段和用户段三部分组成，可在全球范围内全天候、全天时为各类用户提供高精度、高可靠的定位、导航、授时服务，并具有短报文通信能力。目前，我国 BDS 已应用于测绘、电信、水利、渔业、交通运输、森林防火、减灾救灾和公共安全等诸多领域，并发挥了重要作用，产生了显著的经济效益和社会效益，且具有重要的军事价值。

　　利用卫星导航系统进行导航定位，不管采用何种方法，都必须通过用户接收机对卫星发射的信号进行观测，获得卫星到用户的距离，从而确定导航位置。卫星到用户的观测距离，由于各种误差源的影响，并非真实地反映卫星到用户的几何距离，而是含有误差，这种带有误差的量测距离，称为伪距。

　　由于卫星信号含有多种定位信息，根据不同的要求和方法，可以获得不同的观测量，如码相位观测量、载波相位观测量、多普勒积分计数伪距差、干涉法测量时间延迟等。目前，在卫星导航系统定位测量中，广泛采用的观测量为前两种，即码相位观测量和载波相位观测量。多普勒积分计数法进行静态定位需要的观测时间一般要数小时，它一般应用于大地测量中。干涉法测量所需的设备昂贵，数据处理比较复杂，尚未获得广泛应用。

借助以上观测量，通过多种方法可以完成卫星导航系统接收机的导航定位解算。下面以伪距法为例简要说明卫星导航定位的基本原理。

当只考虑伪距测量值中最主要的误差因素时，接收机到导航卫星 i 的伪距为

$$\rho_i = R_i + c \cdot \Delta t \tag{13-7-1}$$

式中，R_i 为接收机到该卫星的真实距离；c 为光速；Δt 为产生测量误差的时间延迟。且

$$R_i = \sqrt{(x - x_i)^2 + (y - y_i)^2 + (z - z_i)^2} \tag{13-7-2}$$

式中，(x, y, z) 为接收机所在位置的直角坐标；(x_i, y_i, z_i) 为卫星 i 的直角坐标值，由广播电文可以查出。时间误差可以表示为

$$\Delta t = \Delta t_R + \Delta t_S + \Delta t_a \tag{13-7-3}$$

式中，Δt_R 为接收机相对卫星导航系统时间的钟差，是未知量；Δt_S 为卫星相对卫星导航系统时间的钟差，可以由卫星广播电文查出；Δt_a 为大气层折射所致的时间延迟，可以通过一定技术措施予以修正。

于是对于卫星 i，可以得到

$$\rho_i = \sqrt{(x - x_i)^2 + (y - y_i)^2 + (z - z_i)^2} + c \cdot \Delta t \tag{13-7-4}$$

该方程中包含 x、y、z 和 Δt 四个未知量。因此，只要接收机同时观测四颗导航卫星，获得相应的伪距观测值，就可以对这四个未知量进行求解，从而完成基本的接收机定位。

卫星导航的优点是适用于全球和全天候导航或定位，导航精度很高；缺点是系统设备复杂、造价昂贵，卫星信号易受到干扰，另外卫星设备失效时对其更换的过程和技术十分复杂。

13.7.2 其他导航方法简介

根据获得导航参数的手段不同，导航定位技术可以分为自主式和非自主式两大类。不依靠外界信息，在不与外界发生信号联系的条件下独立完成导航任务的是自主式导航系统；而必须依赖地面设备或其他机外装置才能完成导航任务的是非自主式导航系统。

根据获得导航参数的方法不同，导航定位技术可以分为直接位置确定和航位推算。直接位置确定通过对位置已知的参考点进行方位和距离的测量，或者将当前位置的特征与已知信息进行比较(特征匹配)，直接计算出当前点在特定坐标系

中的位置；而航位推算，则是通过测量载体的运动距离和方向，计算得到载体的位置变化量(相对位置)，并通过与初始位置相加而确定当前点在特定坐标系中的位置，航位推算中的距离可以直接测量得到，也可以通过测量速度或加速度经积分计算得到。

目前广泛使用的导航系统除惯性导航系统、卫星导航系统，还有地磁导航系统、天文导航系统、地形辅助导航系统、无线电导航系统和雷达导航系统等。

1. 地磁导航

地球周围空间存在的磁场称为地磁场，是地球系统的基本物理场，利用地磁场的方向性能够为地球附近的载体提供方位，我国四大发明之一的司南(指南针)就是利用地磁场指示方向的仪器，但这只是地磁导航最简单的应用。现代用于飞机上的磁罗盘、陀螺磁罗盘等，都是根据地磁场来确定方向的。

随着地磁学、传感器、计算机等技术的发展，地磁场不仅能够用来定向，而且能够根据地球上各个位置地磁场的不同来进行定位，即地磁导航。现代地磁导航技术基于地磁场是一个矢量场，其强度大小和方向是位置的函数，同时地磁场具有总强度、矢量强度、磁倾角、磁偏角和强度梯度等丰富的特征，为地磁匹配提供了充足的匹配信息。因此，可以把地磁场当作一个天然的坐标系，利用地磁场的测量信息来实现对载体的导航定位。在地球近地空间内任意一点的磁场强度矢量具有唯一性，根据地磁场球谐函数模型，地球上每一点的磁场矢量和其所处的经纬度及离地心的高度是一一对应的。因此，只要能够测定载体所在位置的地磁场特征信息，就可确定出其所在位置。

基于地磁匹配的定位就是将预先选定区域的某种地磁场特征值，制成参考图并存储在载体上的计算机中，当载体通过这些地区时，地磁传感器实时测量地磁场的有关特征值，并构成实时图，实时图与预存的参考图在计算机中进行相关匹配，确定实时图在参考图中的最相似点，即匹配点，从而确定出载体的精确实时位置。

利用地磁场进行导航，在技术上具有无源、无辐射、全天时、全天候、全地域、体积小、功耗低、性能可靠等特点。

2. 天文导航

天文导航是利用天空中的星体，在一定时刻与地球的地理位置具有相对固定关系这一特点，通过观察星体，以确定载体位置的一种导航方法，以已知准确空间位置的自然天体为基准，通过天体测量仪器被动探测天体位置，经解算确定载体所在测量点的导航信息。

在古时候，我们祖先在晚上根据北极星确定方位，在白天根据太阳来确定方位就是最原始、最简单的天文导航。我国东晋的僧人法显提出了一种可以在茫茫大海中为船只导航的方法，即"牵星过洋术"。明朝永乐年间，我国伟大的航海家郑和七下西洋用的就是这种古老的天文导航方法，基本原理为利用测角仪，测量从水平线到星体的仰角，从而为船队定位。星体在天上好比灯塔，如能分别测出两座灯塔的基点(星下点，即星体与地心的连线在地球表面上的交点)与航船的距离，就能得到航船的大致方向和位置。

现代天文导航通过光学或射电望远镜观测星体，并自动跟踪星体位置来间接确定载体的方位，以便随时测出星体相对载体基准参考面的高度角和方位角，并经过计算得到载体的位置和航向。通常载体基准参考面的确定由陀螺稳定平台来实现。

天文导航系统具有精度不随工作时间增长而降低(没有累积误差)、隐蔽性好、可靠性高、不受无线电干扰、自主性强等特点，成为现代高科技战争中的一种重要导航手段。所以天文导航尤其是天文导航与其他导航方法的组合具有广泛的应用，特别是高空、远程、跨海洋、过极地、经沙漠的飞行更显优势。

但是天文导航在云雾天气不能使用，即使天气好，在中、低空飞行时，只能看见太阳而看不到其他星体，也难以完成定位的任务，同时系统的构成也比较复杂，这使天文导航在航空上的应用受到一定限制，主要用在卫星、星际运载器及船舶的导航上。但是随着高精度星敏感器的研制成功，天文导航的局限性正逐步被克服。

3. 地形辅助导航

地形辅助惯性导航，简称为地形辅助导航或地形基准导航，是利用数字地图来辅助惯性导航的技术。地形辅助导航的精度取决于地图的精度和地形的变化情况。

地形辅助导航系统具有较高的自主性，因而具有很高的军事应用价值。地形辅助导航系统主要由以下硬件设备组成：

(1)惯性导航系统，它可提供全部导航信息。

(2)无线电高度表，用来测量飞行器对地面的相对高度。目前隐身式高度表向下发射的旁瓣小、能量低，几乎不会被发现和干扰。

(3)气压式高度表或大气数据系统，用来单独或与惯性导航系统综合地提供飞行器的绝对高度。

(4)导航计算机和大容量存储器，分别用来完成导航计算和存储数字地图。

与通常的综合导航系统相比，上述系统只增加了大容量存储器这唯一的硬件，而导航精度却能提高近一个数量级，这正是地形辅助导航系统得以迅速发展和应用的原因，但这种系统基本上是一种低高度导航系统。

　　4. 无线电导航

　　无线电导航根据无线电波在均匀介质和自由空间中直线传播及恒速两大特性，测定出载体的方位、距离及速度等导航参数，来实现导航。伏尔导航系统、罗兰-C 导航系统、塔康导航系统和奥米伽导航系统都是无线电导航系统。无线电信号中包含四个电气参数：振幅、频率、时间和相位。无线电传播过程中，某一个参数可能发生与某导航参数有关的变化，根据测量电气参数的不同，无线电导航系统可分为振幅式、频率式、时间式(脉动式)和相位式四种。也可以根据要测定的导航参数将无线电导航系统分为测向(测角)(方位角或高低角)、测距、测向-测距、测距差(或相位差)及测速等类型。还可以按与地面配套设备作用距离划分为以下三种：近程导航系统，作用距离为 100~500km，如塔康导航系统；中程导航系统，作用距离为 500~2000km，如罗兰-A 导航系统；远程导航系统，作用距离为 2000km 以上，如罗兰-C 导航系统和奥米伽导航系统。

13.7.3　组合导航系统的组合方式

　　纵观各种导航的工作原理和特点可以发现，各导航系统有各自的优点和缺点，可以将多个导航系统组合到一起，构成组合导航系统，发挥每一类导航系统的优点，使它们扬长避短，实现优势互补。组合导航系统在具体实施方法上可以分为两种：一种是应用经典自动控制理论，即采用控制系统反馈校正方法来抑制系统误差，组合导航系统发展初期多采用这种方法；另一种是应用卡尔曼滤波技术的现代控制理论方法。

　　1. 组合导航系统的卡尔曼滤波算法

　　20 世纪 60 年代由卡尔曼(R. E. Kalman)提出的卡尔曼滤波算法很好地解决了如何将多个系统的信息融合到一起，构成精度和可靠性更高的组合系统的问题。卡尔曼滤波用状态方程来描述系统的输入-输出关系，估计过程中利用系统状态方程、观测方程和系统噪声与观测噪声的统计特性构成滤波算法。卡尔曼滤波理论一经提出立即受到了工程界的重视。卡尔曼滤波理论作为一种最重要的最优估计理论被广泛应用于各个领域。

　　虽然很多实际物理系统都是连续系统，但在计算机中处理的都是数字化的信息，而且离散卡尔曼滤波可以递推实现，也不需要存储大量的中间状态和估计值，所以人们常常将连续系统离散化。

　　卡尔曼滤波首先要对需要融合估计的系统进行建模，设随机线性离散系统的数学模型为

$$X_k = \boldsymbol{\Phi}_{k,k-1} X_{k-1} + \boldsymbol{\Gamma}_{k,k-1} W_{k-1}$$
$$Z_k = H_k X_k + V_k \tag{13-7-5}$$

式中，X_k 为 k 时刻的 n 维状态向量；Z_k 为 k 时刻的 m 维量测向量；W_{k-1} 为 $k-1$ 时刻加在系统上的 r 维系统激励噪声序列；V_k 为 k 时刻的 m 维零均值量测白噪声向量；$\boldsymbol{\Phi}_{k,k-1}$ 为 $k-1$ 时刻到 k 时刻的 $n \times n$ 系统转移矩阵；H_k 为 k 时刻的 $m \times n$ 量测矩阵；$\boldsymbol{\Gamma}_{k,k-1}$ 为 $n \times r$ 系统噪声驱动矩阵。

卡尔曼滤波依据下面的五个方程完成状态的融合估计。

(1)状态一步预测方程：

$$\hat{X}_{k,k-1} = \boldsymbol{\Phi}_{k,k-1} \hat{X}_{k-1} \tag{13-7-6}$$

(2)状态估计值计算方程：

$$\hat{X}_k = \hat{X}_{k,k-1} + K_k (Z_k - H_k \hat{X}_{k,k-1}) \tag{13-7-7}$$

(3)一步预测均方误差方程

$$P_{k,k-1} = \boldsymbol{\Phi}_{k,k-1} P_{k-1} \boldsymbol{\Phi}_{k-1}^{\mathrm{T}} + \boldsymbol{\Gamma}_{k-1} Q_{k-1} \boldsymbol{\Gamma}_{k-1}^{\mathrm{T}} \tag{13-7-8}$$

(4)滤波增益方程：

$$K_k = P_{k,k-1} H_k^{\mathrm{T}} (H_k P_{k,k-1} H_k^{\mathrm{T}} + R_k)^{-1} \tag{13-7-9}$$

(5)估计均方误差方程

$$P_k = (I - K_k H_k) P_{k,k-1} (I - K_k H_k)^{\mathrm{T}} + K_k R_k K_k^{\mathrm{T}} \tag{13-7-10}$$

或

$$P_k = (I - K_k H_k) P_{k,k-1} \tag{13-7-11}$$

式(13-7-6)和式(13-7-8)称为时间更新方程，其他方程称为测量更新方程。式(13-7-6)~式(13-7-11)构成了卡尔曼滤波方程，说明了从得到测量值到计算出状态估计值的过程，可以看出，卡尔曼滤波过程除了描述系统的测量矩阵 $\boldsymbol{\Phi}_{k,k-1}$、$H_k$ 以及噪声方差阵 Q_{k-1}、R_k 必须已知外，还必须有上一步计算出来的状态估计值 $\hat{X}_{k-1}$ 和估计均方误差阵 P_{k-1}。所以卡尔曼滤波是一种递推估计。这就是说，任一时刻的估计值都是在前一时刻估计值的基础上递推得到的。图 13-7-3 给出了卡尔曼滤波的计算次序。

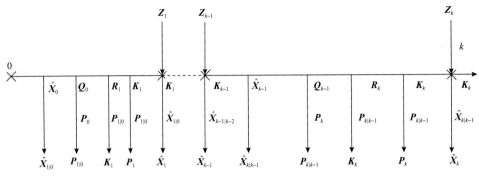

图 13-7-3　卡尔曼滤波计算次序

卡尔曼滤波是一种从观测量中估计出所需信号的滤波算法，是目前应用最为广泛的方法，它把状态空间的概念引入随机估计理论中，把信号过程视为白噪声作用下的一个线性系统的输出，用状态方程来描述这种输入-输出关系，估计过程中利用系统状态方程、观测方程和系统噪声与观测噪声的统计特性构成滤波算法。

2. 组合导航系统直接、间接滤波

在组合导航系统中常常用卡尔曼滤波算法来融合多个导航系统的信息，根据滤波器状态选取的不同，估计方法分为直接法和间接法两种。

1) 直接法滤波

直接法滤波是指滤波时直接以各种导航参数 X 为滤波器主要状态，滤波器估计获得的就是导航参数估计值 $\hat{X}$，如图 13-7-4 所示。

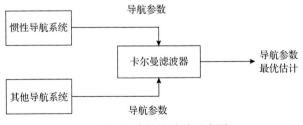

图 13-7-4　直接法滤波示意图

利用直接法滤波时，系统方程虽能直接描述导航参数的动态过程，较准确地反映导航参数的真实演变情况，但由于系统方程一般都是非线性的，需采用非线性卡尔曼滤波方程，因而在实际应用中一般不采用此方法。

2) 间接法滤波

间接法滤波是指滤波时以组合导航系统中某一导航系统(经常是惯性导航系统)输出的导航参数 X_I 的误差 ΔX 为滤波器主要状态，滤波器估计获得的是导航

参数误差估计值 $\Delta\hat{\boldsymbol{X}}$ ，然后用 $\Delta\hat{\boldsymbol{X}}$ 去校正 $\boldsymbol{X}_I$ 。图 13-7-5 和图 13-7-6 都是间接法滤波。

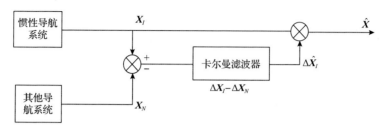

图 13-7-5　输出校正的滤波示意图

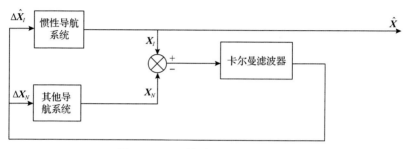

图 13-7-6　反馈校正的滤波示意图

采用间接法滤波时，系统方程中的主要部分是导航参数误差方程。由于误差毕竟属于小量，一阶近似的线性方程就能足够精确地描述导航参数误差的规律，所以间接法滤波的系统方程和测量方程一般都是线性的。组合导航系统一般都采用间接法滤波。

3. 组合导航系统校正方法

从卡尔曼滤波器得到估计值后，有两种利用状态估计值来校正系统的方法。估计值仅对系统的输出量进行校正，但是不对系统进行校正的方法，称为开环法，或称为输出校正；将系统估计值反馈到系统，用于校正系统状态的方法称为闭环法，或称为反馈校正。

1) 输出校正(开环结构)

输出校正指的是用导航参数误差的估计值 $\Delta\hat{\boldsymbol{X}}$ 去校正系统输出的导航参数，如图 13-7-5 所示，得到组合导航系统的导航参数估计值 $\hat{\boldsymbol{X}}$ ，即

$$\hat{\boldsymbol{X}} = \boldsymbol{X}_I - \Delta\hat{\boldsymbol{X}}_I \qquad\qquad (13\text{-}7\text{-}12)$$

2) 反馈校正(闭环结构)

反馈校正指的是将惯性导航系统导航参数误差 $\Delta\boldsymbol{X}_I$ 的估值 $\Delta\hat{\boldsymbol{X}}_I$ 反馈到惯性

导航系统内，并对误差状态进行校正，如图 13-7-6 所示。

虽然从形式上看，输出校正仅校正惯性导航系统的输出量，而反馈校正则校正系统内部的状态，但可以证明，利用输出校正的组合导航系统输出量和利用反馈校正的组合导航系统输出量具有同样的精度。从这一点讲，两种校正方法的性质是一样的。但是，输出校正的滤波器所估计的状态是未经校正的导航参数误差，而反馈校正的滤波器所估计的状态是经过校正的导航参数误差。前者数值大，后者数值小，而状态方程都是经过一阶近似的线性方程，状态的数值越小，则近似的准确性越高。因此，利用反馈校正的系统状态方程，能更真实地反映系统误差状态的动态过程。

从工程实现来看，两种校正各具优缺点。输出校正的优点是工程上实现简单，而且滤波器的故障不会影响惯性导航系统的工作；它的缺点是当工作时间较长时，滤波精度会下降，甚至不能正常工作。而反馈校正的主要优点是在较长工作时间内，滤波方程不会出现模型误差，滤波精度不会下降；其缺点是工程上实现比开环校正复杂，而且滤波器一旦发生故障，由于反馈作用，惯性导航系统将受到"污染"，不能正常工作，系统的可靠性下降。

13.7.4　惯性/卫星组合导航的类型

GPS、BDS 等卫星导航系统能够在全球范围内为用户提供高精度的位置和速度信息，而且与其他任何导航系统相比，卫星导航系统在精度上具有压倒性的优势，但是卫星导航系统容易受到干扰。惯性导航系统的完全自主性却是卫星导航系统不具备的，但是惯性导航系统的精度随着使用时间的增加而降低。所以将卫星导航系统与惯性导航系统组合，成为国内外军民用飞机普遍采用的导航系统构成方式，以惯性导航系统为主导航系统，应用卫星导航系统的信息对惯性导航性能进行增强和改善。

根据惯性导航系统与卫星导航系统组合时信息利用的方式不同，有多种组合类型，一般分为三类：松组合、紧组合和超紧组合（又称深组合）。

1. 松组合

松组合也称为浅组合，在松组合导航系统中，惯性导航和卫星导航两套系统独立运行，分别提供导航输出，组合时卫星导航系统和惯性导航系统提供各自的位置、速度等信息给卡尔曼滤波器，将两个系统提供的导航信息作差，估计出惯性导航系统的误差，对惯性导航系统进行输出校正或反馈校正，得到精度较高的融合后的组合导航信息。如图 13-7-7 所示，其中图 13-7-7(a)是输出校正，图 13-7-7(b)是反馈校正。

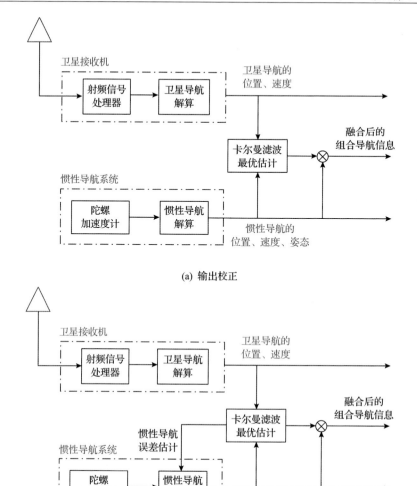

(a) 输出校正

(b) 反馈校正

图 13-7-7　惯性/卫星松组合导航系统原理示意图

　　松组合具有较好的鲁棒性而且实现起来较为容易，在开环输出校正情况下，可以提供三组独立的导航结果，即原始纯惯性导航结果、原始卫星导航结果和组合导航结果；在闭环的反馈校正情况下可以提供两组导航结果，即原始卫星导航结果和组合导航结果。松组合的主要问题是有效卫星数量不足时，无法提供卫星辅助。

　　2. 紧组合

　　惯性/卫星紧组合导航系统中，卫星导航系统不独立进行位置、速度的解算，仅提供卫星到用户的伪距和伪距变化率给组合导航滤波器，而惯性导航系统根据自身的导航解算结果得到一个伪距和伪距变化率预测值，送给组合导航滤波器，进行融合估计，得到高精度的组合导航结果。如图 13-7-8 所示，其中图 13-7-8(a) 是输出校正，图 13-7-8(b) 是反馈校正，分别可以提供两组导航结果和一组导航结果。

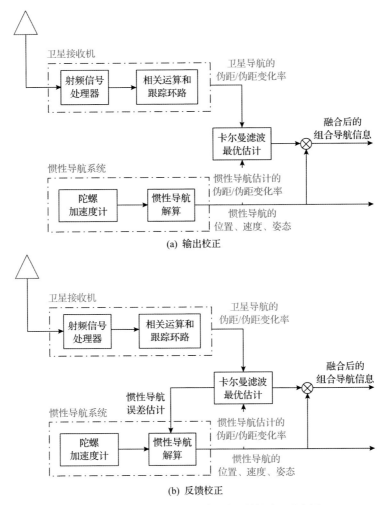

(a) 输出校正

(b) 反馈校正

图 13-7-8　惯性/卫星紧组合导航系统原理示意图

紧组合导航系统在可见卫星不足四颗时，也能够提供卫星修正信息，这一点具有很大的实际意义，在相同硬件的条件下，紧组合导航系统的精度和鲁棒性一般都优于松组合导航系统。紧组合导航方案的不足一个是实现起来比较复杂，另一个是不能提供单独的卫星导航结果。

3. 深组合

惯性/卫星深组合导航系统也称为超深组合导航系统，在深组合导航系统中，提高了惯性导航系统和卫星导航系统的相互利用，卡尔曼滤波器不仅估计惯性导航系统的误差，还对卫星导航系统内部的多普勒频移等信息进行估计，提高了卫星导航系统的卫星信号捕获能力和解算精度，也提高了组合导航系统的抗干扰能力，如图 13-7-9 所示。

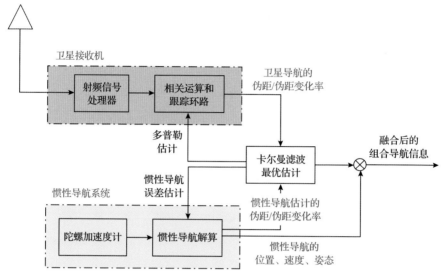

图 13-7-9　惯性/卫星深组合导航系统原理示意图

深组合导航系统的组合已经深入到卫星导航接收机硬件内部，实现起来非常复杂。该方案的优点是具有较强的抗干扰性，可以在低信噪比以及卫星数量不足四颗的情况下工作。深组合导航系统中的惯性导航和卫星导航不再是两个独立的导航设备，所以只能提供一路输出。

本 章 小 结

惯性导航系统以牛顿力学为依据，以陀螺和加速度计为核心器件，测量载体相对惯性空间的角运动和线运动参数，进而解算出载体运动的速度、位置、姿态等导航参数。比力方程即惯性导航系统的基本方程，描述了加速度计的测量值与载体相对地球的运动速度之间的关系，是惯性导航系统得到导航参数的关键。

单轴指示式陀螺稳定平台有几何稳定工作状态和空间积分工作状态，在此基础上介绍了三轴稳定平台和四环三轴稳定平台。

平台式惯性导航系统的核心部分是一个实际的陀螺稳定平台。平台上的三个实体轴，重现了北、天、东地理坐标系三个轴向，它为加速度计提供了准确的安装基准，保证三个加速度计测得的值正好是导航计算时所需的三个加速度分量。

同时，这个平台完全隔离了载体机动运动，保证了加速度计的良好工作环境。不论是指北方位、游移方位还是自由方位的惯性导航系统，其共性是平台都保持在水平面内，可以直接输出俯仰、倾斜信号。各种方案的不同之处在于：对方位陀螺施加的指令角速度不同，或者说平台坐标系相对地理坐标系的偏离角速度不同。

捷联式惯性导航系统与平台式惯性导航系统的主要区别就是前者不再有实体的陀螺稳定平台，加速度计和陀螺直接安装在载体上。"平台"由导航计算机来实现，这时的关键任务是要将陀螺测量的绕机体坐标系的三个角速度通过计算机实时计算，形成由机体坐标系向类似实际平台的"平台"坐标系转换，即解出姿态矩阵表达式。以这个"数学平台"为基础，再将机体坐标系各轴上的加速度信号变换成沿"平台"坐标系各轴上的加速度信号，这样才能进行导航参数计算；同时，利用这个姿态矩阵，还可求得载体的姿态和航向信息，实现实体平台输出姿态和航向信号的功能。

为了确定惯性导航系统的初始条件，在系统进入正常的导航工作之前，必须进行初始对准。初始对准以惯性导航系统的误差方程为基础，按照载体是否运动分为静基座初始对准和动基座初始对准。静基座初始对准一般采用重力加速度和地球自转角速度两个量来自主完成初始对准，可分为水平对准和方位对准两个步骤；动基座的初始对准一般采用传递对准的方式来实现。

最后介绍了惯性导航之外的卫星导航系统等其他几种常用的导航系统，以及组合导航系统的基本组合方法，在此基础上介绍了惯性/卫星组合导航系统的典型组合导航基本原理。

习　题

1. 惯性导航系统的优点和缺点有哪些？
2. 介绍比力的概念和测量方法。
3. 惯性导航系统的核心器件包括哪些？
4. 分析陀螺稳定平台的工作状态。
5. 简述单自由度陀螺构成的单轴指示式陀螺稳定平台稳定回路的构成和工作过程。
6. 平台式惯性导航系统采用的陀螺稳定平台是几环几轴的？为什么？
7. 捷联式惯性导航系统与平台式惯性导航系统最大的区别是什么？有哪些优点？又有什么缺点？
8. 捷联式惯性导航系统的姿态角是如何获得的？
9. 平台式惯性导航系统的误差源有哪些？
10. 简述惯性导航系统初始对准的意义。

11. 解释惯性导航系统水平对准的基本原理。

12. 分析指北方位惯性导航系统方位对准的原理及特点。

13. 传递对准的概念、重要意义是什么？实现方式有哪些？

14. 卫星导航系统有哪些优势和缺点？

15. 组合导航系统的校正有哪些方式？

参 考 文 献

阿廖申 B S, 等. 2016. 大飞机飞行控制律的原理与应用[M]. 李志, 范彦铭, 等译. 上海: 上海
　　交通大学出版社.

常丽敏. 2019. 仪表电气设备原理[M]. 北京: 航空工业出版社.

陈廷楠. 2007. 飞机飞行性能品质与控制[M]. 北京: 国防工业出版社.

陈宗基, 张平. 2015. 民机飞行控制系统设计的理论与方法[M]. 上海: 上海交通大学出版社.

戴洪德, 戴邵武, 王希彬, 等. 2022. 陀螺与惯性导航原理[M]. 北京: 清华大学出版社.

党淑雯. 2013. 光纤陀螺的信号分析及滤波理论与技术[M]. 北京: 国防工业出版社.

邓志红, 付梦印, 张继伟, 等. 2012. 惯性器件与惯性导航系统[M]. 北京: 科学出版社.

方振平, 等. 2010. 航空飞行器空气动力学[M]. 北京: 北京航空航天大学出版社.

费玉华. 2018. 航空机载仪表系统与设备[M]. 北京: 北京航空航天大学出版社.

高金源, 冯华南. 2018. 民用飞机飞行控制系统[M]. 北京: 北京航空航天大学出版社.

高亚奎, 朱江, 林皓, 等. 2015. 飞行仿真技术[M]. 上海: 上海交通大学出版社.

高钟毓. 2012. 惯性导航系统技术[M]. 北京: 清华大学出版社.

宫经宽. 2010. 航空机载惯性导航系统[M]. 北京: 航空工业出版社.

胡朝江, 陈列, 杨全法. 2012. 飞机飞参系统及应用[M]. 北京: 国防工业出版社.

胡寿松. 2019. 自动控制原理[M]. 7版. 北京: 科学出版社.

黄坚. 2019. 自动控制原理及其应用[M]. 5版. 北京: 高等教育出版社.

江驹, 王新华, 甄子洋, 等. 2019. 舰载机起飞着舰引导与控制[M]. 北京: 科学出版社.

卡普塔诺维克. 2014. 高压断路器——理论、设计与试验方法[M]. 王建华, 等译. 北京: 机械工
　　业出版社.

匡江红, 王秉良, 吕鸿雁. 2012. 飞机飞行力学[M]. 北京: 清华大学出版社.

郎荣玲, 潘磊, 吕永乐. 2014. 基于飞行数据的民航飞机故障诊断专家系统[M]. 北京: 国防工业
　　出版社.

李学仁, 杜军, 张鹏. 2010. 飞机舱音系统及其应用技术[M]. 北京: 国防工业出版社.

林坤. 2015. 航空仪表与显示系统[M]. 北京: 北京理工大学出版社.

刘繁明. 2013. 惯性器件及应用[M]. 哈尔滨: 哈尔滨工业大学出版社.

刘建昌, 关守平, 周玮, 等. 2016. 计算机控制系统[M]. 2版. 北京: 科学出版社.

刘建业, 曾庆化, 赵伟. 2010. 导航系统理论与应用[M]. 西安: 西北工业大学出版社.

刘建英, 杨建忠. 2004. 飞机电源系统[M]. 北京: 兵器工业出版社.

刘洁瑜, 王新国, 徐军辉, 等. 2016. 光纤陀螺环境适应性分析与应用技术[M]. 北京: 国防工业
　　出版社.

刘世前. 2014. 现代飞机飞行动力学与控制[M]. 上海: 上海交通大学出版社.

刘智平, 毕开波. 2013. 惯性导航与组合导航基础[M]. 北京: 国防工业出版社.

卢建华, 刘爱元, 等. 2017. 飞机电气系统[M]. 北京: 国防工业出版社.

陆虎敏. 2015. 飞机座舱显示与控制技术[M]. 北京: 航空工业出版社.

马文来, 术守喜. 2015. 民航飞机电子电气系统与仪表[M]. 北京: 北京航空航天大学出版社.

马银才, 张兴媛. 2012. 航空机载电子设备[M]. 北京: 清华大学出版社.

梅晓榕, 柏桂珍, 张卯瑞. 2013. 自动控制元件及线路[M]. 5 版. 北京: 科学出版社.

牛武. 2021. 航空电气设备维修[M]. 北京: 机械工业出版社.

欧旭坡, 朱亮, 徐东光. 2015. 民机飞控系统适航性设计与验证[M]. 上海: 上海交通大学出版社.

潘丰, 张开如. 2006. 自动控制原理[M]. 北京: 中国林业出版社.

彭卫东. 2017. 航空电气[M]. 大连: 大连海事大学出版社.

秦海鸿, 严仰光. 2016. 多电飞机的电气系统[M]. 北京: 北京航空航天大学出版社.

秦岩. 2016. 飞机电气系统[M]. 北京: 航空工业出版社.

秦永元. 2014. 惯性导航[M]. 2 版. 北京: 科学出版社.

屈香菊, 孙立国, 严德. 2017. 控制原理教程: 航空宇航工程类[M]. 北京: 北京航空航天大学出
　　版社.

全伟, 刘百奇, 宫晓琳, 等. 2011. 惯性/天文/卫星组合导航技术[M]. 北京: 国防工业出版社.

沈颂华. 2005. 航空航天器供电系统[M]. 北京: 北京航空航天大学出版社.

石山, 刘勇智, 童止戈, 等. 2010. 飞机机电 BIT 技术[M]. 北京: 国防工业出版社.

苏中, 李擎, 李旷振, 等. 2010. 惯性技术[M]. 北京: 国防工业出版社.

孙优贤, 王慧. 2011. 自动控制原理[M]. 北京: 化学工业出版社.

谭卫娟, 白冰如. 2012. 航空电气设备与维修[M]. 北京: 国防工业出版社.

汪立新, 刘春卓, 王跃钢. 2014. 惯性仪表[M]. 西安: 西北工业大学出版社.

王莉. 2018. 航空航天器供电系统[M]. 北京: 科学出版社.

王鹏. 2013. 运输类飞机适航要求解读 第 6 卷 使用限制资料和电气线路互联系统[M]. 北京:
　　航空工业出版社.

王世锦. 2013. 飞机仪表[M]. 北京: 科学出版社.

王巍. 2010a. 干涉型光纤陀螺仪技术[M]. 北京: 中国宇航出版社.

王巍. 2010b. 光纤陀螺惯性系统[M]. 北京: 中国宇航出版社.

王巍. 2013. 惯性技术研究现状及发展趋势[J]. 自动化学报, 39(6): 723-729.

王新龙. 2013. 捷联式惯导系统动、静基座初始对准[M]. 西安: 西北工业大学出版社.

王新龙. 2023. 惯性导航基础[M]. 3 版. 西安: 西北工业大学出版社.

王有隆. 2001. 航空仪表[M]. 成都: 西南交通大学出版社.

王兆安, 黄俊. 2000. 电力电子技术[M]. 4 版. 北京: 机械工业出版社.

吴德伟. 2015. 导航原理[M]. 北京: 电子工业出版社.

吴杰, 安雪滢, 郑伟. 2015. 飞行器定位与导航技术[M]. 北京: 国防工业出版社.

吴森堂, 费玉华. 2005. 飞行控制系统[M]. 北京: 北京航空航天大学出版社.

吴文海. 2019. 飞行综合控制系统[M]. 2 版. 西安: 西安交通大学出版社.

徐海荣, 么娆. 2014. 飞机电气[M]. 北京: 国防工业出版社.

徐亚军. 2017. 航空仪表[M]. 大连: 大连海事大学出版社.

许志红. 2014. 电器理论基础[M]. 北京: 机械工业出版社.

薛定宇. 2012. 控制系统计算机辅助设计: MATLAB 语言与应用[M]. 3 版. 北京: 清华大学出版社.

严东超. 2010. 飞机供电系统[M]. 北京: 国防工业出版社.

严东超, 等. 2001. 飞机电气系统总体设计[M]. 北京: 航空工业出版社.

严恭敏, 李四海, 秦永元. 2012. 惯性仪器测试与数据分析[M]. 北京: 国防工业出版社.

杨立溪. 2013. 惯性技术手册[M]. 北京: 中国宇航出版社.

岳晓奎, 袁建平, 侯建文, 等. 2013. 飞行器组合导航鲁棒滤波理论及其应用[M]. 北京: 中国宇航出版社.

张汝麟, 宋科璞, 等. 2015. 现代飞机飞行控制系统工程[M]. 上海: 上海交通大学出版社.

张雯, 朱齐丹, 张智. 2017. 航母舰载机安全起飞、着舰评估技术[M]. 哈尔滨: 哈尔滨工程大学出版社.

张志勇, 王雪文, 翟春雪, 等. 2014. 现代传感器原理及应用[M]. 北京: 电子工业出版社.

张智. 2016. 航母舰载机全自动引导着舰技术[M]. 哈尔滨: 哈尔滨工程大学出版社.

张卓然, 于立, 李进才, 等. 2022. 多电飞机变频交流供电系统[M]. 北京: 科学出版社.

章健. 2010. 航空概论[M]. 北京: 国防工业出版社.

章燕申, 伍晓明. 2010. 光学陀螺系统与关键器件[M]. 北京: 中国宇航出版社.

赵桂玲. 2014. 光学陀螺捷联惯性导航系统标定技术[M]. 北京: 测绘出版社.

赵廷渝, 朱代武, 杨俊. 2017. 飞行员航空理论教程[M]. 3 版. 成都: 西南交通大学出版社.

周洁敏. 2019. 飞机电气系统原理和维护[M]. 3 版. 北京: 北京航空航天大学出版社.

周杏鹏. 2010. 传感器与检测技术[M]. 北京: 清华大学出版社.

朱建设, 等. 2015. 民机传感器系统[M]. 上海: 上海交通大学出版社.

朱齐丹. 2016. 航母舰载机安全起飞、着舰技术[M]. 哈尔滨: 哈尔滨工程大学出版社.

朱新宇, 彭卫东, 何建. 2010. 民航飞机电气系统[M]. 成都: 西南交通大学出版社.

Farrell I A. 2012. 高速传感器辅助导航[M]. 陈军, 安新源, 纪学军, 译. 北京: 电子工业出版社.

Fielding C, Varga A, Bennani S, et al. 2002. Advanced Techniques for Clearance of Flight Control Laws[M]. Berlin: Springer-Verlag.

Franklin G F, Powell J D, Emami-Naeini A. 2014. 自动控制原理与设计[M]. 李中华, 等译. 北京: 电子工业出版社.

McCormick B W. 1979. Aerodynamics, Aeronautics, and Flight Mechanics[M]. New York: Wiley.

Moir I, Seabridge A. 2008. 军用航空电子系统[M]. 吴汉平, 等译. 北京: 电子工业出版社.

Nelson R C. 2008. 飞行稳定性和自动控制[M]. 顾均晓, 译. 北京: 国防工业出版社.

Titterton D, Weston J. 2004. Strapdown Inertial Navigation Technology[M]. 2nd ed. Stevenage: IET.

附　　录

附表 1　常用函数的拉普拉斯变换表

序号	原函数	像函数
1	$\delta(t)$	1
2	$1(t)$	$\dfrac{1}{s}$
3	t	$\dfrac{1}{s^2}$
4	$\dfrac{t^{n-1}}{(n-1)!}$, $\quad n=1,2,\cdots$	$\dfrac{1}{s^n}$
5	e^{-at}	$\dfrac{1}{s+a}$
6	$\sin(\omega t)$	$\dfrac{\omega}{s^2+\omega^2}$
7	$\cos(\omega t)$	$\dfrac{s}{s^2+\omega^2}$
8	$1-e^{-at}$	$\dfrac{a}{s(s+a)}$
9	$e^{-at}\sin(\omega t)$	$\dfrac{\omega}{(s+a)^2+\omega^2}$
10	$e^{-at}\cos(\omega t)$	$\dfrac{s+a}{(s+a)^2+\omega^2}$

附表 2　纵向运动方程系数、表示式及计算公式表

系数	表示式	计算公式	单位
n_{1V}	$\dfrac{X^V-P^V}{m}$	$\dfrac{1}{mV_0}\left[q_0 s\left(2C_{x0}+M_0 C_x^M-V_0 P^V\right)\right]$	s^{-1}
$n_{1\alpha}$	$\dfrac{P_0\alpha_0+X^\alpha}{mV_0}-\dfrac{g\cos\theta_0}{V_0}$	$\dfrac{1}{mV_0}\left(P_0\alpha_0+q_0 S C_x^\alpha-G\cos\theta_0\right)$	s^{-1}
$n_{1\theta}$	$\dfrac{g\cos\theta_0}{V_0}$	$\dfrac{g\cos\theta_0}{V_0}$	s^{-1}
$n_{1\delta_p}$	$\dfrac{P^{\delta_p}}{mV_0}$	$\dfrac{P^{\delta_p}}{mV_0}$	s^{-1}

续表

系数	表示式	计算公式	单位
$n_{1\delta_z}$	$\dfrac{X^{\delta_z}}{mV_0}$	$\dfrac{q_0 SC_x^{\delta_z}}{mV_0}$	s^{-1}
n_{2V}	$\dfrac{P^V \alpha_0 + Y^V}{m}$	$\dfrac{1}{m}\left[P^V \alpha_0 + \dfrac{q_0 S}{V_0}\left(2C_{y0} + M_0 C_y^M \right) \right]$	s^{-1}
$n_{2\alpha}$	$\dfrac{P_0 + Y^\alpha}{mV_0} - \dfrac{g\sin\theta_0}{V_0}$	$\dfrac{1}{mV_0}\left(P_0 + q_0 SC_y^\alpha - G\sin\theta_0 \right)$	s^{-1}
$n_{2\theta}$	$\dfrac{g\sin\theta_0}{V_0}$	$\dfrac{g\sin\theta_0}{V_0}$	s^{-1}
$n_{2\delta_p}$	$\dfrac{P^{\delta_p}\alpha_0}{mV_0}$	$\dfrac{P^{\delta_p}\alpha_0}{mV_0}$	s^{-1}
$n_{2\delta_z}$	$\dfrac{Y^{\delta_z}}{mV_0}$	$\dfrac{q_0 SC_y^{\delta_z}}{mV_0}$	s^{-1}
n_{3V}	$-\dfrac{M_z^V V_0}{I_z}$	$-\dfrac{q_0 Sb_A M_0}{I_z} m_z^M$	s^{-2}
$n_{3\dot\alpha}$	$-\dfrac{M_z^{\dot\alpha}}{I_z}$	$-\dfrac{q_0 Sb_A^2}{I_z V_0} m_z^{\bar{\dot\alpha}}$	s^{-1}
$n_{3\alpha}$	$-\dfrac{M_z^\alpha}{I_z}$	$-\dfrac{q_0 Sb_A}{I_z} m_z^\alpha$	s^{-2}
$n_{3\dot\theta}$	$-\dfrac{M_z^{\omega_z}}{I_z}$	$-\dfrac{q_0 Sb_A^2}{I_z V_0} m_z^{\bar\omega_z}$	s^{-1}
$n_{3\delta_z}$	$-\dfrac{M_z^{\delta_z}}{I_z}$	$-\dfrac{q_0 Sb_A}{I_z} m_z^{\delta_z}$	s^{-2}

附表 3 侧向运动方程系数、计算公式表

系数	计算公式	单位
$n_{1\beta}$	$-q_0 SC_z^\beta / (mV_0)$	s^{-1}
$n_{1\omega_x}$	$-\alpha_0$	—
$n_{1\gamma}$	$-g\cos\theta / V_0$	s^{-1}
$n_{1\omega_y}$	-1	—
$n_{1\delta_y}$	$-q_0 SC_z^{\delta_y} / (mV_0)$	s^{-1}
$n_{2\beta}$	$-q_0 Slm_x^\beta / I_x$	s^{-2}

系数	计算公式	单位
$n_{2\omega_x}$	$-q_0 S l^2 m_x^{\bar{\omega}_x} / (2V_0 I_x)$	s^{-1}
$n_{2\omega_y}$	$-q_0 S l^2 m_x^{\bar{\omega}_y} / (2V_0 I_x)$	s^{-1}
$n_{2\delta_x}$	$-q_0 S l m_x^{\delta_x} / I_x$	s^{-2}
$n_{2\delta_y}$	$-q_0 S l m_x^{\delta_y} / I_x$	s^{-2}
$n_{3\beta}$	$-q_0 S l m_y^{\beta} / I_y$	s^{-2}
$n_{3\omega_x}$	$-q_0 S l^2 m_y^{\bar{\omega}_x} / (2V_0 I_y)$	s^{-1}
$n_{3\omega_y}$	$-q_0 S l^2 m_y^{\bar{\omega}_y} / (2V_0 I_y)$	s^{-1}
$n_{3\delta_x}$	$-q_0 S l m_y^{\delta_x} / I_y$	s^{-2}
$n_{3\delta_y}$	$-q_0 S l m_y^{\delta_y} / I_y$	s^{-2}